유연 메커니즘:플랙셔 힌지의 설계

유연 메커니즘:
플랙셔 힌지의 설계

니콜라 로본티우 저 | 장인배 역

COMPLIANT MECHANISMS:
DESIGN OF FLEXURE HINGES

플랙셔와 유연 메커니즘은 광학기구와 반도체 및 LCD 장비 등의 초정밀 기구설계에 자주 활용되는 필수요소임에도 불구하고 정확한 정보를 제공해줄 마땅한 교재가 없어서 경험과 직관에 의존하여 설계를 수행하면서 수많은 시행착오가 발생하는 설계분야이다. 이 책은 유연 메커니즘 전반에 대한 정보와 더불어서 다양한 형상을 가지고 있는 플랙셔 힌지들의 유연성 해석을 위한 수많은 공식들을 세세하게 제시하고 있는 바이블과도 같은 책이다.

씨
아이알

역자 서언

플랙셔와 유연 메커니즘은 광학기구와 반도체 및 LCD 장비 등의 초정밀 기구설계에 자주 활용되는 필수요소임에도 불구하고 정확한 정보를 제공해줄 마땅한 교재가 없어서 경험과 직관에 의존하여 설계를 수행하면서 수많은 시행착오가 발생하는 설계분야이다. 이 책은 유연 메커니즘 전반에 대한 정보와 더불어서 다양한 형상을 가지고 있는 플랙셔 힌지들의 유연성 해석을 위한 수많은 공식들을 세세하게 제시하고 있는 바이블과도 같은 책이다.

반도체와 LCD 산업은 우리나라를 지탱해주는 핵심 산업이지만, 중국을 포함한 전 세계와 치열한 기술개발 경쟁을 펼쳐야만 하기에, 누구도 현재에 안주할 수 없는 실정이다. 이 산업분야는 초정밀 메카트로닉스 시스템 설계기술이 뒷받침되어야 함에도 불구하고 산업 수요에 알맞은 교재와 교육이 매우 부족한 것이 우리의 현실이다. 치열한 현업 속에서 매일같이 발생하는 복잡한 문제들을 시행착오 없이 신속하게 해결해야만 하는 첨단 산업분야에 종사하는 엔지니어들에게 올바른 정보를 제공해주기 위해서는 한글로 된 좋은 설계지침서들이 반드시 필요하다. 하지만, 불행히도 대학원 이상 수준의 설계 지침서들은 수익성이 없다는 이유로 번역과 출판에서 외면받는 현실이 역자로 하여금 이토록 무모한 작업을 시작하게 만들었다.

이 책은 2005년에 역자가 정밀기계설계 분야의 주요 서적들을 번역하기로 결심한 이후 완성한 여섯 번째이며, 정밀기계설계 시리즈의 마지막 번역서이다. A. Slocum 교수의 **정밀기계설계**(Precision Machine Design)를 시작으로 하여 R. Schmidt 교수의 **고성능 메카트로닉스 설계**(The Design of High Performance Mechatronics), D. Blanding의 **정확한 구속: 기구학적 원리를 이용한 기계설계**(Exact Constraint: Machine Design using Kinematic Principles), H. Soemers 교수의 **정밀 메커니즘의 설계원리**(Design Principles for Precision Mechanisms), Paul R. Yoder Jr.의 **광학기구 설계**(Mounting Optics in Optical Instruments) 등의 책들을 번역했으며, 정밀기계설계와 정밀 메커니즘의 설계원리를 제외하고는 모두 출판이 되었다. 이제 이 책이 출판되고 나면 역자는 지난 10여 년간 혼자 짊어지고 있던 무거운 짐을 내려놓을 수 있을 것이다. 유연 메커니즘은 최소구속 원리를 기반으로 하는 초정밀 기구설계에 필수적인 요소이기 때문에 역자가 이미 번역한 서적들과 내용상 서로 밀접한 관계를 가지고 있다. 따라서 보다 넓은 적용사례를 살펴보면서 정밀기계설계 분야의 시야를 넓히려는 독자라면 역자가 번역한 다른 서적들과 함께 읽어보기를 권하는 바이다.

이 책은 2008년에 번역을 시작하였으나 이런 저런 이유 때문에 우선순위에서 밀리게 되면서 의도치 않게 완역까지 10년이 소요되었다. 하지만 이것이 정밀기계 설계분야에서 유연 메커니즘이 차지하는 비중이 작거나 이 책의 중요성이 크지 않다는 것을 의미하는 것은 절대로 아니다. 이 책을 통해서 보다 많은 엔지니어들이 유연 메커니즘을 기구설계에 적용하여 시대에 한발 앞선 훌륭한 기구들을 설계할 수 있기를 기대하면서 이 책을 세상에 내보낸다.

강원대학교 메카트로닉스전공

장인배 교수

서 언

　이 책은 유연 메커니즘의 핵심 요소인 플랙셔 힌지에 대해서 다루고 있다. 플랙셔 피봇이라고도 부르는 플랙셔 힌지는 최소한 하나의 플랙셔 기구로 인하여 메커니즘 내에서 제한된 상대회전을 일으켜야만 하는 두 개의 강체부분 사이의 (유연체라고 부르는)얇은 영역이다. 외부하중과 구동의 조합된 작용하에서 플랙셔 힌지는 굽어지면서 인접한 부재들 사이에서 상대회전을 생성한다. 모든 메커니즘을 모놀리식으로 제작한 플랙셔 힌지는 고전적인 회전 조인트에 비해서 마찰손실이 없고 윤활이 필요 없으며 히스테리시스가 없고, 콤팩트하여 소형의 기구에 적용할 수 있고, 제작이 용이하고 조립이 필요 없으며 메인티넌스가 필요 없다는 수많은 장점을 가지고 있다.

　플랙셔 힌지는 마이크로포지셔닝 스테이지의 이송, 압전 작동기와 모터, 광학 파이버용 고정 및 정렬장치, 미사일 제어장치, 변위 및 힘 증폭 및 축소기구, 교정용 보철기구, 안테나, 밸브, 주사터널 현미경, 가속도계, 자이로스코프, 고정밀 카메라, 나노리소그래피, 로봇 미세이송 메커니즘, 나노스케일 바이오엔지니어링, 소형 곤충형 보행로봇, 미소영역 무인주행 차량의 구동장치 또는 나노임프린트 기술 등을 포함하는 민간분야와 군사분야에서 수많은 적용사례를 가지고 있다. 플랙셔 힌지가 대규모로 적용되면서 빠르게 발전하는 적용분야는 플랙셔 힌지 이외에는 준강체 부재들 사이를 연결하는 조인트를 구현할 수 없는 마이크로전자기계시스템(MEMS) 분야로서, 반도체 생산기술과 결합되어 이런 메커니즘을 포함하는 마이크로스케일 구조가 만들어진다.

　이 책은 기계공학, 항공공학, 로봇공학, MEMS 그리고 생체공학 분야에서 플랙셔 기반 유연 메커니즘을 설계 및 개발하려는 산업체 종사자, 연구자 그리고 학교 등을 위해서 저술되었다. 이 책은 또한 유연 메커니즘 분야의 대학원 교재로도 사용될 수 있다.

　이 책은 매크로 스케일 및 MEMS 분야에서 사용되는 플랙셔 힌지와 플랙셔 기반 유연 메커니즘의 설계과정에서 발생하는 수많은 공학적인 실제 문제들에 대한 대안을 제시할 필요성 때문에 저술되었다. 이 책은 두 가지 주요 목표를 가지고 있다. 첫 번째 목표는 체계적인 접근과 새로운 플랙셔 구조들의 소개를 통해 플랙셔 힌지 설계풀을 구축하여, 설계자가 선택의 여지를 가지고 있다면 특정한 플랙셔 형태를 고를 수 있도록 도와주는 것이다. 플랙셔 힌지 형상의 미세한 변화만으로도 유연 메커니즘의 출력포트에서 큰 변화를 초래할 수 있기 때문에 이런 경우는 그리 많지 않을 것이다. 이 책의 두 번째 목표는 플랙셔 힌지가 대부분의 경우 미소변형하에서 작동한다는 것을 인식함으로써 모델링 방법을 배우는 것이다. 플랙셔 모델링과 설계를 접한 경험이 있는 독자들이라면 (여러 분야에서 가장 많이 사용되고 있는)상용 소프트웨어를 사용한 유한요소 해석을 제외하고, 현재 사용되는 모델링 패러다임은 다음의 두 가지 핵심 가정에 기초하고 있다는 점에 동의할 것이다. (1) 플랙셔 힌지는 유연한 균일단면 부재이다. (2) 플랙셔 힌지는 대변형을 일으킨다. 결과적으로 모델링 과정은 플랙셔 힌지를 비틀림 강성을 가지고 있는 순수 회전 조인트로 대체하는 것이다. 이를 통해서 만들어지는 플랙셔 힌지 모델을 해석대상인 특정 기구물의 고전적인 강체 링크 메커니즘 모델에 포함시킨 다음에, 표준 해석과정에 따라서 정적 해석과 동적 해석을 수행하게 된다.

실제의 경우 앞서 언급한 두 가지 기본 요건(균일단면과 대변형)을 충족시키는 경우는 많지 않다. 실제의 경우에서는 대부분의 플랙셔 힌지들이 미소변위 환경하에서 작동하도록 설계된다. 여기에는, 적용사례 자체가 이런 조건을 필요로 하거나(예를 들어 출력 변위가 근본적으로 작은 정밀 메커니즘의 경우), 또는 허용한계 응력보다 커지면 자동적으로 대변위를 수용하지 않도록 플랙셔 힌지의 물리적 치수를 설계하는 두 가지 경우가 있다. 더욱이 현재 사용되는 가공기술로는 매크로 스케일이나 MEMS 모놀리식 구조에 대해서 균일단면 형상을 제작할 수 없는 경우가 많기 때문에 플랙셔 힌지의 단면형상이 균일한 경우는 거의 없다. 예를 들어 방전 가공기에서 사용되는 와이어의 반경이 유한하기 때문에, 플랙셔 힌지의 모서리에는 항상 필렛이 존재한다. 따라서 모서리 영역에서의 불필요한 응력집중을 초래하는 형상을 회피하기 위한 설계가 시도된다.

이 책은 이전의 연구들을 기반으로 한다. 파로스와 와이즈보드가 1960년대에 저술한 훌륭한 논문에서는 매우 설득력 있게 원형 플랙셔 힌지는 두 개의 서로 인접한 강체 링크들 사이에서 필요한 회전운동을 생성할 뿐만 아니라 축방향 및 평면 외 방향으로도 변형을 일으키는 매우 복잡한 스프링이라는 것을 규명하였다. 이 논문을 통해서 저자들이 주장하였으며, 오늘날 플랙셔를 사용하는 기구들을 살펴보면, 유연 메커니즘에 대한 정확한 성능평가를 수행하기 위해서는 플랙셔 힌지의 모든 방향에 대한 변형을 고려해야 한다는 점이 규명되었다. 파로스와 와이즈보드의 주장은 오늘날에 와서야 재조명되고 있으며, 현재의 연구들을 통해서 이들의 이론은 조금 더 보강되었다.

이 책에서는 플랙셔 힌지를 포함하는 디바이스에 대한 효율적인 모델링, 해석, 의사결정 그리고 설계문제에 대한 실용적인 해답을 제시하고 있다. 이 책에서는 특정한 용도에 대해서 신속한 해를 구할 필요가 있는 사람들에게 다양한 유형의 플랙셔들에 대한 즉시 사용할 수 있는 다수의 그래프들과 간단한 방정식들을 제공하고 있다. (이 책에 포함되어 있지 않은)특정한 설계구조에 대한 명확한 답을 찾기를 원하는 연구자들에게 이 책에서는 쉽게 적용할 수 있는 수학적인 도구들을 통해서 추가적인 적용사례들에 대한 실시간 문제해석을 위한 지침을 제공해준다.

이 책은 몇 가지 특징을 가지고 있다.

- 이 책에서는 원형, 필렛 모서리형 그리고 타원형 등과 같이 평면형 유연 메커니즘을 위한 기존의 단일축 플랙셔 힌지 형상들을 보충하여주는 새로운 형태의 단일축 플랙셔 힌지구조(예를 들어 포물선형, 쌍곡선형, 역포물선형, 교차형 등)들을 소개하고 있다.
- 공간 유연 메커니즘에 사용하는 다중축(회전형)플랙셔 힌지에 대해서도 앞서 언급한 형상들을 소개하고 있다.
- 공간 내에서 서로 다른 두 개의 유연성에 대해서 선택적 응답을 할 수 있는 2축 플랙셔 힌지가 새롭게 소개되었다.
- 모든 단일축 플랙셔 힌지에 대해서, 길이방향 대칭 구조와 비대칭 구조들에 대한 해석이 수행되었으며 방향별 강성들이 명확하게 제시되어 있다.
- 모든 형상의 플랙셔 구조에 대해서 길이가 짧은 플랙셔 힌지와 그에 따른 전단효과를 고려하여 유연성을 모델링하였다.
- 유연성, 회전 정밀도, 응력한계 그리고 에너지 소모 등을 계수값으로 정의하였으며 닫힌 형태의 유연성 방정식을 사용하여 해석을 수행함으로써, 성능의 관점에서 동일한 방식으로 플랙셔 힌지들에 대한 분석을 수행하였다.
- 유연성 방정식들과 동일한 방식으로 관성과 감쇄값들을 유도하였고, 자유응답이나 강제응답을 해석할 수 있도록 플랙셔 기반 유연 메커니즘의 동적 모델에 포함시켜서, 플랙셔 힌지를 완벽하게 모델링할 수 있게 되었다. 길이가 긴 빔(오일러-베르누이 빔)과 길이가 짧은 빔(티모센코 빔)에 대한 가설을 각각 사용하여 플랙셔 힌지의 관성과 감쇄 특성들을 모델링하였다.
- 유한요소 기법을 사용하여 플랙셔 힌지를 직선 요소로 모델링하였다. 유한요소법은 차원의 문제를 줄여주며 간단한 방법으로 정적 해석과 모달/시간이력해석을 수행할 수 있도록 만들

어준다.

- 형상 최적화, 버클링, 비원형 가변단면 부재의 비틀림, 비균질 플랙셔, 열 효과 그리고 대변형 등과 같은 더 진보적인 주제들에 대해서도 다루고 있다.
- 이 책에서는 플랙셔 힌지가 중요하게 사용되는 매크로 스케일과 마이크로 스케일(MEMS) 모두의 분야에 대해서 새로운 산업적 적용사례들을 포함하고 있다.

이 책은 일곱 개의 장들로 이루어져 있다. 첫 번째 장은 기본특성과 적용사례 그리고 전통적인 회전형 조인트 메커니즘을 사용하는 대신에 플랙셔 힌지나 플랙셔 기반 유연 메커니즘을 사용하는 경우의 장점과 한계 등을 다루고 있다. 유연 메커니즘의 전반적인 설계에 있어서 플랙셔 힌지의 중요성에 대해서 논의되어 있다. 또한 단면형상의 변화와 미소변위를 고려하여 플랙셔 힌지를 모델링 및 해석하는 방법에 대해서도 논의되어 있다.

2장에서는 모든 형태의 플랙셔 힌지들에 대한 닫힌 형태의 유연성 방정식을 도출하여주는 일반화된 수학적 모델을 소개하고 있다. 이 장에서는 주로 수학적인 내용과 방정식들을 다루고 있다. 이 장에서는 플랙셔 힌지의 성능을 평가하기 위해서 많은 시간이 소요되는 (상용 소프트웨어를 사용하는)유한요소 해석 대신에 사용할 수 있는 닫힌 형태의 유연성 방정식들을 제시하고 있다. 특히 플랙셔 힌지를 회전능력, 기생운동의 민감도, 회전 정밀도, (피로파괴를 고려한) 응력수준 그리고 에너지 소모 등의 항목에 대해서 정량화하여 분석하였다. 다양한 형상(대부분이 새로운 형상)의 플랙셔 힌지들에 대해서 앞서 유도한 일반화된 수학모델이 적용되었다. 여기에는 균일 사각단면과 원추형단면(원형, 타원형, 포물선형, 쌍곡선형)뿐만 아니라 역포물선형이나 교차형 등과 같은 2차원 형상들이 포함되었다. 유한요소 시뮬레이션, 실험적 측정과 검증 등을 통해서 다양한 형상의 플랙셔 힌지들에 대한 유연성 방정식의 타당성을 검증하였으며, 단면형상이 변화하는 개별 플랙셔들에 대한 극한의 경우가 균일 사각단면 플랙셔에 해당한다는 것을 확인하였다. 앞서 언급되어 있는 다양한 형상을 가지고 있는 3차원 용도 및 2차원 용도의 다중축 플랙셔 힌지에 대한 닫힌 형태의 유연성 방정식을 유도하였다. 결론에서는 특정한 성능함수가 요구되는 특정한 용도에 대해서 특정한 형태의 플랙셔를 적용하는 것의 적절성을 판단하기 위한 설계상의 권고사항들이 포함되어 있다. 설계상의 성능기준에 따라서 플랙셔의 형상을 선정하기 위해서 그래프와 테이블들이 제시되어 있다.

3장에서는 (메커니즘이 플랙셔 힌지에 의해서 연결되어 있는 강체 링크들로만 이루어진) 플랙셔 기반 유연 메커니즘의 정적 모델링과 해석을 다루고 있다. 2차원 및 3차원 용도로 설계된 직렬, 병렬 및 하이브리드(직렬/병렬) 플랙셔 기반 유연 메커니즘의 설계방법론에 대해서 살펴본다. 이 방법론에서는 유연성에 영향을 끼치는 다양한 인자들을 전체 메커니즘에 대한 힘-변위 모델에 통합시켜준다. 기계적 확대율, 블록부하, 강성, 에너지효율 그리고 운동의 정밀도 등과 같은 출력성능 평가지표들을 정의하고 이에 대해서 논의한다.

4장에서는 플랙셔 기반 유연 메커니즘의 동적인 측면에 대해서 살펴본다. 플랙셔 기반 유연 메커니즘에 대한 집중 매개변수 동역학 방정식을 유도하기 위해서 라그랑주 방정식을 활용하여 지금까지 소개되었던 다양한 유형의 플랙셔 힌지들에 대한 관성 및 감쇄특성을 유도하였다. 특정한 플랙셔 힌지가 유한한 자유도를 갖도록 단일하게 나타내는, 유연성(강성)특성을 유도하는 방식과 동일한 방법으로 관성과 감쇄값들을 유도하였다. 플랙셔 성질을 강체요소와 통합시킴으로써 모달 해석과 시간이력해석이 가능하게 되었다.

5장에서는 플랙셔 힌지와 플랙셔 기반 유연 메커니즘에 대한 모델링과 분석도구로서 유한요소해석 기법을 대안으로 제시하고 있다. 상용 유한요소 소프트웨어에서 플랙셔 문제를 풀 때 사용하는 방식처럼 (2차원 또는 3차원 유한요소를 사용하여) 플랙셔 힌지의 2차원 또는 3차원 형상을 세밀하게 나타내는 대신에, 여기서는 플랙셔 힌지를 3노드 직선요소로 정의하여 차원의 문제를 축소시켰다. 앞서 다루었던 다양한 유형의 플랙셔들에 대해서 요소 강성행렬과 질량행렬을 유도하였다. 이를 통해서 2차원 및 3차원 플랙셔 힌지들의 유한요소 정특성과 동적응답을 해석할 수 있게 되었다.

6장에서는 플랙셔 힌지를 세밀하게 모델링하는 과정에서 필요한 다양한 주제들을 다루고 있다. 형상 최적화, 버클링, 비원형 가변단면부재의 비틀림, 다양한 소재로 제작한 플랙셔, 열효과 그리고 대변형 등 매크로 스케일 및 MEMS 적용사례에서 발생하는 다양한 주제들에 대해서 살펴본다. 매크로 스케일 및 MEMS 스케일의 적용사례 모두에 대해서 구동방법, 소재 및 제작과정들도 살펴본다.

7장에서는 플랙셔가 사용되는 매크로 스케일과 마이크로 스케일(MEMS) 엔지니어링 설계 분야에서의 다양한 고전적 사례들과 최신의 사례들을 살펴본다.

앞서 설명했듯이, 이 책은 에너지 효율이 매우 높으며 포토닉스, 레이저광학 또는 통신산업 등의 고급 산업분야에서 매우 세밀하게 조절된 출력을 낼 수 있는 미니어처 유연 메커니즘에 필수적인 요소인 플랙셔 힌지만을 위하여 저술되었다. 빠르게 발전하는 MEMS 분야 중에서 나노공학과 나노생체공학 분야에서는 특수하게 설계된 플랙셔 힌지를 미니어처 유연 장치와 메커니즘에 적용하여 성공을 거두고 있다.

이 책을 저술한 가장 중요한 이유는 설계자들이 다양한 구조를 가지고 있는 플랙셔 힌지들을 스프링, 관성 및 (가능하다면) 감쇄 특성을 사용하여 구분하고, 플랙셔 기반 유연 메커니즘에 대한 완전해를 구하기 위해서 상용 유한요소 해석 소프트웨어를 사용하지 않고도 더 많은 정보에 기초하여 선택을 할 수 있도록 도와주는 핵심 모델링 도구를 제공하는 것이다. 이런 모든 노력에도 불구하고, 이 책에는 오류가 없을 수 없기 때문에 관심을 가지고 있는 독자들의 피드백을 환영하는 바이다.

감사의 글

몇 년 전 밴더빌트 대학의 카페테리아에서 종이 위에 플랙셔 힌지 스케치를 그려서 내게 이 세계의 문을 열어준 코넬 대학의 에프라임 가르시아 박사에게 특별한 감사를 드린다. 수많은 주제들 중에서 내게 플랙셔 힌지를 해석할 기회를 준 다이나믹 스트럭쳐스 앤드 머티리얼스社(테네시주 프랭클린)의 제프리 S.N. 페인박사에게도 감사를 드린다. 여러 해 동안 유일한 관계를 맺어온 밴더빌트 대학의 마이클 골드파브 박사와 테네시 기술대학의 스티븐 캔필드 박사에게도 감사를 드린다. 루마니아 클루즈나포카 기술대학의 재료과에 재직 중인 동료들에게도 감사를 드리는 바이다.

자신들의 연구결과를 이 책에 수록하도록 허락해준 다이나믹 스트럭쳐스 앤드 머티리얼스社의 머레이 존스, 포스터-밀러社의 피터 워렌 박사, TRW 에어로노티컬 시스템스社의 릭 도네간, MEMS 옵티컬社의 제이 해머 박사 그리고 피에조맥스 테크놀로지스社의 존 비온디 등에게도 감사를 드리는 바이다.

이 프로젝트의 시작 단계부터 끝까지 나를 믿어주고 전문적으로 지원 및 인도해준 편집자인 신디 R. 카렐리 양에게도 특별한 감사의 말을 전하는 바이다. 그녀를 만나 함께 일하게 된 것이 나에게는 큰 행운이었다. 즉각적인 피드백, 유익한 답변 그리고 친밀한 관계유지 등을 통해서 이 책을 저술하는 과정에서 만나게 된 어려운 일들을 매끄럽게 헤쳐나갈 수 있게 도와준 프로젝트 코디네이터인 제이미 B. 시갈을 만난 것도 나에게는 행운이었다. 지적이고 재치 있게 대본을 최종적으로 첨삭해준 프로젝트 편집자인 제리 제페 여사에게도 감사를 드린다.

마지막으로 소중한 시간들을 가족과 떨어져서 이 일에 투입하는 동안 내 곁을 지켜준 나의 처 시모나와 딸 다이아나와 이오아나에게도 감사를 드린다.

목차

CHAPTER 01

서 언

COMPLIANT MECHANISMS:
DESIGN OF FLEXURE HINGES

서 언

　서언에서는 마이크로 스케일 및 메조 스케일용 플랙셔 힌지와 플랙셔 기반의 유연 메커니즘들의 기계적인 요소/디바이스를 정의하는 주요 특징들에 대한 고찰을 통해서 이들에 대해서 개략적으로 소개하고 있다. 이미 출간된 관련 문헌들에 대해서 살펴보기 위해서, 이 책에서 다루는 주제들에 대한 개략적인 내용과 관련된 접근방법들에 대해서도 여기서 간단히 소개하고 있다.

　일반적인 회전 조인트를 플랙셔 힌지와 비교하여 보여주고 있는, **그림 1.1**에 도시되어 있는 것처럼 **플랙셔 힌지**는 인접한 두 개의 강체들 사이에서 휨(굽힘)을 통해서 상대적인 회전을 일으키는 얇은 부재이다. 회전기능의 관점에서, 플랙셔 힌지는 **그림 1.2**에서 설명하고 있는 것처럼 제한된 회전능력을 갖춘 베어링의 대체물로 간주할 수 있다.

　축과 하우징 사이에서 상대적인 회전이 일어나는 고전적인 회전 베어링에서는 이 결합부가 동심원 상에 위치하며, **그림 1.2a**에서 나타내는 것처럼 특정한 각도 구획을 사용해서 회전을 제한할 수 있다. 플랙셔 힌지도 이와 유사한 회전 출력을 만들어낼 수 있으며, 여기서 유일한 차이점은 **그림 1.2b**에서 나타내고 있는 것처럼, 상대적인 회전을 일으키는 두 인접 부재들의 **중심**들이 더 이상 일치하지 않는다는 것이다.

그림 1.1 메커니즘 내에서 상대회전을 일으키는 조인트

(a) 전통적인 회전 베어링에 의해서 생성된 **정렬(동축)**회전 (b) 플랙셔 힌지에 의해서 생성된 **부정렬** 회전

그림 1.2 회전 베어링과 플랙셔 힌지 사이의 기능적 유사성

물리적으로는 서로 다른 두 가지 방법을 사용하여 플랙셔 힌지를 구현할 수 있다.

- 상대적인 회전을 일으키도록 설계된 두 강체 부재들을 연결시키기 위해서 (2차원 용도의 스트립 또는 심이나 3차원 용도의 실린더형 부품과 같은) 독자적으로 제작된 부재들을 사용한다.
- 플랙셔 힌지로 작용하는 상대적으로 가느다란 부분을 만들기 위해서 모재를 가공한다. 이 경우, 플랙셔는 이들을 서로 이어주는 부분과 일체(또는 모놀리식)가 된다.

이미 언급한 바와 같이, 플랙셔 힌지는 특정한 작용을 구현하기 위해서 메커니즘 내에서 상대적으로 제한된 회전(최소한 하나의 플랙셔 힌지가 사용되므로 **유연**[1*]이라고 부른다)을 일으켜야만 하는 두 개의 강체부품 사이에 위치하는 탄성적으로 유연한 가느다란 영역으로 구성된다. 플랙셔 힌지는 대부분의 용도에서 메커니즘의 나머지 부분들과 일체로 만들어지며, 이것이 전통적인 회전 조인트에 비해서 장점을 갖는 이유이다. 플랙셔 힌지가 가져다주는 이익들 중에서 가장 주목할 만한 것들은 다음과 같다.

[1*]   compliant

- 마찰손실이 없다.
- 윤활이 필요 없다.
- 히스테리시스가 없다.
- 콤팩트하다.
- 작은 크기의 용도에도 사용할 수 있다.
- 제작이 용이하다.
- 실제적으로 관리가 필요 없다.

메커니즘의 일부분으로 일체형으로 만들어진 플랙셔 힌지는 피로나 과도하중에 의해서 일부분(보통 플랙셔)이 파손될 때까지 잘 작동하므로, 수리할 필요가 없다. 이들은 특히 제작 직후와 같이, 가공에 의해서 유발되는 이상적인 형상에 대한 오차에 대한 확인이 필요할 때에 반드시 검사를 수행할 필요가 있다.

그런데 플랙셔 힌지는 한계를 가지고 있으며, 이런 단점의 몇 가지 사례들은 다음과 같다.

- 플랙셔 힌지들은 회전범위가 비교적 좁다.
- 굽힘과 더불어서 축방향 전단과 일부 비틀림 부하에 의해서 플랙셔의 변형이 매우 복잡하게 이루어지기 때문에, 순수한 회전이 일어나지 않는다.
- 복합부하에 의해서 변형되므로, 플랙셔 힌지에 의해서 생성되는 상대운동 과정에서 **회전중심**(짧은 플랙셔 힌지의 경우, 이것의 역할은 플랙셔의 **대칭중심**으로 가정된다)이 고정되지 않는다.
- 플랙셔 힌지는 일반적으로 온도 변화에 민감하다. 그러므로 열팽창 및 수축에 따른 치수 변화는 원래 유연성 값들의 변화를 초래한다.

모재로부터 소재를 가공하여 제작된 플랙셔 힌지를 사용하는 2차원 용도의 경우, 이런 목적을 위해서 사용되는 가공공정에는 엔드-밀링, 방전가공(EDM), 레이저 절단, 금속 스탬핑 또는 미세가공(MEMS) 시스템에서 사용하는 포토리소그래피 기법 등이 포함된다. 2차원 용도에서 플랙셔는 하나의 축에 대해서만 유연하며, 이 축(**입력축, 유연축** 또는 **민감축**)에 대해서는 인접한 강체 부품들 사이의 상대적인 회전이 발생하지만, 다른 모든 축들과 운동에 대해서는 (가능한 한 최대한)강건하다. 2차원 플랙셔 힌지는 일반적으로 길이방향과 중앙의 가로축에 대해서 대칭적이다. **종축방향 대칭성**을 어기는 사례들(예를 들면, 단지 플랙셔의 한쪽만이 가공되며 반대쪽은 평평하다)이 있지만, 이런 사례들이 자주 사용되지 않는다.

3차원 용도에서는 플랙셔 힌지를 선반가공이나 정밀주조를 사용해서 가공할 수 있다. 예를 들면 2축 플랙셔 힌지는 서로 직교하는 두 유연축 방향에 대해서 일반적으로 서로 다른 강성비율을 가지고 있어서 굽힘과 더불어서 상대 회전이 일어날 수 있다. 회전 대칭성을 갖고 있는 여타의 힌지구조들(회전)의 경우, 축방향에 직각으로 위치하는 어떤 축에 대해서도 굽힘의 발생 가능성 여부가 불명확하다. 하지만 3차원 유연 메커니즘에 부가되는 부하와 경계조건에 따라서 유연축이 즉시 세팅된다. 이미 사용되고 있는 용어들과의 일관성을 유지하기 위해서, 이런 플랙셔 힌지들을 **다중축**이라고 부른다. **그림 1.3**에서는 단일축, 다중축 그리고 2축 플랙셔 힌지에 대해서 설명하고 있다. **그림 1.4**에서와 같이, 특정한 플랙셔 힌지의 기하학적 형상과 적용할 용도 사이에는 상호 의존성이 존재한다는 점은 명확하다. **단일축 플랙셔** 힌지는 평면운동을 하는 2차원 유연 메커니즘을 위해서 설계되는 반면에, 2축 및 **다중축 플랙셔**들은 둘 또는 그 이상의 유연축에 대해서 상대적인 회전을 일으킬 수 있다는 장점을 취하기 위해서 3차원 용도에서 사용된다.

(a) 단일축   (b) 다중축(회전형)   (c) 2축

그림 1.3 플랙셔 힌지의 세 가지 주요 유형들

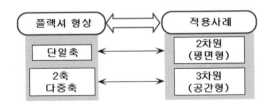

그림 1.4 플랙셔 힌지 구조와 사용 용도 사이의 상관관계

플랙셔 힌지는 자동차와 항공산업의 가속/속도/위치센서, 적응형 시트, 에어백, 무결점 커넥터, 단일표면 독립형 항공기 제어 디바이스, 형상 가변형 포일용 작동기, 조향용 칼럼, 무마찰 베어링, 현가 시스템, 인공위성 미소각 틸팅 메커니즘, 우주선간 레이저 빔 통신 시스템 또는 유연 커플링 등과 같은 용도에서 광범위하게 사용되고 있다. 생체의학 산업 역시 플랙셔 힌지를 기반으로 하는 메커니즘의 수혜를 입고 있으며, 이 분야의 용도에는 혈관용 카테터, 요도 압축장치, 혈관 내 인공삽입물, 심장 마사지장치, 재활 보조장치, 생체검사장치 등이 있다. 컴퓨터나 파이버 옵틱 산업과 같은 여타의 분야들에서도 플랙셔 힌지를 사용하는 적용처를 가지고 있다. 이런 사례들에는 디스크 드라이브 지지장치, 레이저 시스템, 광학 반사경, 광디스크, 현미경, 카메라, 프린터 헤드, 광학 주사장비, 진동 빔 가속도계, 키보드 조립체, 기구학적 렌즈 마운팅 그리고 디스크 드라이브의 회전 작동기 등이 포함된다. 여타의 다양한 분야들에서 플랙셔 힌지에 기반을 두는 설계들이 발견되고 있다. 이런 사례들로는 동전 포장 시스템, 원격조작 타악기, 고기잡이용 접이식 망 메커니즘, 탁구공 회수 시스템, 발바닥스키 부속품, 튜브보트 사용자용 추진페달장치, 자전거 시트, 롤러스케이트와 아이스 스케이트용 조향바퀴, 호흡용 마스크, 연삭기/폴리싱기, 유체제트 절단기 그리고 플라이휠 등이 있다. 유연 MEMS 소자들은 거의 전적으로 플랙셔형 부재를 통해서 운동을 만들어내는 마이크로 기구에 기반을 두고 있다. 이런 산업의 사례에는 광학식 스위치, 소형 로드셀, 영상화 마스크용 유연 마운트, 부하 민감성 공진기, 자이로스코프, 중력식 경사계, 디스크 메모리 헤드 포지셔너, 와이어본딩 헤드, 미세유체 장치, 가속도계, 바코드 리더용 주사모듈 그리고 현미경용 외팔보 등이 있다.

유연 메커니즘은 최소한 하나 이상의 여타의 **강체 링크**에 비해서 민감하게 변형될 수 있는 (유연한) 요소(부재)로 구성된다. 그러므로 유연 메커니즘은 **그림 1.5**에 도시된 것과 같이, (기계, 전기, 열, 자기 등) 에너지의 입력을 받아 **출력운동**으로 변환시킴으로써 이동성을 얻는다.

그림 1.5 에너지 교환의 관점에서 본 유연 메커니즘에 대한 개략도

많은 수의 유연 메커니즘들이 상대적으로 작은 수준의 회전을 일으키도록 설계된 플랙셔 힌지에 의해서 상호 연결된 강체 링크들로 구성되어 있다. 앞서 열거했던 장점들 때문에, 플랙셔 힌지와 강체 링크들은 (특히 2차원 용도의 경우)대부분 **모놀리식**[2*] 구조로 제작된다. 이 장에서는 플랙셔 힌지를 포함하는 대부분의 유연 메커니즘들을 살펴볼 예정이다. 비교적 소수의 유연 메커니즘들이 플랙셔 힌지와 더불어서, 대변형을 일으키도록 특수하게 설계된 유연 메커니즘을 사용한다. 적용 사례에는 큰 굽힘이나 버클링을 일으킬 수 있는 유연한 부재를 사용하는 **누름체결**[3*] 장치가 포함된다. **그림 1.6**에서는 앞서 설명했던 유연 커넥터의 서로 다른 두 가지 유형에 대해서 설명하고 있다.

그림 1.6 두 가지 유형의 유연 커넥터운동을 기반으로 하는 유연 메커니즘

이 책에서 사용된 두 가지 핵심 명칭인 **플랙셔 힌지**와 **유연 메커니즘**에 대해서 명확히 하기 위해서 용어에 대해서 간략하게 논의하는 것이 이 단계에서 도움이 될 것이다. 1965년에 출간된 파로스와 와이즈보드의 논문에서 단일축과 2축 플랙셔 힌지에 대한 완벽한 해석이 수행되었다. 이 논문의 저자들은 **하나의 축방향에 대해서는 굽힘에 유연하지만 교차축에 대해서는 강성을 갖는** 기계적 부재를 나타내기 위해서 플랙셔 힌지와 **플랙셔**라는 용어를 혼용하여 사용하였으며, 플랙셔 힌지는 회전운동이 필요한 하나의 축(유연축)에 포함되어 사용된다고 말하였다. 이 초창기 연구의 핵심은 플랙셔 힌지에 대해서 두 가지 독자적인 거동을 나타내는 **스프링 요소**라고 수학적으로 명확히 정의한 것이다. 원하는 회전을 만들 수 있도록 하나의 축방향에 대해서는 유연하며, 여타의 축방향으로 발생하는 운동을 막거나 최소화시키기 위해서, 나머지 축방향과 관련된 모든 운동에 대해서는 (가능한 한)강건하다. 파로스와 와이즈보드[1]는 단일축과 2축 원형 대칭 플랙셔에 대한 강성비(유연성의 역수)를 굽힘과 축방향 효과에 의해서 생성되는 운동의 항으로 나타내었으며, 엄밀해와 근사해 모두에 대한 해석식을 제시하였다. 동일한 기계부품을 지칭하기 위해서 **플랙셔 피벗**이라는 대체용어가 수년간 사용되어 왔지만, 이 책에서는 7장에서 설명할 특정한 용도의 설계를 지칭하기 위해서 사용하기로 한다. 특히, 모재로부터 소재를 가공

2* monolithic
3* snap through

하여 최종적으로 단일축 플랙셔 힌지 형태의 플랙셔 구조를 만들어내는 모놀리식 가공공정을 강조하기 위해서 **노치 힌지**라는 용어도 몇몇 저자들(예를 들면 스미스[2])이 사용하였다. 하지만, 이 책에서 파로스와 와이즈보드에 의해서 소개된 원래의 용어를 사용하려는 의도는 명확하다. 유연요소의 굽힘을 통해서 두 강체 링크 사이에서 상대적이고도 제한된 회전을 일으키는 유연한 부재를 나타내기 위해서 플랙셔 힌지 또는 간단히 플랙셔라는 용어가 사용된다. 이와 함께, 회전축을 나타내기 위한 유연(또는 민감)축이라는 용어와 더불어서, 하나의 축이나 둘 또는 그 이상의 서로 다른 축들이 만들어낼 수 있는 회전능력을 나타내기 위해서 각각, 단일축 플랙셔, 2축 플랙셔 그리고 다중축 플랙셔라는 개념이 사용된다. 파로스와 와이즈보드의 원래 정의에서는 플랙셔의 스프링 비(또는 강성)에 반비례하는 양을 나타내기 위해서 유연성이라는 용어도 사용되었다.

플랙셔 힌지라는 용어를 받아들이는 데에는 별 논란이 없었던 반면에 이 책의 핵심인 **유연성**이라는 용어에 대해서는 약간의 논의가 필요하다. 1993년에 저술된 미드하[3]의 책에서는 탄성변형을 일으키는 모든 메커니즘들에 대해서는 **탄성[4]** 또는 **신축성[5]** 이라는 수식어를 사용하는 반면에 유연 메커니즘은 **대변위**를 일으키는 신축성 메커니즘의 하위분류로 간주하였다. 더 큰 그룹으로 탄성을 그리고 요소 하위그룹으로 유연성을 나눈 이 분류에 대해서 세밀하게 살펴보면 이 분류는 주로 상황이나 기능에 따른 것이며, 구조적이지는 않다. 대변위를 일으키는 메커니즘은 유연성이라고 부르는 반면에 미소 변위를 일으키는 동일한 메커니즘은 탄성이라고 부른다는 것을 어렵지 않게 유추할 수 있다. 반면에, 이 문제에 대해서 소개하고 있는 문헌들(예를 들면 하월[4])에서는 현재, 미소변위와 대변위 사이의 어떠한 구체적인 구분에 대한 언급 없이 탄성요소의 변형을 통해서 이동성을 구현하는 메커니즘을 나타내기 위해서 유연성이라는 용어를 사용하고 있다. 역사적으로는 탄성이나 신축성에 비해서 유연성이 비교적 새롭지만, 더 사용이 쉽기 때문에, 대규모나 소규모 메커니즘에 대한 연구의 대부분에서 수식어로 선호되고 있다. 이러한 고려를 기반으로 하여, 유연 커넥터(이 경우에는 플랙셔 힌지)의 탄성변형을 통해서 운동을 만들어내는 메커니즘을 지칭하기 위해서 이 책에서는 유연성이라는 용어를 일관되게 사용할 예정이다. 이는 결코 미드하[3]가 제창한 분류와 배치되지 않으며, 여기서 사용되는 개념으로는 유연성이 특정한 것을 지칭하지 않았으므로 의미상으로 등가 용어인 탄성 및 신축성과는 근본적인 차이를 가지고 있다. 또한, 이는 플랙셔 힌지의 축방향으로 굽힘 변형을 일으킬 수 있는 능력을 나타내기 위해서 유연성이라는 용어를 사용한 파로스와 와이즈보드[1]에

4[*]   elastic
5[*]   flexible

의해서 제안된 초창기 명칭과도 일치한다.

논쟁의 여지가 있는 또 하나의 주제는 플랙셔 힌지를 기반으로 하는 장치들이 메커니즘이냐 아니면 단지 평면 구조물이냐 하는 것이다. 최소한 외형상으로는, 한쪽 측면으로 보면 유연 장치는 모놀리식(따라서 구조물로 간주된다)이지만, 다른 측면에서 보면 이들은 움직이며 일종의 에너지를 운동으로 변환시키므로(따라서 메커니즘으로 간주할 수 있다) 이는 결코 사소한 문제가 아니다. 하월[4]이 지적한 것처럼, 이런 구조물들의 구조적 현실성에 비중을 두고 이런 장치들이 운동을 만들어내기 위한 기능적 역할들을 정의해야 하며, 메커니즘은 이런 용도에 적합한 항목으로 작용할 뿐이다. 이미 논의했던 것처럼, 플랙셔 힌지와 회전 베어링 사이의 유사성은 **메커니즘**이라는 용어를 유연성과 결합시켜서 사용하는 경우에 발생하게 된다.

플랙셔와 유연 메커니즘에 대한 두 개의 뛰어난 논문들이 이미 이 분야에 영향을 끼쳤기 때문에 이 책이 출간될 수 있었다. 구체적으로, 스미스[2]와 하월[4]의 저서는 플랙셔 메커니즘에 관여하는 설계자와 연구자들에게 특히 유용한 많은 정보들을 제공해준다. 위에서 언급한 두 가지 논문들은 또한, 주요 개념들을 소개할 뿐만 아니라 이 주제들의 더 미묘한 관점들을 공부할 수 있도록 만들어주는 자료이다. 이 책들은 몇 가지 참신한 관점들에 대해 다루고 있으며, 다음에서는 이들 중 일부에 대해서 설명하고 있다.

압도적인 숫자의 유연 메커니즘들이 제한된 유형의 플랙셔 힌지 구조들을 사용하는 것은 검증 때문이다. 플랙셔 힌지의 선정 시 (사각형이나 실린더형 및 와이어 등과 같이) 강체 링크와의 결합부위에서 높은 응력집중이 발생하는 균일단면 설계 대신에, (**그림 1.7**에 도시되어 있는) 원형 및 필렛 모서리 형상이 거의 전적으로 사용되고 있다. 이 두 가지 유형의 플랙셔들이 특히 2차원 유연 메커니즘의 용도로 널리 사용되고 있는 주요 이유는 형상의 단순성과 상대적인 가공의 용이성 때문이다. 게다가 두 가지 구조들은 모서리(끝단)의 필렛 영역을 통해서 응력수준을 저감시킬 수 있다는 장점을 가지고 있다. 파로스와 와이즈보드[1]에 의해서 원형 플랙셔 힌지의 강성비율에 대한 닫힌 형태의 유연성 방정식들이 제시된 반면에, 필렛 모서리형 플랙셔 힌지에 대해서는 더 최근 들어서 로본티우 등[5]에 의해서 정의되었다.

(a) 원형

(b) 필렛 모서리

그림 1.7 2차원 용도로 일반적으로 사용되고 있는 두 가지 플랙셔 힌지 구조들

근래에 들어서 새롭게 등장한 몇 가지 새로운 플랙셔 구조들을 연대순으로 살펴보면, 타원형 플랙셔는 스미스 등[6]이 제안하고 로본티우 등[7]이 추가적인 모델링과 수식화를 수행하였고 포물선형과 쌍곡선형 플랙셔는 로본티우 등[8]이 제안하였다. 이 모든 플랙셔 힌지들은 단일축 구조를 가지고 있으며, 따라서 2차원 유연 메커니즘에 사용하기 위해서 설계된다. 스미스[2]의 책에서는 몇 가지 회전식 플랙셔 구조들에 대한 소개와 (파로스와 와이즈보드[1]가 유도한 결과의 외삽을 통해서)단순화된 스프링 비가 제시되어 있다. 로본티우와 페인[9]은 회전형 필렛 모서리형 플랙셔 힌지의 유연거동을 완벽하게 정의하는 닫힌 형태의 방정식을 유도하였다. 이 책에서는 일관된 자세로 닫힌 형태의 유연성 방정식을 제시함으로써 2차원 및 3차원 용도에 대한 몇 가지 새로운 구조들을 소개하고 있다. 앞서 언급했던 플랙셔 유형들과 더불어서, 역포물선형과 교차형 프로파일을 갖는 단일축 균일두께 부재와 다중축 회전형 구조 모두에 대해서 다루고 있다. 2차원 플랙셔 힌지를 유연성의 항으로 정의하기 위해서도 역포물선 형상이 사용된다.

새롭게 소개된 2차원 용도에는, 직선구획과 길이방향으로 대칭적인 플랙셔 힌지의 경우에 이미 논의했었던 곡선으로 이루어진, 혼합 및 비대칭 길이방향 프로파일을 갖고 있는 플랙셔 힌지가 포함되어 있다. 플랙셔 힌지에 대한 몇 가지 옵션들을 포함하는 확장된 도메인에 대한 문제들은 단순한 수학적 연습문제가 아니며, 겉보기처럼 결코 불필요한 것이 아니다. 플랙셔 힌지의 유연거동과 그에 따른 플랙셔를 기반으로 하는 유연 메커니즘의 전반적인 응답은 주어진 소재에 대해서, 플랙셔의 특정한 형상에 크게 의존한다. 형상에 대한 약간의 수정이나 편차는 민감한 응답특성 변화를 초래할 수도 있다. 이런 관점은 정밀도가 핵심적인 성능계수이거나 변위, 힘 또는 주파수(공진) 응답에 대해서 미세하게 조절된 출력이 필요한 메커니즘에서 특히 중요하다. 이 책에서는 다양한 구조의 플랙셔 힌지 구조들에 대한 완벽한 유연성 방정식을 제시하고 있을 뿐만 아니라, 다음과 같은 성능지수들을 사용해서 플랙셔들을 평가 및 비교해준다.

- 회전용량
- 회전 정밀도(**기생효과**들에 대한 민감도)
- 응력수준
- 에너지 소모/저장

플랙셔를 기반으로 하는 유연 메커니즘의 **준정적 응답**을 다음과 같은 **성능지수**들을 사용해서 실제와 같이 모델링하기 위해서 이와 같은 완벽한 유연성 접근방법이 사용된다.

- 변위출력/힘출력(**기계적 이득**)
- 강성
- 에너지 소모
- 출력 운동의 정밀도

   탄성 변위에 의해서 저장된 응력 에너지를 기반으로 공식화된, 카스틸리아노의 **변위법칙**을 기반으로 하여 이 책에서 논의하고 있는 모든 플랙셔 힌지들의 모든 유연성들뿐만 아니라 플랙셔 기반의 유연 메커니즘들에 대한 후속적인 준정적 해석이 개발되었다. 이 책에서는 다양한 플랙셔 힌지들에 대해서 해석적인 방법과 더불어서 **그림 1.8**에서 제시되어 있는 유한요소 기법을 사용하여 유연성(강성), 관성 그리고 감쇄특성들을 유도함으로써 본질적으로 **이산화 공정**을 개발하였다.

그림 1.8 플랙셔 힌지의 이산화 공정

   이 모델링 공정을 통해서, 플랙셔 힌지는 정의된 자유도에 대해서 개별적이며 독립적으로 정의된 복잡한 **질량-감쇄 시스템**으로 변환된다. **그림 1.9**에서 묘사되어 있는 것처럼, 3차원 플랙셔 힌지의 경우, 한쪽 끝단이 (고정단으로 가정된)다른 쪽 끝단에 대해서 세 가지 병진과 세 가지 회전을 통해서 이동할 수 있다. 따라서 반대쪽 끝단의 위치에 대한 한쪽 끝단의 상대적인 위치만이 관심 있는 경우에, 3차원 플랙셔 힌지를 **6자유도** 부재로 모델링할 수 있다. 앞서 논의한 것처럼, 이 책에서는 소위 **다중축**이라고 부르는, 모든 유형의 3차원 플랙셔(회전 대칭성을 갖춘 모든 플랙셔 구조들)들에 대한 모델링과 해석을 수행한다.
   또 다른 유형의 3차원 플랙셔 힌지들은 두 개의 직교축에 대한 굽힘과 축방향 및 전단부하를 수용할 수 있는 2축 구조를 가지고 있지만, (일반적으로는) 비틀림을 수용하도록 설계되지 않았기 때문에 5자유도(비틀림 회전각도인 θ_{1x}를 제외하고, **그림 1.9**에서 도시되어 있는 모든 변위/회전을 포함)를 수용할 수 있다. 3차원 유형의 플랙셔 힌지는 2차원 운동을 수행하는 단일축 플랙셔 힌지들로 이루어진다. 이런 유형의 플랙셔에 대해서는 굽힘, 축방향 및 전단효과의 모델링이 가능하므로, **그림 1.9**의 1번 위치에서 가능한 변위는 u_{1x}, u_{1y} 그리고 θ_{1z} 뿐이다.

특정한 플랙셔 힌지에 대한 유연성, 관성 그리고 감쇄특성 등의 집중된 매개변수들을 정의함으로써, 플랙셔 기반의 유연 메커니즘에 대한 모달 및 동역학적 모델링과 해석을 표준화된 방법으로 수행할 수 있다.

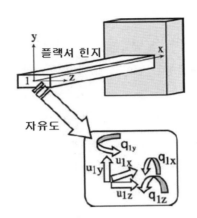

그림 1.9 한쪽 끝단의 운동이 반대쪽 끝단과 관련되어 있는 3차원 플랙셔 힌지의 6자유도

유연 메커니즘의 모델링과 해석에 있어서, **가상강체**[6*] 모델링 방법이 현재 사용되고 있는 가장 좋은 방법이다. 이 개념은 미드하 등[10]에 의해서 소개 및 개발되었으며, 적용사례별로 광범위하게 기술되었고, 하월과 미드하[11-13]는 대형 유연 메커니즘에 대해서 개발한 반면에, 예를 들면, 옌센 등[14]은 이에 대한 MEMS 용도의 마이크로스케일 구현에 대해서 발표하였다. 본질적으로는, 가상강체 모델에서는 유연거동의 항을 사용하여 유연 링크(플랙셔 힌지)를 비틀림 스프링으로 간주한다. 플랙셔의 비틀림 강성비율에 대한 근사적 표현식을 도출하기 위해서 대변위 가정이 사용되며, 유연 메커니즘 운동을 연구하기 위해서 강체 메커니즘에 대한 고전적인 방법이 후속적으로 사용된다. 이 모델링 방법에 대한 완벽하고도 세밀한 사항들은 최근에 출간된 하월[4]의 논문에서 찾을 수 있다. 이 개념을 유연 메커니즘에 적용하여 뛰어난 결과를 얻을 수 있었으며, 아나타서리쉬 와 코타,[15] 머피 등,[16] 브로켓과 스토크스,[17] 세거 와 코타[18] 그리고 코타 등[19]을 위시하여 수많은 결과들이 보고되었다.

이 책에서는 플랙셔 힌지들과 관련된 유연 메커니즘에 대한 가상강체 모델의 적용과 관련되어 약간의 논의가 수행되어 있다. 우선적으로 제기되는 의문은 순수하게 비틀림 스프링을 장착

6*   pseudo rigid body

한 회전 조인트만으로 플랙셔 힌지를 완전하게 나타낼 수 있느냐 하는 점이다. **그림 1.10**에서는 한쪽 끝단에 굽힘 모멘트, 전단력 그리고 축방향 부하가 작용하는 단일축 플랙셔 힌지와 더불어서 가상강체 접근방법을 적용하여 구해진 **비틀림 스프링** 모델에 대해서도 설명하고 있다. 비틀림 스프링을 사용해서 (플랙셔 기반의 유연 메커니즘에는 거의 항상 존재하는)축방향 부하를 모델링할 수 없다는 점은 명확하다. 마찬가지로, **그림 1.10**에서 작용력 F_{1y}는 반대쪽 고정단에 대해서 굽힘뿐만 아니라 전단을 생성하지만, 비틀림 스프링은 이 힘에 의해서 생성되는 수직방향 병진운동에 대한 유연성의 영향을 모델링/포착할 수 없다. 스프링 형태의 모델에 전단의 영향을 포함시킬 수 있는 가능성은 짧은 빔 형상의 부재인 경우에(그리고 유연 메커니즘 적용사례들 중의 많은 플랙셔 힌지들이 짧다) 특히 중요하다. 따라서 가상강체 모델 접근방법에 의거하여 신축성 커넥터의 유연 거동을 정의하는 최소한 두 개의 서로 다른 스프링들이 통상적인(그리고 단일) 비틀림 스프링에 추가되어야 한다.

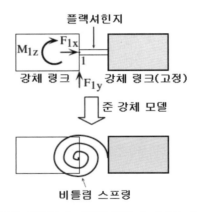

그림 1.10 가상강체 모델 접근방법을 사용하여 비틀림 방향에 대해서 유연한 스프링으로 모델링된 2차원 플랙셔 힌지

설명이 필요한 또 다른 측면은 가상강체 모델 접근방법에서 비틀림 스프링 강성 유도의 핵심을 이루고 있는 **대변위** 가정에 대한 것이다. 유연 메커니즘 내의 신축성 커넥터가 대변위를 일으키도록 특수하게 설계된 사례가 다수 존재하며, 일반적으로 이런 성분들은 허용 응력한계를 넘어서지 않으면서 대변위를 견딜 수 있도록 길고도 가느다란 부재들로 만들어진다. 버클링 조건하에서 누름체결요소나 복귀 스프링으로 작용하는 신축성 링크를 사용하는 유연 메커니즘의 적용사례들이 대규모나 MEMS 규모 모두에서 사용되고 있다. 그런데 꽤 많은 숫자의 플랙셔 기반 유연 메커니즘들이 미소운동을 만들어내기 위한 목적으로 사용된다. 그러므로 (보통

짧은)플랙셔 힌지들은 단지 미소변형만이 가해지므로 허용응력 수준 이하로 작용하며 대변위 이론을 적용할 필요가 없다. 소변위와 대변위 이론 사이의 이론적인 차이점은 대변위 문제의 경우 굽힘에 의해서 생성된 **곡률**을 엄밀한 형태로 고려해야 한다는 점이다.

$$\frac{1}{\rho} = \frac{\dfrac{d^2 y}{dx^2}}{\left[1 + \left(\dfrac{dy}{dx}\right)^2\right]^{3/2}} \tag{1.1}$$

반면에 소변위 이론에서는 경사가 작다고 가정하므로, 그 결과 경사의 제곱 성분을 무시할 수 있다. 그러므로 곡률을 다음과 같이 근사화시킬 수 있다.

$$\frac{1}{\rho} \cong \frac{d^2 y}{dx^2} \tag{1.2}$$

유의할 점은 이 책에서는 주로 플랙셔 힌지를 **미소변위**가 발생하는 부재로 취급하고 있다는 점이다. 이 가정은 대부분의 공학적 적용사례들에서 플랙셔 힌지들이 실제로 이 모델에서와 같이 거동한다는 사실에 근거하고 있으며, 따라서 선형(또는 1차) 굽힘 이론을 사용할 수 있으며, 다양한 플랙셔 구조들에 대한 스프링 비율을 유도할 수 있다. 그런데 6장의 특별한 하위 절에서는 대변위가 발생하는 플랙셔 힌지에 대해서 다룰 예정이다.

그림 1.11에서는 **연성(금속)소재**와 **취성소재**에 대한 힘-변위 특성을 보여주고 있다. 이 특성들은 정성적인 값에 불과하지만, 여기에서는 두 가지 그럴듯한 소재 시나리오를 강조하고 있다. 연성소재들은 대형 유연 메커니즘들에서 광범위하게 사용되는 반면에 MEMS 분야에서 준-배타적으로 사용되고 있는 실리콘이나 여타의 실리콘 기반 소재들은 취성을 가지고 있는 것으로 인식되고 있다.

연성소재의 경우, **그림 1.11**에 도시되어 있는 특성곡선의 선형 영역 내에서 작동점이 유지되도록, 일반적으로 변형을 낮은 수준으로 유지해야만 하며, 따라서 자동적으로 낮은 응력과 변형률이 보장된다. 동일한 형상을 갖는 취성소재의 경우, 연성소재의 경우보다 훨씬 큰 수준의 변형에서 파단이 발생한다. 그러므로 이런 소재를 사용해서 제작한 요소들은 파단의 위험성 없이 대변위에 대해서 더 쉽게 견딜 수 있다.

현재까지 출간된 모든 연구들은 **균일단면** 신축성 부재에 대한 가상강체 모델 접근방법을 사용해서 대변위 해석을 수행했다는 점을 말할 필요가 있다. 그런데 일반적인 플랙셔 힌지들은

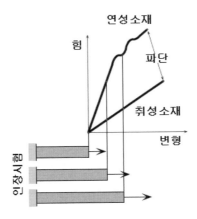

그림 1.11 연성 및 취성소재의 선형 및 비선형 영역에서의 힘-변위특성

많은 경우, **가변단면형상**을 사용하며, 신축성 커넥터의 대변위 문제를 다루는 현존 이론들을 실제의 플랙셔에 적용하기는 거의 어렵다. 2장에서는 가변단면형상 플랙셔 힌지들을 균일단면을 갖는 등가형상으로 단순화시킬 때에 예상되는 유연성의 편차를 나타내는 명확한 해설들과 다수의 도표들을 제공해주고 있다.

이 책에서는 또한 유한요소 기법을 사용한 플랙셔 힌지 모델링에 완전히 한 장을 할애하고 있다. 단일축 구조의 경우, 플랙셔 힌지를 노드당 3자유도를 갖는 3노드 빔 요소로 모델링하며, 2차원 플랙셔의 경우에는 노드당 5자유도로 그리고 다중축(회전형) 플랙셔 힌지의 경우에는 노드당 6자유도로 모델링하였다. 요소의 강성, 질량 그리고 감쇄행렬의 정의를 통해서, 앞서 나열한 세 가지 유형의 플랙셔 힌지들에 대한 포괄적인 유한요소 공식들이 제시되어 있다. 단일축 필렛 모서리와 균일단면 플랙셔 힌지에 대해서 이 요소 행렬들의 명확한 형태들이 유도되어 있다. 상용 유한요소 소프트웨어를 사용해서 이 방정식들을 손쉽게 구현할 수 있으며 정적/동적 해석에도 사용할 수 있다.

또 다른 장들은 플랙셔 힌지의 거동과 관련된 더 진보된 문제들에 할애되어 있다. 여기에는 다면체 플랙셔(단일축 및 다중축)의 비틀림, 열 효과, 다양한 소재로 만들어진 플랙셔, 플랙셔를 기반으로 하는 유연 메커니즘의 작동, 플랙셔 힌지의 버클링, 플랙셔 힌지의 대변위 그리고 대형 및 소형 시스템 용도로 사용되는 플랙셔들의 제작공정과 소재들 등을 다루고 있다. 매크로 스케일과 마이크로 스케일(MEMS)에서 사용되는 플랙셔 힌지와 플랙셔 기반 유연 메커니즘들의 적용사례에 대한 제시와 논의는 여타의 장들에서 수행되어 있다.

·· 참고문헌 ··

1. Paros, J.M. and Weisbord, L., How to design flexure hinges, *Machine Design*, November, 1965, p. 151.
2. Smith, S.T., *Flexures—Elements of Elastic Mechanisms*, Gordon & Breach, Amsterdam, 2000.
3. Midha, A., Elastic mechanisms, in *Modern Kinematics: Developments in the Last Forty Years*, A.G. Erdman, Ed., John Wiley & Sons, New York, 1993.
4. Howell, L.L., *Compliant Mechanisms*, John Wiley & Sons, New York, 2001.
5. Lobontiu, N. et al., Corner—filleted flexure hinges, ASME *Journal of Mechanical Design*, 123, 346, 2001.
6. Smith, S.T. et al., Elliptical flexure hinges, *Revue of Scientific Instruments*, 68(3), 1474, 1997.
7. Lobontiu, N. et al., Design of symmetric conic—section flexure hinges based on closed—form compliance equations, *Mechanism and Machine Theory*, 37(5), 477, 2002.
8. Lobontiu, N. et al., Parabolic and hyperbolic flexure hinges: flexibility, motion precision and stress characterization based on compliance closed—form equations, *Precision Engineering: Journal of the International Societies for Precision Engineering and Nanotechnology*, 26(2), 185, 2002.
9. Lobontiu, N. and Paine, J.S.N., Design of circular cross—section corner—filleted flexure hinges for three—dimensional compliant mechanisms, *ASME Journal of Mechanical Design*, 124, 479, 2002.
10. Midha, A., Her, I., and Salamon, B.A., A methodology for compliant mechanisms design. Part I. Introduction and large—deflection analysis, in *Advances in Design Automation*, D.A. Hoeltzel, Ed., DE—Vol. 44—2, 18th ASME Design Automation Conference, 1992, p. 29.
11. Howell, L.L. and Midha, A., A method for the design of compliant mechanisms with small—length flexural pivots, *ASME Journal of Mechanical Design*, 116(1), 280, 1994.
12. Howell, L.L. and Midha, A., Parametric deflection approximations for end—loaded, large—deflection beams in compliant mechanisms, *ASME Journal of Mechanical Design*, 117(1), 156, 1995.
13. Howell, L.L. and Midha, A., Determination of the degrees of freedom of compliant mechanisms using the pseudo—rigid—body model concept, in *Proc. of the Ninth World Congress on the Theory of Machines and Mechanisms*, Milano, Italy, 2, 1995, p. 1537.

14. Jensen, B.D., Howell, L.L., Gunyan, D.B., and Salmon, L.G., The design and analysis of compliant MEMS using the pseudo-rigid-body model, *Microelectromechanical Systems (MEMS) 1997*, DSC-Vol. 62, ASME International Mechanical Engineering Congress and Exposition, Dallas, TX, 1997, p. 119.

15. Anathasuresh, G.K. and Kota, S., Designing compliant mechanisms, *Mechanical Engineering*, November, 1995, p. 93.

16. Murphy, M.D., Midha, A., and Howell, L.L., The topological synthesis of compliant mechanisms, *Mechanism and Machine Theory*, 31(2), 185, 1996.

17. Brockett, R.W. and Stokes, A., On the synthesis of compliant mechanisms, *Proc. of the IEEE International Conference on Robotics and Automation*, Sacramento, CA, 3, 1991, p. 2168.

18. Saggere, L. and Kota, S., Synthesis of distributed compliant mechanisms for adaptive structures application: an elasto-kinematic approach, *Proc. of DETC'97, ASME Design Engineering Technical Conferences*, Sacramento, CA, 1997, p. 3861.

19. Kota, S., Joo, J., Li, Z., Rodgers, S.M., and Sniegowski, J., Design of compliant mechanisms: applications to MEMS, *Analog Integrated Circuits and Signal Processing*, 29(1-2), 7, 2001.

CHAPTER 02

플랙셔 힌지의 유연기반 설계

COMPLIANT MECHANISMS:
DESIGN OF FLEXURE HINGES

플랙셔 힌지의 유연기반 설계

2.1 서 언

이 장에서는 플랙셔 힌지 구조의 범위를 유연특성에 기초하여 정의한다. 여기서는 다양한 기존의 형태들과 더불어서 몇 가지 새로운 플랙셔 힌지들이 소개된다. 이들 모두는 해석적으로 유도된 일반적 형태를 갖는 **닫힌 형태**의 **유연성 방정식**으로 제시되며, 모든 플랙셔들에 대해서 각각의 고유한 식들이 제시된다. 플랙셔 힌지는 실제적으로 회전과 병진운동에 대해서 응답하고 이를 전달하는 복잡한 스프링 요소로서, 개별적인 플랙셔 힌지들은 준정적 부하에 대한 기계적인 응답을 정의해주는 일련의 유연성(또는 역으로 **스프링 비율**)을 가지고 있다. 엄밀하게 유도된 닫힌 형태의 유연성 방정식은 플랙셔 힌지를 회전능력, 회전 정밀도, 기생입력에 대한 민감도 그리고 최대 응력수준 등의 항으로 나타내는 데에 도움이 된다. 기능적으로는 플랙셔 힌지를 굽힘, 축방향 부하 그리고 3차원 구조의 경우에는 비틀림 등에 대해서 신축성 있는 반응을 일으킬 수 있는 부재로 모델링할 수 있다. 특히 짧은 플랙셔 힌지의 경우에는 전단력과 그 영향도 역시 고려해야만 한다. 모든 부하효과들에 대해서 개별적인 해석을 수행할 예정이며, 플랙셔에 의해서 발생 가능한 운동을 나타내는 각각의 **자유도**(DOF)에 대해서 해당 유연성들을 유도할 예정이다.

파로스와 와이즈보드[1]는 1965년에 완전한 유연성 방정식뿐만 아니라, 하나 또는 두 개의 민감축을 갖고 있는 원형 대칭 및 진원형 플랙셔 힌지에 대한 근사 공학식을 제시함으로써, 플랙셔 힌지에 대한 유연성 기반의 접근방법을 소개하였다. 이로부터 수십 년이 지난 후에야 여타의 플랙셔 구조들에 대한 해석적인 공식들이 제시되었다. 예를 들면, 스미스 등[2]은 파로스와 와이즈보드[1]의 원형과 타원형상에 대한 결과를 조합하여 타원형 플랙셔 힌지를 모델링하였다. 도넛형 플랙셔 힌지를 표현하기 위해서 스미스[3]는 앞서와 동일한 과정을 통하여 파로스와 와이즈보드[1]가 적용한 접근법과 방정식을 적용 및 수정하였다. 로본티우 등[4]은 대칭형 필렛 모서리형 플랙셔 힌지에 대한 완전한 유연방정식을 제시하였으며, 회전범위, 회전 정밀도 그리고 응력수준 등의 정량화와 수식화를 통하여 플랙셔 힌지에 대하여 더 완벽한 형태로 유연성 기반의 접근을 시도하였다. 이후로 로본티우 등[5]은 대칭형 포물선과 쌍곡선 플랙셔 구조를 소개하였으며, 로본티우 등[6]은 원추형 단면형상을 갖는 원형, 타원형, 포물선형 그리고 쌍곡선형 플랙셔 힌지들에 대한 일관성 있는 접근방법을 개발하였다. 로본티우와 페인[7]은 3차원 용도의 회전형 필렛 모서리형 플랙셔 힌지를 묘사하기 위해서도 유연성 기반 접근방법을 사용하였다. 초탄성 형상기억합금[7*]으로 만들어진 (와이어 형상의)실린더형 플랙셔 힌지를 모사하는 유연성공식을 제시한, 캔필드 등[8]에 의해서 3차원 적용사례가 발표되었다.

현재까지 발표된 특징적인 연구들의 대부분은 상용 유한요소 해석 소프트웨어를 이용하여 해석을 수행한, 원형 및/또는 필렛 모서리형 플랙셔 힌지를 사용하는 적용사례에 초점이 맞춰져 있었다. 이들 모든 유한요소 결과들은 상용 소프트웨어를 사용하지 않고 유한요소 공식을 직접 적용한 극소수의 예외들과 함께, 이 장의 유한요소 기법을 사용한 플랙셔 힌지 해석방법의 절에서 소개할 것이다.

기능적 원리와 관련된 기하학적 형상을 기반으로 하는 플랙셔 힌지의 분류법에 대해서도 간략하게 논의할 예정이다. 일반적으로 플랙셔 힌지는 그림 2.1에 도시되어 있는 것처럼, **단일 축**(일반적으로 균일 폭), **다중축**(회전 형상) 그리고 **2축** 등 세 가지 주요 유형들로 분류할 수 있다.

1장에서 논의되었던 것처럼, **민감축**은 두 개의 서로 인접한 강체 부재들 사이에서 제한된 상대운동을 생성하도록 설계된 플랙셔 힌지의 운동과 주 기능을 정의해준다. 단일축 유형에 포함되어 있는 플랙셔 힌지들은 하나의 축방향에 대한 회전과, 이 회전운동을 만들어내는 굽힘에만 민감해야 한다. **그림 2.2**에서는 민감축이 하나인 플랙셔 힌지의 형상을 보여주고 있다.

7*   Nitinol

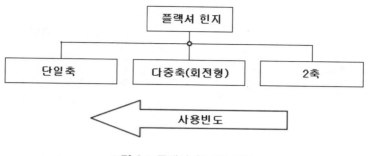

그림 2.1 플랙셔 힌지의 분류

일반적으로 이런 플랙셔 힌지들은 균일폭, 가변두께를 갖는 사각단면으로 만들어진다. **그림 2.2**에 도시되어 있는 민감축 또는 유연축은 최대 굽힘 유연성이 존재하는 최소두께 단면상에 위치하며 길이방향 및 횡방향 축들에 의해서 형성된 평면과는 직교한다. 플랙셔 구조는 두 개의 인접한 부재들이 민감축에 대해서 상대적인 회전을 일으키도록, 평면적 용도를 위해서 설계된다. 비록 원치는 않지만, 민감축에 대한 굽힘과 더불어서 플랙셔의 길이방향 및 횡축방향과/또는 평면 외 운동이 수반된다.

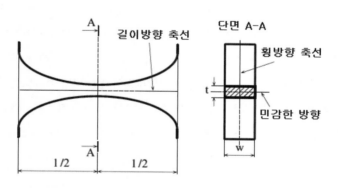

그림 2.2 균일폭 사각단면을 갖는 단일축 플랙셔 힌지

다중 민감축을 갖고 있는 플랙셔 힌지는 **그림 2.3**에 설명되어 있는 것처럼, 원형단면 형상을 가지고 있다. 민감축은 여전히 최소두께를 갖는 단면상에 위치하지만, 원형 대칭단면을 가지고 있기 때문에 우선적 방향이 존재하지 않는다. 따라서 이런 유형의 플랙셔 힌지는, 두 개의 인접한 부재들이 **우선방향**이 없는 상대회전을 일으키는 경우처럼, 회전(민감)축 방향이 지정되지 않는 3차원 용도에 적용할 수 있다.

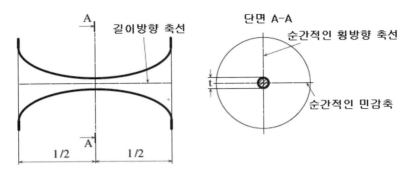

그림 2.3 원형단면을 갖는 다중축 플랙셔 힌지

2축 유형에 속하는 플랙셔 힌지가 **그림 2.4**에 도시되어 있다. 단일축 구조와 유사하게, 이 플랙셔 힌지는, 최소단면두께 t 가 위치하며 **주 민감축**이라고 부르는, 최소 굽힘 유연성을 가지고 있는 축방향에 대해서 우선적으로 굽혀진다. 또한 대부분의 경우, 동일 단면상에 위치하면서 주 민감축에 직각방향으로 **2차 민감축**이 위치한다. 2차 민감축 방향으로 작용할 수 있는 높은 굽힘 부하를 견디면서 이에 반응할 수 있도록, 2차축의 유연성은 주 민감축과 비교하여 약간 더 작게 만들어진다. 비록 절대적으로 필요한 것은 아니지만, 이 플랙셔 힌지의 단면은 사각형이다. 적용 사례에는 정상적인 상황하에서는 두 개의 인접한 부재들이 주 민감축에 대하여 상대적인 회전을 일으켜야만 하는 반면에, 높은 부하에 대해서 반응해야만 하는 예외적인 상황에서는 2차축에 대해서 상대적인 회전을 일으킬 능력을 갖는 사례가 포함된다. 이 책에서 제시하고 있는 2축 설계에서는 두 플랙셔들을 배열해놓고 있지만, 여타의 방식도 구현이 가능하다. (닫힌 형태의 강성비율을 갖는)표준 설계에 따라서 직렬구조로 설계된 2축 플랙셔 힌지와 파로스와 와이즈보드[1]가 발표한 원형 구조로 각각의 플랙셔 힌지들을 만들 수 있지만 두 플랙셔를 **직렬방식**으로 위치시키기 위해서는 여분의 길이가 필요하다.

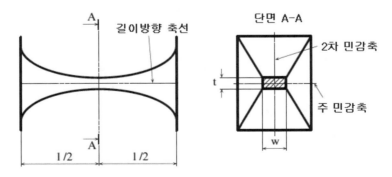

그림 2.4 사각형 단면을 갖는 2축 플랙셔 힌지

플랙셔 힌지를 분류하는 또 하나의 원칙은 **기하학적 대칭성**이다. 구현 가능한 다양한 대칭성 조합에 따라서 몇 가지 구조들을 열거해놓은 **그림 2.5**에서와 같이, 플랙셔 힌지들은 종축과/또는 횡축에 대한 대칭성에 의해서 구분할 수 있다. 비록 필요조건은 아니지만, 설명과 이해를 돕기 위해서, **그림 2.2~그림 2.4**의 플랙셔 힌지들은 모두 대칭이다.

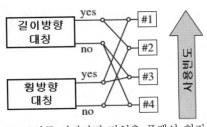 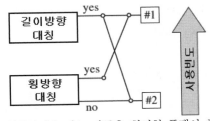

(a) 균일폭 사각단면 단일축 플랙셔 힌지   (b) 원형단면을 갖는 다중축 회전형 플랙셔 힌지

그림 2.5 대칭성을 기준으로 정의된 플랙셔 힌지의 토폴로지

단일축 플랙셔의 경우, 대칭성에 따라서 완전히 대칭적인 구조(**그림 2.5a**의 사례 1)에서 비대칭 구조(**그림 2.5a**의 사례 4)까지 네 개의 서로 다른 유형이 가능하다. 다중축 플랙셔는 종축방향에 대해서 항상 대칭이다. 직접적인 결과로, **그림 2.5b**에 도시되어 있는 단지 두 가지 상황만이 가능하다.

2차축에 대한 대칭성에 의해서 발생되는 네 가지의 독립적이며 유사한 상황들을 포함하는 주축들에 의해서 정의되는 네 가지 발생 가능한 상황들을 조합함으로써, 단일 민감축 사례로부터 2축 플랙셔 힌지 구조를 유도해낼 수 있다. 그러므로 전체 팔레트는 두 유연축들이 완전히 대칭인 경우에서부터 두 민감축 모두가 비대칭인 설계에 이르기까지의 범위에 대해서 16가지의 개별적인 구조들로 이루어진다. **그림 2.6**에서는 종방향 대칭 및 횡방향 대칭 그리고 완벽한 대칭 등의 플랙셔 구조들을 보여주고 있다.

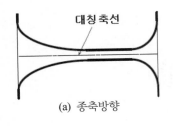

(a) 종축방향   (b) 횡축방향   (c) 종축 및 횡축방향(전체)

그림 2.6 플랙셔 힌지의 대칭성

이후의 모든 유연성 유도에 기초가 되는 중요한 가정들 중 하나는 플랙셔 힌지의 경계조건에 관한 것이다. 묵시적이며 일반적으로 플랙셔 힌지는 **고정-자유단**으로 가정되며, 이 가정은 파로스와 와이즈보드[1]의 연구 이래로 플랙셔 힌지에 대한 모든 해석적 접근에 적용되어 왔다. **그림 2.7**에서는 일반적인 플랙셔 힌지에 대한 이 경계조건들을 보여주고 있다. **그림 2.7**의 경계조건은 하나의 강체 링크가 실제로 고정된 경우에는 명백히 타당하지만, 접속된 두 강체 링크가 움직이는 경우에도 하나의 링크가 고정되었다고 간주하면 부재들 사이의 상대적인 운동이 복제되므로, 경계조건이 성립된다.

(a) 링크-플랙셔 힌지-링크 연속체   (b) 고정-자유단 경계조건

그림 2.7 일반적인 플랙셔 힌지의 경계조건

논의된 경계조건과 관련된 또 다른 관점은 1장에서 개략적으로 소개되었던 주제인 플랙셔 힌지에 의해서 제공된 자유도에 대한 것이다. **그림 2.8**에서는 자유단에 3차원 부하가 가해지는 일반적인 고정-자유단 플랙셔 힌지 부재에 대해서 설명하고 있다. 이 일반적인 구조에서, 자유단은 기준 프레임에 대한 세 개의 병진, u_{1x}, u_{1y}, u_{1z}와 세 개의 회전, θ_{1x}, θ_{1y}, θ_{1z}의 6자유도를 가지고 있다. 실제 적용사례에서는 이 자유도들이 이 점에 물리적으로 부착되어 있는 강체 링크에 전달될 수 있다. 플랙셔 자유단의 운동을 6자유도에 대해서 나타내면 회전능력뿐만 아니라 기생운동에 대한 민감도와 같은 중요한 정보들을 얻을 수 있다. 또한 **그림 2.8**에 2번으로 도시되어 있는 플랙셔 힌지의 중앙 위치에서의 병진운동 역시 중요하다. 이 위치는 다음의 논의에서 **회전중심**이라고 부르며 이 운동들(세 개의 병진운동인 u_{2x}, u_{2y}, u_{2z})은 회전 정밀도를 정의하는 데에 매우 중요하게 사용된다.

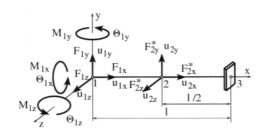

그림 2.8 일반적인 플랙셔 힌지에서 주 자유단과 중간 위치의 자유도

이 장의 초반에 언급하였듯이, 플랙셔 힌지는 기능적으로 외부에서 입력되는 운동에 대해서 주어진 자유도로 **선형 탄성 반응**을 일으키는 **복합 스프링**으로 간주된다. 굽힘에 의해서 생성된 운동이 플랙셔 기능에 가장 중요한 영향을 끼친다는 점을 고려하면, 하월과 미드하,[9] 머피 등[10] 그리고 하월[11]의 연구에 의거하여, 고전적인 회전 조인트에 비틀림 강성을 부과함으로써, 플랙셔 힌지를 가상강체로 모델링할 수 있다. 그런데 예를 들면 단일축 플랙셔 힌지는 한 강체 링크가 다른 강체 링크에 대해서 3자유도로, 2차원(평면) 상대운동을 수행할 수 있다. **그림 2.9a**에서 나타내고 있는 것처럼, x 및 y축에 대한 두 개의 병진운동과 힌지의 민감축에 대한 하나의 회전 운동이 일반적으로 가능하다. 이 운동들 각각은 스프링 특성을 가지고 있으며, 각각의 해당 강성들은 일반적으로 부하가 가해지는 실제적인 유연 메커니즘 내에서 플랙셔의 전체적인 변형에 영향을 끼치고, 순수한 굽힘 모멘트(민감축에 대해서 원하는 회전을 생성하며 플랙셔의 비틀림 강성을 활성화시켜준다)와 더불어서 x 및 y 방향으로 작용력이 가해진다.

3자유도에 대한 스프링 응답을 나타내는 단일축 플랙셔 힌지 모델이 **그림 2.9b**에 도시되어 있다. 여타의 운동이 중요해지며 이들의 영향을 간과할 수 없는 경우에는 추가적인 자유도를 고려해야만 하므로, 상황이 훨씬 더 복잡해진다. 이 장에서는 논의할 모든 플랙셔 힌지들의 모든 자유도에 대한 스프링 거동을 나타내기 위해서 닫힌 형태의 유연방정식을 유도하여 이 문제를 총체적으로 다룰 예정이다.

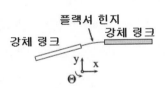 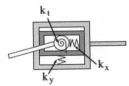

(a) 플랙셔 양단 사이의 자유도(x, y 병진: θ 회전)　　　(b) 3자유도를 표현한 스프링 기반 모델

그림 2.9 단일축 사각단면 플랙셔 힌지 모델

우선적으로, 플랙셔 힌지에 대한 다양한 닫힌 형태의 유연성 방정식에 사용되는 도구들에 대한 설명을 통해서 일반화된 수학공식이 유도된다. 이 유연성들은 나중에 회전능력, 기생운동에 대한 민감성, 회전 정밀도 그리고 응력수준 등에 대한 정의와 해석을 통한 플랙셔 힌지에 대한 총체적인 연구를 위해서 사용된다.

단일축 유형에는 **원형, 필렛 모서리, 타원형, 포물선형, 쌍곡선형, 역포물선형** 그리고 **교차형** 등의 2차원 적용사례들이 포함된다. 다중축 부류에는 앞서의 유형에서 거명했던 이름을 갖는 3차원용 회전형 플랙셔들이 속한다. 두 개의 민감축을 갖는 역포물선형 플랙셔 힌지에 대한 닫힌 형태의 유연성 방정식들이 유도된다. 이 장 말미에는 개별적인 플랙셔들에 대해서 포괄적인 세트의 수치해석이 광범위하게 적용될 예정이며, 몇 가지 성능 이론에 기초한 비교를 통해서 주요 형상들에 대해서 살펴볼 예정이다.

2.2 일반적 수학공식

2.2.1 서언

이 절에서는 닫힌 형태의 유연성 방정식 유도와 여기서 예시하고 있는 플랙셔 힌지들의 수학적 묘사에 사용되는 몇 가지 기본적인 주제들에 대해서 간략하게 살펴볼 예정이다. 우선 **호혜성 원리**[8*]에 대해서 살펴본다. 이 원리는 유연성과 강성 개념을 면밀하게 다루고 있으며 탄성체의 부하 −변형 양상을 다루고자 하는 경우에 특히 유용하다. 그다음으로는 카스틸리아노의 변위이론을 살펴본다. 이 이론은 뒤에 나오는 모든 닫힌 형태의 유연성 방정식의 유도에 핵심적인 도구로 사용된다. 사례에서는 이론의 주요 관점들을 보강해주기 위한 이론적인 표현들이 추가되어 있다.

플랙셔 기반의 유연 메커니즘에서 플랙셔 힌지들은 치수가 작고 부하에 가장 먼저 노출되기 때문에 가장 먼저 파손되기 쉽다. 연성소재에 국한되어 소재 파단과 관련된 이론과 기준에 대해서 논의할 예정이며 피로와 응력집중 등의 관련주제들에 대해서도 다룰 예정이다.

2.2.2 호혜성 원리

몇 가지 예외를 제외하고 이 책에서 다루는 대부분의 주제들은 다음과 같은 성질을 갖추고 있는 선형 탄성소재 및 시스템에 초점을 맞추고 있다.

- (휨이나 각도회전 등의)변형이 작다(미소하다).
- 물체가 탄성을 가지고 있으며 따라서 변형은 **후크의 법칙**에 따라서 부가된 하중에 비례한다.
- 물체는 균일(내부의 모든 위치에서 성질이 동일)하며 등방성(방향에 무관하게 성질이 동

8*   reciprocity principle

일)이다.

비록 직접계산 목적을 위해서 이들을 개별적으로 적용할 수 있지만, 예를 들면 덴하토그[12]나 바버[13] 등에 의해서 지적되었던 **가상일**의 정리나 카스틸리아노의 정리와 같은 탄성체 분야에서는 호혜성 원리가 다양한 에너지 원리와 이론을 개발 및 증명하는 데에 더 유용한 것으로 알려져 있다. 덴하토그,[12] 볼테라와 게인스[14] 그리고 티모센코[15] 등이 언급한 바에 따르면, 호혜성 원리의 가장 기본적인 형태가 맥스웰에 의해서 1864년에 처음으로 서술 및 증명되었다. 이 원리에 따르면, 선형 탄성체에서 j 위치에 가해진 단위부하에 의해서 i 위치에 발생한 변위는 i 위치에 가해진 단위부하에 의해서 j 위치에 발생된 변위와 동일하다. 1872년에, 서로 다른 위치에서 새롭게 가해진 부하의 작용을 통해서, 특정한 위치에서 수행된 일을 나타내기 위해서 **간접일**[9*] 또는 **상호일**[10*]이라는 개념을 도입한, 베티가 제안한 변형된 이론을 통해서 맥스웰의 호혜성 원리가 광범위하게 적용되었다. 호혜성 원리의 정의에 대한 베티의 해석에 따르면 새로운 부하 시스템 j가 작용하는 동안 부하 시스템 i에 의해서 수행된 간접 또는 상호 일은 부하 시스템 i가 작용하는 동안 부하 시스템 j에 의해서 수행된 일과 동일하다. 예를 들면, 덴하토그,[12] 티모센코[15] 또는 우구랄과 펜스터[16] 등에서 맥스웰 또는 베티의 호혜성 원리 공식에 대한 증명이 수행되어 있다.

이 원리의 기본적인 특징을 더 잘 나타내기 위해서 간단한 사례에 대해서만 논의하기로 한다. **그림 2.10**에서는 기구학적으로 구속되어 있는 탄성체를 보여주고 있다. **그림 2.10a**에서와 같이, 작용력 F_i가 일차적으로 가해진다. 이 작용력은 탄성체의 여러 위치에 가해지는 힘과 모멘트를 통해서 더 일반화시킬 수 있다. 이 힘은 i 위치에서 F_i가 향하는 방향으로 u_{ii}(첫 번째 하첨자는 작용 위치와 방향을 나타내며 두 번째 하첨자는 이를 만들어낸 부하를 나타낸다)라고 표시한 만큼의 탄성변형을 일으킨다. 이제 **그림 2.10b**에서와 같이, 힘 F_i가 계속해서 물체에 힘을 가하는 동한 또 다른 부하인 모멘트 M_j가 j 위치에 가해진다고 가정하자. 이 새롭게 가해진 부하는 i 위치에 앞에서 소개했던 하첨자 표기방법에 따라서 u_{ij}라고 표기된, 추가적인 변형을 만들어낸다. 이런 두 단계의 과정을 통해서 작용력 F_i가 수행한, 부하가 가해진 순서를 나타내기 위해서 상첨자 $i-j$로 표기한, 총 일은 다음과 같다.

9*   indirect work
10*   mutual work

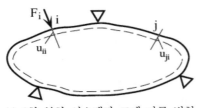
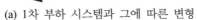
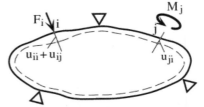

(a) 1차 부하 시스템과 그에 따른 변형   (b) 1차 및 2차 부하 시스템과 그에 따른 변형

그림 2.10 공간적으로 구속되어 있는 탄성체에 적용되는 호혜성 원리에 대한 설명

$$W_{F_i}^{i-j} = \frac{1}{2} F_i u_{ii} + F_i u_{ij} \tag{2.1}$$

식 (2.1)의 첫 번째 항은 작용력 F_i가 0에서 공칭값인 F_i까지 점차적으로 작용함에 따라서 준정적으로 수행된 일을 나타낸다. 식 (2.1)의 두 번째 항은 작용력 F_i가 완전히 작용함에 따라서 정적으로 수행된 일을 나타낸다. 동일한 과정을 통해서 모멘트 M_j도 다음과 같은 일을 수행하게 된다.

$$W_{M_j}^{i-j} = \frac{1}{2} M_j \theta_{jj} \tag{2.2}$$

이 부하순서에 의해서 수행된 총 일은 F_i와 M_j의 기여도를 합산하여 다음과 같이 구해진다.

$$W^{i-j} = \frac{1}{2} F_i u_{ii} + F_i u_{ij} + \frac{1}{2} M_j \theta_{jj} \tag{2.3}$$

두 부하를 가하는 순서가 바뀌었다고 한다면, 즉 M_j가 일차로 탄성체에 가해지고 작용력 F_j가 뒤따라 작용한다고 가정하자. 앞서 사용했던 것과 유사한 이유를 적용하면 이 뒤바뀐 부하순서에 의해서 수행된 총 일은 다음과 같다.

$$W^{j-i} = \frac{1}{2} M_j \theta_{jj} + M_j \theta_{ji} + \frac{1}{2} F_i u_{ii} \tag{2.4}$$

최소한 두 개의 성분으로 구성된 부하 벡터에 의해서 탄성체 구조물에 가해진 일은 개별적인 부하 성분들이 가해진 순서에 의존하지 않아야 하므로, 식 (2.3)과 (2.4)에 의해서 표현된 일은 동일해야만 한다.

$$W^{i-j} = W^{j-i} \tag{2.5}$$

식 (2.3), (2.4) 그리고 (2.5)를 조합하면 다음 식을 얻을 수 있다.

$$F_i u_{ij} = M_j \theta_{ji} \tag{2.6}$$

식 (2.6)은 실제적으로 베티의 호혜성 원리의 부하벡터가 단지 두 가지 성분만을 갖는, 특수한 경우에 대한 수학적 표현식이다. 식 (2.6)은 두 가지 서로 다른 형태의 일과 관련되어 있다는 것을 말할 필요가 있다. 성분 중 하나는 작용력(병진 일)에 의한 것이며 또 다른 성분은 모멘트(회전 일)에 의한 것이다. 이 원리는 동일한 유형의 일(병진과 병진 또는 회전과 회전)들을 연결하는 데에도 마찬가지로 적용된다.

여러 해 동안 호혜성 원리에 대해서 여러 가지의 개발이 수행되었다. 예를 들면, **랜드-콜로네티의 원리**(1887과 1912)는 구속조건에 의해서 생성된 탄성변형과 외부 부하 사이의 상호관계를 반영하는 모델을 제안하였다. 볼테라(1905)는 다중 연결된 탄성체 내의 두 개의 **탄성전위**[11*]에 대한 호혜성에 대해서 논의하였다. 1928년에 볼테라는 특수한 경우에 대해 앞서 언급했던 모든 공식들을 포함하는 일반화된 호혜성 원리를 발표하였다. 호혜성 원리에 대한 더 상세한 내용은 볼테라와 게인스[14]를 참조하기 바란다. 호혜성 원리는 선형탄성 시스템에서 부하-변형 관계의 일부 특성들을 증명하는 데에 극도로 유용하다. (앞서 언급했던)선형 탄성체의 거동을 지배하는 특성의 직접적인 결과를 소위 **선형 중첩의 원리**라고 부른다. 이 원리에 따르면, 부하 시스템의 작용하에서 탄성체 내 임의 위치의 변형은 각각의 부하가 개별적으로 작용할 때에 발생된 변형을 합한 것과 동일하다. 만약 n개의 부하가 탄성체에 작용한다면, 특정 위치 i에서의 변형은 다음과 같이 구할 수 있다.

$$u_i = \sum_{j=1}^{n} C_{ij} L_j \tag{2.7}$$

11*   elastic dislocation

여기서 C_{ij}는 탄성체의 여러 위치에서의 변형을 고찰하는 경우에 **유연행렬** 또는 **신축행렬** $[C]$를 구성하는 **영향계수** 또는 **가중계수**라고 부른다. 행렬 방정식을 통해서 유연행렬은 부하 벡터 $\{L\}$를 통해서 변형 벡터 $\{u\}$와 상관관계를 형성한다.

$$\{u\} = [C]\{L\} \tag{2.8}$$

일반적으로, 변형벡터 $\{u\}$의 요소 숫자는 부하벡터 $\{L\}$ 내의 부하숫자와 동일하며, 이는 유연행렬 $[C]$가 정방행렬이 아님을 의미한다. 그런데 정방행렬이 후속적인 행렬식 조작이나 연산에 유리하므로, $[C]$를 정방행렬로 변형시키는 것이 편리하다. 이 장의 후반에서 보여주듯이, 특정한 위치에서의 변형을 동일한 위치에 가해진 부하와 연관지는 것은 항상 가능하며, 이를 통해서 유연행렬을 정방형으로 만들 수 있다.

개별적인 영향계수 C_{ij}들이 j 위치에 가해진 단위부하에 의해서 i 위치에 생성된 변형을 나타낸다는 것을 식 (2.7)이 명확하게 보여주고 있다. 마찬가지로, 계수 C_{ji}는 i 위치에 가해진 단위부하에 의해 생성된 j 위치에서 측정된 변형을 나타낸다. 그런데 맥스웰의 호혜성 원리에 따르면, 이들 두 변형은 항상 동일하며 따라서,

$$C_{ij} = C_{ji} \tag{2.9}$$

따라서 정방형 유연행렬 $[C]$는 대칭이다. 반면에, 식 (2.7)로 표현되는 중첩의 원리는 선형 탄성 시스템의 경우, 이와는 반대의 방법으로 공식화시킬 수 있다. 구체적으로 말하면, 물체의 주어진 위치에 가해지는 부하는 다음의 방정식에서와 같이, 각각의 개별적인 변위에 해당되는 부하들의 합으로 표현된다.

$$L_i = \sum_{j=1}^{n} K_{ij} u_j \tag{2.10}$$

여기서 영향계수 K_{ij}는 **강성계수**를 나타낸다. 식 (2.10)과 유사한 방정식들을 탄성체 내의 여타 관심 위치에 대해서 기술할 수 있다. 이들을 다음과 같이 일반화된 방정식으로 취합할 수 있다.

$$\{L\} = [K]\{u\} \tag{2.11}$$

여기서 $[K]$는 **강성행렬**이다.

식 (2.8)과 (2.11)을 비교하면 강성행렬 $[K]$는 유연행렬 $[C]$의 역행렬임을 알 수 있다.

$$[K] = [C]^{-1} \tag{2.12}$$

이미 제시했던 것처럼 유연행렬 $[C]$는 정방 대칭행렬이므로, 이 관계를 성립시킬 수 있다. 게다가 유연행렬 $[C]$가 **정칙행렬**[12*]이다. 그러므로 유연행렬 $[C]$는 항상 역행렬을 갖고 있으며, 식 (2.8), (2.11) 그리고 (2.12)로부터 추론된 것처럼, 이는 강성행렬 $[K]$이다.

2.2.3 카스틸리아노의 변위정리

몇 가지 수학적 도구들을 통해서 탄성체의 변형을 구할 수 있게 되었다. 비록 **직접적분법**, **중첩원리(마이어소티스법**[13*]) 또는 **영역−모멘트법** 등과 같이 이들 중 일부는 보 형상의 구조물에 대해서 특화되어 있지만, 에너지 방정식이나 **변분식**[14*]을 기반으로 하는 여타의 기법들이 더 일반적이며 기계 구조물의 더 넓은 범위를 포괄한다. 나중에 언급한 범주에 속하는 잘 알려진 방법들에는 **최소 퍼텐셜 에너지 원리**(레일레이−리츠), **가상일의 원리, 카스틸리아노의 2법칙, 칸토로비치법,**[15*] **갤러킨법,**[16*] **트레프츠법,**[17*] **오일러 유한차분법** 그리고 **유한요소법** 등이 있다. 관심이 있는 독자들은 티모센코,[15] 리처즈,[17] 하커[18] 그리고 랑하르[19] 등의 뛰어난 논문들을 통해서 에너지법 또는 변분법 등에 대한 추가적인 정보를 얻을 수 있을 것이다.

카스틸리아노의 2법칙(**카스틸리아노의 변위법칙**이라고도 알려져 있다)은 외부 부하와 지지반력을 받고 있는 탄성체의 변형을 계산하는 매우 유용한 기법이다. 이 법칙은 선형 탄성소재에 국한되며 따라서 응력과 변형률 또는 이와 동등한 부하와 변형에 대한 후크의 법칙을 따른다. 본질적으로 이 법칙은 특정 위치에 작용하는 외부부하/지지반력(작용력이나 모멘트)에 따라서 생성되는 국부 (선형 또는 각도)변형을 계산할 수 있는, 단순하지만 세련된 수학적 도구를 제공해준다. 구체적으로 말하면 탄성체의 국부변형은 위치와 지정된 변형방향에 대해서 작용하는

12* nonsingular matrix
13* Myosotis method
14* variational formulation
15* Kantorovitch method
16* Galerkin method
17* Trefftz method

힘이나 모멘트의 항으로 표현된, 물체 내에 저장되어 있는 총 응력 에너지를 편미분한 식으로 나타낼 수 있다. 이 법칙의 전제조건은 고려대상인 탄성체가 충분히 지지되어 강체운동(탄성변형에 의한 것이 아닌, 느슨한 지지에 의해서 허용된 운동)이 억제된다는 것이다. 그런데 이 전제조건은 여타의 유사 방법들에도 적용된다. 카스틸리아노의 2법칙에 국한되는 두 번째 조건은 응력 에너지를 부하의 항으로 나타내어야만 하며, 따라서 변위를 포함하지 말아야 한다는 것이다. 다음에서 보여주듯이, 이 조건은 응력 에너지 공식의 근원적인 성질 때문에 손쉽게 충족된다.

　그림 2.11에 도시되어 있는 탄성체는 외부 부하와 지지반력의 작용에 의해서 직선 및 각도변형을 일으킨다. 카스틸리아노의 2법칙에 따르면, i 위치에서의 선형변위는 그 위치에 작용하는 작용력 F_i의 항으로 나타낼 수 있다.

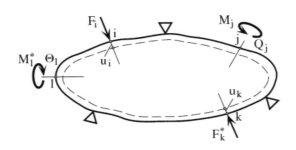

그림 2.11 공간적으로 구속되어 있는 탄성체에 적용된 카스틸리아노의 2법칙에 대한 개략적 표현

$$u_i = \frac{\partial U}{\partial F_i} \tag{2.13}$$

마찬가지로, 각도 변형은 j 위치에 작용하는 모멘트 M_j의 항으로 다음과 같이 나타낼 수 있다.

$$\theta_j = \frac{\partial U}{\partial M_j} \tag{2.14}$$

외부부하와 반력이 없는 위치에 대해서 변형을 산출해야만 할 때에는 찾고자 하는 변형의 유형에 해당되는 가상의 부하를 인위적으로 가하고, 식 (2.13)과 (2.14)와 유사한 방정식들을 사용해서 직선변형과 각도변형을 구한다. 가상의 부하 F_k^*를 사용해서 **그림 2.11**에 도시되어 있는 k번 위치에서의 변형을 다음과 같이 산출할 수 있다.

$$u_k = \frac{\partial U}{\partial F_k^*} \tag{2.15}$$

마찬가지로, 탄성체 상의 또 다른 위치 L에 실질적인 모멘트가 존재하지 않는 경우에 그 위치(**그림 2.11** 참조)에서의 회전은 다음과 같이 주어진다.

$$\theta_\ell = \frac{\partial U}{\partial M_\ell^*} \tag{2.16}$$

여기서 M_ℓ^*은 **가상의 모멘트**이다.

카스틸리아노는 학부생이었던 1879년에 그의 학사학위 논문으로, 이 유용한 법칙을 만들어 냈다. **카스틸리아노의 1법칙**이라고 알려져 있는 또 하나의 공식은 응력 에너지를 기반으로 하여 탄성체의 특정한 변형을 만들어내기 위해서 필요한 부하를 나타냄으로써 2법칙의 인과관계를 반전시켜놓은 것이다. 엔게서가 1889년에 증명한 것처럼, 변형률 에너지를 보상 에너지로 대체하면 비선형 탄성소재에 대해서도 카스틸리아노의 법칙이 유효하다. **그림 2.12**에서는 응력 변형률 곡선과 그에 따른 선형 및 비선형 소재들의 변형률과 보상 에너지를 보여주고 있다. 카스틸리아노의 연구를 더 깊이 고찰해보면 덴하토그,[12] 볼테라와 게인스[14] 그리고 티모센코[15] 등의 문헌을 통해서 그의 2법칙 그리고 관련된 에너지법을 찾아낼 수 있다.

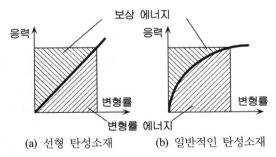

그림 2.12 응력-변형률 곡선에서 변형률 에너지와 보상 에너지 사이의 상관관계

일반적으로 굽힘, 전단, 축부하 그리고 비틀림 등을 받고 있는 길고 가느다란 부재의 경우,

변형률 에너지는 다음과 같이 나타낼 수 있다.

$$U = U_{bending} + U_{shearing} + U_{axial} + U_{torsion} \tag{2.17}$$

그리고

$$U_{bending} = U_{bending,y} + U_{bendign,z} = \int_L \frac{M_y^2}{2EI_y}ds + \int_L \frac{M_z^2}{2EI_z}ds \tag{2.18}$$

$$U_{shearing} = U_{shearing,y} + U_{shearing,z} = \int_L \frac{\alpha V_y^2}{2GA}ds + \int_L \frac{\alpha V_z^2}{2GA}ds \tag{2.19}$$

여기서 α는 단면형상에 의존적인 계수이다.

$$U_{axial} = U_{axial,x} = \int_L \frac{N_x^2}{2EA}ds \tag{2.20}$$

$$U_{torsion} = U_{torsion,x} = \int_L \frac{M_x^2}{2GJ}ds \tag{2.21}$$

위 식들 모두는 일반 위치 i에서의 변형을 나타내는 다음과 같은 일반화된 방정식으로 나타낼 수 있다.

$$\{u_i\} = [C_i]\{L_i\} \tag{2.22}$$

여기서 $\{u_i\}$는 직선 및 각도 항으로 구성된 i 위치에서의 변형 벡터이다.

$$\{u_i\} = \{u_i, \theta_i\}^T \tag{2.23}$$

$\{L_i\}$은 구성요소의 한쪽 끝과 관심 위치에 의해 정의된 구간에서 합산되어 기계적 요소들에 작용하는 모든 힘과 모멘트(쌍)들로 이루어진 부하벡터이다. $[C_i]$는 위에서 정의된 두 벡터들을 서로 관련지어주는 유연(신축성)행렬이다.

다음에서는 카스틸리아노의 2법칙의 명확한 사용을 위한 예제가 예시되어 있다.

그림 2.13에서 설명되어 있는 부하벡터가 가해지는 원형단면 부재에 대해서 살펴보기로 한다. 모든 기하학적 매개변수들(단면직경 d와 길이 ℓ)과 소재의 성질들(영 계수 E와 전단계수 G)을 알고 있는 경우에, 다음의 변형값들을 대수식으로 구하시오.

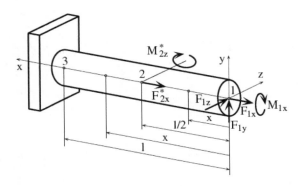

그림 2.13 자유단에 부하가 가해지는 고정-자유단 조건의 원형 균일단면 부재

(a) u_{1y}, θ_{1x}

(b) u_{2x}, θ_{2y}

풀이

그림 2.13에 따르면 각각은 해당 부하값들과 관련되어 있기 때문에, (a)에서 필요로 하는 변형은 식 (2.13)과 (2.14)로 주어진 카스틸리아노의 2법칙을 사용하여 직접 구할 수 있다.

$$u_{1y} = \frac{\partial U}{\partial F_{1y}} \tag{2.24}$$

$$\theta_{1x} = \frac{\partial U}{\partial M_{1x}} \tag{2.25}$$

2번 위치에는 외부 부하나 반력이 없기 때문에, 식 (2.15)와 (2.16)을 사용하여 (b)에서 필요로 하는 변형값을 계산하기 위해서는 이 위치에 두 개의 가상부하값인 F_{2x}^* 와 M_{2y}^* 를 가해야만 한다.

$$u_{2x} = \frac{\partial U}{\partial F_{2x}^*} \tag{2.26}$$

$$\theta_{2y} = \frac{\partial U}{\partial M_{2y}^*} \tag{2.27}$$

식 (2.17)~(2.21)까지의 식들에 대한 편미분을 취하여 1번 위치에 대한 변형을 구하면 다음과 같이 정리된다.

$$u_{1y} = \frac{1}{EI}\left(\int_L \frac{\partial M_y}{\partial F_{1y}}dx + \int_L \frac{\partial M_z}{\partial F_{1y}}dx\right) + \frac{\alpha}{GA}\left(\int_L \frac{\partial V_y}{\partial F_{1y}}dx + \int_L \frac{\partial V_z}{\partial F_y}dx\right) \\ + \frac{1}{EA}\int_L \frac{\partial N_x}{\partial F_{1y}}dx + \frac{1}{GJ}\int_L \frac{\partial M_x}{\partial F_{1y}}dx \tag{2.28}$$

여타의 변형량 θ_{1x}, u_{2x} 그리고 θ_{2y} 등은 단순히 F_{1y}와 M_{1x}, F_{2x}^* 와 M_{2y}^* 를 각각 식 (2.28)에 대입하여 나타낼 수 있다.

시스템 기준원점으로부터 x만큼의 거리가 떨어져 있는, 두 개의 명확한 간격을 갖는 일반 위치인 1-2와 2-3에 대해서 굽힘 모멘트, 전단력, 축력 그리고 토크 등에 대한 방정식을 구한다. 1-2 구간의 경우, 방정식들은 다음과 같다.

$$\begin{cases} M_y = F_{1z}x \\ M_z = F_{1y}x \\ V_y = -F_{1y} \\ V_z = -F_{1z} \\ N_x = F_{1x} \\ M_x = M_{1x} \end{cases} \tag{2.29}$$

2-3 구간에 대한 방정식들은 다음 식들을 제외하고는 1-2 구간과 동일하다.

$$\begin{cases} M_y = F_{1z}x + M_{2y}^* \\ N_x = F_{1x} + F_{2x}^* \end{cases} \tag{2.30}$$

식 (2.16)의 편미분을 구하기 위해서 식 (2.17)과 (2.18)이 사용되며 0이 아닌 유일한 편미분 항들은 다음과 같다.

$$
\begin{cases}
\dfrac{\partial M_z}{\partial F_{1y}} = x \\[2mm]
\dfrac{\partial V_y}{\partial F_{1y}} = -1
\end{cases}
\tag{2.31}
$$

식 (2.29)에서 (2.31)까지를 식 (2.28)에 대입하면 다음 식을 구할 수 있다.

$$
u_{1y} = \frac{1}{EI}\int_0^\ell F_{1y}x^2 dx + \frac{\alpha}{GA}\int_0^\ell F_{1y}dx
\tag{2.32}
$$

식 (2.32)의 적분을 수행하면 다음 식을 얻을 수 있다.

$$
u_{1y} = \ell\left(\frac{\ell^2}{3EI} + \frac{\alpha}{GA}\right)F_{1y}
\tag{2.33}
$$

필요한 여타의 변위들은 이와 유사한 방법으로 나타낼 수 있다.

$$
\theta_{1x} = \frac{\ell}{GJ}M_{1x}
\tag{2.34}
$$

$$
u_{2x} = \frac{\ell}{2EA}F_{1x}
\tag{2.35}
$$

$$
\theta_{2y} = \frac{3\ell^2}{8EI}F_{1z}
\tag{2.36}
$$

2.2.4 소재파단의 이론과 원리

일반적으로 기계요소들은 **항복파단, 파열파단** 또는 **피로파단** 중 하나의 **파단 메커니즘** 때문에 파단되는 것으로 알려져 있다. 파단현상은 현재 국부적으로 전개되는 비가역적 공정으로 간주되며 이를 통해서 요소의 미세구조와 작동 성능이 부정적으로 변화한다. (특히 금속과 같은) **연성소재**들은 항복에 의해서 파단되며 이에 따라서 변형이 비례 한계를 넘어서며 회복이 불가능한 소성 영역으로 넘어간다. (예를 들면 연철, 알루미늄, 티타늄, 구리, 마그네슘 등과 같은 전형적인 금속들과 이들의 합금뿐만 아니라 테프론과 같은 비금속) 연성소재들은 파열되기 전에 큰 소성변형을 일으킨다. 반면에 **취성소재**들은 연성소재들에 비하여 절단되기 전에 파열에 의해서 파단을 일으킨다. 취성소재의 사례에는 주철, 콘크리트, 유리 또는 세라믹 복합재, 실리콘 그리고 실리콘 기반의 혼합물 등이 포함된다. **피로파단**은 취성 및 연성소재 모두에 적용되며 **극한강도**[18*] 이하의 응력에 의해서 유발된다. 부하가 반복적으로 작용하지 않는 경우, 이런 응력은 정적으로 발생하지만, 예를 들면 크랙들이 시간이 경과함에 따라서 임계치수까지 생장하기 때문에, 시간 경과에 따라서 파단이 발생한다. 하지만 산도르[20]가 말한 것처럼, 기계요소에 부하와 변형이 한 번 이상 반복적으로 가해지는, 반복하중에 의해서 피로파단이 더 자주 발생한다.

앞서 논의했던 것들과 더불어서 또 다른 파단 메커니즘은 과도한 탄성(복귀성) 변형, 공진 주파수하에서의 저강성 작동, 일정한 부하조건하에서의 **시효변형**(크리프) 그리고 임계부하 상태에서의 불안정 응답(**버클링**) 등이다. 대부분의 플랙셔 힌지들과 플랙셔 기반의 유연 메커니즘들은 금속이나 연성 재료들을 사용해서 제작되므로, 여기서는 항복과 피로파괴에 대해서 초점을 맞춰서 논의하기로 한다.

2.2.4.1 항복파단 이론과 기준

앞서 논의했던 것처럼, 연성소재들은 파단이 발생하기 전에 큰 변형을 일으키며 소성 영역으로 들어간다. 대부분의 경우, 큰 소성변형은 작동 및 정밀도 요구조건을 충족시킬 수 없다. 따라서 이런 상태가 발생하면 해당 요소가 파손되었다고 간주한다. **그림 2.14**에서는 전형적인 금속성(연성) 소재에 대한 단일축(인장/압축) 시험에 의한 **응력−변형률 곡선**을 보여주고 있다. 여기서 알 수 있는 것은 한계에 다다를 때까지(**비례한계** σ_p 라고 부른다) 응력−변형률 관계는 선형(후크의 법칙을 따른다)을 유지하며, 이 물체에서 발생하는 모든 변형은 회복이 가능한 탄성 영역에 놓여 있다. 이 점을 지나게 되면, 물체에 가해지는 부하는 부분적으로 회복이 불가능한 변형을 일으키는 소성영역에 들어가게 된다. 그러므로 단일축 응력상태하에서 물체에 가해지는 힘이 비례한계를 넘어서면 파단 조건에 도달한 것으로 간주한다.

18* ultimate strength

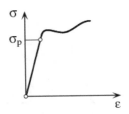

그림 2.14 단일축 부하가 가해지는 금속성 부재의 응력-변형률 곡선

실제의 경우에 자주 발생되는 더 복잡한 응력상태에 대해서는 **파단이론**을 사용해서 파단을 예측할 수 있다. 기본적으로 모든 파단이론들은 바버,[13] 우구랄과 펜스터,[16] 또는 무브디와 맥냅[21] 등이 제시한 것처럼, 특정한 예측기준을 적용하여 실제의 복잡한 응력상태와 단일축 응력 조건 사이의 등식 추출을 시도하였다.

연성 등방성 소재의 경우, 복잡한 응력상태하에 놓여 있는 부재의 임계조건을 예측하기 위해서 사용할 수 있는 파단이론은 **최대 변형 에너지 이론**(폰 미제스), **최대 전단응력 이론**(트레스카) 그리고 **최대 총 변형률 에너지 이론**(벨트라미-헤이) 등 세 개의 파단이론이 존재한다. 볼테라와 게인스,[14] 우구랄과 펜스터,[16] 또는 무브디와 맥냅[21] 등이 지적한 바에 따르면, 취성소재에 적용하기가 더 좋은 여타의 이론과 기준들에는 **최대 주응력 이론**(랭킨), **최대 주 변형률 이론**(생베낭) 그리고 **최대 내부마찰 이론**(쿨롱-모어) 등이 있다. 또한 이 책에서는 논의하지 않고 있는 직교성 소재에 대한 **노리스 기준**(상세한 내용은 쿡과 영[22] 참조)이나 핼핀-차이 또는 그레시주크의 복합소재에 대한 기준(고바야시[23] 참조) 등이 있다.

예를 들면, 우구랄[16]과 무브디와 맥냅[21] 등에 따르면, 실험결과, 최대 변형 에너지 이론(폰 미제스)와 최대 전단응력 이론(트레스카)이 복잡한 응력을 받고 있는 연성소재의 파단을 가장 잘 예측하는 것으로 나타났다. 폰 미제스 파단기준이 트레스카 이론에 비해서 조금 더 정밀할 뿐만 아니라, 유한요소 기법과 같은 공학적 계산에 광범위하게 적용할 수 있는 도구로서 뛰어난 수학적 공식화가 되어 있기 때문에, 다음에서 조금 더 상세하게 논의할 예정이다.

그림 2.15에서는 복잡한 응력을 받고 있는 탄성체로부터 추출한 미소한 육면체의 표면에 대한 주응력과 전단응력을 나타내고 있다. 기초 재료역학(예를 들면, 무브디와 맥냅[21] 또는 쿡과 영[22])을 통해서 알고 있듯이, 기준축들이 (**그림 2.15**에서와 같이)주응력 1, 2 및 3의 방향들과 정렬되어 있는, 기준 프레임 O_{xyz}의 주어진 특정한 방향에 대해서 (극한값을 가지고 있는) 주응력들을 σ에 대한 3차 방정식의 근들로부터 구할 수 있다.

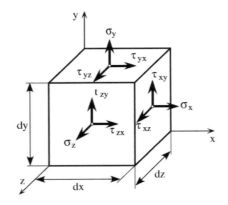

그림 2.15 미소한 육면체에 가해지는 응력들

$$\sigma^3 - I_1\sigma^2 + I_2\sigma - I_3 = 0 \tag{2.37}$$

여기서 I_1, I_2 그리고 I_3 등은 육면체 요소(**그림 2.15**)의 표면상에 작용하는 주응력 및 전단응력들의 항으로 정의되어 있는 응력의 불변량(이들은 기준 프레임이 향하는 방향에 의존적이지 않다)이다.

$$\begin{cases} I_1 = \sigma_x + \sigma_y + \sigma_z \\ I_2 = \sigma_x\sigma_y + \sigma_y\sigma_z + \sigma_z\sigma_x - \tau_{xy}^2 - \tau_{yz}^2 - \tau_{zx}^2 \\ I_3 = \sigma_x\sigma_y\sigma_z + 2\tau_{xy}\tau_{yz}\tau_{zx} - \sigma_x\tau_{yz}^2 - \sigma_y\tau_{zx}^2 - \sigma_z\tau_{xy}^2 \end{cases} \tag{2.38}$$

(쿨롱이 최초로 언급했던) **트레스카 이론**에 따르면, 물체 내의 최대 전단응력이 단순 인장/압축 시험에서의 임계 전단응력에 도달할 때에 연성소재가 항복을 일으킨다. 이 이론에 따르면, 등가 항복응력은 다음과 같이 주어진다.

$$\sigma_e = \max(|\sigma_1 - \sigma_2|, |\sigma_2 - \sigma_3|, |\sigma_3 - \sigma_1|) \tag{2.39}$$

여기서 주응력 σ_1, σ_2 그리고 σ_3는 식 (2.37)에서 주어져 있다. 식 (2.39)에 따르면, **트레스카 기준**에 따라서 등가 응력을 구하기 위해서는 세 개의 표현식들을 사용하여 비교해야만 한다.

폰 미제스 기준(이를 공식화시킨 연구자들의 이름을 따서 **후버-폰 미제스-헨키 기준**이라고도 부른다)에 따르면, 복잡한 응력상태하에서 부재의 파단은 변형 에너지가 단일축 인장/압축

시험에서 발생한 임계 에너지와 동일해질 때에 발생한다고 단언하고 있다. 일반적으로, 탄성체의 변형률 에너지는 개념적으로 두 부분으로 나누어진다. 그중 한 부분은 부하가 가해진 물체의 형상을 변화시키지 않고 체적변형을 일으키며, 소위 정수압 부하(실제적으로는 평균응력)에 의해서 발생한다. 또 다른 에너지 성분은 체적에 영향을 끼치지는 않지만 형상을 변화시킨다. 이 후자 성분은 **왜곡에너지**[19*] 또는 **편차에너지**[20*]라고 알려져 있으며 주응력과 평균응력 사이의 차이를 나타내는 편차응력에 의해서 생성된다. 몇 가지 실험(바버,[13] 우구랄과 펜스터,[16] 무브디와 맥냅,[21] 또는 쿡과 영[22] 등을 참조)들을 통해서 규명된 바에 따르면, 탄성체는 일반적으로 정수압 상태의 응력만으로는 파단되지 않는다. 그러므로 **벨트라미-헤이 이론**[21*]과 같이, (체적 변형률 에너지를 유발하는)총 변형률 에너지를 기반으로 파단을 예측하는 기준은 너무나 느슨하다.

등가 폰 미제스 항복응력은 다음 식으로 주어진다.

$$\sigma_e = \sqrt{\frac{(\sigma_1 - \sigma_2)^2 + (\sigma_2 - \sigma_3)^2 + (\sigma_3 - \sigma_1)^2}{2}} = \sqrt{I_1^2 - 3I_2^2} \tag{2.40}$$

식 (2.38)의 I_1과 I_2를 식 (2.40)에 대입하면 다음 식을 얻을 수 있다.

$$\sigma_e = \sqrt{\sigma_x^2 + \sigma_y^2 + \sigma_z^2 - (\sigma_x\sigma_y + \sigma_y\sigma_z + \sigma_z\sigma_x) + 3\left(\tau_{xy}^2 + \tau_{yz}^2 + \tau_{zx}^2\right)} \tag{2.41}$$

많은 공학적 적용사례들 속에서 만날 수 있는 조건들 중 하나는 평면응력 조건이다.

$$\sigma_z = \tau_{yz} = \tau_{zx} = 0 \tag{2.42}$$

평면응력 조건하에서, 식 (2.41)의 일반적인 폰 미제스 기준은 다음과 같이 정리된다.

$$\sigma_e = \sqrt{\sigma_x^2 + \sigma_y^2 - \sigma_x\sigma_y + 3\tau_{xy}^2} \tag{2.43}$$

19* distortion energy
20* deviatoric energy
21* Beltrami–Haigh theory

또한, $\sigma_y = 0$인 평면응력 상태에서는 식 (2.43)이 다음과 같이 단순화된다.

$$\sigma_e = \sqrt{\sigma_x^2 + 3\tau_{xy}^2}$$ (2.44)

이 식은 축의 굽힘-비틀림을 포함하여 다양한 경우에 적용되는 잘 알려진 공식이다.

2.2.4.2 피로파단

피로파단의 경우, 반복하중을 받는 기계 부품은 정적인 임계값 이하의 부하조건하에서의 파단에 의하여 고장 나거나 파손된다. 다시 말해서, 매우 많은 횟수(주기)의 반복적인 방식으로 부하가 가해지고 제거되면 피로파괴가 발생한다. 철도차량 차축의 파손과 기계요소 내의 응력 상승인자들을 연구하였으며, 일련의 피로 시험장치를 설계한 독일 과학자 벨러에 의해서 1850년대에 수행된 엄밀한 실험적 연구를 기점으로 하여 피로현상에 대한 과학적 연구가 시작되었다. 피로현상에 대한 뛰어난 설명이 티모센코[15]에 의해서 기술되었다.

피로시험에 대한 고전적인 사례는 인장과 압축 그리고 회전굽힘의 반복이다. 일반적으로 많은 노력이 소요되며 광범위한 피로시험의 결과는, 실제로는 순수 교번응력의 진폭인 파단응력(S)을 주어진 응력수준하에서 파단을 일으키는 데에 필요한 반복횟수(N)의 항으로 나타낸, 소위 **S-N 곡선**이다. 이 S-N 곡선은 피로를 설명할 수 있는 두 개의 주 매개변수를 제공해준다. 첫 번째 양은 피로수명으로서, 주어진 응력값하에서 파단을 일으키기 위해서 필요한 주기의 숫자이다. 두 번째 양은 피로강도로서, 지정된 부하주기에 대해서 파단을 일으키는 데에 필요한 응력의 크기이다. **그림 2.16**에서는 전형적인 철강 합금의 단순화된 S-N 곡선을 보여주고 있다. 주기 숫자가 작아지면(**그림 2.16**에서 N_s 이하), 부하는 정적인 값으로 간주된다. 실제 계산에서 자주 사용되는 적절한 N_s 값은 10^3이다(더 상세한 내용은 바버[13] 참조). **그림 2.16**에서 설명하고 있는 것처럼, 파단을 일으키는 부하가 줄어들수록(응력이 감소할수록), 피로수명 N은 증가한다. (연철을 포함하여)일부 소재의 경우, 특정한 반복횟수 이후에는 파단응력이 한계에 다다르며, 이후에는 일정한 값을 유지한다. 이 응력한계를 **내구한계**라고 부르며 σ_1으로 나타내는 반면에 해당 반복횟수는 N_1으로 표기한다. 몇 가지 알루미늄 합금들과 같은 여타의 소재들은 이 강도값과 같은 일정한 값을 나타내지 않으며, 반복주기가 증가할수록 파단값이 지속적으로 감소한다. 실제적으로는, 10^8 주기 이후에도 파단이 일어나지 않으면 피로시험을 중단한다.

정적 파단의 경우와 마찬가지로, 각각의 특정한 실제 상황들에 대해서 S-N 곡선을 구하기 위해서 소모적인 실험을 수행하는 것은 불가능하다. 그러므로 다양한 경우에 대해서 피로 매개변수를 평가하기 위해서는, 방정식 형태로 표현된 피로기준이 필요하다. **그림 2.17**에서는 주기적인 부하를 정의하는 응력 매개변수를 보여주고 있다.

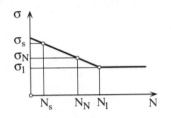

그림 2.16 전형적인 철강의 일반화된 S-N 곡선

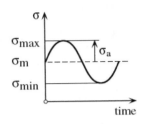

그림 2.17 주기적인 부하조건하에서의 주응력

σ는 주응력과 전단응력 모두를 나타내기 때문에 일반적인 표기라는 점에 유의해야 한다. 부하응력의 최댓값과 최솟값을 알고 있다면, 진폭(또는 변동)응력 σ_a와 평균응력 σ_m은 다음과 같이 계산할 수 있다.

$$
\begin{cases}
\sigma_a = \dfrac{\sigma_{\max} - \sigma_{\min}}{2} \\
\sigma_m = \dfrac{\sigma_{\max} + \sigma_{\min}}{2}
\end{cases}
\tag{2.45}
$$

예를 들어, 우구랄과 펜스터[16]가 지적한 바에 따르면, **굿맨기준**은 연성소재에 효과적인 것으로 규명되었다. 이는 다음 방정식으로 나타낼 수 있다.

$$
\frac{\sigma_a}{\sigma_N} + \frac{\sigma_m}{\sigma_u} = \frac{1}{SF}
\tag{2.46}
$$

식 (2.46)의 미지수는 피로응력 σ_N으로, 이 값은 부하 이력(σ_a와 σ_m), 소재의 극한강도 그리고 **안전계수**($SF \geq 1$) 등에 의해서 결정된다. 연성소재에 대한 또 다른 이론은 **소더버그 기준**으로서, 이 기준은 다음 식에서 주어진 것과 같이 극한강도 σ_u 대신에 항복강도 σ_y를 사용하기 때문에 굿맨 기준에 비해서 더 보수적이다.

$$\frac{\sigma_a}{\sigma_N} + \frac{\sigma_m}{\sigma_Y} = \frac{1}{SF} \tag{2.47}$$

그런데 연성소재에 대한 대부분의 피로사례는 결합(다중축)부하가 수반된다. 이런 경우에는 폰 미제스 또는 트레스카와 같은 파단이론과 더불어서 굿맨이나 소더버그 피로기준이 함께 사용된다. 결합부하에 의해서 피로하중을 받고 있는 기계부품의 경우에, 굿맨 기준은 등가 응력범위 σ_{ea} 및 등가 평균 σ_{em} 응력을 포함해야만 한다.

$$\frac{\sigma_{ea}}{\sigma_N} + \frac{\sigma_{em}}{\sigma_u} = \frac{1}{SF} \tag{2.48}$$

식 (2.48)의 등가응력은 예를 들면 다음과 같은 폰 미제스 파단기준을 사용하여 구할 수 있다.

$$\begin{cases} \sigma_{ea} = \sqrt{\dfrac{(\sigma_{1a} - \sigma_{2a})^2 + (\sigma_{2a} - \sigma_{3a})^2 + (\sigma_{3a} - \sigma_{1a})^2}{2}} \\ \sigma_{em} = \sqrt{\dfrac{(\sigma_{1m} - \sigma_{2m})^2 + (\sigma_{2m} - \sigma_{3m})^2 + (\sigma_{3m} - \sigma_{1m})^2}{2}} \end{cases} \tag{2.49}$$

피로수명과 관련된 또 다른 관점은 특정한 부하조건하에서 주어진 피로강도에 대한 것이다. **그림 2.16**의 S-N 곡선은 주요 경향들을 더 잘 보여주기 위해서 단순화되어 있으며, N_s와 N_1 사이의 구간은 불행히도 비선형적이다. 다음에 제시된 것과 같은 이 영역에 대한 더 낮은 근사 식이 설리반[24]에 의해서 처음으로 제시되었다.

$$N_N = N_s \left(\frac{\sigma_N}{\sigma_s} \right)^{\frac{1}{c}} \tag{2.50}$$

여기서 지수 c는 다음과 같이 정의된다.

$$c = \frac{\ln\left(\dfrac{\sigma_s}{\sigma_\ell}\right)}{\ln\left(\dfrac{N_s}{N_\ell}\right)} \tag{2.51}$$

기계부품 내에서의 기하학적 불연속이나 불균일에 따른 응력 상승 또는 집중문제는 피로현상과 직접 연결되어 있다. 이들의 존재는 균일단면이나 미리 정의된 궤적에 따라서 단면이 점차적으로 변하는 부재에서 유효하게 적용되는 기본적인 응력 공식들을 변화시킨다. 그 결과, 응력 상승이 존재하는 위치에 고도로 국지화된 응력이 발생한다. 크랙, 이물질, 공동 등과 같은 마이크로스케일에서 **응력집중**이 나타날 뿐만 아니라, 구멍, 노치, 그루브, 나사홈, 필렛, 단차영역 또는 날카로운 요각 모서리 등과 같은 거시규모에서도 발생한다. 응력상승의 총체적인 영향은 연성 및 취성재료 모두에 대해서 피로수명을 감소시킨다. 응력집중 인자들은 모재 내에 근원적으로 불연속 인자가 존재하는 플랙셔 힌지의 경우에 특히 중요하다. 일반적으로 필렛 등을 사용해서 균일단면이나 가변단면으로 가공된 플랙셔 힌지의 날카로운 모서리를 없앤다. 응력상승은 최대 또는 피크 응력과 주응력 사이의 비율로 정의되어 있는 응력집중계수 K_t를 사용해서 수학적으로 나타낼 수 있다. 굽힘이나 축방향 부하를 통해서 생성되는 주응력의 경우, **응력집중계수**는 다음과 같다.

$$K_{t,n} = \frac{\sigma_{\max}}{\sigma_{nom}} \tag{2.52}$$

반면에, 전단이나 비틀림에 의해서 생성되는 전단응력의 경우 응력집중계수는 다음과 같다.

$$K_{t,s} = \frac{\tau_{\max}}{\tau_{nom}} \tag{2.53}$$

응력집중계수의 첫 번째 하첨자는 이 값이 이론값임을 나타내며, 두 번째 하첨자는 자주 무시되지만, 기준으로 하는 응력의 유형을 나타낸다.

응력집중계수(특정한 상승인자의 형상에 의해서 주로 결정된다는 점을 강조하기 위해서 **형상계수**라고도 부른다)는 탄성이론을 사용해서 해석적으로 구할 수 있다. 유한요소법을 사용해서 응력집중을 받는 영역의 피크 응력을 직접적으로 평가할 수 있으며 따라서 응력집중계수를 간접적으로 계산할 수 있다. 광탄성과 같은 응력분석을 위한 실험적 방법들, 여타의 광기계식 기법들 또는 응력집중계수를 평가하는 대안적인 수단으로서, 피로시험이나 충돌시험에 또는 스트레인 게이지 등을 사용할 수 있다. **그림 2.18**에서는 축방향 부하를 받는 대칭형 노치가 성형된 시편의 응력 프로파일을 보여주고 있다.

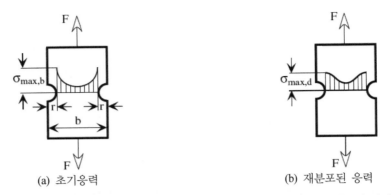

(a) 초기응력　　　　　　　　　(b) 재분포된 응력

그림 2.18 축방향 부하를 받고 있는 대칭적으로 노치가 성형된 연성소재 시편

공칭응력은 총 단면적을 사용하여 다음과 같이 계산할 수 있다.

$$\sigma_{nom} = \frac{F}{w(b - 2r)} \tag{2.54}$$

여기서 w는 균일단면의 폭이다.

연성소재의 경우 **그림 2.18b**에 도시되어 있는 것과 같이, 응력이 집중되는 영역에서의 **소성유동**과 **응력 재분포**에 의해서 취성소재에 비해서 다음과 같이 최대 응력이 저하된다.

$$\sigma_{\max, d} < \sigma_{\max, b} \tag{2.55}$$

정적 부하조건하에서 응력 상승 위치에서 일반적으로 발생하는 최대 응력 값은, 피로나 동적 조건하에서는 부분적인 소성변형에 의한 응력 재분포와 유사한 과정을 통해서 저하된다. 그러므로 이 부재의 실제 강도는 응력집중계수를 사용해서 구한 값과 서로 다르다. 피터슨[25]과 필키[26]가 지적했던 것처럼, 유효 응력집중계수 K_e를 정의하기 위해서, 일반적으로 0과 1 사이의 범위를 갖는 **노치 민감도계수** q가 도입된다.

$$K_e = 1 + q(K_t - 1) \tag{2.56}$$

K_e와 K_t를 사용해서 다음과 같이 식 (2.52)와 (2.53)을 재구성할 수 있다.

$$\sigma_{\max} = [q(K_t - 1) + 1]\sigma_{nom} \tag{2.57}$$

$$\tau_{\max} = [q(K_t - 1) + 1]\tau_{nom} \tag{2.58}$$

(보레시 등[27]이 도입한) 노치 민감도계수는 일반적으로 실험적으로 구해진다. $q = 0$인 경우, 응력집중은 부재의 강도에 아무런 영향을 끼치지 않는 것으로 간주된다. 그런데 만약 $q = 1$이라면, $K_e = K_t$가 되며, 따라서 이론적 응력집중계수는 최대 가중치를 갖고 작용하게 된다. 높은 안전계수를 필요로 하는 보수적인 설계의 경우에는 노치 민감도계수 q에 1을 사용할 수도 있다.

2.3 2차원 용도의 단일축 플랙셔 힌지

2.3.1 서언

이 절에서는 앞서 단일축 플랙셔로 분류했었던 플랙셔 힌지들에 대해서 균일 폭을 갖는 경우를 중심으로 살펴보기로 한다. 이런 구조의 플랙셔들은 플랙셔 기반의 유연 메커니즘들이 평면운동을 수행하는 2차원 적용분야에 널리 사용되고 있다. 플랙셔 힌지의 성능을 정량화시키기 위해서, 일반적인 방식으로 (앞서 논의하였던)카스틸리아노의 변형이론을 사용하여 우선, 몇 가지 닫힌 형태의 유연방정식(또는 강성비율)들을 유도한다. 장축 빔 이론과 단축 빔 이론 모두에 대해서 살펴보며, 개별적인 플랙셔들에 대해서 그에 따른 유연성의 차이를 유도한다. 그다음으로는 플랙셔들의 다양한 기하학적 구조들에 대해서 해석을 수행하며 원형, 필렛 모서리, 포물선, 쌍곡선, 타원, 역포물선 그리고 교차설계 등에 대한 양함수 형태의 명확한 유연성 방정식을 제시한다. 실제 적용 시 대부분의 경우, 플랙셔 힌지들은 횡방향으로 대칭적 구조를 가지고 있으며, 따라서 여기서 제시하는 모든 구조들은 횡방향으로 대칭형태를 가지고 있다 (이 주제에 대해서는 이 장의 서두에서 이미 논의한 바 있다). 개별적인 플랙셔 유형별로, 두 가지 관련 구조들이 제시되어 있다. 하나는 종방향 대칭이며, 다른 하나는 이 대칭형상을 따르지 않는 경우이다. **그림 2.19**에서는 종방향 대칭 구조와 그에 상응하는 비대칭 형상을 보여주고 있다. 플랙셔의 기하학적 구조들은 동일한 길이 L과 최소두께 t를 가지고 있다.

(**그림 2.19**에서와 같이)플랙셔 종축에 대해 평행한 직선성분을 갖고 있는 두 개의 서로 다른 프로파일에 의해서 형성되는 종방향 비대칭 플랙셔 구조도 함께 살펴보는 이유는, 플랙셔를 유연 메커니즘의 외부 경계에 위치시켜야만 하는, 적용사례가 많이 있기 때문이다. 이런 경우

에, 플랙셔의 중심과 종축은 메커니즘의 안쪽으로 움직일 수 없으며, 종방향 대칭성을 유지할 수 없다.

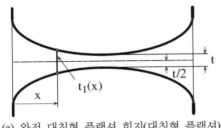 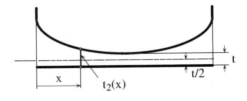

(a) 완전 대칭형 플랙셔 힌지(대칭형 플랙셔)　　(b) 횡방향으로만 대칭구조를 갖는 플랙셔 힌지 (비대칭 플랙셔)

그림 2.19 동일한 길이와 일정한 폭을 갖고 있는 플랙셔 힌지의 두께변화

그림 2.19에서 도시하고 있는 것과 같이, 두 플랙셔의 가변 두께 사이의 상관관계는 공통 최소두께 t를 사용하여 다음과 같이 나타낼 수 있다.

$$t_2(x) = \frac{t_1(x) + t}{2} \tag{2.59}$$

식 (2.59)는, 종방향에 대해서 비대칭성을 가지고 있는 플랙셔 힌지들(이후로는 간단히 비대칭이라고만 부른다)의 유연성 유도과정을 종방향에 대해서 대칭적인 플랙셔들과 간단하게 연결시켜주기 때문에 매우 가치가 있다.

광범위한 수치해석 단계에서는 닫힌 형태의 유연성 방정식을 사용하며, 여기서 소개되어 있는 플랙셔 힌지들의 성능을 비교하기 위해서 몇 가지 기준을 사용한다. 다수의 도표들을 사용해서 개별 플랙셔들의 특정한 형상에 대한 결론을 유도해낼 수 있다.

2.3.2 일반적 수학공식과 성능원리

플랙셔 힌지들은 다음의 기준들에 따라서 작동과정에서의 효율성을 기반으로 설계 및 분석할 수 있다.

• 원하는 만큼 제한된 회전을 일으킬 수 있는 능력

- 기생부하에 대한 민감도
- 회전의 정밀도
- 피로조건하에서의 응력수준

앞서 언급하였던 기준들에 대해서는 2차원 및 3차원 용도에 대해서 작동하도록 설계된 몇 가지 플랙셔 구조들에 대해서 이후에 더 상세하게 논의할 예정이다. 플랙셔의 거동을 평가하기 위해서 몇 가지 유연성(스프링 비율)을 사용함으로써, 일관된 방식으로 해석을 수행하며 정량화를 수행할 예정이다.

2.3.2.1 회전능력

그림 2.2에 설명되어 있는 단일축 균일폭 플랙셔 힌지의 경우에 대해서 가해지는 일반적인 부하와 변형이 **그림 2.8**에 도시되어 있으며, 1번 끝단에 가해지는 부하는 두 개의 굽힘 모멘트, M_{1y}, M_{1z}, 두 개의 전단력, F_{1y}, F_{1z}, 하나의 축방향 부하, F_{1x} 그리고 하나의 비틀림 모멘트 M_{1x}와 같이 여섯 개의 성분으로 이루어져 있다. 2차원 적용사례의 경우, 모든 능동부하와 저항부하들은 평면상에 놓여 있으며, 평면 내 성분들인 M_{1z}, F_{1y} 그리고 F_{1x} 만이 플랙셔 작동에 실제적인 영향을 끼친다. 열거되었던 여타의 성분들(M_{1y}, F_{1z} 그리고 M_{1x})은 일반적으로 크기가 작은 평면 외 성분들이므로, 플랙셔에 끼치는 영향도 미미하다. 이들은 주로 기생효과들을 생성하며 불완전한 구동이나 외부 부하의 작용 위치 선정, 또는 가공 및 조립 등에 의해서 유발되는 오차에 의해서 발생된다. 2차원, 플랙셔 기반의 유연 메커니즘의 경우에 비틀림은 매우 드물기 때문에, 이 장의 이후 유도과정에서 M_{1x}에 의한 영향을 무시하지만, 나중에는 다시 고려할 것이다. 때로는 F_{1z}와 M_{1y}의 전단과 굽힘 작용이 무시할 수 없을 만큼의 민감한 영향을 끼치기도 한다.

식 (2.8)은 다음과 같이 재구성된다.

$$\begin{Bmatrix} \{u_1^{ip}\} \\ \{u_1^{op}\} \end{Bmatrix} = \begin{bmatrix} [C_1^{ip}] & 0 \\ 0 & [C_1^{op}] \end{bmatrix} \begin{Bmatrix} \{L_1^{ip}\} \\ \{L_1^{op}\} \end{Bmatrix} \tag{2.60}$$

여기서 **변위벡터** $\{u\}$와 **부하벡터** $\{L\}$은 하나의 **평면 내 벡터**(상첨자 ip)와 하나의 **평면 외 벡터**(상첨자 op)와 같은 하위벡터들로 구분된다. 따라서 대칭 형태인 유연행렬식은 평면 내 하위행렬과 평면 외 하위행렬로 이루어지게 된다. 식 (2.60)에 도입된 하위벡터들은 다음과 같은 성분들로 이루어져 있다.

$$\{u_1^{ip}\} = \{u_{1x}, \, u_{1y}, \, \theta_{1z}\}^T \tag{2.61}$$

$$\{u_1^{op}\} = \{u_{1z}, \, \theta_{1y}\}^T \tag{2.62}$$

$$\{L_1^{ip}\} = \{F_{1x}, \, F_{1y}, M_{1z}\}^T \tag{2.63}$$

$$\{L_1^{op}\} = \{F_{1z}, \, M_{1y}\}^T \tag{2.64}$$

식 (2.60)의 평면 내와 평면 외 하위행렬들은 다음과 같다.

$$\left[\, C_1^{ip}\,\right] = \begin{bmatrix} C_{1,\,x-F_x} & 0 & 0 \\ 0 & C_{1,\,y-F_y} & C_{1,\,y-M_z} \\ 0 & C_{1,\,\theta_z-F_y} & C_{1,\,\theta_z-M_z} \end{bmatrix} \tag{2.65}$$

$$\left[\, C_1^{op}\,\right] = \begin{bmatrix} C_{1,\,z-F_z} & C_{1,\,z-M_y} \\ C_{1,\,\theta_y-F_z} & C_{1,\,\theta_y-M_y} \end{bmatrix} \tag{2.66}$$

이 장의 서언에서 설명했었던 호혜성 원리에 따르면, 식 (2.65)와 (2.66)으로부터 다음과 같은 관계식을 도출할 수 있다.

$$C_{1,\,y-M_z} = C_{1,\,\theta_z-F_y} \tag{2.67}$$

그리고

$$C_{1,\,z-M_y} = C_{1,\,\theta_y-F_z} \tag{2.68}$$

평면 내에서 일반화된 유연성 방정식은 다음과 같이 나타낼 수 있다.

$$C_{1,\,x-F_x} = \frac{1}{Ew} I_1 \tag{2.69}$$

$$C_{1,y-F_y} = \frac{12}{Ew} I_2 \tag{2.70}$$

$$C_{1,y-M_z} = \frac{12}{Ew} I_3 \tag{2.71}$$

$$C_{1,\theta_z-M_z} = \frac{12}{Ew} I_4 \tag{2.72}$$

평면 외 유연성 방정식은 다음과 같이 나타낼 수 있다.

$$C_{1,z-F_z} = \frac{12}{Ew^3} I_5 \tag{2.73}$$

$$C_{1,z-M_y} = \frac{12}{Ew^3} I_6 \tag{2.74}$$

$$C_{1,\theta_y-M_y} = \frac{12}{Ew^3} I_1 = \frac{12}{w^3} C_{1,x-F_x} \tag{2.75}$$

위에 열거되어 있는 유연성 방정식에 사용된 I_1에서 I_6까지의 적분들은 다음과 같다.

$$I_1 = \int_0^\ell \frac{dx}{t(x)} \tag{2.76}$$

$$I_2 = \int_0^\ell \frac{x^2 dx}{t(x)^3} \tag{2.77}$$

$$I_3 = \int_0^\ell \frac{x dx}{t(x)^3} \tag{2.78}$$

$$I_4 = \int_0^\ell \frac{dx}{t(x)^3} \tag{2.79}$$

$$I_5 = \int_0^\ell \frac{x^2 dx}{t(x)} \tag{2.80}$$

$$I_6 = \int_0^\ell \frac{x dx}{t(x)} \tag{2.81}$$

지금까지의 유연성에 대한 공식들은 단면치수에 비해서 비교적 길이가 긴 플랙셔 힌지들에 대한 것들이며, 이들은 일반적으로 **오일러-베르누이 빔** 형태의 부재로 간주된다. 이런 모델의 경우에는, 외부 굽힘이 가해진 이후에도 평면형 단면이 중립축에 대해서 수직을 유지한다. 이 모델은 또한 전단 응력과 그에 따른 변형을 무시한다. 그런데 비교적 길이가 짧은 빔의 경우에는 전단효과를 그에 따른 추가적인 변형과 함께 고려해야만 한다. 이런 추가적인 전단 효과를 고려하는 모델은 **티모센코 단축 빔** 모델로서, 이 모델은 또한 나중에 **3장**에서 설명하듯이, 부재의 동적 응답을 더 잘 나타내기 위해서 회전관성도 포함하고 있다. **그림 2.20**에서는 변형된 오일러-베르누이 빔과 티모센코 빔 각각에 대해서 고립시켜놓은 요소 성분들을 보여주고 있다.

그림 2.20에서 설명하고 있듯이, 오일러-베르누이 빔 요소의 직선(L')은 중립축에 대해서 접선을 이루며 우측면에 대해서 수직 방향인 반면에 티모센코 빔 요소의 우측면에 대해서 수직 방향인 직선 (L)은 더 이상 변형된 중립축과 접선을 이루고 있지 않다. 티모센코 모델의 경우 추가적인 변형과 전단에 의해서 생성된 경사각이 굽힘에 의해서 일반적으로 생성되는 변형에 추가되므로 총 변형은 다음과 같이 이루어진다.

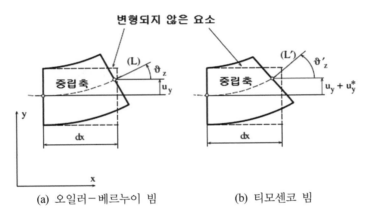

그림 2.20 분리된 형태로 표시된 굽은 요소의 변형과 경사각도

(a) 오일러-베르누이 빔   (b) 티모센코 빔

$$u_{1y}^s = u_{1y} + u_{1y}^* \tag{2.82}$$

그리고

$$\theta_{1z}^s = \theta_{1z} + \theta_{1z}^* \tag{2.83}$$

여기서 상첨자 *는 전단효과를 고려하였음을 나타낸다.

예를 들면 영[28]이 제시했었던, 탄성체 빔 형태의 요소에 y축을 따라서 가해지는 추가적인 전단에 의해서 생성된 변형률 에너지는 다음과 같이 나타낼 수 있다.

$$U^* = \int_\ell \frac{\alpha F_y^2}{2\,GA(x)} dx \tag{2.84}$$

여기서 F_y는 전단력이며 α는 단면의 형상에 의존적인 보정계수이다. **카스틸리아노의 변형 이론**을 적용하면, 추가적인 변형에 의해서 생성되는 전단은 다음과 같이 계산할 수 있다.

$$u_{1y}^* = \frac{\partial U^*}{\partial F_{1y}} \tag{2.85}$$

그리고

$$\theta_{1z}^* = \frac{\partial U^*}{\partial M_{1z}} = 0 \tag{2.86}$$

식 (2.86)은 실질적으로 변형된 중립축의 접선과 수평방향 사이의 각도는 전단효과에 의해서 영향을 받지 않는다는 사실을 반영하고 있다.

식 (2.84)와 (2.85)에서 제시하고 있는 계산을 수행하고 나면, 식 (2.85)의 추가적인 변형은 다음과 같이 나타낼 수 있다.

$$u_{1y}^* = C_{1,y-F_y}^* F_{1y} \tag{2.87}$$

식 (2.86)과 (2.87)에 대한 간략한 검증에 따르면 비교적 짧은 플랙셔 힌지에 끼치는 전단효과의 영향에 대한 고려를 통해서, 전단력 F_{1y}만이 추가적인 변형을 생성함을 알 수 있다. 따라서, 유연성 $C_{1,y-M_z}$와 $C_{1,z-M_z}$는 0이어야 한다. 식 (2.87)의 유연성이 다음과 같다는 것은 손쉽게 증명할 수 있다.

$$C^{*}_{1,y-F_y} = \frac{\alpha E}{G} C_{1,x-F_x} \tag{2.88}$$

그 결과, (굽힘과 전단효과를 합한) 총 유연성은 다음과 같아진다.

$$C^{s}_{1,y-F_y} = C_{1,y-F_y} + \frac{\alpha E}{G} C_{1,x-F_x} \tag{2.89}$$

그리고

$$C^{s}_{1,y-M_z} = C_{1,y-M_z} \tag{2.90}$$

이와 유사한 이유를 적용하여, 전단효과에 의한 영향을 고려하면 평면 외 유연성을 다음과 같이 나타낼 수 있다.

$$C^{s}_{1,z-F_z} = C_{1,z-F_z} + \frac{\alpha E}{G} C_{1,x-F_x} \tag{2.91}$$

그리고

$$C^{s}_{1,z-M_Y} = C_{1,z-M_Y} \tag{2.92}$$

장축 빔 이론(오일러−베르누이) 대비 **단축 빔 이론**(티모센코)에 따른 전단 변형의 측면에서, 장축 빔은 그 길이가 단면치수에 비해서 충분히 긴 빔을 의미한다는 점에 대해서는 이론의 여지가 없다. 대부분의 관련 문헌들에서 장축 빔과 단축 빔을 구분하는 길이 대 두께의 임계값은 3에서 5 사이이다(영[28]은 3을 사용한 반면에 덴하토그[29]는 5를 사용하였다). 단축 빔에서 전단에 의해서 생성된 변형은 굽힘에 의해서 생성된 일반적인 변형과 비교할 만한 크기가 된다는 점을 알게 되었다. 그러므로 단축 빔과 장축 빔을 구분하는 기준은 전단변형과 굽힘변형 사이의 비율을 한계값(**오차**라고 부른다)과 비교하여 평가한다. 특정한 형상에 대해서 이 비율이 오차한계를 넘어서는 상황이 발생하는 특정한 빔을 단축의 범주에 포함시키며, 그렇지 않은 경우를 장축의 부류로 삼는다. 다음에서 논의하는 것처럼, 특정한 길이 대 두께의 비율에 의해서 결정된 오차한계 값으로부터 직접 빔의 장축 또는 단축 특성을 결정하는 것은 약간 더 불명확하므로, 단면의 유형과 소재의 성질과 관련된 측면들을 고려해야만 한다.

등방성 금속(철강이나 알루미늄) 소재로 만들어진 (사각형 또는 원형의)균일단면 외팔보 빔에 대한 해석을 우선적으로 수행한다. 플랙셔 힌지와 같은 가변단면 부재에 적용할 수 있는 더 일반화된 접근 방법은 나중에 제시되어 있다.

선단부에 작용력이 가해지는 외팔보의 전단 변형과 굽힘 변형은 다음과 같다.

$$u_{1y}^* = \frac{\alpha \ell}{GA} F_{1y} \tag{2.93}$$

그리고

$$u_{1y} = \frac{\ell^3}{3EI_z} F_{1y} \tag{2.94}$$

전단계수 G와 영 계수 E 사이의 관계를 고려하면

$$G = \frac{E}{2(1+\mu)} \tag{2.95}$$

여기서 μ는 푸아송비로서, 식 (2.93)과 (2.94)를 조합하여 전단 변형에 대한 굽힘 변형의 비율을 다음과 같이 구할 수 있다.

$$\frac{u_{1y}^*}{u_{1y}} = 6\alpha(1+\mu)\frac{I_z}{A\ell^2} \tag{2.96}$$

식 (2.96)에서는 전단변형과 굽힘변형 사이의 비율과 빔 형상(단면과 길이)뿐만 아니라 소재 특성들 사이의 상관관계를 보여주고 있다. 식 (2.96)은 두 개의 서로 다른 단면(사각형과 원형) 그리고 두 개의 서로 다른 소재들(연철과 알루미늄 합금)에 대한 일부 간단한 계산에 사용되어 왔다. 형상치수가 w와 t인 사각단면에 대한 식 (2.96)의 단면계수들은 다음과 같다.

$$\begin{cases} I_z = \dfrac{wt^3}{12} \\ A = wt \end{cases} \tag{2.97}$$

식 (2.97)을 식 (2.96)에 대입하면 균일 사각단면 외팔보 빔에 대한 변형률을 얻을 수 있다.

$$\frac{u_{1y}^*}{u_{1y}} = \frac{\alpha(1+\mu)}{1}\left(\frac{t}{\ell}\right)^2 \tag{2.98}$$

사각단면의 경우, 식 (2.96)의 기하학적 매개변수들은 다음과 같다.

$$\begin{cases} I_z = \dfrac{\pi t^4}{64} \\ A = \dfrac{\pi t^2}{4} \end{cases} \tag{2.99}$$

원형단면의 변형률은 식 (2.99)를 식 (2.96)에 대입하여 얻을 수 있다.

$$\frac{u_{1y}^*}{u_{1y}} = \frac{3\alpha(1+\mu)}{8}\left(\frac{t}{\ell}\right)^2 \tag{2.100}$$

식 (2.99)와 (2.100)은 다음과 같이 정의되어 있는 오차의 문턱값의 항으로 길이 대 두께 비율을 계산하는 데에 사용된다.

$$\frac{u_{1y}^*}{u_{1y}} = error \tag{2.101}$$

지정된 오차값보다 작은 값들에 대해서, 전단변형은 굽힘변형에 비해서 작으며, 따라서 전단 효과는 무시할 수 있다.

표 2.1에서는 연철($\mu = 0.3$)이나 알루미늄($\mu = 0.25$)으로 만들어진 사각형 또는 원형단면 외팔보의 문턱값 오차의 함수로 나타낸 몇 가지 길이 대 두께 비율을 제시하고 있다. 표 2.1에 따르면, 원형단면 외팔보는 동일한 오차 한계를 갖고 있는 사각단면 빔에 비해서 길이 대 두께

비율이 약간 작기 때문에 장축 빔으로 간주할 수 있다. 또한, 알루미늄 합금 빔은 강철 빔에 비해서 길이 대 두께비율이 작은 영역에서 장축 빔의 요건을 충족시켜준다.

표 2.1 사각형 및 원형 균일단면 외팔보의 길이 대 두께 비율과 오차한계

외팔보	오차(%)							
	1	2	3	4	5	6	7	8
연철								
사각단면	9.87	6.98	5.70	4.94	4.42	4.03	3.73	3.49
원형단면	8.06	5.70	4.65	4.03	3.60	3.29	3.05	2.85
알루미늄 합금								
사각단면	9.68	6.85	5.59	4.84	4.33	3.95	3.66	3.43
원형단면	7.91	5.59	4.56	3.95	3.53	3.23	2.99	2.79

(다음에서 해석할 플랙셔 힌지 구조와 같은) **가변단면 빔**의 경우, 식 (2.93)과 (2.94)는 더 이상 유효하지 않으며 더 일반적인 식 (2.87)과 더불어 다음 방정식을 사용해야만 한다.

$$u_{1y} = C_{1,y-F_y}F_{1y} + C_{1,y-M_z}M_{1z} \tag{2.102}$$

식 (2.87)과 (2.102)의 유연성은 앞에서 제시되어 있다. 이들을 사용하며, 선단부 작용력 F_{1y}에 의해서 생성되는 부하만을 고려한다면, 일반화된 길이 대 두께 비율은 다음과 같이 주어진다.

$$\frac{u_{1y}^*}{u_{1y}} = \frac{C_{1,y-F_y}^*}{C_{1,y-F_y}} = \frac{\alpha(1+\mu)}{6}\frac{I_1}{I_2} \tag{2.103}$$

여기서 적분 I_1과 I_2는 식 (2.76)과 (2.77)에서 정의되어 있다. 마찬가지로, 선단부 모멘트 M_{1z}만에 의해서 생성된 굽힘을 고려한다면, 식 (2.103)의 비율은 다음과 같이 구해진다.

$$\frac{u_{1y}^*}{u_{1y}} = \frac{C_{1,y-M_z}^*}{C_{1,y-M_z}} = \frac{\alpha(1+\mu)}{6\ell}\frac{I_1}{I_3} \tag{2.104}$$

여기서 적분 I_3는 식 (2.78)에서 정의되어 있다.

그러므로 굽힘에 대해서 플랙셔 힌지가 장축빔이나 단축빔처럼 작용하는가를 결정짓는 인자들은 분석된 구조의 특정한 형상뿐만 아니라 플랙셔의 소재에도 의존한다. 각각의 플랙셔 유형에 대해서 조금 더 상세하게 설명한 다음에 수치해석 결과를 토대로 하여 장축 및 단축거동과 관련된 간략한 논의를 수행하기로 한다.

2.3.2.2 회전 정밀도

두 개의 기계적 부재들이 일반적인 회전 조인트에 의해서 서로 연결되어 있는 경우에, 한쪽 부재가 고정되어 있다면, 조인트의 기하학적 중심축을 따라서 둘 사이의 상대적인 회전이 일어난다. 대칭형상 플랙셔 힌지의 경우, 플랙셔에 가해지는 힘과 모멘트가 중심 위치를 변화시키기 때문에, 회전중심(플랙셔의 기하학적 대칭중심)은 더 이상 고정되지 않는다.

플랙셔 힌지 회전중심의 변위(**그림 2.8**의 2번 위치)는 1번 위치에 가해지는 부하벡터와 더불어서 세 개의 가상부하 F_{2x}^*, F_{2y}^* 그리고 F_{2z}^* 를 부가하여 구할 수 있다. 다음과 같은 형태를 갖는 회전중심의 변위를 구하기 위해서 카스틸리아노의 2법칙이 다시 사용된다.

$$u_{2x} = \frac{\partial U'}{\partial F_{2x}^*} \tag{2.105}$$

$$u_{2y} = \frac{\partial U'}{\partial F_{2y}^*} \tag{2.106}$$

$$u_{2z} = \frac{\partial U'}{\partial F_{2z}^*} \tag{2.107}$$

여기서 변형률 에너지 U' 은 다음과 같은 성분들로 이루어진다.

$$U' = U_{bending} + U_{shearing} + U_{axial} \tag{2.108}$$

여기서 $U_{bending}$, $U_{shearing}$ 그리고 U_{axial} 은 각각 식 (2.18), (2.19) 그리고 (2.20)에 주어져 있다. 굽힘 모멘트, 전단력 그리고 F_{2x}^*, F_{2y}^* 그리고 F_{2z}^* 등(식 (2.105)에서 (2.107) 사이의 편미분에 사용된 변수들)은 해당 부하구획에 대해서만 작용하므로, 축방향 작용력 등은 2~3개 구간에 대해서만 구해도 된다. 이들은 다음과 같다.

$$\begin{cases} M_y = F_{1z}x + F_{2z}^*\left(1 - \dfrac{\ell}{2}\right) \\ M_z = F_{1y}x + F_{2y}^*\left(x - \dfrac{\ell}{2}\right) \\ V_y = F_{1y} + F_{2y}^* \\ V_z = F_{1z} + F_{2z}^* \\ N_x = F_{1x} + F_{2x}^* \end{cases}$$

(2.109)

카스틸리아노의 2법칙을 적용하면 다음 방정식을 얻을 수 있다.

$$\{u_2\} = [C_2]\{L_1\}$$

(2.110)

이 식을 평면 내 하위성분과 평면 외 하위성분들로 분리하여 다시 정리하면 다음과 같다.

$$\begin{Bmatrix} \{u_2^{ip}\} \\ \{u_2^{op}\} \end{Bmatrix} = \begin{bmatrix} [C_2^{ip}] & 0 \\ 0 & [C_2^{op}] \end{bmatrix} \begin{Bmatrix} \{L_2^{ip}\} \\ \{L_2^{op}\} \end{Bmatrix}$$

(2.111)

플랙셔 중심에서의 변위 하위벡터는 다음과 같다.

$$\{u_2^{ip}\} = \{u_{2x},\ u_{2y}\}^T$$

(2.112)

그리고

$$\{u_2^{op}\} = u_{2z}$$

(2.113)

식 (2.110)에서 보여주듯이, 추가적인 부하가 없기 때문에 부하벡터는 식 (2.63)과 (2.64)에서 사용되었던 것과 동일하다.

식 (2.110)에서 사용된 유연성 하위 행렬식들은 다음과 같다.

$$C_2^{ip} = \begin{bmatrix} C_{2,\,x-F_x} & 0 & 0 \\ 0 & C_{2,\,y-F_y} & C_{2,\,y-M_z} \end{bmatrix}$$

(2.114)

그리고

$$C_2^{op} = \begin{bmatrix} C_{2,z-F_z} & C_{2,z-M_y} \end{bmatrix}$$ (2.115)

식 (2.115)의 평면 내 유연성은 다음과 같이 계산할 수 있다.

$$C_{2,x-F_x} = \frac{1}{Ew} I_1'$$ (2.116)

$$C_{2,y-F_y} = \frac{12}{Ew}\left(I_2' - \frac{\ell}{2}I_3'\right)$$ (2.117)

$$C_{2,y-F_y}^s = \frac{1}{w}\left[\frac{12}{E}\left(I_2' - \frac{\ell}{2}I_3'\right) + \frac{\alpha}{G}I_1'\right]$$ (2.118)

전단을 고려하는 경우, 식 (2.118)은 비교적 짧은 빔에 적용할 수 있다. 식 (2.116)과 (2.117)을 결합하여 다시 한번, 이 방정식을 유연성의 형태로 정리할 수 있다.

$$C_{2,y-F_y}^s = C_{2,y-F_y} + \frac{\alpha E}{G}C_{2,x-F_x}$$ (2.119)

여타의 평면 내 유연성은 다음과 같다.

$$C_{2,y-M_z} = \frac{12}{Ew}\left(I_3' - \frac{\ell}{2}I_4'\right)$$ (2.120)

식 (2.115)의 평면 외 유연성은 다음과 같다.

$$C_{2,z-F_z} = \frac{12}{Ew^3}\left(I_5' - \frac{\ell}{2}I_6'\right)$$ (2.121)

그리고 비교적 짧은 빔에 대해서 전단을 고려하는 경우에는 다음과 같이 정리된다.

$$C_{2,z-F_z}^s = \frac{1}{w}\left[\frac{12}{Ew^2}\left(I_5' - \frac{\ell}{2}I_6'\right) + \frac{\alpha}{G}I_1'\right] \qquad (2.122)$$

앞서 적용했던 것과 유사한 과정을 통해서 식 (2.116)과 (2.121)을 결합시키면, 식 (2.122)를 유연성의 형태로 나타낼 수 있다.

$$C_{2,z-F_z}^s = C_{2,z-F_z} + \frac{\alpha E}{G}C_{2,x-F_x} \qquad (2.123)$$

여타의 평면 외 유연성은 다음과 같다.

$$C_{2,z-M_y} = \frac{12}{Ew^3}\left(I_6' - \frac{\ell}{2}I_1'\right) \qquad (2.124)$$

앞서의 유연성 방정식에 사용되는 I_1'에서 I_6'까지의 적분들은 다음과 같다.

$$I_1' = \int_{\ell/2}^{\ell} \frac{dx}{t(x)} \qquad (2.125)$$

$$I_2' = \int_{\ell/2}^{\ell} \frac{x^2 dx}{t(x)^3} \qquad (2.126)$$

$$I_3' = \int_{\ell/2}^{\ell} \frac{x dx}{t(x)^3} \qquad (2.127)$$

$$I_4' = \int_{\ell/2}^{\ell} \frac{dx}{t(x)^3} \qquad (2.128)$$

$$I_5' = \int_{\ell/2}^{\ell} \frac{x^2 dx}{t(x)} \qquad (2.129)$$

$$I_6' = \int_{\ell/2}^{\ell} \frac{x dx}{t(x)} \qquad (2.130)$$

회전능력 대비 회전 정밀도를 나타내는 유연성의 측면에서, 회전능력을 정의해줄 뿐만 아니라 회전 정밀도를 정량화시켜주는 유연성들이 몇 개의 구간에 대해서 제시되어 있다. 대부분의 경우, 두 가지 별개의 그룹들이 유사한 유연성을 갖고 있는 경우에는, 회전 정밀도를 분석할 때에 생기는 유일한 차이점은 플랙셔 전 구간에 대한 적분(회전능력에 대한 고찰의 경우)을 취하는 것과 뒤쪽 절반 길이에 대해서 적분을 하는 경우뿐이다. 전체 길이구간에 대해서 계산한 적분값은 동일한 적분을 절반 길이에 대해서 수행했을 경우의 두 배이기를 바란다. 불행히도, 이는 적분 대상이 **우함수**[22*]인 경우에만 적용되며, 다음에서 간략하게 설명되어 있다.

다음과 같이 정의된 일반 적분식을 살펴보기로 한다.

$$I = \int_{-\ell/2}^{\ell/2} f(x)dx \tag{2.131}$$

그리고

$$I' = \int_{0}^{\ell/2} f(x)dx \tag{2.132}$$

y 방향 기준축이 $\ell/2$만큼 이동한 경우에 대해서, 식 (2.131)이 회전능력과 관련된 유연성을 정의하고 있으며, 식 (2.132)가 회전 정밀도와 관련된 유연성을 정의하고 있다는 것을 손쉽게 간파할 수 있다. 식 (2.131)은 다음과 같이 나타낼 수 있다.

$$\begin{aligned} I &= \int_{-\ell/2}^{0} f(x)dx + \int_{0}^{\ell/2} f(x)dx = -\int_{0}^{-\ell/2} f(x)dx + \int_{0}^{\ell/2} f(x)dx \\ &= \int_{0}^{\ell/2} f(-x)dx + \int_{0}^{\ell/2} f(x)dx \end{aligned} \tag{2.133}$$

식 (2.133)을 살펴보면,

$$f(-x) = f(x) \tag{2.134}$$

인 경우에만 다음 식이 성립한다는 것이 명확해진다.

[22*] even function

$$I = 2I'$$ (2.135)

따라서 함수는 우함수(또는 y축에 대해서 대칭)이어야만 함을 알 수 있다. 다음의 몇 가지 특정한 플랙셔 힌지들에 대한 다수의 유연성 공식을 유도하는 과정에서 설명하고 있듯이, 피적 분함수가 대칭이어서 회전능력과 관련된 유연성의 절반을 사용하여 회전정밀도를 정의하는 유연성을 직접 나타낼 수 있는 경우는 소수에 불과하다.

2.3.2.3 응력의 고려

2차원 플랙셔 힌지의 **절단영역**은 실제적으로 **단면공칭응력**을 증가시키는 **응력집중위치**이다. 평면 외 부하와 전단부하 효과를 무시한다면, 응력은 축방향 부하와 굽힘부하를 통해서만 생성되므로, 법선방향으로만 존재한다. 최대 응력은 다음 공식에 따라서 외측 파이버들 중 하나에서 발생한다.

$$\sigma_{\max} = \sigma_a + \sigma_{b,\max}$$ (2.136)

여기서 하첨자 a와 b는 각각 축방향 및 굽힘을 나타낸다.
축방향 부하에 의해서 생성된 응력은 단면 전체에서 균일하며 다음과 같이 표현된다.

$$\sigma_a = K_{ta}\frac{F_{1x}}{wt}$$ (2.137)

여기서 K_{ta}는 축방향(인장과 압축) 부하에 대한 이론적인 응력집중계수이다. 수직 굽힘응력은 외측 파이버에서 최대이며 다음과 같이 주어진다.

$$\sigma_{b,\max} = K_{tb}\frac{6(F_{1y}\ell + M_{1z})}{wt^2}$$ (2.138)

여기서 K_{tb}는 굽힘에 대한 이론적인 응력집중계수이다. 피터슨[25]이나 영[28]의 연구에서, 예를 들면 일련의 서로 다른 응력집중 형상들에 대한 K_{ta}와 K_{tb} 모두를 찾아낼 수 있다. 식 (2.137)과 (2.138)을 식 (2.136)에 대입하면

$$\sigma_{\max} = \frac{1}{wt}\left[K_{ta}F_{1x} + \frac{6K_{tb}}{t}(F_{1y}\ell + M_{1z})\right] \tag{2.139}$$

식 (2.139)는 플랙셔에 가해지는 부하를 구하는 경우에 유용하다.

부하를 구하기는 어렵지만, 비교적 손쉽게 플랙셔 끝단에서의 변위와 각도변화(변형)를 구할 수 있는 경우가 종종 있다. 그러므로 부하 대신에 변형을 포함시킬 수 있도록 식 (2.139)를 수정하여야만 한다. 응력을 기반으로 하는 부하–변형 방정식과 같은 **반전방법**을 사용하여 유연성을 기반으로 하는 **변형–부하 방정식**을 도출할 수 있다.

$$\{L_1\} = [K_1]\{u_1\} \tag{2.140}$$

여기서 강성행렬 $[K_1]$은 단순히 유연행렬 $[C_1]$의 역행렬일 뿐이다.

$$[K_1] = [C_1]^{-1} \tag{2.141}$$

응력 문제에 대한 논의에서는 평면 내 유연성만을 고려하고 있기 때문에, 유연행렬의 양함수는 다음과 같이 나타낼 수 있다.

$$[C_1] = \begin{bmatrix} C_{1,x-F_x} & 0 & 0 \\ 0 & C_{1,y-F_y} & C_{1,y-M_z} \\ 0 & C_{1,y-M_z} & C_{1,\theta_z-M_z} \end{bmatrix} \tag{2.142}$$

그러므로 강성행렬은 다음과 같이 주어진다.

$$[K_1] = \begin{bmatrix} K_{1,x-F_x} & 0 & 0 \\ 0 & K_{1,y-F_y} & K_{1,y-M_z} \\ 0 & K_{1,y-M_z} & K_{1,\theta_z-M_z} \end{bmatrix} \tag{2.143}$$

여기서 강성항들은 식 (2.141)에서 나타낸 것과 같이 유연항들의 역수로 표시된다.

$$\begin{cases} K_{1,x-F_x} = \dfrac{1}{C_{1,x-F_x}} \\[3mm] K_{1,y-F_y} = \dfrac{C_{1,\theta_z-M_z}}{C_{1,\theta_z-M_z}C_{1,y-F_y} - C_{1,y-M_z}^2} \\[3mm] K_{1,y-M_z} = -\dfrac{C_{1,y-M_z}}{C_{1,\theta_z-M_z}C_{1,y-F_y} - C_{1,y-M_z}^2} \\[3mm] K_{1,\theta_{z-M_z}} = \dfrac{C_{1,y-F_y}}{C_{1,\theta_z-M_z}C_{1,y-F_y} - C_{1,y-M_z}^2} \end{cases} \tag{2.144}$$

식 (2.140)을 양함수로 나타내면

$$\begin{Bmatrix} F_{1x} \\ F_{1y} \\ M_{1z} \end{Bmatrix} = \begin{bmatrix} K_{1,x-F_x} & 0 & 0 \\ 0 & K_{1,y-F_y} & K_{1,y-M_z} \\ 0 & K_{1,y-M_z} & K_{1,\theta_z-M_z} \end{bmatrix} \begin{Bmatrix} u_{1x} \\ u_{1y} \\ \theta_{1z} \end{Bmatrix} \tag{2.145}$$

식 (2.145)의 부하성분들을 식 (2.139)에 대입하면 다음과 같이 정리된다.

$$\sigma_{\max} = \frac{1}{wt}\Big[K_{ta}K_{1,x-F_x}u_{1x} \\ + \frac{6K_{tb}}{t}\big\{(\ell K_{1,y-F_y} + K_{1,\theta_z-M_z})u_{1y} + (\ell K_{1,y-M_z} + K_{1,\theta_z-M_z})\theta_{1z}\big\} \Big] \tag{2.146}$$

(예측 또는 측정을 통해서)한쪽 끝단의 상대변위(변형)를 알 수 있는 경우에 식 (2.146)을 사용해서 단일축 플랙셔 힌지의 최대 응력수준을 산출할 수 있다.

2.3.2.4 변형률 에너지 기반의 효율

다양한 플랙셔 힌지의 성능을 비교하기 위해서 지금까지 사용해온 기준들은 회전능력, (기생부하에 대한 민감도를 포함한)회전 정밀도 그리고 응력수준이다. 여기서 소개하고 있는 서로 다른 플랙셔 힌지들의 성능을 분석하기 위한 또 다른 기준은 **에너지법**에 기초하고 있다. 예를 들면, 2차원 유연 메커니즘의 일부분인 단일축 플랙셔 힌지의 자유단에 F_{1y}, F_{1x} 그리고 M_{1z}의 부하가 가해지는 경우를 앞서 제시하였다. 이 부하벡터가 가해질 때에, 자유단은 평면 내 변위량인 u_{1x}와 u_{1y} 만큼 변형되는 반면에 선단부는 θ_{1z} 만큼 기울어진다. 변형과 부하를 연관시켜주는 방정식은 다음과 같다.

$$\begin{cases} u_{1x} = C_{1,x-F_x}F_{1x} \\ u_{1y} = C_{1,y-F_y}F_{1y} + C_{1,y-M_z}\theta_{1z} \\ u_{1z} = C_{1,y-M_z}F_{1y} + C_{1,\theta-M_z}\theta_{1z} \end{cases} \qquad (2.147)$$

부하가 준정적으로 작용한다면, 수행된 총 일은 다음과 같이 나타낼 수 있다.

$$W_{in} = \frac{1}{2}\left(F_{1x}u_{1x} + F_{1y}u_{1y} + M_{1z}\theta_{1z}\right) \qquad (2.148)$$

유효 일은 플랙셔의 회전을 직접 생성한 일이며, 비틀림 강성만을 가지고 있는 길이가 없는 (점과 같은) 이상적인 플랙셔의 경우, 출력 일은 다음과 같다.

$$W_{out} = \frac{1}{2}M_{1z}\theta_{1z} \qquad (2.149)$$

그러므로 플랙셔 힌지의 에너지와 관련된 효율은 다음과 같이 정의된다.

$$\eta = \frac{W_{out}}{W_{in}} \qquad (2.150)$$

식 (2.148) 및 (2.149)를 식 (2.147)과 함께 식 (2.150)에 대입하면 다음 식을 얻을 수 있다.

$$\eta = \frac{C_{1,\theta_z-M_z}M_{1z}^2}{C_{1,x-F_x}F_{1x}^2 + C_{1,y-F_y}F_{1y}^2 + C_{1,\theta_z-M_z}M_{1z}^2 + 2C_{1,y-M_z}F_{1y}M_{1z}} \qquad (2.151)$$

식 (2.151)을 부하에 무관하게 만들기 위해서, 세 개의 부하들에 단위값을 대입하면 (2.151)을 다음과 같이 단순화시킬 수 있다.

$$\eta = \frac{C_{1,\theta_z-M_z}}{C_{1,x-F_x} + C_{1,y-F_y} + C_{1,\theta_z-M_z} + 2C_{1,y-M_z}} \qquad (2.152)$$

전단 효과를 고려해야만 하는 짧은 플랙셔 힌지의 경우, 앞서 관련주제에서 논의되었던 것처럼 유연성 계수 $C_{1,y-F_y}$는 유사 계수인 $C_{1,y-F_y}^s$ 로 대체된다.

2.3.3 균일 사각단면 플랙셔 힌지

균일 사각단면 플랙셔 힌지는 폭이 일정(모든 단일축 플랙셔 구조에 적용)할 뿐만 아니라 두께도 일정하며, 다른 모든 플랙셔들의 최소 두께와 동일하므로 형상이 가장 단순하여, 첫 번째로 해석을 수행한다.

$$t(x) = t \tag{2.153}$$

여타의 다양한 플랙셔들을 이 단순한 구조와 비교하기 위해서, 단일 사각단면 플랙셔 힌지에 대해서 제시된 유연성을 나중 단계에서 사용할 예정이다.

2.3.3.1 회전능력

식 (2.76)에서 (2.79)까지에 제시되어 있는 일반 적분식을 풀고 그 결과를 (2.69)에서 (2.72)까지와 (2.91)의 식들에 대입하여 풀면 평면 내 유연성을 구할 수 있다. 전단이 고려되는 비교적 짧은 빔의 경우에 대해서 최종적으로 구해진 방정식은 다음과 같다.

$$C_{1,x-F_x} = \frac{\ell}{Ewt} \tag{2.154}$$

$$C_{1,y-F_y} = \frac{4\ell^3}{Ewt^3} \tag{2.155}$$

$$C_{1,y-F_y}^s = \frac{\ell}{wt}\left(\frac{4\ell^2}{Et^2} + \frac{\alpha}{G}\right) \tag{2.156}$$

여타의 유연성은 다음과 같다.

$$C_{1,y-M_z} = \frac{6\ell^2}{Ewt^3} \tag{2.157}$$

$$C_{1,\theta_z - M_z} = \frac{12\ell}{Ewt^3} \tag{2.158}$$

우선 일반 적분식인 (2.80)과 (2.81)을 풀어 그 결과를 (2.73)에서 (2.75)까지와 (2.93)에 대입하면 평면 외 유연성을 얻을 수 있다. 최종적인 방정식은 다음과 같이 구해진다.

$$C_{1,z - F_z} = \frac{4\ell^3}{Ew^3 t} \tag{2.159}$$

$$C_{1,z - F_z}^s = \frac{\ell}{wt}\left(\frac{4\ell^2}{Ew^2} + \frac{\alpha}{G}\right) \tag{2.160}$$

(전단이 고려되는 비교적 짧은 빔의 경우)

$$C_{1,z - M_y} = \frac{6\ell^2}{Ew^3 t} \tag{2.161}$$

$$C_{1,\theta_y - M_y} = \frac{12\ell}{Ew^3 t} \tag{2.162}$$

2.3.3.2 회전 정밀도

식 (2.125)에서 (2.128)까지의 일반 적분을 풀어서 그 결과를 식 (2.116)에서 (2.120)까지의 유연성 방정식에 대입하면 회전 정밀도를 나타내는 평면 내 유연성을 구할 수 있다. 최종적인 방정식은 다음과 같다.

$$C_{2,x - F_x} = \frac{C_{1,x - F_x}}{2} \tag{2.163}$$

$$C_{2,y - F_y} = \frac{5\ell^3}{4Ewt^3} \tag{2.164}$$

$$C_{2,y - F_y}^s = \frac{\ell}{2wt}\left(\frac{5\ell^2}{2Et^2} + \frac{\alpha}{G}\right) \tag{2.165}$$

(전단이 고려되는 비교적 짧은 빔의 경우)

$$C_{2,y-M_z} = \frac{3\ell^2}{2Ewt^3} \tag{2.166}$$

마찬가지로, 우선 일반 적분식인 (2.129)와 (2.130)을 풀어 그 결과를 (2.115)에서 (2.117)까지와 (2.118)에 대입하면 평면 외 유연성을 얻을 수 있다. 최종적인 방정식은 다음과 같이 구해진다.

$$C_{2,z-F_z} = \frac{5\ell^3}{4Ew^3t} \tag{2.167}$$

$$C_{2,z-F_z}^s = \frac{\ell}{2wt}\left(\frac{5\ell^2}{2Ew^2} + \frac{\alpha}{G}\right) \tag{2.168}$$

(전단이 고려되는 비교적 짧은 빔의 경우)

$$C_{2,z-M_y} = \frac{3\ell^2}{2Ew^3t} \tag{2.169}$$

2.3.4 원형 플랙셔 힌지

균일 사각단면 플랙셔 힌지에서와 동일한 방식으로 원형 플랙셔 힌지에 대한 해석을 수행하기로 한다. 균일단면 빔의 유연성 방정식을 얻기 위해서 사용하는 일반화된 방정식들은 앞서와 동일하므로 여기서 다시 설명하지 않는다. 이 식들은 이후에 나오는 플랙셔 힌지 구조들에 대해서도 동일하게 적용된다. 식 (2.89)와 (2.91)에 제시되어 있는 두 가지 기본 유연성에 대한 선형 조합을 통하여 전단을 고려하는 경우에 적용하는 유연성 방정식을 도출할 수 있으므로 이 방정식들도 다시 설명하지 않겠다. 우선, 길이방향에 대해서 대칭적인 원형 플랙셔 힌지에 대해서 해석을 수행하며, 비대칭 플랙셔 힌지에 대해서도 유사한 결과를 제시한다(길이방향에 대해서 비대칭적인 경우에 대한 상세한 내용은 이 절의 도입부에 제시되어 있다).

2.3.4.1 원형 대칭 플랙셔 힌지

원형 대칭 플랙셔 힌지의 길이방향 단면도가 **그림 2.21**에 도시되어 있다. 여기서 플랙셔 형상에 따라서 가변두께 $t(x)$를 다음과 같이 나타낼 수 있다.

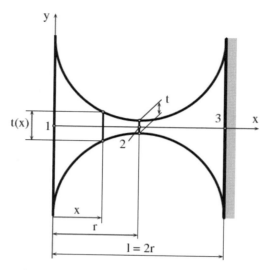

그림 2.21 원형 대칭 플렉셔 힌지의 단면 프로파일

$$t(x) = t + 2\left[r - \sqrt{x(2r - x)}\right] \tag{2.170}$$

회전능력과 회전 정밀도를 나타내는 닫힌 형태의 유연성 방정식이 다음에 제시되어 있다.

2.3.4.1.1 회전능력

평면 내 유연성 항들은 다음과 같다.

$$C_{1,\,x-F_x} = \frac{1}{Ew}\left[\frac{2(2r+t)}{\sqrt{t(4r+t)}}\arctan\sqrt{1+\frac{4r}{t}} - \frac{\pi}{2}\right] \tag{2.171}$$

$$
\begin{aligned}
C_{1,\,y-F_y} = \frac{3}{4Ew(2r+t)}\Bigg[&2(2+\pi)r + \pi t + \frac{8r^3(44r^2 + 28rt + 5t^2)}{t^2(4r+t)^2} \\
&+ \frac{(2r+t)\sqrt{t(4r+t)}\left\{-80r^4 + 24r^3t + 8(3+2\pi)r^2t^2 + 4(1+2\pi)rt^3 + \pi t^4\right\}}{\sqrt{t^5(4r+t)^5}} \\
&- \frac{8(2r+t)^4(-6r^2 + 4rt + t^2)}{\sqrt{t^5(4r+t)^5}}\arctan\sqrt{1+\frac{4r}{t}}\Bigg]
\end{aligned}
$$

$$\tag{2.172}$$

$$C_{1,y-M_z} = \frac{24r^2}{Ewt^3(2r+t)(4r+t)^3}\left[t(4r+t)(6r^2+4rt+t^2)\right.$$
$$\left.+6r(2r+t)^2\sqrt{t(4r+t)}\arctan\sqrt{1+\frac{4r}{t}}\right] \tag{2.173}$$

$$C_{1,\theta_z-M_z} = \frac{C_{1,y-M_z}}{r} \tag{2.174}$$

평면 외 유연성은 다음과 같이 구해진다.

$$C_{1,z-F_z} = \frac{24r^2}{Ew^3}\log\left(\frac{t}{2r+t}\right) \tag{2.175}$$

$$C_{1,z-M_y} = \frac{C_{1,z-F_z}}{2r} \tag{2.176}$$

$$C_{1,\theta_y-M_y} = \frac{6}{Ew^3t}\left[4(2r+t)\sqrt{\frac{t}{4r+t}}\arctan\sqrt{\frac{t}{4r+t}}-\pi t\right] \tag{2.177}$$

특정한 형태인 식 (2.177)이 식 (2.75)의 요건을 충족한다는 것을 간단히 검사할 수 있다.

2.3.4.1.2 회전 정밀도

축방향 유연성은 다음과 같이 주어진다.

$$C_{2,x-F_x} = \frac{C_{1,x-F_x}}{2} \tag{2.178}$$

플렉셔의 기하학적 중심에 대한 축방향 유연성은 총 축방향 유연성의 절반값을 갖는다는 것은 유연성을 정의하는 일반화된 적분식에서 이미 논의되었으며, 이런 특수한 상황은 제한적인 경우에만 발생한다는 것을 제시한 바 있다. 축방향 유연성은 이런 경우들 중 하나이며, 이런 사례들은 이 장의 뒤에 나오는 많은 플렉셔 구조들에 적용할 수 있다. 또 다른 관계식이 적용될 때에는 식 (2.178)이 반복적으로 적용될 것이다.

평면 내 유연성은 다음과 같다.

$$C_{2,y-F_y} = \frac{3}{4Ewt^2(2r+t)}\left[16r^3 + 2(2+\pi)rt^2 + \pi t^3 - \frac{32r^4}{4r+t}\right.$$
$$\left. - \frac{4\sqrt{t}(2r+t)^2(-2r^2+4rt+t^2)}{\sqrt{(4r+t)^3}}\arctan\sqrt{1+\frac{4r}{t}}\right] \tag{2.179}$$

$$C_{2,y-M_z} = \frac{6r^2}{Ewt^2(2r+t)} \tag{2.180}$$

평면 외 유연성은 다음과 같다.

$$C_{2,z-F_z} = \frac{3r}{Ew^3}\left[2(2+\pi)r + \frac{\pi t}{2} - (2r-t)\left\{2\sqrt{1+\frac{4r}{t}}\arctan\sqrt{1+\frac{4r}{t}} + \log\left(\frac{t}{2r+t}\right)\right\}\right] \tag{2.181}$$

$$C_{2,z-M_y} = \frac{3}{Ew^3}\left[2r + (2r+t)\log\left(\frac{t}{2r+t}\right)\right] \tag{2.182}$$

2.3.4.2 비원형 대칭 플랙셔 힌지

2.3.4.2.1 회전능력

평면 내 유연성은 다음과 같다.

$$C_{1,x-F_x} = \frac{1}{Ew}\left[\frac{2(r+t)}{\sqrt{t(2r+t)}}\arctan\left\{\frac{r}{\sqrt{t(2r+t)}}\right\} + \pi\left\{\frac{r+t}{\sqrt{t(2r+t)}} - 1\right\}\right] \tag{2.183}$$

$$C_{1,y-F_y} = \frac{12}{Ew}\left[\frac{3r^3(r+t)}{t^2(2r+t)^2} + \frac{2r}{r+t} + \pi\right.$$
$$\left. - \frac{(r+t)^3(-3r^2+4rt+2t^2)}{\sqrt{t^5(2r+t)^5}}\left\{\arctan\left(\frac{r}{\sqrt{t(2r+t)}}\right) + \frac{\pi}{2}\right\}\right] \tag{2.184}$$

$$C_{1,y-M_z} = \frac{12r^2}{Ew(r+t)\sqrt{t^5(2r+t)^5}}\left[(3r^2+4rt+2t^2)\sqrt{t(2r+t)}\right.$$
$$\left. + 3r(r+t)^2\left\{\arctan\left(\frac{r}{\sqrt{t(2r+t)}}\right) + \frac{\pi}{2}\right\}\right] \tag{2.185}$$

$$C_{1,\theta_z-M_z} = \frac{C_{1,y-M_z}}{r} \tag{2.186}$$

평면 외 유연성은 다음과 같다.

$$C_{1,z-F_z} = \frac{6}{Ew^3}\left[(4-\pi)r^2 + 4(1+\pi)rt + 2\pi t^2 \right.$$
$$\left. + \frac{4(r+t)(r^2-2rt-t^2)}{\sqrt{t(2r+t)}}\left\{\arctan\left(\frac{r}{\sqrt{t(2r+t)}}\right) + \frac{\pi}{2}\right\}\right]$$

(2.187)

$$C_{1,z-M_y} = \frac{12r}{Ew^3}\left[\pi\left(\frac{r+t}{\sqrt{t(2r+t)}}-1\right) + \frac{2(r+t)}{\sqrt{t(2r+t)}}\arctan\left(\frac{r}{\sqrt{t(2r+t)}}\right)\right]$$

(2.188)

2.3.4.2.2 회전정밀도

평면 내 유연성은 다음과 같다.

$$C_{2,x-F_x} = \frac{1}{Ew}\left[\pi\left(\frac{r+t}{\sqrt{t(2r+t)}}-\frac{1}{2}\right) - \frac{2(r+t)}{\sqrt{t(2r+t)}}\arctan\sqrt{\frac{t}{2r+t}}\right]$$

(2.189)

$$C_{2,y-F_y} = \frac{6}{Ewt^2(r+t)(2r+t)}\left[2r^4 + 2r^3t + 2(2+\pi)r^2t^2 + (2+3\pi)rt^3 + \pi t^4 \right.$$
$$\left. + 2(r+t)^2(-r^2+4rt+2t^2)\sqrt{\frac{t}{2r+t}}\left(\arctan\sqrt{\frac{t}{2r+t}} - \frac{\pi}{2}\right)\right]$$

(2.190)

$$C_{2,y-M_z} = \frac{6r^2}{Ewt^2(r+t)}$$

(2.191)

평면 외 유연성은 다음과 같다.

$$C_{2,z-F_z} = \frac{3}{Ew^3}\left[\pi r^2 + 4(1+\pi)rt + 2\pi t^2 - 4\pi(r+t)\sqrt{t(2r+t)} \right.$$
$$\left. + 8(2r^2+3rt+t^2)\sqrt{\frac{t}{2r+t}}\arctan\sqrt{\frac{t}{2r+t}} + 4r(r+t)\log\left(1+\frac{r}{t}\right)\right]$$

(2.192)

$$C_{2,z-M_y} = \frac{12}{Ew^3}\left[(r+t)\log\left(1+\frac{r}{t}\right) - r\right]$$

(2.193)

2.3.5 필렛 모서리형 플랙셔 힌지

길이방향으로 대칭형상과 비대칭 형상을 갖는 필렛 모서리형 플랙셔 힌지의 회전능력과 회전정밀도를 정량화하기 위해서 닫힌 형태의 유연성 방정식들을 살펴보기로 한다.

2.3.5.1 대칭형상 필렛 모서리평 플랙셔 힌지

길이방향에 대해서 대칭인 플랙셔 힌지와 이를 정의하는 기하학적 변수들이 **그림 2.22**에 도시되어 있다. 두께 $t(x)$는 필렛반경(r) 및 플랙셔 길이(ℓ)에 대해서 다음과 같이 정의된다.

$$t(x) = \begin{cases} t + 2\big(r - \sqrt{x(2r-x)}\big), & x \in [0, \ r] \\ t, & x \in [r, \ \ell - r] \\ t + 2\big[r - \sqrt{(\ell-x)\{2r-(\ell-x)\}}\,\big], & x \in [\ell - r, \ r] \end{cases} \tag{2.194}$$

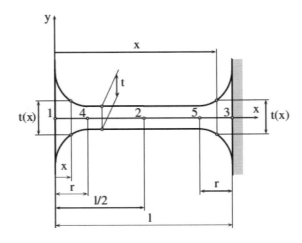

그림 2.22 대칭형상을 갖는 필렛 모서리형 플랙셔 힌지의 단면도

2.3.5.1.1 회전능력

평면 내 유연성은 다음과 같다.

$$C_{1,\,x-F_x} = \frac{1}{Ew}\left[\frac{\ell-2r}{t} + \frac{2(2r+t)}{\sqrt{t(4r+t)}}\arctan\sqrt{1 + \frac{4r}{t}} - \frac{\pi}{2}\right] \tag{2.195}$$

$$C_{1,y-F_y} = \frac{3}{Ew}\left[\frac{4(\ell-2r)(\ell^2-\ell r+r^2)}{3t^3} + \frac{(2r+t)^3(6r^2-4rt-t^2)\arctan\sqrt{1+\dfrac{4r}{t}}}{\sqrt{t^5(4r+t)^5}}\right.$$
$$+ \frac{\sqrt{t(4r+t)}\left\{-80r^4+24r^3t+8(3+2\pi)r^2t^2+4(1+2\pi)rt^3+\pi t^4\right\}}{4\sqrt{t^5(4r+t)^5}}$$
$$+ \frac{-40r^4+8\ell r^2(2r-t)+12r^3t+4(3+2\pi)r^2t^2+2(1+2\pi)rt^3+\dfrac{\pi t^4}{2}}{2t^2(4r+t)^2}$$
$$+ \frac{4\ell^2 r(6r^2+4rt+t^2)}{t^2(2r+t)(4r+t)^2}$$
$$\left.- \frac{(2r+t)\left\{-24(\ell-r)^2r^2-8r^3t+14r^2t^2+8rt^3+t^4\right\}}{\sqrt{t^5(4r+t)^5}}\arctan\sqrt{1+\frac{4r}{t}}\right]$$
$$(2.196)$$

$$C_{1,y-M_z} = -\frac{6\ell}{Ewt^3(2r+t)(4r+t)^2}\left[(4r+t)\left\{\ell(2r+t)(4r+t)^2-4r^2(16r^2+13rt+3t^2)\right\}\right.$$
$$\left.+ 12r^2(2r+t)^2\sqrt{t(4r+t)}\arctan\sqrt{1+\frac{4r}{t}}\right]$$
$$(2.197)$$

$$C_{1,\theta_z-M_z} = \frac{12}{Ewt^3}\left[\ell-2r+\frac{2r}{(2r+t)(4r+t)^3}\left\{t(4r+t)(6r^2+4rt+t^2)\right.\right.$$
$$\left.\left.+ 6r(2r+t)^2\sqrt{t(4r+t)}\arctan\sqrt{1+\frac{4r}{t}}\right\}\right]$$
$$(2.198)$$

평면 외 유연성은 다음과 같다.

$$C_{1,z-F_z} = \frac{12}{Ew^3}\left[\frac{(\ell-2r)(\ell^2-\ell r+r^2)}{3t}+\ell r\left\{\log\frac{t}{2r+t}-\frac{2(\ell-2r)}{\sqrt{t(4r+t)}}\arctan\sqrt{1+\frac{4r}{t}}\right\}\right]$$
$$(2.199)$$

$$C_{1,z-M_y} = \frac{6}{Ew^3t}\left[\ell(\ell-2r)+2r\left\{t\log\frac{t}{2r+t}-2(\ell-2r)\sqrt{\frac{t}{4r+t}}\arctan\sqrt{1+\frac{4r}{t}}\right\}\right]$$
$$(2.200)$$

$$C_{1,\theta_y-M_y} = \frac{6}{Ew^3t}\left[2\ell-4r-\pi t+4(2r+t)\sqrt{\frac{t}{4r+t}}\arctan\sqrt{\frac{t}{4r+t}}\right] \qquad (2.201)$$

식 (2.201)의 유연성은 이보다 더 일반적인 (2.75) 식으로부터 유도되었으므로, 더 이상 다른 형상의 플랙셔 힌지구조에 대한 특성을 나타내지는 못한다.

2.3.5.1.2 회전정밀도

회전 정밀도를 나타내는 평면 내 유연성 방정식은 다음과 같이 주어진다.

$$C_{2,x-F_x} = \frac{1}{2}C_{1,x-F_x} \tag{2.202}$$

$$
\begin{aligned}
C_{2,y-F_y} = {} & \frac{1}{4Ewt^3(2r+t)\sqrt{(4r+t)^5}}\Bigg[\sqrt{4r+t}\,[-5\ell^3(2r+t)(4r+t)^2 \\
& -72\ell r^3(2r+t)(8r+5t)+48\ell^2r^2(16r^2+13rt+3t^2) \\
& +(2r+t)[256r^5+368r^4t-56r^3t^2-24(3+2\pi)r^2t^3-12(1+2\pi)rt^4-3\pi t^5\}] \\
& +12\sqrt{t}\,(2r+t)^2\{-12\ell^2r^2+36\ell r^3-(2r+t)^2(6r^2-4rt-t^2)\}\arctan\sqrt{1+\frac{4r}{t}}\,\Bigg]
\end{aligned}
\tag{2.203}
$$

$$
\begin{aligned}
C_{2,y-M_z} = {} & \frac{3}{2Ewt^3(2r+t)\sqrt{(4r+t)^5}}\Bigg[\sqrt{4r+t}\Big\{\ell^2(2r+t)(4r+t)^2+8r^3(2r+t)(8r+5t) \\
& -8\ell r^2(16r^2+13rt+3t^2)\Big\}+24\sqrt{t}\,(\ell-2r)r^2(2r+t)^2\arctan\sqrt{1+\frac{4r}{t}}\,\Bigg]
\end{aligned}
\tag{2.204}
$$

회전정밀도를 나타내는 평면 외 유연성 방정식은 다음과 같이 주어진다.

$$
\begin{aligned}
C_{2,z-F_z} = {} & \frac{12}{Ew^3}\Bigg[\frac{(5\ell-4r)(\ell-2r)^2}{48t}+\frac{\pi\ell^2+(\pi-2)\ell r+\{2(\pi+2)r+\pi t\}r}{8} \\
& -\frac{(\ell-r)(6\ell r+\ell t-4r^2)-rt(4r+t)}{2\sqrt{t(4r+t)}}\arctan\sqrt{1+\frac{4r}{t}}+\frac{8r^2-6\ell r+\ell t}{8}\log\frac{t}{2r+t}\Bigg]
\end{aligned}
\tag{2.205}
$$

$$
\begin{aligned}
C_{2,z-M_y} = {} & \frac{12}{Ew^3}\Bigg[\frac{(\ell-2r)^2}{8t}+\frac{2(\pi-2)r-\pi\ell}{8}+\frac{(\ell-2r)(2r+t)}{2\sqrt{t(4r+t)}}\arctan\sqrt{1+\frac{4r}{t}} \\
& -\frac{2r+t}{4}\log\frac{t}{2r+t}\Bigg]
\end{aligned}
\tag{2.206}
$$

2.3.5.2 비대칭형상 필렛 모서리평 플랙셔 힌지

2.3.5.2.1 회전능력

평면 내 유연성은 다음과 같이 주어진다.

$$C_{1,x-F_x} = \frac{1}{Ewt}\left[\ell - 2r - \pi t + 2(r+t)\left\{\arctan\frac{r}{\sqrt{t(2r+t)}} + \frac{\pi}{2}\right\}\right] \tag{2.207}$$

$$C_{1,y-F_y} = \frac{12}{Ew}\left[\frac{2\ell^3(r+t)(2r+t)^2 + 6\ell r^3(r+t)(4r+5t) - 3\ell^2 r^2(8r^2+13rt+6t^2)}{6t^3(r+t)(2r+t)^2}\right.$$
$$- \frac{2(r+t)\{8r^5 + 23r^4 t - 7r^3 t^2 - 6(3+2\pi)r^2 t^3 - 6(1+2\pi)rt^4 - 3\pi t^5\}}{6t^3(r+t)(2r+t)^2}$$
$$\left. + \frac{3\ell^2 r^2 - 6\ell r^3 + 2(r+t)^2(3r^2 - 4rt - 2t^2)}{\sqrt{t^5(2r+t)^5}}\arctan\sqrt{1+\frac{2r}{t}}\right] \tag{2.208}$$

$$C_{1,y-M_z} = \frac{12}{Ew}\left[\frac{\ell(\ell-2r)}{2t^3} + \frac{3r^4 + 4r^3 t + 6r^2 t^2 + 4rt^3 + t^4 - (r+t)^2(t-r)(3r+t)}{2t^2(r+t)(2r+t)^2}\right.$$
$$\left. - \frac{3r^3(r+t)}{\sqrt{t^5(2r+t)^5}}\left\{\arctan\frac{r}{\sqrt{t(2r+t)}} - \frac{\pi}{2}\right\}\right] \tag{2.209}$$

$$C_{1,\theta_z-M_z} = \frac{12}{Ew}\left[\frac{\ell-2r}{t^3} + \frac{r(3r^2 + 4rt + 2t^2)}{t^2(r+t)(2r+t)^2} + \frac{6r^2(r+t)}{\sqrt{t^5(2r+t)^5}}\arctan\sqrt{1+\frac{2r}{t}}\right] \tag{2.210}$$

평면 외 유연성은 다음과 같이 주어진다.

$$C_{1,z-F_z} = \frac{12}{Ew^3}\left[-\frac{\pi\ell^2}{2} + (\pi-2)\ell r + \left(6 - \frac{\pi}{2}\right)r^2 + \frac{(\ell-r)^3 - r^3}{3t} + 2(\pi+1)rt + \pi t^2\right.$$
$$+ \frac{2(r+t)\{(\ell-r)^2 + r^2 - 4rt - 2t^2\}}{\sqrt{t(2r+t)}}\arctan\sqrt{1+\frac{2r}{t}}$$
$$\left. + 2(r+t)(\ell-2r)\log\left(1+\frac{r}{t}\right)\right] \tag{2.211}$$

$$C_{1,z-M_y} = \frac{6\ell}{Ew^3}\left[\frac{4(r+t)}{\sqrt{t(2r+t)}}\arctan\sqrt{1+\frac{2r}{t}} + \frac{(\ell-2r)}{t} - \pi\right] \tag{2.212}$$

2.3.5.2.2 회전 정밀도

평면 내 유연성은 다음과 같이 주어진다.

$$C_{2,x-F_x} = \frac{1}{2Ewt}\left[\ell - 2r - \pi t + 4(r+t)\sqrt{\frac{t}{2r+t}}\arctan\sqrt{1+\frac{2r}{t}}\right] \qquad (2.213)$$

$$
\begin{aligned}
C_{2,y-F_y} = \frac{1}{4Ewt^3}\Bigg[&-3\ell\Bigg\{(\ell-2r)(3\ell-2r)+\frac{4r^2t(7r^2+8rt+3t^2)}{(r+t)(2r+t)^2}+12\pi r^3(r+t)\sqrt{\frac{t}{(2r+t)^5}}\Bigg\} \\
&+2\Bigg[-\ell^3+8(\ell-r)^3+12t\Bigg\{-2r^2+2rt+\pi t^2+\frac{\ell^2 r}{r+t}-\frac{3r^2(\ell-r)^2}{(2r+t)^2}+\frac{r(\ell^2-2\ell r+3r^2}{2r+t} \\
&+24\sqrt{\frac{t}{(2r+t)^5}}\Bigg[3\ell r^3(2r+t)\arctan\sqrt{\frac{t}{2r+t}} \\
&+2(r+t)\Bigg\{3\ell^2 r^2-6\ell r^3+(r+t)^2(3r^2-4rt-2t^2)\arctan\sqrt{1+\frac{2r}{t}}\Bigg\}\Bigg]\Bigg]\Bigg]
\end{aligned}
$$

$$(2.214)$$

$$
\begin{aligned}
C_{2,y-M_z} = \frac{3}{2Ewt^3}\Bigg[&(\ell-2r)(3\ell-2r)+\frac{4r^2t(7r^2+8rt+3t^2)}{(r+t)(2r+t)^2} \\
&+12\pi r^3(r+t)\sqrt{\frac{t}{(2r+t)^5}}-2\ell\Bigg\{\ell-2r+\frac{rt(3r^2+4rt+2t^2)}{(r+t)(2r+t)^2}\Bigg\} \\
&-12r(r+t)\sqrt{\frac{t}{(2r+t)^5}}\left(2r^2\arctan\sqrt{\frac{t}{2r+t}}+\ell^2\arctan\sqrt{1+\frac{2r}{t}}\right)\Bigg]
\end{aligned}
$$

$$(2.215)$$

평면 외 유연성은 다음과 같이 주어진다.

$$
\begin{aligned}
C_{2,z-F_z} = \frac{1}{4Ew^3t}\Bigg[&(5\ell-4r)(\ell-2r)^2-12t\{\pi\ell^2-3(\pi-2)\ell r-(12-\pi)r^2\}+48(\pi+1)rt^2 \\
&+24\pi t^3-\frac{48\sqrt{t}(r+t)(-\ell^2+3\ell r-2r^2+4rt+2t^2)}{\sqrt{2r+t}}\arctan\sqrt{1+\frac{2r}{t}} \\
&+24t(t+r)(3\ell-4r)\log\left(1+\frac{r}{t}\right)\Bigg]
\end{aligned}
$$

$$(2.216)$$

$$
\begin{aligned}
C_{2,z-M_y} = \frac{12}{Ew^3}\Bigg[&\frac{(\ell-2r)^2-2t\{\pi\ell-2(\pi-2)r\}}{8t}+\frac{(t+r)(\ell-2r)}{\sqrt{t(2r+t)}}\arctan\sqrt{1+\frac{2r}{t}} \\
&+(r+t)\log\left(1+\frac{r}{t}\right)\Bigg]
\end{aligned}
$$

$$(2.217)$$

이후에 나오는 다양한 플랙셔들도 이와 유사한 특성을 가지고 있다. 따라서, 플랙셔 길이(ℓ)와 최소두께(t) 이외에 새로운 변수(c)를 사용하여 모든 플랙셔들의 길이방향 단면을 나타낼 수도 있다. **그림 2.23**에서는 대칭형 타원 플랙셔 힌지의 길이방향 단면을 보여주고 있다. 하지만, 이 그림을 사용하여 포물선, 쌍곡선, 역포물선 및 교차형 등의 프로파일을 나타낼 수도 있다. 변수 c를 사용하여 두께 변화를 나타낼 수 있다. 앞서 설명했던 다양한 프로파일들을 세 가지 서로다른 c값($c_1 < c_2 < c_3$)에 대해서 도시한 **그림 2.24**에서 알 수 있듯이, c를 증가시키면 $t(x)$ 값도 함께 증가한다.

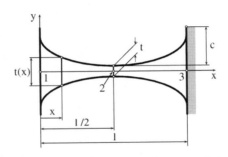

그림 2.23 대칭형상을 갖는 타원형 플랙셔 힌지의 단면도

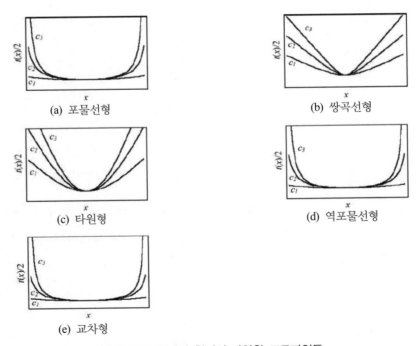

(a) 포물선형

(b) 쌍곡선형

(c) 타원형

(d) 역포물선형

(e) 교차형

그림 2.24 플랙셔 힌지의 다양한 프로파일들

2.3.6 포물선형 플랙셔 힌지

이 절에서는 길이방향에 대해서 대칭 및 비대칭 형상을 가지고 있는 포물선형 플랙셔 힌지에 대한 닫힌 형태의 유연성 방정식들이 제시되어 있다. **그림 2.24a**에서는 세 가지 서로 다른 형상의 포물선 프로파일들을 보여주고 있다. 앞서 설명했던 다른 형상의 플랙셔 구조들에서와 마찬가지로, 유연성을 사용하여 이 플랙셔 힌지의 회전능력과 회전 정밀도를 정량화하였다.

2.3.6.1 대칭형상 포물선 플랙셔 힌지

플랙셔 힌지의 두께변화 $t(x)$는 다음과 같이 주어진다.

$$t(x) = t + 2c\left(1 - 2\frac{x}{\ell}\right)^2 \tag{2.218}$$

2.3.6.1.1 회전능력

평면 내 유연성은 다음과 같이 주어진다.

$$C_{1,x-F_x} = \frac{\ell}{\sqrt{2}\,Ew\,\sqrt{ct}}\mathrm{arccot}\sqrt{\frac{t}{2c}} \tag{2.219}$$

$$C_{1,y-F_y} = \frac{3\ell^3}{16Ewt^2c}\left[\frac{12c^2 + 12ct - t^2}{(2c+t)^2} + \frac{6c+t}{\sqrt{2ct}}\mathrm{arccot}\sqrt{\frac{t}{2c}}\right] \tag{2.220}$$

$$C_{1,y-M_z} = \frac{3\ell^2}{8Ewt^3(2c+t)^2}\left[2t(6c+5t) + 3\sqrt{\frac{2t}{c}}(4c^2+t^2)\mathrm{arccot}\sqrt{\frac{t}{2c}}\right] \tag{2.221}$$

$$C_{1,\theta_z-M_z} = \frac{2}{\ell}C_{1,y-M_z} \tag{2.222}$$

식 (2.222)는 교차형 플랙셔를 제외한 이후의 모든 플랙셔 형상에 대해서 동일하게 적용이 된다. 따라서 이후의 사례들에서는 이 방정식을 다시 반복하여 제시하지 않는다.

평면 외 유연성은 다음과 같이 주어진다.

$$C_{1,z-F_z} = \frac{3\ell^3}{4Ew^3tc}\left[2t + (2c-t)\sqrt{\frac{2t}{c}}\,acotan\sqrt{\frac{t}{2c}}\right] \tag{2.223}$$

$$C_{1,z-M_y} = \frac{3\sqrt{2}\,\ell^2}{Ew^3\sqrt{ct}}acotan\sqrt{\frac{t}{2c}} \tag{2.224}$$

$$C_{1,\theta_y-M_y} = \frac{12}{w^2}C_{1,x-F_x} \tag{2.225}$$

식 (2.225)도 역시 교차형상을 제외한 이후의 모든 플랙셔 형상에 동일하게 적용이 된다. 따라서 이후의 사례들에서는 이 방정식을 다시 반복하여 제시하지 않는다.

2.3.6.1.2 회전 정밀도

회전 정밀도를 나타내는 평면 내 유연성 방정식은 다음과 같이 주어진다.

$$C_{2,x-F_x} = \frac{\ell}{2\sqrt{2}\,Ew\sqrt{ct}}arccot\sqrt{\frac{t}{2c}} \tag{2.226}$$

$$C_{2,y-F_y} = \frac{3\ell^3}{64Ewt^2c(2c+t)}\left[2(4c+t)-\sqrt{\frac{2t}{c}}(2c+t)arccot\sqrt{\frac{t}{2c}}\right] \tag{2.227}$$

$$C_{2,y-M_z} = \frac{3c(c+t)\ell^2}{2Ewt^3(2c+t)^2} \tag{2.228}$$

회전 정밀도를 나타내는 평면 외 유연성 방정식은 다음과 같이 주어진다.

$$C_{2,z-F_z} = \frac{3\ell^3}{8Ew^3c}\left[2-\sqrt{\frac{2t}{c}}\arctan\sqrt{\frac{2c}{t}}+\log\left(\frac{2c+t}{t}\right)\right] \tag{2.229}$$

$$C_{2,z-M_y} = \frac{3\ell^2}{4Ew^3c}\log\frac{2c+t}{t} \tag{2.230}$$

2.3.6.2 비대칭형상 포물선 플랙셔 힌지

2.3.6.2.1 회전능력

평면 내 유연성은 다음과 같이 주어진다.

$$C_{1,x-F_x} = \frac{\ell}{Ew\sqrt{tc}}\arctan\sqrt{\frac{c}{t}} \tag{2.231}$$

$$C_{1,y-F_y} = \frac{3\ell^3}{8Ew\sqrt{t^5c^3}} \left[\frac{(3c^2 + 6ct - t^2)\sqrt{ct}}{(c+t)^2} + (3c+t)\arctan\sqrt{\frac{c}{t}} \right] \qquad (2.232)$$

$$C_{1,y-M_z} = \frac{3\ell^2}{4Ew\sqrt{t^5}} \left[\frac{(3c+5t)\sqrt{t}}{(c+t)^2} + \frac{3}{\sqrt{c}}\arctan\sqrt{\frac{c}{t}} \right] \qquad (2.233)$$

평면 외 유연성은 다음과 같이 주어진다.

$$C_{1,z-F_z} = \frac{3\ell^3}{Ew^3\sqrt{c^3}} \left[\sqrt{c} + \frac{c-t}{\sqrt{t}}\arctan\sqrt{\frac{c}{t}} \right] \qquad (2.234)$$

$$C_{1,z-M_y} = \frac{6\ell^2}{Ew^3\sqrt{ct}}\arctan\sqrt{\frac{c}{t}} \qquad (2.235)$$

2.3.6.2.2 회전 정밀도

평면 내 유연성은 다음과 같이 주어진다.

$$C_{2,x-F_x} = \frac{1}{2}C_{1,x-F_x} \qquad (2.236)$$

$$C_{2,y-F_y} = \frac{3\ell^3}{16Ewt^2(c+t)^2} \left[2c + 5t - \frac{t^2}{c} + (c+t)^2\sqrt{\frac{t}{c^3}}\arctan\sqrt{\frac{c}{t}} \right] \qquad (2.237)$$

$$C_{2,y-M_z} = \frac{3\ell^2(c+2t)}{4Ewt^2(c+t)^2} \qquad (2.238)$$

평면 외 유연성은 다음과 같이 주어진다.

$$C_{2,z-F_z} = \frac{3\ell^3}{4Ew^3\sqrt{c^3}} \left[2\left(\sqrt{c} - \sqrt{t}\arctan\sqrt{\frac{c}{t}} \right) + \sqrt{c}\log\left(1 + \frac{c}{t}\right) \right] \qquad (2.239)$$

$$C_{2,z-M_y} = \frac{3\ell^2}{2Ew^3c}\log\left(1 + \frac{c}{t}\right) \qquad (2.240)$$

2.3.7 쌍곡선형 플랙셔 힌지

이 절에서는 닫힌 형태의 유연성 방정식을 사용하여 **그림 2.24b**에 도시되어 있는 길이방향 대칭형상 쌍곡선형 플랙셔 힌지에 대한 해석을 수행하여 이 플랙셔 힌지의 회전능력과 회전 정밀도를 정량화하였다.

2.3.7.1 대칭형상 쌍곡선형 플랙셔 힌지

두께변화 $t(x)$는 다음과 같이 주어진다.

$$t(x) = \sqrt{t^2 + 4c(c+t)\left(1 - 2\frac{x}{\ell}\right)^2} \tag{2.241}$$

2.3.7.1.1 회전능력

평면 내 유연성은 다음과 같이 주어진다.

$$C_{1,x-F_x} = \frac{\ell}{2Ew\sqrt{c(c+t)}} \log\left\{ \frac{t + 2c\left(1 + \sqrt{1 + \frac{t}{c}}\right)}{t + 2c\left(1 - \sqrt{1 + \frac{t}{c}}\right)} \right\} \tag{2.242}$$

$$C_{1,y-F_y} = \frac{\ell^3}{32Ewt^2c(c+t)(2c+t)} \left[2(4c^2 + 4ct - t^2) - \frac{t^2(2c+t)}{\sqrt{c(c+t)}} \log \frac{t + 2c\left(1 - \sqrt{1 + \frac{t}{c}}\right)}{t + 2c\left(1 + \sqrt{1 + \frac{t}{c}}\right)} \right] \tag{2.243}$$

$$C_{1,y-M_z} = \frac{6\ell^2}{Ewt^2(2c+t)} \tag{2.244}$$

평면 외 유연성은 다음과 같이 주어진다.

$$C_{1,z-F_z} = \frac{3\ell^3}{32Ew^3c(c+t)} \left[4(2c+t) + \frac{8c^2 + 8ct - t^2}{\sqrt{c(c+t)}} \log\left\{ \frac{t + 2c\left(1 + \sqrt{1 + \frac{t}{c}}\right)}{t + 2c\left(1 - \sqrt{1 + \frac{t}{c}}\right)} \right\} \right] \tag{2.245}$$

$$C_{1,z-M_y} = \frac{3\ell}{w^2} C_{1,x-F_x} \tag{2.246}$$

2.3.7.1.2 회전 정밀도

회전 정밀도를 나타내는 평면 내 유연성 방정식은 다음과 같이 주어진다.

$$C_{2,\,x-F_x} = \frac{\ell}{4Ew\sqrt{c(c+t)}} \log\left\{ \frac{t}{t+2c\left(1-\sqrt{1+\dfrac{t}{c}}\right)} \right\} \tag{2.247}$$

$$C_{2,\,y-F_y} = \frac{3\ell^3}{16Ewtc(c+t)} \left[2 - \frac{t}{\sqrt{c(c+t)}} \log\left\{ \frac{t}{t+2c\left(1-\sqrt{1+\dfrac{t}{c}}\right)} \right\} \right] \tag{2.248}$$

$$C_{2,\,y-M_z} = \frac{3\ell^2}{2Ewtc(2c+t)} \tag{2.249}$$

회전 정밀도를 나타내는 평면 외 유연성 방정식은 다음과 같이 주어진다.

$$C_{2,\,z-F_z} = \frac{3\ell^3}{16Ew^3c(c+t)^2} \left[(c+t)(6c+t) + t\sqrt{c(c+t)} \log\left\{ \frac{t}{t+2c\left(1+\sqrt{1+\dfrac{t}{c}}\right)} \right\} \right] \tag{2.250}$$

$$C_{2,\,z-M_y} = \frac{3\ell^2}{2Ew^3(c+t)} \tag{2.251}$$

2.3.7.2 비대칭형상 쌍곡선형 플랙셔 힌지

2.3.7.2.1 회전능력

평면 내 유연성은 다음과 같이 주어진다.

$$C_{1,\,x-F_x} = \frac{\ell}{2Ew\sqrt{c(c+2t)}} \log\left\{ \frac{c+t+\sqrt{c(c+2t)}}{c+t-\sqrt{c(c+2t)}} \right\} \tag{2.252}$$

$$C_{1,\,y-F_y} = \frac{3\ell^2}{2Ewt^2} \left[\frac{2(c^2+2ct-t^2)}{c(c+t)(c+2t)} + \frac{t^2}{\sqrt{c^3(c+2t)^3}} \log\left\{ \frac{c+t+\sqrt{c(c+2t)}}{c+t-\sqrt{c(c+2t)}} \right\} \right] \tag{2.253}$$

$$C_{1,\,y-M_z} = \frac{6\ell^2}{Ewt^2(c+t)} \tag{2.254}$$

평면 외 유연성은 다음과 같이 주어진다.

$$C_{1,z-F_z} = \frac{3\ell^3}{4Ew^3}\left[\frac{2(c+t)}{c(c+t)} + \frac{2c^2+4ct-t^2}{\sqrt{c^3(c+2t)^3}}\log\left(\frac{c+t+\sqrt{c(c+2t)}}{c+t-\sqrt{c(c+2t)}}\right)\right] \qquad (2.255)$$

$$C_{1,z-M_y} = \frac{3\ell^2}{Ew^3\sqrt{c(c+2t)}}\log\left\{\frac{c+t+\sqrt{c(c+2t)}}{c+t-\sqrt{c(c+2t)}}\right\} \qquad (2.256)$$

2.3.7.2.2 회전 정밀도

평면 내 유연성은 다음과 같이 주어진다.

$$C_{2,x-F_x} = \frac{\ell}{2Ew\sqrt{c(c+2t)}}\log\left\{\frac{c+t+\sqrt{c(c+2t)}}{t}\right\} \qquad (2.257)$$

$$C_{2,y-F_y} = \frac{3\ell^3}{2Ewt(c+2t)\sqrt{c^3}}\left[\frac{\sqrt{c}(c-t)}{c+t} - \frac{t}{\sqrt{c+2t}}\log\left\{\frac{t}{c+t+\sqrt{c(c+2t)}}\right\}\right] \qquad (2.258)$$

$$C_{2,y-M_z} = \frac{3\ell^2}{Ewt(c+t)(c+2t)} \qquad (2.259)$$

평면 외 유연성은 다음과 같이 주어진다.

$$C_{2,z-F_z} = \frac{3\ell^3}{4Ew^3\sqrt{c^3(c+2t)}}\left[\sqrt{c}(3c+t) - \frac{t^2}{\sqrt{c+2t}}\log\left\{\frac{c+t+\sqrt{c(c+2t)}}{t}\right\}\right] \qquad (2.260)$$

$$C_{2,z-M_y} = \frac{3\ell^2}{Ew^3(c+2t)} \qquad (2.261)$$

2.3.8 타원형 플랙셔 힌지

이 절에서는 그림 2.24c에 도시되어 있는 타원형상 플랙셔 힌지에 대한 해석이 수행되었다. 길이방향 대칭형상 및 비대칭형상 타원형 플랙셔 힌지에 대한 해석을 수행하여 이 플랙셔 힌지의 회전능력과 회전 정밀도를 평가하였다.

2.3.8.1 대칭형상 타원형 플랙셔 힌지

길이방향 대칭형상 플랙셔 힌지의 두께변화는 다음 식으로 주어진다.

$$t(x) = t + 2c\left[1 - \sqrt{1 - \left(1 - \frac{2x}{c}\right)^2}\right] \qquad (2.262)$$

2.3.8.1.1 회전능력

평면 내 유연성은 다음 식으로 주어진다.

$$C_{1,x-F_x} = \frac{\ell}{4Ewc}\left[\frac{4(2c+t)}{\sqrt{t(4c+t)}}\arctan\sqrt{1+\frac{4c}{t}} - \pi\right] \qquad (2.263)$$

$$C_{1,y-F_y} = \frac{3\ell^3}{16Ewt^3c^3(2c+t)(4c+t)^2}\Bigg[t\Big\{96c^5 + 96c^4t + 8(11+4\pi)c^3t^2 + 32(1+\pi)c^2t^3 \\ + 2(2+5\pi)ct^4 + \pi t^5\Big\} - 4\sqrt{\frac{t}{4c+t}}(2c+t)^4(-6c^2+4ct+t^2)\arctan\sqrt{\frac{1+4c}{t}}\Bigg]$$

$$(2.264)$$

$$C_{1,y-M_z} = \frac{6\ell^2}{Ewt^2(2c+t)(8c^2+t^2)}\left[6c^2 + 4ct + t^2 + \frac{6c(2c+t)^2}{\sqrt{t(4c+t)}}\arctan\sqrt{1+\frac{4c}{t}}\right]$$

$$(2.265)$$

평면 외 유연성은 다음과 같이 주어진다.

$$C_{1,z-F_z} = \frac{3\ell^3}{16Ew^3c^3}\Bigg[2(4-\pi)c^2 + 4(1+\pi)ct \\ + \frac{(2c+t)(-4c^2+4ct+t^2)}{\sqrt{t(4c+t)}}\left\{2\arctan\frac{2c}{\sqrt{t(4c+t)}} - \pi\right\}\Bigg]$$

$$(2.266)$$

$$C_{1,z-M_y} = \frac{3\ell^2}{2Ew^3c}\left[\frac{(2c+t)}{\sqrt{t(4c+t)}}\left\{2\arctan\frac{2c}{\sqrt{t(4c+t)}} + \pi\right\} - \pi\right] \qquad (2.267)$$

2.3.8.1.2 회전 정밀도

평면 내 유연성은 다음과 같이 주어진다.

$$C_{2,y-F_y} = \frac{3\ell^3}{32Ewt^2c^3(4c+t)^3}\Bigg[(4c+t)^2\{16c^3-8c^2t-4(1+\pi)ct^2-\pi t^3\}$$
$$+4(2c+t)\Big\{24\sqrt{1+\frac{4c}{t}}\,c^4-(2c+t)^2(6c^2-4ct-t^2)\Big\}\arctan\sqrt{1+\frac{4c}{t}}\,\Bigg]$$

$$\text{(2.268)}$$

$$C_{2,y-M_z} = \frac{3\ell^2}{2Ewt^2(2c+t)} \tag{2.269}$$

평면 외 유연성은 다음과 같이 주어진다.

$$C_{2,z-F_z} = \frac{3\ell^3}{32Ew^3c^3}\Bigg[2\pi c^2+4(1+\pi)ct+\pi t^2+4(2c+t)\Big\{c\log\Big(\frac{1+2c}{t}\Big)$$
$$-\sqrt{t(4c+t)}\arctan\sqrt{1+\frac{2c}{t}}\,\Big\}\Bigg] \tag{2.270}$$

$$C_{2,z-M_y} = \frac{3\ell^2}{4Ew^3c^3}\Bigg[(2c+t)\log\Big(1+\frac{2c}{t}\Big)-2c\Bigg] \tag{2.271}$$

2.3.8.2 비대칭형상 타원형 플랙셔 힌지

2.3.8.2.1 회전능력

평면 내 유연성은 다음과 같이 주어진다.

$$C_{1,x-F_x} = \frac{\ell}{2Ewc}\Bigg[\pi\Big\{\frac{c+t}{\sqrt{t(2c+t)}}-1\Big\}+\frac{2(c+t)}{\sqrt{t(2c+t)}}\arctan\Big\{\frac{c}{\sqrt{t(2c+t)}}\Big\}\Bigg] \tag{2.272}$$

$$C_{1,y-F_y} = \frac{3\ell^3}{4Ew\sqrt{t^5}c^3}\Bigg[-\frac{\sqrt{t}}{(2c+t)^2}\{-3c^4-3c^3t+8\pi c^2t^2+8\pi ct^3+2\pi t^4$$
$$+\frac{\pi(c+t)^3(-3c^2+4ct+2t^2)}{\sqrt{t(2c+t)}}\}+\frac{\sqrt{t}}{(c+t)(c+2t)^2}\{3c^5+6c^4t$$
$$+(19+16\pi)c^3t^2+16(1+2\pi)c^2t^3+4(1+5\pi)ct^4+4\pi t^5\}$$
$$+\frac{2(c+t)^3(3c^2-4ct-2t^2)}{\sqrt{(2c+t)^5}}\arctan\Big\{\frac{c}{\sqrt{t(2c+t)}}\Big\}\Bigg] \tag{2.273}$$

$$C_{1,y-M_z} = \frac{3\ell^2}{2Ew(c+t)\sqrt{t^5(2c+t)^5}}\Bigg[\sqrt{t(2c+t)}\Big\{4t^2+8tc+6c^2+\frac{3\pi c(c+t)^2}{\sqrt{t(2c+t)}}\Big\}$$
$$+6c(c+t)^2\arctan\Big\{\frac{c}{\sqrt{t(2c+t)}}\Big\}\Bigg]$$

$$\text{(2.274)}$$

평면 외 유연성은 다음과 같이 주어진다.

$$
\begin{aligned}
C_{1,z-F_z} = \frac{3\ell^3}{4Ew^3c^3}\Bigg[& 2\pi t^2 + 4(1+\pi)ct + (4-\pi)c^2 \\
& + \frac{4(c+t)(c^2-2ct-t^2)}{\sqrt{t(2c+t)}}\left\{\arctan\left(\frac{c}{\sqrt{t(2c+t)}}\right)+\frac{\pi}{2}\right\}\Bigg]
\end{aligned}
\tag{2.275}
$$

$$
C_{1,z-M_y} = \frac{3\ell^2}{Ew^3c}\left[\pi\left\{\frac{c+t}{\sqrt{t(2c+t)}}-1\right\}+\frac{2(c+t)}{\sqrt{t(2c+t)}}\arctan\left\{\frac{c}{\sqrt{t(2c+t)}}\right\}\right]
\tag{2.276}
$$

2.3.8.2.2 회전정밀도

평면 내 유연성은 다음과 같이 주어진다.

$$
C_{2,x-F_x} = \frac{\ell}{4Ewc}\left[\frac{4(c+t)}{\sqrt{t(2c+t)}}\arctan\sqrt{1+\frac{2c}{t}}-\pi\right]
\tag{2.277}
$$

$$
\begin{aligned}
C_{2,y-F_y} = \frac{3\ell^3}{4Ewt^2c^3(c+t)}\Bigg[& 2c^3 + (2+\pi)ct^2 + \pi t^3 - \frac{2c^4}{(2c+t)} \\
& + 2\sqrt{\frac{t}{(2c+t)^3}}(c+t)^2(c^2-4ct-2t^2)\arctan\sqrt{1+\frac{2c}{t}}\Bigg]
\end{aligned}
\tag{2.278}
$$

$$
C_{2,y-M_z} = \frac{3\ell^2}{2Ewt^2(c+t)}
\tag{2.279}
$$

평면 외 유연성은 다음과 같이 주어진다.

$$
\begin{aligned}
C_{2,z-F_z} = \frac{3\ell^3}{8Ew^3c^3}\Bigg[& \pi c^2 + 4(1+\pi)ct + 2\pi t^2 + 4(c+t)\left\{c\log\left(1+\frac{c}{t}\right)\right. \\
& \left. - 2\sqrt{t(2c+t)}\arctan\sqrt{1+\frac{2c}{t}}\right\}\Bigg]
\end{aligned}
\tag{2.280}
$$

$$
C_{2,z-M_y} = \frac{3\ell^2}{Ew^3c^2}\left[(c+t)\log\left(1+\frac{c}{t}\right)-c\right]
\tag{2.281}
$$

2.3.9 역포물선형 플랙셔 힌지

그림 2.24d에 도시되어 있는 역포물선 프로파일을 가지고 있는 플랙셔 힌지에 대한 해석이

수행되었다. 길이방향 대칭형상 및 비대칭형상 플랙셔 힌지들에 대한 해석을 수행하여 이 플랙셔 힌지의 회전능력과 회전 정밀도를 평가하였다.

2.3.9.1 대칭형상 역포물선형 플랙셔 힌지

대칭형상 역포물선형 플랙셔 힌지의 두께변화는 다음과 같이 주어진다.

$$t(x) = \frac{2a}{b^2 - \left(x - \dfrac{\ell}{2}\right)^2} \tag{2.282}$$

여기서 기하학적 변수들인 a와 b는 다음과 같이 정의된다.

$$\begin{cases} a = \dfrac{t\ell^2}{8}\left(1 + \dfrac{t}{2c}\right) \\ b = \dfrac{\ell}{2}\sqrt{1 + \dfrac{t}{2c}} \end{cases} \tag{2.283}$$

2.3.9.1.1 회전능력

평면 내 유연성은 다음과 같이 주어진다.

$$C_{1,x-F_x} = \frac{\ell(4c+3t)}{3Ewt(2c+t)} \tag{2.284}$$

$$C_{1,y-F_y} = \frac{4\ell^3(320c^3 + 576c^2t + 378ct^2 + 105t^3)}{105Ewt^3(2c+t)^3} \tag{2.285}$$

$$C_{1,y-M_z} = \frac{6\ell^2(128c^3 + 224c^2t + 140ct^2 + 35t^3)}{35Ewt^3(2c+t)^3} \tag{2.286}$$

평면 외 유연성은 다음과 같이 주어진다.

$$C_{1,z-F_z} = \frac{4\ell^3(6c+5t)}{5Ew^3t(2c+t)} \tag{2.287}$$

$$C_{1,z-M_y} = \frac{2\ell^2(4c+3t)}{Ew^3t(2c+t)} \tag{2.288}$$

2.3.9.1.2 회전 정밀도

평면 내 유연성은 다음과 같이 주어진다.

$$C_{2,y-F_y} = \frac{\ell^3(886c^3+1836c^2t+1449ct^2+525t^3)}{420Ewt^3(2c+t)^3} \tag{2.289}$$

$$C_{2,y-M_z} = \frac{3\ell^2(c+t)(2c^2+2ct+t^2)}{2Ewt^3(2c+t)^3} \tag{2.290}$$

평면 외 유연성은 다음과 같이 주어진다.

$$C_{2,z-F_z} = \frac{\ell^3(23c+25t)}{20Ew^3t(2c+t)} \tag{2.291}$$

$$C_{2,z-M_y} = \frac{3\ell^2(c+t)}{2Ew^3t(2c+t)} \tag{2.292}$$

2.3.9.2 비대칭형상 역포물선형 플랙셔 힌지

2.3.9.2.1 회전능력

평면 내 유연성은 다음과 같이 주어진다.

$$C_{1,x-F_x} = \frac{\ell}{Ewt}\left(2 - \sqrt{2+\frac{t}{c}}\operatorname{arctanh}\sqrt{\frac{c}{2c+t}}\right) \tag{2.293}$$

$$C_{1,y-F_y} = \frac{\ell^3}{8Ewt^3(c+t)^2\sqrt{c^3}}\left[\sqrt{c}(1186c^3+2645c^2t+1804ct^2+357t^3)\right.$$
$$\left. - 3(c+t)^2(313c+119t)\sqrt{2c+t}\operatorname{arctanh}\sqrt{\frac{c}{2c+t}}\right] \tag{2.294}$$

$$C_{1,y-M_z} = \frac{3\ell^2}{4Ewt^3(c+t)^2}\left[98c^2+183ct+83t^2-75(c+t)^2\sqrt{2+\frac{t}{c}}\arctan\sqrt{\frac{c}{2c+t}}\right] \tag{2.295}$$

평면 외 유연성은 다음과 같이 주어진다.

$$C_{1,z-F_z} = \frac{\ell^3}{Ew^3tc}\left[14c + 3t - 3(3c+t)\sqrt{2+\frac{t}{c}}\arctan h\sqrt{\frac{c}{2c+t}}\right] \tag{2.296}$$

$$C_{1,z-M_y} = \frac{6\ell^2}{Ew^3t}\left[2 - \sqrt{2+\frac{t}{c}}\arctan h\sqrt{\frac{c}{2c+t}}\right] \tag{2.297}$$

2.3.9.2.2 회전 정밀도

평면 내 유연성은 다음과 같이 주어진다.

$$\begin{aligned}C_{2,y-F_y} = \frac{\ell^3}{16Ewt^3(c+t)^2\sqrt{c^3}}\Big[&\sqrt{c}\{1096c^3 + 2462c^2t + 1711ct^2 + 357t^3 \\ &+ 144(c+t)^2(2c+t)\log\frac{c+t}{2c+t}\} - 357(c+t)^2\sqrt{(2c+t)^3}\arctan h\sqrt{\frac{c}{2c+t}}\Big]\end{aligned} \tag{2.298}$$

$$C_{2,y-M_z} = \frac{3\ell^2}{4Ewt^3c(c+t)^2}\left[24(c+t)^2(2c+t) - c(34c^2 + 61ct + 26t^2)\log\frac{2c+t}{c+t}\right] \tag{2.299}$$

평면 외 유연성은 다음과 같이 주어진다.

$$\begin{aligned}C_{2,z-F_z} = \frac{\ell^3}{4Ew^3t\sqrt{c^3}}\Big[&-6\sqrt{(2c+t)^3}\arctan h\sqrt{\frac{c}{2c+t}} \\ &+ \sqrt{c}\Big\{22c + 6t + 3(2c+t)\log\frac{c+t}{2c+t}\Big\}\Big]\end{aligned} \tag{2.300}$$

$$C_{2,z-M_y} = \frac{3\ell^2}{2Ew^3tc}\left[2c + (2c+t)\log\frac{c+t}{2c+t}\right] \tag{2.301}$$

2.3.10 교차형 플랙셔 힌지

이 절에서는 **그림 2.24e**에 도시되어 있는 것과 같이 길이방향으로 대칭 및 비대칭 형상을 가지고 있는 교차형 플랙셔 힌지에 대해서 살펴보기로 한다. 교차형 플랙셔 힌지의 유연성 방정식을 사용하여 회전능력과 회전 정밀도를 구하였다.

2.3.10.1 대칭형상 교차형 플랙셔 힌지

길이방향에 대해서 대칭형상을 가지고 있는 플랙셔 힌지의 두께변화 $t(x)$는 다음과 같이 주어진다.

$$t(x) = \frac{t}{\cos\left(\dfrac{2x-\ell}{\ell}\arccos\dfrac{t}{2c+t}\right)}$$
(2.302)

2.3.10.1.1 회전능력

평면 내 유연성은 다음과 같이 주어진다.

$$C_{1,x-F_x} = \frac{2\ell\sqrt{c(c+t)}}{Ewt(2+t)y}$$
(2.303)

$$
\begin{aligned}
C_{1,y-F_y} = \frac{\ell^3}{36Ewt^3(2c+t)^3y^3}\Big\{ & 24t(24c^2+24ct+7t^2)y \\
& + 144\frac{\sqrt{c(c+t)}}{2c+t}(16c^3+24c^2t+14ct^2+3t^3)y^2 \\
& - 2\sqrt{c(c+t)}(644c^2+644ct+165t^2)-(2c+t)^3\sin(3y)\Big\}
\end{aligned}
$$
(2.304)

$$
\begin{aligned}
C_{1,y-M_z} = \frac{\ell^2}{12Ewt^3(2c+t)^3}\Big[& -4t(24c^2+24ct+7t^2)+(2c+t)^2 \\
& \times\Big\{27t+(2c+t)\Big(\cos(3y)+6y\Big(\frac{18\sqrt{c(c+t)}}{2c+t}+\sin(3y)\Big)\Big)\Big\}\Big]
\end{aligned}
$$
(2.305)

$$C_{1,\theta_z-M_z} = \frac{\ell}{Ewt^3y}\left[\frac{18\sqrt{c(c+t)}}{2c+t}+\sin(3y)\right]$$
(2.306)

여기서

$$y = \arccos\frac{t}{2c+t}$$
(2.307)

평면 외 유연성은 다음과 같이 주어진다.

$$C_{1,z-F_z} = \frac{6\ell^3}{Ew^3t(2c+t)y^3}\left[ty + \sqrt{c(c+t)}\,(y^2-1)\right] \tag{2.308}$$

$$C_{1,z-M_y} = \frac{12\ell^2}{Ew^3t(2c+t)y} \tag{2.309}$$

2.3.10.1.2 회전 정밀도

평면 내 유연성은 다음과 같이 주어진다.

$$
\begin{aligned}
C_{2,y-F_y} = \frac{\ell^3}{72Ewt^3(2c+t)y^3}\Big[&3y\{-56c+53t+3(2c+t)\cos(3y)\} \\
&+ 18(2c+t)y^2\left\{\frac{18\sqrt{c(c+t)}}{2c+t} + \sin(3y)\right\} \\
&- 2(2c+t)\left\{\frac{162\sqrt{c(2c+t)}}{2c+t} + \sin(3y)\right\}\Big]
\end{aligned}
\tag{2.310}
$$

$$
\begin{aligned}
C_{2,y-M_z} = \frac{\ell^2}{12Ewt^3(2c+t)y^2}\Big[&-56c-t+(2c+t)\cos(3y) \\
&+ 3(2c+t)y\left\{\frac{18\sqrt{c(c+t)}}{2c+t} + \sin(3y)\right\}\Big]
\end{aligned}
\tag{2.311}
$$

평면 외 유연성은 다음과 같이 주어진다.

$$C_{2,z-F_z} = \frac{3\ell^3}{Ew^3t(2c+t)y^3}\left[(t-c)y + 2\sqrt{c(c+t)}\,(y^2-1)\right] \tag{2.312}$$

$$C_{2,z-M_y} = \frac{6\ell^2}{Ew^3t(2c+t)y^2}\left[\sqrt{c(c+t)}\,y - c\right] \tag{2.313}$$

2.3.10.2 비대칭형상 교차형 플랙셔 힌지

2.3.10.2.1 회전능력

평면 내 유연성은 다음과 같이 주어진다.

$$C_{1,x-F_x} = \frac{\ell\sqrt{c(c+2t)}}{Ewt(c+t)z} \tag{2.314}$$

$$C_{1,z-F_z} = \frac{\ell^3}{36Ewt^3z^3}\left[-\frac{81\sqrt{c(c+2t)}}{c+t} - \frac{4\sqrt{c(c+2t)}}{(c+t)^3}(20c^2+40ct+21t^2)\right.$$
$$\left. + \frac{24t}{(c+t)^3}(6c^2+12ct+7t^2)z + 72\frac{\sqrt{c(c+2t)}}{(c+t)^3}(2c^2+4ct+3t^2)z^2 - \sin(3z)\right]$$

$$(2.315)$$

$$C_{1,z-M_z} = \frac{\ell^2}{12Ewt^3(c+t)^3z^2}\left[-4t(6c^2+12ct+7t^2)\right.$$
$$\left. + (c+t)^2\left\{27t+(c+t)\left(\cos(3z)+6z\left(\frac{9\sqrt{c(c+2t)}}{c+t}+\sin(3z)\right)\right)\right\}\right] \quad (2.316)$$

$$C_{1,\theta_z-M_z} = \frac{\ell}{Ewt^3z}\left[\frac{9\sqrt{c(c+2t)}}{c+t}+\sin(3z)\right] \quad (2.317)$$

여기서

$$z = \arccos\frac{t}{c+t} \quad (2.318)$$

평면 외 유연성은 다음과 같이 주어진다.

$$C_{1,z-F_z} = \frac{\ell^3}{Ew^3t(c+t)z^3}\left[tz+\sqrt{c(c+2t)}(z^2-1)\right] \quad (2.319)$$

$$C_{1,z-M_y} = \frac{6\ell^2\sqrt{c(c+2t)}}{Ew^3t(c+t)z} \quad (2.320)$$

2.3.10.2.2 회전 정밀도

평면 내 유연성은 다음과 같이 주어진다.

$$C_{2,x-F_x} = \frac{\ell\sqrt{c(c+4t)}}{4Ewt(c+2t)u} \quad (2.321)$$

여기서

$$u = \arccos\frac{2t}{c+2t} \quad (2.322)$$

$$C_{2,z-F_z} = \frac{\ell^3}{72Ewt^3(c+t)z^3}\left[3z\{-28c+53t+3(c+t)\cos(3z)\}\right.$$
$$\left.+18(c+t)z^2\left\{\frac{9\sqrt{c(c+2t)}}{c+t}+\sin(3z)\right\}-2(c+t)\left\{\frac{81\sqrt{c(c+2t)}}{c+t}+\sin(3z)\right\}\right]$$

(2.323)

$$C_{2,z-M_z} = \frac{\ell^2}{12Ewt^3(c+t)z^2}\left[-28c-t+(c+t)\cos(3z)\right.$$
$$\left.+3(c+t)z\left\{\frac{9\sqrt{c(c+2t)}}{c+2t}+\sin(3z)\right\}\right]$$

(2.324)

평면 외 유연성은 다음과 같이 주어진다.

$$C_{2,z-F_z} = \frac{3\ell^2}{2Ew^3t(c+t)z^3}[(c-2t)z+2\sqrt{c(c+2t)}(z^2-1)]$$

(2.325)

$$C_{2,z-M_z} = \frac{3\ell^2}{Ew^3t(c+t)z^2}[\sqrt{c(c+2t)}\,z-c]$$

(2.326)

2.3.11 닫힌 형태 유연방정식의 검증

다양한 형상의 플랙셔들에 대해서 유도한 유연성 방정식들이 정확한지를 확인하기 위해서 다음과 같이 검증이 수행되었다.

2.3.11.1 한계검증

이 장에 제시되어 있는 모든 플랙셔 힌지들의 유연성 방정식들에 대한 전반적인 한계들에 대해서 검증을 수행하였다. 특히, 주어진 플랙셔 구조에 힘을 가하였을 때에 균일 사각단면 플랙셔 구조와 동일 한계를 갖는가를 검증하며, 유연성 방정식도 역시 균일 사각단면 플랙셔 구조의 경우와 동일한 한계를 가지고 있는지 검증하는 것이 목적이다. 여타의 한계값들에 대한 검증도 함께 수행되었다. 길이방향에 대해서 대칭 및 비대칭 형상을 가지고 있는 플랙셔 힌지들에 대한 한계값 계산도 수행되었으며 이를 통하여 다양한 형상의 플랙셔들에 대해 제시된 유연성 방정식들의 타당성을 검증하였다.

2.3.11.1.1 원형 플랙셔 힌지

원의 반경이 무한히 커지면 원이 직선으로 변한다. 이는 대칭형상 원형 플랙셔 힌지와 비대칭형상 원형 플랙셔 힌지들을 정의하는 모든 유연성 방정식들에서 $r \to \infty$ 인 경우에 해당한다. 두 가지 경우 모두, 극한의 경우는 균일단면 플랙셔 힌지의 유연성 방정식으로 수렴하게 된다.

2.3.11.1.2 필렛 모서리형 플랙셔 힌지

대칭형상 및 비대칭 형상을 가지고 있는 플랙셔 힌지들 모두에 대해서 두 가지 유형의 한계를 검증하였다. 그림 2.22에서 도시하고 있듯이, 필렛 반경이 최소여서 0으로 수렴($r \to 0$)하는 경우에 필렛 모서리형 플랙셔 힌지는 직선형상 균일단면 플랙셔에 접근하며 필렛 반경이 최대여서 플랙셔 길이의 절반으로 수렴($r \to 1/2$)하는 경우에는 진원형 플랙셔 힌지에 접근하게 된다. 첫 번째 세트의 검증에 따르면, $r \to 0$으로 수렴하는 경우에 대칭형상 필렛 모서리형 플랙셔 힌지의 유연성 방정식뿐만 아니라 비대칭 형상 필렛 모서리형 플랙셔 힌지의 유연성 방정식 역시 균일단면 플랙셔 힌지의 유연성 방정식과 똑같아진다. 두 번째 세트의 검증에 따르면, $r \to 1/2$로 수렴하는 경우에 대칭 및 비대칭 형상 플랙셔 힌지의 유연성 방정식들은 각각 대칭 및 비대칭 형상 원형 플랙셔 힌지의 유연성 방정식으로 변형된다.

2.3.11.1.3 여타의 모든 플랙셔 힌지들

다른 모든 구조(즉, 포물선, 쌍곡선, 타원, 역포물선 및 교차형상 등)의 플랙셔 형상들을 매개변수 c 하나만을 사용하여 정의할 수 있다. 그림 2.23에 따르면 $c \to 0$으로 수렴하는 경우에 각각의 형상을 가지고 있는 플랙셔 힌지들은 균일단면 플랙셔 힌지로 수렴한다. 실제로, 앞서 언급했던 다양한 형상의 (대칭 및 비대칭) 플랙셔 힌지의 유연성 방정식들에 대해서 $c = 0$을 대입하면 직선형 균일단면 플랙셔 힌지의 유연성 방정식이 얻어진다. 타원의 장반경과 단반경이 동일해지면 진원이 되기 때문에, 타원형 플랙셔 힌지의 경우에는 추가적인 검증이 필요하다. $c \to 1/2$로 수렴하면(그림 2.22에서처럼 타원이 진원으로 변하게 된다) 대칭형상 및 비대칭 형상 플랙셔 힌지의 유연성 방정식들은 진원형 플랙셔 힌지의 유연성 방정식과 동일해진다.

2.3.11.2 실험 및 유한요소 해석을 이용한 검증

앞서 상세하게 설명한 것처럼 모든 형상의 플랙셔 힌지들에 대해서 **한계검증**을 수행함과 더불어서, 일부 플랙셔 구조들에 대해서는 실험 및 유한요소해석을 활용한 추가적인 검증이 수행되었다. 실험은 **그림 2.25**에 개략적으로 도시되어 있는 세팅하에서 수행되었다. **그림 2.25a**의 경우에는 플랙셔 힌지에 축방향으로 부하를 가한 다음 자유단 끝과 중앙부위에서의 축방향 변위를 측정하여 유연성 $C_{1,x-F_x}$와 $C_{2,x-F_x}$를 구하였다. **그림 2.25b**에 도시되어 있는 것처럼, 플랙셔의 횡축(y) 방향으로 힘을 가한 후에 변위 u_{1y} 및 u_{2y}를 측정하면 유연성 $C_{1,y-F_y}$와 $C_{2,y-F_y}$를 구할 수 있다. 이와 유사한 방법을 사용하여 **그림 2.25c**에서와 같이 평면 외 유연성 $C_{1,z-F_z}$와 $C_{2,z-F_z}$를 구할 수 있다. **그림 2.25d**에 도시되어 있는 것처럼 크기는 동일하고 방향이 서로 반대를 향하는 짝힘 F_{1x}를 플랙셔의 자유단에 가한 후에 변위 u_{1y} 및 u_{2y}를 측정하면 유연성 $C_{1,y-M_z}$와 $C_{2,y-M_z}$를 구할 수 있다.

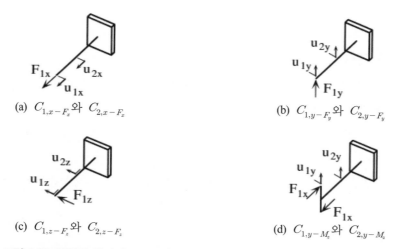

(a) $C_{1,x-F_x}$와 $C_{2,x-F_x}$

(b) $C_{1,y-F_y}$와 $C_{2,y-F_y}$

(c) $C_{1,z-F_z}$와 $C_{2,z-F_z}$

(d) $C_{1,y-M_z}$와 $C_{2,y-M_z}$

그림 2.25 플랙셔 힌지의 유연성을 검증하기 위한 실험장치 세팅방법의 개략도

    그림 2.25에 제시되어 있는 **하중측정 실험**과 동일한 경우에 대한 **유한요소 해석**이 수행되었다. 2차원 요소에 대한 시뮬레이션을 수행하기 위해서 ANSYS 유한요소 소프트웨어가 사용되었다. 측정실험과 유한요소 해석 모두의 경우에 사용된 플랙셔 시편은 알루미늄 소재를 사용하였다. 필렛 모서리형 플랙셔 힌지의 경우, 실험값은 이론적 예측값에 비해서 6%의 오차를 나타낸 반면에 유한요소 해석은 10%의 오차를 보였다. 실험과정이나 유한요소 해석에 대한 보다 더 자세한 내용은 로본티우 등[4]을 참조하기 바란다. 포물선 및 쌍곡선 형상을 갖는 플랙셔 힌지들에 대해서도 이와 유사한 시험이 수행되었으며 이 또한 보다 더 자세한 내용은 로본티우 등[5]을 참조하기 바란다. 실험 결과와 유한요소 해석 결과를 비교해보면 이 책에 제시되어 있는 유연성

방정식의 예측값 오차는 8% 미만임을 알 수 있다. 스미스 등[2]에 따르면 타원형 플랙셔 힌지에 대한 유연성 근사식을 사용한 해석결과는 실험적 측정 결과와 10% 미만의 오차를 나타낼 뿐이다. 동일한 플랙셔 힌지들에 대한 실험적 측정과 유한요소 해석 사이의 편차는 12% 미만이다.

2.3.12 수치 시뮬레이션

앞서 기하학적으로 정의된 다양한 형상의 플랙셔 힌지들에 대한 성능을 평가하기 위해서 이 절에서는 **유연성 방정식**이 사용되었다. 플랙셔들의 개별 응답이나 서로 다른 두 가지 유형의 플랙셔들의 상대적인 거동 차이를 살펴보기 위해서 다양한 원칙들을 사용한 철저한 수치해석이 수행되었다. 특히, 다음의 목적들을 이루기 위해서 네 가지 서로 다른 유형의 수치해석이 수행되었다.

- 플랙셔 유연성의 개별적인 경향들
- 한가지 형태의 플랙셔가 가지고 있는 유연성에 대한 내부적인 비교
- 균일단면 플랙셔 힌지와의 유연성 비교
- 길이방향 대칭형상 및 비대칭 형상 플랙셔 힌지들 사이의 유연성 상호비교

각 항목별 수치해석방법에 대한 자세한 설명은 결과도표와 함께 다음 절에서 제시되어 있다.

2.3.12.1 개별 트렌드

정의된 기하학적 매개변수들이 유연성의 절댓값에 끼치는 영향을 살펴보기 위해서 일련의 수치해석이 수행되었다. 하지만, 여기서 플랙셔 유형과 방향별 유연성에 따라서 모든 기하학적 매개변수들을 조합하여 도표로 제시하는 것은 불가능하다. 다행히도, 형상에 따른 유연성의 변화경향은 모든 플랙셔 힌지들에서 매우 일정하게 나타나고 있기 때문에 소수의 사례들만을 살펴보는 것으로도 충분하다.

2.3.12.1.1 대칭형상 원형 플랙셔 힌지

그림 2.26에서는 대칭형상 원형 플랙셔 힌지의 반경 r과 최소 두께 t의 변화에 따른 $C_{1, \theta_z - M_z}$의 변화양상을 **3차원 도표**로 보여주고 있다. **그림 2.26**에서는 대칭형상 원형 플랙셔 힌지에 대해 다른 방향에 대한 유연성들을 모두 보여주고 있지는 않지만, 이들도 역시 이와 매우 유사

한 경향을 나타내고 있다. 유연성 방정식을 살펴보면, 폭 w가 어떤 역할을 하는지 쉽게 확인할 수 있다. 그러므로 대칭형상 원형 플랙셔 힌지의 유연성은 다음의 경우에 증가하게 된다.

- r의 증가에 따라서 유연성은 거의 선형적으로 증가한다.
- t의 감소에 따라서 유연성은 매우 비선형적으로 증가한다.
- 평면 내 유연성은 w에 반비례하며 평면 외 유연성은 w^3에 반비례한다.

변수 t와 w는 다른 모든 형상의 플랙셔 유연성에 대해서 위와 동일한 경향을 나타내기 때문에 앞으로는 더 이상 반복하여 설명하지 않겠다.

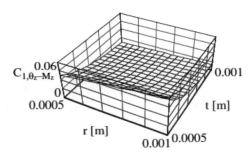

그림 2.26 대칭형상 원형 플랙셔 힌지의 노치반경 r과 최소두께 t의 변화에 따른 $C_{1, \theta_z - M_z}$의 변화양상

2.3.12.1.2 대칭형상 필렛 모서리형 플랙셔 힌지

대칭형상 필렛 모서리형 플랙셔 힌지에 대해서도 앞서 설명했던 것과 유사한 방법이 적용되었다. 이 플랙셔의 특성을 결절하는 매개변수들은 필렛 반경 r, 플랙셔 길이 ℓ, 최소두께 t 그리고 폭 w이다. **그림 2.27**에서는 길이방향 프로파일을 결정하는 기하학적 매개변수들에 따른 유연성 $C_{1, \theta_z - M_z}$의 변화양상을 보여주고 있다.

다음에 제시되어 있는 결론은 다른 방향의 유연성에 대해서도 동일하게 적용이 된다. 대칭형상 필렛 모서리형 플랙셔 힌지의 유연성은 다음의 경우에 증가한다.

- 필렛 반경 r의 감소에 따라서 유연성은 거의 선형적으로 증가한다.
- 플랙셔 길이 ℓ의 증가에 따라서 유연성은 거의 선형적으로 증가한다.

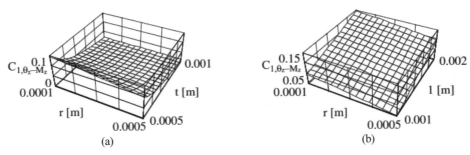

그림 2.27 대칭형상 필렛 모서리형 플랙셔 힌지의 (a) 필렛 반경 r과 최소두께 t, (b) 필렛반경 r과 길이 ℓ의 변화에 따른 $C_{1,\theta_z - M_z}$의 변화양상

2.3.12.1.3 여타의 모든 플랙셔 힌지들

앞서 설명했듯이, 여타 모든(포물선형, 쌍곡선형, 타원형, 역포물선형 및 교차형) 플랙셔들은 기하학적 매개변수 ℓ 및 t와 더불어서 c를 사용하여 길이방향 형상을 정의한다. **그림 2.28**에서는 대칭형상 타원형 플랙셔 힌지의 유연성 $C_{1,\theta_z - M_z}$를 매개변수 c, 최소두께 t 그리고 길이 ℓ에 대해서 보여주고 있다. 여타 모든 유형의 플랙셔들의 다른 모든 방향의 유연성에 대해서도 이와 유사한 경향이 얻어진다. 여기서 얻어진 결론은 필렛 반경 r이 새로운 매개변수 c로 대체되었다는 점을 제외하고는 필렛 모서리형 플랙셔 힌지에서의 결론과 거의 동일하다는 것이다.

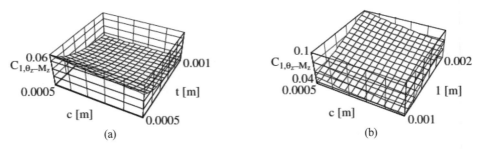

그림 2.28 대칭형상 타원형 플랙셔 힌지의 (a) 매개변수 c와 최소두께 t, (b) 매개변수 c와 길이 ℓ의 변화에 따른 $C_{1,\theta_z - M_z}$의 변화양상

이 절에서 제시되어 있는 모든 결론들은 길이방향으로 비대칭 형상을 가지고 있는 플랙셔 힌지들에 대해서도 동일하게 적용된다. 플랙셔 유형별로 보다 더 자세한 유연성 값들은 **표 2.2**(대칭형상 플랙셔 힌지) 및 **표 2.3**(비대칭형상 플랙셔 힌지)에 제시되어 있다. 이 표들에 제시되어 있는 데이터 값들은 형상을 결정하는 기하학적 매개변수들을 사용하여 일체형으로

제작된 플랙셔의 모든 방향 유연성을 구한 값들이다. 예를 들어, 대칭형상 원형 플랙셔 힌지의 경우에 C_{1,θ_z-M_z}는 r의 증가, t의 감소 그리고 w의 감소에 따라서 증가한다는 것을 알고 있으므로, (타당하게)주어진 범위 내에서 기하학적 매개변수들을 변화시켰을 때에 유연성의 변화 범위를 계산할 수 있다.

표 2.2와 **표 2.3**에 제시되어 있는 값들은 기하학적 매개변수들이 다음의 범위를 가지고 있는 경우에 대해서 구한 결과이다.

- 원형 플랙셔 힌지의 경우 $0.5[\text{mm}] \leq r \leq 1[\text{mm}]$
- 필렛 모서리형 플랙셔 힌지의 경우 $0.1[\text{mm}] \leq r \leq 0.5[\text{mm}]$
- 포물선형, 쌍곡선형, 타원형, 역포물선형, 및 교차형 플랙셔 힌지의 경우
  $0.1[\text{mm}] \leq c \leq 0.5[\text{mm}]$
- $0.5[\text{mm}] \leq t \leq 1[\text{mm}]$
- $0.15[\text{mm}] \leq \ell \leq 2[\text{mm}]$
- $2[\text{mm}] \leq r \leq 5[\text{mm}]$

표 2.2 단일축 대칭형상 플랙셔 힌지의 유연성 극한값

		플랙셔 유형						
		C	CF	E	H	P	IP	S
$C_{1,x-F_x}[\text{m/N}]$	Min	8.5×10^{-10}	1.4×10^{-9}	1.3×10^{-9}	1.4×10^{-9}	1.2×10^{-9}	1.3×10^{-9}	1.2×10^{-9}
	Max	6.5×10^{-9}	9.9×10^{-9}	9.3×10^{-9}	8.6×10^{-9}	8.9×10^{-9}	9.0×10^{-9}	9.0×10^{-9}
$C_{1,y-F_y}[\text{m/N}]$	Min	2.4×10^{-9}	9.6×10^{-9}	8.0×10^{-9}	5.9×10^{-9}	6.5×10^{-9}	7.7×10^{-9}	7.5×10^{-9}
	Max	2.1×10^{-7}	6.2×10^{-7}	5.0×10^{-7}	4.3×10^{-7}	4.4×10^{-7}	4.6×10^{-7}	4.5×10^{-7}
$C_{1,y-M_z}[\text{1/N}]$	Min	3.9×10^{-6}	1.0×10^{-5}	1.9×10^{-5}	6.7×10^{-6}	5.4×10^{-6}	8.5×10^{-6}	8.4×10^{-6}
	Max	1.9×10^{-4}	4.7×10^{-4}	8.4×10^{-4}	3.4×10^{-4}	2.8×10^{-4}	3.6×10^{-4}	3.6×10^{-4}
$C_{1,\theta_y-M_y}[\text{1/Nm}]$	Min	1.7×10^{-4}	6.6×10^{-4}	6.1×10^{-4}	5.5×10^{-4}	5.6×10^{-4}	6.0×10^{-4}	6.0×10^{-4}
	Max	3.7×10^{-3}	2.5×10^{-2}	2.8×10^{-2}	2.6×10^{-2}	2.7×10^{-2}	2.7×10^{-2}	2.7×10^{-2}
$C_{1,z-F_z}[\text{m/N}]$	Min	1.7×10^{-10}	3.3×10^{-10}	4.4×10^{-10}	3.9×10^{-10}	4.0×10^{-10}	4.3×10^{-10}	4.3×10^{-10}
	Max	2.4×10^{-8}	2.6×10^{-8}	3.6×10^{-8}	3.5×10^{-8}	3.5×10^{-8}	3.5×10^{-8}	3.5×10^{-8}
$C_{1,z-M_y}[\text{1/N}]$	Min	1.7×10^{-7}	1.3×10^{-7}	4.6×10^{-7}	4.1×10^{-7}	4.2×10^{-7}	4.5×10^{-7}	4.5×10^{-7}
	Max	1.2×10^{-5}	2.3×10^{-5}	2.8×10^{-5}	2.6×10^{-5}	2.7×10^{-5}	2.7×10^{-5}	2.7×10^{-5}
$C_{1,\theta_z-M_z}[\text{1/Nm}]$	Min	7.8×10^{-3}	1.4×10^{-2}	1.2×10^{-2}	9.0×10^{-3}	7.1×10^{-3}	1.2×10^{-2}	1.1×10^{-2}
	Max	1.9×10^{-1}	4.7×10^{-1}	3.9×10^{-1}	3.4×10^{-1}	2.8×10^{-1}	3.6×10^{-1}	3.6×10^{-1}
$C_{2,x-F_x}[\text{m/N}]$	Min	4.2×10^{-10}	6.7×10^{-10}	6.3×10^{-10}	5.7×10^{-10}	5.9×10^{-10}	6.3×10^{-10}	6.2×10^{-10}
	Max	3.2×10^{-9}	5.0×10^{-9}	4.6×10^{-9}	4.4×10^{-9}	4.5×10^{-9}	4.5×10^{-9}	4.5×10^{-9}

C : 원형, CF : 필렛 모서리, E : 타원형, H : 쌍곡선형, P : 포물선형, IP : 역포물선형, S : 교차형

표 2.2 단일축 대칭형상 플랙셔 힌지의 유연성 극한값(계속)

		플랙셔 유형						
		C	CF	E	H	P	IP	S
$C_{2,y-F_y}$[m/N]	Min	5.8×10^{-10}	2.5×10^{-9}	2.9×10^{-9}	4.0×10^{-10}	4.5×10^{-10}	1.8×10^{-9}	1.8×10^{-9}
	Max	3.4×10^{-8}	1.9×10^{-7}	1.7×10^{-7}	2.9×10^{-8}	3.0×10^{-8}	1.2×10^{-7}	1.2×10^{-7}
$C_{2,y-M_z}$[1/N]	Min	7.5×10^{-7}	2.7×10^{-6}	1.7×10^{-6}	3.4×10^{-6}	1.3×10^{-6}	1.6×10^{-6}	1.5×10^{-6}
	Max	2.4×10^{-5}	8.3×10^{-5}	8.6×10^{-5}	4.3×10^{-5}	7.3×10^{-5}	7.8×10^{-5}	7.7×10^{-5}
$C_{2,z-F_z}$[m/N]	Min	3.8×10^{-11}	1.3×10^{-10}	1.3×10^{-10}	1.1×10^{-10}	1.1×10^{-10}	1.2×10^{-10}	1.2×10^{-10}
	Max	6.0×10^{-9}	9.9×10^{-9}	1.1×10^{-8}	1.4×10^{-8}	1.0×10^{-8}	1.1×10^{-8}	1.0×10^{-8}
$C_{2,z-M_y}$[1/N]	Min	5.2×10^{-8}	9.7×10^{-8}	1.0×10^{-7}	9.0×10^{-8}	9.4×10^{-8}	1.0×10^{-7}	1.0×10^{-7}
	Max	3.8×10^{-6}	5.3×10^{-6}	6.7×10^{-6}	6.3×10^{-6}	6.3×10^{-6}	6.4×10^{-6}	6.4×10^{-6}

C : 원형, CF : 필렛 모서리, E : 타원형, H : 쌍곡선형, P : 포물선형, IP : 역포물선형, S : 교차형

표 2.3 단일축 비대칭형상 플랙셔 힌지의 유연성 극한값

		플랙셔 유형						
		C	CF	E	H	P	IP	S
$C_{1,x-F_x}$[m/N]	Min	9.1×10^{-10}	1.4×10^{-9}	1.4×10^{-9}	1.3×10^{-9}	1.3×10^{-9}	1.4×10^{-9}	1.3×10^{-9}
	Max	7.6×10^{-9}	1.0×10^{-8}	9.6×10^{-9}	9.4×10^{-9}	9.4×10^{-9}	9.5×10^{-9}	9.4×10^{-9}
$C_{1,y-F_y}$[m/N]	Min	2.9×10^{-9}	1.1×10^{-8}	9.9×10^{-9}	8.3×10^{-9}	8.6×10^{-9}	9.6×10^{-9}	9.1×10^{-9}
	Max	2.9×10^{-7}	6.3×10^{-7}	5.6×10^{-7}	5.1×10^{-7}	5.2×10^{-7}	5.3×10^{-7}	5.2×10^{-7}
$C_{1,y-M_z}$[1/N]	Min	4.6×10^{-6}	9.1×10^{-6}	1.0×10^{-5}	9.0×10^{-6}	9.3×10^{-6}	1.6×10^{-5}	9.7×10^{-6}
	Max	2.5×10^{-4}	4.4×10^{-4}	4.3×10^{-4}	4.0×10^{-4}	4.0×10^{-4}	4.2×10^{-4}	4.0×10^{-4}
C_{1,θ_y-M_y}[1/Nm]	Min	4.4×10^{-4}	6.8×10^{-4}	6.6×10^{-4}	6.2×10^{-4}	6.3×10^{-4}	6.5×10^{-4}	6.4×10^{-4}
	Max	2.3×10^{-2}	3.0×10^{-2}	2.9×10^{-2}	2.8×10^{-2}	2.8×10^{-2}	2.8×10^{-2}	2.8×10^{-2}
$C_{1,z-F_z}$[m/N]	Min	1.4×10^{-10}	5.0×10^{-10}	4.8×10^{-10}	4.5×10^{-10}	4.6×10^{-10}	4.8×10^{-10}	4.7×10^{-10}
	Max	2.9×10^{-8}	4.0×10^{-8}	3.8×10^{-8}	3.7×10^{-8}	3.7×10^{-8}	3.8×10^{-8}	3.7×10^{-8}
$C_{1,z-M_y}$[1/N]	Min	2.2×10^{-7}	5.1×10^{-7}	4.9×10^{-7}	4.6×10^{-7}	4.7×10^{-7}	4.9×10^{-7}	4.8×10^{-7}
	Max	2.3×10^{-5}	3.0×10^{-5}	2.9×10^{-5}	2.8×10^{-5}	2.8×10^{-5}	2.8×10^{-5}	2.8×10^{-5}
C_{1,θ_z-M_z}[1/Nm]	Min	9.3×10^{-3}	1.5×10^{-2}	1.4×10^{-2}	1.2×10^{-2}	1.2×10^{-2}	1.4×10^{-2}	1.3×10^{-2}
	Max	2.5×10^{-1}	4.7×10^{-1}	4.3×10^{-1}	4.0×10^{-1}	4.0×10^{-1}	4.1×10^{-1}	4.1×10^{-1}
$C_{2,x-F_x}$[m/N]	Min	4.6×10^{-10}	7.1×10^{-10}	6.8×10^{-10}	6.5×10^{-10}	6.5×10^{-10}	6.8×10^{-10}	7.0×10^{-10}
	Max	3.8×10^{-9}	5.0×10^{-9}	4.8×10^{-9}	4.7×10^{-9}	4.7×10^{-9}	4.7×10^{-9}	4.8×10^{-9}
$C_{2,y-F_y}$[m/N]	Min	8.0×10^{-10}	4.8×10^{-9}	2.7×10^{-9}	2.1×10^{-9}	2.2×10^{-9}	2.6×10^{-9}	2.4×10^{-9}
	Max	6.0×10^{-8}	2.3×10^{-7}	1.6×10^{-7}	1.5×10^{-7}	1.5×10^{-7}	1.5×10^{-7}	1.5×10^{-7}
$C_{2,y-M_z}$[1/N]	Min	1.0×10^{-6}	2.1×10^{-6}	2.2×10^{-6}	1.8×10^{-6}	1.9×10^{-6}	2.1×10^{-6}	2.0×10^{-6}
	Max	4.0×10^{-5}	8.0×10^{-5}	1.0×10^{-4}	9.0×10^{-5}	9.2×10^{-5}	9.5×10^{-5}	9.3×10^{-5}
$C_{2,z-F_z}$[m/N]	Min	4.3×10^{-11}	1.5×10^{-10}	1.4×10^{-10}	1.3×10^{-10}	1.4×10^{-10}	1.4×10^{-10}	1.4×10^{-10}
	Max	7.8×10^{-9}	1.8×10^{-8}	1.7×10^{-8}	1.1×10^{-8}	1.1×10^{-8}	1.1×10^{-8}	1.1×10^{-8}
$C_{2,z-M_y}$[1/N]	Min	5.2×10^{-8}	1.2×10^{-7}	1.2×10^{-7}	1.1×10^{-7}	1.1×10^{-7}	1.1×10^{-7}	1.1×10^{-7}
	Max	4.9×10^{-6}	7.4×10^{-6}	7.0×10^{-6}	6.8×10^{-6}	6.8×10^{-6}	6.9×10^{-6}	6.9×10^{-6}

C : 원형, CF : 필렛 모서리, E : 타원형, H : 쌍곡선형, P : 포물선형, IP : 역포물선형, S : 교차형

2.3.12.2 자체비교

이 절에서는 각 유형별 플랙셔 힌지들의 유연성 변화양상을 자체적으로 비교하기 위한 수치해석이 수행되었다. 이는 동일한 형상의 플랙셔 힌지에 대한 서로 다른 유연성을 한 번에 비교하기 위해서이다. 플랙셔의 회전능력, 기생효과의 민감도 그리고 회전 정밀도 등에 대한 상대적인 강도나 취약점을 보여주기 때문에 이 해석이 중요하다. 여기에서도 다른 모든 상황들을 대표할 수 있는 소수의 도표만이 제시되어 있다.

형식적인 관점에서, 임의형상을 가지고 있는 플랙셔 힌지를 정의하는 유연성은 다음의 범주들로 분류할 수 있다.

- 유사한 하중과 변형 사이의 관계를 나타내는 **직접 유연성**
- 플랙셔 힌지에 가해진 힘과 그에 따른 변형 사이의 관계를 나타내는 **힘−변형관계**(여기서는 **변형 유연성**이라고 부르며 $C_{1,x-F_x}$, $C_{1,y-F_y}$ 그리고 $C_{1,z-F_z}$ 등으로 이루어진다.)
- 플랙셔 힌지에 가해진 모멘트와 그에 따른 회전 사이의 관계를 나타내는 **모멘트−회전관계**(여기서는 **회전 유연성**이라고 부르며 C_{1,θ_z-M_z}와 C_{1,θ_y-M_y} 등으로 이루어진다)
- 플랙셔 힌지에 가해지는 서로 관련이 없는 힘과 변형 사이의 관계를 나타내는 **교차 유연성**. 즉, 모멘트에 의한 직선변형과 힘에 의한 회전(각도) 등이 이에 해당하며 $C_{1,y-M_z}$ 및 $C_{1,z-M_y}$ 등으로 이루어진다.

다음의 유연성 비율들이 사용된다.

- 변형 유연성 비율

$$rC_{1d,yx} = \frac{C_{1,y-F_y}}{C_{1,x-F_x}} \tag{2.327}$$

$$rC_{1d,yz} = \frac{C_{1,y-F_y}}{C_{1,z-F_z}} \tag{2.328}$$

- 회전 유연성 비율

$$rC_{1r,\theta_z\theta_y} = \frac{C_{1,\theta_z-M_z}}{C_{1,\theta_y-M_y}}$$

(2.329)

- 교차 유연성 비율

$$rC_{1c,yz} = \frac{C_{1,y-M_z}}{C_{1,z-M_y}}$$

(2.330)

위에서 정의된 유연성 비율들은 플랙셔 힌지의 회전능력에 비례하며 큰 값을 가져야만 하는 유연성을 분자항에 배치한 반면에, 원하지 않는 영향들을 나타내기 때문에 작은 값을 가져야만 하는 축방향 또는 평면 외 유연성 등을 분모항에 배치하는 방식으로 정의되었다. 이를 통해서, 예를 들어 분자항이 증가하거나 분모항이 감소하면 유연성 비율이 증가하기 때문에 유연성 비율은 플랙셔의 회전능력을 나타내는 직접적인 지표로 사용된다.

다음에 제시되어 있는 도표는 대칭형 플랙셔 힌지에 대한 것이지만, 비대칭 형상의 플랙셔 구조에도 동일하게 적용할 수 있다.

2.3.12.2.1 원형 플랙셔 힌지

그림 2.29에서는 기하학적 매개변수들이 적절한 범위 내에서 변할 때에 식 (2.327)~(2.330)에서 정의된 유연성 비율들의 변화양상을 보여주고 있다. 그림 2.29에서 확인할 수 있듯이, 모든 유연성 비율들은 기학적 매개변수인 r, t 및 w에 대해서 유사한 경향을 나타낸다. 따라서 다음과 같은 일반적일 결론을 얻을 수 있다. 다음과 같은 경우에 내부 유연성 비율이 증가하므로, 그에 따라서 플랙셔 힌지의 회전능력이 증가한다.

- 반경 r의 증가
- 최소두께 t의 감소
- 단면 폭 w의 감소

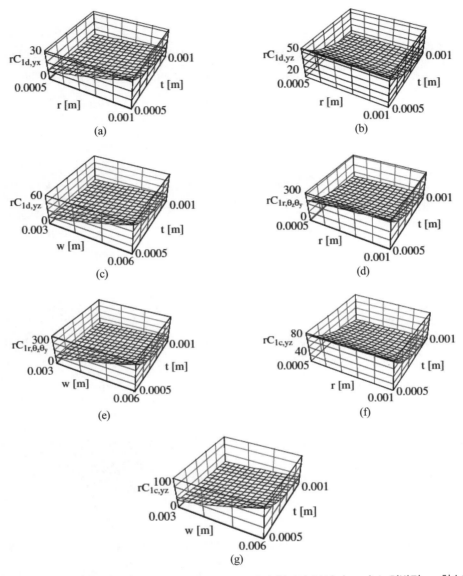

그림 2.29 내부 유연성 비율을 사용한 대칭형상 원형 플랙셔 힌지의 분석. (a~g) 노치반경 r, 최소두께 t, 및 폭 w의 변화에 따른 변형, 회전 및 교차 유연성 비율

2.3.12.2.2 필렛 모서리형 플랙셔 힌지

그림 2.30에 도시되어 있는 기하학적 매개변수 r, t, ℓ 및 w의 변화에 따른 유연성 비율의 그래프를 활용하여 대칭형상 필렛 모서리형 플랙셔 힌지에 대해 앞서와 유사한 분석을 수행하였다. 이를 통해서 비대칭 플랙셔 힌지에 대해서 다음과 같은 일반적인 결론을 얻을 수 있다.

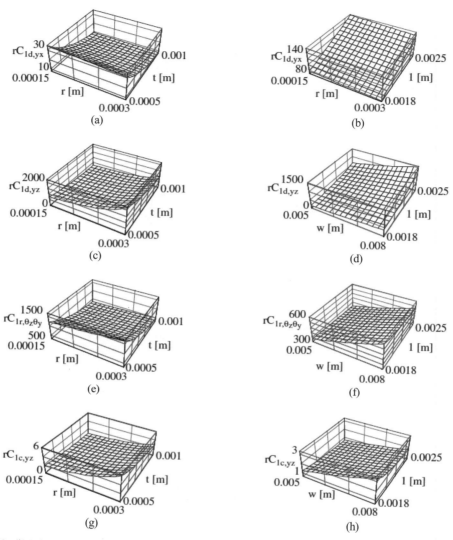

그림 2.30 내부 유연성 비율을 사용한 대칭형상 필렛 모서리형 플랙셔 힌지의 분석. (a~h) 노치반경 r, 최소 두께 t, 및 폭 w의 변화에 따른 변형, 회전 및 교차 유연성 비율

- 반경 r이 증가할수록 유연성 비율은 증가한다. 예외적으로 $C_{1d,yx}$는 약간 감소하는데, 이는 r값이 큰 경우에 상대적인 축방향 강성이 증가한다는 것을 의미한다.
- 최소두께 t가 감소하면 모든 유연성 비율들은 감소한다.
- 플랙셔 길이 ℓ이 증가하면 변형 유연성은 증가한다. 반면에 ℓ의 증가에 따라서 회전 유연성 및 교차 유연성은 감소한다.
- 단면 폭 w가 증가하면 모든 유연성 비율들은 증가한다.

2.3.12.2.3 여타의 모든 플랙셔 힌지들

여기서는 대칭형상 타원형 플랙셔 힌지에 대한 도표들만 제시되어 있지만, 여타 형상(포물선, 쌍곡선, 역포물선 및 교차형상)의 플랙셔들도 이와 유사한 경향을 나타낸다. 그림 2.31에서는 c, t 및 w의 함수로 내부 유연성 비율의 변화양상을 도표로 제시하고 있다. 여기서 주의할 점은 플랙셔의 길이 ℓ이 유연성 비율 산출에 전혀 사용되지 않았다는 점이다.

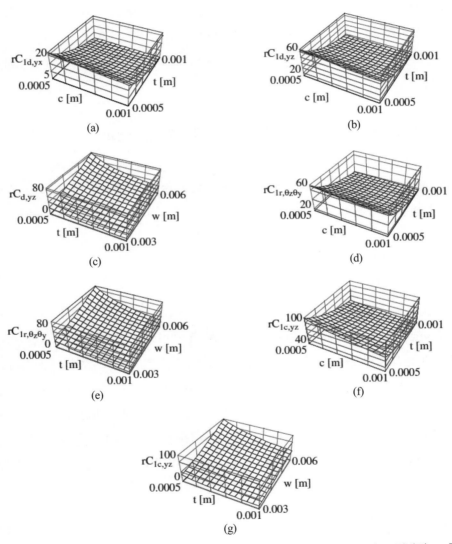

그림 2.31 내부 유연성 비율을 사용한 대칭형상 타원형 플랙셔 힌지의 분석. (a~g) 노치반경 r, 최소두께 t, 및 폭 w의 변화에 따른 변형, 회전 및 교차 유연성 비율

대칭형상 플랙셔 힌지에 대해서 다음과 같은 결론을 얻을 수 있으며, 이는 비대칭 형상에 대해서도 동일하게 적용된다.

- 매개변수 c가 증가하면 모든 내부 유연성 비율이 감소한다. 가장 영향을 많이 받는 값은 교차 유연성 비율 $C_{1c,yz}$로서, 일부 플랙셔 형상의 경우에는 약 50까지 감소한다. 모든 형상들 중에서 타원형상이 c값의 변화에 가장 민감하다.
- 마찬가지로, 최소 두께 t가 증가하면 모든 내부 유연성 비율들이 감소한다. 타원, 역포물선 및 교차형 플랙셔가 최소두께의 변화에 가장 민감하다.
- w가 감소함에 따라서 모든 내부 유연성 비율들이 증가하지만, 그 크기는 작으며 거의 선형적이다.

2.3.12.3 일정한 단면 플랙셔 힌지들 사이의 비교와 전단효과

균일단면 플랙셔 힌지를 기준으로 하여 일곱 가지 형상의 플랙셔 힌지들의 유연성에 대한 비교를 수행하였다. 이를 통해서 단면의 폭과는 무관한 몇 가지 유연성 비율들이 도출되었다. 이 유연성 비율은 다음과 같이 정의된다.

$$rC_{1,x-F_x} = \frac{(C_{1,x-F_x})_{ccsfh}}{(C_{1,x-F_x})_{fh}} \tag{2.331}$$

여기서 하첨자 $ccsfh$는 균일단면 플랙셔 힌지[23*]를 의미하며 하첨자 fh는 일곱 가지 서로 다른 형상의 플랙셔 힌지를 의미한다. 이와 더불어서 회전능력(하첨자 1로 나타낸다)이나 회전 정밀도(하첨자 2로 나타낸다)를 나타내는 유연성 비율들도 도출되었다. 앞서 제시된 유연성 비율을 유도하는 과정에서 사용된 균일단면 플랙셔 힌지의 두께는 비교의 대상으로 사용된 플랙셔 힌지의 최소두께와 같다. 따라서, 유연성 비율은 항상 1보다 큰 값을 갖는다.

다음의 비율을 사용하여 전단효과를 고려한 경우의 수치해석 결과들도 살펴보았다.

$$rC_{1,y-F_y}^{sh,n} = \frac{C_{1,y-F_y}^{sh}}{C_{1,y-F_y}} \tag{2.332}$$

[23*] constant cross-section flexure hinge

여기서 상첨자 sh는 유연성에 전단이 포함되었다는 것을 의미한다. 전단효과를 고려한 유연성은 이를 고려하지 않은 경우보다 항상 더 큰 값을 가지기 때문에 이 비율도 항상 1보다 큰 값을 갖는다. 모든 도표와 결론들은 대칭형 플랙셔 힌지의 경우에 대해서만 제시하고 있지만, 이들은 비대칭 형상의 경우에도 동일하게 적용된다.

2.3.12.3.1 원형 플랙셔 힌지

그림 2.32에서는 원형 플랙셔 힌지의 응답 특성을 균일단면 플랙셔 힌지 및 전단효과를 고려한 경우에 대해서 비교하여 보여주고 있다. 원형 플랙셔 힌지를 균일단면 플랙셔 힌지와 비교하여 보면 다음의 결론을 얻을 수 있다.

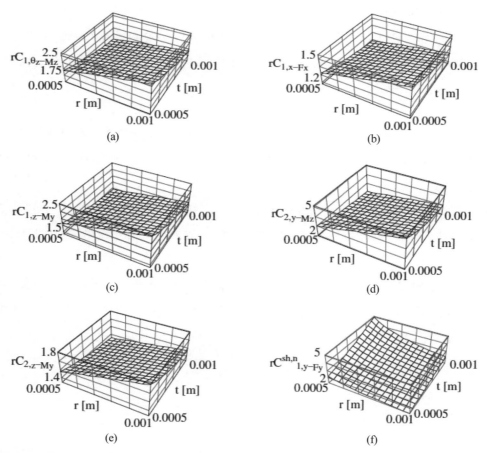

그림 2.32 노치반경 r과 최소두께 t의 변화에 따른 대칭형상 원형 플랙셔 힌지의 분석. (a~e) 빔 기준 유연성 비율, (f) 전단기준 유연성 비율

- r의 증가와 t의 감소에 따라서 모든 유연성 비율들은 증가한다.
- 원형 플랙셔 힌지는 균일단면 형상에 비해서 회전 유연성이 최대 2.5배 떨어진다(**그림 2.32a**).
- 원형 플랙셔 힌지는 균일단면 형상에 비해서 축방향 유연성이 최대 1.5배 떨어진다(**그림 2.32b**).
- 회전능력의 경우, 원형 플랙셔 힌지는 균일단면 형상에 비해서 평면 외 효과에 대해서 최대 2.5배 덜 민감하다(**그림 2.32c**).
- 회전 정밀도의 경우, 원형 플랙셔 힌지는 균일단면 형상에 비해서 5배 더 좋다(**그림 2.32d**).
- 전단효과를 고려하는 경우, 짧은 플랙셔 힌지의 유연성은 전단효과를 고려하지 않은 경우보다 최대 5배 더 유연하다(**그림 2.32f**). 따라서 짧은 플랙셔 부재의 유연성을 평가하기 위해서는 전단효과를 반드시 고려해야만 한다.

2.3.12.3.2 필렛 모서리형 플랙셔 힌지

그림 2.33에서는 필렛 모서리형 플랙셔 힌지의 응답 특성을 균일단면 플랙셔 힌지 및 전단효과를 고려한 경우에 대해서 비교하여 보여주고 있다. 유연성 비율에 대한 비교 검토를 통해서 다음의 결론들을 도출할 수 있다.

- r의 증가, t의 감소 및 ℓ의 감소에 따라서 모든 유연성 비율들은 증가한다.
- 필렛 모서리형 플랙셔 힌지의 회전능력은 균일단면 플랙셔 힌지보다 최대 1.4배 더 크다(**그림 2.33b**).
- 회전 정밀도의 경우, 필렛 모서리형 플랙셔 힌지는 균일단면 플랙셔 힌지보다 축방향 효과에 대해서 30% 덜 민감하며(**그림 2.33d**) 평면 외 효과에 대해서 50% 덜 민감하다(**그림 2.33f**).
- **그림 2.33g** 및 **그림 2.33h**에서 보여주는 것처럼, 필렛 모서리형 플랙셔 힌지의 경우에도 마찬가지로, 플랙셔 길이가 짧은 경우에 유연성을 정확히 산출하기 위해서는 전단효과가 매우 중요한 역할을 한다.

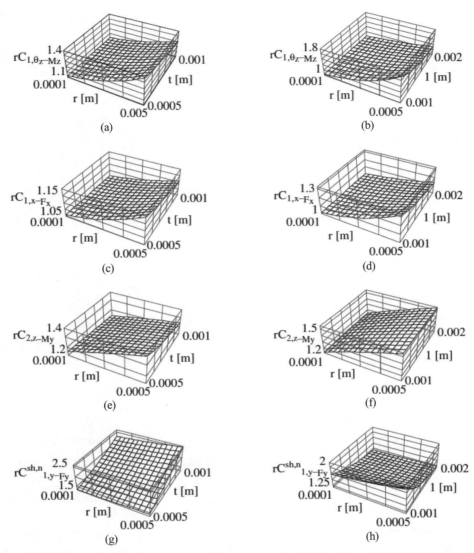

그림 2.33 노치반경 r과 최소두께 t 및 길이 ℓ의 변화에 따른 대칭형상 필렛 모서리형 플랙셔 힌지의 분석. (a~f) 빔 기준 유연성 비율, (g~h) 전단기준 유연성 비율

2.3.13.3.3 다른 모든 형상의 플랙셔 힌지들

그림 2.34에서는 타원형 플랙셔 힌지에 대한 도표들을 보여주고 있다. 포물선형, 쌍곡선형, 역포물선형 및 교차형 플랙셔 힌지들에서도 이와 유사한 경향을 나타내므로 여타의 경우에 대해서는 생략하기로 한다. 여기서 살펴보는 플랙셔 힌지들을 균일단면 플랙셔 힌지와 비교하는 과정에서 길이 ℓ에 의한 영향은 명확하지 않기 때문에 **그림 2.34**의 도표에서는 길이 ℓ에

의한 영향에 대한 고찰을 수행하지 않았다. 수치해석을 통해서 다음과 같은 결론을 얻을 수 있다.

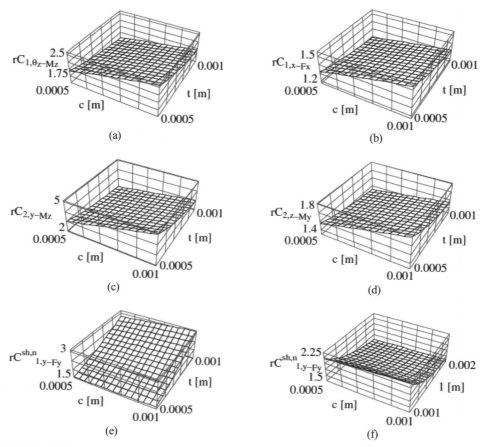

그림 2.34 매개변수 c와 최소두께 t 및 길이 ℓ의 변화에 따른 대칭형상 타원형 플랙셔 힌지의 분석. (a~d) 빔 기준 유연성 비율, (e~f) 전단기준 유연성 비율

- 이 절에서 살펴보는 모든 형상의 플랙셔들의 모든 유연성 비율은 c의 증가와 t의 감소에 따라서 증가한다.
- 회전능력의 경우, 균일단면형상에 비해서 역포물선형 플랙셔(유연성 비율이 1.4배)가 가장 좋은 성능을 가지고 있으며, 교차형 및 타원형 플랙셔(2.5배, **그림 2.33a**), 포물선형 및 쌍곡선형(5배)의 순서를 나타낸다.
- 축방향 민감도는 균일단면 형상에 비해서 쌍곡선형(2배), 포물선형 및 타원형(1.5배, **그림**

2.33b), 교차형 및 역포물선형(1.35배)의 순서를 나타낸다.

- 회전정밀도의 경우에는 균일단면 형상에 비해서 포물선형 플랙셔 힌지가 가장 좋은 성능(3배)을 가지고 있으며, 교차형 및 타원형(5배, **그림 2.33c**), 쌍곡선형(7.5배) 및 포물선형(8배)의 순서를 나타낸다.
- 전단효과의 경우 여기서 살펴보는 모든 형상의 플랙셔들이 거의 유사한 경향을 가지고 있으며, 단축 플랙셔 힌지의 경우 전단효과를 고려한 경우와 고려하지 않은 경우가 거의 3배의 차이를 나타내고 있다.

2.3.12.4 비대칭 및 대칭형상 플랙셔 힌지의 비교

마지막으로, 길이방향 비대칭 형상을 갖는 플랙셔 힌지들을 대칭형상의 경우와 정량적으로 비교하기 위해서 수치해석을 수행하였다. 비대칭 플랙셔 힌지의 유연성을 분자항으로, (최소 두께가 동일한)대칭형상 플랙셔의 유연성을 분모항으로 사용하여 유연성 비율값을 정의하였다. 따라서, 비대칭 플랙셔 힌지의 유연성은 대칭형상의 경우에 비해서 항상 더 크기 때문에 유연성 비율은 항상 1보다 큰 값을 갖는다.

2.3.12.4.1 원형 플랙셔 힌지

그림 3.35에서는 r 및 t의 변화에 따른 대칭형상 플랙셔 힌지에 대한 비대칭형상 플랙셔 힌지의 유연성 비율 변화양상을 보여주고 있다. 이를 통해서 다음의 결론을 얻을 수 있다.

- r의 증가와 t의 감소에 따라서 모든 유연성 비율들은 증가한다.
- 회전능력의 경우, 비대칭 플랙셔 힌지는 대칭형 플랙셔 힌지의 경우보다 최대 30% 더 유연하다(**그림 2.35a**).
- 비대칭 플랙셔 힌지는 대칭형상 플랙셔 힌지의 경우보다 축방향 민감도가 최대 16% 더 높다(**그림 2.35b**).
- 이와 동시에, 비대칭 플랙셔 힌지는 대칭형상 플랙셔 힌지에 비해서 평면 외 효과에 80% 더 노출되며(**그림 2.35c**), 회전중심 위치의 유지능력이 최대 60% 더 떨어진다(**그림 2.35d**).
- 플랙셔 길이가 짧은 경우의 유연성에 전단효과가 끼치는 영향으로 인해 비대칭 플랙셔 힌지는 대칭형상 플랙셔 힌지에 비해서 유연성이 최대 25% 더 증가한다.

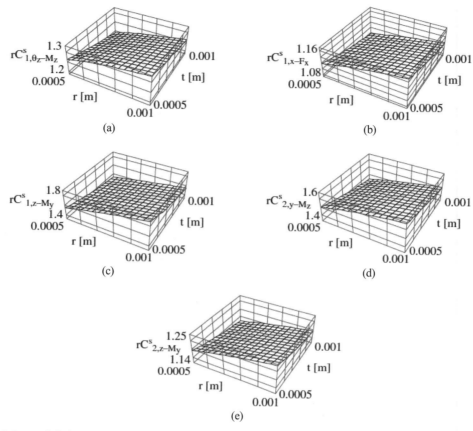

그림 2.35 노치반경 r 및 최소두께 t의 변화에 따른 비원형 대칭 플랙셔 힌지 대비 대칭형상 원형 플랙셔 힌지의 비교. (a~e) 유연성 비율

2.3.12.4.2 필렛 모서리형 플랙셔 힌지

필렛 모서리형 플랙셔 힌지에 대해서도 앞서와 유사한 해석이 수행되었으며 **그림 2.36**에 결과도표가 제시되어 있다. 이를 통해서 다음과 같은 결론을 얻을 수 있다.

- r의 증가, t의 감소 및 ℓ의 감소에 따라서 모든 유연성 비율들이 증가한다.
- 회전능력(최대 20%, **그림 2.36b**)과 축방향 민감도(최대 10%, **그림 2.36d**)의 경우, 비대칭형 상 필렛 모서리형 플랙셔 힌지와 대칭형상 플랙셔 힌지 사이의 차이는 그리 크지 않다. 그런데 회전정밀도의 경우, 둘 사이의 차이가 크게 발생한다(비대칭 플랙셔 힌지의 경우 대칭형상에 비해서 최대 3.5배, **그림 2.36f**).
- 플랙셔의 길이가 비교적 짧은 경우에 전단효과를 고려하면 비대칭 플랙셔 힌지는 대칭형

상에 비해서 최대 75% 더 유연하다(그림 2.36g).

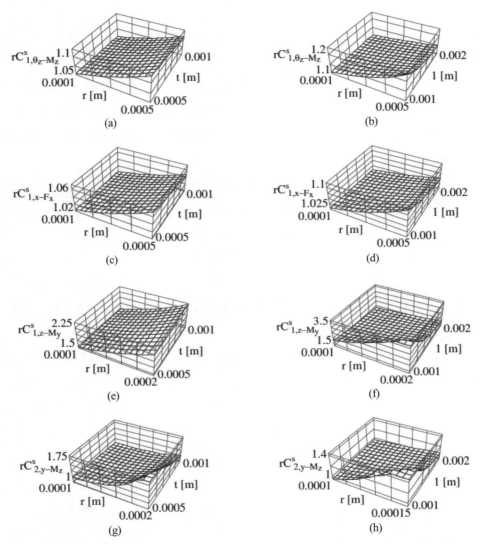

그림 2.36 모서리 반경 r과 최소두께 t 및 길이 ℓ의 변화에 따른 비대칭형상 및 대칭형상 필렛 모서리형 플랙셔 힌지의 비교. (a~h) 유연성 비율

2.3.12.4.3 다른 모든 형상의 플랙셔 힌지들

그림 2.37의 모든 도표들은 타원형 플랙셔 힌지에 대한 것이지만, 이 결과와 논의사항들은 포물선형, 쌍곡선형, 역포물선형 및 교차형상 플랙셔 힌지에도 동일하게 적용된다. 여기에

사용된 모든 유연성 비율들에서는 플랙셔 길이 ℓ과 폭 w의 변화를 고려하지 않았다. 수치해석을 통해서 다음과 같은 결론이 도출되었다.

- 이 절에서 살펴보는 모든 형상의 플랙셔들의 모든 유연성 비율은 c의 증가와 t의 감소에 따라서 증가한다.
- 회전능력의 경우, 대칭형상에 비해서 비대칭형상 포물선형 플랙셔 힌지는 최대 85% 더 효율적이다. 그다음으로는 쌍곡선형 플랙셔 힌지(60% 더 효율적), 타원형상(30% 더 효율적, **그림 2.37a**), 역포물선(20% 더 효율적) 그리고 교차형상(대략 15% 더 효율적)의 순서를 갖는다.
- 축방향 영향에 대한 민감도의 경우에도 앞서의 순서가 변하지 않으며, 축방향 부하에 대해서는 대칭형상에 비해서 비대칭 형상 플랙셔들이 더 민감하여 마진값은 쌍곡선의 경우 30%, 타원형은 16%(**그림 2.37b**) 그리고 교차형상의 경우에는 8%로 떨어진다.
- 이 절에서 살펴보는 모든 형상의 플랙셔들은 평면 외 입력에 대해서 유사한 응답특성을 가지고 있다. 비대칭 형상은 평면 외 입력에 대해서 더 민감하게 반응한다. 타원형상(**그림 2.37c**), 쌍곡선 및 교차형상이 30% 더 유연하며, 포물선형은 20% 더 유연하고, 교차형상은 12% 정도만 더 유연할 뿐이다.
- 비대칭 형상과 대칭 형상 플랙셔 힌지들의 회전 정밀도 순위를 매겨보면, 포물선형 플랙셔 힌지가 가장 나쁘며(플랙셔 중심 위치에서 횡방향 운동에 대해서 80% 더 민감하다), 그다음으로는 타원형(60% 더 유연, **그림 2.37d**), 쌍곡선형(50% 더 유연), 역포물선형(45% 더 유연) 그리고 교차형상(35% 더 유연)의 순서를 가지고 있다.

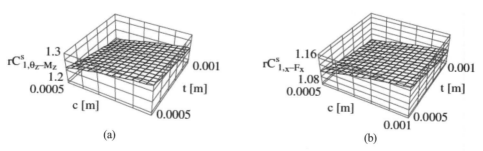

그림 2.37 매개변수 c와 최소두께 t의 변화에 따른 비대칭형상 및 대칭형상 타원형 플랙셔 힌지의 비교. (a~e) 유연성 비율

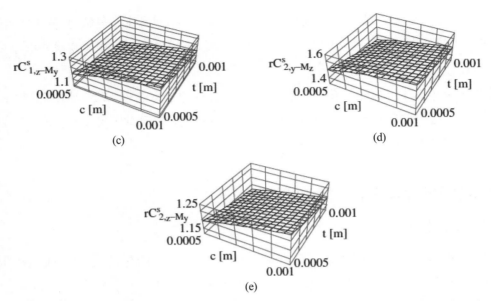

그림 2.37 매개변수 c와 최소두께 t의 변화에 따른 비대칭형상 및 대칭형상 타원형 플랙셔 힌지의 비교.
(a~e) 유연성 비율(계속)

2.4 3차원 용도의 다중축 플랙셔 힌지

2.4.1 서언

이 절에서는 유연성의 관점에서 **다중축 플랙셔 힌지**들에 대해서 살펴보기로 한다. 2.1절에서 언급하였듯이, 모든 구조들은 **그림 2.3**에 도시되어 있는 것처럼 회전형, 즉 단면이 원형이므로 축방향에 대해서 대칭이다. 이들은 본질적으로 축대칭이므로, 회전형 플랙셔 힌지들은 길이방향에 대한 대칭성도 갖고 있다. 게다가 앞서 언급했듯이, 이 책에서는 횡방향 대칭에 대해서만 살펴보기 때문에 회전형 플랙셔 힌지들은 완벽한 대칭성을 갖추고 있다. 플랙셔를 사용하는 유연 메커니즘이 **공간운동**을 생성하며 특정한 단면 방향에 대한 민감도가 필요 없는 3차원 용도로 이 플랙셔 힌지들이 고안되었다.

카스틸리아노의 변위정리를 적용하여 닫힌 형태의 유연성 방정식(또는 스프링율)이 유도되었다. 앞 절에서와 마찬가지로, 일단 일반화된 공식을 유도한다. 장축에 대한 정리와 단축에 대한 정리를 살펴본 다음 전단효과를 고려한 경우와 고려하지 않은 경우에 발생하는 차이점을 고찰하고, 마지막으로 개별 플랙셔들에 대해 논의하기로 한다. 여기서, 민감한 방향이 하나뿐인 형상의 플랙셔 힌지의 경우에 대해서도 해석해본다. 이 절에서는 원형, 필렛 모서리형, 타원형, 포물선형, 쌍곡선형, 역포물선형 및 교차형 플랙셔 힌지들의 유연성 방정식이 유도되어 있다.

앞에서와 마찬가지로, 수치해석을 통해서 플랙셔들의 경향을 총체적으로 분석하였으며 회전성능과 기생효과에 대한 민감도에 대해서 비교를 수행하였다. 특정한 형상의 플랙셔에 대한 결론을 도출하기 위해서 다수의 3차원 도표들이 사용되었다.

2.4.2 일반적 수학공식과 성능원리

2.4.2.1 회전능력

그림 2.3에 도시되어 있는 3차원 회전형 플랙셔 힌지의 경우, 자유단인 1번 위치에 가해지는 부하는 (그림 2.8에 도시되어 있는 것과 같이)두 개의 굽힘 모멘트 M_{1y}, M_{1z}, 두 개의 전단력 F_{1y}, F_{1z}, 하나의 축방향 힘 F_{1x} 그리고 하나의 비틀림 모멘트 M_{1x}와 같이 6개의 요소로 이루어진다. 부하와 그에 따른 변위가 평면 내에서 발생하는 2차원 단일축 플랙셔 힌지와는 달리, 기하학적인 방향성이 없는 3차원 플랙셔의 경우에 모든 부하들을 고려해야만 한다. 그러므로 기하학적인 관점에서 기생 작용력을 구분하여 그 영향을 따질 필요가 없어진다. 평면 내 유연성과 평면 외 유연성 사이의 차이를 구분할 필요가 더 이상 없으므로 식 (2.22)에서 평면 내 성분과 평면 외 성분을 구분하여 방정식을 수정하지 않고 원래의 형태를 사용할 수 있다. (그림 2.8에서 1번으로 표시되어 있는)자유단의 경우, 식 (2.22)의 벡터들은 다음의 성분들로 이루어진다.

$$\{u_1\} = \{u_{1x},\ u_{1y},\ u_{1z},\ \theta_{1x},\ \theta_{1y},\ \theta_{1z}\}^T \tag{2.333}$$

$$\{L_1\} = \{F_{1x},\ F_{1y},\ F_{1z},\ M_{1x},\ M_{1y},\ M_{1z}\}^T \tag{2.334}$$

식 (2.22)에 제시되어 있는 유연행렬식의 확장된 형태는 다음과 같다.

$$[C_1] = \begin{bmatrix} C_{1,x-F_x} & 0 & 0 & 0 & 0 & 0 \\ 0 & C_{1,y-F_y} & 0 & 0 & 0 & C_{1,y-M_z} \\ 0 & 0 & C_{1,z-F_z} & 0 & C_{1,z-M_y} & 0 \\ 0 & 0 & 0 & C_{1,\theta_x-M_x} & 0 & 0 \\ 0 & 0 & C_{1,\theta_y-F_z} & 0 & C_{1,\theta_y-M_y} & 0 \\ 0 & C_{1,\theta_z-F_y} & 0 & 0 & 0 & C_{1,\theta_z-M_z} \end{bmatrix} \tag{2.335}$$

호혜성 원리에 따르면, 다음의 등식이 적용된다.

$$\begin{cases} C_{1,y-M_z} = C_{1,\theta_z-F_y} \\ C_{1,z-M_y} = C_{1,\theta_y-F_z} \end{cases} \tag{2.336}$$

단면이 원형대칭이므로 유연성에 대한 다음의 값들도 서로 동일하다.

$$\begin{cases} C_{1,y-F_y} = C_{1,z-F_z} \\ C_{1,y-M_z} = C_{1,z-M_y} \\ C_{1,\theta_y-M_y} = C_{1,\theta_z-M_z} \end{cases} \tag{2.337}$$

여기서 유연성 방정식들은 다음과 같이 주어진다.

$$C_{1,x-F_x} = \frac{4}{\pi E}I_1 \tag{2.338}$$

$$C_{1,y-F_y} = \frac{64}{\pi E}I_2 \tag{2.339}$$

$$C^s_{1,y-F_y} = C_{1,y-F_y} + \frac{4\alpha}{\pi G}I_1 \tag{2.340}$$

(짧은 빔 이론의 경우에는 전단을 고려한다.)
식 (2.338)과 (2.340)을 조합하면 다음 식을 얻을 수 있다.

$$C^s_{1,y-F_y} = C_{1,y-F_y} + \frac{\alpha E}{G}C_{1,x-F_x} \tag{2.341}$$

나머지 유연성들은 다음과 같이 주어진다.

$$C_{1,y-M_z} = \frac{64}{\pi E}I_3 \tag{2.342}$$

$$C_{1,\theta_x-M_x} = \frac{32}{\pi G}I_4 \tag{2.343}$$

$$C_{1,\theta_y - M_y} = \frac{64}{\pi E} I_4 \tag{2.344}$$

식 (2.343)을 사용하여 식 (2.344)를 다음과 같이 정리할 수 있다.

$$C_{1,\theta_y - M_y} = \frac{2G}{E} C_{1,\theta_x - M_x} \tag{2.345}$$

I_1에서 I_4까지의 적분식들은 다음과 같이 주어진다.

$$I_1 = \int_0^\ell \frac{dx}{t(x)^2} \tag{2.346}$$

$$I_2 = \int_0^\ell \frac{x^2 dx}{t(x)^4} \tag{2.347}$$

$$I_3 = \int_0^\ell \frac{x dx}{t(x)^4} \tag{2.348}$$

$$I_4 = \int_0^\ell \frac{dx}{t(x)^4} \tag{2.349}$$

2.4.2.2 회전 정밀도

회전형 플랙셔 힌지의 회전 정밀도는 기하학적 중심(**그림 2.8**의 2번 위치)의 x, y 및 z 방향 이동량으로 정량화시킬 수 있다. 플랙셔 힌지 회전중심의 병진 옵셋은 1번 위치에 가해지는 부하벡터에 가상의 힘 F_{2x}^*, F_{2y}^* 그리고 F_{2z}^*를 추가하여 구할 수 있다. 앞에서 단일축 플랙셔 힌지에 대해서 유도해놓았던 방정식들을 사용하여 회전중심의 변위를 구하기 위해서 카스틸리아노의 2법칙을 다시 사용한다. 변형률 에너지 U에 비틀림도 포함된다. 이 경우에도 마찬가지로 식 (2.17)이 적용된다.

해당 부하요소에 가해지는 F_{2x}, F_{2y} 그리고 F_{2z}와 같이 2-3 구간에 대해서만 굽힘과 비틀림 모멘트, 전단 및 축방향 작용력 등을 구한다. 이들은 식 (2.109)에 제시되어 있다. 회전형 조인트의 유연방정식에서 고려되는 비틀림 모멘트는 다음과 같다.

$$M_x = M_{1x} \tag{2.350}$$

카스틸리아노의 2법칙을 적용하여 (2.105)~(2.107)의 일반화된 방정식들을 구할 수 있다. 플랙셔의 중심 위치에서 변위벡터는 다음과 같이 주어진다.

$$\{u_2\} = \{u_{2x}, \ u_{2y}, \ u_{2z}\}^T \tag{2.351}$$

부하벡터는 끝점인 1번 위치에 가해지며 식 (2.334)에서 (플랙셔 중심의 병진운동을 유발하지 않는)비틀림을 제외한 모든 성분들이 포함된다. 이 경우의 유연행렬식은 다음과 같이 주어진다.

$$[C_2] = \begin{bmatrix} C_{2,x-F_x} & 0 & 0 & 0 & 0 \\ 0 & C_{2,y-F_y} & 0 & 0 & C_{2,y-M_z} \\ 0 & 0 & C^s_{2,y-F_y} & C_{2,y-M_z} & 0 \end{bmatrix} \tag{2.352}$$

식 (2.352)의 평면 내 유연성 값들은 다음과 같이 주어진다.

$$C_{2,x-F_x} = \frac{4}{\pi E} I_1' \tag{2.353}$$

$$C_{2,y-F_y} = \frac{64}{\pi E}\left(I_2' - \frac{\ell}{2} I_3'\right) \tag{2.354}$$

$$C^s_{2,y-F_y} = C_{2,y-F_y} + \frac{4\alpha}{\pi G} I_1' \tag{2.355}$$

(짧은 빔의 경우, 전단효과를 고려한다.)
식 (2.353)과 (2.355)를 결합하면 다음 식이 유도된다.

$$C^s_{2,y-F_y} = C_{2,y-F_y} + \frac{\alpha E}{G} C_{2,x-F_x} \tag{2.356}$$

식 (2.352)의 마지막 유연성 항은 다음과 같이 주어진다.

$$C_{2,y-M_z} = \frac{64}{\pi E}\left(I_3' - \frac{\ell}{2} I_4'\right) \tag{2.357}$$

I_1' 에서 I_4' 까지의 적분식들은 다음과 같이 주어진다.

$$I_1' = \int_{\ell/2}^{\ell} \frac{dx}{t(x)^2} \tag{2.358}$$

$$I_2' = \int_{\ell/2}^{\ell} \frac{x^2 dx}{t(x)^4} \tag{2.359}$$

$$I_3' = \int_{\ell/2}^{\ell} \frac{x dx}{t(x)^4} \tag{2.360}$$

$$I_4' = \int_{\ell/2}^{\ell} \frac{dx}{t(x)^4} \tag{2.361}$$

2.4.2.3 응력의 고려

단일축 플랙셔 힌지에서와 마찬가지로, 축대칭 단면형상의 경우에는 응력집중에 의해서 단면에서의 공칭응력을 증가시키는 민감한 방향이 여러 개 존재한다. 이 경우에는 수직방향 및 전단방향 성분들로 이루어진 3차원 응력상태가 생성된다. 축방향 작용력과 이중(2축) 굽힘에 의해서 수직응력이 생성되는 반면에, 전단 응력은 비틀림 및 (비교적 짧은 플랙셔의 경우에는) 전단에 의해서 생성된다. 식 (2.136)에 따르면 최대 수직 응력은 외피 부분에서 발생한다. 축방향 부하에 의해서 생성되는 응력은 단면 전체에 균일하게 분포하며 다음과 같이 주어진다.

$$\sigma_a = K_{ta} \frac{4F_{1x}}{\pi t^2} \tag{2.362}$$

여기서 K_{ta} 는 축방향 (인장 및 압축)부하에 대한 **이론적인 응력집중계수**이다. 수직 굽힘응력은 외피 부분에서 최대이며 두 굽힘모멘트 M_y 및 M_z 가 조합된 경우의 응력은 다음과 같이 주어진다.

$$\sigma_{b,\max} = K_{tb} \frac{64 \sqrt{M_y^2 + M_z^2}}{\pi t^4} \tag{2.363}$$

여기서 M_y 및 M_z 가 각각 y 및 z 방향의 굽힘모멘트일 때에 K_{tb} 는 이론적인 응력집중계수이다. 최악의 경우, (플랙셔 기저부에서 발생하는) 최대 굽힘은 플랙셔 자유단에 작용하는 선단부 모멘트 및 작용력과 유사한 영향을 끼친다. 그러므로 식 (2.363)은 다음과 같이 정리할 수 있다.

$$\sigma_{b,\max} = K_{tb} \frac{64 \sqrt{(M_{1y} + \ell F_{1z})^2 + (M_{1z} + \ell F_{1y})^2}}{\pi t^4} \tag{2.364}$$

식 (2.362)와 (2.364)를 식 (2.136)에 대입하면 다음 식을 얻을 수 있다.

$$\sigma_{\max} = \frac{4}{\pi t^2} \left[K_{ta} F_{1x} + \frac{16 K_{tb}}{t^2} \sqrt{(M_{1y} + \ell F_{1z})^2 + (M_{1z} + \ell F_{1y})^2} \right] \tag{2.365}$$

(장축 플랙셔의 경우) 전단응력은 비틀림에 의해서만 유발되므로 전단의 영향은 일반적으로 무시한다. 이 경우 최대 전단응력은 다음과 같이 주어진다.

$$\tau_{\max} = \frac{32 M_{1x}}{\pi t^4} \tag{2.366}$$

최대 등가응력을 구하기 위해서 이 평면응력상태에 대해서 **미제스 기준**이 적용된다.

$$\sigma_{e,\max} = \sqrt{\sigma_{\max}^2 + 3\tau_{\max}^2} \tag{2.367}$$

식 (2.365)의 $\sigma_{\max}$와 식 (2.366)의 $\tau_{\max}$를 식 (2.367)에 대입하면 다음 식을 얻을 수 있다.

$$\sigma_{e,\max} = \frac{4}{\pi t^2} \sqrt{ \left[K_{ta} F_{1x} + \frac{16 K_{tb}}{t^2} \sqrt{(M_{1y} + \ell F_{1z})^2 + (M_{1z} + \ell F_{1y})^2} \right]^2 + \frac{192 K_{tt}^2 + M_{1x}^2}{t^4}} \tag{2.368}$$

플랙셔에 가해지는 부하를 산출할 수 있는 경우에는 식 (2.368)을 사용할 수 있다. 변형을 더 쉽게 구할 수 있는 경우에는 식 (2.368)을 부하 대신에 변형량의 항으로 다시 나타낼 수 있다. 단일축 플랙셔 힌지의 경우에 자세히 설명했던 과정을 통하여 강성에 기초한 부하—변형 관계식인 (2.368)을 유연성에 기초한 변형—부하 방정식으로 변환시킬 수 있다. 유연행렬의 역행렬인 강성행렬은 다음과 같은 형태를 가지고 있다.

$$[K_1] = \begin{bmatrix} K_{1,x-F_x} & 0 & 0 & 0 & 0 & 0 \\ 0 & K_{1,y-F_y} & 0 & 0 & 0 & K_{1,y-M_z} \\ 0 & 0 & K_{1,z-F_z} & 0 & K_{1,z-M_y} & 0 \\ 0 & 0 & 0 & K_{1,\theta_x-M_x} & 0 & 0 \\ 0 & 0 & K_{1,\theta_y-F_z} & 0 & K_{1,\theta_y-M_y} & 0 \\ 0 & K_{1,\theta_z-F_y} & 0 & 0 & 0 & K_{1,\theta_z-M_z} \end{bmatrix} \tag{2.369}$$

여기서 강성계수값들은 식 (2.141)에서와 같이 유연행렬의 역수를 취하여 얻을 수 있다. 강성행렬은 식 (2.144)의 강성계수들에 다음에 주어진 새로운 비틀림 강성항을 더하여야 한다.

$$K_{1,\theta_x-M_x} = \frac{1}{C_{1,\theta_x-M_x}} \tag{2.370}$$

식 (2.140)에 제시된 강성행렬을 풀어 써보면 다음과 같다.

$$\begin{Bmatrix} F_{1x} \\ F_{1y} \\ F_{1z} \\ M_{1x} \\ M_{1y} \\ M_{1z} \end{Bmatrix} = \begin{bmatrix} K_{1,x-F_x} & 0 & 0 & 0 & 0 & 0 \\ 0 & K_{1,y-F_y} & 0 & 0 & 0 & K_{1,y-M_z} \\ 0 & 0 & K_{1,y-F_y} & 0 & K_{1,y-M_z} & 0 \\ 0 & 0 & 0 & K_{1,\theta_x-M_x} & 0 & 0 \\ 0 & 0 & K_{1,y-M_z} & 0 & K_{1,\theta_y-M_y} & 0 \\ 0 & K_{1,y-M_z} & 0 & 0 & 0 & K_{1,\theta_y-M_y} \end{bmatrix} \begin{Bmatrix} u_{1x} \\ u_{1y} \\ u_{1z} \\ \theta_{1x} \\ \theta_{1y} \\ \theta_{1z} \end{Bmatrix} \tag{2.371}$$

식 (2.144)와 (2.370)을 통하여 유연성 항들을 사용하여 강성계수값들을 구할 수 있으며 식 (2.371)을 사용하여 부하값들을 산출한다. 이 부하값들을 식 (2.368)에 대입하면 변형량에 따른 **최대 등가 미제스 응력**을 구할 수 있다.

2.4.2.4 변형률 에너지 기반의 효율

다중축 플랙셔 힌지의 경우, 효율은 모든 부하벡터에 의한 변형과정에서 저장된 변형률 에너지에 기초하여 구할 수 있다. 여기서 설명하는 내용은 앞서 단일축 힌지의 경우와 유사하므로 더 자세한 내용은 단일축 힌지의 경우를 참조하기 바란다. 다중축 플랙셔 힌지의 경우, 플랙셔의 자유단에 작용하는 부하는 서로 직교하는 두 평면(축대칭 평면)에 대한 굽힘, 축방향 인장/압축 그리고 비틀림이다. 변형–부하 방정식들은 다음과 같이 주어진다.

$$
\begin{cases}
u_{1x} = C_{1,x-F_x}F_{1x} \\
u_{1y} = C_{1,y-F_y}F_{1y} + C_{1,y-M_z}M_{1z} \\
u_{1z} = C_{1,y-F_y}F_{1z} + C_{1,y-M_z}M_{1z} \\
\theta_{1y} = C_{1,y-M_z}F_{1z} + C_{1,\theta_z-M_z}M_{1y} \\
\theta_{1z} = C_{1,y-M_z}F_{1y} + C_{1,\theta_z-M_z}M_{1z} \\
\theta_{1x} = C_{1,\theta_x-M_x}M_{1x}
\end{cases}
\tag{2.372}
$$

부하에 의한 일은 다음과 같이 주어진다.

$$
W_{in} = \frac{1}{2}(F_{1x}u_{1x} + F_{1y}u_{1y} + F_{1z}u_{1z} + M_{1y}\theta_{1y} + M_{1z}\theta_{1z} + M_{1x}\theta_{1x})
\tag{2.373}
$$

식 (2.372)를 식 (2.373)에 대입하여 정리하면 에너지 효율을 다음과 같이 구할 수 있다.

$$
\eta = \frac{C_{1,\theta_z-M_z}M_{1z}^2}{C_{1,x-F_x}F_{1x}^2 + C_{1,y-F_y}(F_{1y}^2+F_{1z}^2) + C_{1,\theta_z-M_z}(M_{1y}^2+M_{1z}^2) + 2C_{1,y-M_z}(F_{1y}M_{1z}+F_{1z}M_{1y})}
\tag{2.374}
$$

모든 부하값들이 1인 경우, 식 (3.374)는 다음과 같이 단순화된다.

$$
\eta = \frac{C_{1,\theta_z-M_z}}{C_{1,x-F_x} + 2C_{1,y-F_y} + 2C_{1,\theta_z-M_z} + 4C_{1,y-M_z}}
\tag{2.375}
$$

전단효과를 고려해야 하는 단축 플랙셔 힌지의 경우에는 유연성계수 $C_{1,y-F_y}$를 전단을 고려한 $C_{1,y-F_y}^s$로 대체해야 한다.

여기에 제시되어 있는 일반화된 식들에 기초하여, (실린더형, 원형, 필렛 모서리형 포물선형, 쌍곡선형, 타원형, 역포물선형 그리고 교차형) 다중축 플랙셔의 회전능력과 회전 정밀도를 나타내는 유연성 항들에 대해서 논의하기로 한다.

2.4.3 실린더형 플랙셔 힌지

이후의 수학적 시뮬레이션에서 이 단순한 유연성 방정식들을 비교의 기준으로 사용할 예정이기 때문에 실린더형 플랙셔 힌지가 포함되었다. 실린더형 플랙셔 힌지는 직경이 일정하다.

$$t(x) = t \tag{2.376}$$

2.4.3.1 회전능력

회전능력을 나타내는 유연성 항들은 다음과 같다.

$$C_{1,x-F_x} = \frac{4\ell}{\pi E t^2} \tag{2.377}$$

$$C_{1,y-F_y} = \frac{64\ell^3}{3\pi E t^4} \tag{2.378}$$

$$C_{1,y-M_z} = \frac{32\ell^2}{\pi E t^4} \tag{2.379}$$

$$C_{1,\theta_{x-M_x}} = \frac{32\ell}{\pi G t^4} \tag{2.380}$$

2.4.3.2 회전 정밀도

회전정밀도를 나타내는 유연성 항들은 다음과 같다.

$$C_{2,x-F_x} = \frac{4\ell}{\pi E t^2} \tag{2.381}$$

$$C_{2,y-F_y} = \frac{20\ell^3}{3\pi Et^4} \tag{2.382}$$

$$C_{2,y-M_z} = \frac{8\ell^2}{\pi Et^4} \tag{2.383}$$

2.4.4 원형 플랙셔 힌지

두께/직경의 변화값 $t(x)$는 식 (2.170)에 제시되어 있다. 여타의 모든 플랙셔 구조에서도 마찬가지로, 직경은 단일축 프로파일에서 제시되어 있는 두께 $t(x)$와 동일하다.

2.4.4.1 회전능력

회전능력을 나타내는 유연성 항들은 다음과 같다.

$$C_{1,x-F_x} = \frac{16r}{\pi Et^2} \left[\frac{2r+t}{4r+t} + 2r\sqrt{\frac{t}{(4r+t)^3}} \arctan\sqrt{1+\frac{4r}{t}} \right] \tag{2.384}$$

$$C_{1,y-F_y} = \frac{256r^3}{3\pi Et^4(2r+t)^2\sqrt{(4r+t)^7}} \left[\sqrt{4r+t}\,(1664r^5+3340r^4t+2620r^3t^2 \right.$$
$$\left. + 987r^2t^3+188rt^4+16t^5) + 3r(2r+t)^2\sqrt{t}\,(100r^2+84rt+21t^2)\arctan\sqrt{1+\frac{4r}{t}} \right] \tag{2.385}$$

$$C_{1,y-M_z} = \frac{256r^2}{3\pi Et^4} \left[3 + \frac{t(120r^4+176r^3t+92r^2t^2+24rt^3+3t^4)}{(2r+t)^2(4r+t)^3} \right.$$
$$\left. + 24r(5r^2+4rt+t^2)\sqrt{\frac{t}{(4r+t)^7}} \arctan\sqrt{1+\frac{4r}{t}} \right] \tag{2.386}$$

$$C_{1,\theta_x-M_x} = \frac{E}{4rG} C_{1,y-M_z} \tag{2.387}$$

2.4.4.2 회전 정밀도

회전정밀도를 나타내는 방정식들은 다음과 같다.

$$C_{2,y-F_y} = \frac{128r^3}{3\pi Et^4(2r+t)^2\sqrt{(4r+t)^7}}\left[\sqrt{4r+t}\,(512r^5+1332r^4t+1268r^3t^2\right.$$
$$\left.+541r^2t^3+112rt^4+10t^5)+3r(2r+t)^2(60r^2+52rt+13t^2)\sqrt{t}\arctan\sqrt{1+\frac{4r}{t}}\right]$$

$$(2.388)$$

$$C_{2,y-M_z} = \frac{128r^2}{3\pi Et^4(2r+t)^2\sqrt{(4r+t)^7}}\left[\sqrt{4r+t}\,(192r^5+460r^4t+412r^3t^2+169r^2t^3\right.$$
$$\left.+34rt^4+3t^5)+12r(2r+t)^2(5r^2+4rt+t^2)\sqrt{t}\arctan\sqrt{1+\frac{4r}{t}}\right]$$

$$(2.389)$$

2.4.5 필렛 모서리형 플랙셔 힌지

2.4.5.1 회전능력

회전능력을 나타내는 유연성 방정식들은 다음과 같이 주어진다.

$$C_{1,x-F_x} = \frac{4}{\pi Et^2}\left[\ell+\frac{2rt}{4r+t}+8r^2\sqrt{\frac{t}{(4r+t)^3}}\arctan\sqrt{1+\frac{4r}{t}}\right] \qquad (2.390)$$

$$C_{1,y-F_y} = \frac{64}{\pi E}\left[\frac{(\ell-r)^3-r^3}{3t^4}+\frac{r}{3t^3(2r+t)^2(4r+t)^3}\{8r^4(15\ell^2+62\ell r+30r^2)\right.$$
$$+16r^3t(11\ell^2+46\ell r+25r^2)+4r^2t^2(23\ell^2+94\ell r+57r^2)+8rt^3(\ell+r)(3\ell+8r)$$
$$+t^4(3\ell^2+9\ell r+8r^2)\}+\frac{4r^2}{\sqrt{t^7(4r+t)^7}}\{5r^2(2r+t)^2+2\ell(\ell+2r)(5r^2+4rt+t^2)\}$$
$$\left.\arctan\sqrt{1+\frac{4r}{t}}\right]$$

$$(2.391)$$

$$C_{1,y-M_z} = \frac{64}{\pi E}\left[\frac{(\ell+r)^2-r^2}{2t^4}+r(\ell+2r)\left\{\frac{120r^4+176r^3t+92r^2t^2+24rt^3+3t^4}{3t^3(2r+t)^2(4r+t)^3}\right.\right.$$
$$\left.\left.+\frac{8r(5r^2+4rt+t^2)}{\sqrt{t^7(4r+t)^7}}\arctan\sqrt{1+\frac{4r}{t}}\right\}\right]$$

$$(2.392)$$

$$C_{1,\theta_x-M_x} = \frac{32}{\pi G}\left[\frac{\ell}{t^4}+2r\left\{\frac{120r^4+176r^3t+92r^2t^2+24rt^3+3t^4}{3t^3(2r+t)^2(4r+t)^3}\right.\right.$$
$$\left.\left.+\frac{8r(5r^2+4rt+t^2)}{\sqrt{t^7(4r+t)^7}}\arctan\sqrt{1+\frac{4r}{t}}\right\}\right]$$

$$(2.393)$$

2.4.5.2 회전 정밀도

회전 정밀도를 나타내는 유연성 방정식들은 다음과 같이 주어진다.

$$C_{2,y-F_y} = \frac{4}{3\pi E}\left[\frac{\ell^2(5\ell+6r)}{t^4} + \frac{4rt^3}{(4r+t)^3}\left\{\frac{2r^2(256r^4+432r^3t+236r^2t^2)}{t^6(2r+t)^2}\right.\right.$$
$$+ \frac{2r^2(56rt^3+5t^4)+\ell^2(240r^4+352r^3t+184r^2t^2+48rt^3+6t^4)}{t^6(2r+t)^2}$$
$$+ \frac{\ell r(1008r^4+1504r^3t+760r^2t^2+168rt^3+15t^4)}{t^6(2r+t)^2}$$
$$\left.\left.+ 24r\frac{r^2t(4r+t)+2\ell(\ell+r)(5r^2+4rt+t^2)}{\sqrt{t^{13}(4r+t)}}\arctan\sqrt{1+\frac{4r}{t}}\right\}\right] \tag{2.394}$$

$$C_{2,y-M_z} = \frac{64}{\pi E}\left[\frac{\ell^2}{8t^4} + \frac{rt^2}{6(2r+t)^2}\left[\frac{r(4r+3t)}{t^5} + \frac{\ell}{t\sqrt{(4r+t)^7}}\left\{\sqrt{4r+t}\times\right.\right.\right.$$
$$\left.\left(3+\frac{4r(30r^3+44r^2t+23rt^2+6t^3)}{t^4}\right) + \frac{24r(2r+t)^2(5r^2+4rt+t^2)}{\sqrt{t^9}}\right.$$
$$\left.\left.\left.\arctan\sqrt{1+\frac{4r}{t}}\right\}\right]\right] \tag{2.395}$$

2.4.6 포물선형 플랙셔 힌지

2.4.6.1 회전능력

회전능력을 나타내는 유연성 방정식들은 다음과 같이 주어진다.

$$C_{1,x-F_x} = \frac{\ell}{\pi E\sqrt{t^3c}(2c+t)}\left[2\sqrt{ct} + \sqrt{2}(c+t)\arctan\sqrt{\frac{2c}{t}}\right] \tag{2.396}$$

$$C_{1,y-F_y} = \frac{\ell^3}{12\pi E\sqrt{t^7c^3}(2c+t)^3}\left[2\sqrt{ct}(120c^3+172c^2t+82ct^2-3t^3)\right.$$
$$\left.+ 3\sqrt{2}(2c+t)^3(10c+t)\arctan\sqrt{\frac{2c}{t}}\right] \tag{2.397}$$

$$C_{1,y-M_z} = \frac{\ell^2}{3\pi E\sqrt{t^7c}(2c+t)^3}\left[2\sqrt{ct}(60c^2+80ct+33t^2)+15\sqrt{2}(2c+t)^3\arctan\sqrt{\frac{2c}{t}}\right] \tag{2.398}$$

$$C_{1,\theta_x-M_x} = \frac{E}{\ell G}C_{1,y-M_z} \tag{2.399}$$

이후에 제시되는 모든 플랙셔 구조들은 식 (2.399)와 유사한 비틀림 유연성을 가지고 있기 때문에 이후에는 다시 언급하지 않도록 하겠다.

2.4.6.2 회전 정밀도

회전 정밀도를 나타내는 유연성 방정식들은 다음과 같이 주어진다.

$$C_{2,y-F_y} = \frac{\ell^3}{24\pi Et^3(2c+t)^3}\left[128c^2 + 216ct + 128t^2 - \frac{6t^3}{c}\right.$$
$$\left. + 3\sqrt{2}\,(2c+t)^3\sqrt{\frac{t}{c^3}}\arctan\sqrt{\frac{2c}{t}}\right] \tag{2.400}$$

$$C_{2,y-M_z} = \frac{8\ell^2(4c^2+6ct+3t^2)}{3\pi Et^3(2c+t)^3} \tag{2.401}$$

2.4.7 쌍곡선형 플랙셔 힌지

2.4.7.1 회전능력

회전능력을 나타내는 유연성 방정식들은 다음과 같이 주어진다.

$$C_{1,x-F_x} = \frac{2\ell}{\pi Et\sqrt{c(c+t)}}\arctan\left[\frac{2\sqrt{c(c+t)}}{t}\right] \tag{2.402}$$

$$C_{1,y-F_y} = \frac{\ell^3}{\pi Et^3(2c+t)^2\sqrt{c^3(c+t)^3}}\left[2t\sqrt{c(c+t)}\,(4c^2+4ct-t^2)\right.$$
$$\left. + (2c+t)^4\arctan\left\{\frac{2\sqrt{c(c+t)}}{t}\right\}\right] \tag{2.403}$$

$$C_{1,y-M_z} = \frac{8\ell^2}{\pi Et^3}\left[\frac{2t}{(2c+t)^2} + \frac{\arctan\left(\frac{2\sqrt{c(c+t)}}{t}\right)}{\sqrt{c(c+t)}}\right] \tag{2.404}$$

2.4.7.2 회전 정밀도

회전 정밀도를 나타내는 유연성 방정식들은 다음과 같이 주어진다.

$$C_{2,y-F_y} = \frac{\ell^3}{2\pi Et^2(2c+t)^2(c+t)\sqrt{c^3}}\left[2\sqrt{c}\,(4c^2+4ct-t^2)\right.$$
$$\left.+\frac{t(2c+t)^2}{\sqrt{c+t}}\arctan\left(\frac{2\sqrt{c(c+t)}}{t}\right)\right] \tag{2.405}$$

$$C_{2,y-M_z} = \frac{8\ell^2}{\pi Et^2(2c+t)^2} \tag{2.406}$$

2.4.8 타원형 플랙셔 힌지

2.4.8.1 회전능력

회전능력을 나타내는 유연성 방정식들은 다음과 같이 주어진다.

$$C_{1,x-F_x} = \frac{4}{\pi Et(2c+t)(4c+t)}\left[\ell(t+2c)+\frac{2c\ell(2c+t)}{\sqrt{t(4c+t)}}\left\{\arctan\left(\frac{2c}{\sqrt{t(4c+t)}}\right)-\frac{\pi}{2}\right\}\right] \tag{2.407}$$

$$C_{1,y-F_y} = \frac{16\ell^3}{\pi Et^3(4c+t)^3}\left[\frac{2(60c^4+100c^3t+57c^2t^2+16ct^3+2t^4)}{3(2c+t)^2}\right.$$
$$\left.+\frac{5c(2c+t)^2}{\sqrt{t(4c+t)}}\left\{\arctan\left(\frac{2c}{\sqrt{t(4c+t)}}\right)-\frac{\pi}{2}\right\}\right] \tag{2.408}$$

$$C_{1,y-M_z} = \frac{64\ell^2}{\pi Et^3(4c+t)^3}\left[\frac{120c^4+176c^3t+92c^2t^2+24ct^3+3t^4}{6(2c+t)^2}\right.$$
$$\left.+\frac{2c(5c^2+4ct+t^2)}{\sqrt{t(4c+t)}}\left\{\arctan\left(\frac{2c}{\sqrt{t(4c+t)}}\right)-\frac{\pi}{2}\right\}\right] \tag{2.409}$$

2.4.8.2 회전능력

회전 정밀도를 나타내는 유연성 방정식들은 다음과 같이 주어진다.

$$C_{2,x-F_x} = \frac{4\ell}{\pi Et}\left[\frac{1}{4(2c+t)}-\frac{2c}{\sqrt{t^3(4c+t)}}\arctan\sqrt{\frac{t}{4c+t}}\right] \tag{2.410}$$

$$C_{2,y-F_y} = \frac{4\ell^3}{3\pi E\sqrt{t^5(4c+t)^5}}\left[\sqrt{\frac{t}{4c+t}}\,\frac{48c^3+44c^2t+24ct^2+5t^3}{(2c+t)^2}\right.$$
$$\left.-12c\,\arctan\sqrt{\frac{t}{4c+t}}\right] \tag{2.411}$$

$$C_{2,y-M_z} = \frac{8\ell^2(8c+3t)}{3\pi E(2c+t)^2(4c+t)^3} \tag{2.412}$$

2.4.9 역포물선형 플랙셔 힌지

2.4.9.1 회전능력

회전능력을 나타내는 유연성 방정식들은 다음과 같이 주어진다.

$$C_{1,x-F_x} = \frac{4\ell(32c^2+40ct+15t^2)}{15\pi Et^2(2c+t)^2} \tag{2.413}$$

$$C_{1,y-F_y} = \frac{64\ell^3(6144c^4+14080c^3t+12672c^2t^2+5544ct^3+1155t^4)}{3465\pi Et^4(2c+t)^4} \tag{2.414}$$

$$C_{1,y-M_z} = \frac{32\ell^2(2048c^4+4608c^3t+4032c^2t^2+1680ct^3+315t^4)}{315\pi Et^4(2c+t)^4} \tag{2.415}$$

2.4.9.2 회전 정밀도

회전 정밀도를 나타내는 유연성 방정식들은 다음과 같이 주어진다.

$$C_{2,y-F_y} = \frac{4\ell^3(15184c^4+38984c^3t+40392c^2t^2+21252ct^3+5775t^4)}{3465\pi Et^4(2c+t)^4} \tag{2.416}$$

$$C_{2,y-M_z} = \frac{8\ell^2(16c^4+40c^3t+40c^2t^2+20ct^3+5t^4)}{5\pi Et^4(2c+t)^4} \tag{2.417}$$

2.4.10 교차형 플랙셔 힌지

2.4.10.1 회전능력

회전능력을 나타내는 유연성 방정식들은 다음과 같이 주어진다.

$$C_{1,x-F_x} = \frac{\ell}{\pi Et^2}\left(2+\frac{\sin(2y)}{y}\right) \tag{2.418}$$

$$C_{1,y-F_y} = \frac{\ell^3}{16\pi Et^4 y^3}[128y^3 + 4y\{16\cos(2y) + \cos(4y)\} - 32\sin(2y) \\ - \sin(4y) + 16y^2\{8\sin(2y) + \sin(4y)\}] \tag{2.419}$$

$$C_{1,y-M_z} = \frac{\ell^2}{\pi Et^4 y}\{12y + 8\sin(2y) + \sin(4y)\} \tag{2.420}$$

여기서

$$y = \arccos\left(\frac{t}{2c+t}\right) \tag{2.421}$$

2.4.10.2 회전 정밀도

회전 정밀도를 나타내는 유연성 방정식들은 다음과 같이 주어진다.

$$C_{2,y-F_y} = \frac{\ell^3}{32\pi Et^4 y^3}[80y^3 + 2y\{-17 + 48\cos(2y) + 3\cos(4y)\} \\ - 32\sin(2y) - \sin(4y) + 16y^2\{8\sin(2y) + \sin(4y)\}] \tag{2.422}$$

$$C_{2,y-M_z} = \frac{\ell^2}{8\pi Et^4 y^2}[-17 + 24y^2 + 16\cos(2y) + \cos(4y) \\ + 4y\{8\sin(2y) + \sin(4y)\}] \tag{2.423}$$

2.4.11 유연성 방정식의 한계검증

단일축 대칭형상 플랙셔 힌지의 **한계검증**에서 사용했던 것과 유사한 한계검사 방법을 사용해서 다중 민감축 플랙셔 힌지를 나타내는 유연성 방정식의 정확도를 검증하였다. 단일 민감축 플랙셔와 다중 민감축 플랙셔 구조는 각각, 길이방향으로 일정한 균일단면 플랙셔 힌지와 원형 플랙셔 힌지로 손쉽게 매핑할 수 있다. 그 결과, 앞 절에서 모든 검토가 수행된 단일축 플랙셔 힌지에 대한 결과들을 여기에서도 적용할 수 있다. 필요한 모든 검증은 한계값 계산을 통해서 수행되었다.

2.4.12 수치 시뮬레이션

단일축 플랙셔 힌지에 대해 사용했던 것과 유사한 과정을 통해서 다중 민감축 플랙셔 힌지의 성능에 대한 수치해석을 수행하였다. 다양한 회전형 플랙셔 힌지 구조들에 대한 닫힌 형태의 유연성 방정식들을 기하학적인 매개변수들에 대해서 분석하였다. 4개의 설계기준이 고려되었던 단일축 플랙셔 힌지와 비교해보면, 여기서는 다음의 목적에 대한 단지 두 그룹의 수치해석이 수행되었을 뿐이다.

- **내부 유연성 비교**
- 균일단면 플랙셔 힌지에 대한 **유연성 비교**

회전형 플랙셔를 정의하는 기하학적 매개변수들의 항으로 유연성의 절댓값 변화양상을 분석해보면, 단일축 플랙셔 힌지의 경우와 동일한 경향을 나타내므로, 여기서 다시 다루지 않았다. 또한, 회전형 플랙셔 힌지는 항상 길이방향에 대해서 대칭형상을 가지고 있으므로, 비대칭과 대칭형상의 비교도 수행되지 않았다. **표 2.4**에서는 단일축 플랙셔 힌지에 대한 시뮬레이션에서 사용되었던 작동가능영역으로 정의된 기하학적 매개변수들을 사용했을 때에 회전형 플랙셔 힌지의 유연성에 의해 발생하는 최소 및 최대 한계값들을 보여주고 있다.

표 2.4 다중 민감축(회전형) 플랙셔 힌지의 컴플라이언스 극한값

		플랙셔 유형						
		C	CF	E	H	P	IP	S
$C_{1,x-F_x}$[m/N]	MIN	4.7×10^{-9}	7.9×10^{-9}	7.0×10^{-9}	5.8×10^{-9}	6.1×10^{-9}	6.8×10^{-9}	6.7×10^{-9}
	MAX	2.4×10^{-8}	5.0×10^{-8}	4.4×10^{-8}	4.0×10^{-8}	4.1×10^{-8}	4.2×10^{-8}	4.2×10^{-8}
$C_{1,y-F_y}$[m/N]	MIN	3.6×10^{-9}	3.3×10^{-8}	6.0×10^{-8}	4.2×10^{-8}	4.7×10^{-8}	5.7×10^{-8}	5.6×10^{-8}
	MAX	3.5×10^{-7}	3.7×10^{-6}	3.1×10^{-6}	2.6×10^{-6}	2.7×10^{-6}	2.8×10^{-6}	2.8×10^{-6}
$C_{1,y-M_z}$[1/N]	MIN	9.7×10^{-6}	4.8×10^{-5}	6.7×10^{-5}	5.0×10^{-5}	5.4×10^{-5}	6.5×10^{-5}	6.4×10^{-5}
	MAX	4.2×10^{-4}	3.0×10^{-3}	2.5×10^{-3}	2.1×10^{-3}	2.2×10^{-3}	2.3×10^{-3}	2.2×10^{-3}
C_{1,θ_y-M_y}[1/Nm]	MIN	6.0×10^{-2}	1.1×10^{-1}	9.0×10^{-2}	6.6×10^{-2}	7.2×10^{-2}	8.7×10^{-2}	8.8×10^{-2}
	MAX	1.1	3.1	2.5	2.1	2.2	2.3	2.3
C_{1,θ_x-M_x}[1/Nm]	MIN	1.4×10^{-1}	2.6×10^{-1}	2.1×10^{-1}	1.5×10^{-1}	1.7×10^{-1}	2.0×10^{-1}	1.9×10^{-1}
	MAX	2.5	7.3	5.7	4.9	5.0	5.3	5.2
$C_{2,x-F_x}$[m/N]	MIN	2.3×10^{-9}	3.9×10^{-9}	3.5×10^{-10}	2.9×10^{-9}	3.1×10^{-9}	3.4×10^{-9}	3.4×10^{-9}
	MAX	1.2×10^{-8}	2.5×10^{-8}	2.2×10^{-8}	2.0×10^{-8}	2.1×10^{-8}	2.1×10^{-8}	2.1×10^{-8}
$C_{2,y-F_y}$[m/N]	MIN	5.1×10^{-10}	2.9×10^{-8}	1.4×10^{-8}	8.0×10^{-9}	9.3×10^{-9}	1.3×10^{-8}	1.2×10^{-8}
	MAX	6.6×10^{-7}	1.1×10^{-6}	8.4×10^{-7}	6.5×10^{-7}	6.8×10^{-7}	7.3×10^{-7}	7.2×10^{-7}
$C_{2,y-M_z}$[1/N]	MIN	1.5×10^{-5}	2.0×10^{-5}	1.2×10^{-5}	7.2×10^{-6}	8.4×10^{-6}	1.1×10^{-5}	1.0×10^{-5}
	MAX	5.2×10^{-4}	5.4×10^{-4}	5.3×10^{-4}	4.2×10^{-4}	4.3×10^{-4}	4.6×10^{-4}	4.6×10^{-4}

C=원형, CF=필렛 모서리, E=타원형, H=쌍곡선형, P=포물선형, IP=역포물선형, S=교차형

2.4.12.1 자체비교

단일축 플랙셔 힌지의 경우에 사용했던 방법과 유사하게, 이 절에서는 근원적으로는 서로 유사한 플랙셔들의 유연성 차이를 서로 비교하여 각 유형의 플랙셔들이 가지고 있는 성능을 분석하는 데에 집중한다. 앞서 설명하였듯이, 단일축 플랙셔 힌지에서와 유사한 크기로 정의된 방정식들을 사용하여 직접변형, 직접회전 그리고 상호교차와 같은 3개의 유연성 비율들을 정의할 수 있다. 서로 다른 유형의 플랙셔 힌지들에 대한 보다 상세한 내용이 다음에 제시되어 있다.

2.4.12.1.1 원형 플랙셔 힌지

그림 2.38에서는 형상변수 r과 t의 변화에 따른 직접 유연성 비율을 3차원 도표로 보여주고 있다. 그림 2.38에 따르면 r의 증가와 t의 감소에 따라서 변형에 대한 유연성 비율이 증가함을 알 수 있다.

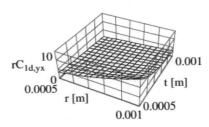

그림 2.38 원형단면 회전형 플랙셔 힌지의 노치반경 r과 최고두께 t의 항으로 정의된 내부 직접 유연성 비율 변화양상

2.4.12.1.2 필렛 모서리형 플랙셔 힌지

그림 2.39에서는 필렛 모서리형 플랙셔 힌지의 필렛 반경 r과 플랙셔 길이 ℓ의 변화에 따른 변형의 유연성 비율을 보여주고 있다. 폭은 서로 상쇄되므로 유연성 비율 도표에서는 고려되지 않는다. 그림 2.39에 따르면, 변형 유연성 비율은 r의 감소와 ℓ의 증가에 따라서 증가한다.

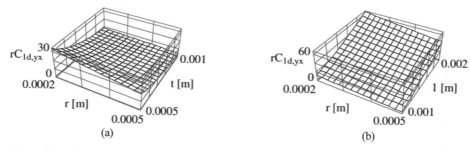

그림 2.39 필렛 모서리 회전형 플랙셔 힌지의 필렛반경 r, 최소두께 t 그리고 길이 ℓ의 항으로 정의된 내부 직접 유연성 비율의 변화양상

2.4.12.1.3 여타의 모든 플랙셔 힌지들

도표에서는 타원형 플랙셔 힌지만을 도시하고 있지만 여타 모든 형상(포물선, 쌍곡선, 역포물선 및 교차형)의 플랙셔들을 대표할 수 있다. **그림 2.40**에서는 앞에서 살펴보았던 플랙셔들에서와 동일한 변형 유연성 비율을 보여주고 있다. 플랙셔의 폭 w는 유연성 비율 방정식에 포함되지 않으므로, **그림 2.40**의 도표에서는 c, t, 및 ℓ만이 변수로 사용되었다. 변형 유연성 비율은 매개변수 c의 증가, 최소두께 t의 감소 그리고 길이 ℓ의 감소에 따라서 감소한다. 포물선형과 쌍곡선형 플랙셔 힌지의 변형 유연성 비율 최댓값은 더 큰 반면에(최대 50), 타원형(**그림 2.40** 참조), 역포물선형 그리고 교차형 플랙셔 힌지의 최댓값은 더 작다(최대 40).

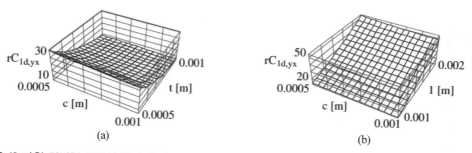

그림 2.40 타원 회전형 플랙셔 힌지의 변수 c, 최소두께 t 그리고 길이 ℓ의 항으로 정의된 내부 직접 유연성 비율의 변화양상

2.4.12.2 균일단면 플랙셔 힌지의 비교와 전단효과

유연성의 측면에서 일곱 가지 서로 다른 유형의 플랙셔 힌지들을 균일단면 (실린더형) 플랙셔 힌지와 비교하여 보았다. 앞서 정의했던 유연성 비율을 여기서도 사용하였다. 앞서 공식으

로 만들었던 유연성 비율을 사용하여 소형 플랙셔 힌지의 경우에 매우 중요한 **전단효과**도 분석하였다.

2.4.12.2.1 원형 플랙셔 힌지

그림 2.41에서는 여러 가지 그래프들을 통해서 실린더형 플랙셔 힌지에 대한 원형 플랙셔 힌지의 응답특성을 비교하여 보여주고 있다. 원형 플랙셔 힌지 구조에 전단효과가 끼치는 영향을 보여주는 유연성 비율도 그래프로 제시하고 있다. 비교 기준인 실린더형 플랙셔 힌지와 원형 플랙셔 힌지의 비교를 통하여 다음과 같은 결론을 얻을 수 있다.

- r의 증가와 t의 감소에 따라서 모든 유연성 비율은 증가한다.
- 원형 플랙셔 힌지는 비교기준 실린더형 플랙셔 힌지에 비해서 회전에 대해서 최대 7배 덜 유연하다(그림 2.41b).
- 원형 플랙셔 힌지는 비교기준 실린더형 플랙셔 힌지에 비해서 축방향에 대해서 최대 2배 덜 유연하다(그림 2.41a).
- 원형 플랙셔 힌지는 비교기준 실린더형 플랙셔 힌지에 비해서 비틀림에 대해서 최대 3배 덜 유연하다(그림 2.41a).
- 원형 플랙셔 힌지는 비교기준 실린더형 플랙셔 힌지에 비해서 회전정밀도의 측면에서 40% 더 효율적이다(그림 2.41d).
- 전단을 고려하지 않는다면 원형 플랙셔 힌지는 비교기준 실린더형 플랙셔 힌지에 비해서 15배 더 유연하다(그림 2.41e).

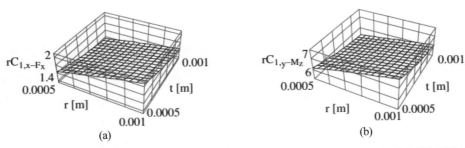

그림 2.41 노치반경 r과 최소두께 t의 변화에 따른 원형 플랙셔 힌지의 특성. (a~d) 실린더형 플랙셔 힌지 대비 원형 플랙셔 힌지의 유연성 비율. (e) 실린더형 플랙셔 힌지 대비 원형 플랙셔 힌지의 전단 유연성 비율

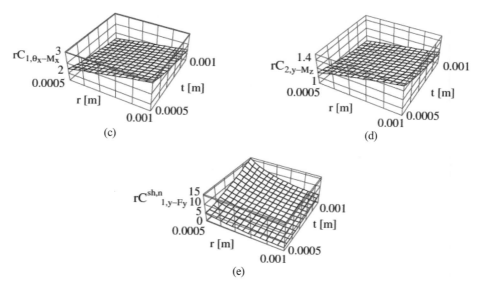

그림 2.41 노치반경 r과 최소두께 t의 변화에 따른 원형 플랙셔 힌지의 특성. (a~d) 실린더형 플랙셔 힌지 대비 원형 플랙셔 힌지의 유연성 비율. (e) 실린더형 플랙셔 힌지 대비 원형 플랙셔 힌지의 전단 유연성 비율(계속)

2.4.12.2.2 필렛 모서리형 플랙셔 힌지

그림 2.42에서는 형상변수들이 타당한 범위 내에 있을 때에 실린더형 플랙셔 힌지에 대한 필렛 모서리형 플랙셔 힌지의 상대적인 응답특성과 전단효과의 영향을 그래프들을 통해서 보여주고 있다. 이를 통해서 다음과 같은 결론을 얻을 수 있다.

- r의 증가, t의 감소 그리고 ℓ의 감소에 따라서 모든 유연성 비율은 증가한다.
- 필렛 모서리형 플랙셔 힌지는 비교기준 실린더형 플랙셔 힌지에 비해서 회전능력이 최대 3배 더 크다(**그림 2.42a** 및 b).
- 필렛 모서리형 플랙셔 힌지는 축방향 영향에 대해서 60% 덜 민감하다(**그림 2.42b**).
- 필렛 모서리형 플랙셔 힌지는 회전정밀도 교란에 대해서 최대 6배 덜 민감하다(**그림 2.42e**).
- **그림 2.42g** 및 h에 도시되어 있는 것처럼, 짧은 길이의 필렛 모서리형 플랙셔 힌지의 유연성을 정확히 산출하기 위해서는 전단효과가 중요한 인자이며, 전단효과가 작용하는 플랙셔 힌지의 경우 이 효과를 포함하지 않는 플랙셔 힌지에 비해서 3.5배 더 유연하다.

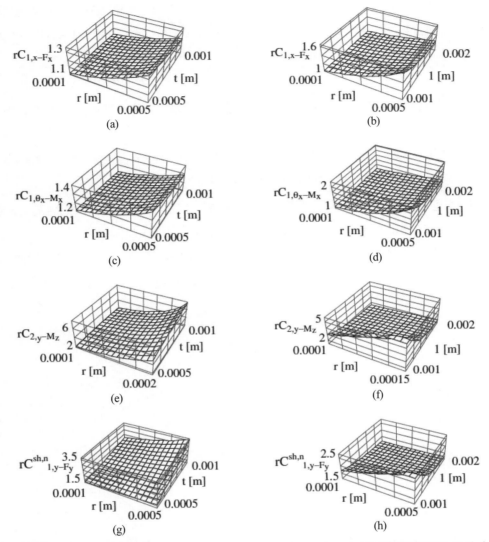

그림 2.42 필렛반경 r, 최소두께 t 그리고 길이 ℓ의 변화에 따른 필렛 모서리형 플랙셔 힌지의 특성. (a~f) 실린더형 플랙셔 힌지 대비 필렛 모서리형 플랙셔 힌지의 유연성 비율. (g~h) 실린더형 플랙셔 힌지 대비 필렛 모서리형 플랙셔 힌지의 전단 유연성 비율

2.4.12.2.3 여타의 모든 플랙셔들

그림 2.43에서는 타원형 플랙셔 힌지의 유연성 비율을 그래프들을 통해서 보여주고 있다. 앞에서와 마찬가지로 포물선형, 쌍곡선형, 역포물선형 및 교차형 플랙셔 힌지들은 타원형 플랙셔 힌지와 유사한 경향을 나타내므로 여기서 다루지 않는다. 서로 다른 플랙셔 힌지들을

실린더형 플랙셔 힌지와 비교할 때에, 길이 ℓ 및 폭 w의 영향이 명확하게 나타나지 않는다. 그러므로 그래프는 형상변수 c 및 t에 대해서만 도시하고 있다. 이를 통해서 다음과 같은 결론을 얻을 수 있다.

- 앞서 언급한 모든 플랙셔 힌지들의 모든 유연성 비율들은 c의 증가와 t의 감소에 따라서 증가한다.
- 축방향 민감도가 가장 작은 것은 역포물선형과 교차형(2.2배), 타원형(3배, **그림 2.43b**), 포물선형(4배) 그리고 쌍곡선형(6배) 플랙셔 힌지의 순서이다.
- 회전정밀도가 가장 높은 것은 역포물선형과 교차형(4배), 타원형(6배, **그림 2.43c**), 포물선형(12배) 그리고 쌍곡선형(20배) 플랙셔 힌지의 순서이다.
- 전단효과는 이 부류에 속하는 모든 플랙셔들에 대해서 (경향 및 크기의 측면에서)매우 유사하게 작용한다. 짧은 플랙셔 힌지의 경우에 전단을 고려한 경우와 고려하지 않은 경우의 유연성 비율 최댓값은 대략적으로 2.5 내외이다.

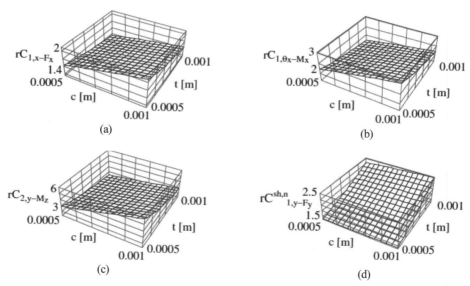

그림 2.43 형상변수 c 및 최소두께 t의 변화에 따른 타원형 플랙셔 힌지의 특성. (a~c) 실린더형 플랙셔 힌지 대비 타원형 플랙셔 힌지의 유연성 비율. (d, e) 실린더형 플랙셔 힌지 대비 타원형 플랙셔 힌지의 전단 유연성 비율

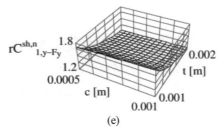

$rC^{sh,n}_{1,y-Fy}$ 1.8

1.2

0.0005

c [m]

0.002

t [m]

0.001

0.001

(e)

그림 2.43 형상변수 c 및 최소두께 t의 변화에 따른 타원형 플랙셔 힌지의 특성. (a~c) 실린더형 플랙셔 힌지 대비 타원형 플랙셔 힌지의 유연성 비율. (d, e) 실린더형 플랙셔 힌지 대비 타원형 플랙셔 힌지의 전단 유연성 비율(계속)

2.5 3차원 용도의 2축 플랙셔 힌지

2.5.1 서언

예를 들어 서로 수직하는 두 방향과 같이 특정한 축에 대해서 국부적인 회전을 생성하는 유연 메커니즘을 필요로 하는 경우가 많이 있다. 파로스와 와이즈보드[1]는 서로 직교하는 두 개의 플랙셔 절단부위들을 직렬로 배치하는 방안을 제시하였다. 이 방법은 두 플랙셔들의 회전 중심이 서로 일치해야만 하는 경우가 아니라면 매우 만족스럽게 작동한다. 이 책에서는 서로 직교하는 두 플랙셔 힌지들의 중심이 서로 일치해야 하는 경우의 설계가 제시되어 있다. 이런 구조는 두 개의 강체 링크들 사이에서 플랙셔의 회전중심을 통과하는 서로 직교하는 두 개의 방향 모두에 대해서 상대적인 회전을 일으키는 **2자유도** 플랙셔처럼 작동한다. 이런 유형의 플랙셔는 두 회전방향 모두에 대해서 평면 내 프로파일의 함수에 따라서 치수가 연속적으로 변화하는 사각단면을 가지고 있다. **그림 2.4**에서는 이 설계에 대한 일반적인 설명이 제시되어 있다.

2.5.2 일반적 수학공식과 성능원리

1축 및 다중 민감축 플랙셔 힌지의 경우와 유사한 방식을 사용하여 이 절의 일반화된 공식들을 유도하였으며 회전능력과 회전정밀도의 관점에서 이들을 분석하여 플랙셔들의 성능을 나타내기 위해서 유연성이 사용되었다. 응력의 고려에 대해서도 역시 논의되어 있다.

2.5.2.1 회전능력

이 경우에 1번 자유단에 가해지는 부하는 2개의 굽힘 모멘트 M_{1y}, M_{1z}, 2개의 전단력 F_{1y}, F_{1z} 그리고 하나의 축방향 하중 F_{1x}와 같이 5개의 성분들로 이루어진다(**그림 2.8**). 비틀림의 영향은 일반적으로 굽힘과 축방향 작용력의 영향에 비해서 작기 때문에 여기서는 고려하지 않는다.

부하와 그에 따른 변형을 평면으로 국한시키는 평면 내 요소와 평면 외 요소로 구분하여 **2차원** 용도로 사용하는 단일축 플랙셔 힌지의 경우와 유사하게, 여기서도 앞서 나열한 부하요소들에 대응하기 위해서 서로 직교하는 두 평면을 활용한다. 그러므로 단일축, 균일폭 플랙셔 힌지에 대한 방정식은 여기서도 유효하며, 다음에 설명하는 최소한의 수정을 통해서 여기서도 사용할 수 있다.

일반화된 평면 내 유연성 방정식들은 다음과 같이 주어진다.

$$C_{1,x-F_x} = \frac{1}{E}I_1 \tag{2.424}$$

$$C_{1,y-F_y} = \frac{12}{E}I_2 \tag{2.425}$$

$$C_{1,y-F_y}^s = \frac{12}{E}I_2 + \frac{\alpha}{G}I_1 \tag{2.426}$$

(전단효과를 고려하는 짧은 빔 이론에 따르면)

$$C_{1,y-M_z} = \frac{12}{E}I_3 \tag{2.427}$$

$$C_{1,\theta_z-M_z} = \frac{12}{E}I_4 \tag{2.428}$$

평면 외 유연성 방정식은 다음과 같이 주어진다.

$$C_{1,z-F_z} = \frac{12}{E}I_5 \tag{2.429}$$

$$C_{1,z-F_z}^s = \frac{12}{E}I_5 + \frac{\alpha}{G}I_1 \tag{2.430}$$

(전단효과를 고려하는 짧은 빔 이론에 따르면)

$$C_{1,z-M_y} = \frac{12}{E} I_6 \qquad (2.431)$$

$$C_{1,\theta_y-M_y} = \frac{12}{E} I_7 \qquad (2.432)$$

앞에 제시된 유연성을 정의하기 위해서 사용된 $I_1 \sim I_7$의 적분식들은 다음과 같이 주어진다.

$$I_1 = \int_0^\ell \frac{dx}{t(x)w(x)} \qquad (2.433)$$

$$I_2 = \int_0^\ell \frac{x^2 dx}{t(x)^3 w(x)} \qquad (2.434)$$

$$I_3 = \int_0^\ell \frac{x dx}{t(x)^3 w(x)} \qquad (2.435)$$

$$I_4 = \int_0^\ell \frac{dx}{t(x)^3 w(x)} \qquad (2.436)$$

$$I_5 = \int_0^\ell \frac{x^2 dx}{t(x)w(x)^3} \qquad (2.437)$$

$$I_6 = \int_0^\ell \frac{x dx}{t(x)w(x)^3} \qquad (2.438)$$

$$I_7 = \int_0^\ell \frac{dx}{t(x)w(x)^3} \qquad (2.439)$$

2.5.2.2 회전 정밀도

3차원 2축 플랙셔 힌지의 회전 정밀도는 여타 주요 유형의 플랙셔 힌지들에서와 유사한 방식으로 기하학적 중심을 x, y 및 z 방향으로 병진이동시켜서 나타낼 수 있다. 여기서 제시한 방정식들은 단일축 균일폭 플랙셔 힌지의 경우와 기본적으로 동일하다.

xy 평면에 대한 유연성은 다음과 같이 주어진다.

$$C_{2,x-F_x} = \frac{1}{E} I_1' \qquad (2.440)$$

$$C_{2,y-F_y} = \frac{12}{E}\left(I_2' - \frac{\ell}{2}I_3'\right) \tag{2.441}$$

$$C_{2,y-F_y}^s = \frac{12}{E}\left(I_2' - \frac{\ell}{2}I_3' + \frac{\alpha}{G}I_1'\right) \tag{2.442}$$

(전단효과를 고려하는 짧은 빔 이론에 따르면)

$$C_{2,y-M_z} = \frac{12}{E}\left(I_3' - \frac{\ell}{2}I_4'\right) \tag{2.443}$$

zx 평면에 대한 유연성은 다음과 같이 주어진다.

$$C_{2,z-F_z} = \frac{12}{E}\left(I_5' - \frac{\ell}{2}I_6'\right) \tag{2.444}$$

$$C_{2,z-F_z}^s = \frac{12}{E}\left(I_5' - \frac{\ell}{2}I_6'\right) + \frac{\alpha}{G}I_1' \tag{2.445}$$

(전단효과를 고려하는 짧은 빔 이론에 따르면)

$$C_{2,z-M_y} = \frac{12}{E}\left(I_6' - \frac{\ell}{2}I_7'\right) \tag{2.446}$$

유연성을 정의하기 위해서 사용된 $I_1' \sim I_7'$ 의 적분식들은 다음과 같이 주어진다.

$$I_1' = \int_{\ell/2}^{\ell} \frac{dx}{t(x)w(x)} \tag{2.447}$$

$$I_2' = \int_{\ell/2}^{\ell} \frac{x^2 dx}{t(x)^3 w(x)} \tag{2.448}$$

$$I_3' = \int_{\ell/2}^{\ell} \frac{x dx}{t(x)^3 w(x)} \tag{2.449}$$

$$I_4' = \int_{\ell/2}^{\ell} \frac{dx}{t(x)^3 w(x)} \tag{2.450}$$

$$I_5' = \int_{\ell/2}^{\ell} \frac{x^2 dx}{t(x)w(x)^3} \tag{2.451}$$

$$I_6' = \int_{\ell/2}^{\ell} \frac{x dx}{t(x)w(x)^3} \tag{2.452}$$

$$I_7' = \int_{\ell/2}^{\ell} \frac{dx}{t(x)w(x)^3} \tag{2.453}$$

2.5.2.3 응력의 고려

직접 전단력과 비틀림에 의한 영향을 무시한다면 응력은 굽힘과 축방향 작용력에 의해서만 생성되므로 단면에 수직한 방향으로만 응력이 생성된다. 축방향 부하에 의해 생성되는 응력은 단면 전체에 대해서 일정한 반면에 서로 수직하는 두 평면에 가해지는 굽힘에 의해 생성되는 응력은 단면에 대해서 선형적으로 변화한다. 그 결과 **이중굽힘**이 최대가 되는 위치에서 발생하는 응력에 의해서 사각형 단면의 한쪽 꼭짓점에서 최대 응력이 발생한다. 단일축 균일단면 플랙셔 힌지의 경우와 동일한 이유 때문에 **최대 응력**은 다음과 같이 주어진다.

$$\sigma_{\max} = \frac{1}{wt}\left[K_{ta}F_{1x} + 6\left\{ \frac{K_{tb,z}}{t}(F_{1y}\ell + M_{1z}) + \frac{K_{tb,y}}{w}(F_{1z}\ell + M_{1y}) \right\} \right] \tag{2.454}$$

여기서 $K_{tb,z}$와 $K_{tb,y}$는 각각 z축 y축 방향으로의 굽힘에 대한 응력집중계수이다. 식 (2.454)는 플랙셔 힌지에 가해지는 부하를 아는 경우에 유용하다. 변형량을 아는 경우에는 단일축 균일폭 플랙셔의 경우와 유사한 방법을 사용하여 다음 방정식을 유도할 수 있다.

$$\sigma_{\max} = \frac{1}{wt}\left[K_{ta}K_{1,x-F_x}u_{1x} + \frac{6K_{tb,z}}{t}\left\{ (\ell K_{1,y-F_y} + K_{1,\theta_z-M_z})u_{1y} + (\ell K_{1,y-M_z} + K_{1,\theta_z-M_z})\theta_{1z} \right\} \right.$$
$$\left. + \frac{6K_{tb,z}}{w}\left\{ (\ell K_{1,z-F_z} + K_{1,\theta_{yz}-M_y})u_{1z} + (\ell K_{1,z-M_y} + K_{1,\theta_{yz}-M_y})\theta_{1y} \right\} \right] \tag{2.455}$$

2.5.3 역포물선형 플랙셔 힌지

서로 직교하는 두 평면에 대해서 회전중심이 서로 일치하도록 한 쌍의 대칭형 역포물선형상으로 절단된 설계에 대해서 해석을 수행하였다. 두께와 폭 변화는 다음과 같이 주어진다.

$$t(x) = \frac{2a_t}{b_t^2 - \left(x - \dfrac{\ell}{2}\right)^2} \tag{2.456}$$

여기서

$$\begin{cases} a_t = \dfrac{t\ell^2}{8}\left(1 + \dfrac{t}{2c_t}\right) \\[3mm] b_t = \dfrac{\ell}{2}\sqrt{1 + \dfrac{t}{2c_t}} \end{cases} \tag{2.457}$$

그리고

$$w(x) = \frac{2a_w}{b_w^2 - \left(x - \dfrac{\ell}{2}\right)^2} \tag{2.458}$$

여기서

$$\begin{cases} a_w = \dfrac{w\ell^2}{8}\left(1 + \dfrac{t}{2c_w}\right) \\[3mm] b_w = \dfrac{\ell}{2}\sqrt{1 + \dfrac{t}{2c_w}} \end{cases} \tag{2.459}$$

형상변수 c_t 및 c_w 는 **그림 2.23**에 도시되어 있는 것처럼, 포물선형, 쌍곡선형, 타원형, 역포물선형 및 교차형 플랙셔 힌지의 경우에 최대 두께를 나타내는 c와 유사한 변수이다. 이들 두 형상변수들은 최소치수 t 및 w가 위치하는 평면에 대한 값들이며 하첨자들은 그 상관관계를 나타낸다.

2.5.3.1 회전능력

회전능력을 나타내는 평면 내 유연성은 다음과 같이 주어진다.

$$C_{1,x-F_x} = \frac{\ell\left[32c_tc_w + 20\left(c_wt + c_tw\right) + 15wt\right]}{15Ewt\left(2c_t + t\right)\left(2c_w + w\right)} \tag{2.460}$$

$$C_{1,y-F_y} = \frac{4\ell^3\left[2112c_t^2t\left(5c_w + 3w\right) + 231t^3\left(6c_w + 5w\right) + 198c_tt^2\left(32c_w + 21w\right)\right]}{1155Ewt^3\left(2c_t + t\right)^3\left(2c_w + w\right)}$$
$$+ \frac{256\ell^3c_t^3\left(96c_w + 55w\right)}{1155Ewt^3\left(2c_t + t\right)^3\left(2c_w + w\right)} \tag{2.461}$$

$$C_{1,y-M_z} = \frac{2\ell^2\left[105t^3\left(4c_w + 3w\right) + 252c_tt^2\left(8c_w + 5w\right) + 288c_t^2t\left(12c_w + 7w\right)\right]}{105Ewt^3\left(2c_t + t\right)^3\left(2c_w + w\right)}$$
$$+ \frac{256\ell^2c_t^3\left(16c_w + 9w\right)}{105Ewt^3\left(2c_t + t\right)^3\left(2c_w + w\right)} \tag{2.462}$$

$$C_{1,\theta_z-M_z} = \frac{2}{\ell}C_{1,y-M_z} \tag{2.463}$$

평면 외 유연성은 다음과 같이 주어진다.

$$C_{1,z-F_z} = \frac{4\ell^3\left[2112c_w^2w\left(5c_t + 3t\right) + 231t^3\left(6c_t + 5t\right) + 198c_ww^2\left(32c_t + 21t\right)\right]}{1155Ew^3t\left(2c_w + w\right)^3\left(2c_t + t\right)}$$
$$+ \frac{256\ell^3c_w^3\left(96c_t + 55t\right)}{1155Ew^3t\left(2c_w + w\right)^3\left(2c_t + t\right)} \tag{2.464}$$

$$C_{1,z-M_y} = \frac{2\ell^2\left[105w^3\left(4c_t + 3t\right) + 252c_ww^2\left(8c_t + 5t\right) + 288c_w^2w\left(12c_t + 7t\right)\right]}{105Ew^3t\left(2c_w + w\right)^3\left(2c_t + t\right)}$$
$$+ \frac{256\ell^2c_w^3\left(16c_t + 9t\right)}{105Ew^3t\left(2c_w + w\right)^3\left(2c_t + t\right)} \tag{2.465}$$

$$C_{1,\theta_y-M_y} = \frac{2}{\ell}C_{1,z-M_y} \tag{2.466}$$

2.5.3.2 회전 정밀도

평면 내 유연성은 다음과 같이 주어진다.

$$C_{2,y-F_y} = \frac{\ell^3\left[66c_t^2t\left(443c_w + 306w\right) + 231t^3\left(23c_w + 25w\right)\right]}{4620Ewt^3\left(2c_t + t\right)^3\left(2c_w + w\right)}$$
$$+ \frac{\ell^3\left[c_t^3\left(15184c_w + 9746w\right) + 99c_tt^2\left(204c_w + 161w\right)\right]}{4620Ewt^3\left(2c_t + t\right)^3\left(2c_w + w\right)} \tag{2.467}$$

$$C_{2,y-M_z} = \frac{3\ell^2 \left[c_w \left(16c_t^3 + 30c_t^2 t + 20c_t t^2 + 5t^3\right) + 5\left(c_t + t\right)\left(2c_t^2 + 2c_t t + t^2\right)\right]}{10Ewt^3\left(2c_t + t\right)^3\left(2c_w + w\right)} \tag{2.468}$$

평면 외 유연성은 다음과 같이 주어진다.

$$C_{2,z-F_z} = \frac{\ell^3 \left[66c_w^2 w\left(443c_t + 306t\right) + 231w^3\left(23c_t + 25t\right)\right]}{4620Ew^3 t\left(2c_w + w\right)^3\left(2c_t + t\right)}$$
$$+ \frac{\ell^3 \left[c_w^3\left(15184c_t + 9746t\right) + 99c_w w^2\left(204c_t + 161t\right)\right]}{4620Ew^3 t\left(2c_w + w\right)^3\left(2c_t + t\right)} \tag{2.469}$$

$$C_{2,z-M_y} = \frac{3\ell^2 \left[c_t \left(16c_w^3 + 30c_w^2 w + 20c_w w^2 + 5w^3\right)\right]}{10Ew^3 t\left(2c_w + w\right)^3\left(2c_t + t\right)}$$
$$+ \frac{15\ell^2 \left(c_w + w\right)\left(2c_w^2 + 2c_w w + w^2\right)}{10Ew^3 t\left(2c_w + w\right)^3\left(2c_t + t\right)} \tag{2.470}$$

2축 역포물선형 플랙셔 힌지에 대해서 유도된 모든 유연성 방정식들에 대한 타당성을 검증하기 위해서 한계검토가 수행되었다. **그림 2.4**에 따르면 서로 직교하는 민감한 평면들에 대한 대칭형상이 직선이 되어버리면 이중 역포물선형 플랙셔 힌지는 균일단면 플랙셔로 수렴하게 된다. 이 경우 수학적으로는 두 형상변수인 c_1과 c_2가 0이 되어야 한다. 여기서 유도된 모든 유연성 방정식들에는 이 **극한조건** 적용되었으며, 그 결과로 균일 사각단면 플랙셔 힌지의 유연성 방정식이 얻어진다.

2.5.3.3 수치해석

그림 2.44에서 설명되어 있는 수치해석을 수행하기 위해서 2축 역포물선형 플랙셔 힌지를 위해서 앞서 유도된 유연성 방정식들이 사용되었다. 특히 균일단면 플랙셔 힌지와의 비교가 목적들 중 하나이다(**그림 2.44a-c**). 또한 전단효과에 대한 고찰도 수행되었다(**그림 2.44g**). 이를 통해서 다음과 같은 결론을 얻을 수 있다.

- 2축 플랙셔 힌지는 비교의 대상이 되는 균일단면 플랙셔 힌지에 비해서 회전능력의 측면에서 최대 2.1배 덜 유연하다(**그림 2.44b**).
- 2축 플랙셔 힌지는 비교의 대상이 되는 균일단면 플랙셔 힌지에 비해서 축방향 부하에

대해서 최대 60% 덜 민감하며(그림 2.44a) 평면 외 부하에 대해서는 최대 2배 덜 민감하다 (그림 2.44c).

- 2축 플랙셔 힌지는 비교의 대상이 되는 균일단면 플랙셔 힌지에 비해서 회전정밀도의 측면 에서 최대 3배 더 높다(그림 2.44d).
- 그림 2.44e에 도시되어 있는 것처럼 전단효과는 최대 2.44배에 달하기 때문에 이런 유형의 플랙셔 힌지의 유연 거동을 올바르게 평가하기 위한 중요한 인자이다.

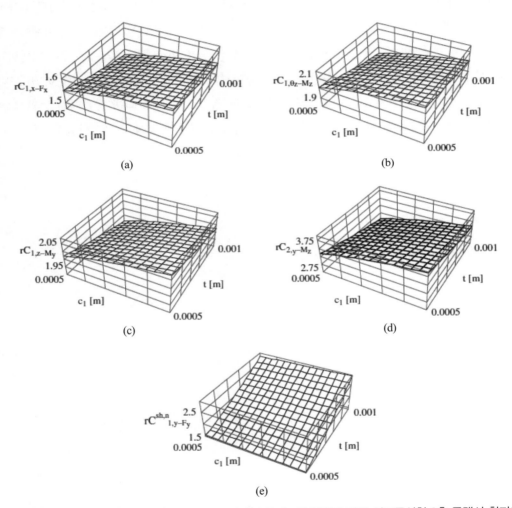

(a) (b)

(c) (d)

(e)

그림 2.44 c_t 또는 c_w를 나타내는 형상변수 c_1 및 최소두께 t의 변화에 따른 역포물선형 2축 플랙셔 힌지의 특성. (a~d) 균일단면 플랙셔 힌지 대비 역포물선형 2축 플랙셔 힌지의 유연성 비율. (e) 균일단면 플랙셔 힌지 대비 역포물선형 2축 플랙셔 힌지의 전단 유연성 비율

2.6 결 론

이 장에서는 2차원 및 3차원 용도로 사용되는 다양한 형상의 플랙셔 힌지들에 대해서 살펴보았다. 균일 폭, 단일축 플랙셔 설계, 다중 민감축 회전형 플랙셔 힌지 그리고 가변폭 2축 플랙셔 힌지 등 세 가지 서로 다른 부류의 플랙셔 힌지들에 대해서 분석하였다. 기존 문헌에서 소개되었던 구조들에 덧붙여서 몇 가지 새로운 구조가 추가되었다. 플랙셔 힌지를 회전 및 병진에 대해서 모두 민감한 복잡한 스프링 요소와 비교해볼 수 있었다. 이런 직접비교를 통해서 개별 플랙셔 힌지들의 거동특성을 정의하는 완벽한 세트의 유연성(또는 스프링계수)을 제시하였다. 플랙셔 힌지는 굽힘, 축방향 부하 그리고 3차원용 회전 조인트의 경우에는 비틀림과 같은 부하에 대해서 유연하게 반응한다. 짧은 플랙셔의 경우에는 전단효과도 고려하였다. 다양한 유형의 플랙셔 힌지들에 대한 회전능력, 회전 정밀도 그리고 최대 응력레벨 등과 같은 성능특성들을 살펴보기 위해서 수많은 닫힌 형태의 유연성 방정식을 유도하였다.

·· 참고문헌 ··

1. Paros, J.M. and Weisbord, L., How to design flexure hinges, *Machine Design*, November,151, 1965.
2. Smith, S.T. et al., Elliptical flexure hinges, *Revue of Scientific Instruments*, 68(3), 1474, 1997.
3. Smith, S.T., *Flexures. Elements of Elastic Mechanisms*, Gordon & Breach, Amsterdam, 2000.
4. Lobontiu, N. et al., Corner-filleted flexure hinges, *ASME Journal of Mechanical Design*, 123, 346, 2001.
5. Lobontiu, N. et al., Parabolic and hyperbolic flexure hinges: flexibility, motion precision and stress characterization based on compliance closed-form equations, *Precision Engineering: Journal of the International Societies for Precision Engineering and Nanotechnology*, 26(2), 185, 2002.
6. Lobontiu, N. et al., Design of symmetric conic-section flexure hinges based on closed-form compliance equations, *Mechanism and Machine Theory*, 37(5), 477, 2002.
7. Lobontiu, N. and Paine, J.S.N., Design of circular cross-section corner-filleted flexure hinges for three-dimensional compliant mechanisms, *ASME Journal of Mechanical Design*, 124, 479, 2002.
8. Canfield, S. et al., Development of spatial miniature compliant manipulator, *International Journal of Robotics and Automation*, Special Issue on Compliance and Compliant Mechanisms (in press).
9. Howell, L.L. and Midha, A., A method for the design of compliant mechanisms with small-length flexural pivots, *ASME Journal of Mechanical Design*, 116, 280, 1994.
10. Murphy, M.D., Midha, A., and Howell, L.L., The topological synthesis of compliant mechanisms, *Mechanism and Machine Theory*, 31, 185, 1996.
11. Howell, L.L., *Compliant Mechanisms*, John Wiley & Sons, New York, 2001.
12. Den Hartog, J.P., *Advanced Strength of Materials*, Dover, New York, 1987.
13. Barber, J.R., *Mechanics of Materials, McGraw-Hill*, New York, 2001, chaps. 2 and 3.
14. Volterra, E. and Gaines, J.H., *Advanced Strength of Materials*, Prentice-Hall, Englewood Cliffs, NJ, 1971.
15. Timoshenko, S.P., *History of Strength of Materials*, Dover, New York, 1982.
16. Ugural, A.C. and Fenster, S.K., *Advanced Strength and Applied Elasticity*, Prentice-Hall, Englewood Cliffs, NJ, 1995.

17. Richards, T.H., *Energy Methods in Stress Analysis with an Introduction to Finite Element Techniques*, Ellis Horwood, Chichester, 1977.

18. Harker, R.J., *Elastic Energy Methods of Design Analysis*, Chapman & Hall, 1986.

19. Langhaar, H.L., *Energy Methods in Applied Mechanics*, Krieger, Melbourne, FL, 1989.

20. Sandor, B.I., *Strength of Materials*, Prentice–Hall, Englewood Cliffs, NJ, 1978.

21. Muvdi, B.B. and McNabb, J.W., *Engineering Mechanics of Materials*, 2nd ed., Macmillan, New York, 1984.

22. Cook, R.D. and Young, W.C., *Advanced Mechanics of Materials*, Macmillan, New York, 1985.

23. Kobayashi, A.S., Ed., *Handbook on Experimental Mechanics*, 2nd rev. ed., VCH Publishers, Weinheim/New York, 1993.

24. Sullivan, J.L., Fatigue life under combined stress, *Machine Design*, January 25, 1979.

25. Peterson, R.E., *Stress Concentration Factors*, Wiley, New York, 1974.

26. Pilkey, W.D., *Peterson's Stress Concentration Factors*, John Wiley & Sons, New York, 1997.

27. Boresi, A.P., Schmidt, R.J., and Sidebottom, O.M., *Advanced Mechanics of Materials*, 5th ed., John Wiley & Sons, 1993.

28. Young, W.C., *Roark's Formulas for Stress and Strain*, McGraw–Hill, New York, 1989.

29. Den Hartog, J.P., *Strength of Materials*, Dover, New York, 1977.

CHAPTER 03

플랙셔 기반 유연 메커니즘의 정역학

COMPLIANT MECHANISMS:
DESIGN OF FLEXURE HINGES

CHAPTER

03 플랙셔 기반 유연 메커니즘의 정역학

3.1 서 언

이 장의 목적은 유연성의 항으로 정의된 플랙셔들을 포함한 (준)정적 모델을 유도하고, 개발하며 장점을 활용하기 위해서 앞 장에서 유연성이라는 개념을 사용하여 소개되고 모델링된 플랙셔 힌지들을 평면 또는 공간상에서 작동하는 다양한 메커니즘에 적용하는 것이다. 강체 링크들과 플랙셔를 연결하여 만들어진 메커니즘을 **플랙셔 기반의 유연 메커니즘**이라고 부른다. 이 유연 메커니즘을 구성하는 개별 요소들은 유연하거나 강체이거나 관계없이 개별 **링크** 요소로 간주하며, 강체 링크를 유연성이 0인 플랙셔 힌지로 간주할 수 있기 때문에 포괄적으로는 모든 유연 메커니즘은 플랙셔 힌지만으로 구성된다고 생각할 수 있다. 도식적으로는 인접한 링크들 사이(또는 링크와 지지기구 사이)의 교차점으로 표시되는 **노드** 위치에서 링크들이 서로 연결된다.

플랙셔 기반의 유연 메커니즘은 설계와 메커니즘의 전반적인 운동방식에 따라서 평면형(또는 2차원)과 공간형(또는 3차원)의 두 가지 유형으로 구분할 수 있다. 주로 2차원 운동을 수행하는 단일축 플랙셔 힌지는 평면 메커니즘에 포함되는 반면에 2축 및 다중축 플랙셔들은 3차원 운동을 수행하도록 플랙셔 구조가 설계되어 있기 때문에 공간 유연 메커니즘에 대한 현실적인 해결방안이다. 각각의 유형들은 직렬, 병렬 및 하이브리드(직렬/병렬) 메커니즘 등으로 더 세분할 수 있다. 직렬 메커니즘의 경우, (최소한 하나 이상의 플랙셔 힌지가 포함된)모든 링크들은 서로 직렬로 연결되어 있기 때문에 최소한 하나의 (입력된 에너지가 시스템으로 전달되는) 입력 포트와 하나의 (결과적인 운동이 시스템 외부로 전달되는)출력 포트로 이루어진 열린 체인의 구조를 가지고 있다. 일반적으로 강체 링크로 만들어진 입력 포트와 출력 포트(또는 플랫폼)는 직렬 메커니즘 내의 어느 곳에도 위치할 수 있다. 병렬 메커니즘은 출력 포트/플랫폼의 역할을 하는 강체 링크와 병렬로 연결되는 둘 또는 그 이상의 플랙셔 힌지들로 이루어진다. 하이브리드 메커니즘의 경우, (최근에 도입된 정의에 따르면 직렬 메커니즘에 해당하는)직렬 개방체인들이 병렬로 배치된 다수의 다리들을 갖추고 있으며, 이들 모두는 하나의 강체 링크(출력 플랫폼)에 연결되어 있다.

제목에서 알 수 있듯이, 이 장에서는 외부 하중이 정적(또는 준정적)으로 부가되었을 때에 플랙셔 기반 유연 메커니즘의 응답을 살펴볼 예정이다. 우선 직렬 메커니즘에 대해서 살펴본 다음에 병렬 또는 하이브리드 플랙셔 기반 유연 메커니즘은 (하이브리드 메커니즘의 경우)두 개의 직렬 개방체인이나 (병렬 메커니즘의 경우)두 개의 플랙셔 힌지들 사이에 삽입된 하나의 강체 링크(출력 플랫폼)로 이루어진 특유의 소스 직렬 메커니즘과 정적으로는 등가로 간주할 수 있다는 것을 규명할 예정이다.

이 장에서는 또한 플랙셔 기반 유연 메커니즘의 정적 모델링을 위한 여러 가지 방법들을 살펴볼 예정이며, 이를 통해서 실제적인 중요성을 가지고 있는 몇 가지 원칙들을 활용하여 플랙셔의 성능을 분석할 수 있게 된다. 앞서 살펴보았던 유연 메커니즘들로 이루어진 플랙셔 힌지들을 정의하는 다양한 유연성 방정식들에 기초하여 유연 메커니즘의 하중–변형 거동을 반영하는 수학적 모델을 만들어서 이 모든 세부사례들에 대해서 다룰 예정이다. 정적 모델링의 하위그룹 중 하나에서는 유연 메커니즘의 출력 변형을 외부부하, 경계조건, (구조물의) 토폴로지와 메커니즘의 기하학 등의 항으로 나타내는 데에 초점을 맞추고 있다. 여기서는 수학적 모델에 사용되는 두 가지 방법인 **벡터 다각형법**[24*]과 **카스틸리아노**의 **변형이론**에 대해서 논의한다. 두 가지 방법 모두 주어진 포트에서의 변형 벡터와 입력부하벡터 사이를 연관시켜주는 다음과 같은 방정식을 사용한다.

$$\overline{u} = f(\overline{L}) \tag{3.1}$$

24* loop closure method

플랙셔 기반 유연 메커니즘의 정적 모델링/해석의 또 다른 주제는 서로 다른 포트들과 다양한 방향으로 작용하는 부하들에 대한 해석을 통해서 메커니즘의 강성을 산출하는 것이다. 기본적으로는 각 세부사례들에 대해서 다음의 일반화된 방정식을 해석하여 조합강성 k_{ij}를 구한다.

$$k_{ij} = \frac{|\overline{L}_{i,d_i}|}{|\overline{u}_{j,d_j}|} \tag{3.2}$$

여기서 (힘 또는 모멘트)부하 L은 위치 i에서 d_i 방향으로 작용하는 반면에 (선형 또는 각도)변위 u는 위치 j에서 d_j 방향으로 발생한다. 하중과 변위가 동일 위치에서 발생하거나 입력포트에 작용력이 부가되며 출력포트 측에서 변위가 발생하는 경우에 하중과 부하중 하나만 알아도 이 일반적인 공식을 사용해서 나머지를 구할 수 있다. 많은 플랙셔 기반 유연 메커니즘에서 발생하는 중요한 문제들 중 하나는 다음과 같이 수학적으로 정의되는 **기계적 확대율**[25*]이라고도 부르는 입력 대 출력 비율(**감소율**)을 산출하는 것이다.

$$m.a. = \frac{|\overline{u}_{out}|}{|\overline{u}_{in}|} \tag{3.3}$$

증폭 메커니즘의 경우에 기계적 확대율은 1보다 큰 반면에 감소 메커니즘의 기계적 확대율은 1보다 작다. 출력포트에 작용하여 메커니즘의 운동을 완벽하게 상쇄하는 힘과/또는 모멘트를 나타내는 **블록부하**를 산출하여 특정한 플랙셔 기반 유연 메커니즘의 성능을 평가할 수 있다. 블록부하는 메커니즘에 작용하는 외력을 항으로 다음과 같이 나타낼 수 있다.

$$\overline{L}_b = f(\overline{L})|_{\overline{u}_{out}=0} \tag{3.4}$$

플랙셔 기반 유연 메커니즘의 정적 응답을 고찰하는 과정에서 살펴봐야 하는 또 다른 주제는 **에너지 효율**의 평가이다. 이에 대해서는 앞 장에서 유도되었던 개별 플랙셔 힌지들의 에너지 효율 방정식들을 활용하여 평가한다. 고정밀 출력운동을 전달하기 위해서 설계된 플랙셔 기반

25* mechanical advantage

유연 메커니즘에서 높은 정확도로 운동의 정밀도를 예측하는 것은 무엇보다도 중요하다. 이 장에서는 앞 장에서 유도되어 있는 유연성 방정식들에 따라서 플랙셔들을 완벽하게 유연한 부재로 간주하는 모델을 사용하여 플랙셔 힌지가 순수 회전하거나 비틀림 스프링과 함께 회전하는 경우로 간주하여 주어진 메커니즘의 출력 변위를 비교하는 모델이 개발되었다.

유연 메커니즘의 분야에서는 수많은 연구가 수행되었으며 다수의 논문들이 발표되었다. 이론적인 모델링, 해석 및 합성 그리고 공학적인 적용분야에서 미드하, 에드먼, 하월, 스미스, 코타, 기쿠치, 아나타서리쉬 그리고 프렉커 등의 연구자들이 이 분야에 두각을 나타내고 있으며 깊은 감사를 드린다. 다년간 출간된 논문들은 소형 MEMS 디바이스에서부터 대형 디바이스에 이르는 다양한 유연 메커니즘들의 최신 기초와 응용 연구분야를 포함하는 넓은 스펙트럼을 가지고 있다.

유연 메커니즘의 정적 응답 모델링을 위해서는 유연 시스템 내의 유연부재에 의해서 생성되는 자유도와 직접적인 연관관계를 가지고 있는 메커니즘의 **이동도[26*]**를 구해야 한다. 예를 들어 스미스[1]는 플랙셔를 회전운동을 일으키는 1자유도 요소로 간주하고 플랙셔 기반 메커니즘의 이동도를 링크, 구속 그리고 조인트에서의 자유도 등의 총 숫자의 항으로 설명하였다. 하월[2]은 플랙셔를 1자유도 회전운동을 일으키는 **가상 조인트**로 간주하여 이와 유사한 접근을 시도하였다. 플랙셔를 1자유도를 갖는 요소로 간주하는 개념은 이 주제를 다루는 거의 모든 연구자들이 실질적으로 받아들이고 있다. 이 개념하에서 (이 모델링 방법에서 유일하게 사용하는) 플랙셔의 주 기능은 인접 링크들 사이의 상대적인 회전뿐인 2차원(평면) 운동을 하는 유연 메커니즘이라는 점을 인식해야 한다. 앞 장에서 설명했던 2축 또는 다중축 플랙셔 구조와 같이 서로 다른 형상과 기능을 가지고 있는 플랙셔 힌지들, 또는 평면 외(기생) 부하와 운동을 일으키는 단일축 플랙셔의 경우에는 회전과 더불어서 다른 형태의 운동을 전달하기 때문에 단순히 1자유도 부재로 모델링할 수는 없다.

2장에서 설명했듯이, 단일축 플랙셔 힌지를 3자유도 요소로, 2축 플랙셔 힌지를 5자유도 링크로 그리고 다중축(회전) 플랙셔 힌지를 6자유도 링크로 모델링할 예정이다. 그 결과, 특정한 유연 메커니즘의 총 자유도 숫자는 사용된 플랙셔 힌지의 숫자와 경계조건에 의해 유발된 구속의 숫자에 의해서 결정된다. 강체 링크는 단순 추종기구로 작동하며 이들의 위치와 자세는 플랙셔에 의해서 유발되는 자유도에 의해서만 결정되므로 총 자유도의 숫자에는 아무런 영향도 끼치지 못한다. 머피 등[3]에 의해서 플랙셔 힌지의 자유도를 고려하는 이와 유사한 접근방법

26* mobility

이 제안되었다. 인접 조인트들 사이에 서로 다른 상대운동과 개별운동을 생성하는 능력에 따라서 특정한 링크에 숫자를 부여하는 기준으로 소위 **유연성분**[27*]을 링크에 부여하였다. 이 개념에 따르면 강체 링크는 유연성분이 0인 반면에 이 책에서 제시하는 단일축 플랙셔 힌지와 매우 유사한 거동을 하는 **평면 탄성체**(큰 변형을 일으키는 비교적 길이가 긴 부재)의 유연성분은 3을 갖는다.

하월과 미드하[4,5]는 (강체 링크 메커니즘에 유효한)고전적인 **그로블러 공식**을 유연 메커니즘에 적용하는 경우에 발생하는 유연 메커니즘의 자유도에 대한 문제를 연구하였다.

하월[2]은 플랙셔를 외력이 가해지는 점들에 따라서 영역을 구분한 다수의 요소들로 나누는 흥미로운 개념을 제안하였다. 유연 메커니즘 내의 (강체이거나 탄성체인) 각 요소들을 개별 링크로 간주하는 기존의 개념과는 달리 하월[2]은 예를 들어 강체요소로 연결된 두 개의 플랙셔들로 이루어진 직렬 체인을 단일링크 메커니즘으로 간주하였다. 동일한 학파 내에서 세거와 코타[6]는 (컴플라이언스가 한 점에 집중된 부재로 모델링 및 취급하는) **단축 플랙셔**와 (컴플라이언스가 길이방향으로 분포하는) **장축 플랙셔**를 명칭으로 구분하였다.

이 책의 1장에 자세히 논의되어 있는 가상강체 모델에 기반을 둔 플랙셔를 포함하여 유연 메커니즘에 대한 전문서적이 많이 출간되어 있다. 근본적으로 **가상강체 모델**은 대변형이 발생하는 경우에 실제 플랙셔를 비틀림 강성을 가지고 있는 1자유도 회전 조인트로 변환시켜준다. 이를 통해서 강체역학/기구학에 대한 고전적인 이론에 따라서 이 플랙셔 모델을 유연 메커니즘 모델링에 사용할 수 있다. 가상강체 모델에 대한 개념은 하월[2]에 자세히 설명되어 있으며 대형 유연 메커니즘에 적용된 대변위 주제를 다루는 논문들에 대한 몇 가지 사례에는 미드하 등,[7] 하월과 미드하,[8-10] 사세나와 크레이머,[11] 미드하 등[12] 그리고 다도[13] 등이 포함된다. 더 최근 들어서는 MEMS 분야에서도 이와 동일한 모델 및 개념을 채용하고 있다. 소형 및 대형 시스템에 가상강체 모델을 적용한 연구사례에는 아나타서리쉬 등,[14] 아나타서리쉬와 코타,[15] 옌센 등,[16] 새먼 등,[17] 코타 등[18]이 포함된다.

이 장에서 설명하는 몇 가지 방법들은 이 분야의 다른 문헌들에서도 함께 다루고 있다. 예를 들어 하월과 미드하[19]는 유연 메커니즘의 해석과 합성을 위한 일반화된 벡터 다각형 이론을 개발하기 위해서 가상강체 개념을 활용하였다. 코타 등[20]은 다양한 형태의 재래식 작동기와 신개념 작동기의 토폴로지 도출과 형상 및 크기 최적화를 포함하는 유연 메커니즘 설계를 위한 일반화된 방법을 제시하였다. 더 최근에 샤오와 린[21]은 두 개의 강체 링크와 다섯 개의 플랙셔

27* compliance content

힌지(이들 중 두 개는 진원형, 두 개는 비원형 대칭 그리고 하나는 사분원 형상의 곡선형 플렉셔)들로 이루어진 평면 직렬체인에 대한 연구를 수행하였다. 샤오와 린[21]은 유연 메커니즘의 한쪽 끝을 고정한 상태에서 반대편 자유단의 3자유도 운동을 나타내는 **임플리시트 적분** 하중–변위 방정식을 유도하였다. 캐리카토 등[22]은 주어진 출력 위치를 생성하기 위해서 필요한 입력변위를 사용하여 플렉셔 피봇을 갖춘 평면형 유연 메커니즘의 **역 기구학**을 연구하였다. 김 등[23]은 3자유도 유연 메커니즘의 컴플라이언스 **원격중심** 위치에 대한 해석을 수행하였다.

유연 메커니즘의 (준)정적 해석에 현재 사용되고 있는 전용 소프트웨어의 경우, 유한요소 해석기법을 사용하는 다양한 상용 패키지들이 대형 및 소형 플렉셔 모두에 대해서 유용하다. 최근 들어서 MEMS 전용 소프트웨어가 설계되었으며, 이 분야를 연구하는 버클리–캘리포니아 대학교의 연구그룹(클라크 등[24])이 마이크로시스템의 노드해석을 수행하는 소프트웨어 코드 개발에 참여하였다.

3.2 평면형 유연 메커니즘

우선, 서로 다른 경계조건을 가지고 있는 평면형 플렉셔 기반 유연 메커니즘에 대한 정적 해석이 수행되었다. 기본적인 경계조건은 고정–자유이지만 여타의 경계조건들에 대해서도 논의할 예정이다. 정적 해석은 힘과 변위 사이의 상관관계, 변위 또는 힘의 증폭 및 축소비율(기계적 확대율), 블록부하, 강성, 에너지효율 그리고 정밀도 등의 주제에 초점을 맞추고 있다.

3.2.1 직렬식 평면형 유연 메커니즘

이 절에서는 고정 링크들을 플렉셔 힌지로 연결한 고정–자유식 **평면형 개방체인**에 대하여 살펴보기로 한다. **그림 3.1a**에서는 글로벌 좌표 xy를 기준으로 하는 평면운동 메커니즘을 개략적으로 보여주고 있다. **그림 3.1b**에서는 링크요소들 중 하나와 로컬 좌표 $x_j y_j$, 글로벌 좌표에 대한 로컬 좌표의 위치, 경계조건 그리고 자유단 j에 가해지는 부하 등이 표시되어 있다. **그림 3.1a**에 표시되어 있는 링크들은 (플렉셔 힌지와 같은)유연체이거나 강체이다.

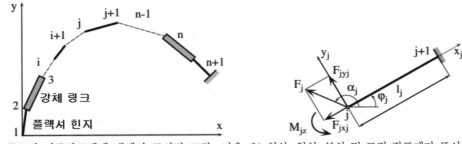

(a) 글로벌 기준좌표계에 대해서 표시된 고정-자유 (b) 형상, 위치, 부하 및 로컬 좌표계가 표시되어 있는
  개방체인 유연 메커니즘   일반화된 플랙셔 힌지 요소

그림 3.1 평면형 직렬 메커니즘

강체 링크들은 유연성이 완벽하게 0이라고 가정한다. 2장에서 논의했던 모든 유연성들은 다음과 같은 형태를 갖추고 있다.

$$C_j = \frac{1}{E} f_j(geometry) \tag{3.5}$$

여기서 E는 탄성률이며 f_j는 플랙셔 하나의 기하학적 구조에 대한 함수이다. 강체 링크의 경우에도 $E \to \infty$ 가 되면 유연성 $C_j \to 0$이 되므로 식 (3.5)는 여전히 유효하다. 이 관계식은 유연 링크나 강체 링크 모두에 적용되므로 매우 편리하다.

2장에서 자세히 설명했었듯이 **그림 3.1b**에 도시되어 있는 단일축 플랙셔 힌지의 자유단에 부가된 부하와 이로 인해서 발생하는 3가지 변위 사이의 상관관계를 다음 방정식으로 나타낼 수 있다.

$$\begin{cases} u_{jx_j} = C_{j,x-F_x} F_{jx} \\ u_{jy_j} = C_{j,y-F_y} F_{jy} + C_{j,y-M_z} M_{jz} \\ \theta_{jz_j} = C_{j,y-M_z} F_{jy} + C_{j,\theta_z-M_z} M_{jz} \end{cases} \tag{3.6}$$

앞서 설명했듯이, 식 (3.6)은 길이가 긴[28*] 유연 링크(플랙셔 힌지)와 강체 링크에도 마찬가지로 적용된다. 길이가 비교적 짧은 플랙셔 힌지의 경우에는 유연성 $C_{j,y-F_y}$항을 단축효과를

28* 장축 및 단축 링크의 구분에 대한 상세한 내용은 2장 참조.

고려한 $C_{j,y-F_y}^s$ 항으로 치환한 식 (3.6)의 두 번째 방정식만 적용된다. 이후에 유도되는 방정식의 단순화와 표준화를 위해서 평면형 유연 메커니즘에 (외부하중이나 반력을 포함하여)점하중과 점 모멘트만 작용한다고 가정한다.

3.2.1.1 변형-부하 방정식

이 절에서는 기준 좌표계 내에서 평면형 구조물의 노드들이 앞서 정의된 정하중을 받을 때에 발생하는 변형성분들을 계산하는 방법에 대해서 살펴보기로 한다. 이를 위해서 두 가지 방법이 사용된다. 평면형 고정-자유 유연 메커니즘을 가지고 있는 일반적인 노드에서 발생하는 변형성분들을 구하기 위해서 우선 벡터 다각형 방법을 사용한다. 그리고 카스틸리아노의 2법칙을 사용하여 동일한 과정을 반복한다.

3.2.1.1.1 벡터 다각형 방법

그림 3.1b에 도시되어 있는 일반적인 플렉셔 힌지의 자유단 j에 가해지는 부하는 1번 위치와 j번 노드 사이의 평면형 고정-자유 개방체인 유연 메커니즘에 가해지는 모든 외력과 모멘트들의 합으로 나타낼 수 있다. 따라서 국부 좌표계의 각 축방향으로 가해지는 부하는 다음과 같이 나타낼 수 있다.

$$\begin{cases} F_{jx_j} = \sum_{i=1}^{j} F_i \cos(\alpha_i - \varphi_j) \\ F_j y_j = \sum_{i=1}^{j} F_i \sin(\alpha_i - \varphi_j) \\ M_{jz} = \sum_{i=1}^{j-1} M_i + \sum_{i=1}^{j} \left[F_i \sin(\alpha_i - \varphi_j) \sum_{k=i}^{j} \ell_k \cos(\alpha_k - \varphi_j) \right] \end{cases} \tag{3.7}$$

식 (3.7)의 처음 두 방정식들은 단순히 국부좌표계의 x_j 및 y_j 방향으로 작용하는 모든 작용력 성분들(1번 위치에서 j번 위치까지 작용하는 총 j개의 힘들)을 각각 합한 것이다. 식 (3.7)의 모멘트 방정식은 유연 메커니즘 평면과 직교하는 모든 점 모멘트 성분들(1번 위치에서 j번 위치까지 작용하는 총 j개의 모멘트들)을 합한 것이다. 게다가 1번 위치에서 j번 위치까지의 사이에서 ℓ_j의 방향과 직각으로 작용하는 모든 힘들에 의해서 생성된 굽힘 모멘트들도 함께 포함된다.

식 (3.6)과 식 (3.7)을 사용하여 국부좌표계 내에서 굽힘, 축방향 부하 및 (길이가 짧은 경우) 전단에 의해서 생성되는 자유단의 변형을 구할 수 있다. 이 변형에 의해서 자유단은 국부좌표계 내의 초기 위치에서 u_{jx_j}와 u_{jy_j} 위치(식 (3.6) 참조)로 이동하게 된다. 이와 동시에 국부좌표계 내에서 자유단은 θ_{jz_j}만큼 기울어지게 된다(식 (3.6)의 마지막 식 참조).

순차적으로 연결되어 있는 개별 플랙셔 힌지들 중에서 현재의 j번째 링크 이후에 남아 있는 링크들은 j번째 플랙셔 힌지의 자유단에 대한 변형 방정식에 따라서 (그림 3.1에서 고정단으로 표시되어 있는)n번째 부재에 대해서 상대적인 위치이동이 발생한다. $j+1$번째 노드는 국부좌표계 상에서 자유단으로 간주되므로, j 점에서의 실제변위를 구하기 위해서는, $j+1$번째 국부좌표계에 대해서 측정한 $j+1$ 점의 위치와 (j번째 부재를 회전시켜서 j번째 노드의 추가적인 변위를 유발하는)$j+1$번째 부재의 기울기를 고려해야만 한다. 이 과정은 $j+1$번째 노드가 인접한 $j+2$번째 노드와 연결될 때에도 동일하며, 마지막 n번째 고정 위치에 도달 할 때까지 반복된다. 그림 3.2에서는 서로 인접한 k 및 $k+1$번째 플랙셔 힌지에 대해 앞서 설명했던 과정을 보여주고 있다. 이 경우에 발생하는 변형과 변위를 과장되게 표현한 그림에 벡터 다각형 도표를 중첩하여 보여주고 있다.

벡터 다각형 도표에 따르면 다음의 벡터 방정식이 구해진다.

$$\bar{u}_k = \bar{\ell}'_k - \bar{\ell}_k + \bar{u}_{k+1,y_{k+1}} + \bar{u}_{k+1,x_{k+1}} + \bar{u}'_{k,y_k} + \bar{u}'_{k,x_k} \tag{3.8}$$

여기서 $\bar{u}_k$는 k점에서의 총 변위벡터이다.

식 (3.8)의 프라임 상첨자는 그림 3.2에 도시되어 있는 것처럼 $k+1$번째 국부좌표계에서 $k+1$번째 노드의 기울기에 의해서 유발되는 k번째 좌표계의 회전량을 의미한다. 따라서

$$\begin{cases} |\bar{\ell}'_k| = |\bar{\ell}_k| \\ |\bar{u}'_{k,y_k}| = |\bar{u}_{k,y_k}| \\ |\bar{u}'_{k,x_k}| = |\bar{u}_{k,x_k}| \end{cases} \tag{3.9}$$

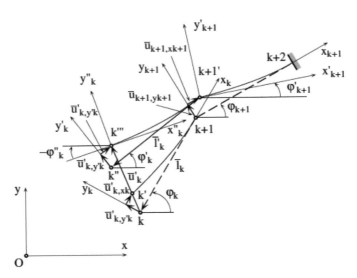

그림 3.2 인접한 두 개의 플랙셔 힌지들 사이에서 발생하는 변형과 변위를 나타내는 벡터 다각형 도표

j에서 n까지의 모든 링크들을 고려한다면, 여타의 링크들에 의한 모든 변형/변위를 포함하여 j점에서의 실제 변위를 구하도록 식 (3.8)을 확장시킬 수 있다.

$$\overline{u}_j = \sum_{k=j}^{n-1} (\overline{\ell}'_k - \overline{\ell}_k + \overline{u}'_k) \tag{3.10}$$

여기서 $\overline{u}'_k$는 일반 위치 k에서의 총 회전변위로서, 다음의 벡터 방정식으로 주어진다.

$$\overline{u}'_k = \overline{u}'_{k,x_k} + \overline{u}'_{k,y_k} \tag{3.11}$$

반면에 $\overline{u}_j$는 위치 j에서의 총 변위로서, 글로벌 좌표계에 대한 성분들을 사용하여 다음과 같이 나타낼 수 있다.

$$\overline{u}_j = \overline{u}_{jx} + \overline{u}_{jy} \tag{3.12}$$

평면형 유연 메커니즘상의 다양한 위치에서의 변위를 구할 때에 중요한 것은 메커니즘이 변형된 이후에 글로벌 좌표계 내에서 주어진 점의 위치를 정의하는 스칼라 성분을 구하는 것이다. 앞서 설명했듯이, 3개의 변수를 사용하여 이 점을 완벽하게 정의할 수 있다. 위치를 알고자 하는 점이 굽어질 수 있는 부재에 속해 있어서 선단부가 기울어질 수 있기 때문에 이 점의 x 및 y좌표값들과 더불어서 기울기 θ도 알아야 한다. x 및 y좌표값들은 식 (3.10)의 벡터를 글로벌 좌표축에 투영한 값이다. 벡터해석에 따르면 벡터를 특정 방향에 대해서 투영하는 것은 이 벡터와 특정 방향의 단위벡터의 내적을 구하는 것을 의미한다. 임의의 위치 j에 대한 글로벌 좌표축 x 및 y 방향으로의 단위벡터를 사용하여 다음과 같이 임의의 위치 j에 대한 총 변위벡터를 구할 수 있다.

$$\begin{cases} u_{jx} = \overline{u}_j \overline{e}_x \\ u_{jy} = \overline{u}_j \overline{e}_y \end{cases} \tag{3.13}$$

식 (3.10)을 x 및 y 방향으로 투영하여 식 (3.13)의 **양함수** 형태를 구할 수 있다.

$$\begin{cases} u_{jx} = \sum_{k=j}^{n-1}\left[(\ell_k + u_{k,x_k})\cos\left(\varphi_k - \sum_{i=k+1}^{n}\theta_i\right) - \ell_k\cos\varphi_k - u_{k,y_k}\sin\left(\varphi_k - \sum_{i=k+1}^{n}\theta_i\right) \right] \\ u_{jy} = \sum_{k=j}^{n-1}\left[-(\ell_k + u_{k,x_k})\sin\left(\varphi_k - \sum_{i=k+1}^{n}\theta_i\right) + \ell_k\sin\varphi_k - u_{k,y_k}\cos\left(\varphi_k - \sum_{i=k+1}^{n}\theta_i\right) \right] \end{cases} \tag{3.14}$$

임의의 링크 $j \to j+1$의 선단부 j에서의 총 회전각도 θ는 현재의 링크에서 (선단부가 고정되어 있는)마지막 링크까지 사이의 유연 메커니즘을 포함하는 모든 링크들의 선단부에서 발생하는 모든 회전각도(기울기)들의 총 합과 같다. θ_j에 대한 방정식은 다음과 같이 주어진다.

$$\theta_j = \sum_{k=j}^{n}\theta_k \tag{3.15}$$

3.2.1.1.2 카스틸리아노의 변위이론을 사용하는 방법

평면형 직렬 고정–자유방식 유연 메커니즘의 임의 노드에서 발생하는 변위성분을 구하기 위한 또 다른 방법으로 2장에서 유도되었던 **카스틸리아노의 2법칙**을 사용할 수 있다. 카스틸리아노의 제2법칙을 사용하여 글로벌 기준좌표계 내에 위치하는 임의 노드 ℓ의 3가지 변위성분들을 구할 수 있다.

$$
\begin{cases}
u_{\ell x} = \dfrac{\partial U}{\partial F_{\ell x}} \\[2mm]
u_{\ell y} = \dfrac{\partial U}{\partial F_{\ell y}} \\[2mm]
\theta_{\ell z} = \dfrac{\partial U}{\partial M_{\ell z}}
\end{cases}
\tag{3.16}
$$

이 절의 처음에서 설명했듯이, ℓ 번째 노드에는 힘 $F_{\ell x}$, $F_{\ell y}$뿐만 아니라 모멘트 $M_{\ell x}$가 가해진다고 가정한다. 그리고 ℓ 번째 노드에서 발생하는 변위는 (ℓ 번째 노드에서 $n+1$ 번째 노드까지의 링크 메커니즘을 포함하는)이후에 연결되어 있는 모든 부재들의 모든 탄성변형과 강체운동을 합한 값이다. (점하중과 점 모멘트에 의해서 생성되는)굽힘과 축방향 효과만을 고려한다면 식 (3.16)은 다음과 같이 정리된다.

$$
\begin{cases}
u_{\ell x} = \displaystyle\sum_{i=\ell}^{n}\left(\int_{0}^{\ell_i} \dfrac{M_{bi}}{E_i I_{z_i}} \dfrac{\partial M_{bi}}{\partial F_{\ell x}} dx_i + \int_{0}^{\ell_i} \dfrac{N_i}{E_i A_i} \dfrac{\partial N_i}{\partial F_{\ell x}} dx_i \right) \\[4mm]
u_{\ell y} = \displaystyle\sum_{i=\ell}^{n}\left(\int_{0}^{\ell_i} \dfrac{M_{bi}}{E_i I_{z_i}} \dfrac{\partial M_{bi}}{\partial F_{\ell y}} dx_i + \int_{0}^{\ell_i} \dfrac{N_i}{E_i A_i} \dfrac{\partial N_i}{\partial F_{\ell y}} dx_i \right) \\[4mm]
\theta_{\ell z} = \displaystyle\sum_{i=\ell}^{n} \int_{0}^{\ell_i} \dfrac{M_{bi}}{E_i I_{z_i}} \dfrac{\partial M_{bi}}{\partial M_{\ell z}} dx_i
\end{cases}
\tag{3.17}
$$

식 (3.17)에 따르면, ℓ 번째 관심 링크에서 출발하여 n 번째인 마지막 고정단 링크에 이르기까지의 모든 링크들에 대해서 카스틸리아노 2법칙 계산을 반복적으로 수행해야 한다는 것을 알 수 있다. 다시 말해서, 평면형 직렬 메커니즘의 특정 노드에서 발생하는 변위는 관심 링크(와 노드)에서 시작하여 고정 노드에 의해서 경계가 생성된 마지막 링크까지의 개별 구간(링크)에 대해서 모든 변형과 강체운동을 합한 값과 같다. 메커니즘의 자유단 1번 노드에서부터 현재 계산하려는 i 번째 노드 사이의 직렬 시스템에 작용하는 모든 부하들을 정적으로 합산하여 임의의 i 번째 노드에 대한 국부좌표계 $x_i y_i$에서의 3가지 부하성분으로 나타내어야 한다.

$$
M_{iz}^{t} = \sum_{j=1}^{i} M_{jz} - \sum_{j=1}^{i-1}\left[F_{jx} \sum_{k=j}^{i-1}(\ell_k \sin\varphi_k) \right] + \sum_{j=1}^{i-1}\left[F_{jy} \sum_{k=j}^{i-1}(\ell_k \cos\varphi_k) \right]
\tag{3.18}
$$

위 방정식에서 모멘트 합에는 ℓ 번 노드에 작용하는 점 모멘트와 더불어서 노드에 작용하는 힘 $F_{\ell x}$ 및 $F_{\ell y}$ 에 따른 항들도 포함되어 있기 때문에 카스틸리아노의 2법칙을 적용하기 위한 편미분이 가능하다. i 번째 노드에 작용하는 x_i 부하성분은 다음과 같이 주어진다.

$$F_{i,x_i} = \sin\varphi_i \sum_{j=1}^{j}(-F_{jx}) + \cos\varphi_i \sum_{j=1}^{j}(F_{jy}) \tag{3.19}$$

그리고 y_i 부하성분은 다음과 같이 주어진다.

$$F_{i,y_i} = \cos\varphi_i \sum_{j=1}^{j}(F_{jx}) + \sin\varphi_i \sum_{j=1}^{j}(F_{jy}) \tag{3.20}$$

i 번째 노드와 $i+1$ 번째 노드 사이에 위치한 플랙셔 상의 i 번째 노드에서부터 x_i 만큼 떨어진 점에 작용하는 굽힘 모멘트와 축방향 작용력은 다음과 같이 주어진다.

$$\begin{cases} M_{bi} = F_{i,y_i} x_i + M_{iz}^t \\ N_i = F_{i,x_i} \end{cases} \tag{3.21}$$

굽힘 모멘트 M_{bi} 에 대한 편미분은 식 (3.18), (3.20) 및 (3.21)을 사용하여 다음과 같이 간단히 구할 수 있다.

$$\begin{cases} \dfrac{\partial M_{bi}}{\partial F_{\ell x}} = -\sum_{k=\ell}^{i-1}(\ell_k \sin\varphi_k) - \sin\varphi_i x_i \\ \dfrac{\partial M_{bi}}{\partial F_{\ell y}} = \sum_{k=\ell}^{i-1}(\ell_k \cos\varphi_k) + \cos\varphi_i x_i \\ \dfrac{\partial M_{bi}}{\partial M_{\ell z}} = 1 \end{cases} \tag{3.22}$$

마찬가지로, 식 (3.19)와 (3.21)로부터 N_i 에 대한 **비자명[29*]** 편미분값은 다음과 같이 주어진다.

29* nontrivial

$$\begin{cases} \dfrac{\partial N_i}{\partial F_{\ell x}} = \cos\varphi_i \\[2mm] \dfrac{\partial N_i}{\partial F_{\ell y}} = \sin\varphi_i \end{cases} \qquad (3.23)$$

식 (3.18)～(3.23)을 식 (3.17)에 대입하여 정리하면 ℓ 번째 노드에서 발생하는 3가지 변위를 구할 수 있다. 글로벌 좌표계 x축 방향으로의 변위성분은 다음과 같이 구해진다.

$$u_{\ell x} = \sum_{i=\ell}^{n} (A_{ix} C_{i,x-F_x} + B_{ix} C_{i,y-F_y} + D_{ix} C_{i,y-M_z} + H_{ix} C_{i,\theta_z-M_z}) \qquad (3.24)$$

여기서 유연성 계수에 곱하는 계수값들은 다음과 같다.

$$\begin{cases} A_{ix} = \cos\varphi_i \left[\cos\varphi_i \sum_{j=1}^{i}(F_{jx}) + \sin\varphi_i \sum_{j=1}^{i}(F_{jy}) \right] \\[3mm] B_{ix} = \sin\varphi_i \left[\sin\varphi_i \sum_{j=1}^{i}(F_{jx}) - \cos\varphi_i \sum_{j=1}^{i}(F_{jy}) \right] \\[3mm] D_{ix} = -\sin\varphi_i \left[\sum_{j=1}^{i} \left\{ M_{jz} - F_{jx} \sum_{k=j}^{i-1}(\ell_k\sin\varphi_k) + F_{jy} \sum_{k=j}^{i-1}(\ell_k\cos\varphi_k) \right\} \right] \\[3mm] \qquad - \sum_{k=\ell}^{i-1}(\ell_k\sin\varphi_k) \left\{ \cos\varphi_i \sum_{j=1}^{i}(F_{jy}) - \sin\varphi_i \sum_{j=1}^{i}(F_{jx}) \right\} \\[3mm] H_{ix} = -\sum_{k=\ell}^{i-1}(\ell_k\sin\varphi_k) \left[\sum_{j=1}^{i} \left\{ M_{jz} - F_{jx} \sum_{k=j}^{i-1}(\ell_k\sin\varphi_k) + F_{jy} \sum_{k=j}^{i-1}(\ell_k\cos\varphi_k) \right\} \right] \end{cases} \qquad (3.25)$$

글로벌 좌표계 y축 방향으로의 변위성분은 다음과 같이 구해진다.

$$u_{\ell y} = \sum_{i=\ell}^{n} (A_{iy} C_{i,x-F_x} + B_{iy} C_{i,y-F_y} + D_{iy} C_{i,y-M_z} + H_{iy} C_{i,\theta_z-M_z}) \qquad (3.26)$$

여기서 유연성 계수에 곱해지는 계수값들은 다음과 같다.

$$\begin{cases} A_{iy} = \sin\varphi_i \left[\cos\varphi_i \sum_{j=1}^{i}(F_{jx}) + \sin\varphi_i \sum_{j=1}^{i}(F_{jy}) \right] \\ B_{iy} = \cos\varphi_i \left[-\sin\varphi_i \sum_{j=1}^{i}(F_{jx}) + \cos\varphi_i \sum_{j=1}^{i}(F_{jy}) \right] \\ D_{iy} = \cos\varphi_i \left[\sum_{j=1}^{i} \left\{ M_{jz} - F_{jx} \sum_{k=j}^{i-1}(\ell_k \sin\varphi_k) + F_{jy} \sum_{k=j}^{i-1}(\ell_k \cos\varphi_k) \right\} \right] \\ \qquad + \sum_{k=\ell}^{i-1}(\ell_k \cos\varphi_k) \left\{ \cos\varphi_i \sum_{j=1}^{i}(F_{jy}) - \sin\varphi_i \sum_{j=1}^{i}(F_{jx}) \right\} \\ H_{iy} = \sum_{k=\ell}^{i-1}(\ell_k \cos\varphi_k) \left[\sum_{j=1}^{i} \left\{ M_{jz} - F_{jx} \sum_{k=j}^{i-1}(\ell_k \sin\varphi_k) + F_{jy} \sum_{k=j}^{i-1}(\ell_k \cos\varphi_k) \right\} \right] \end{cases} \tag{3.27}$$

ℓ 번째 링크에서의 회전각도는 다음과 같이 주어진다.

$$\theta_{\ell,z} = \sum_{i=\ell}^{n}(D_{i\theta_z}C_{i,y-M_z} + H_{i\theta_z}C_{1,\theta_z-M_z}) \tag{3.28}$$

여기서 사용된 새로운 계수값들은 다음과 같이 주어진다.

$$\begin{cases} D_{i\theta_z} = -\sin\varphi_i \sum_{j=1}^{i}(F_{jx}) + \cos\varphi_i \sum_{j=1}^{i}(F_{jy}) \\ H_{i\theta_z} = \sum_{j=1}^{i} \left[M_{jz} - F_{jx} \sum_{k=j}^{i-1}(\ell_k \sin\varphi_k) + F_{jy} \sum_{k=j}^{i-1}(\ell_k \cos\varphi_k) \right] \end{cases} \tag{3.29}$$

그림 3.3에 도시되어 있는 것처럼 단 하나의 링크만을 가지고 있는 단순한 유연 메커니즘을 사용하여 식 (3.24)~(3.29)에 대한 검증을 수행하였다. 이 사례에서 입력노드는 1번이며 추가적인 링크가 없으므로 2번 노드는 고정된다. 이 경우, 식 (3.25)는 다음과 같이 정리된다.

$$\begin{cases} A_{ix} = F\cos(\alpha-\varphi)\cos\varphi \\ B_{ix} = -F\sin\varphi\sin(\alpha-\varphi) \\ D_{ix} = M\sin\varphi \\ H_{ix} = 0 \end{cases} \tag{3.30}$$

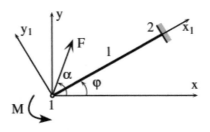

그림 3.3 국부좌표계와 글로벌 좌표계상에서 임의의 하중을 받는 단일축 플랙셔 힌지의 자세

식 (3.30)을 식 (3.24)에 대입하여 정리하면,

$$u_{1x} = F\cos\varphi\cos(\alpha - \varphi)C_{1,x-F_x} - F\sin\varphi\sin(\alpha - \varphi)C_{1,y-F_y} + M\sin\varphi C_{1,y-M_z} \quad (3.31)$$

이 경우에는 식 (3.27)이 다음과 같이 단순화된다.

$$\begin{cases} A_{iy} = F\sin\varphi\cos(\alpha - \varphi) \\ B_{iy} = F\cos\varphi\sin(\alpha - \varphi) \\ D_{iy} = -M\cos\varphi \\ H_{iy} = 0 \end{cases} \quad (3.32)$$

식 (3.32)를 식 (3.26)에 대입하면 다음 식을 얻을 수 있다.

$$u_{1y} = F\sin\varphi\cos(\alpha - \varphi)C_{1,x-F_x} + F\cos\varphi\sin(\alpha - \varphi)C_{1,y-F_y} - M\cos\varphi C_{1,y-M_z} \quad (3.33)$$

식 (3.29)는 다음과 같이 단순화된다.

$$\begin{cases} D_{i\theta_z} = F\sin(\alpha - \varphi) \\ H_{i\theta_z} = -M \end{cases} \quad (3.34)$$

그러므로 링크 끝점에서의 회전각도는 다음과 같이 주어진다.

$$\theta_{1z} = F\sin(\alpha - \varphi)C_{1,y-M_z} - MC_{1,\theta_z-M_z} \quad (3.35)$$

그림 3.3에 도시되어 있는 단일 플랙셔 힌지의 변위를 (식 (3.6)을 사용하여)국부좌표계에 대해서 표준 형태로 나타내고 이를 글로벌 좌표계에 투영하면 식 (3.31), (3.33) 및 (3.35)를 간단하게 구할 수 있다.

3.2.1.2 변위의 증폭과 축소(기계적 확대율)

유연 메커니즘은 목표로 하는 주 기능에 따라서 다음 중 최소한 한 개 이상의 기능을 수행해야 한다.

- 지정된 변위를 출력
- 지정된 힘을 출력

각 기능들을 출력레벨(미리 설계된 변위나 힘을 송출)이나 출력방향(미리 설계된 경로나 하중부의 작동이력이 필요)에 대해서 풀어야만 한다. 기본적으로, **출력변위**나 힘을 증폭 또는 축소하기 위해서 유연 메커니즘이 사용된다. **그림 3.4**에서는 상반된 이들 두 가지 기능에 대해서 보여주고 있다. 총 일량이 보존되기 때문에 예를 들어, 출력변위를 증폭하는 메커니즘은 출력 포트에서 전달할 수 있는 힘을 감소시킨다. 이와는 반대로, 출력을 증폭하도록 설계된 메커니즘의 출력 변위는 줄어들 수밖에 없다.

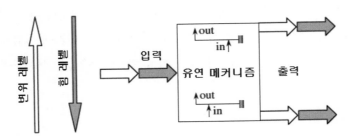

그림 3.4 유연 메커니즘의 변위와 힘에 대한 증폭과 축소

현대기술에서 **증폭과 축소**라는 용어는 거의 변위에 대해서 사용하고 있다. 그러므로 증폭 메커니즘이라고 하면 출력 변위를 증폭한다는 것을 의미한다. 이 절에서는 식 (3.3)의 형태로 정의되어 있는 유연 메커니즘의 소위 **기계적 확대율**을 사용하여 입력변위와 출력변위 사이의 관계식을 도출한다.

그림 3.5에서 in_1과 in_2는 입력링크의 노드들이며 out_1과 out_2는 출력링크의 노드들일 때에 입력과 출력 링크를 포함하는 평면형 유연 메커니즘을 개략적으로 보여주고 있다. 이 특정한 사례에서는 일반적인 평면형 유연 메커니즘의 변위 증폭능력을 강조하여 보여주려고 하기 때문에 입력변위 u_{in}을 생성하기 위해서 필요한 입력부하 F_{in}을 제외한 여타의 하중성분이 없다고 가정한다.

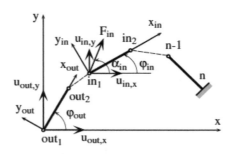

그림 3.5 카스틸리아노 2법칙에 기초한 평면형 직렬 유연 메커니즘의 입력 및 출력링크 개략도

식 (3.3)에서 일반적으로 정의된 기계적 확대율을 사용하여 나타내기 위해서는 2단계의 과정이 필요하다. 첫 번째 단계에서는 입력부하 F_{in}과 입력변위 u_{in} 사이의 상관관계뿐만 아니라 입력부하 F_{in}과 출력변위 u_{out} 사이의 상광관계도 정의한다. 두 번째 단계에서는 앞의 두 상관관계들 사이의 변환을 통해서 입력변위와 출력변위 사이의 직접적인 상관관계를 식 (3.3)의 형태로 구한다. 카스틸리아노의 변위법칙을 사용하여 주어진 평면형 유연 메커니즘에 대한 총 부하와 변형률 사이의 상관관계를 구하는 앞 절의 과정을 여기에 그대로 적용한다.

그림 3.5에서와 같이 부하를 받는 경우에 대한 식 (3.25)의 계수들을 사용하여 입력부하/입력 변위의 방정식을 구할 수 있다.

$$
\begin{cases}
A_{ix} = F_{in}\cos\varphi_i\cos(\varphi_i - \alpha_{in}) \\
B_{ix} = F_{in}\sin\varphi_i\sin(\varphi_i - \alpha_{in}) \\
D_{ix} = F_{in}\left[2\sin\varphi_i\cos\alpha_{in}\sum_{k=in}^{i-1}(\ell_k\sin\varphi_k)\right. \\
\qquad \left. - \sin\alpha_{in}\left\{\sin\varphi_i\sum_{k=in}^{i-1}(\ell_k\cos\varphi_k) + \cos\varphi_i\sum_{i=in}^{i-1}(\ell_k\sin\varphi_k)\right\}\right] \\
H_{ix} = -F_{in}\sum_{k=in}^{i-1}(\ell_k\sin\varphi_k)\left[-\cos\alpha_{in}\sum_{k=in}^{j-1}(\ell_k\sin\varphi_k) + \sin\alpha_{in}\sum_{k=in}^{j-1}(\ell_k\cos\varphi_k)\right]
\end{cases}
\tag{3.36}
$$

식 (3.36)의 값들을 식 (3.24)에 대입하면 입력 노드에서의 (글로벌 좌표계에 대한 x방향)수평성분을 구할 수 있다.

$$u_{in,x} = C_{in,x} F_{in} \tag{3.37}$$

여기서

$$
\begin{aligned}
C_{in,x} = \sum_{i=in}^{n} &\Bigg[\cos\varphi_i \cos(\varphi_i - \alpha_{in}) C_{i,x-F_x} + \sin\varphi_i \sin(\varphi_i - \alpha_{in}) C_{i,y-F_y} + \\
&\left\{ 2\sin\varphi_i \cos\alpha_{in} \sum_{k=in}^{i-1}(\ell_k \sin\varphi_k) - \sin\alpha_{in}\left(\sin\varphi_i \sum_{k=in}^{i-1}(\ell_k \cos\varphi_k) + \cos\varphi_i \sum_{k=in}^{i-1}(\ell_k \sin\varphi_k) \right) \right\} \\
&C_{i,y-M_z} + \sum_{k=in}^{i-1}(\ell_k \sin\varphi_k)\left(\cos\alpha_{in} \sum_{k=in}^{j-1}(\ell_k \sin\varphi_k) - \sin\alpha_{in}\sum_{k=in}^{j-1}(\ell_k \cos\varphi_k) \right) C_{i,\theta_z-M_z} \Bigg]
\end{aligned}
\tag{3.38}
$$

수직방향 변위도 식 (3.27)의 계수들을 단순화한 후에 식 (3.26)에 대입하여 앞에서와 유사한 방법으로 구할 수 있다.

$$u_{in,y} = C_{in,y} F_{in} \tag{3.39}$$

여기서

$$
\begin{aligned}
C_{in,y} = \sum_{i=in}^{n} &\Bigg[\sin\varphi_i \cos(\varphi_i - \alpha_{in}) C_{i,x-F_x} - \cos\varphi_i \sin(\varphi_i - \alpha_{in}) C_{i,y-F_y} + \\
&\left\{ 2\cos\varphi_i \sin\alpha_{in} \sum_{k=in}^{i-1}(\ell_k \cos\varphi_k) - \cos\alpha_{in}\left(\sin\varphi_i \sum_{k=in}^{i-1}(\ell_k \cos\varphi_k) + \cos\varphi_i \sum_{k=in}^{i-1}(\ell_k \sin\varphi_k) \right) \right\} \\
&C_{i,y-M_z} + \sum_{k=in}^{i-1}(\ell_k \cos\varphi_k)\left(\sin\alpha_{in} \sum_{k=in}^{j-1}(\ell_k \cos\varphi_k) - \cos\alpha_{in}\sum_{k=in}^{j-1}(\ell_k \sin\varphi_k) \right) C_{i,\theta_z-M_z} \Bigg]
\end{aligned}
\tag{3.40}
$$

마찬가지로, 입력노드에서의 회전은 식 (3.28)과 (3.29)를 사용하여 다음과 같이 나타낼 수 있다.

$$\theta_{in,z} = C_{in,\theta_z} F_{in} \tag{3.41}$$

여기서

$$C_{in,\theta_z} = \sum_{i=in}^{n} \Bigg[-\sin\left(\varphi_i - \alpha_{in}\right) C_{i,y-M_z} \\ + \left\{ \sin\alpha_{in} \sum_{k=in}^{i-1} (\ell_k \cos\varphi_k) - \cos\alpha_{in} \sum_{k=in}^{i-1} (\ell_k \sin\varphi k) \right\} C_{1,\theta_z - M_z} \Bigg] \tag{3.42}$$

총 입력변위를 글로벌 성분으로 나타내면 다음과 같다.

$$u_{in} = \sqrt{u_{in,x}^2 + u_{in,y}^2} \tag{3.43}$$

식 (3.37)과 (3.39)를 사용하면 이를 다음과 같이 나타낼 수 있다.

$$u_{in} = C_{in} F_{in} \tag{3.44}$$

식 (3.44)의 입력 유연성은 다음과 같이 구할 수 있다.

$$C_{in} = \sqrt{C_{in,x}^2 + C_{in,y}^2} \tag{3.45}$$

그리고 x 및 y방향 유연성 항들은 각각 식 (3.38)과 (3.40)에 주어져 있다.

첫 번째 단계에 사용되었던 방정식 계산과 유사한 방법을 통해서 **그림 3.5**의 평면형 유연 메커니즘의 in_1 노드에 입력부하 F_{in}이 부가되었을 때에 out_1 노드에서의 출력변위 성분을 구할 수 있다. 수평방향 출력변위는 다음과 같이 주어진다.

$$u_{out,x} = C_{out,x} F_{in} \tag{3.46}$$

이때,

$$C_{out,x} = \sum_{i=out}^{n} \Bigg[\cos\varphi_i \cos(\varphi_i - \alpha_{in}) C_{i,x-F_x} + \sin\varphi_i \sin(\varphi_i - \alpha_{in}) C_{i,y-F_y} + $$
$$\left\{ \sin\varphi_i \left(\cos\alpha_{in} \sum_{k=in}^{i-1} (\ell_k \sin\varphi_k) - \sin\alpha_{in} \sum_{k=in}^{i-1} (\ell_k \cos\varphi_k) \right) + \sin(\varphi_i - \alpha_{in}) \sum_{k=out}^{i-1} (\ell_k \sin\varphi_k) \right\} $$
$$C_{i,y-M_z} + \sum_{k=out}^{i-1} (\ell_k \sin\varphi_k) \left(\cos\alpha_{in} \sum_{k=in}^{j-1} (\ell_k \sin\varphi_k) - \sin\alpha_{in} \sum_{k=in}^{j-1} (\ell_k \cos\varphi_k) \right) C_{i,\theta_z-M_z} \Bigg]$$

$$(3.47)$$

수직방향 출력변위는 다음과 같이 주어진다.

$$u_{out,y} = C_{out,y} F_{in} \tag{3.48}$$

이때,

$$C_{out,y} = \sum_{i=out}^{n} \Bigg[\sin\varphi_i \cos(\varphi_i - \alpha_{in}) C_{i,x-F_x} - \cos\varphi_i \sin(\varphi_i - \alpha_{in}) C_{i,y-F_y} + $$
$$\left\{ \cos\varphi_i \left(-\cos\alpha_{in} \sum_{k=in}^{i-1} (\ell_k \sin\varphi_k) + \sin\alpha_{in} \sum_{k=in}^{i-1} (\ell_k \cos\varphi_k) \right) - \sin(\varphi_i - \alpha_{in}) \sum_{k=out}^{i-1} (\ell_k \cos\varphi_k) \right\} $$
$$C_{i,y-M_z} + \sum_{k=out}^{i-1} (\ell_k \cos\varphi_k) \left(-\cos\alpha_{in} \sum_{k=in}^{j-1} (\ell_k \sin\varphi_k) + \sin\alpha_{in} \sum_{k=in}^{j-1} (\ell_k \cos\varphi_k) \right) C_{i,\theta_z-M_z} \Bigg]$$

$$(3.49)$$

출력노드에서의 변형각도는 다음과 같이 주어진다.

$$\theta_{out,z} = C_{out,\theta_z} F_{in} \tag{3.50}$$

이때,

$$C_{out,\theta_z} = \sum_{i=out}^{n} \Bigg[-\sin(\varphi_i - \alpha_{in}) C_{i,y-M_z} $$
$$+ \left\{ \sin\alpha_{in} \sum_{k=in}^{i-1} (\ell_k \cos\varphi_k) - \cos\alpha_{in} \sum_{k=in}^{i-1} (\ell_k \sin\varphi_k) \right\} C_{i,\theta_z-M_z} \Bigg]$$

$$(3.51)$$

따라서 총 변위는 다음과 같이 주어진다.

$$u_{out} = \sqrt{u_{out,x}^2 + u_{out,y}^2} \tag{3.52}$$

식 (3.46)과 (3.48)을 사용하면 위 식을 다음과 같이 나타낼 수 있다.

$$u_{out} = C_{out}F_{in} \tag{3.53}$$

여기서 출력 유연성 C_{out}은 다음과 같이 주어진다.

$$C_{out} = \sqrt{C_{out,x}^2 + C_{out,y}^2} \tag{3.54}$$

식 (3.44)와 (3.53)을 조합한 다음에 이를 식 (3.3)에 대입하면 평면형 직렬 메커니즘의 기계적 확대율을 구할 수 있다.

$$m.a. = \frac{C_{out}}{C_{in}} \tag{3.55}$$

여기서 C_{out}과 C_{in}은 각각 식 (3.54)와 (3.45)에 주어져 있다. **그림 3.5**에서 보여주듯이, 자유단 노드에서 고정단 노드 쪽으로 직렬 메커니즘이 배치되어 있는 경우에 출력 노드는 노드 배치순서상 입력노드 이전에 위치한다. 직렬 메커니즘의 토폴로지에서 출력노드와 입력노드 위치를 서로 바꿀 수 있으며, **그림 3.5**에 도시된 특정 위치로 이동시킨 경우의 입력변위와 출력변위를 정의하는 방정식을 서로 맞바꾸는 것도 역시 성립된다.

많은 경우, 평면형 직렬 고정-자유 유연 메커니즘의 기계적 확대율을 유연성 대신에 강성의 항으로 나타낸 방정식도 매우 유용하다. 예를 들어, 식 (3.44)를 다음과 같이 변형시킬 수 있다.

$$F_{in} = k_{in}u_{in} \tag{3.56}$$

이때, k_{in}은 전체 메커니즘의 **입력강성**이며 식 (3.44)를 사용하여 다음과 같이 정의된다.

$$k_{in} = \frac{1}{C_{in}} \qquad (3.57)$$

유연 메커니즘을 평가하는 또 다른 일반적인 방법은 유연 메커니즘의 **출력강성**을 사용하여 출력포트에서 입력 힘 성분을 변위의 항으로 나타내는 것이다.

$$F_{in} = k_{out}u_{out} \qquad (3.58)$$

출력강성 k_{out} 은 식 (3.53)을 사용하여 다음과 같이 나타낼 수 있다.

$$k_{out} = \frac{1}{C_{out}} \qquad (3.59)$$

이렇게 재구성된 식들을 사용하여 식 (3.3)과 식 (3.5)에서 정의된 기계적 확대율을 다음과 같이 나타낼 수 있다.

$$m.a. = \frac{k_{in}}{k_{out}} \qquad (3.60)$$

앞서 설명했듯이, 식 (3.58)에서 정의되어 있는 출력강성은 입력 힘 성분을 출력변위와 연결시켜준다. 그러므로 부하와 변위 사이의 직접적인 관계를 나타내는 원래의 강성에 대한 개념에서 보면 이는 진짜 강성이 아니다. 진짜 강성은 다음과 같이 정의된다.

$$k_{out}^* = \frac{F_{out}}{u_{out}} \qquad (3.61)$$

이 값은 앞의 입력 유연성(그리고 강성)에서와 유사한 방식으로 손쉽게 구할 수 있기 때문에 여기에서는 자세히 설명하지 않기로 한다.

지금까지 평면형 직렬 유연 메커니즘의 기계적 확대율을 변위의 측면에서 자세히 살펴보았다. 회전각도가 중요한 경우에는 기계적 확대율을 입력 및 출력 회전각도의 항으로 동일하게 정의할 수 있다.

$$m.a._r = \frac{\theta_{out,z}}{\theta_{in,z}} \tag{3.62}$$

식 (3.41)과 (3.50)을 사용하면, 회전의 기계적 확대율(식 (3.62)의 하첨자 r은 회전을 의미한다)을 다음과 같이 나타낼 수 있다.

$$m.a._r = \frac{C_{out,\theta_z}}{C_{in,\theta_z}} \tag{3.63}$$

여기서 C_{out,θ_z}와 C_{in,θ_z}는 각각 식 (3.51)과 (3.42)에 주어져 있다.

3.2.1.3 블록출력부하

유연 메커니즘의 특히 힘-증폭과 관련된 또 다른 성능지수는 주어진 입력부하에 대해서 출력변위를 완벽하게 제거하기 위해서 출력 포트에 가해져야만 하는 부하(힘과 모멘트)를 의미하는 소위 **블록부하**이다. 이 문제는 입력부하와 변위를 0으로 만드는 출력부하 사이의 상관 관계를 찾아내는 것이기 때문에 기계적 확대율과는 역수의 관계를 가지고 있다. **그림 3.5**에 도시되어 있는 평면형 직렬 고정-자유 유연 메커니즘에 가해지는 부하는 크기와 방향을 알고 있는 입력부하 F_{in}과 입력부하에 따라서 크기를 구해야만 하는 출력부하 F_{out}과 출력 모멘트 M_{out}으로 이루어진다. 다음에 제시되어 있는 구속 방정식들은 **그림 3.5**(그림에는 F_{in}, F_{out} 및 M_{out}이 표시되어 있지 않음)의 out_1 노드에 대한 식이다.

$$\begin{cases} u_{out,x} = 0 \\ u_{out,y} = 0 \\ \theta_{out,z} = 0 \end{cases} \tag{3.64}$$

출력포트에 가해야 하는 미지의 블록부하에 대해서 식 (3.64)를 풀어야만 한다. 계산을 단순화하기 위해서, 출력부하가 글로벌 좌표계의 x 및 y 방향으로 투사된 성분들을 각각 $F_{out,x}$와 $F_{out,y}$이라고 하자. 출력부하와 입력부하로 이루어진 식 (3.64)의 출력변위성분들을 메커니즘

전체에 작용하는 부하의 항으로 나타낸다. 식 (3.25)의 계수값들을 구하기 위해서 앞서 설명한 부하조건이 적용된다.

$$A_{ix} = \begin{cases} \cos\varphi_i(F_{out,x}\cos\varphi_i + F_{out,y}\sin\varphi_i), i \in [out_1, in_1] \\ \cos\varphi_i[\cos\varphi_i(F_{out,x} + F_{in}\cos\alpha_{in}) + \sin\varphi_i(F_{out,y} + F_{in}\sin\alpha_{in})], i \in [in_1, n] \end{cases}$$

(3.65)

$$B_{ix} = \begin{cases} \sin\varphi_i(F_{out,x}\sin\varphi_i - F_{out,y}\cos\varphi_i), i \in [out_1, in_1] \\ \sin\varphi_i[\sin\varphi_i(F_{out,x} + F_{in}\cos\alpha_{in}) - \cos\varphi_i(F_{out,y} + F_{in}\sin\alpha_{in})], i \in [in_1, n] \end{cases}$$

(3.66)

$$D_{ix} = \begin{cases} -\sin\varphi_i\left[M_{out,z} - F_{out,x}\sum_{k=out}^{i-1}(\ell_k\sin\varphi_k) + F_{out,y}\sum_{k=out}^{i-1}(\ell_k\cos\varphi_k)\right] \\ \quad -\sum_{k=out}^{i-1}(\ell_k\sin\varphi_k)[\cos\varphi_iF_{out,y} - \sin\varphi_iF_{out,x}], i \in [out_1, in_1] \\ -\sin\varphi_i\left[M_{out,z} - F_{out,x}\sum_{k=out}^{i-1}(\ell_k\sin\varphi_k) - F_{in}\cos\alpha_{in}\sum_{k=in}^{i-1}(\ell_k\sin\varphi_k)\right. \\ \quad \left. + F_{out,y}\sum_{k=out}^{i-1}(\ell_k\cos\varphi_k)\right] + F_{in}\sin\alpha_{in}\sum_{k=in}^{i-1}(\ell_k\cos\varphi_k) - \sum_{k=out}^{i-1}(\ell_k\sin\varphi_k) \\ \quad [\cos\varphi_i(F_{out,y} + F_{in}\sin\alpha_{in}) - \sin\varphi_i(F_{out,x} + F_{in}\cos\alpha_{in})], i \in [in_1, n] \end{cases}$$

(3.67)

$$H_{ix} = \begin{cases} -\sum_{k=out}^{i-1}(\ell_k\sin\varphi_k)\left[M_{out,z} - F_{out,x}\sum_{k=out}^{i-1}(\ell_k\sin\varphi_k) + F_{out,y}\sum_{k=out}^{i-1}(\ell_k\cos\varphi_k)\right], i \in [out_1, in_1] \\ -\sum_{k=out}^{i-1}(\ell_k\sin\varphi_k)\left[M_{out,z} - F_{out,x}\sum_{k=out}^{i-1}(\ell_k\sin\varphi_k) - F_{in}\cos\alpha_{in}\sum_{k=in}^{i-1}(\ell_k\sin\varphi_k)\right. \\ \quad \left. + F_{out,y}\sum_{k=out}^{i-1}(\ell_k\cos\varphi_k) + F_{in}\sin\alpha_{in}\sum_{k=in}^{i-1}(\ell_k\cos\varphi_k)\right], i \in [in_1, n] \end{cases}$$

(3.68)

입력노드와 출력노드에서의 힘과 모멘트로 이루어진 부하를 고려하여 출력변위의 y방향 및 θ_z 방향 계수값들을 구하기 위해서는 이와 유사한 계산을 수행하여야 하지만, 이 계수들을 구하는 자세한 과정을 여기서 설명하지는 않겠다. 식 (3.64)를 행렬식 형태로 다음과 같이 재구성할 수 있다.

$$[a]\{L_{out}\} = \{b\}$$

(3.69)

여기서 $\{L_{out}\}$은 다음과 같이 정의된 미지의 부하 출력 벡터이다.

$$\{L_{out}\} = \{F_{out,x}, \ F_{out,y}, \ M_{out,z}\}^T \tag{3.70}$$

식 (3.69)의 행렬식 $[a]$는 3×3 대칭 행렬식으로서 다음과 같이 주어진다.

$$[a] = \begin{bmatrix} a_{11} & a_{12} & a_{13} \\ a_{12} & a_{22} & a_{23} \\ a_{13} & a_{23} & a_{33} \end{bmatrix} \tag{3.71}$$

식 (3.71)의 행렬식 $[a]$를 구성하는 성분들은 다음과 같다.

$$a_{11} = \sum_{i=out}^{n} \left\{ \cos^2\varphi_i C_{i,x-F_x} + \sin^2\varphi_i C_{i,y-F_y} + 2\sin\varphi_j \sum_{k=out}^{i-1} (\ell_k \sin\varphi_k) C_{i,y-M_z} \right. \\ \left. + \left(\sum_{k=out}^{i-1} (\ell_k \sin\varphi_k) \right)^2 C_{i,\theta_z-M_z} \right\} \tag{3.72}$$

$$a_{12} = \sum_{i=out}^{n} \left\{ \sin\varphi_i \cos\varphi_i (C_{i,x-F_x} - C_{i,y-F_y}) - \left(\cos\varphi_i \sum_{k=out}^{i-1} (\ell_k \sin\varphi_k) \right. \right. \\ \left. \left. + \sin\varphi_i \sum_{k=out}^{i-1} (\ell_k \cos\varphi_k) \right) C_{i,y-M_z} - \sum_{k=out}^{i-1} (\ell_k \cos\varphi_k) \sum_{k=out}^{i-1} (\ell_k \sin\varphi_k) C_{i,\theta_z-M_z} \right\}$$
$$\tag{3.73}$$

$$a_{13} = \sum_{i=out}^{n} \left(-\sin\varphi_i C_{i,y-M_z} - \sum_{k=out}^{i-1} (\ell_k \sin\varphi_k) C_{i,\theta_z-M_z} \right) \tag{3.74}$$

$$a_{22} = \sum_{i=out}^{n} \left\{ \sin^2\varphi_i C_{i,x-F_x} + \cos^2\varphi_i C_{i,y-F_y} + 2\cos\varphi_i \sum_{k=out}^{i-1} (\ell_k \cos\varphi_k) C_{i,y-M_z} \right. \\ \left. + \left(\sum_{k=out}^{i-1} (\ell_k \cos\varphi_k) \right)^2 C_{i,\theta_z-M_z} \right\} \tag{3.75}$$

$$a_{23} = \sum_{i=out}^{n} \left(\cos\varphi_i C_{i,y-M_z} + \sum_{k=out}^{i-1} (\ell_k \cos\varphi_k) C_{i,\theta_z-M_z} \right) \tag{3.76}$$

$$a_{33} = \sum_{i=out}^{n} (C_{i,\theta_z-M_z}) \tag{3.77}$$

식 (3.69)의 벡터 $\{b\}$는 다음과 같이 주어진다.

$$\{b\} = -F_{in} \{ C_{in,x}, \ C_{in,y}, \ C_{in,\theta_z} \}^T \tag{3.78}$$

행렬식 내의 각 계수들은 각각 식 (3.38), (3.40) 및 (3.42)에 주어져 있다. 식 (3.69)로부터 세 개의 출력부하들은 다음과 같이 구할 수 있다.

$$\{F_{out}\} = [a]^{-1}\{b\} \tag{3.79}$$

위 식으로부터 블록부하 성분들은 입력부하 F_{in}의 함수라는 것을 확인할 수 있다.

3.2.1.4 에너지 효율

개별 플랙셔 힌지의 **에너지 효율**은 2장에서 논의되었던 것처럼 플랙셔 힌지에 가해진 부하에 의해서 발생되는 모든 유형의 탄성변형에 의한 총 에너지 대비 플랙셔의 회전을 생성하기 위해서 필요한 에너지의 비율이다. 단일 플랙셔 힌지에 대해서 정의된 에너지 항들을 단순 합산하여 다수의 단일 플랙셔 힌지들로 이루어진 평면형 직렬 유연 메커니즘의 에너지 효율을 구하는 데에 이 방법을 적용할 수 있다. 이를 위해서 n개의 링크들과 n_f개의 플랙셔 힌지들로 이루어진 일반적인 플랙셔 기반 유연 메커니즘을 가정한다. 이를 위해서 단일 플랙셔 힌지의 에너지 효율을 나타내는 식 (2.156)과 (2.157)을 n_f개의 플랙셔 힌지들을 갖춘 평면형 유연 메커니즘의 경우로 확장시킨다. 한 플랙셔의 길이방향 축에 직교하는 방향으로 작용하는 점 굽힘 모멘트와 점부하가 서로 반대의 영향을 끼치는 경우, 전체 메커니즘의 효율이 최소가 된다.

$$\eta_{\min} = \frac{\sum_{j=1}^{n_f} \left(C_{j,\theta_z - M_z} M_{jz}^2 \right)}{\sum_{j=1}^{n_f} \left(C_{j,x - F_x} F_{jx}^2 + C_{j,y - F_y} F_{jy}^2 + C_{j,\theta_z - M_z} M_{jz}^2 + 2 C_{j,y - M_z} F_{jy} M_{jz} \right)} \tag{3.80}$$

이와는 반대로 한 플랙셔의 길이방향 축에 직교하는 방향으로 작용하는 점 굽힘 모멘트와 점부하가 서로 동일한 영향을 끼치는 경우(즉 이들 모두가 플랙셔 힌지를 회전시키는 방향으로 작용하는 경우), 전체 메커니즘의 효율이 최대가 된다.

$$\eta_{\min} = \frac{\sum_{j=1}^{n_f} \left(C_{j,\theta_z - M_z} M_{jz}^2 + C_{j,y - F_y} F_{jy}^2 + 2 C_{j,y - M_z} F_{jy} M_{jz} \right)}{\sum_{j=1}^{n_f} \left(C_{j,x - F_x} F_{jx}^2 + C_{j,y - F_y} F_{jy}^2 + C_{j,\theta_z - M_z} M_{jz}^2 + 2 C_{j,y - M_z} F_{jy} M_{jz} \right)} \tag{3.81}$$

부하조건에 무관하게 에너지 효율을 나타내기 위해서, 식 (3.80)과 (3.81)에서 단위값(1)을 대입하면, 방정식에는 모든 플랙셔 힌지들의 유연성만 남게 된다.

$$\eta_{\min} = \frac{\sum_{j=1}^{n_f}(C_{j,\theta_z - M_z})}{\sum_{j=1}^{n_f}(C_{j,x - F_x} + C_{j,y - F_y} + C_{j,\theta_z - M_z} + 2C_{j,y - M_z})} \tag{3.82}$$

$$\eta_{\max} = \frac{\sum_{j=1}^{n_f}(C_{j,\theta_z - M_z} + C_{j,y - F_y} + 2C_{j,y - M_z})}{\sum_{j=1}^{n_f}(C_{j,x - F_x} + C_{j,y - F_y} + C_{j,\theta_z - M_z} + 2C_{j,y - M_z})} \tag{3.83}$$

짧은 플랙셔 힌지의 경우에는 전단효과를 고려해야만 하며 유연성 계수 $C_{j,y - F_y}$를 2장에서 전단효과를 고려하여 유도한 유연성 계수인 $C_{j,y - F_y}^s$로 대체하여야 한다.

3.2.1.5 회전 정밀도

앞서 살펴봤던 것처럼 입력변위와 유연 메커니즘의 기하학적 구조와 메커니즘을 구성하는 플랙셔 힌지의 다양한 유연성의 항으로 표현되는 기계적 확대율을 곱하여 출력변위를 구할 수 있다. 출력변위는 플랙셔 힌지 유연성의 함수이므로, 유연성을 사용하여 플랙셔 힌지를 모델링하는 것이 유연 메커니즘의 변위응답을 산출하는 과정에서 정확도에 중요한 영향을 끼친다. 그러므로 운동의 정밀도와도 직접적인 연관이 있다.

앞에서 설명했듯이, 가상강체 모델에서 플랙셔 힌지는 순수회전을 하는 길이가 0인 조인트로서 1자유도와 비틀림 강성(유연성)만을 가지고 있다. 또한, 평면형으로 사용되는 플랙셔 힌지는 실질적으로 3자유도(2개의 병진자유도와 1개의 회전자유도)를 가지고 있으며, 이로 인하여 $C_{1,x - F_x}$, $C_{1,y - F_y}$, $C_{1,y - M_z}$ 그리고 $C_{1,\theta_z - M_z}$의 4개의 유연성 항들을 사용하는 복잡한 스프링으로 정의해야만 한다. (가상강체 개념의)순수 비틀림 또는 (앞서 제시한 4개의 유연성 계수들이)완전히 유연하게 정의된 플랙셔 힌지를 갖춘 두 개의 서로 동일한 유연 메커니즘의 출력 변위 차이를 서로 비교해보는 것도 흥미로운 일이다. 두 메커니즘에 동일한 입력변위가 부가되었을 때의 변위값을 각각 계산할 수 있다. 완전히 유연한 플랙셔 힌지를 갖춘 평면형 메커니즘의 경우, 출력변위는 식 (3.46), (3.48) 및 (3.50)을 사용하여 구할 수 있다. 순수 회전형 플랙셔 힌지와 비틀림 유연성만을 가지고 있는 앞서와 동일한 메커니즘의 경우, 출력변위 성분들은 굽힘 모멘트에 대해서 각도회전을 부가하는 비틀림을 제외한 모든 유연성 성분들을 0으로 놓아 구할 수 있다. 이 출력성분들은 다음과 같이 나타낼 수 있다.

$$
\begin{cases}
u_{out,x}^t = \dfrac{C_{out,x}^t}{C_{in,x}^t} u_{in,x} \\[2ex]
u_{out,y}^t = \dfrac{C_{out,y}^t}{C_{in,y}^t} u_{in,y} \\[2ex]
\theta_{out,z}^t = \dfrac{C_{out,\theta_z}^t}{C_{in,\theta_z}^t} \theta_{in,z}
\end{cases}
\tag{3.84}
$$

식 (3.84)의 입력 유연성 계수값들은 다음과 같이 정의된다.

$$
\begin{cases}
C_{in,x}^t = \displaystyle\sum_{i=in}^{n}\left[\left\{\sum_{k=in}^{i-1}(\ell_k\sin\varphi_k)\right\}\left\{-\sin\alpha_{in}\sum_{k=in}^{i-1}(\ell_k\cos\varphi_k)+\cos\alpha_{in}\sum_{k=in}^{i-1}(\ell_k\sin\varphi_k)\right\}C_{i,\theta_z-M_z}\right] \\[3ex]
C_{in,y}^t = \displaystyle\sum_{i=in}^{n}\left[\left\{\sum_{k=in}^{i-1}(\ell_k\cos\varphi_k)\right\}\left\{+\sin\alpha_{in}\sum_{k=in}^{i-1}(\ell_k\cos\varphi_k)-\cos\alpha_{in}\sum_{k=in}^{i-1}(\ell_k\sin\varphi_k)\right\}C_{i,\theta_z-M_z}\right] \\[3ex]
C_{in,\theta_z}^t = \displaystyle\sum_{i=in}^{n}\left[\left\{\sin\alpha_{in}\sum_{k=in}^{i-1}(\ell_k\cos\varphi_k)-\cos\alpha_{in}\sum_{k=in}^{i-1}(\ell_k\sin\varphi_k)\right\}C_{i,\theta_z-M_z}\right]
\end{cases}
\tag{3.85}
$$

마찬가지로, 식 (3.84)의 출력 유연성 계수값들은 다음과 같이 정의된다.

$$
\begin{cases}
C_{out,x}^t = \displaystyle\sum_{i=out}^{n}\left[\left\{\sum_{k=out}^{i-1}(\ell_k\sin\varphi_k)\right\}\left\{-\sin\alpha_{in}\sum_{k=in}^{i-1}(\ell_k\cos\varphi_k)+\cos\alpha_{in}\sum_{k=in}^{i-1}(\ell_k\sin\varphi_k)\right\}C_{i,\theta_z-M_z}\right] \\[3ex]
C_{out,y}^t = \displaystyle\sum_{i=out}^{n}\left[\left\{\sum_{k=out}^{i-1}(\ell_k\cos\varphi_k)\right\}\left\{+\sin\alpha_{in}\sum_{k=in}^{i-1}(\ell_k\cos\varphi_k)-\cos\alpha_{in}\sum_{k=in}^{i-1}(\ell_k\sin\varphi_k)\right\}C_{i,\theta_z-M_z}\right] \\[3ex]
C_{out,\theta_z}^t = \displaystyle\sum_{i=out}^{n}\left[\left\{\sin\alpha_{in}\sum_{k=in}^{i-1}(\ell_k\cos\varphi_k)-\cos\alpha_{in}\sum_{k=in}^{i-1}(\ell_k\sin\varphi_k)\right\}C_{i,\theta_z-M_z}\right]
\end{cases}
\tag{3.86}
$$

상대오차 함수들은 다음과 같이 주어진다.

$$\begin{cases} e_{u_x} = \dfrac{|u_{out,x} - u_{out,x}^t|}{u_{out,x}} \\[3mm] e_{u_y} = \dfrac{|u_{out,y} - u_{out,y}^t|}{u_{out,y}} \\[3mm] e_{\theta_z} = \dfrac{|\theta_{out,z} - \theta_{out,z}^t|}{\theta_{out,z}} \end{cases} \tag{3.87}$$

식 (3.84)를 식 (3.87)에 대입하면 다음과 같이 정리된다.

$$\begin{cases} e_{u_x} = 1 - \dfrac{C_{in,x}\, C_{out,x}^t}{C_{out,x}\, C_{in,x}^t} \\[3mm] e_{u_y} = 1 - \dfrac{C_{in,y}\, C_{out,y}^t}{C_{out,y}\, C_{in,y}^t} \\[3mm] e_{\theta_z} = 1 - \dfrac{C_{in,\theta_z}\, C_{out,\theta_z}^t}{C_{out,\theta_z}\, C_{in,\theta_z}^t} \end{cases} \tag{3.88}$$

식 (3.85)와 (3.86)을 사용하여 식 (3.88)의 **오차함수**를 계산할 수 있다.

3.2.1.6 기타 경계조건을 가지고 있는 평면형 직렬 유연 메커니즘

이 절에서 지금까지는 첫 번째 링크의 끝단 노드는 자유인 반면에 마지막 링크의 끝단은 고정인 경계조건을 직렬 유연 메커니즘의 경계조건으로 사용하였다. 하지만 당연히 여타의 경계조건을 적용할 수 있으며, **그림 3.6**에서는 다양한 경계조건과 그에 따라서 직렬 메커니즘의 첫 번째와 마지막 링크에 부가될 수 있는 반력들을 보여주고 있다.

고정–자유 조건과는 다른 경계조건들은 일반적으로 크기를 알 수 없는 추가적인 반력/모멘트가 부가되기 때문에 전반적으로 약간 복잡하다. 고정–자유 구조에서는 암묵적으로 첫 번째 링크의 자유단에서 시작하여 고정된 마지막 링크 쪽으로 진행해 나간다. 이를 통해서 물리적으로 고정된 노드와 여기에 작용하는 세 가지 반력(두 개의 힘과 하나의 모멘트)을 제외시킬 수 있다. 여타의 경계조건들이 존재하는 경우에는 직렬 체인의 순서에 관계없이 최소한 하나 이상의 (크기를 모르는) 부하가 마지막 노드에 항상 존재하기 때문에 더 이상 이 방법을 적용할 수 없다. 다행히도, 이 반력부하는 그에 해당하는 변위구속조건을 수반하기 때문에, 미지의 반력을 구할 추가적인 방정식을 세울 수 있다. 일단 하나의 끝단 부하에 대해서 하나의 반력부하가 결정되고 나면, 이 노드를 지금까지 논의했던 기본 구조의 자유노드로 간주할 수 있으며, 이미 구해진 반력들을 외력으로 간주할 수 있게 된다.

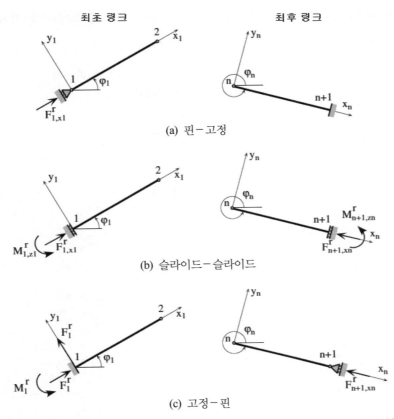

그림 3.6 평면형 직렬 유연 메커니즘의 첫 번째와 마지막 링크의 끝단 노드에 작용하는 다양한 경계조건들

그런데 계산을 최소화시켜주는 과정을 적용하는 것은 중요하며 이는 경계조건의 특정한 조합에 의존한다. **그림 3.7**에서는 주어진 상황을 등가의 고정-자유 문제로 치환시키기 위해서 사용할 수 있는 방법을 흐름도로 설명하고 있다.

첫 번째 단계는 평면형 직렬 메커니즘에 부가된 경계조건들에 의해서 구속된 자유도의 숫자를 세는 것이다. 여기서 n_r은 구속된 자유도의 숫자를 의미하며, 크기를 알 수 없는 반력부하의 숫자와 동일하다. 그다음에서는 메커니즘에 물리적으로 고정된 노드(메커니즘의 끝단 노드에 구속조건을 부가한다는 관례에 따라서 첫 번째 또는 마지막 노드)가 존재하는가의 여부에 따라서 흐름도에는 두 가지 경로가 있다. 고정된 노드가 있는 경우에 다시 한번 두 가지 경로가 만들어진다. 가장 단순한 경우는 $n_r = 3$인 경우로, 고정된 노드에 의해서 만들어지는 경계조건 이외의 경계조건은 없다는 뜻으로서, 이 절에서 지금까지 논의해왔던 고정–자유 조건이 여기에 해당한다. n_r이 3보다 큰 경우에는 $n_r - 3$개의 **변위구속방정식**[30*]들을 유도하여 다른 쪽 구속 노드에 부가되는 $n_r - 3$개의 크기를 알 수 없는 부하에 대해서 풀어내야 한다. 이 노드에 단순지지노드가 위치하고 있다면(**그림 3.6a**), 구해야 하는 크기를 알 수 없는 힘은 F_{1,x_1}^r 이다. 이 경우 국부 좌표계에서 측정한 변위의 구속조건은 다음과 같다.

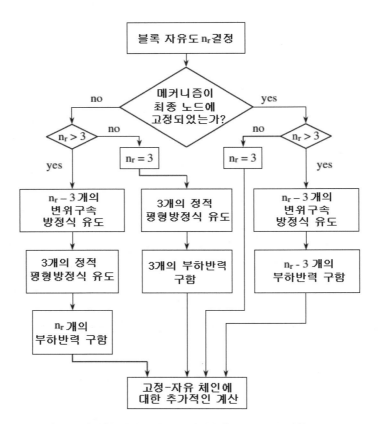

그림 3.7 다양한 경계조건하에서 반력을 계산하기 위한 흐름도

$$u_{1,x_1} = 0 \tag{3.89}$$

30* displacement constraint equation

식 (3.89)의 변위를 다음과 같이 동일한 노드에서 글로벌 좌표계에 대한 변위의 항으로 나타낼 수 있다.

$$u_{1,x_1} = u_{1,x}\cos\varphi_1 - u_{1,y}\sin\varphi_1 \qquad (3.90)$$

글로벌 좌표계에서의 변위성분 $u_{1,x}$ 및 $u_{1,y}$는 식 (3.24) 및 (3.26)에 주어져 있다. 그러므로 식 (3.89)와 (3.90)을 조합하면, 크기를 알 수 없는 힘 F^r_{1,x_1}에 대한 하나의 방정식을 얻을 수 있다.

그림 3.6b와 같은 형태의 지지기구가 1번 노드에 위치한다면 두 개의 힘을 구해야 한다. 그러므로 두 개의 변위구속방정식들을 유도해야만 한다. 이 경우, 1번 노드에서의 구속조건은 다음과 같다.

$$\begin{cases} u_{1,x_1} = 0 \\ \theta_{1,z} = 0 \end{cases} \qquad (3.91)$$

앞서 설명했듯이, 식 (3.91)을 글로벌 좌표계에 대한 변위성분으로 나타내야만 한다. 이를 위해서 식 (3.90)을 사용하여야 하며, 식 (3.28)을 사용하여 식 (3.91)의 두 번째 방정식을 $\theta_{1,z}$에 대해서 정리할 수 있다. 식 (3.90), (3.91) 그리고 (3.28)을 조합하여 크기를 알 수 없는 부하인 F^r_{1,x_1}과 $M^r_{1,z}$에 대해서 풀어야 한다.

1번 노드가 고정되어 있는 경우(**그림 3.6c**), 세개의 변위구속방정식들을 사용하여 세 개의 크기를 알 수 없는 반력부하들을 구해야 한다. 이 노드는 국부좌표축 x_1에 대한 병진운동과 z축에 대한 회전운동에 대해 구속되어 있기 때문에 식 (3.91)이 여전히 적용된다. 게다가 이 노드는 국부좌표축 y_1에 대한 병진운동도 함께 구속되어 있다.

$$u_{1,y_1} = 0 \qquad (3.92)$$

식 (3.92)의 변위는 글로벌 좌표계에 대해서 다음과 같이 나타낼 수 있다.

$$u_{1,y_1} = u_{1,x}\sin\varphi_1 + u_{1,y}\cos\varphi_1 \qquad (3.93)$$

식 (3.91) 및 (3.92)와 더불어서 식 (3.93)을 사용하여 **그림 3.6c**에 도시되어 있는 세 개의 반력부하들을 구하는 3개의 방정식들을 유도할 수 있다. 여기서 주의할 점은 중간노드에 다수의 추가적인 변위구속조건(과 그에 따른 반력부하)들이 존재할 수 있다는 것이다. 추가적인 자유도 구속에 따라 유발되는 반력들에 대해서 동일한 숫자의 변위구속방정식들을 유도하여 이 문제를 간단히 풀 수 있다.

고정된 끝단 노드가 없는 경우에는 반력부하(또는 구속된 자유도)의 숫자를 다시 3과 비교하여야 한다. $n_r = 3$인 경우(**그림 3.7**), 세 개의 정적 평형 방정식들을 유도하여 세 개의 부하들을 구해야 한다. 그런데 메커니즘이 평면에 국한되어 있으므로, 이는 항상 가능하다. $n_r > 3$인 경우(**그림 3.7**), 3개의 정적 평형 방정식들과 더불어서 변위구속조건을 기반으로 하여 $n_r - 3$개의 방정식들을 유도한 다음에 이들을 풀어서 n_r개의 부하들을 구해야 한다. 추가되는 변위구속방정식들은 앞서 제시했던 방정식들과 유사한 형태를 갖고 있다.

그러므로 추가적인 반력부하들을 고정-자유 형식의 평면형 직렬 유연 메커니즘에 작용하는 외력으로 간주하고 이에 대한 해석을 통해서 반력부하들을 구하면 주어진 경계조건들을 항상 등가의 고정-자유 조건으로 변환시킬 수 있다.

예제

그림 3.8에 도시되어 있는 것처럼 다섯 개의 링크들로 이루어진 평면형 직렬 메커니즘에서 세 개의 링크들은 강체이며 두 개는 플랙셔 힌지로서 그중 하나는 필렛 모서리형이고 나머지 하나는 타원형이다. 그림 3.8a에서는 구조물의 물리적 모델을 보여주고 있으며, 그림 3.8b와 c에서는 직선형

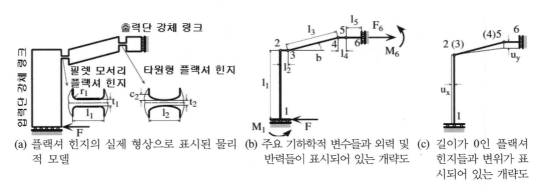

(a) 플랙셔 힌지의 실제 형상으로 표시된 물리적 모델

(b) 주요 기하학적 변수들과 외력 및 반력들이 표시되어 있는 개략도

(c) 길이가 0인 플랙셔 힌지들과 변위가 표시되어 있는 개략도

그림 3.8 다섯 개의 링크들로 구성된 평면형 직렬구조의 유연 메커니즘

선도로 간략화된 물리적 모델을 보여주고 있다. 이 메커니즘이 영 계수 $E = 200[GPa]$이며 푸아송비 $\nu = 0.3$인 강철로 제작되었다고 가정한다. 또한 구조물의 형상치수들은 $\ell_1 = 0.01[m]$, $\ell_3 = 0.01[m]$, $\ell_5 = 0.005[m]$, $\ell_2 = 0.002[m]$, $t_2 = 0.0005[m]$, $r_2 = 0.00025[m]$, $\ell_4 = 0.00175[m]$, $t_4 = 0.0005[m]$, $c_4 = 0.0005[m]$ 그리고 $\beta = 10°$이다. 그리고 이 메커니즘 구조 전체의 폭은 $w = 0.004[m]$로 균일하다. 구조물에는 그림 3.8에서와 같이 단일 작용력 $F = 50[N]$이 부가된다. 다음의 값들을 구하시오.

(a) 6번 위치에서의 출력 변위

(b) 기계적 확대율

(c) 입력강성과 출력강성

(d) 블록부하

(e) 에너지 효율

(f) 비틀림 강성을 가지고 있는 회전형 플랙셔 힌지만을 가지고 있는 실제 플랙셔 메커니즘과 비교한 운동의 정밀도와 순수한 회전 조인트만을 가지고 있는 동일 메커니즘과 비교한 운동의 정밀도

(a) 6번 위치에서의 출력변위

그림 3.8에 도시되어 있는 구조는 1번 노드와 6번 노드 위치에 총 4개의 반력이 작용한다. 그러므로 시스템에 대한 해석을 수행하기 위해서는 추가적으로 하나의 변위 방정식이 필요하다. 1번 위치에서의 회전각도가 0°이기 때문에 1번 노드 위치에서의 반력 모멘트를 직접 구하기 위한 추가적인 변위조건으로 식 (3.28)을 사용할 수 있다. 2번과 4번의 두 힌지들은 유연부재이다. 그러므로 1번 노드에서의 회전각도는 다음과 같이 주어진다.

$$\theta_{1z} = D_{2,\theta_z} C_{2,y-M_z} + H_{2,\theta_z} C_{2,\theta_z-M_z} + D_{4,\theta_z} C_{4,y-M_z} + H_{4,\theta_z} C_{4,\theta_z-M_z} \tag{3.94}$$

식 (3.29)에 따르면 식 (3.94)의 각 계수들은 다음과 같이 주어진다.

$$\begin{cases} D_{2,\theta_z} = 0 \\ H_{2,\theta_z} = M_1 \end{cases} \tag{3.95}$$

그리고

$$
\begin{cases}
D_{4,\theta_z} = 0 \\
H_{4,\theta_z} = M_1 + F(\ell_1 + \ell_3 \sin\beta)
\end{cases}
\tag{3.96}
$$

식 (3.95)와 (3.96)을 식 (3.94)에 대입하면 1번 위치에서의 회전각도가 0°가 되며 반력 모멘트는 다음과 같이 주어진다.

$$
M_1 = - \frac{\ell_1 C_{2,\theta_z - M_z} + (\ell_1 + \ell_3 \sin\beta) C_{4,\theta_z - M_z}}{C_{2,\theta_z - M_z} + C_{4,\theta_z - M_z}}
\tag{3.97}
$$

이제 6번 노드의 x 및 z축 방향에 대한 두 개의 평형방정식을 사용하여 다음과 같이 6번 노드에서의 반력을 구할 수 있다.

$$
\begin{cases}
F_6 = F \\
M_6 = \dfrac{\ell_3 \sin\beta\, C_{2,\theta_z - M_z}}{C_{2,\theta_z - M_z} + C_{4,\theta_z - M_z}}
\end{cases}
\tag{3.98}
$$

글로벌 기준좌표계로의 변환을 적용하면 새로운 기준 좌표계는 6번 위치로 이동한다. 또한 두 기준축들을 거울면 대칭으로 변환하면 양의 x축은 6번 노드에서 좌측으로 이동하며 양의 y축은 6번 노드에서 아래쪽으로 이동하게 된다. 여기서 시계방향이 양의 각도방향이며 반시계방향이 양의 굽힘 모멘트 방향이라는 점에 주의하여야 한다. 우리의 목적은 마지막 노드인 6번 노드 위치에서 y 방향 변위를 구하는 것이므로, 좌표변환이 필요하다. 따라서 계산은 6번 노드에서부터 시작하기로 한다. 6번 노드에서 y 방향 변위를 구하기 위한 계수들이 식 (3.27)에 주어져 있으며, 여기에 이 예제에서 제시되어 있는 특정한 형상과 부하조건을 적용하면 (식 (3.27)에 제시되어 있는) u_{6y} 변위는 다음과 같이 정리된다.

$$
\begin{aligned}
u_{6y} = &- M_6 \big[C_{4,y - M_z} + C_{2,y - M_z} + \ell_5 C_{4,\theta_z - M_z} + (\ell_5 + \ell_4 + \ell_3 \cos\beta) C_{2,\theta_z - M_z} \big] \\
&+ F\ell_3 \sin\beta \big[C_{2,y - M_z} + (\ell_5 + \ell_4 + \ell_3 \cos\beta) C_{2,\theta_z - M_z} \big]
\end{aligned}
\tag{3.99}
$$

식 (3.99)에 모든 수치값들을 대입하여 풀어낸 다음에 필렛 모서리형 플랙셔 힌지와 타원형 플랙셔 힌지에 대한 유연성을 사용하면 0.00007[m]의 수직방향 변위가 구해진다.

(b) 기계적 확대율

출력변위값은 앞에서 이미 구했으므로, 기계적 확대율을 구하기 위해서는 1번 노드에서의 (수평방향)입력변위를 구해야 한다. 1번 노드도 끝단이므로, 모든 값들은 이 노드를 원점으로 하는 글로벌 좌표계와 연관되어 있다. 1번 노드에 위치하는 이 글로벌 좌표계의 양의 x축은 우측을 향하며 양의 y축은 위를 향한다. 각도는 반시계방향(x축에서 y축을 향하는 방향)으로 측정하는 반면에 굽힘 모멘트는 시계방향이 양의 방향이다. 이 예제에서 제시되어 있는 치수값들을 식 (3.24)와 (3.25)에 대입하면 1번 노드에서의 x 방향 변위는 다음과 같이 정리된다.

$$u_{1x} = -F(C_{2,x-F_x} + C_{4,x-F_x}) - [\ell_1(M_1 + F\ell_1)C_{2,\theta_z-M_z} \\ + (\ell_1 + \ell_3\sin\beta)\{M_1 + F(\ell_1 + \ell_3\sin\beta)\}C_{4,\theta_z-M_z}] \tag{3.100}$$

모든 수치값들을 식 (3.100)에 대입하여 구한 1번 노드에서의 x 방향 변위는 0.00001135[m]이다. 따라서 이 사례에서의 기계적 확대율은 다음과 같이 구할 수 있다.

$$m.a. = \frac{|u_{6y}|}{|u_{1x}|} \tag{3.101}$$

따라서 기계적 확대율 $m.a. = 6.18$이다.

(c) 입력강성과 출력강성

이 사례에서 입력강성은 다음과 같이 주어진다.

$$k_{in} = \frac{F}{|u_{1x}|} \tag{3.102}$$

이며 $k_{in} = 4,404,000$[N/m]의 값을 가지고 있다. 마찬가지로, 입력부하 F에 대한 출력강성은 식 (3.58)에서 정의되어 있으며 다음과 같이 정리된다.

$$k_{out} = \frac{F}{|u_{6y}|} \tag{3.103}$$

그리고 $k_{out} = 712,300\,[\text{N/m}]$의 값을 갖는다.

(d) 블록부하

6번 출력노드는 수직방향으로만 움직일 수 있으므로 크기를 알 수 없는 블록부하인 수직방향 작용력 F_{6y}에 의해서만 운동을 저지할 수 있다. F_{6y}를 구하기 위해서는 식 (3.64)에 주어져 있는 세 개의 방정식들을 풀어야만 한다. 6번 노드에 작용하는 두 개의 반력을 구하고 나면 미지수 F_{6y}에 대한 단 하나의 방정식만을 풀도록 문제가 단순해진다. 예를 들어, 식 (3.69)의 행렬식들 중 첫 번째 방정식은 다음과 같이 주어진다.

$$F_{6y} = -\frac{C_{in,x}F_{in} + a_{11}F_{6x} + a_{13}M_{6z}}{a_{12}} \tag{3.104}$$

위 방정식에 사용된 계수 a_{11}, a_{12} 및 a_{13}은 각각 식 (3.72), (3.73) 및 (3.74)에 주어져 있으며, 앞서 설명했던 것처럼 글로벌 좌표계를 6번 노드에 위치시킨 후에 이 값들을 계산해야 한다. 이 계수값들은 다음과 같이 주어진다.

$$a_{11} = C_{2,x-F_x} + C_{4,x-F_x} + \ell_3^2 \sin^2\beta\, C_{2,\theta_z-M_z} \tag{3.105}$$

$$a_{12} = -\ell_3 \sin\beta\,[C_{2,y-M_z} + (\ell_5 + \ell_4 + \ell_3\cos\beta)\,C_{2,\theta_z-M_z}] \tag{3.106}$$

$$a_{13} = -\ell_3 \sin\beta\, C_{2,\theta_z-M_z} \tag{3.107}$$

식 (3.104)의 $C_{in,x}$는 글로벌 좌표계가 1번 노드에 위치한 경우에 대해서 원래의 방정식 (3.38)에서 유도된 것이다. 이 경우 $C_{in,x}$는 다음과 같이 정리된다.

$$C_{in,x} = -C_{2,x-F_x} + \ell_1^2 C_{2,\theta_z-M_z} - C_{4,x-F_x} + (\ell_1 + \ell_3\sin\beta)^2 C_{4,\theta_z-M_z} \tag{3.108}$$

식 (3.104)~(3.108)에 모든 수치값들을 대입하여 계산해보면 $F_{6y} = 8.33\,[N]$이 구해진다.

(e) 에너지 효율

에너지 효율은 두 개의 플랙셔 부재들만이 에너지를 저장한다고 가정하고 수치값들을 식

(3.82)와 식 (3.83)에 대입하여 간단하게 계산할 수 있다. 최대 및 최소 에너지 출력비율은 다음과 같다.

$$\eta_{\min} = 99.7\%, \ \eta_{\max} = 99.9\%$$

(f) 운동의 정밀도

완전히 유연한 플랙셔 힌지를 갖춘 메커니즘(**그림 3.8a**)과 비틀림 유연성만을 가지고 있는 플랙셔 힌지를 갖춘 동일한 메커니즘(**그림 3.8b**)을 서로 비교하여 운동의 정밀도를 살펴보기로 한다. 식 (3.85), (3.86) 및 (3.88)을 사용하여 계산해보면 6번 노드 출력단에서의 오차값 $e_{6,u_y} = 12.1$이다.

2번과 4번 노드에 사용된 실제의 플랙셔 힌지 대신에 이상적인 점 조인트를 사용하는 메커니즘에 대해서도 비교가 수행되었다. 이 경우(**그림 3.8c**), 6번 노드에서의 출력변위는 다음 식을 사용하여 간단하게 계산할 수 있다.

$$u_{6y}^i = \ell_3 \sin\beta + \sqrt{\ell_3^2 \sin^2\beta - u_{1x}(u_{1x} + 2\ell_3 \cos\beta)} \tag{3.109}$$

여기서 상첨자 i는 플랙셔 힌지가 점 조인트 형태를 가지고 있어서 강성 없이 순수 회전만을 하는 이상적인 상태를 나타낸다. 식 (3.109)를 사용하여 입력변위 $u_{1x} = 0.00002[\mathrm{m}]$인 경우에 출력변위를 계산해보면 $u_{6y}^i = 0.00012366[\mathrm{m}]$이다. 플랙셔 힌지가 완벽하게 유연한 경우의 출력변위값인 $0.000147[\mathrm{m}]$와 비교해보면 출력변위의 상대오차는 다음과 같이 구해진다.

$$e = \frac{u_{6y} - u_{6y}^i}{u_{6y}} \tag{3.110}$$

이를 계산해보면 $e = 0.19(19\%)$이다.

3.2.2 병렬식 평면형 유연 메커니즘

이 절에서는 **그림 3.9a**에 도시되어 있는 것처럼 n개의 독립적인 플랙셔 힌지들과 출력 플랫폼을

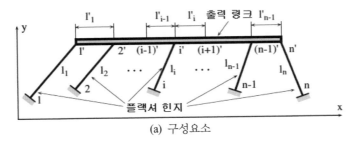

(a) 구성요소

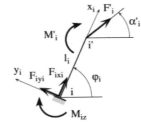

(b) 일반적인 플랙셔 힌지 요소의 기하학적 구조와 외력 및 반력 정의

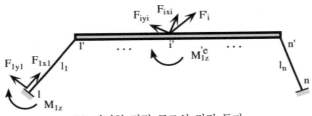

(c) 평면형 직렬 구조의 정적 등가

그림 3.9 평면형 병렬 유연 구조물의 개략도

이루는 강체 링크로 이루어진 일반적인 플랙셔 기반의 평면형 병렬 메커니즘에 대해서 살펴보기로 한다. **그림 3.9b**에 도시되어 있는 것처럼, (일반적으로)각 플랙셔 힌지들의 한쪽 끝은 고정되어 있으며 반대쪽 끝은 출력 플랫폼에 연결되어 있다. 구조물에 부가되는 외력은 플랙셔와 출력 플랫폼의 연결 위치에 작용하는 (각도 α_i' 만큼 기울어져 작용하는)힘 F_i' 와 모멘트 M_{iz}' 이다. 문제의 일반성을 훼손하지 않는 한도 내에서, 출력 플랫폼은 수평으로 놓여 있으므로 글로벌 좌표계의 x축과 평행하다고 가정한다. 이제 주어진 모델을 해석 가능하도록 만들기 위해서는 플랙셔 고정단에서의 반력 부하를 가능한 한 많이 구해야만 한다. 플랙셔 힌지의 고정단이 n개라면 각각의 고정단마다 두 개의 힘과 하나의 모멘트가 생성되므로 총 $3n$ 개의 미지수가 존재한다. 이후의 문제풀이를 쉽게 하기 위해서 두 개의 힘 성분들은 각각 국부좌표계의 x 및 y 방향을 향한다고 가정한다. 이를 통해서 개별 플랙셔 힌지들에 작용하는 수직

작용력과 굽힘 모멘트 표현식들을 단순화시킬 수 있다. 문제를 준정적인 관점에서 다루면 외력과 반력에 대해서 세 개의 평형 방정식들이 유도된다. 그러므로 미지의 반력부하들을 모두 구하기 위해서는 추가적으로 $3(n-1)$개의 방정식들이 필요하다. 추가되는 방정식들은 $n-1$개의 연속된 플랙셔 끝의 각 고정단에 대한 3개의 0변위 조건들로부터 유도된다. 구해진 반력들을 이미 알고 있는 외력과 중첩하면, **그림 3.9c**에 도시되어 있는 것처럼 실제 메커니즘을 두 개의 플랙셔 힌지들로 이루어진 등가의 고정–자유 평면형 직렬 유연 메커니즘(실제 메커니즘의 첫 번째와 마지막 플랙셔 힌지)과 두 플랙셔들 사이를 연결하는 하나의 강체 링크(출력 플랫폼)로 치환할 수 있다.

카스틸리아노의 변위정리를 사용하여 다시 한번 0변위 조건을 도출할 수 있다.

$$\begin{cases} u_{jx_j} = \dfrac{\partial U}{\partial F_{jx_j}} = 0 \\[2mm] u_{jy_j} = \dfrac{\partial U}{\partial F_{jy_j}} = 0 \\[2mm] \theta_{jz} = \dfrac{\partial U}{\partial M_{jz}} = 0 \end{cases} \tag{3.111}$$

위에 제시되어 있는 방정식들은 $j = 1 \rightarrow (n-1)$인 경우에 대해서 유효하다. 변형률 에너지 U에는 모든 플랙셔 부재들에 가해지는 수직방향 작용력과 굽힘 모멘트들이 포함되므로 식 (3.111)은 다음과 같은 형태를 갖게 된다.

$$\begin{cases} u_{jx_j} = \displaystyle\sum_{i=1}^{n} \int_{0}^{\ell_i} \left(\dfrac{N_i}{E_i A_i} \dfrac{\partial N_i}{\partial F_{jx_j}} + \dfrac{M_{bi}}{E_i A_i} \dfrac{\partial M_{bi}}{\partial F_{jx_j}} \right) dx \\[4mm] u_{jy_j} = \displaystyle\sum_{i=1}^{n} \int_{0}^{\ell_i} \left(\dfrac{N_i}{E_i A_i} \dfrac{\partial N_i}{\partial F_{jy_j}} + \dfrac{M_{bi}}{E_i A_i} \dfrac{\partial M_{bi}}{\partial F_{jy_j}} \right) dx \\[4mm] \theta_{jz} = \displaystyle\sum_{i=1}^{n} \int_{0}^{\ell_i} \left(\dfrac{M_{bi}}{E_i A_i} \dfrac{\partial M_{bi}}{\partial M_{jz}} \right) dx \end{cases} \tag{3.112}$$

식 (3.112)의 축방향 작용력과 굽힘 모멘트는 1번에서 $n-1$번까지의 플랙셔 힌지들에 대해서 다음과 같이 나타낼 수 있다.

$$N_i = \begin{cases} F_{ix_i}, \ i < n \\ -\sum_{i=1}^{n-1}[F_{ix_i}\cos(\varphi_n - \varphi_i) + F_{iy_i}\sin(\varphi_n - \varphi_i)] - \sum_{i=1}^{n} F_i{'}\cos(\varphi_n - \alpha_i{'}) \end{cases} \qquad (3.113)$$

$$M_{bi} = \begin{cases} M_{iz} + F_{iy_i}x_i, \ i < n \\ \sum_{i=1}^{n-1}\left[M_{iz} + F_{ix_i}\sin\varphi_i \sum_{k=i}^{n-1}\ell_k{'} + F_{iy_i}\left\{\ell_i + \cos\varphi_i \sum_{k=i}^{n-1}\ell_k{'}\right\} + [F_{ix_i}\sin(\varphi_n - \varphi_i) \\ F_{iy_i}\cos(\varphi_n - \varphi_i)]x_n + \sum_{i=1}^{n}\left\{ M_{iz}{'} + F_i{'}\sin\varphi_i \sum_{k=i}^{n}\ell_k{'} + F_i{'}\sin(\varphi_n - \varphi_i)x_n\right\}\right] \end{cases}$$

$$(3.114)$$

식 (3.113)과 식 (3.114)의 두 번째 방정식들은 1번에서 n번까지의 병렬세트로 구성된 시스템의 마지막 플랙셔 힌지에 대한 식이다. 식 (3.113)과 (3.114)는 또한 식 (3.112)의 편미분값 계산에 활용할 수 있다.

$$\frac{\partial N_i}{\partial F_{jx_j}} = \begin{cases} 0, \ i < n, \ j \neq i \\ 1, \ i < n, \ j = i \\ -\cos(\varphi_n - \varphi_i), \ i = n \end{cases} \qquad (3.115)$$

$$\frac{\partial N_i}{\partial F_{jy_j}} = \begin{cases} 0, \ i < n \\ -\sin(\varphi_n - \varphi_j), \ i = n \end{cases} \qquad (3.116)$$

$$\frac{\partial M_{bi}}{\partial F_{jx_j}} = \begin{cases} 0, \ i < n \\ \sin\varphi_j \sum_{k=j}^{n-1}\ell_k{'} + x_n\sin(\varphi_n - \varphi_j), \ i = n \end{cases} \qquad (3.117)$$

$$\frac{\partial M_{bi}}{\partial F_{jy_j}} = \begin{cases} 0, \ i < n, \ j \neq i \\ x_j, \ i < n, \ j = i \\ \ell_j + \cos\varphi_j \sum_{k=j}^{n-1}\ell_k{'} - x_n\cos(\varphi_n - \varphi_j), \ i = n \end{cases} \qquad (3.118)$$

$$\frac{\partial M_{bi}}{\partial M_{jz}} = \begin{cases} 0, \ i < n, \ j \neq i \\ i, \ i < n, \ j = i \\ 1, \ i = n \end{cases} \qquad (3.119)$$

식 (3.112)~(3.119)를 식 (3.111)에 대입하여 정리하면 다음과 같이 $3(n-1)$개의 미지수에 대해서 $3(n-1)$개의 방정식을 가지고 있는 행렬식이 얻어진다.

$$[C_R]\{R\} = [C_L]\{L\} \qquad (3.120)$$

여기서 $\{R\}$은 크기를 알 수 없는 반력부하벡터이며 $\{L\}$은 크기를 알고 있는 외력부하벡터이다. 그리고 $[C_R]$ 및 $[C_L]$은 다음에 정의되어 있는 유연행렬식이다. $\{R\}$ 벡터는 다음과 같이 정의된다.

$$\{R\}=\left\{\begin{Bmatrix}F_{1x_1}\\F_{1y_1}\\M_{1z}\end{Bmatrix} \cdots \begin{Bmatrix}F_{jx_j}\\F_{jy_j}\\M_{jz}\end{Bmatrix} \cdots \begin{Bmatrix}F_{n-1x_{n-1}}\\F_{n-1y_{n-1}}\\M_{n-1z}\end{Bmatrix}\right\}^T \tag{3.121}$$

$\{L\}$벡터는 강체 출력 플랫폼과 연결되어 있는 플랙셔 힌지에 가해지는 크기를 알고 있는 모든 외력들을 포함하고 있다.

$$\{L\}=\left\{\begin{Bmatrix}F_1{}'\\M_{1z}{}'\end{Bmatrix} \cdots \begin{Bmatrix}F_j{}'\\M_{jz}{}'\end{Bmatrix} \cdots \begin{Bmatrix}F_n{}'\\M_{nz}{}'\end{Bmatrix}\right\}^T \tag{3.122}$$

$[C_R]$ 행렬식은 $3(n-1)\times3(n-1)$의 차원을 가지고 있으며 다음과 같은 3×3 크기의 하위 행렬식들로 이루어진다.

$$[C_{ji}]=\begin{bmatrix}C_{R,3j-2,3i-2} & C_{R,3j-2,3i-1} & C_{R,3j-2,3i}\\C_{R,3j-1,3i-2} & C_{R,3j-1,3i-1} & C_{R,3j-1,3i}\\C_{R,3j,3i-2} & C_{R,3j,3i-1} & C_{R,3j,3i}\end{bmatrix} \tag{3.123}$$

식 (3.123)의 하위 행렬식을 구성하는 항들은 다음과 같다.

$$\begin{aligned}C_{R,3j-2,3i-2} =\ & C_{j,x-F_x}+\cos(\varphi_n-\varphi_i)\cos(\varphi_n-\varphi_j)C_{n,x-F_x}\\&+\sin(\varphi_n-\varphi_i)\sin(\varphi_n-\varphi_j)C_{n,y-F_y}\\&+\left[\sin\varphi_i\sin(\varphi_n-\varphi_j)\sum_{k=i}^{n-1}\ell_k{}'+\sin\varphi_j\sin(\varphi_n-\varphi_i)\sum_{k=i}^{n-1}\ell_k{}'\right]C_{n,y-M_z}\\&+\sin\varphi_i\sin\varphi_j\sum_{k=i}^{n-1}\ell_k{}'\sum_{k=j}^{n-1}\ell_k{}'C_{n,\theta_z-M_z}\end{aligned}$$

$$\tag{3.124}$$

$$C_{R,3j-2,3i-1} = \sin(\varphi_n - \varphi_i)\cos(\varphi_n - \varphi_j)C_{n,x-F_x} - \cos(\varphi_n - \varphi_i)\sin(\varphi_n - \varphi_j)C_{n,y-F_y}$$
$$+ \left[\left\{\ell_i + \cos\varphi_i\sum_{k=i}^{n-1}\ell_k{'}\right\}\sin(\varphi_n - \varphi_j) - \cos(\varphi_n - \varphi_i)\sin\varphi_j\sum_{k=j}^{n-1}\ell_k{'}\right]C_{n,y-M_z}$$
$$+ \left\{\ell_i + \cos\varphi_i\sum_{k=i}^{n-1}\ell_k{'}\right\}\sin\varphi_j\sum_{k=j}^{n-1}\ell_k{'}\,C_{n,\theta_z-M_z}$$

$$\text{(3.125)}$$

$$C_{R,3j-2,3i} = \sin(\varphi_n - \varphi_j)C_{n,y-M_z} + \sin\varphi_j\sum_{k=j}^{n-1}\ell_k{'}C_{n,\theta_z-M_z} \qquad\qquad \text{(3.126)}$$

$$C_{R,3j-1,3i-2} = \cos(\varphi_n - \varphi_i)\sin(\varphi_n - \varphi_j)C_{n,x-F_x} - \sin(\varphi_n - \varphi_i)\cos(\varphi_n - \varphi_j)C_{n,y-F_y}$$
$$+ \left[\left\{\ell_j + \cos\varphi_j\sum_{k=j}^{n-1}\ell_k{'}\right\}\sin(\varphi_n - \varphi_i) - \sin\varphi_i\cos(\varphi_n - \varphi_j)\right]C_{n,y-M_z}$$
$$+ \left\{\ell_j + \cos\varphi_j\sum_{k=j}^{n-1}\ell_k{'}\right\}\sin\varphi_i\sum_{k=i}^{n-1}\ell_k{'}\,C_{n,\theta_z-M_z}$$

$$\text{(3.127)}$$

$$C_{R,3j-1,3i-1} = C_{j,y-F_y} + \sin(\varphi_n - \varphi_i)\sin(\varphi_n - \varphi_j)C_{n,x-F_x} + \cos(\varphi_n - \varphi_i)\cos(\varphi_n - \varphi_j)C_{n,y-}$$
$$- \left[\left\{\ell_i + \cos\varphi_i\sum_{k=i}^{n-1}\ell_k{'}\right\}\cos(\varphi_n - \varphi_i) + \cos(\varphi_n - \varphi_i)\left\{\ell_j + \cos\varphi_i\sum_{k=j}^{n-1}\ell_k{'}\right\}\right]C_{n,y-M}$$
$$+ \left\{\ell_i + \cos\varphi_i\sum_{k=i}^{n-1}\ell_k{'}\right\}\left\{\ell_j + \cos\varphi_j\sum_{k=j}^{n-1}\ell_k{'}\right\}C_{n,\theta_z-M_z}$$

$$\text{(3.128)}$$

$$C_{R,3j-1,3i} = C_{j,y-M_z} - \cos(\varphi_n - \varphi_j)C_{n,y-M_z} + \left\{\ell_j + \cos\varphi_j\sum_{k=j}^{n-1}\ell_k{'}\right\}C_{n,\theta_z-M_z} \quad \text{(3.129)}$$

$$C_{R,3j,3i-2} = \sin\varphi_i\sum_{k=i}^{n-1}\ell_k{'}C_{n,\theta_z-M_z} + \sin(\varphi_n - \varphi_i)C_{n,y-M_z} \qquad\qquad \text{(3.130)}$$

$$C_{R,3j,3i-1} = C_{j,y-M_z} + \left\{\ell_i + \cos\varphi_i\sum_{k=i}^{n-1}\ell_k{'}\right\}C_{n,\theta_z-M_z} - \cos(\varphi_n - \varphi_i)C_{n,y-M_z} \quad \text{(3.131)}$$

$$C_{R,3j,3i} = C_{j,\theta_z-M_z} + C_{n,\theta_z-M_z} \qquad\qquad\qquad\qquad\qquad \text{(3.132)}$$

식 (3.123)의 $[C_{R,ji}]$ 가 대칭이라는 것은 하첨자 i와 j를 서로 바꾸어보면 손쉽게 확인할 수 있다. $[C_L]$ 행렬식의 차원은 $3(n-1)\times2n$ 이며 다음의 일반화된 3×2 하위행렬식을 사용하여 나타낼 수 있다.

$$[C_L] = \begin{bmatrix} C_{L,j,i} & C_{L,j,i+1} \\ C_{L,j+1,i} & C_{L,j+1,i+1} \\ C_{L,j+2,i} & C_{L,j+2,i+1} \end{bmatrix} \tag{3.133}$$

식 (3.133)의 하위행렬식을 구성하는 항들은 다음과 같다.

$$\begin{aligned} C_{L,j,i} = {} & -\cos(\varphi_n - \alpha_i{}')\cos(\varphi_n - \varphi_j)C_{n,x-F_x} - \sin(\varphi_n - \alpha_i{}')\sin(\varphi_n - \varphi_j)C_{n,y-F_y} \\ & - \left\{ \sin\alpha_i{}'\sin(\varphi_n - \varphi_j)\sum_{k=i}^{n-1}\ell_k{}' + \sin(\varphi_n - \alpha_i{}')\sin\varphi_j\sum_{k=j}^{n-1}\ell_k{}' \right\}C_{n,y-M_z} \\ & - \sum_{k=i}^{n}\ell_k{}'\sum_{k=j}^{n-1}\ell_k{}'\sin\alpha_i{}'\sin\varphi_j C_{n,\theta_z-M_z} \end{aligned}$$
$$\tag{3.134}$$

$$C_{L,j,i+1} = -\sin(\varphi_n - \varphi_i)C_{n,y-M_z} - \sin\varphi_j\sum_{k=j}^{n-1}\ell_k{}'C_{n,\theta_z-M_z} \tag{3.135}$$

$$\begin{aligned} C_{L,j+1,i} = {} & -\cos(\varphi_n - \alpha_i{}')\sin(\varphi_n - \varphi_j)C_{n,x-F_x} - \sin(\varphi_n - \alpha_i{}')\cos(\varphi_n - \varphi_j)C_{n,y-F_y} \\ & + \left[\sin\alpha_i{}'\cos(\varphi_n - \varphi_j)\sum_{k=i}^{n}\ell_k{}' - \sin(\varphi_n - \alpha_i{}')\left\{ \ell_j + \cos\varphi_j\sum_{k=j}^{n-1}\ell_k{}' \right\} \right]C_{n,y-M_z} \\ & - \sin\alpha_i{}'\sum_{k=i}^{n}\ell_k{}'\left\{ \ell_j + \cos\varphi_j\sum_{k=j}^{n-1}\ell_k{}' \right\}C_{n,\theta_z-M_z} \end{aligned}$$
$$\tag{3.136}$$

$$C_{L,j+1,i+1} = \cos(\varphi_n - \varphi_j)C_{n,y-M_z} - \left\{ \ell_j + \cos\varphi_j\sum_{k=j}^{n-1}\ell_k{}' \right\}C_{n,\theta_z-M_z} \tag{3.137}$$

$$C_{L,j+2,i} = -\sin(\varphi_n - \alpha_i{}')C_{n,y-M_z} - \sin\alpha_i{}'\sum_{k=i}^{n}\ell_k{}'C_{n,\theta_z-M_z} \tag{3.138}$$

$$C_{L,j+2,i+1} = -C_{n,\theta_z-M_z} \tag{3.139}$$

크기를 알 수 없는 부하벡터 $\{R\}$은 식 (3.120)을 풀어 구할 수 있다.

$$\{R\} = [C_R]^{-1}[C_L]\{L\} \tag{3.140}$$

위 식의 우변에 들어가는 모든 항들은 식 (3.121)~(3.139)를 통해서 정의되었으므로 이미 알고 있는 값이라고 간주할 수 있다.

출력 플랫폼과 연결되어 있는 끝단과 반대편에 위치하는 끝단의 플랙셔에 고정 경계조건과는 약간 다른 경계조건을 적용할 수 있다. 앞쪽 $(n-1)$개의 플랙셔 힌지들의 고정단에서의 0변위조건을 나타내기 위해서 앞에서 원래의 경계조건에 대해서 유도했던 $3(n-1)$개의 방정식들에 대해서 행렬식 내에서 실제로 변위가 발생하는 경계조건에 해당하는 행을 삭제하고 해당 경계조건들과 관련된 외력 항들을 0으로 놓으면 된다.

식 (3.140)에 의해서 결정되는 모든 반력들을 플랙셔–출력 플랫폼 연결점들인 $2' \sim (n-1)'$ 점들에 분배할 수 있게 되었다. 이를 통해서 **그림 3.9c**에 도시되어 있는 것처럼 n개의 플랙셔 힌지들과 강체인 출력 플랫폼으로 이루어진 원래의 병렬 메커니즘을 양쪽 끝에 위치한 1번과 n번의 플랙셔 힌지들과 중간의 강체 링크(출력 플랫폼)만으로 이루어진 등가의 직렬 고정–자유 메커니즘으로 변환시킬 수 있다.

위에 설명되어 있는 과정은 n개의 개별 플랙셔 힌지들과 하나의 출력용 강체 링크로 이루어진 일반적인 순수 병렬 메커니즘을 단 두 개의 플랙셔 힌지들과 하나의 강체 플랫폼으로 이루어진 등가의 고정–자유 직렬 메커니즘으로 정적 변환시킬 수 있기 때문에 매우 유용하다. 따라서 평면형 직렬 메커니즘을 논의할 때에 다루었던 모든 문제들을 자세히 살펴보는 과정을 통해서 평면형 병렬 메커니즘을 평가하는 것이 가능하다.

출력 플랫폼에 대한 원래 위치에서의 반력으로부터 변환을 통해서 다음과 같이 반력 $\{R\}$이 새로 구해진다.

$$\begin{cases} F_{ix}'^e = F_i'\cos\alpha_i' + F_{ix_i}\cos\varphi_i - F_{iy_i}\sin\varphi_i \\ F_{iy}'^e = F_i'\sin\alpha_i' + F_{ix_i}\sin\varphi_i + F_{iy_i}\cos\varphi_i \quad \text{for } i = 2 \to n-1 \\ M_{iz}'^e = M_{iz}' + F_{iy_i}\ell_i \end{cases} \tag{3.141}$$

식 (3.141)의 상첨자 프라임은 출력 플랫폼상의 노드에 부가되는 힘과 모멘트를 의미한다. 출력 플랫폼상의 마지막 노드 n'에 부가되는 부하성분들은 원래의 부하값이며 이 노드에는 추가적인 부하가 전달되지 않는다.

3.2.3 복합식 평면형 유연 메커니즘

하이브리드 메커니즘은 직렬로 연결된 링크들과 병렬로 연결된 링크들을 가지고 있다. 여기서는 링크들이 개별적으로 강체 출력 플랫폼에 연결되어 있는 n개의 독립적인 직렬 체인들로 이루어진 일반적인 평면형 하이브리드 메커니즘에 대해서 논의할 예정이다. 각 체인은 강체와 직렬로 상호 연결되어 체인의 한쪽 끝단(또는 발)은 고정되어 있는 반면에 반대쪽 끝단은 플랫폼에 연결되어 있는 n_i개의 플랙셔 힌지들로 만들어진다. 구조물에 대한 개략도는 **그림 3.10a**에 도시되어 있다.

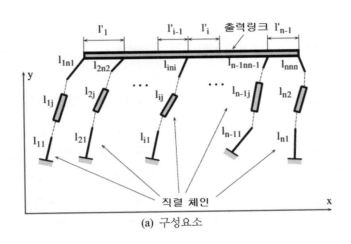

(a) 구성요소

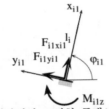

(b) 일반적인 고정형 플랙셔 힌지 요소의 기하학적 배치와 반력 성분들

(c) 직렬체인의 일반적인 중간부재들의 기하학적인 배치와 반력 성분들

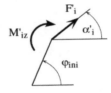

(d) 직렬체인의 일반적인 연결부재들의 기하학적인 배치와 반력 성분들

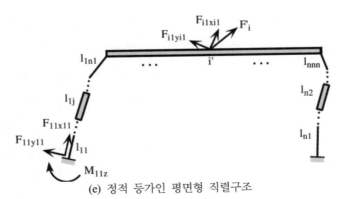

(e) 정적 등가인 평면형 직렬구조

그림 3.10 하이브리드(직렬-병렬) 유연 구조물의 개략도

병렬 유연 구조물의 경우와 마찬가지로, 출력 플랫폼은 글로벌 좌표계의 x축 방향과 평행하다고 가정한다. 플랫폼상에 가해지는 부하는 플랙셔–플랫폼 연결부에 가해지는 크기가 동일한 점부하와 모멘트로 이루어진다(**그림 3.10d**). 그리고 **그림 3.10c**에서와 같이 구조물 평면상에서 직렬 연결된 n개의 다리들 각각에 임의방향으로 작용하는 하나의 점부하를 가정한다. 이 힘들 모두는 구조물을 움직이기 위한 작용력을 모사하고 있으며 플랫폼에 작용하는 힘과 모멘트는 반력으로 작용해야만 하는 외력을 나타내고 있다. 이런 유형의 구조물을 설계하기 위한 핵심 과정은 직렬 체인의 고정된 끝단에 부가해야 하는 크기를 알 수 없는 반력(**그림 3.10b**)을 구하는 것이다. 따라서 구해야 하는 답들은 동일한 경계조건에 의해서 구속되어 있는 평면형 병렬 메커니즘의 경우와 동일하다. 사실, 병렬 메커니즘과 하이브리드 메커니즘 사이에는 근본적인 차이점이 존재하지 않는다. 반력을 구하는 과정은 완전히 동일하기 때문에 여기서 다시 자세히 다루지 않는다. 실제의 평면형 하이브리드 메커니즘은 하나의 체인은 한쪽 끝단이 고정된 외부 플랙셔를 가지고 있으면 다른 하나의 체인은 플랫폼 반대쪽 끝단에 위치한 접점이 자유 상태인, 두 개의 직렬 체인과 하나의 출력 플랫폼으로 이루어진, 정적으로 등가인 직렬 메커니즘으로 변환할 수 있다. 다음과 같은 과정을 통해서 이 변환을 수행할 수 있다.

- 각각의 고정단에서의 0변위 조건에 따라서 유도된 $3(n-1)$개의 방정식들을 사용하여 크기를 구해야 하는 $3(n-1)$개의 반력들을 가지고 있는 $n-1$개의 인접한 직렬 체인을 선정한다.
- 카스틸리아노의 변위이론을 사용하여 다음의 과정을 통해서 유연 링크에 작용하는 수직방향 작용력과 굽힘 모멘트를 정의하여 $3(n-1)$개의 0변위 방정식들을 유도한다.
- 첫 번째 직렬 체인의 고정단에서 시작한다.
- 직렬 체인을 출력 플랫폼과 연결시켜주는 마지막 힌지를 포함하여, 이후에 연결되어 있는 모든 플랙셔 힌지들과 강체 링크에 대해서 이 과정을 반복한다.
- 이후에 연결되어 있는 $n-1$개의 직렬 체인들에 대해서 독립적으로 이 두 단계를 반복한다.
- n번째(마지막) 직렬체인까지 진행한 다음 체인과 출력 플랫폼 사이를 연결하는 점에서 출발하여 마지막 플랙셔 힌지까지 모든 플랙셔 힌지들에 대해서 수직 작용력, 굽힘 모멘트 그리고 필요한 미분값 등에 대한 공식들을 유도한다. 이 마지막 직렬 체인의 모든 분리된 간격에 작용하는 수직 작용력과 굽힘 모멘트들에는 여타의 모든 외력과 반력들이 포함되어야만 한다.
- $[C_R]$ 및 $[C_L]$ 행렬식과 부하벡터 $\{L\}$을 유도한 다음 식 (3.140)을 사용하여 크기를

알 수 없는 부하벡터 $\{R\}$을 구한다.

- 강체 플랫폼에 연결된 2번 체인에서 $n-1$번 체인까지의 직렬체인들의 원래의 작용점에 부가되는 모든 반력들과 외력들을 등가모델의 해당 점들에 대한 값으로 변환시킨다. 이를 통해서 새로운 위치로 정적인 작용력이 이동했을 때에 대해서 필요한 모든 모멘트들을 계산한다.

앞서 설명한 모든 과정들을 통해서 원래의 하이브리드 메커니즘과 정적으로 등가인 고정-자유 직렬 메커니즘이 얻어지며 이 등가모델은 첫 번째 직렬 체인(끝단 자유)과 마지막 직렬체인(끝단 고정) 사이를 연결하는 출력 강체 플랫폼으로 이루어진다. 그러므로 모든 면에서 직렬 메커니즘에 대한 해석을 통해서 하이브리드 구조를 풀어낼 수 있다. 다음에서는 평면형 하이브리드 플랙셔 기반의 유연 메커니즘에 대한 해석사례를 살펴보기로 한다.

예제

그림 3.11에 도시되어 있는 틸트식 평면형 하이브리드 메커니즘에 대한 등가 직렬 메커니즘을 구하시오.

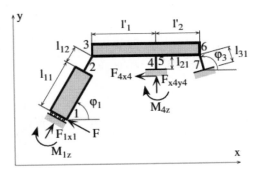

그림 3.11 평면형 하이브리드 유연 구조물의 사례

풀이

그림 3.11에 도시되어 있는 메커니즘은 서로 평행하게 배치되어 있는 세 개의 서로 다른 직렬 체인들로 이루어져 있다. 따라서 이 메커니즘은 하이브리드 형식이다. 하이브리드 구조에 대한 간략한 설명에서 언급하였듯이, 직렬체인 중 한쪽 외부 끝단에서 출발하여 연결되어 있는 모든 직렬 체인들의 외력 및 반력들을 합산하면서 출력 플랫폼까지 구조물 전체를 넘어가야

한다. 이 과정은 마지막 플렉셔 힌지의 끝단에 도달하게 되면 끝난다. 만일 이 메커니즘이 2-링크 직렬 체인에서 출발한다면 주어진 구조를 등가의 직렬모델로 변환하기 위해서 다섯 개의 크기를 알 수 없는 반력을 구해야 하기 때문에 다섯 개의 변위 방정식을 유도해야만 한다.

$$
\begin{aligned}
u_{1x_1} =& \int_0^{\ell_{12}} \frac{N_{23}}{EA_{23}} \frac{\partial N_{23}}{\partial F_{1x_1}} dx_{23} + \int_0^{\ell_{21}} \frac{N_{45}}{EA_{45}} \frac{\partial N_{45}}{\partial F_{1x_1}} dx_{45} + \int_0^{\ell_{31}} \frac{N_{67}}{EA_{67}} \frac{\partial N_{67}}{\partial F_{1x_1}} dx_{67} \\
&+ \int_0^{\ell_{12}} \frac{M_{b23}}{EI_{23}} \frac{\partial M_{b23}}{\partial F_{1x_1}} dx_{23} + \int_0^{\ell_{21}} \frac{M_{b45}}{EI_{45}} \frac{\partial M_{b45}}{\partial F_{1x_1}} dx_{45} + \int_0^{\ell_{31}} \frac{M_{b67}}{EI_{67}} \frac{\partial M_{b67}}{\partial F_{1x_1}} dx_{67} = 0
\end{aligned}
$$

$$\tag{3.142}$$

$$
\theta_{1z} = \int_0^{\ell_{12}} \frac{M_{b23}}{EI_{23}} \frac{\partial M_{b23}}{\partial M_{1z}} dx_{23} + \int_0^{\ell_{21}} \frac{M_{b45}}{EI_{45}} \frac{\partial M_{b45}}{\partial M_{1z}} dx_{45} + \int_0^{\ell_{31}} \frac{M_{b67}}{EI_{67}} \frac{\partial M_{b67}}{\partial M_{1z}} dx_{67} = 0
$$

$$\tag{3.143}$$

$$
\begin{aligned}
u_{4x_4} =& \int_0^{\ell_{12}} \frac{N_{23}}{EA_{23}} \frac{\partial N_{23}}{\partial F_{4x_4}} dx_{23} + \int_0^{\ell_{21}} \frac{N_{45}}{EA_{45}} \frac{\partial N_{45}}{\partial F_{4x_4}} dx_{45} + \int_0^{\ell_{31}} \frac{N_{67}}{EA_{67}} \frac{\partial N_{67}}{\partial F_{4x_4}} dx_{67} \\
&+ \int_0^{\ell_{12}} \frac{M_{b23}}{EI_{23}} \frac{\partial M_{b23}}{\partial F_{4x_4}} dx_{23} + \int_0^{\ell_{21}} \frac{M_{b45}}{EI_{45}} \frac{\partial M_{b45}}{\partial F_{4x_4}} dx_{45} + \int_0^{\ell_{31}} \frac{M_{b67}}{EI_{67}} \frac{\partial M_{b67}}{\partial F_{4x_4}} dx_{67} = 0
\end{aligned}
$$

$$\tag{3.144}$$

$$
\begin{aligned}
u_{4x_4} =& \int_0^{\ell_{12}} \frac{N_{23}}{EA_{23}} \frac{\partial N_{23}}{\partial F_{4y_4}} dx_{23} + \int_0^{\ell_{21}} \frac{N_{45}}{EA_{45}} \frac{\partial N_{45}}{\partial F_{4y_4}} dx_{45} + \int_0^{\ell_{31}} \frac{N_{67}}{EA_{67}} \frac{\partial N_{67}}{\partial F_{4y_4}} dx_{67} \\
&+ \int_0^{\ell_{12}} \frac{M_{b23}}{EI_{23}} \frac{\partial M_{b23}}{\partial F_{4y_4}} dx_{23} + \int_0^{\ell_{21}} \frac{M_{b45}}{EI_{45}} \frac{\partial M_{b45}}{\partial F_{4y_4}} dx_{45} + \int_0^{\ell_{31}} \frac{M_{b67}}{EI_{67}} \frac{\partial M_{b67}}{\partial F_{4y_4}} dx_{67} = 0
\end{aligned}
$$

$$\tag{3.145}$$

$$
\theta_{4z} = \int_0^{\ell_{12}} \frac{M_{b23}}{EI_{23}} \frac{\partial M_{b23}}{\partial M_{4z}} dx_{23} + \int_0^{\ell_{21}} \frac{M_{b45}}{EI_{45}} \frac{\partial M_{b45}}{\partial M_{4z}} dx_{45} + \int_0^{\ell_{31}} \frac{M_{b67}}{EI_{67}} \frac{\partial M_{b67}}{\partial M_{4z}} dx_{67} = 0
$$

$$\tag{3.146}$$

축방향 작용력들은 다음과 같이 주어진다.

$$
\begin{cases}
N_{23} = F_{1x_1} \\
N_{45} = F_{4x_4} \\
N_{67} = -F_{1x_1} \cos(\varphi_3 - \varphi_1) - F\sin(\varphi_3 - \varphi_1) - F_{4x_4}\sin\varphi_3 + F_{4y_4}\cos\varphi_3
\end{cases}
$$

$$\tag{3.147}$$

굽힘 모멘트들은 다음과 같이 주어진다.

$$\begin{cases} M_{b23} = M_{1z} + F\ell_{11} + Fx_{12} \\ M_{b45} = M_{4z} + F_{4y_4}x_{45} \\ M_{b67} = M_{1z} + F_{1x_1}(\ell_1{}' + \ell_2{}')\sin\varphi_1 + F[\ell_{11} + \ell_{12} + (\ell_1{}' + \ell_2{}')\cos\varphi_1 + M_{4z} + F_{4x_4}\ell_2{}' + F_{4y_4}\ell_{21} \\ \quad + [F_{1x_1}\sin(\varphi_1 - \varphi_3) - F\cos(\varphi_1 - \varphi_3) - F_{4x_4}\cos\varphi_3 - F_{4y_4}\sin\varphi_3]x_{67} \end{cases}$$

$$(3.148)$$

이제 식 (3.147)과 (3.148)을 사용하여 식 (3.142)~(3.146)의 편미분방정식을 손쉽게 계산할 수 있다.

크기를 알 수 없는 반력을 구하기 위해서 일반적인 식 (3.140)이 사용된다. 5×5 크기의 대칭행렬식인 $[C_R]$을 구성하는 항들은 다음과 같이 주어진다.

$$C_{R1,1} = C_{12,x-F_x} + \cos^2(\varphi_3 - \varphi_1)C_{31,x-F_x} + \sin^2(\varphi_3 - \varphi_1)C_{31,y-F_y} \\ + 2(\ell_1{}' + \ell_2{}')\sin\varphi_1\sin(\varphi_3 - \varphi_1)C_{31,y-M_z} + (\ell_1{}' + \ell_2{}')^2\sin^2\varphi_1 C_{31,\theta_z-M_z} \quad (3.149)$$

$$C_{R1,2} = \sin(\varphi_3 - \varphi_1)C_{31,y-M_z} + (\ell_1{}' + \ell_2{}')C_{31,\theta_z-M_z} \quad (3.150)$$

$$C_{R1,3} = \sin\varphi_3\cos(\varphi_3 - \varphi_1)C_{31,x-F_x} - \cos\varphi_3\sin(\varphi_3 - \varphi_1)C_{31,y-F_y} \\ + [(\ell_1{}' + \ell_2{}')\sin(\varphi_3 - \varphi_1) - (\ell_1{}' + \ell_2{}')\sin\varphi_1\cos\varphi_3]C_{31,y-M_z} \\ + \ell_2{}'(\ell_1{}' + \ell_2{}')\sin\varphi_1 C_{31,\theta_z-M_z} \quad (3.151)$$

$$C_{R1,4} = -\cos\varphi_3\cos(\varphi_3 - \varphi_1)C_{31,x-F_x} - \sin\varphi_3\sin(\varphi_3 - \varphi_1)C_{31,y-F_y} \\ + [\ell_{21}\sin(\varphi_3 - \varphi_1) - (\ell_1{}' + \ell_2{}')\sin\varphi_1\sin\varphi_3]C_{31,y-M_z} + \ell_{21}(\ell_1{}' + \ell_2{}')\sin\varphi_1 C_{31,\theta_z-M_z}$$

$$(3.152)$$

$$C_{R1,5} = \sin(\varphi_3 - \varphi_1)C_{31,y-M_z} + (\ell_1{}' + \ell_2{}')\sin\varphi_1 C_{31,\theta_z-M_z} \quad (3.153)$$

$$C_{R2,2} = C_{12,\theta_z-M_z} + C_{31,\theta_z-M_z} \quad (3.154)$$

$$C_{R2,3} = -\cos\varphi_3 C_{31,y-M_z} + \ell_2{}' C_{31,\theta_z-M_z} \quad (3.155)$$

$$C_{R2,4} = -\sin\varphi_3 C_{31,y-M_z} + \ell_{21}C_{31,\theta_z-M_z} \quad (3.156)$$

$$C_{R2,5} = C_{31,\theta_z-M_z} \quad (3.157)$$

$$C_{R3,3} = C_{21,x-F_x} + \sin^2\varphi_3 C_{31,x-F_x} + \cos^2\varphi_3 C_{31,y-F_y} - 2\ell_2{}'\cos\varphi_3 C_{31,y-M_z} + \ell_2{}'^2 C_{31,\theta_z-M_z}$$

$$(3.158)$$

$$C_{R3,4} = \sin\varphi_3\cos\varphi_3(-C_{31,x-F_x} + C_{31,y-F_y}) - (\ell_{21}\cos\varphi_3 - \ell_2{}'\sin\varphi_3)C_{31,y-M_z} \\ + \ell_{21}\ell_2{}' C_{31,\theta_z-M_z}$$

$$(3.159)$$

$$C_{R3,5} = -\cos\varphi_3\, C_{31,y-M_z} + \ell_2{}'\, C_{31,\theta_z-M_z} \tag{3.160}$$

$$C_{R4,4} = \cos^2\varphi_3\, C_{31,x-F_x} + \sin^2\varphi_3\, C_{3,y-F_y} - 2\ell_{21}\sin\varphi_3\, C_{31,y-M_z} + \ell_{21}^2\, C_{31,\theta_z-M_z} \tag{3.161}$$

$$C_{R4,5} = C_{21,y-M_z} - \sin\varphi_3\, C_{31,y-M_z} + \ell_{21}\, C_{31,\theta_z-M_z} \tag{3.162}$$

$$C_{R5,5} = C_{21,\theta_z-M_z} + C_{31,\theta_z-M_z} \tag{3.163}$$

$[C_L]$ 행렬식은 실제로는 다음과 같이 정의된 벡터들이다.

$$[C_L] = \{ C_{L1,1},\ C_{L2,1},\ C_{L3,1},\ C_{L4,1},\ C_{L5,1} \}^T \tag{3.164}$$

그리고 각 구성성분들은 다음과 같이 주어진다.

$$
\begin{aligned}
C_{L1,1} =\ & \sin(\varphi_3-\varphi_1)\cos(\varphi_3-\varphi_1)(-C_{31,x-F_x} + C_{31,y-F_y}) + [-\{\ell_{11}+\ell_{12} \\
& + (\ell_1{}'+\ell_2{}')\cos\varphi_1\}\sin(\varphi_1-\varphi_3) + (\ell_1{}'+\ell_2{}')\sin\varphi_1\cos(\varphi_3-\varphi_1)]\, C_{31,y-M_z} \\
& - \{\ell_{11}+\ell_{12} + (\ell_1{}'+\ell_2{}')\cos\varphi_1\}(\ell_1{}'+\ell_2{}')\sin\varphi_1\, C_{31,\theta_z-M_z}
\end{aligned}
\tag{3.165}
$$

$$
\begin{aligned}
C_{L2,1} =\ & -C_{12,y-M_z} - \ell_{11}C_{12,\theta_z-M_z} + \cos\varphi_3\, C_{31,y-M_z} \\
& - \{\ell_{11}+\ell_{12} + (\ell_1{}'+\ell_2{}')\cos\varphi_1\}\, C_{31,\theta_z-M_z}
\end{aligned}
\tag{3.166}
$$

$$
\begin{aligned}
C_{L3,1} =\ & -\sin\varphi_3\sin(\varphi_3-\varphi_1)\, C_{31,x-F_x} - \cos\varphi_3\cos(\varphi_3-\varphi_1)\, C_{3,y-F_y} \\
& + [\{\ell_{11}+\ell_{12} + (\ell_1{}'+\ell_2{}')\cos\varphi_1\}\cos\varphi_3 + \ell_2{}'\cos(\varphi_3-\varphi_1)]\, C_{31,y-M_z} \\
& \{\ell_{11}+\ell_{12} + (\ell_1{}'+\ell_2{}')\cos\varphi_1\}\, C_{31,\theta_z-M_z}
\end{aligned}
\tag{3.167}
$$

$$
\begin{aligned}
C_{L4,1} =\ & \sin(\varphi_3-\varphi_1)\cos\varphi_3\, C_{31,x-F_x} - \cos(\varphi_3-\varphi_1)\sin\varphi_3\, C_{31,y-F_y} \\
& - \{\ell_{11}+\ell_{12} + (\ell_1{}'+\ell_2{}')\cos\varphi_1\sin\varphi_3 - \ell_{21}\cos(\varphi_3-\varphi_1)\}\, C_{31,y-M_z} \\
& - \{\ell_{11}+\ell_{12} + (\ell_1{}'+\ell_2{}')\cos\varphi_1\}\ell_{21}\, C_{31,\theta_z-M_z}
\end{aligned}
\tag{3.168}
$$

$$C_{L5,1} = \cos(\varphi_3-\varphi_1)\, C_{31,y-M_z} - \{\ell_{11}+\ell_{12} + (\ell_1{}'+\ell_2{}')\cos\varphi_1\}\, C_{31,\theta_z-M_z} \tag{3.169}$$

이 사례의 경우, 부하벡터는 다음과 같이 단 하나의 성분만을 가지고 있다.

$$\{L\} = \{F\} \tag{3.170}$$

크기를 알 수 없는 다섯 개의 반력들인 F_{1x_1}, M_{1z}, F_{4x_4}, F_{4y_4} 및 M_{z4}를 구하기 위해서

식 (1.140)을 사용한다. 평면형 하이브리드 메커니즘을 해석하는 일반적인 알고리듬에 대한 소개에서 설명했듯이 다음 단계는 내부의 모든 직렬 체인들에 가해지는 힘과 모멘트들을 출력 플랫폼과 해당 체인 사이를 연결하고 있는 끝단 체인에 전달하는 것이다. 이 특정한 사례의 경우, 하나의 플랙셔 힌지를 형성하는 두 번째 체인인 내측 체인은 하나뿐이므로, **그림 3.11**에서 와 같이, 반력 F_{4x_4}, F_{4y_4} 및 M_{z4}는 4번 노드 위치에서 5번 노드 위치로 이동시켜야만 한다. 그에 따른 5번 노드의 글로벌 좌표계에서의 x 및 y 방향 등가 부하성분들은 식 (3.141)로부터 다음과 같이 구해진다.

$$\begin{cases} F_5{'}^e_x = -F_{4y_4} \\ F_5{'}^e_y = F_{4x_4} \\ M_5{'}^e_z = M_{4z} + F_{4y_4}\ell_{21} \end{cases} \tag{3.171}$$

이를 통해서 **그림 3.11**에 도시되어 있는 원래의 평면형 하이브리드 메커니즘이 첫 번째 직렬 체인 1-2-3, 강체 플랫폼 3-6 그리고 마지막 플랙셔 6-7로 이루어지며 1번 노드에 부가되는 외부 반력부하와 5번 노드에 부가되는 등가부하를 받는 정적으로 등가인 직렬 메커니즘으로 변환된다.

3.3 공간형 유연 메커니즘

3.3.1 직렬식 공간형 유연 메커니즘

3차원 직렬 메커니즘은 3차원 공간상에 배치되어 있는 플랙셔 힌지들과 강체 링크들로 이루 어지며, 일반적으로 이 장의 초반부에 해석해보았던 평면형 직렬 메커니즘과 유사하게 한쪽 끝은 자유단이며 다른 쪽 끝은 고정단으로 이루어진 하나의 직렬 체인을 형성하기 위해서 서로 강체로 연결되어 있다. 구조물과 여기에 가해지는 부하가 3차원이기 때문에, 2장에서 설명했 던 것처럼, 굽힘 및 축방향 부하와 더불어서 순간축에 대한 굽힘과 비틀림을 수용할 수 있는 회전형 플랙셔 힌지를 사용할 수 있다. 평면형 직렬 메커니즘에 대해 수행되었던 모든 연구들 이 공간 메커니즘에 대해서도 동일하게 적용되므로 앞서 이미 논의했던 모든 내용들을 여기서 다시 세세하게 논의하지는 않겠다. **그림 3.12**에서는 공간 직렬 메커니즘의 구조와 더불어서 일반적인 플랙셔 힌지의 기하학적인 형상과 여기에 부가되는 부하를 보여주고 있다. 문제를 다루기 쉽도록 만들기 위해서, 메커니즘에 가해지는 부하는 단 하나의 노드(i로 표시되어 있는 입력노드)에만 작용한다고 가정한다.

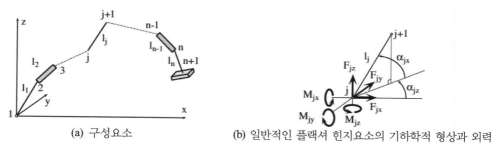

(a) 구성요소 (b) 일반적인 플랙셔 힌지요소의 기하학적 형상과 외력

그림 3.12 3차원 직렬 유연 구조물의 개략도

고정–자유 직렬 구조에 대한 문제(즉 변위–부하 방정식)를 해석하기 위해서 여기서도 다시 카스틸리아노의 변위정리가 도구로 사용된다. 평면의 경우 식 (3.24), (3.26) 및 (3.28)이 고려 해야 하는 플랙셔 힌지들의 다양한 유연성들에 의한 기여도를 강조함으로써 변위와 부하 사이의 상관관계를 명확하게 보여주고 있다. **그림 3.12b**에서 보여주듯이, 일반적인 플랙셔 힌지의 노드에 가해지는 부하는 j번 입력노드에 대한 국부좌표계 $x_j y_j z_j$의 각 축방향에 대한 세 개의 힘과 세 개의 모멘트의 여섯 개의 구성요소들로 이루어진 실제 부하에 의한 것이다. 국부좌표계의 좌표축들을 정의하기 위해서, j번 노드를 통과하며 글로벌 좌표계상의 평면 xOy와 평행한 평면상에 $j+1$번 노드를 투영한다.

플랙셔 $j-j+1$에 의해서 형성된 평면과 앞서 설명한 평면상에 이 플랙셔가 투영된 영상은 x_j축이 회전형 플랙셔의 길이방향 축을 향하는 국부좌표계상의 $x_j y_j$ 평면을 형성한다. 국부 좌표계의 세 번째 좌표축인 z_j는 **그림 3.12**에 도시되어 있는 것처럼 앞서의 두 국부좌표축들과 서로 직교하며 오른손 법칙에 따라 방향이 결정된다. 카스틸리아노의 변위정리를 적용하면 다음과 같이 i번째 노드에서의 변위와 회전각도를 구할 수 있다.

$$u_{ix} = \sum_{j=i}^{n} \left(\int_0^{\ell_j} \frac{M_{b_j z_j}}{E_j I_j} \frac{\partial M_{b_j z_j}}{\partial F_{ix}} dx_j + \int_0^{\ell_j} \frac{M_{b_j y_j}}{E_j I_j} \frac{\partial M_{b_j y_j}}{\partial F_{ix}} dx_j \right.$$
$$\left. + \int_0^{\ell_j} \frac{M_{t_j}}{E_j I_{pj}} \frac{\partial M_{t_j}}{\partial F_{ix}} dx_j + \int_0^{\ell_j} \frac{N_j}{E_j A_j} \frac{\partial N_j}{\partial F_{ix}} dx_j \right) \tag{3.172}$$

앞서 제시되어 있는 방정식을 F_{iy}, F_{iz}, M_{ix}, M_{iy} 그리고 M_{iz}에 대하여 각각 편미분하면 여타의 변위성분들인 u_{iy}, u_{iz}, θ_{ix}, θ_{iy} 그리고 θ_{iz}에 대해서도 이와 유사한 방정식을 유도할 수 있다. 입력노드 상에서 변위-부하 관계를 나타내는 마지막 방정식들은 다음의 유연성 항들을 구하며 식 (3.172)에 대한 계산을 통해서 간단하게 구할 수 있다.

$$
\begin{cases}
C_{j,x-F_x} = \displaystyle\int_0^{\ell_j} \frac{dx_j}{E_j A_j} \\[2mm]
C_{j,y-F_y} = C_{j,z-F_z} = \displaystyle\int_0^{\ell_j} \frac{x_j^2 dx_j}{E_j I_j} \\[2mm]
C_{j,y-M_z} = C_{j,z-M_y} = \displaystyle\int_0^{\ell_j} \frac{x_j dx_j}{E_j I_j} \\[2mm]
C_{j,\theta_z-M_z} = C_{j,\theta_y-M_y} = \displaystyle\int_0^{\ell_j} \frac{dx_j}{E_j I_j} \\[2mm]
C_{j,\theta_z-M_x} = \displaystyle\int_0^{\ell_j} \frac{dx_j}{E_j I_{pj}}
\end{cases}
\tag{3.173}
$$

앞의 평면형 직렬 메커니즘에서 설명했던 논리체계 내에서 앞의 차이점들을 사용하여 기계적 확대율과 블록 출력부하를 구할 수 있다. 3차원 직렬 메커니즘의 에너지 효율을 구하는 과정에서도 이와 동일한 방법을 사용한다. 차이점은 기하학적인 구조와 부하의 3차원적인 특성에 기인한다. 식 (3.80)과 유사하게, 최소 에너지 효율은 다음과 같이 계산할 수 있다.

$$
\eta_{\min} = \frac{i_{\min}}{o}
\tag{3.174}
$$

최대 에너지 효율은 식 평면형 직렬 메커니즘에 대한 식 (3.81)과 유사하며 다음과 같이 주어진다.

$$
\eta_{\max} = \frac{i_{\max}}{o}
\tag{3.175}
$$

이때,

$$i_{\min} = \sum_{j=1}^{n_f} \left(C_{j,\theta_z - M_z} M_{bj,z_j}^2 \right) \tag{3.176}$$

$$i_{\max} = \sum_{j=1}^{n_f} \left(C_{j,\theta_z - M_z} M_{bj,z_j}^2 + C_{j,y - F_y} F_{jy_j}^2 + 2\, C_{j,y - M_z} F_{jy_j} M_{bj,z_j} \right) \tag{3.177}$$

$$o = \sum_{j=1}^{n_f} \Big[C_{j,x - F_x} N_j^2 + C_{j,y - F_y}(F_{jy_j}^2 + F_{jz_j}^2) + C_{j,\theta_z - M_z}(M_{bj,z_j}^2 + M_{bj,y_j}^2) \\
+ 2\, C_{j,y - M_z}(F_{jy_j} M_{bj,z_j} + F_{jz_f} M_{bj,y_j}) + C_{j,\theta_x - M_x} M_{tj}^2 \Big] \tag{3.178}$$

단위부하를 가정하여 플랙셔 형상에 따른 영향만을 남겨놓으면, 위 식들로부터 식 (3.82) 및 (3.83)과 유사한 방정식들을 얻을 수 있다.

3.3.2 병렬식 및 복합식 공간형 유연 메커니즘

이 절에서는 평면형 메커니즘의 경우에서 논의했던 방법과 유사한 방법을 사용하여 3차원 병렬 및 하이브리드 메커니즘에 대한 분석을 수행한다. 우선 3차원 병렬 메커니즘에 대해서 살펴본 다음에, 평면형 병렬 메커니즘의 해석에 사용했던 시나리오에 대한 최소한의 수정을 통해서 현재의 3차원 경우에도 이를 동일하게 적용할 수 있다는 것을 규명할 예정이다. 병렬 메커니즘으로부터의 단순한 확장을 통해서 정적인 특성의 해석을 수행했던 평면형 하이브리드 메커니즘의 경우와 동일한 방식이 3차원 하이브리드 및 병렬 구조에도 마찬가지로 적용되므로 3차원 하이브리드 메커니즘에 대한 논의에서는 2차원 사례와의 차이점에 대해서만 간단하게 논의하기로 한다.

3.3.2.1 공간병렬 유연 메커니즘

이 절에서는 강판과 한쪽 끝은 고정되어 있으며 다른 쪽 끝은 출력 플랫폼에 강체 연결된 n개의 (3차원) 회전형 플랙셔 힌지들로 이루어진 **3차원 병렬 메커니즘**에 대해서 살펴보기로 한다. **그림 3.13**에 도시되어 있듯이, 플랙셔 힌지들은 3차원 공간 내에 임의 방향으로 배치되어 있다. 여기서 xy 평면이 강체 플랫폼의 평면과 평행하도록 글로벌 기준좌표계가 정의되어 있다. 임의방향으로 작용하는 점하중과 모멘트들이 플랙셔–플랫폼 접점 노드에 작용한다. 다음에서는 평면형 병렬 메커니즘에 대한 논의에서 설명했던 것과 동일한 순서에 따라서 3차원 메커니즘을 살펴보기로 한다. 여기서 가장 중요한 점은 문제가 **정정계**가 되도록, 플랙셔 고정

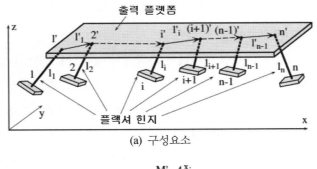

출력 플랫폼

플랙셔 힌지

(a) 구성요소

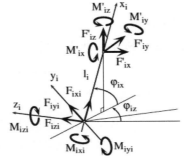

(b) 일반적인 플랙셔 힌지요소의 기하학적 형상과 외력 및 반력

그림 3.13 3차원 병렬 유연 구조물의 개략도

단에서의 크기를 알 수 없는 반력들을 충분한 숫자만큼 찾아내야 한다는 것이다. **그림 3.13**을 살펴보면, 평면형 병렬 메커니즘에서 사용했던 것과 동일한 방법을 여기서도 사용할 수 있다는 것을 알 수 있다. 또한, 평면형 구조의 경우와 마찬가지로 $3(n-1)$개의 방정식만을 풀도록 국부좌표계를 정의하여 문제의 차원을 변화시키지 않을 수 있다. $3(n-1)$개의 반력 부하를 구하기 위해서는 다음의 단계들을 수행해야 한다.

- 임의의 (첫 번째) 노드에서 출발하여 마지막 노드에 도달할 때까지 점선이 중간의 모든 노드들을 지나가서(**그림 3.13a**의 플랫폼상에서 화살표의 연결 순서가 $1', 2', \cdots, n'$이 되도록) 모든 플랙셔–플랫폼 연결 노드들을 포함하도록 순서를 정한다.
- 모든 플랙셔 힌지들에 대해 카스틸리아노의 변위정리를 적용하기 위해서 다음 단계들을 수행하여 축방향 작용력, 굽힘 모멘트 및 필요한 미분값들을 구한다.
- 일반 플랙셔 힌지의 ℓ_i 및 ℓ_i'에 의해 생성된 평면을 정의한다(**그림 3.13**).
- x_i축은 ℓ_i 방향을 향하고 y_i는 $\ell_i - \ell_i'$가 이루는 평면과 수직하며, z_i는 $\ell_i - \ell_i'$ 평면 내에 위치하며 ℓ_i와 직교하도록 국부좌표계를 정의한다.

- x_i축 방향을 향하는 F_{ix_i}, y_i축 방향을 향하는 F_{iy_i} 그리고 z_i축 방향으로 작용하는 M_{iz_i}의 반력들을 i번 노드에 부가한다.
- 현재의 플랙셔 힌지에 대해서 고정단에서 출발하여 국부적인 반력과 모멘트에 의한 기여도만을 고려한 수직방향 작용력과 굽힘 모멘트 및 각각의 편미분을 구한다.
- 첫 번째 플랙셔 힌지에서 출발하여 $(n-1)$번째 플랙셔 힌지에 이르기까지 모든 플랙셔 힌지에 대해서 이 3단계를 반복한다.
- 강체 출력 플랫폼과 연결되어 있는 끝단에 마지막 플랙셔의 국부 좌표계를 배치하는 과정에도 이와 동일한 정의를 사용한다.
- 출력 플랫폼에 연결되어 있는 노드에서 출발하며 이전에 위치해 있는 $n-1$개의 플랙셔 힌지들뿐만 아니라 플랫폼상의 $n-1$개의 점들에 가해지는 외력을 고려하여 마지막 플랙셔 힌지에 대한 수직방향 작용력과 굽힘 모멘트 및 각각의 편미분을 구한다.
- 식 (3.140)에서와 같이, 크기를 알 수 없는 $3(n-1)$개의 반력들에 대해 $3(n-1)$개의 방정식들을 유도한 다음 $[C_R]$ 및 $[C_L]$ 행렬식과 외부부하 벡터 $\{L\}$을 사용하여 이를 풀어낸다.

2번에서 $n-1$번까지의 노드들에 대해서 원래의 위치인 i번 노드에 작용하는 반력부하들을 새로운 위치인 i'으로 이동(**그림 3.13a 및 b**)시켰을 때에 새로운 위치에 대한 등가 부하를 구하면 다음과 같이 주어진다.

$$
\begin{aligned}
F'^e_{i\,x} &= F'_{i\,x} + F_{ix_i}\cos\varphi_{ix}\cos\varphi_{iz} - F_{iy_i}\sin\varphi_{iz} - F_{iz_i}\sin\varphi_{ix}\cos\varphi_{iz} \\
F'^e_{i\,y} &= F'_{i\,y} + F_{ix_i}\cos\varphi_{ix}\sin\varphi_{iz} + F_{iy_i}\cos\varphi_{iz} - F_{iz_i}\sin\varphi_{ix}\sin\varphi_{iz} \\
F'^e_{i\,z} &= F'_{i\,z} + F_{ix_i}\sin\varphi_{ix} + F_{iz_i}\cos\varphi_{ix} \\
M'^e_{i\,x} &= M'_{i\,x} + M_{ix_i}\cos\varphi_{ix}\cos\varphi_{iz} - M_{iy_i}\sin\varphi_{iz} - M_{iz_i}\sin\varphi_{ix}\cos\varphi_{iz} \\
&\quad + F_{iy_i}\ell_i\cos\varphi_{ix}\cos\varphi_{iz} - F_{iz}\ell_i\sin\varphi_{iz} \\
M'^e_{i\,y} &= M'_{i\,y} + M_{ix_i}\cos\varphi_{ix}\sin\varphi_{iz} + M_{iy_i}\cos\varphi_{iz} - M \\
M'^e_{i\,y} &= M'_{i\,y} + M_{ix_i}\cos\varphi_{ix}\sin\varphi_{iz} + M_{iy_i}\cos\varphi_{iz} - M_{iz_i}\sin\varphi_{ix}\sin\varphi_{iz} \\
&\quad + F_{iy_i}\ell_i\cos\varphi_{ix}\sin\varphi_{iz} + F_{iz_i}\ell_i\cos\varphi_{iz} \\
M'^e_{i\,z} &= M'_{i\,z} + M_{ix_i}\sin\varphi_{ix} + M_{iz_i}\cos\varphi_{ix} - F_{iy}\ell_i\sin\varphi_{ix}
\end{aligned}
\tag{3.179}
$$

이 방정식들은 $i = 2, \cdots, n-1$인 노드들에 대해서 유효하다. **그림 3.13**에 따르면, ℓ_i'의 위치는 글로벌 좌표계의 x축에 대한 각도 α_i'에 의해서 결정되며 ℓ_i의 위치는 글로벌 좌표계의 xy 평면에 대한 각도 φ_{iz}와 글로벌 좌표계의 x축에 대한 각도 φ_{ix}에 의해서 결정된다. 고정된 1번 노드에 대한 반력들로 이루어진 여타의 부하들을 이 단계에서 계산하여 글로벌 좌표계에 대해서 다음과 같이 나타낼 수 있다.

$$
\begin{cases}
F_{1x} = F_{1x_1}\cos\varphi_{1z}\cos\varphi_{1x} - F_{1y_1}\sin\varphi_{1z}\sin\varphi_{1x} \\
F_{1y} = F_{1x1}\cos\varphi_{1z}\sin\varphi_{1x} - F_{1y_1}\sin\varphi_{1z}\cos\varphi_{1x} \\
F_{1z} = F_{1x1}\sin\varphi_{1z} + F_{1y_1}\cos\varphi_{1z} \\
M_{1x} = M_{1z_1}\cos\varphi_{1x} \\
M_{1y} = M_{1z_1}\sin\varphi_{1x}
\end{cases}
\tag{3.180}
$$

1′번 노드에 부가되는 부하는 순수한 외력이다. 모멘트 성분들은 글로벌 기준좌표계에 대해 직접적으로 주어진 반면에 점하중의 글로벌 성분들은 다음과 같이 주어진다.

$$
\begin{cases}
F_{ix}' = F_i'\cos\varphi_{iz}'\cos\alpha_{ix}' \\
F_{iy}' = F_i'\cos\varphi_{iz}'\sin\alpha_{ix}' \\
F_{iz}' = F_i'\sin\alpha_{iz}'
\end{cases}
\tag{3.181}
$$

n'번 노드에서의 외력도 이와 유사한 방법으로 나타낼 수 있다.

따라서 3차원 병렬 구조물을 출력 플랫폼, 1′번에서 n'번까지의 노드들에 부가되는 앞의 공식에 따른 힘과 모멘트 부하, 그리고 두 개의 플랙셔 힌지들에 의해 연결되어 있는 정적 등가인 직렬 구조물로 변환시킬 수 있다. 앞서 설명되어 있는 과정들은 규범화되어 있으며, 크기를 알 수 없는 반력부하를 구하기 위한 과정과 매우 비슷하다는 것을 강조하기 위해서 평면형 병렬 메커니즘 문제를 풀 때에 제시된 것과 동일한 순서로 작성되었다. 두 개의 다리(플랙셔 힌지)들만에 의해서 판형 요소(강체 출력 플랫폼)가 평면 외 방향으로 지지된다는 것이 약간 이상해 보일 수는 있지만, 여타의 플랙셔 힌지들에 의해서 중첩된 여타의 변위구속조건들이 여전히 제 위치를 유지하고 있기 때문에 이 해석결과는 올바른 것이다. 게다가 모든 연결기구(링크-링크 또는 링크-지지기구/플랫폼)들이 강체라는 가정은 여전히 적용되고 있다는 점도 명심해야 한다.

그런데 평행하게 설치되어 있는 다수의 플랙셔 힌지들을 사용하여 출력 플랫폼을 직접 지지하여 3차원 공간상에서 순수 병진운동만을 하는 경우는 변위나 힘의 변화 관점에서 볼 때에 목적성이 불분명하기 때문에 응용 사례가 많지 않다. 3차원 하이브리드 메커니즘의 경우에서 처럼, 실제 적용사례들의 경우에는 단일 플랙셔 대신에 병렬로 배치된 직렬 유연 체인들을 사용하는 형태로 설계되어 있다. 이에 대해서 다음에서 살펴보기로 한다.

3.3.2.2 공간 하이브리드 유연 메커니즘

앞서 설명하였듯이, 평면형 메커니즘에서 설명했던 것과 동일한 방법으로 해당 공간 병렬 메커니즘으로부터 유추된 결론을 확장시킴으로써, 3차원의 경우에 대해서 하이브리드 메커니즘을 분석할 수 있다. 그림 3.14에서는 한쪽 끝은 고정되어 있으며, 다른 쪽 끝은 출력 플랫폼에 강체연결 되어 있는 n개의 직렬 체인들로 이루어진 3차원 하이브리드 메커니즘의 개략도를 보여주고 있다. 각 체인들은 다수의 플랙셔 힌지들과 강체 직렬 연결된 강체 링크들로 이루어

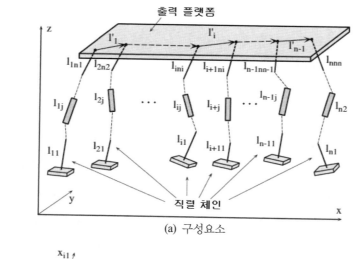

(a) 구성요소

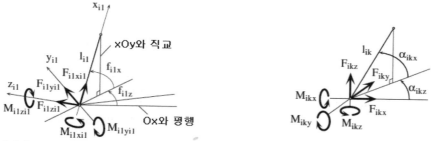

(b) 일반적인 플랙셔 힌지 고정단 요소의 기하학적 형   (c) 직렬 체인 중간 요소들의 기하학적 형상과 외력
   상과 외력 및 반력

그림 3.14 3차원 하이브리드 유연 구조물의 개략도

져 있다. 평면형 메커니즘과 마찬가지로, 구동력을 모사하는 점하중이 직렬링크 각각에 작용하며, 플랙셔–출력 플랫폼 연결부에 작용하는 부하는 3차원 병렬 메커니즘에서 사용했던 것과 동일하다.

첫 번째 작업은 문제를 풀 수 있는 상태로 만들도록 직렬 체인의 고정단에서 작용하는 크기를 알 수 없는 부하의 숫자를 결정하는 것이다. 병렬 구조의 해석에 사용했던 해석과정을 여기서도 사용할 수 있다. 유일한 차이점은 순수 병진구조에서와 마찬가지로 하나가 아닌 다수의 직렬 체인이 사용된다는 것이며, 이로 인하여 하나의 체인당 하나가 아닌 다수의 플랙셔 힌지들이 사용되는 경우에 대해 카스틸리아노의 변위정리를 적용하기 위해서 필요한 수직방향 작용력, 굽힘 모멘트 그리고 편미분들을 구하기 위한 추가적인 노력이 필요하다. 식 (3.140)의 행렬식들과 $3(n-1)$개의 구성성분들을 가지고 있는 부하벡터 $\{R\}$을 명확하게 구할 수 있는 통상적인 수학적 알고리듬은 다루기도 어렵고 개발의 효용성도 의심스럽다.

병렬이나 하이브리드 구조를 가지고 있는 다수의 3차원 유연 구조물들에서 가장 중요한 것은 출력 플랫폼의 위치를 입력의 함수로 나타내는 것이다. 앞에서 설명한 것처럼, 앞쪽 $n-1$개의 체인들에 가해지는 반력들을 구하고 나면 출력판의 최종 위치를 결정하는 것은 결코 어려운 일이 아니다. 잘 알고 있는 것처럼 이 평면에 속해 있는 3개의 점들을 사용하여 (출력판) 평면의 위치를 구할 수 있으며 이 평면상의 3개의 점들의 최종 위치를 찾아내면 문제가 풀린다. 이를 위해서 다음의 알고리듬을 사용할 수 있다.

- 출력판상의 3개의 점들을 고른다(예를 들어 판과 교차하는 세 개의 체인상에 위치하는 점들).
- 카스틸리아노의 변위정리를 사용하여 최종 위치를 계산하며 선정된 점들의 좌표값이 미지수(x_i, y_i, $z_i (i=1,~2,~3)$)인 시스템에 대한 9개의 방정식을 푼다.
- 출력판 중앙(또는 출력을 나타내는 여타의 적절한 위치)의 변위성분들이나 3차원 용도에 사용되는 출력 플랫폼의 각도 위치를 나타내기 위해서 일반적으로 사용되는 롤, 피치 및 요와 같은 출력판의 위치를 결정하는 각도와 같은 관심값들을 구하기 위해 추가적으로 필요한 계산을 수행한다.

·· 참고문헌 ··

1. Smith, S.T., *Flexures: Elements of Elastic Mechanisms*, Gordon & Breach, Amsterdam, 2000.

2. Howell, L.L., *Compliant Mechanisms*, John Wiley & Sons, New York, 2001.

3. Murphy, D.M., Midha, A., and Howell, L.L., The topological synthesis of compliant mechanisms, *Mechanism and Machine Theory*, 31(2), 185, 1996.

4. Howell, L.L. and Midha, A., Determination of the degrees of freedom of compliant mechanisms using the pseudo-rigid-body model concept, in *Proc. of the Ninth World Congress on the Theory of Machines and Mechanisms*, Milano, 1995, p. 1537.

5. Howell, L.L. and Midha, A., Compliant mechanisms, in *Modern Kinematics: Developments in the Last Forty Years*, A.G. Erdman, Ed., John Wiley & Sons, New York, 1993.

6. Saggere, L. and Kota, S., Synthesis of distributed compliant mechanisms for adaptive structures application: an elasto-kinematic approach, in *Proc. of DETC'97*, 1997 ASME Design Engineering Technical Conference, Sacramento, CA, 1997, p. 1.

7. Midha, A., Her, I., and Salamon, B.A., A methodology for compliant mechanism design. Part I. Introduction and large-deflection analysis, *Advances in Design Automation*, 44(2), 29, 1992.

8. Howell, L.L. and Midha, A., A method for the design of compliant mechanisms with small-length flexural pivots, *ASME Journal of Mechanical Design*, 116(1), 280, 1994.

9. Howell, L.L. and Midha, A., The development of force-deflection relationships for compliant mechanisms, *Machine Elements and Machine Dynamics*, 71, 501, 1994.

10. Howell, L.L. and Midha, A., Parametric deflection approximations for end-loaded, large-deflection beams in compliant mechanisms, *ASME Journal of Mechanical Design*, 117(1), 156, 1995.

11. Saxena, A. and Kramer, S.N., Simple and accurate method for determining large deflections in compliant mechanisms subjected to end forces and moments, *ASME Journal of Mechanical Design*, 120(3), 392, 1998.

12. Midha, A., Howell, L.L., and Norton, T.W., Limit positions of compliant mechanisms using the pseudo-rigid-body model concept, *Mechanism and Machine Theory*, 35, 99, 2000.

13. Dado, M.H., Variable parametric pseudo-rigid-body model for large-deflection beams with end loads, *International Journal of Non-Linear Mechanics*, 36, 1123, 2001.

14. Anathasuresh, G.K. et al., Systematic synthesis of microcompliant mechanisms: preliminary results, in *Proc. of the Third National Applied Mechanisms and Robotics Conference*, Cincinnati, OH, 1993, p. 82.1.

15. Ananthasuresh, G.K. and Kota, S., The role of compliance in the design of MEMS, in *Proc. of DETC/MECH'96*, 1996 ASME Design Engineering Technical Conference, 1996, p. 1309 (available on CD-ROM).

16. Jensen, B.D. et al., The design and analysis of compliant MEMS using the pseudorigid-body model, in *Proc. of the 1997 ASME International Mechanical Engineering Congress and Expo*, Dallas, TX, 1997, p. 119.

17. Salmon, L.G. et al., Use of the pseudo-rigid-body model to simplify the description of compliant micro-mechanisms, in *Proc. of the 1996 IEEE Solid-State and Actuator Workshop*, Hilton Head Island, SC, 1996, p. 136.

18. Kota, S. et al., Design of compliant mechanisms: applications to MEMS, *Analog Integrated Circuits and Signal Processing*, 29(1-2), 7, 2001.

19. Howell, L.L. and Midha, A., A loop-closure theory for the analysis and synthesis of compliant mechanisms, *ASME Journal of Mechanical Design*, 118(1), 121, 1996.

20. Kota, S. et al., Tailoring unconventional actuators using compliant transmissions: design methods and applications, *IEEE/ASME Transactions on Mechatronics*, 4, 396, 1999.

21. Hsiao, F.-Z. and Lin, T.-W., Analysis of a novel flexure hinge with three degrees of freedom, *Revue of Scientific Instruments*, 72(2), 1565, 2001.

22. Carricato, M., Parenti-Castelli, V., and Duffy, J., Inverse static analysis of a planar system with flexural pivots, *ASME Journal of Mechanical Design*, 123(2), 43, 2001.

23. Kim, W.-K., Yi, B.-J., and Cho, W., RCC characteristics of planar/spherical three degree-of-freedom parallel mechanisms with joint compliances, *ASME Journal of Mechanical Design*, 123, 10, 2000.

24. Clark, J.W. et al., Three-dimensional MEMS simulation modeling using modified nodal analysis, in *Proc. of the Microscale Systems: Mechanics and Measurements Symposium*, Orlando, FL, 2000, p. 68.

플랙셔 기반 유연 메커니즘의 동역학

COMPLIANT MECHANISMS:
DESIGN OF FLEXURE HINGES

CHAPTER 04 플랙셔 기반 유연 메커니즘의 동역학

4.1 서 언

근래에 들어서 유연링크를 포함하는 메커니즘의 동역학이 많은 관심을 받고 있으며, 이는 동적인 작동범위 내에서 메커니즘이 올바르게 작동하도록 만들기 위해서 동적 응답을 정확하게 모델링해야만 하는 사례들의 숫자와 분야들이 증가하고 있다는 것을 의미한다. **유연 다물체 시스템**은 강체-유연체 기구 시스템(유연 메커니즘은 이 분야에 포함된다)의 동적 응답에 대한 공식유도, 풀이 및 해석등을 포함하는 일반적인 용어이다. 유연 다물체 시스템에 대한 기본적인 사항과 더 전문적인 내용들에 대해서는 샤바나의 논문을 참조하기 바란다. 다물체 시스템의 동역학은 **분포상수**와 **유한요소**의 두 가지 주요 방법들을 사용하여 해석할 수 있다. 분포상수법의 경우, 탄성변형 링크들을 연속부재로 모델링하며 결과로 유도되는 수학적 공식(이 공식에는 강체 링크의 기여분도 함께 포함되어 있다)은 마이로비치[2]가 설명한 것처럼 일련의 편미분방정식들로 이루어진 경곗값 문제가 만들어진다. 이런 복잡한 방정식들의 경우 해를 구하기가 거의 불가능하다. 그러므로 일반적으로 문제를 단순화하기 위해서 **공간차분**(분배법칙을 사용하여 문제를 구성하는 미지수들의 연속공간에 대한 의존성을 불연속적인 위치들에 집중시키는 방법)을 사용하는 **근사기법**이 주로 사용된다. 이를 통해서 분포상수 시스템을 방정식을 풀기가 수월하며 해를 구할 수 있는 등가의 **집중상수** 시스템으로 변환시킬 수 있다.

가오[3] 및 바그시와 스트레이트[4]의 연구에는 유연 메커니즘과 매니퓰레이터의 동적 응답에 대해서 연구한 다양한 연구들에 대한 간결하고 가치 있는 설명이 수록되어 있다. 유연 메커니즘의 동적 모델에 대한 공식을 유도하는 과정에서 가장 중요한 점은 탄성부재의 변형모드를 선정하는 것이다. 부타가후와 에드먼[5]에 따르면, 대부분의 경우 이런 공식유도는 국부좌표계에 대해서 탄성변형을 유도한 모델링에서 시작하므로 초기에는 비교적 간단하지만, 글로벌 좌표계에 대한 수학적 모델의 변환과정에서 일반적으로 심한 비선형성이 초래된다. 또 다른 방법은 시모와 부꾸옥[6]이 대변위를 수용할 수 있는 유연 빔을 포함하고 있는 기계 시스템에 대한 해석을 수행한 것처럼 글로벌 좌표계에 대해서 동적 모델을 직접 유도하는 것이다. 이 방법은 원론적으로 훨씬 더 유도하기 어렵지만 훨씬 더 간단한 일련의 미분방정식들이 유도된다. 기준좌표계를 적절하게 선정하는 것이 매우 중요하기 때문에, 이 분야에 대한 연구들의 대부분이 동역학적인 문제에 대한 수학적인 공식과 해석의 단순화에 집중되어 있다. 예를 들어 맥피[7]는 최소숫자의 미분방정식들을 자동적으로 생성하는 알고리즘을 만들기 위해서 **분기좌표31***라는 개념을 사용하였다. 반면에 류 등[8]은 탄성좌표계의 숫자를 줄이기 위해서 자유단 및 고정단 경계조건들을 주 공식 속에 직접 포함시키는 방법을 개발하였다.

기호계산을 사용하면 유연 메커니즘의 동적 모델링 과정에서 발생하는 수학적 복잡성을 단순화시킬 수 있는 또 다른 방법을 찾을 수 있다. 이런 방법을 시도한 사례로는 미분대수방정식들을 사용하여 **디스크립터** 형태로 동적모델의 공식을 유도한 엥스틀러와 캅스,[9] **기호벡터행렬** 식을 유도하여 시뮬레이션 효율을 개선한 쿠이와 하크,[10] 그리고 **달랑베르의 원리**를 기호적으로 변형시켜 적용하여 동역학 방정식의 숫자를 줄인 부아예와 쿠에페[11] 등이 있다. 유연 메커니즘의 동역학적 모델을 유도한 또 다른 방법으로는 루프를 사용하지 않고 다물체 시스템에 **라그랑주 방정식**을 적용한 비벳,[12]이나 다양한 유형의 유연 링크들을 모델링하기 위한 일반화된 방법을 개발한 수딜로비치와 부코브라토비치[13]의 연구 등이 있다.

동역학적 모델을 만드는 또 다른 방법으로는 두 개의 강체 링크와 세 개의 유연 조인트를 갖춘 일종의 **유연로봇**에 대해서 연구한 유[14]가 언급한 해밀턴의 **변분원리**와 인드리와 토남브[15]가 예시한 **리아프노프 분석** 등이 있다. 일반적으로 유연 메커니즘의 동적 모델링에서는 모달해석, **정상상태해석** 및 **과도응답** 등을 다룬다. 라이언 등[16]의 논문에서는 4개의 서로 다른 유연 메커니즘의 고유주파수를 예측하기 위해서 **준강체 모델**을 사용하였으며, 그 결과는 유한요소

31* branch coordinates

해석 결과와 단지 9%의 차이를 나타냈을 뿐이다.

스미스[17]의 논문에 수록된 내용을 제외하고는 플랙셔 기반 유연 메커니즘(이 책에서 논의하는 것과 같은 다양한 형상의 플랙셔 힌지들)의 동적 모델링에 관한 정보들이 거의 없다. 스미스[17]는 두 개의 플랙셔들을 갖춘 4절링크나 4개의 플랙셔 힌지들을 갖춘 이와 유사한 메커니즘을 포함한 다수의 평면형 유연 메커니즘들의 동적 모델링과 그에 따른 모달응답에 대해 논의했다. 이 사례에서는 플랙셔 힌지를 1자유도를 가지고 있는 요소로 모델링하였기 때문에 힌지의 직접적인 굽힘강성만을 고려하였다.

단일축 플랙셔 힌지를 3자유도 하위 시스템으로 모델링하기 위해서 첫 번째로 라그랑주 방정식을 적용한다. 운동에너지는 강체 링크의 운동에 의해서만 생성되는 반면에 탄성 위치에너지는 플랙셔의 탄성변형에 의해서만 생성된다고 가정한다. 단일축 플랙셔 힌지의 강성행렬식은 2장에서 사용했던 표기방법을 사용하여 재구성했을 때에 다음과 같이 대각선 행렬식으로 표현된다.

$$
[K] = \begin{bmatrix} K_{1,x-F_x} & 0 & 0 \\ 0 & K_{1,y-F_y} & 0 \\ 0 & 0 & K_{1,\theta_z-M_z} \end{bmatrix} \tag{4.1}
$$

부호규약에 따르면, 하첨자 1은 (병진 또는 회전)변위가 플랙셔 힌지의 (2번으로 표시되어 있는)고정단에 대해서 반대쪽에 위치한 1번 끝단에서 결정된다는 것을 의미하며, 숫자 1 뒤에 $a-b$로 표기된 하첨자는 변위−부하 관계를 나타낸다. 위에 제시된 스미스[17]가 제시한 공식은 이 책에서 다음에 제시하고 있는 단일축 플랙셔 힌지의 강성행렬 공식과는 약간 다르다.

$$
[K] = \begin{bmatrix} K_{1,x-F_x} & 0 & 0 \\ 0 & K_{1,y-F_y} & K_{1,y-M_z} \\ 0 & K_{1,y-M_z} & K_{1,\theta_z-M_z} \end{bmatrix} \tag{4.2}
$$

식 (4.1)과 (4.2)를 비교해보면 알 수 있듯이, 스미스가 제시한 공식[17]은 굽힘을 유발하는 선단부에 부가된 모멘트에 의한 변위 또는 선단부에 작용하는 힘에 의한 기울기 등을 나타내는 교차−굽힘항 $K_{1,y-M_z}$을 무시하고 있다. 스미스[17]는 또한, 평면(2차원) 또는 공간(3차원) 유연 메커니즘에 대해서 서로 다른 기준 좌표계들 사이의 동역학 방정식 변환을 위한 행렬식을 제시하고 있다. 또한 스미스[17]는 축방향 강성(과 그에 따른 위치 탄성에너지)을 증가시키는 추가적인 직선형 스프링으로 취급되는 (압전체 또는 구동나사 등의)작동기 요소가 유연 메커니즘 시스템에 끼치는 영향에 대해서도 논의하였다.

지금까지는 3장에서 설명했던 직렬, 병렬 및 하이브리드 구조물의 평면형이나 공간형 구조에 대해서 단일 플랙셔 힌지, 다중 플랙셔 힌지 그리고 2축 플랙셔 힌지들을 유연성의 항(또는 2장에서 자세히 설명하고 있듯이 강성의 항)으로 총체적으로 정의하고 플랙셔 기반 유연 메커니즘의 (준)정적 응답을 구하는 데에 집중하여 왔으며, 이 장에서 제시하고 있는 플랙셔 기반 유연 메커니즘의 모델링 과정은 공식의 적용범위를 동역학적 범위까지 확장시키는 목적을 가지고 있다. 다시 말해서, 모달(자유)응답 또는 (정상상태 또는 과도가진에 대한)강제응답을 고찰할 수 있는 동역학적 방정식에 초점을 맞추고 있다.

2장에서 설명했듯이, 단일축 플랙셔 힌지는 3자유도 요소로 모델링할 수 있는 반면에, 다중축 또는 2축 플랙셔는 각각 6자유도 및 5자유도로 모델링할 수 있으며, 이 정의는 여기서도 변하지 않는다. 주어진 플랙셔에 대해 이미 정의되어 있는 강성(유연성) 특성과 더불어서 전반적인 정의과정에서 단일, 다중 및 2축 플랙셔 힌지들에 대한 개별 자유도에 대해서 유도된 관성 및 감쇄비율과 같은 성질들이 체계적으로 합산된다. **관성**과 **감쇄**의 **집중률**을 유도하기 위해서 **레일레이의 원리**가 사용되지만, 일반적으로 플랙셔의 단면형상이 변하기 때문에 발생하는 복잡성으로 인하여 닫힌 형태의 결과식이 도출되지 않는다.

플랙셔 힌지의 개별 자유도에 대한 관성과 감쇄특성을 유도하기 위해서 사용할 수 있는 도구를 제공하는 것이 동적 응답특성을 세밀하게 조절하기 위해서 정밀한 설계가 필요한 시스템에서 매우 중요하다. 예를 들어, 많은 MEMS 응용사례에서와 같이 플랙셔들이 매우 큰(무거운) 별도의 링크에 연결되어 있지 않은 경우에 플랙셔 힌지에 의한 관성이나 감쇄는 작동에 결정적인 영향을 끼친다. 관성 및 감쇄특성은 길이가 긴(오일러−베르누이) 플랙셔 힌지와 회전관성과 전단효과를 고려해야만 하는 짧은(티모센코) 플랙셔의 경우에 대해서 유도된다. 주로 관성성분으로 이루어진 강체 링크의 기여분을 더하여 만들어진 라그랑주 방정식이 평면형/공간형 직렬, 병렬 및 하이브리드형 플랙셔 기반 유연 메커니즘의 동역학 방정식의 유도와 일반적인 논의에 사용되며, 마지막에서는 이에 대한 수치해석 기법에 대해서 살펴보기로 한다.

운동에너지, 위치에너지 및 소산 에너지의 스칼라 양에 기초하여 유도된 **라그랑주 방정식**을 사용하여 플랙셔 기반의 유연 메커니즘에 대한 동특성을 해석한다. 비감쇄 동적 시스템에 대한 일반적인 형태의 라그랑주 방정식은 다음과 같이 주어진다.

$$\frac{d}{dt}\left(\frac{\partial T}{\partial \dot{q_i}}\right) - \frac{\partial T}{\partial q_i} + \frac{\partial U}{\partial q_i} = Q_i \qquad\qquad (4.3)$$

여기서 T는 운동에너지, U는 위치에너지 그리고 Q_i는 (해당 매체에 가해진 일로부터 추출할 수 있는 힘이나 모멘트 등의)일반화된 힘이다. 자유응답(모달해석)의 경우, 일반화된 힘은 0이다. 감쇄가 존재하는 동적 시스템의 경우, 라그랑주 방정식은 다음과 같이 주어진다.

$$\frac{d}{dt}\left(\frac{\partial T}{\partial \dot{q_i}}\right) - \frac{\partial T}{\partial q_i} + \frac{\partial U}{\partial q_i} + \frac{\partial U_d}{\partial \dot{q_i}} = Q_i \qquad\qquad (4.4)$$

여기서 U_d는 **내부점성감쇄**에 의해서 발생하는 소산에너지 손실이다. q_i는 동역학적 가진하에서 시스템의 위치를 유일하게 정의하는 **일반화좌표축** 또는 자유도이다. 동적 시스템의 상태를 완벽하게 정의하기 위해서 필요한 변수의 숫자를 최소화시켜주는 일반화좌표축들은 물리좌표축과 항상 일치하지는 않는다. 일반화좌표축들을 평가하기 위한 후보 좌표축들은 상호 독립적이어야만 한다. 그런데 대부분의 경우, 시스템의 운동은 다수의 상호 의존적인 상관관계를 초래하는 구속 방정식들에 의해서 좌표값들이 상호연관을 가지므로, 가능한 일반화좌표축이라고 생각되는 좌표축들 중 일부를 제거한다. 일반적인 법칙(예를 들어 톰슨[18])에 따르면, 일반화좌표축의 숫자는 후보가 되는 일반화 좌표축의 숫자에서 필요치 않은 좌표축(동적 시스템의 상태를 완벽하게 정의하기 위해서 필요한 좌표축들)의 숫자를 뺀 숫자와 같다. 필요치 않은 좌표축의 숫자가 유도할 수 있는 구속 방정식들의 숫자와 동일하다면, 이런 시스템을 **홀로노믹**[32*]이라고 부르며, 이 책에서 다루는 플랙셔 기반 유연 메커니즘들은 모두 홀로노믹이다. 이 좌표계를 기반으로 하여 라그랑주 방정식들이 유도되기 때문에, 주어진 플랙셔 기반 유연 메커니즘에 대해서 일반화 좌표축의 숫자 또는 자유도를 결정하는 것이 가장 중요하다. 그 결과, 앞으로 살펴볼 모든 유형의 메커니즘들에 대해서 해당 메커니즘의 올바른 자유도의 숫자를 결정하기 위한 기초 분석이 우선적으로 수행된다.

지금까지 논의되었던 단일, 다중 및 2축 구조를 가지고 있는 세 가지 유형의 플랙셔 힌지들에 대해서 위치에너지와 운동에너지가 우선적으로 유도된다. 그런 다음, 평면형 및 공간형 플랙셔기반 유연 메커니즘들에 대해서 위치에너지와 운동에너지 항들을 구하여 라그랑주 방정

[32*] holonomic

식을 유도하며 다양한 사례에 대해서 개별 시스템들의 자유응답 및 강제응답에 대해 해석을 수행한다. 플랙셔 힌지의 내부감쇄 및 외부감쇄에 대해서 상세한 고찰을 수행하며, 해당 감쇄 성분을 추가하여 플랙셔 기반 유연 메커니즘의 동적 방정식을 완성한다.

4.2 개별 플랙셔 힌지들의 탄성 위치에너지

4.2.1 단일축 플랙셔 힌지

단일축 플랙셔 힌지들만으로 이루어진 평면형 직렬 유연 메커니즘의 경우, 앞서 설명했던 것처럼, 각 플랙셔 힌지를 고정단에 대한 반대쪽 끝단의 축방향 변위, 변형 그리고 기울기(회전각도)에 대해서 자유도를 가지고 있는 3자유도 요소로 간주할 수 있다. 따라서, n개의 링크(강체 링크도 유연성이 0인 플랙셔 힌지이므로 일반적으로 플랙셔 힌지로 간주한다)들로 이루어진 시스템은 (구속이 없는 경우)최대 $3n$개의 자유도를 가지고 있으므로, 식 (4.2)의 미분방정식들이 가지고 있는 차원도 마찬가지로 $3n$이 된다.

평면형 플랙셔 힌지에 부가되는 외력에 의해 수행된 일은 **내부응력에너지**로 변환된다는 가정에 따르면,

$$W = U \tag{4.5}$$

일단, F_{1x}, F_{1y} 그리고 M_{1z}에 의해서 만들어진 부하벡터에 의해서 준정적으로 수행된 일을 구해야 한다.

$$W = \frac{1}{2}(F_{1x}u_{1x} + F_{1y}u_{1y} + M_{1z}\theta_{1z}) \tag{4.6}$$

여기서 사용된 하중과 변위들은 2장의 표기법을 그대로 사용하였다. 또한 2장에서 설명하였듯이, 강성을 사용하여 이런 유형의 3자유도 플랙셔 힌지에서의 힘-변위 관계를 다음과 같이 행렬식으로 나타낼 수 있다.

$$\begin{Bmatrix} F_{1x} \\ F_{1y} \\ M_{1z} \end{Bmatrix} = \begin{bmatrix} K_{1,x-F_x} & 0 & 0 \\ 0 & K_{1,y-F_y} & K_{1,y-M_z} \\ 0 & K_{1,y-M_z} & K_{1,\theta_z-M_z} \end{bmatrix} \begin{Bmatrix} u_{1x} \\ u_{1y} \\ \theta_{1z} \end{Bmatrix} \tag{4.7}$$

식 (4.7)을 통해서 구해진 부하 성분들을 식 (4.6)에 대입한 다음, 식 (4.5)의 관계를 이용하면 하나의 평면형 단일축 플랙셔 힌지의 변형률 에너지는 다음과 같이 정리할 수 있다.

$$U = U_a + U_{db,z} + U_{cb,z} \tag{4.8}$$

여기서 U_a는 축방향 변형률 에너지로서, 다음과 같이 주어진다.

$$U_a = \frac{1}{2} K_{1,x-F_x} u_{1x}^2 \tag{4.9}$$

$U_{db,z}$는 z−축 방향 직접굽힘 변형률 에너지로서, 다음과 같이 주어진다.

$$U_{db,z} = \frac{1}{2} (K_{1,y-F_y} u_{1y}^2 + K_{1,\theta_z-M_z} \theta_{1z}^2) \tag{4.10}$$

반면에 $U_{cb,z}$는 z−축 방향 교차굽힘 변형률 에너지로서, 다음과 같이 주어진다.

$$U_{cb,z} = K_{1,y-M_z} u_{1y} \theta_{1z} \tag{4.11}$$

4.2.2 다중축 플랙셔 힌지

다중축(또는 회전형) 플랙셔 힌지들의 탄성(유연성) 및 관성 특성들을 이산화시키면 6자유도를 가지고 있다는 것을 알 수 있다. 따라서 이런 부재를 포함한 유연 메커니즘들은 최대 $6n$ 자유도를 사용하여 나타낼 수 있다. 이런 유형의 플랙셔 힌지에 대한 힘−변위 행렬식은 다음과 같이 주어진다.

$$\begin{Bmatrix} F_{1x} \\ F_{1y} \\ F_{1z} \\ M_{1x} \\ M_{1y} \\ M_{1z} \end{Bmatrix} = \begin{bmatrix} k_{1,x-F_x} & 0 & 0 & 0 & 0 & 0 \\ 0 & K_{1,y-F_y} & 0 & 0 & 0 & K_{1,y-M_z} \\ 0 & 0 & K_{1,z-F_z} & 0 & K_{1,y-M_z} & 0 \\ 0 & 0 & 0 & K_{1,\theta_x-M_x} & 0 & 0 \\ 0 & 0 & K_{1,y-M_z} & 0 & K_{1,\theta_y-M_y} & 0 \\ 0 & K_{1,y-M_z} & 0 & 0 & 0 & K_{1,\theta_z-M_z} \end{bmatrix} \begin{Bmatrix} u_{1x} \\ u_{1y} \\ u_{1z} \\ \theta_{1x} \\ \theta_{1y} \\ \theta_{1z} \end{Bmatrix} \tag{4.12}$$

단일축 플랙셔 힌지에 적용했던 것과 유사한 이유 때문에 일반적인 회전형 플랙셔 힌지의 위치에너지는 다음과 같은 형태를 갖는다.

$$U = U_a + U_{db,z} + U_{cb,z} + U_{db,y} + U_{cb,y} + U_t \tag{4.13}$$

서로 직교하는 z 및 y 방향으로 굽힘이 발생하며 비틀림(하첨자 t)도 존재한다. 식 (4.13)에서 새롭게 도입된 항들은 다음과 같다.

$$U_{db,y} = \frac{1}{2}(k_{1,y-F_y}u_{1z}^2 + K_{1,\theta_y-M_y}\theta_{1y}^2) \tag{4.14}$$

$$U_{cb,y} = K_{1,y-M_z}u_{1z}\theta_{1y} \tag{4.15}$$

$$U_t = \frac{1}{2}(K_{1,\theta_x-M_x}\theta_{1x}^2) \tag{4.16}$$

4.2.3 2축 플랙셔 힌지

5자유도를 사용하면 2축 플랙셔 힌지의 고정단에 대한 자유단의 운동을 나타낼 수 있다는 것을 2장에서 설명한 바 있다. 따라서, n개의 2축 플랙셔 힌지들로 이루어진 시스템은 최대 $5n$개의 자유도를 갖는다. 이 경우에 강성을 사용하여 힘-변위관계를 나타내는 행렬식은 다음과 같이 주어진다.

$$\begin{Bmatrix} F_{1x} \\ F_{1y} \\ F_{1z} \\ M_{1y} \\ M_{1z} \end{Bmatrix} = \begin{bmatrix} K_{1,x-F_x} & 0 & 0 & 0 & 0 \\ 0 & K_{1,y-F_y} & 0 & 0 & K_{1,y-M_z} \\ 0 & 0 & K_{1,z-F_z} & K_{1,z-M_y} & 0 \\ 0 & 0 & K_{z-M_y} & K_{1,\theta_y-M_y} & 0 \\ 0 & K_{1,y-M_z} & 0 & 0 & K_{1,\theta_z-M_z} \end{bmatrix} \begin{Bmatrix} u_{1x} \\ u_{1y} \\ u_{1z} \\ \theta_{1y} \\ \theta_{1z} \end{Bmatrix} \tag{4.17}$$

이런 형태의 플랙셔에 저장된 총 변형률 에너지는 다음과 같이 주어진다.

$$U = U_a + U_{db,z} + U_{cb,z} + U_{db,y} + U_{cb,y} \tag{4.18}$$

위 식에서는 축방향 및 합성방향 굽힘효과의 기여분이 포함되어 있다. 앞서 제시되었던 에너지 식들과 다른 항들은 다음과 같다.

$$U_{db,y} = \frac{1}{2}(K_{1,z-F_z}u_{1z}^2 + K_{1,\theta_y-M_y}\theta_{1y}^2) \tag{4.19}$$

$$U_{cb,y} = K_{1,z-M_y}u_{1z}\theta_{1y} \tag{4.20}$$

4.3 개별 플랙셔 힌지들의 운동에너지

4.3.1 서언과 레일레이의 원리

2장의 목적은 (고정된) 끝단의 반대쪽에 위치한 (자유단으로 간주한) 한쪽 끝단이나 중간 위치의 변위나 회전을 사용하여 다양한 구조의 플랙셔 힌지들을 유연성(또는 강성)의 항으로 나타내는 것이다. 이를 통해서 주어진 플랙셔 힌지의 유연거동을 완벽하게 나타낼 수 있는 유한한 숫자의 자유도를 선정할 수 있다. 넛셸[33*] 내에서, 이 방법은 연속체의 분산된 탄성 성질들을 유한한 숫자의 자유도로 변환시킴으로써 실질적으로 원래의 성질과 등가인 불연속체로 **이산화**시켜준다. 플랙셔 힌지의 분포질량 특성을 자유도의 측면에서 탄성특성 이산화를 통해서 이미 정의된 원래 시스템과 등가인 집중관성으로 변환시키기 위해서 이와 유사한 이산화 과정이 적용된다. 이런 등가를 구현하기 위한 기준은 에너지이다. 특히 운동에너지의 측면에서 원래의 분포관성 플랙셔 힌지의 운동에너지와 동일한 이산화 관성 시스템을 정의한다. 플랙셔 힌지의 관성을 이산화하는 목적은 모든 관성 특성들이 포함되어 선형화된 지배방정식이 다음과 같은 행렬식 형태를 가지고 있는 동역학 방정식의 **비감쇄 자유응답**(모달해석)을 구하는 것이다.

[33*] nutshell

$$[M]\left\{\frac{d^2u}{dt^2}\right\}+[K]\{u\}=\{0\} \tag{4.21}$$

또는 다음과 같은 행렬식 형태를 가지고 있는 동역학 방정식의 **비감쇄 강제응답**을 구하는 것이다.

$$[M]\left\{\frac{d^2u}{dt^2}\right\}+[K]\{u\}=\{F\} \tag{4.22}$$

식 (4.21)과 (4.22)에서, $[K]$는 2장에 제시되어 있는 다양한 플랙셔 힌지들에 대해서 행렬식의 구성성분들이 유도되어 있는 **유연행렬** $[C]$의 역수인 **강성행렬**이며 $[M]$은 여기서 유도할 질량행렬이다. 여기서는 단일, 다중 및 2축 플랙셔 힌지에 대한 관성 이산화 과정에 대한 논의도 수행할 예정이다. 축방향, 굽힘 및 비틀림 효과들이 독립적으로 작용하므로, 서로 독립적이라고 가정하며, 이 가정은 이런 효과들을 개별적으로 취급하는 일반적인 1차 빔 이론과도 부합된다. 굽힘이 축방향 및 비틀림 효과와 상호 연계되어 있는 2차 빔 이론에 기초하여 집중상수 관성비율을 유도하는 문제는 이 책의 범주를 넘어서는 일이다.

빔 형태를 갖는 부재의 진동응답을 해석하는 데에는 두 가지 모델이 가장 자주 사용된다. 2장에서 장축 빔으로 간주하는 빔 형태의 요소를 포함하고 있는 대부분의 공학적 사례에서는 오일러–베르누이 모델을 사용하여 가장 정확한 결과를 얻을 수 있다. 굽힘을 받는 오일러–베르누이 빔의 자유응답은 4차 편미분방정식이며, 공간(빔 위에서의 현재 위치)과 시간이라는 두 개의 변수에 따라서 미지수와 변형이 결정된다. 이 편미분방정식의 상세한 해석과정은 예를 들어 톰슨,[18] 인먼[19] 그리고 위버 등[20]을 참조하기 바란다.

(앞서 언급한 참고문헌에 소개되어 있는)티모센코 모델을 통해서 **전단효과**(2장에서는 굽힘을 받는 단축 빔 요소에 대해서 설명하였다)와 **회전관성**이라는 두 가지 추가적인 영향에 따른 빔 요소의 진동응답에 대해 더 자세히 설명할 수 있다. 티모센코 빔의 진동모델은 상호 연성된 두 개의 4차 편미분방정식(이에 대해서도 앞서 언급한 문헌을 참조하기 바란다)으로 이루어진다. 전단효과를 고려했을 때와 이를 무시하였을 때에 플랙셔 힌지의 유연 특성이 어떻게 변하는지에 대해서 2장에서 설명하였다. 여기서도 굽힘진동을 유발하는 플랙셔 힌지의 관성특성을 유도하기 위해서 이런 두 가지 모델을 이용할 예정이다.

톰슨[18]이 제시한 **유효 관성법** 또는 **레일레이법**은 예를 들어, 모달(고유주파수) 계산 시 유일한 질량요소로 간주하는 다른 무거운 요소에 연결되어 있는 보나 빔과 같은 요소의 분포질량에 따른 영향을 고려하기 위한 방법을 제공해준다. 이 방법은 기본적으로 실제 시스템과 등가 시스템의 운동에너지가 같도록 만들어서 이런 경량, 유연부재의 분포관성을 지정된 위치에 집중된 등가의 (유효)관성으로 변환시켜준다. 이런 등가변환 과정에서, 속도 분포는 소스 변위와 동일하다고 가정한다. 다시 말해서 직선속도의 분포는 직선변위분포와 동일한 반면에 각속도 분포는 각도변위 분포와 동일하다.

4.3.2 장축(오일러-베르누이)부재로서 플랙셔 힌지의 관성특성

2장의 초반부에서 설명했듯이 **오일러-베르누이 빔 모델**이 사용되지만, 넛셀의 경우에는 두 가지 가정이 기본적으로 적용된다.

- 굽힘/부하가 적용된 이후에도 평면부는 평면을 유지하며 변형된 중립축에 대해서 수직이다(베르누이 가정).
- 빔 형상의 부재들은 길이가 길다고 가정한다. 따라서 전단효과를 고려하지 않는다.

실제 플랙셔 힌지의 분포관성 시스템이 자유단으로 간주하는 플랙셔 힌지 끝단에 관성이 집중된 등가의 이산화 모델로 변환된다. 다음에서 보여주듯이, 이 넛셀 모델은 플랙셔 힌지의 유연거동에 따른 회전자유도를 고려하므로 회전관성항이 추가되기 때문에 순수한 오일러 빔 모델이 아니다. 로본티우 등[21]은 압전 작동기로 구동하는 외팔보의 굽힙진동에 대해서 집중질량을 유도하는 과정에서 회전관성을 무시하고 오일러-베르누이 빔을 단순화하여 해석을 수행하였다. 리 등[22, 23]은 고정 또는 비균질 탄성 지지된 경계조건을 가지고 있는 단면형상이 변하는 빔에 대해서 다수의 무차원 매개변수들과 근사 다항식을 사용하여 유도한 4차 편미분방정식을 풀어서 물성치와 단면적의 변화에 따른 횡진동을 고찰하였다. 위버 등[20]은 회전효과에 대한 고찰을 통해서 진동하는 빔의 동적 모델링 과정에서 고주파 응답을 정확히 산출하기 위해서는 회전관성을 고려하는 것이 매우 중요하다는 것을 검증했다.

4.3.2.1 단일축 플랙셔 힌지

이 장의 앞쪽에서 언급했듯이, 유연성/강성 이산화를 통해서 플랙셔 힌지의 3자유도를 나타내는 3×3 크기의 대각선 관성행렬식을 사용하여 단일축 플랙셔 힌지의 관성을 나타낼 수 있다. 세 개의 관성 항들(m_x, m_y 및 J_z)은 서로 비상관 특성을 가지고 있으므로, 서로 독립적인 항으로 간주할 수 있다. m_x 및 m_y는 각각 하나의 플랙셔에 대한 국부좌표계의 x 및 y 방향에 대한 병진운동 질량이며, 다음과 같은 운동에너지를 가지고 있다.

$$T_{tr} = \frac{1}{2} m_x v_x^2 + \frac{1}{2} m_y v_y^2 \tag{4.23}$$

여기서 v_x와 v_y는 각각 고정된 기준좌표계에 대한 병진운동질량 m_x 및 m_y의 운동속도이다. 이에 대해서는 위에서 특정한 플랙셔 기반 유연 메커니즘의 동특성을 해석하면서 더 자세히 설명할 예정이다. 단일축 플랙셔 힌지의 관성 이산화에는 회전관성도 포함되며, 운동에너지는 다음과 같이 주어진다.

$$T_{rot} = \frac{1}{2} J_z \omega_z^2 \tag{4.24}$$

각속도 ω_z 역시 고정된 기준좌표계에 대해서 계산해야 한다. 다양한 유연 메커니즘사례들에 대한 고찰 과정에서 이에 대한 더 상세한 설명을 할 예정이다. 병진과 회전 운동에너지를 합산하여 총 운동에너지를 구할 수 있다.

$$T = T_{tr} + T_{rot} \tag{4.25}$$

2장에 따르면, 단일축 플랙셔 힌지의 거동은 기본적으로 $C_{1,x-F_x}$(축방향 효과), $C_{1,y-F_y}$ 및 C_{1,θ_z-M_z}(직접 굽힘효과) 그리고 $C_{1,y-M_z}$(교차굽힘효과) 등 4개의 유연성 계수들을 사용하는 평면 내 유연성으로 정의할 수 있다. 이들 네 개의 유연성 계수들을 자유단 축방향 변위 u_{1x} 및 y 방향 변위 u_y 그리고 회전각도(기울기) θ_{1z}로 이루어진 3차원 변위벡터 $\{u\}$에 대한 3×3 크기의 유연행렬식으로 만들 수 있다. 이런 형태의 이산화는 앞서 언급한 노드변위에 기초하여 3자유도를 가지고 있다. 따라서 질량행렬도 3×3 크기를 갖게 되며, (예를 들어 강제응답에 대한)동역학 방정식의 일반적인 형태는 다음과 같아야만 한다.

$$\begin{bmatrix} m_{1x} & 0 & 0 \\ 0 & m_{1y} & 0 \\ 0 & 0 & J_{1z} \end{bmatrix} \begin{Bmatrix} \ddot{u}_{1x} \\ \ddot{u}_{1y} \\ \ddot{\theta}_{1z} \end{Bmatrix} + \begin{bmatrix} K_{1,x-F_x} & 0 & 0 \\ 0 & K_{1,y-F_y} & K_{1,y-M_z} \\ 0 & K_{1,y-M_z} & K_{1,\theta_z-M_z} \end{bmatrix} \begin{Bmatrix} u_{1x} \\ u_{1y} \\ \theta_{1z} \end{Bmatrix} = \begin{Bmatrix} F_{1x} \\ F_{1y} \\ M_{1z} \end{Bmatrix} \tag{4.26}$$

식 (4.26)의 경우, 노드 부하벡터의 성분들이 1번 노드에 작용한다고 가정한다. 식 (4.26)의 3자유도는 관성에 대해서 **비상관[34*]**이라고 가정하므로 질량행렬은 대각선 형태로 만들어진다. 이 식의 물리적인 배경은 **그림 4.1**에서와 같이, 축방향 및 굽힘방향으로 변형이 가능한 질량이 없는 유연부재의 끝에 연결된 고체 덩어리가 평면 방향으로만 움직일 수 있는 경우를 가정하고 있다.

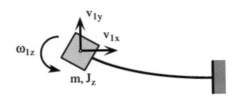

그림 4.1 유연부재의 끝에 부착되어 3자유도를 가지고 있는 질량체

이 고체 덩어리는 유연 부재의 축방향 변형에 의해서 x 방향으로 움직일 수 있으며, 유연 부재의 굽힘 변형에 의해서 y 방향으로 움직일 수 있고, 유연 링크의 끝단 기울기에 의해 좌표축을 기준으로 회전할 수 있다. 관성이 분포되어 있는 플랙셔 힌지를 질량이 이산화(집중)된 등가 시스템으로 변환시킬 때에도 이와 유사한 문제를 다루게 된다. 두 경우들 사이의 유일한 차이점은 3자유도 시스템에 대한 등가변환과정을 통해서 관성성분들(식 (4.26)의 m_x, m_y 및 J_z)이 구해진다는 것이다.

단순히 분포특성을 가지고 있는 유연부재의 자유응답에 대한 분석을 통해서 레일레이의 원리에 기초한 가정을 정당화시킬 수 있다. 예를 들어 인면[19]에서 제시하고 있듯이, 이런 경우의 해를 **공간의존성 해**와 **시간의존성 해** 사이의 곱으로 다음과 같이 나타낼 수 있다.

$$u(x,t) = u(x)u(t) \tag{4.27}$$

유연부재 상의 주어진 위치와 주어진 시간에서의 속도는 식 (4.27)의 변위함수를 시간에 대해 미분하여 구할 수 있다.

$$v(x,t) = u(x)\frac{du(t)}{dt} \tag{4.28}$$

34* decoupled

이 식에 따르면 속도장은 소스의 변위장과 동일한 공간분포를 가지고 있다는 것을 알 수 있다.

그림 4.2에 주어진 이산화된 질량요소들에 대해서 플랙셔 힌지의 축방향 부하와 굽힘을 개별적으로 해석한다. 앞에서 설명했던 것처럼, 2차원 플랙셔 힌지를 개별적이며 기계적으로 비상관 상태인 3개의 관성성분들로 이산화한다. 질량성분들 중 하나인 m_x는 플랙셔 힌지의 축방향 진동을 일으킨다. 질량성분들 중 하나인 m_y는 굽힘방향으로의 진동과 병진운동 유발하는 분포질량성분이다. 마지막으로 질량관성모멘트 J_x에 의한 물체의 회전운동도 굽힘에 의해서 유발된다. (유연 빔의 변형과 회전이 동시에 일어나는 경우에서처럼) 상호 연관에 의해서 생성되는 연성과정을 통해서 마지막 두 개의 관성 성분들이 결정된다. 유연-인장부재의 등가질량-강성모델을 나타낸 **그림 4.3**을 통해서 이 상태를 설명할 수 있다.

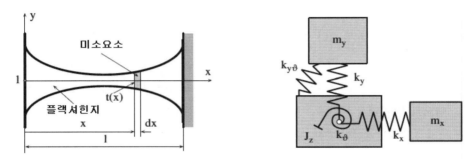

그림 4.2 진동하는 플랙셔 힌지와 유효관성 추출을 위한 미소요소   **그림 4.3** 이산화된 강성과 관성을 가지고 있는 단일축 플랙셔 힌지의 개념도

4.3.2.1.1 축방향 진동

그림 4.2에 도시되어 있는 요소의 x축에 대한 운동에너지를 다음과 같이 일반화하여 나타낼 수 있다.

$$dT_a = \frac{1}{2}\rho A(x)v_x^2(x)dx \tag{4.29}$$

여기서 ρ는 소재의 밀도, $A(x)$는 단면적 그리고 $v_x(x)$는 플랙셔 자유단의 끝에서 거리 x 위치의 속도이다. 2장에서 설명했듯이, 1번 자유단의 축방향 변위를 이 점에 작용하는 힘과 축방향 유연성 $C_{1,x-F_x}$의 항으로 다음과 같이 나타낼 수 있다.

$$u_{1x} = C_{1,x-F_x}F_{1x} \tag{4.30}$$

그리고 다양한 플랙셔 힌지 구조들에 대해서 축방향 유연성이 제시되어 있다. 플랙셔 자유단의 끝에서 임의거리 x 위치의 변위와 작용력 F_{1x} 사이의 관계를 다음과 같이 나타낼수도 있다.

$$u_x(x) = C_{x,x-F_x}(x)F_{1x} \tag{4.31}$$

자유단과 현재 위치 사이에 위치한 요소의 탄성특성을 고려하여 축방향 유연성을 다음과 같이 나타낼 수 있다.

$$C_{x,x-F_x}(x) = \frac{1}{E}\int_0^x \frac{1}{A(x)}dx \tag{4.32}$$

식 (4.30)과 (4.31)을 결합하면,

$$u_x(x) = f_a(x)u_{1x} \tag{4.33}$$

여기서

$$f_a(x) = \frac{C_{x,x-F_x}(x)}{C_{1,x-F_x}} \tag{4.34}$$

속도장 분포가 변위장 분포와 동일하다는 가정을 적용하면 다음 식이 성립한다.

$$v_x(x) = f_a v_{1x} \tag{4.35}$$

식 (4.35)를 식 (4.29)에 대입한 후에 플랙셔 힌지 전체 길이에 대해서 적분하면 플랙셔가 축방향으로 진동할 때의 총 운동에너지를 구할 수 있다.

$$T_a = \frac{\rho v_{1x}^2}{2}\int_0^\ell A(x)f_a^2(x)dx \tag{4.36}$$

플랙셔 자유단의 끝에 매달려서 v_{1x}의 속도로 축방향 진동하는 등가 질량의 운동에너지는 다음과 같이 주어진다.

$$T = \frac{1}{2} m_x v_{1x}^2 \tag{4.37}$$

실제 시스템과 등가 시스템은 동일한 운동에너지를 가지고 있어야 하므로(즉, 식 (4.36)과 (4.37)은 동일한 크기를 가지고 있어야 한다), **유효질량** m_x는 다음과 같이 주어진다.

$$m_x = \rho \int_0^\ell A(x) f_a^2(x) dx \tag{4.38}$$

축방향 진동과 관련된 유효질량은 특정한 형태를 가지고 있는 플랙셔의 기하학적 형상에 의존하며, 불행히도, 2장에 제시되어 있는 유연성 계수들처럼 식 (4.38)의 m_x에 대한 적분식을 닫힌 형태의 방정식으로 유도할 수는 없다.

단면형상이 변하는 막대형상 부재가 축방향으로 진동하는 경우의 유효질량을 고정-자유 경계조건을 가지고 있는 균일단면 막대처럼 일반화된 간단한 방정식으로 만들었으며, 이를 검증하기 위해서 검사과정이 수행되었다. 톰슨[18]은 이런 막대형 부재의 유효질량(자유단 끝에 매달리는 질량)은 총 질량의 1/3이라는 것을 규명하였다. 2장에서 제시된 모든 형상의 단일축 플랙셔 힌지에 대해서 특정한 형상의 가변단면 플랙셔를 균일단면 형태로 변환하는 기하학적 조건들을 대입하여 식 (4.34)와 (4.38)을 풀었다. 예를 들어, 2장에서도 언급했듯이, 필렛 모서리형 플랙셔 힌지의 경우, 필렛 모서리 반경이 0인 조건을 적용하였으며, (원형을 제외한)여타 모든 형상의 단일축 플랙셔의 경우에는 변수 $c = 0$을 적용하였다. 모든 경우에 대해서, 앞서 설명한 유효질량을 산출하였다.

4.3.2.1.2 굽힘진동

굽힘진동을 유발하는 플랙셔 힌지의 등가(유효) 관성을 구하기 위해서 앞서와 유사한 방법이 사용되었다. 2장에서 설명하듯이, 굽힘을 해석할 때에 힘과 모멘트 사이의 커플링효과가 존재하기 때문에, 축방향 진동에 대한 유효질량을 구하기 위해서 사용했던 과정을 그대로 따라가면서 굽힘진동 공식을 유도하는 방법을 자세히 설명하기로 한다. 2장에서와 마찬가지로,

플랙셔 힌지의 자유단 기울기와 변형은 다음과 같이 나타낼 수 있다.

$$\begin{cases} \theta_{1z} = C_{1,y-M_z}F_{1y} + C_{1,\theta_z-M_z}M_{1z} \\ u_{1y} = C_{1,y-F_y}F_{1y} + C_{1,y-M_z}M_{1z} \end{cases} \tag{4.39}$$

플랙셔 끝단에 가해지는 부하에 의해서 임의의 위치에 생성되는 기울기와 변형을 나타낼 때에도 이와 유사한 관계식이 만들어진다.

$$\begin{cases} \theta_z(x) = C_{x,y-M_z}(x)F_{1y} + C_{x,\theta_z-M_z}(x)M_{1z} \\ u_y(x) = C_{x,y-F_y}(x)F_{1y} + C_{x,y-M_z}(x)M_{1z} \end{cases} \tag{4.40}$$

식 (4.40)의 유연성계수들은 다음과 같이 주어진다.

$$\begin{cases} C_{x,y-F_y}(x) = \dfrac{1}{E}\displaystyle\int_0^x \dfrac{x^2}{I_z(x)}dx \\[2mm] C_{x,y-M_z}(x) = \dfrac{1}{E}\displaystyle\int_0^x \dfrac{x}{I_z(x)}dx \\[2mm] C_{x,\theta_z-M_z}(x) = \dfrac{1}{E}\displaystyle\int_0^x \dfrac{1}{I_z(x)}dx \end{cases} \tag{4.41}$$

미소변형 빔 이론에 따르면, 기울기 함수는 변형함수를 공간변수로 미분한 값으로 다음과 같이 주어진다.

$$\theta_z(x) = \frac{du_y(x)}{dx} \tag{4.42}$$

그리고 식 (4.40)의 $u_y(x)$에 대해서 공간미분을 취하면 다음과 같이 기울기 함수를 구할 수 있다.

$$\theta_z(x) = \frac{dC_{x,y-F_y}(x)}{dx}F_{1y} + \frac{dC_{x,y-M_z}(x)}{dx}M_{1z} \tag{4.43}$$

식 (4.40)의 첫 번째 식과 식 (4.43)을 조합하면 M_{1z}를 F_{1y}의 항으로 나타낼 수 있다.

$$M_{1z} = f_y(x)F_{1y} \tag{4.44}$$

여기서

$$f_y(x) = \frac{\dfrac{dC_{x,y-F_y}(x)}{dx} - C_{x,y-M_z}(x)}{C_{x,\theta_z-M_z}(x) - \dfrac{dC_{x,y-M_z}(x)}{dx}} \tag{4.45}$$

식 (4.44)와 (4.45)는 임의 위치에서의 기울기와 변형을 단 하나의 부하성분만으로 나타낼 수 있기 때문에 축방향 진동과 관련된 질량비율을 결정하기가 용이하다.

굽힘에 의한 y축 방향으로의 횡진동을 유발하는 미소요소의 운동에너지는 다음과 같이 주어진다.

$$dT_{by} = \frac{1}{2}\rho A(x)v_y^2(x)dx \tag{4.46}$$

공간의존적 속도분포는 공간의존적 변위분포와 동일하다는 **레일레이의 가설**이 여기서도 다시 적용된다. 이에 따르면, 플랙셔 힌지의 현재 위치에서의 속도는 자유단 끝에서의 속도와 다음의 관계를 가지고 있다.

$$v_y(x) = f_{by}(x)v_{1y} \tag{4.47}$$

여기서

$$f_{by}(x) = \frac{C_{x,y-F_y}(x) + f_y(x)C_{x,y-M_z}(x)}{C_{1,y-F_y} + f_y(x)C_{1,y-M_z}} \tag{4.48}$$

y축 방향 병진운동에 따른 굽힘진동과 관련된 총 운동에너지는 식 (4.46)의 미소요소 운동

에너지를 적분하여 구할 수 있다.

$$T_{by} = \frac{\rho v_{1y}^2}{2} \int_0^\ell A(x) f_{by}^2(x) dx \tag{4.49}$$

플랙셔 힌지의 자유단 끝에 부착되어 길이방향 축선과 직교하는 방향으로 속도 v_{1x}의 진동을 유발하는 등가(유효)질량이 가지고 있는 운동에너지는 다음과 같이 주어진다.

$$T_{by} = \frac{1}{2} m_y v_{1y}^2 \tag{4.50}$$

식 (4.49)와 (4.50)은 동일한 양을 나타내고 있으므로, 이를 사용하여 y축 방향으로의 등가질량을 구할 수 있다.

$$m_y = \rho \int_0^\ell A(x) f_{by}^2(x) dx \tag{4.51}$$

가변단면적 플랙셔를 균일단면적 플랙셔로 변환한 다음에 이를 검증하기 위해서 적절한 기하학적 변수값을 대입하여 한계검사를 수행한 결과, 굽힘진동에 대한 유효질량을 사용하여 유도한 앞의 방정식은 정말로 해당 방정식을 균일단면 빔에 대한 방정식으로 변환시켜준다는 것을 확인하였다. 로본티우[24]에 따르면, 고정–자유 조건의 균일단면 외팔보에 대한 분포함수는 다음과 같이 주어진다.

$$f_{by}^* = 1 - \frac{3}{2} \frac{x}{\ell} + \frac{1}{2} \frac{x^3}{\ell^3} \tag{4.52}$$

식 (4.52)와 (4.49) 및 (4.50)을 조합하면 균일단면 외팔보의 유효질량을 구할 수 있다.

$$m_y^* = \frac{33}{140} m \tag{4.53}$$

여기서 m은 빔 요소의 총 질량이다. 축방향 진동에 대한 유효질량을 구할 때에 사용한 것과 동일한 기하학적 제한조건(즉, 필렛 모서리형 플랙셔 힌지의 경우 필렛 반경이 0이며, (원형을 제외한)여타 모든 형상의 단일축 플랙셔의 경우에는 변수 $c = 0$)을 적용하면, 모든 플랙셔 힌지들에 대해서 식 (4.48)과 (4.51)을 풀면 식 (4.53)의 결과값이 도출된다.

이와 매우 유사하게, 2장의 **그림 2.20a**에 제시된 미소요소에서 굽힘에 의해서 생성되는 회전 효과는 다음과 같은 운동에너지를 생성한다.

$$dT_{b\theta_z} = \frac{1}{2}\rho I_z(x)\omega_z^2(x)dx \tag{4.54}$$

여기서 $\omega_z(x)$는 고려의 대상인 미소요소의 각속도이다. 여기서 다시, 레일레이의 원리에 따르면 굽힘에 의한 각속도는 소스의 각속도 분포와 동일한 분포를 갖는다. 그러므로

$$\theta_z(x) = f_{b\theta_z}(x)\theta_{1z} \tag{4.55}$$

또한,

$$\omega_z(x) = f_{b\theta_z}(x)\omega_{1z} \tag{4.56}$$

축방향 인장 및 y방향 병진굽힘에 대한 질량을 유도하는 과정에서 사용되었던 것과 동일한 방법이 여기서도 사용되며, 등가 극관성 질량 모멘트는 다음과 같이 주어진다.

$$J_z = \rho \int_0^\ell I_z(x)f_{b\theta_z}^2(x)dx \tag{4.57}$$

여기서

$$f_{b\theta_z}(x) = \frac{C_{x,y-M_z}(x) + f_y(x)C_{x,\theta_z-M_z}(x)}{C_{1,y-M_z} + f_y(x)C_{1,\theta_z-M_z}} \tag{4.58}$$

4.3.2.2 다중축 플랙셔 힌지

다중축 플랙셔 힌지의 경우, 탄성특성의 이산화를 통해서 6자유도 집중상수 등가부재를 도출할 수 있다. 이 경우 병진운동에 대한 운동에너지는 다음과 같이 주어진다.

$$T_{tr} = \frac{1}{2}m_x v_x^2 + \frac{1}{2}m_y(v_y^2 + v_z^2) \tag{4.59}$$

반면에, 회전운동에 대한 운동에너지는 다음과 같이 주어진다.

$$T_{rot} = \frac{1}{2}J_x \omega_x^2 + \frac{1}{2}J_y(\omega_y^2 + \omega_z^2) \tag{4.60}$$

2장에서는 다중축(회전형이므로 3차원) 플랙셔 힌지를 $C_{1,x-F_x}$(축방향 유연성), $C_{1,y-F_y}$ 및 C_{1,θ_z-M_z}(직접-굽힘효과), $C_{1,y-M_z}$(교차-굽힘효과) 그리고 C_{1,θ_x-M_x}와 같이 다섯 개의 유연성 항들을 사용하여 정의하였다. 이들 다섯 개의 유연성 항들은 6×6 크기의 유연행렬식을 구성하며 이를 이용하여 다음과 같은 변위벡터 $\{u\}$를 구할 수 있다.

$$\{u_1\}^T = \{u_{1x},\ u_{1y},\ u_{1z},\ \theta_{1x},\ \theta_{1y},\ \theta_{1z}\}^T \tag{4.61}$$

단일축 플랙셔 힌지의 질량-관성 행렬을 유도하는 경우와 유사하게, 다중축 플랙셔 힌지에 대해서 0이 아닌 항들이 다음과 같이 주어진 6×6 크기의 대각선 질량-관성행렬을 유도할 수 있다.

$$\begin{cases} m_{11} = m_x \\ m_{22} = m_{33} = m_y \\ m_{44} = J_x \\ m_{55} = m_{66} = J_y \end{cases} \tag{4.62}$$

관성항 m_x, m_y 및 J_y들은 하나의 플랙셔 힌지에 대해서 유도된 값이다. 질량의 극관성 모멘트 J_x는 비틀림과 관련되어 있으며 축방향 효과와 관련된 질량성분을 구할 때와 비슷한 방식으로 계산할 수 있다. 플랙셔 힌지 미소요소의 비틀림 운동에너지는 다음과 같이 주어진다.

$$dT_t = \frac{1}{2}\rho I_p(x)\omega_x^2(x)dx \tag{4.63}$$

여기서 $\omega_x(x)$는 비틀림 진동에 의해서 유발된 미소요소의 각속도이며 $I_p(x)$는 가변 원형단면 플랙셔의 단면 극모멘트이다. 회전형 플랙셔 힌지의 자유단에서의 비틀림 회전각도는 2장에서 설명했던 것처럼, 다음과 같이 주어진다.

$$\theta_{1x} = C_{1,\theta_x - M_x}M_{1x} \tag{4.64}$$

마찬가지로 미소요소의 회전각도는 다음과 같이 주어진다.

$$\theta_x(x) = C_{x,\theta_x - M_x}(x)M_{1x} \tag{4.65}$$

여기서

$$C_{x,\theta_x - M_x}(x) = \frac{1}{G}\int_0^x \frac{1}{I_p(x)}dx \tag{4.66}$$

식 (4.64)와 (4.65)를 조합하면 다음 식을 얻을 수 있다.

$$\theta_x(x) = f_t(x)\theta_{1x} \tag{4.67}$$

여기서

$$f_t(x) = \frac{C_{x,\theta_x - M_x}(x)}{C_{1,\theta_x - M_x}} \tag{4.68}$$

레일레이의 원리에 따르면, 플랙셔 힌지의 길이방향 축선에 대한 각속도는 축방향 각도변위와 동일한 공간분포를 갖는다. 따라서,

$$\omega_x(x) = f_t(x)\omega_{1x} \qquad (4.69)$$

비틀림에 관련된 총 운동에너지는 다음과 같이 주어진다.

$$T_t = \frac{\rho\omega_1^2}{2}\int_0^\ell I_p(x)f_t^2(x)dx \qquad (4.70)$$

회전형 플랙셔 힌지의 자유단에 부착되어 있는 등가 디스크는 다음과 같은 운동에너지를 가지고 있다.

$$T_t = \frac{1}{2}J_x\omega_1^2 \qquad (4.71)$$

식 (4.70)과 (4.71)이 동일한 운동에너지를 나타내고 있으므로, 유효 극관성 질량 모멘트는 다음과 같이 주어진다.

$$J_x = \rho\int_0^\ell I_p(x)f_t^2(x)dx \qquad (4.72)$$

비틀림 하중을 받는 고정–자유 조건의 원형 균일단면 막대의 각도(비틀림) 변형에 대한 분포함수는 다음과 같은 형태를 가지고 있다.

$$f_t^*(x) = 1 - \frac{x}{\ell} \qquad (4.73)$$

여기서 ℓ은 막대의 총 길이이며 x는 자유단에서부터의 가변거리이다. 식 (4.73)과 식 (4.68) 및 (4.72)를 조합하면 다음과 같이 균일단면 막대에 대한 유효 극관성 질량 모멘트를 구할 수 있다.

$$J_x^* = \frac{1}{3}J \qquad (4.74)$$

여기서 J는 막대 전체의 길이방향 축선에 대한 **유효 극관성 질량 모멘트**이다. 식 (4.68)과

(4.72)에 앞서 적용했던 기하학적 한계조건—즉, 필렛 모서리형 플랙셔 힌지의 경우 필렛 반경이 0이며, (원형을 제외한)여타 모든 형상의 단일축 플랙셔의 경우에는 변수 $c = 0$을 부가하면 식 (4.74)가 유도되며, 이를 통해서 다중축 플랙셔 힌지의 유효 극관성 질량 모멘트에 대해서 유도된 일반화된 방정식의 타당성을 검증할 수 있다.

4.3.2.3 2축 플랙셔 힌지

2축 플랙셔 힌지를 질량과 강성의 측면에서 5자유도를 가지고 있는 등가의 부재로 이산화하였다. 독립적인 3개의 질량에 대해서 병진운동에너지가 다음과 같이 주어진다.

$$T_{tr} = \frac{1}{2}m_x v_x^2 + \frac{1}{2}m_y v_y^2 + \frac{1}{2}m_z v_z^2 \tag{4.75}$$

반면에 회전 운동에너지는 다음과 같이 주어진다.

$$T_{rot} = \frac{1}{2}J_y \omega_y^2 + \frac{1}{2}J_z \omega_z^2 \tag{4.76}$$

2장에서는 3차원 2축 플랙셔 힌지에 대해서 설명하였다. 이 플랙셔 힌지를 $C_{1,x-F_x}$(축방향 유연성), $C_{1,z-F_z}$, C_{1,θ_y-M_y}, $C_{1,y-F_y}$ 그리고 C_{1,θ_z-M_z}(직접–굽힘효과) 그리고 $C_{1,y-M_z}$ 및 $C_{1,z-M_y}$(교차–굽힘효과), 와 같은 유연성 항들을 사용하여 정의하였다. 다음에 주어진 변위 벡터 $\{u\}$는 5차원이므로, 이 유연성 항들은 5×5 크기의 행렬식을 이룬다.

$$\{u_1\} = \{u_{1x},\ u_{1y},\ u_{1z},\ \theta_{1y},\ \theta_{1z}\}^T \tag{4.77}$$

또한 집중질량 행렬식도 5×5 크기의 대각선 행렬을 이루며 0이 아닌 항들은 다음과 같이 주어진다.

$$\begin{cases} m_{11} = m_x \\ m_{22} = m_y \\ m_{33} = m_z \\ m_{44} = J_y \\ m_{55} = J_z \end{cases} \tag{4.78}$$

식 (4.78)의 관성항들을 유도하는 과정은 단일축 플랙셔 힌지의 경우와 동일하므로 여기서는 다시 설명하지 않겠다. 실제로, 축방향 질량 m_x와 y방향 굽힘 질량 m_y 그리고 z방향 회전관성 J_z는 각각 식 (4.38), (4.51) 그리고 (4.57)에 주어져 있다. m_z와 J_y의 유도과정은 각각 m_y 및 J_z의 유도과정과 동일하다. m_z는 다음과 같이 주어진다.

$$m_z = \rho \int_0^\ell A(x) f_{bz}^2(x) dx \tag{4.79}$$

여기서

$$f_{bz}(x) = \frac{C_{x,z-F_z}(x) + f_z(x) C_{x,z-M_y}(x)}{C_{1,z-F_z} + f_z(x) C_{1,z-M_y}} \tag{4.80}$$

그리고

$$f_z(x) = \frac{\dfrac{dC_{x,z-F_z}(x)}{dx} - C_{x,z-M_y}(x)}{C_{x,\theta_y-M_y}(x) - \dfrac{dC_{x,z-M_y}(x)}{dx}} \tag{4.81}$$

2장에 제시되어 있는 다양한 형상의 플랙셔 힌지들 중에서 유연성 계수들을 명확하게 유도할 수 있는 역포물선형 플랙셔 힌지에 대해서 점검이 수행되었다. 식 (4.79), (4.80) 및 (4.81)에 사용된 모든 유연성 항들의 c_1과 c_2 값들을 0으로 놓으면(이중 프로파일 역포물선형 플랙셔를 균일단면 외팔보로 변형시킴을 의미) 식 (4.53)을 통해서 식 (4.79)에서 제시된 유효질량의 타당성을 다시 검증할 수 있다.

이와 유사한 방식으로 y방향 회전관성을 구하면 다음과 같다.

$$J_y = \rho \int_0^\ell I_y(x) f_{b\theta_y}^2(x) dx \tag{4.82}$$

여기서

$$f_{b,\theta_y}(x) = \frac{C_{x,z-M_y}(x) + f_z(x)\,C_{x,\theta_y-M_y}(x)}{C_{1,z-M_y} + f_z(x)\,C_{1,\theta_y-M_y}} \tag{4.83}$$

4.3.3 단축(티모센코)부재로서 플랙셔 힌지의 관성특성

앞서 설명했었듯이, 빔 형상을 가지고 있는 부재의 굽힘진동에 대한 티모센코식 접근법은 전단효과를 고려해야만 하는 짧은 부재의 거동을 더 정확하게 나타낼 수 있다. 본질적으로, 티모센코 빔 모델은 회전관성에 의해 유발된 효과들도 포함하고 있지만, 오일러−베르누이 모델도 회전자유도에 해당하는 관성항을 포함하기 위해서 이런 효과를 고려할 수 있다는 것을 앞서 설명한 바 있다. 2장에서 상세히 설명한 바 있지만, 플랙셔 힌지를 전단효과가 발생하는 단축부재로 간주하는 경우에, 여기에서는 이로 인한 이산화된 관성 특성을 구하기 위해서 **티모센코 모델**을 사용한다. 축방향 진동의 측면에서는 두 가지 모델 사이에 아무런 차이가 없기 때문에, 축방향 진동을 통해서 생성되는 관성은 오일러−베르누이 플랙셔 힌지의 경우와 동일하다. 그러므로 축방향 질량에 대해서는 여기서 다시 다루지 않는다.

다음에서는 단일축 플랙셔 힌지에 대한 관성 이산화의 과정과 방정식에 대해서 자세히 살펴보기로 한다. 2장에서 살펴본 바에 따르면, 단축 플랙셔 힌지는 굽힘시 변형률을 생성하는 추가적인 전단효과를 고려해야만 하기 때문에 유연성이 변한다. 이로 인하여, 이런 플랙셔 힌지의 자유단 끝의 변형은 다음과 같이 주어진다.

$$u_{1y}^s = (C_{1,y-F_y} + C_{1,y-F_y}^*)F_{1y} + C_{1,y-M_z}M_{1z} \tag{4.84}$$

여기서 상첨자 s는 굽힘과 전단에 의한 총 변형을 의미하는 반면에 상첨자 *는 전단효과를 고려하여 2장에서 유도된 유연성을 의미한다. 앞서 오일러 베르누이 플랙셔 힌지의 질량 이산화 과정에서 설명했듯이, 플랙셔의 자유단으로부터 거리 x에 위치한 점의 변위에 대해서 식 (4.84)와 유사한 방정식을 유도할 수 있다.

$$u_y^s(x) = [C_{x,y-F_y}(x) + C_{x,y-F_y}^*(x)]F_{1y} + C_{x,y-M_z}(x)M_{1z} \tag{4.85}$$

여기서 x 방향에 의존적인 유연성 $C_{x,y-F_y}(x)$와 $C_{x,y-M_z}(x)$는 식 (4.41)에 주어져 있으며 상첨자 *가 표기되어 있는 유연성은 식 (4.84)와 동일한 조건이다. 2장에서 제시된 식들에 기초하여 전단을 고려한 유연성을 계산하면 다음과 같은 식을 얻을 수 있다.

$$C_{1,y-F_y} = \frac{\alpha E}{G} C_{1,x-F_x}$$
$$C^*_{x,y-F_y}(x) = \frac{\alpha E}{G} C_{x,x-F_x}(x) \tag{4.86}$$

위 식에서는 식 (4.32)에서 정의된 $C_{x,x-F_x}$를 사용하였다. 식 (4.86)의 첫 번째 식과 식 (4.84)를 사용하면 다음 식을 구할 수 있다.

$$u^s_{1y} = \left(C_{1,y-F_y} + \frac{\alpha E}{G} C_{1,x-F_x} \right) F_{1y} + C_{1,y-M_z} M_{1z} \tag{4.87}$$

이와 마찬가지로, 식 (4.86)의 두 번째 식과 식 (4.86)을 사용하면 다음 식을 구할 수 있다.

$$u^s_y(x) = \left(C_{x,y-F_y}(x) + \frac{\alpha E}{G} C_{x,y-F_y}(x) \right) F_{1y} + C_{x,y-M_z}(x) M_{1z} \tag{4.88}$$

단일축 플랙셔 힌지의 병진관성을 유도하는 과정에서 상세히 설명했던 가정에 따르면, 변형은 다음의 법칙에 따라 길이방향으로 분포된다.

$$u^s_y(x) = f^s_{by} u^s_{1y} \tag{4.89}$$

여기서 분포함수는 다음과 같이 주어진다.

$$f^s_{by}(x) = \frac{C_{x,y-F_y}(x) + \frac{\alpha E}{G} C_{x,x-F_x}(x) + f_y(x) C_{x,y-M_z}(x)}{C_{1,y-F_y} + \frac{\alpha E}{G} C_{1,x-F_x} + f_y(x) C_{1,y-M_z}} \tag{4.90}$$

여기서도 **레일레이의 가정**이 다시 적용된다. 이에 따르면 병진방향 굽힘에 의해서 생성된 진동의 속도장은 변형의 분포와 동일한 형태로 분포된다. 오일러-베르누이 빔의 경우와 동일한 방식으로, 티모센코 단일축 플랙셔 힌지의 병진방향 진동에 대한 등가 이산화 관성항은 다음과 같이 주어진다.

$$m_y^s = \rho \int_0^\ell A(x)[f_{by}^s(x)]^2 dx \tag{4.91}$$

앞서와 동일한 방식을 사용하여 티모센코 다중축 플랙셔 힌지와 2축 플랙셔 힌지의 경우에 대한 관성항을 손쉽게 유도할 수 있다. 오일러–베르누이 플랙셔 힌지를 해석하는 경우에 대해서 이미 설명한 바 있듯이, 이를 유도하기 위해서는 최소한의 변형만이 필요할 뿐이기 때문에 이에 대해서는 여기서 설명하지 않는다. 그런데 여기서 일반적인 형태로 유도된 방정식들을 포함하는 관성항들을 사용하여 2장에서 주어진 플랙셔 구조에 대한 닫힌 형태의 해석을 수행하는 것은 어렵기 때문에 이를 해석하기 위해서는 수치해석 기법을 사용해야만 한다.

4.4 플랙셔 기반 유연 메커니즘의 자유응답과 강제응답

4.4.1 서언

이 책에서 제시되어 있는 수학적 모델링을 통해서 유연성(또는 강성)과 관성항을 사용하여 다양한 형태의 플랙셔 힌지들의 거동을 해석하였다. 라그랑주 방정식의 주요 구성요소들인 총 탄성 위치에너지와 총 운동에너지를 사용하여 특정한 플랙셔 기반 유연 메커니즘에 대해 해석을 수행하기에는 이것으로 충분하다. 플랙셔 기반 유연 메커니즘 내에서 탄성 위치에너지는 서로 다른 자유도에 대해 각기 다른 강성값을 가지고 있는 복잡한 스프링으로 모델링한 플랙셔 힌지의 모든 탄성 성분들의 위치에너지 합을 나타낸다. 반면에 총 운동에너지는 강체 링크들과 플랙셔 힌지들의 운동에 의해 생성되며, 이 장에서는 플랙셔의 유효 관성성분들에 대해서 상세히 설명하였다. 식 (4.3)에 주어진 라그랑주 방정식을 유도해보면 일반적으로 손쉽게 풀어낼 수 없는 비선형 편미분방정식이 도출된다. 그러므로 (일반화 좌표계를 사용하는)모든 변수들과 이들의 미분값들 중에서 승수가 1보다 큰 항들을 무시하며 변수들의 곱과 변수 미분값들의 곱을 무시하는 등의 수단을 사용하여 미분방정식을 선형화할 필요가 있다. 변수들 내에서 비선형 항들을 제거하는 모든 필요한 수단들을 적용한 다음에, 결과로 도출되는 라그랑주 방정식은 일반적으로 식 (4.22)의 형태를 갖게 된다.

식 (4.22)는 기계적 시스템의 비감쇠 강제응답에 대한 수학적 모델을 나타내며, 당연히 플랙셔 기반 유연 메커니즘에도 적용된다. 유연 메커니즘에 외력이 작용하지 않으며, 따라서 지배 행렬식이 식 (4.21)과 같은 경우에는, 다양한 문제들에 대해서 기본으로 동일한 방정식이 사용된다.

식 (4.21)에서는 기본적으로 모달 주파수들과 기계 시스템의 공진거동을 나타내는 고유벡터/고유형상으로 이루어진 동적 시스템의 **비감쇠 자유응답**을 보여주고 있으며, 이 식은 주어진 메커니즘의 모달 응답을 결정하는 소스이다. 모달 주파수와 특히 (일련의 상승값들 중에서 첫 번째)고유주파수를 정확히 구하는 것은 특히 중요하다 유연 메커니즘은 (디바이스 전체가 공진을 일으킬 때에 최고 성능을 구현하는 경우에는)특정 모달 주파수와 일치하여 작동하도록 만들거나 시스템의 전반적인 성능에 해가 되기 때문에 주어진 공진 주파수를 완전히 회피하도록 만든다.

그림 4.4에서는 평면운동만으로 제한되어 있으며 자유단 끝에 질량이 부착된 고정−자유 빔에서 발생할 수 있는 몇 가지 (저차의)모드들을 보여주고 있다. 상용 유한요소 코드를 사용한 간단한 시뮬레이션을 통해서 이 모드들 이외의 고차 모드들도 검출할 수 있다. 이런 저차 모드들을 보여주는 것은 관성과 강성의 상호작용이 특정한 플랙셔 힌지를 정의하는 서로 다른 자유도들에 대한 개별 모드들의 거동에 어떻게 반영되는지를 보여주기 때문에 중요하다. **그림 4.4**에 설명되어 있는 사례의 경우, 이 책에서 플랙셔 힌지를 강성(유연성)과 관성의 항으로 나타낸 집중변수 (이산화)모델을 사용하여 이들 세 가지 모드들을 완벽하게 검출할 수 있다.

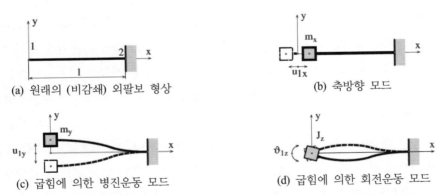

(a) 원래의 (비감쇠) 외팔보 형상 (b) 축방향 모드

(c) 굽힘에 의한 병진운동 모드 (d) 굽힘에 의한 회전운동 모드

그림 4.4 선단부에 질량이 집중되어 있는 유연 외팔보의 평면 내 모드들

식 (4.21)에서는 동적 시스템의 자유응답을 보여주고 있으며, 일반적으로 다음과 같은 형태

로 정리된다.

$$[A]\{\varPhi\}= \lambda\{\varPhi\} \tag{4.92}$$

여기서 $[A]$는 **동특성행렬식**(또는 시스템행렬식)이라고 부르며 다음과 같이 계산된다.

$$[A] = [K]^{-1}[M] \tag{4.93}$$

고유치[35*] λ는 해석대상 시스템의 특정한 각속도 ω에 의해서 다음과 같이 정의된다.

$$\lambda = \omega^2 \tag{4.94}$$

반면에 $\{\varPhi\}$는 특정한 고유치 λ에서의 **고유벡터**이다. 식 (4.92)의 행렬식으로부터 소위 **특성방정식[36*]**이 도출된다.

$$|[A] - \lambda[I]| = 0 \tag{4.95}$$

위 식을 고유치 λ에 대해서 풀어낸다(식 (4.95)의 $[I]$는 단위행렬이다). 식 (4.95)로부터 고유치들을 구하고 나면, 이를 식 (4.92)에 대입하여 각 고유치별로 고유벡터들을 구성할 수 있다. 매트랩(Matlab), 매스매티카(Mathematica), 매스캐드(Mathcad) 또는 메이플(Maple)과 같은 다양한 수학용 소프트웨어들을 사용하여 시스템의 자유응답을 손쉽게 풀어서 수치값이나 또는 심볼의 형태로 고유치 및 고유벡터로 이루어진 모달 해들을 구할 수 있다. 앞에서 설명했듯이, 식 (4.22)는 동적 시스템의 **비감쇄 강제응답**을 정의하고 있으며 과도응답 기간이 긴 시스템의 정상상태 응답을 구하거나 과도응답 기간이 짧은 시스템의 전체기간 응답을 구하는 데에 사용할 수 있다. 과도응답 기간이 긴 경우는 가진력 $\{F\}$가 비교적 긴 기간 동안 부가되며, 일반적으로 전체 시스템의 응답을 나타내기 위해서 필요한 총 자유도의 숫자들 중에서 일부만을 선정하여 문제를 단순화시켜야 한다. 동적 시스템의 고유벡터들 중에서 벡터 부분공

35[*] eigenvalue
36[*] characteristic equation

간을 선정하는 **모달합성**[37]* 방법이 가장 대표적인 사례이다. 벡터 부분공간 $\{S\}$는 다음과 같은 형태를 갖는다.

$$\{S\} = \sum_{i=1}^{m} v_i\{\Phi_i\} \tag{4.96}$$

여기서 v_i는 이미 알고 있는 고유벡터 $\{\Phi_i\}$에 대한 **중량계수**이다. 식 (4.96)을 식 (4.22)에 대입하고 필요한 계산들을 수행한 다음 고유벡터에 대한 단순화를 수행하고 나면(이에 대한 더 자세한 내용들은 마이로비치,[2] 톰슨[18] 또는 인먼[19] 등을 참조), 다음과 같은 결과식을 얻을 수 있다.

$$\frac{d^2 v_i}{dt^2} + \omega_i^2 v_i = F_i \tag{4.97}$$

여기서 F_i는 축소된 외력으로서 다음 식을 사용하여 계산한다.

$$F_i = \{\Phi_i\}^T \{F\} \tag{4.98}$$

반면에 축소된 고유치 ω_i는 다음과 같이 정의된다.

$$\omega_i^2 = \{\Phi_i\}^T [K] \{\Phi_i\} \tag{4.99}$$

식 (4.97)은 중량계수 $v_i(i = 1 \rightarrow m)$에 대해서 풀 수 있는 m과 유사한 미분방정식을 가지고 있는 시스템을 나타낸다. 그러므로 중량계수를 구하고 난 다음에는 이를 다시 축소된 동적 시스템의 응답을 결정하는 식 (4.96)에 대입한다.

외력이 짧은 시간동안 가해지며 임펄스 특성을 가지고 있어서, 과도응답기간이 짧은 시스템의 경우에 기계 시스템의 동적 응답이 가지고 있는 중요한 특징들을 놓치지 않는 신뢰성 있는

---

[37]* modal synthesis

해를 찾기 위해서는 식 (4.22)를 시간영역 내에서 직접 적분해야만 한다. 앞서 언급했던 수학용 소프트웨어들은 다양한 **시간스텝 기법**을 사용한 직접 시간적분의 기능을 갖추고 있다. 시간스텝 기법은 본질적으로 동적 방정식 내에서 이미 알고 있는 양과 알지 못하는 양들을 서로 연결시켜주는 시간스텝들에 의해서 서로 분리되어 있는 시간 스테이션들을 정의하여 전체 시간을 이산화시키는 방법을 사용하고 있다. 두 개의 연이은 시간간격들은 시간스텝 Δt(이 값은 일정할 수도, 변할 수도 있다)에 의해서 다음과 같은 연관관계를 갖고 있다.

$$t_{j+1} = t_j + \Delta t \tag{4.100}$$

방정식이 비선형인 경우를 포함하여 식 (4.22)의 이산화와 적분을 위한 다양한 기법(더 자세한 내용은 우드[25]의 논문 참조)들이 개발되었다. **룬지–쿠타 알고리즘**이 식 (4.22)의 해석을 위한 잘 알려진 도구이며 예측기–보상기도 사용할 수 있다. **뉴마크 방법**은 크기를 알 수 없는 변위벡터 $\{u\}$를 풀어내는 빠르고 신뢰성 있는 기법이므로 이에 대해서도 간단히 살펴보기로 한다. 뉴마크 방법은 항상 안정적이며 다음의 두 방정식에 기초한다.

$$\begin{cases} \{u_{j+1}\} = \{u_j\} + \Delta t \left\{ \dfrac{du_j}{dt} \right\} + \dfrac{\Delta t^2}{2}(1 - \beta_2) \left\{ \dfrac{d^2 u_j}{dt^2} \right\} + \dfrac{\Delta t^2}{2} \beta_2 \left\{ \dfrac{d^2 u_{j+1}}{dt^2} \right\} \\ \left\{ \dfrac{du_{j+1}}{dt} \right\} = \left\{ \dfrac{du_j}{dt} \right\} + \Delta t (1 - \beta_1) \left\{ \dfrac{d^2 u_j}{dt^2} \right\} + \Delta t \beta_1 \left\{ \dfrac{d^2 u_{j+1}}{dt^2} \right\} \end{cases} \tag{4.101}$$

변위벡터 $\{u\}$를 구하기 위해서는 식 (4.101)을 강제응답을 나타내는 동적 방정식인 식 (4.22) 및 초기조건(일반적으로 초기 변위와 초기속도)과 함께 사용해야만 한다.

플랙셔 기반 유연 메커니즘의 (준)정적 응답에 대한 3장의 논의에서와 비슷하게, 이 절에서는 직렬, 병렬 및 하이브리드 구조를 가지고 있는 평면형 및 공간형 플랙셔 기반 유연 메커니즘에 라그랑주 방정식을 적용하여 일반좌표계에 대해서 풀어내기 위해서 이들 메커니즘이 가지고 있는 탄성 위치에너지와 운동에너지 방정식의 주요 특징에 대해서 살펴본다. 자유응답이나 강제응답에 대한 동역학 방정식의 최종적인 형태를 일반화된 형태로 구하는 것은 불필요한 심볼들이 사용되며 복잡한 수학적 형태로 인하여 문제의 물리적 명확성을 훼손할 우려가 있으며, 이 책의 범주를 넘어서는 일이므로 여기서 다루지 않는다.

4.4.2 평면형 플랙셔 기반 유연 메커니즘

다음에서는 평면형 직렬, 병렬 및 하이브리드(직렬−병렬) 플랙셔 기반 유연 메커니즘에 대해서 라그랑주 방정식의 핵심 인자들인 운동에너지와 위치에너지 항들을 일반화된 형태로 유도할 예정이다. 또한 특정한 경우에 고려해야만 하는 일반화 좌표계의 숫자에 대해서도 논의할 예정이다.

4.4.2.1 직렬 유연 메커니즘

여기서는 식 (4.3)에 주어진 라그랑주 방정식을 유도하기 위해서 (그림 3.1에 도시된 것과 같이)n개의 단일축 플랙셔 힌지를 포함하고 있는 평면형 직렬 유연 메커니즘의 위치에너지와 운동에너지를 유도한다. 앞서 언급했던 것처럼 동역학 방정식을 일반화된 형태로 유도하는 것은 (가능하다 하더라도)복잡하므로 여기서는 자세히 다루지 않을 예정이다. 모든 플랙셔 힌지들을 3자유도를 가지고 있는 하위 시스템으로 나타낼 수 있으며, (그림 4.5에 주어진 것과 같은)고정−자유 체인은 구속조건이 없으므로, 일반화된 좌표계의 숫자는 다음과 같이 주어진다.

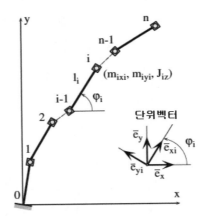

그림 4.5 단일축 플랙셔 힌지를 포함한 평면형 직렬 유연 메커니즘의 기하학적 형상과 관성 이산화에 대한 기호표현

$$DOF = 3n \tag{4.102}$$

이런 시스템의 위치에너지는 모든 단일축 플랙셔 힌지들의 두 방향 병진과 한 방향 회전에 의한 기여분들을 합산하여 다음과 같이 구해진다.

$$U = \frac{1}{2} \sum_{i=1}^{n} (K_{i,x-F_x} u_{ix_i}^2 + K_{i,y-F_y} u_{iy_i}^2 + K_{i,\theta_z-M_z} \theta_{iz}^2 + 2K_{i,y-M_z} u_{ix_i} \theta_{iz}) \tag{4.103}$$

식 (4.103)의 강성항들은 2장의 공식들을 사용하여 구할 수 있다. 여기서, 플랙셔 힌지의 축방향 변형, 굽힘방향 변형 그리고 회전변형은 국부좌표계를 사용한 값들이다.

평면형 직렬 유연 메커니즘의 총 운동에너지는 각각의 단일축 플랙셔 힌지에 대한 두 개의 병진운동 항들과 하나의 회전항으로 이루어진다. 여기서 병진운동에너지는 다음과 같이 주어진다.

$$T_{tr} = \frac{1}{2} \sum_{i=1}^{n} (m_{ix} v_{ix_i}^2 + m_{iy} v_{iy_i}^2) \tag{4.104}$$

여기서 질량항들은 이 장에서 설명되어 있는 과정을 통해서 산출할 수 있다. 식 (4.104)의 속도항들은 개별 플랙셔들의 국부 좌표축들 각각에 투영된 절댓값들이다. 두 개의 독립적인 질량 이산화 과정을 통하여 병진운동 질량 m_x 및 m_y가 구해지기 때문에 이런 과정이 필요한 것이다. 비록 기구학적으로는 상호독립이지만, 두 질량이 플랙셔 힌지 자유단의 축방향 및 굽힘방향 변형을 동시에 일으키는 유일한 위치를 반영하므로 다음과 같은 하나의 속도벡터 v_i를 구할 수 있다.

$$\overline{v_i} = \frac{d}{dt} \overline{R_i} \tag{4.105}$$

여기서 R_i는 $i-1$번 노드 및 i번 노드(**그림 4.5**에는 도시되지 않음)에 의해서 경계가 이루어지는 i번 플랙셔 힌지의 선단부 위치벡터로서, 다음과 같이 주어진다.

$$\overline{R_i} = \sum_{j=1}^{i} [(\ell_j + u_{jx_j}) \overline{e}_{x_j} + u_{jy_j} \overline{e}_{y_j}] \tag{4.106}$$

식 (4.106)을 통해서 알 수 있듯이, 유연 메커니즘의 변형 후 상태를 기준으로 i번 노드가 정의된다. 식 (4.106)에 사용된 단위벡터 e_{x_j}와 e_{y_j}는 일반적인 플랙셔 힌지에 배정되어 있는 국부좌표계에 속한 값들이다. 식 (4.106)에 주어진 위치벡터의 시간미분값을 취하는 과정에서 $(i-1,\ i)$번 플랙셔 힌지의 국부좌표계는 회전하였다는 것을 명심해야 한다. 이 좌표계의 회전 각도는 1번에서 $i-1$번까지 모든 플랙셔 힌지들의 회전각도를 합한 값이며, 이로 인한 선단부 각도는 θ_z가 된다. 이런 경우, 고정된 기준좌표에 대한 벡터의 시간미분은 절대 각속도 ω로 회전하는 이동좌표계에 대해서 취한 동일한 벡터의 시간미분으로부터 다음과 같이 계산할 수 있다(비어와 존스턴[26] 참조).

$$\frac{d}{dt}\overline{R}_{i,fixed} = \frac{d}{dt}\overline{R}_{i,mobile} + \overline{\omega}_i \times \overline{R}_i \tag{4.107}$$

이 경우 각속도는 다음과 같이 주어진다.

$$\overline{\omega}_i = \left[\sum_{j=1}^{i-1}\frac{d}{dt}(\theta_{iz})\right]\overline{e}_z \tag{4.108}$$

여기서 e_z는 고정된 z축에 대한 단위벡터이다. 결과적으로 속도벡터 v_i는 다음과 같이 정리된다.

$$\overline{v}_i = \sum_{j=1}^{i}\left[\left\{\frac{d}{dt}(u_{jx_j}) - u_{jy_j}\sum_{k=1}^{j-1}\left(\frac{d}{dt}(\theta_{kz})\right)\right\}\overline{e}_{x_j} + \left\{\frac{d}{dt}(u_{jy_j}) + \left(\ell_j + u_{jx_j}\sum_{k=1}^{j-1}\left(\frac{d}{dt}(\theta_{kz})\right)\right)\right\}\overline{e}_{y_j}\right] \tag{4.109}$$

식 (4.109)의 속도벡터를 구성하는 성분들은 이 벡터를 국부좌표축 x_j 및 y_j에 투영하여 다음과 같이 구할 수 있다.

$$\begin{aligned}\overline{v}_{ix_i} = \sum_{j=1}^{i}\Bigg[&\left\{\frac{d}{dt}(u_{jx_j}) - u_{jy_j}\sum_{k=1}^{j-1}\left(\frac{d}{dt}(\theta_{kz})\right)\right\}\cos\beta_{ij}\\ &+ \left\{\frac{d}{dt}(u_{jy_j}) + \left(\ell_j + u_{jx_j}\sum_{k=1}^{j-1}\left(\frac{d}{dt}(\theta_{kz})\right)\right)\right\}\sin\beta_{ij}\Bigg]\overline{e}_{x_i}\end{aligned} \tag{4.110}$$

그리고

$$\overline{v}_{iy_i} = \sum_{j=1}^{i} \left[-\left\{ \frac{d}{dt}(u_{jx_j}) - u_{jy_j} \sum_{k=1}^{j-1}\left(\frac{d}{dt}(\theta_{kz})\right)\right\}\sin\beta_{ij} \right.$$
$$\left. + \left\{ \frac{d}{dt}(u_{jy_j}) + \left(\ell_j + u_{jx_j}\sum_{k=1}^{j-1}\left(\frac{d}{dt}(\theta_{kz})\right)\right)\right\}\cos\beta_{ij}\right]\overline{e}_{yi} \tag{4.111}$$

여기서

$$\beta_{ij} = \varphi_i - \varphi_j + \sum_{k=j+1}^{i}(\theta_{kz}) \tag{4.112}$$

병진운동에너지 방정식을 살펴보면, 일반화 좌표계 u_{ix_i}, u_{iy_i} 및 θ_{iz}에 의존하지 않으며, 이로 인하여 식 (4.3)에 주어진 라그랑주 방정식에 포함되는 편미분값들은 0이다. 앞서 언급했던 일반화 좌표계의 변화율에 대해서 취한 편미분들은 다음과 같이 구할 수 있다.

$$\begin{cases} \dfrac{\partial T_{tr}}{\partial \dot{u}_{ix_i}} = \sum_{i=1}^{n}\left(m_{ix}v_{ix_i}\dfrac{\partial v_{ix_i}}{\partial \dot{u}_{ix_i}} + m_{iy}v_{iy_i}\dfrac{\partial v_{iy_i}}{\partial \dot{u}_{ix_i}}\right) \\[2mm] \dfrac{\partial T_{tr}}{\partial \dot{u}_{iy_i}} = \sum_{i=1}^{n}\left(m_{ix}v_{ix_i}\dfrac{\partial v_{ix_i}}{\partial \dot{u}_{iy_i}} + m_{iy}v_{iy_i}\dfrac{\partial v_{iy_i}}{\partial \dot{u}_{iy_i}}\right) \\[2mm] \dfrac{\partial T_{tr}}{\partial \dot{\theta}_{iz}} = \sum_{i=1}^{n}\left(m_{ix}v_{ix_i}\dfrac{\partial v_{ix_i}}{\partial \dot{\theta}_{iz}} + m_{iy}v_{iy_i}\dfrac{\partial v_{iy_i}}{\partial \dot{\theta}_{iz}}\right) \end{cases} \tag{4.113}$$

회전운동에너지는 다음과 같이 주어진다.

$$T_{rot} = \frac{1}{2}\sum_{i=1}^{n}\left[J_{iz}\left\{\sum_{j=1}^{i}(\dot{\theta}_{jz})\right\}^2\right] \tag{4.114}$$

병진운동에너지의 경우, 일반화 좌표계들 중 어느 것도 방정식에 포함되어 있지 않다. 따라서 식 (4.3)에 주어진 라그랑주 방정식의 이 일반화 좌표계에 대한 편미분값들은 모두 0이다. 일반화 좌표계의 변화율에 대해서 취한 편미분들은 다음과 같이 구할 수 있다.

$$\begin{cases} \dfrac{\partial T_{rot}}{\partial \dot{u}_{ix_i}} = \dfrac{\partial T_{tr}}{\partial \dot{u}_{iy_i}} = 0 \\[4mm] \dfrac{\partial T_{tr}}{\partial \dot{\theta}_{iz}} = \displaystyle\sum_{i=1}^{n} \left[J_{iz} \sum_{j=1}^{i} (\dot{\theta}_{jz}) \right] \end{cases} \tag{4.115}$$

민감축이 하나뿐인 플랙셔 힌지를 기반으로 하는 평면형 직렬 유연 메커니즘의 총 위치에너지가 식 (4.103)에 주어져 있다. 라그랑주 방정식의 편미분들은 다음과 같이 주어진다.

$$\begin{cases} \dfrac{\partial U}{\partial u_{ix_i}} = \displaystyle\sum_{i=1}^{n} (K_{i,x-F_x} u_{ix_i}) \\[4mm] \dfrac{\partial U}{\partial u_{iy_i}} = \displaystyle\sum_{i=1}^{n} (K_{i,y-F_y} u_{iy_i} + K_{i,y-M_z} \theta_{iz}) \\[4mm] \dfrac{\partial U}{\partial \theta_{iz}} = \displaystyle\sum_{i=1}^{n} (K_{i,\theta_z-M_z} \theta_{iz} + K_{i,y-M_z} u_{iy_i}) \end{cases} \tag{4.116}$$

식 (4.3)에 주어진 라그랑주 방정식에 사용된 모든 미분들을 구하면 u_{ix_i}, u_{iy_i} 및 θ_{iz}에 대한 $3 \times n$개의 2차 비선형 미분방정식이 얻어진다. 여기서는 미소변위 및 미소변형이 발생한다고 가정하므로, 미지수(변형)의 제곱이나 곱셈들을 포함하는 항들은 무시할 수 있다. 이를 통해서 미분방정식을 선형화시킬 수 있으며, 일반적인 기법을 사용하여 풀어낼 수 있다.

플랙셔 힌지 시스템의 직렬 체인이 시스템의 운동에너지를 증가시키는 하나 또는 다수의 강체 링크들을 포함하고 있는 경우를 만날 수 있다. 평면형 직렬 메커니즘이 수평 평면 내에서 작동하지 않는다면, 강체 링크는 플랙셔 힌지 내에 저장되는 탄성 위치에너지에 추가로 중력에 의한 위치에너지를 더해준다. 그런데 여기서는 이 문제에 대해서 무시하고 강체 링크는 운동에너지만을 가지고 있다고 생각하기로 한다. 직렬 체인 내에서 강체 링크의 운동은 본질적으로 평면운동을 하므로, 강체 링크가 가지고 있는 운동에너지는 다음과 같이 병진과 회전항들로 이루어진다.

$$T_r = \frac{1}{2} m_r (\dot{x}_{Cr}^2 + \dot{y}_{Cr}^2) + \frac{1}{2} J_{Crz} \dot{\theta}_{Crz}^2 \tag{4.117}$$

여기서 하첨자 r은 강체를 의미하며, x_{Cr} 및 y_{Cr}은 글로벌 기준좌표계 내에서 강체 링크

질량중심의 좌표값을 나타낸다. 그리고 J_{Cz}는 질량중심을 통과하는 z축에 대한 강체 링크의 질량관성 모멘트이다. 라그랑주 방정식을 유도하기 위해서 강체 링크의 위치를 정의하는 좌표값들을 전체 시스템에 대해서 일반화 좌표계로 나타낼 수도 있다.

지금까지 설명한 일반적인 알고리즘에 대한 이해를 돕기 위해서 간단한 평면형 직렬 유연 메커니즘에 대한 예제를 풀어보기로 한다.

예제

그림 4.6에 도시되어 있는 2요소 평면형 직렬 유연 메커니즘의 고유주파수와 그에 따른 고유벡터를 구하시오. 강철 소재로 제작된 단일축 플랙셔 힌지는 쌍곡선 형상을 가지고 있으며 폭 $w = 0.004$[m]로 균일하다. 영 계수 $E = 200$[GPa]이다. 여타의 기하학적 변수값들은 $\ell_1 = 0.006$[m], $t_1 = 0.001$[m], $c_1 = 0.001$[m], $\ell_2 = 0.015$[m] 그리고 $t_2 = 0.015$[m]이다.

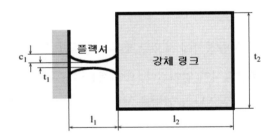

그림 4.6 단일힌지 쌍곡선 구조를 가지고 있는 2요소 균일폭 평면형 직렬 유연 메커니즘

풀이

이 장에서 제시되어 있는 이론적 해석모델의 결과를 검증하기 위해서 ANSYS 소프트웨어를 사용해서 유한요소 시뮬레이션을 수행하였다. 해석 모델에 대한 시뮬레이션은 2장에서 제시되어 있는 과정에 따라서 단일축 쌍곡선형 플랙셔 힌지의 강성행렬 계산에서부터 시작한다. 2-링크 평면형 직렬 유연 메커니즘의 총 질량행렬을 수학적으로 계산하였으며 이 장에서 제시되어 있는 알고리즘(관성과 모달 주파수 계산에는 매스매티카 코드를 사용하였다)을 사용하여 모달 주파수를 구했다. 두 가지 방식의 해석 결과가 다음에 제시되어 있다.

- 1차 모드(강체 링크가 회전없이 플랙셔를 따라가는 플랙셔 힌지의 굽힘운동)
  - 이론적 수치해석 결과 공진 주파수는 1,100[Hz]

－ANSYS 소프트웨어의 결과는 1,315[Hz]
- 2차 모드(강체 링크는 독자적으로 회전하며 플랙셔 힌지는 굽힘운동)
　　－전용 유한요소해석 코드를 사용하여 구한 공진주파수는 12,023[Hz]
　　－ANSYS 소프트웨어의 결과는 12,436[Hz]
- 3차 모드(플랙셔 힌지 요소의 축방향 변형에 의한 시스템 전체의 순수한 축방향 진동)
　　－전용 유한요소해석 코드를 사용하여 구한 공진주파수는 25,030[Hz]
　　－ANSYS 소프트웨어의 결과는 26,368[Hz]

두 해석방법들 사이의 차이는 6%에 불과하였다. 유한요소 코드는 노드 위치에서 더 많은 내부구속을 유발하는 메쉬를 생성하기 때문에 전체 모델이 더 강해지므로 유한요소 해석 결과가 이 장에서 개발된 이론적 수치해석의 결과보다 항상 높게 나왔다.

4.4.2.2 병렬 유연 메커니즘

앞서 설명했듯이, 순수한 병렬형식의 평면형 플랙셔기반 유연 메커니즘은 하나의 강체 출력 링크(또는 플랫폼)을 갖추고 있으며, 대부분의 경우 한쪽 끝이 출력 플랫폼에 연결되어 있으며 다른 쪽 끝은 바닥판에 고정(또는 부착)되어 있는 n개의 플랙셔 힌지들로 이루어진다. 이런 시스템의 위치에너지와 운동에너지에 기초하여 라그랑주 방정식을 유도하는 것은 평면형 직렬 플랙셔 기반 유연 메커니즘의 경우에 사용했던 것과 기본적으로 동일한 방식을 사용한다. 그러므로 이에 대해서는 여기서 자세히 설명하지 않기로 한다. 그런데 출력 플랫폼에 연결되어 있는 플랙셔 힌지들에 변형과 변위를 생성하는 출력 플랫폼의 평면운동에 대한 구속조건들이 가장 큰 차이점을 가지고 있다. 다음에서 설명할 이 구속조건들은 전체 메커니즘의 자유도 숫자를 줄여준다. 그림 4.7에서는 모든 플랙셔들이 변형되지 않은 초기상태(플랫폼의 길이가 긴 방향이 글로벌 기준좌표계 O_{xy}의 x축과 평행한 배치)와 플랙셔 힌지들의 변형에 의해서 유발된 이동 상태와 같이 출력 플랫폼의 두 위치를 보여주고 있다. 그림 4.7에 도시되어 있듯이, 출력 플랫폼 무게중심은 평면 내에서 u_{Cx} 및 u_{Cy}만큼 이동한 반면에 플랫폼 전체는 무게중심에 대해서 θ_{Cz}만큼 회전하였다.

출력 플랫폼의 위치는 플랫폼과 병렬로 연결되어 있는 플랙셔 힌지들의 변형과 관계되어 있다. 그림 4.8에서는 i번으로 표시되어 있는 일반적인 플랙셔 힌지의 강체 출력 플랫폼과 연결된 끝단의 변형과 변위를 정의하는 주요 기하학적 변수들을 보여주고 있다. 그림 4.8에서 보여

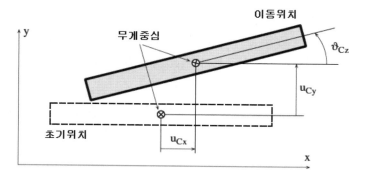

그림 4.7 평면형 병렬/하이브리드 플랙셔 기반 유연 메커니즘의 초기 위치와 이동 위치

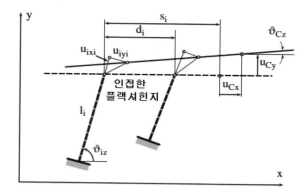

그림 4.8 평면형 병렬/하이브리드 유연 메커니즘에 설치된 출력 플랫폼의 위치이동에 따른 인접한 두 플랙셔들의 변형과 변위

주듯이, 길이는 ℓ_i이며 초기각도는 φ_i인 일반적인 플랙셔가 인접 플랙셔 힌지로부터 거리 d_i, 출력 플랫폼으로부터 거리 s_i만큼 떨어진 위치에 설치되어 있다. 메커니즘이 움직이는 동안 플랙셔 힌지들이 부착되어 있는 출력 플랫폼상의 임의의 두 점들의 좌표값들 사이에는 일정한 상관관계가 존재한다. 인접한 플랙셔 힌지들의 두 연결점 좌표값들 사이의 상관관계를 다음의 식으로 간단하게 나타낼 수 있다.

$$\begin{cases} x_{i+1} = x_i + d_i \cos\theta_{Cz} \\ y_{i+1} = y_i + d_i \sin\theta_{Cz} \\ \theta_{iz} = \theta_{Cz} \end{cases} \tag{4.118}$$

식 (4.118)을 n개의 플랙셔 힌지들에 대한 총 $n-1$개의 상관관계 식으로 확장시킬 수 있다. 이와 동시에 식 (4.118)의 좌표값들은 단일축 플랙셔 힌지의 탄성변형의 함수가 되므로, **그림 4.8**에 기초하여 다음과 같은 관계식을 도출할 수 있다.

$$\begin{cases} x_i = x_i^0 + u_{ix_i}\cos\varphi_i + u_{iy_i}\sin\varphi_i \\ x_{i+1} = x_{i+1}^0 + u_{i+1x_{i+1}}\cos\varphi_{i+1} + u_{i+1y_{i+1}}\sin\varphi_{i+1} \end{cases} \tag{4.119}$$

$$\begin{cases} y_i = y_i^0 + u_{ix_i}\sin\varphi_i - u_{iy_i}\cos\varphi_i \\ y_{i+1} = y_{i+1}^0 + u_{i+1x_{i+1}}\sin\varphi_{i+1} - u_{i+1y_{i+1}}\cos\varphi_{i+1} \end{cases} \tag{4.120}$$

여기서 상첨자 0은 (고정된)글로벌 기준좌표계에서 측정한 초기 (x 및 y방향)좌표값들을 의미한다. 식 (4.119)와 (4.120)을 식 (4.118)의 처음 두 식에 대입하면 필요로 하는 전체 시스템의 자유도들 사이의 상관관계식을 얻을 수 있다. 이미 설명했듯이 주어진 플랙셔 힌지의 변형상태를 축방향 변형과 더불어서 자유단 끝(지금 사례의 경우에는 출력 플랫폼에 연결된 점)에서 굽힘에 의해서 유발된 변형과 각도를 사용하여 나타낼 수 있다. 그 결과, 식 (4.118), (4.119) 및 (4.120)을 사용하여 유도한 $3(n-1)$개의 구속조건들은 $3n$개의 총 자유도(총 n개의 플랙셔들 각각이 3자유도를 가지고 있다)를 $3n-3(n-1)=3$개로 줄여준다. 그러므로 평면형 플랙셔 기반 병렬 유연 메커니즘의 일반화 좌표계의 숫자는 다음과 같이 감소된다.

$$DOF = 3 \tag{4.121}$$

결론적으로 n개의 플랙셔 힌지들과 강체 출력 플랫폼으로 이루어진 평면형 병렬 유연 메커니즘을 나타내기 위해서는 3개의 일반화 좌표계만으로도 충분하다. **그림 4.8**에서, 변형과 여타의 거리값들을 x축 및 y축에 투영하면 기하학적 변수들 사이에서 다음과 같은 관계식을 구할 수 있다.

$$\begin{cases} s_i + u_{Cx} = u_{ix_i}\sin\varphi_i + u_{iy_i}\cos\varphi_i + s_i\cos\theta_{Cz} \\ u_{Cy} = u_{ix_i}\cos\varphi_i - u_{iy_i}\sin\varphi_i + s_i\sin\theta_{Cz} \end{cases} \tag{4.122}$$

식 (4.122)를 정리하면 다음 식을 얻을 수 있다.

$$\begin{cases} u_{ix_i} = u_{Cx}\sin\varphi_i + u_{Cy}\cos\varphi_i + [(1-\cos\theta_{Cz})\sin\varphi_i - \sin\theta_{Cz}\cos\varphi_i]s_i \\ u_{iy_i} = u_{Cx}\cos\varphi_i - u_{Cy}\sin\varphi_i + [(1-\cos\theta_{Cz})\cos\varphi_i + \sin\theta_{Cz}\sin\varphi_i]s_i \\ \theta_{iz} = \theta_{Cz} \end{cases} \qquad (4.123)$$

식 (4.123)의 마지막 식에 따르면 출력 플랫폼과 연결되어 있는 각 플랙셔 힌지들의 끝단 기울기는 출력 플랫폼의 회전각도와 동일하다. 식 (4.123)은 평면형 병렬 유연 메커니즘을 구성하는 n개의 모든 플랙셔 힌지들에 대해서 유효하며 기본적으로, 3개의 일반화 좌표계를 사용하여 라그랑주 방정식을 유도할 수 있기 때문에 식 (4.123)은 출력 플랫폼의 위치를 정의하기 위해서 u_{Cx}, u_{Cy} 및 θ_{Cz}를 변수로 선정하는 것이 편리하다는 것을 보여주고 있다.

$$\begin{cases} \dfrac{d}{dt}\left(\dfrac{\partial T}{\partial \dot{u}_{Cx}}\right) - \dfrac{\partial T}{\partial u_{Cx}} + \dfrac{\partial U}{\partial u_{Cx}} = 0 \\[2mm] \dfrac{d}{dt}\left(\dfrac{\partial T}{\partial \dot{u}_{Cy}}\right) - \dfrac{\partial T}{\partial u_{Cy}} + \dfrac{\partial U}{\partial u_{Cy}} = 0 \\[2mm] \dfrac{d}{dt}\left(\dfrac{\partial T}{\partial \dot{\theta}_{Cz}}\right) - \dfrac{\partial T}{\partial \theta_{Cz}} + \dfrac{\partial U}{\partial \theta_{Cz}} = 0 \end{cases} \qquad (4.124)$$

평면형 직렬 플랙셔 기반 유연 메커니즘에 대한 절에서 설명했듯이 식 (4.123)에 주어진 관계식을 이용하여 일반화 좌표인 u_{Cx}, u_{Cy} 및 θ_{Cz}의 항으로 모든 플랙셔 힌지들에 대한 위치 에너지 및 운동에너지들을 구해야 한다. 총 운동에너지에는 다음에 주어진 출력 플랫폼에 의한 운동에너지도 포함시켜야만 한다.

$$T_{op} = \frac{1}{2}m_{op}(\dot{u}_{Cx}^2 + \dot{u}_{Cy}^2) + \frac{1}{2}J_{op}\dot{\theta}_{Cz}^2 \qquad (4.125)$$

4.4.2.3 하이브리드 유연 메커니즘

앞서 설명했으며 **그림 3.10**에 도시되어 있는 평면형 하이브리드 메커니즘은 n개의 병렬 체인 들로 이루어져 있으며, 이들 각각은 n_i개의 단일축 플랙셔 힌지들로 구성된다. 각각의 직렬 체인에는 플랙셔의 한쪽 끝은 바닥판에 고정되어 있으며, 플랙셔의 반대쪽 끝은 강체인 출력 플랫폼에 고정되어 있다. 이런 유형의 플랙셔 힌지들은 3자유도를 가지고 있으므로, 하이브리 드 메커니즘을 정의하기 위해서 필요한 물리적인 좌표축의 총 숫자는 $3n_in$이 된다. 그런데 평면형 병렬 메커니즘의 경우에는 플랙셔 힌지들이 출력 플랫폼과 연결되어 있는 n개의 점들로 인하여 $3(n-1)$개의 구속 방정식들이 만들어진다는 것을 앞서 설명한 바 있다. 이와 동일한 조건이 하이브리드 메커니즘에도 적용되므로, 일반화 좌표계의 숫자 또는 실제 자유도의 숫자는 다음과 같이 주어진다.

$$DOF = 3[(n_i-1)n+1] \tag{4.126}$$

식 (4.126)을 살펴보면 $n_i = 1$인 경우에 자유도는 3으로서, (직렬로 연결된 다리들마다 하나의 플랙셔 힌지를 가지고 있는 하이브리드 메커니즘에 해당하는)평면형 병렬 메커니즘이 3자유도를 가지고 있다는 앞서의 설명을 확인시켜준다. 일반화 좌표계를 사용하여 다루어야만 하는 물리적인 양들을 더 명확하게 확인할 수 있도록 식 (4.126)을 재구성할 수 있다. 출력 플랫폼 무게중심 위치의 변위성분들인 u_{Cx}, u_{Cy} 및 θ_{Cz}와 같이 3개의 일반화 좌표계를 사용할 수 있을 뿐만 아니라 n개의 직렬체인 각각의 (고정단에서 출발하여) 앞쪽 n_i-1개의 플랙셔 힌지들의 3개의 탄성변위도 사용할 수 있다. 따라서 식 (4.126)을 다음과 같이 나타낼 수도 있다.

$$DOF = 3 + 3(n_i-1)n \tag{4.127}$$

모든 좌표계들에 대해서 결과값을 구하기 위해서는 위에서 제시한 일반화 좌표계들의 숫자만큼의 라그랑주 방정식들을 유도해야만 한다. 평면형 직렬 플랙셔 기반 유연 메커니즘에 대한 논의과정에서 설명했던 것처럼, 운동에너지와 위치에너지를 유도할 때에는 평면형 병렬 메커니즘에 대해서 주어진 $3(n-1)$개의 구속 방정식들도 함께 사용해야만 한다.

4.4.3 공간형 유연 메커니즘

4.4.3.1 직렬 유연 메커니즘

여기서는 n개의 다중 축(회전형) 플랙셔 힌지로 이루어진 공간형 직렬 유연 메커니즘에 대해서 살펴본다. 평면형 직렬 플랙셔 기반 유연 메커니즘의 경우와 유사하게, 3차원 체인의 한쪽 끝은 고정되어 있으며 반대쪽 끝은 자유단이다. 이런 유형의 경계조건은 시스템을 정의하는 물리적인 좌표들에 아무런 구속도 부가하지 않으므로 일반화 좌표계의 숫자는 다음과 같이 주어진다. 강성과 관성 항들이 집중되어 있는 경우에 n개의 회전형 플랙셔 힌지들 각각이 6자유도를 가지고 있으므로,

$$DOF = 6n \tag{4.128}$$

플랙셔 힌지의 $6n$개의 크기를 알 수 없는 탄성변형값들을 해석하기 위해서 필요한 $6n$개의 라그랑주 방정식들을 구하기 위해서, 공간형 플랙셔 기반 체인의 구성요소들이 가지고 있는 총 위치에너지와 총 운동에너지에 대한 일반적인 표현식들이 다음에서 유도되어 있다.

플랙셔 힌지에 저장되어 있는 총 위치에너지는 다음과 같이 주어진다.

$$U = \frac{1}{2} \sum_{i=1}^{n} [K_{i,x-F_x} u_{ix_i}^2 + K_{i,y-F_y}(u_{iy_i}^2 + u_{iz_i}^2) + K_{i,\theta_z-M_z}(\theta_{yz}^2 + \theta_{iz}^2) \\ + 2K_{i,y-M_z}(u_{iy_i}\theta_{iz} + u_{iz_i}\theta_{iy}) + K_{i,x_i-M_x}\theta_{iz}] \tag{4.129}$$

식 (4.129)에서는 축방향 변형, 이중굽힘, 교차굽힘 그리고 비틀림 효과 등이 포함되어 있다. 총 운동에너지에도 역시 병진 성분과 회전 성분들이 포함되어 있다. n개의 회전형 플랙셔 힌지의 운동에 의한 총 병진운동에너지는 다음과 같이 주어진다.

$$T_{tr} = \frac{1}{2} \sum_{i=1}^{n} [m_{ix} v_{ix_i}^2 + m_{iy}(v_{iy_i}^2 + v_{iz_i}^2)] \tag{4.130}$$

여기서 m_{ix}와 m_{iy}는 플랙셔 끝에 배치되는 집중질량으로서, 이 장의 앞쪽에 계산방법이 자세히 설명되어 있다. 3개의 집중질량들이 하나의 플랙셔 끝에 위치하지만, 단면이 회전대칭이기 때문에 굽힘진동에 의해서 국부좌표계 y 및 z 방향으로 생성되는 질량비율은 서로 동일하다. 플랙셔 하나의 끝단 속도벡터를 먼저 계산한 다음에 식 (4.130)을 사용하기 위해서 임의의 i번 노드의 국부좌표축 상에 이를 투사한다. i번째 플랙셔 힌지에 대한 위치벡터는 다음과 같이 주어진다.

$$\overline{R}_i = \sum_{j=1}^{i} [(\ell_j + u_{jx_j})\overline{e}_{x_j} + u_{jy_j}\overline{e}_{y_j} + u_{jz_j}\overline{e}_{z_j}] \tag{4.131}$$

이 식에서는 평면형 직렬 플랙셔 기반 유연 메커니즘의 운동에너지를 나타낼 때 사용했던 것과 같은 방식으로 국부좌표계에 대한 세 개의 단위벡터들이 사용된다. (고정된)글로벌 기준 좌표계에 대해서 표시된 i번 노드에서의 속도는 식 (4.105)로 정의되며 식 (4.107)에서 주어진 미분법칙에 따라서 계산할 수 있다. 간단한 벡터 계산을 통해서 다음과 같이 i번 노드에서의 속도를 구할 수 있다.

$$
\begin{aligned}
\bar{v}_i = \sum_{j=1}^{i} & \left[\left\{ \frac{d}{dt}(u_{jx_j}) - u_{jy_j} \sum_{k=1}^{j-1} \left(\frac{d}{dt}(\theta_{kz}) \right) \right\} \bar{e}_{x_j} \right. \\
& \left. + \left\{ \frac{d}{dt}(u_{jy_j}) + \left(\ell_j + u_{jx_j} \sum_{k=1}^{j-1} \left(\frac{d}{dt}(\theta_{kz}) \right) \right) \right\} \bar{e}_{y_j} + \frac{d}{dt}(u_{jx_j}) \bar{e}_{z_j} \right]
\end{aligned}
\tag{4.132}
$$

단순히 속도벡터와 해당 국부 좌표축의 단위벡터에 대한 내적을 취하여 다음과 같이 국부좌표계 내에서 이 속도벡터의 구성성분들을 구할 수 있다.

$$
\begin{cases}
v_{ix_i} = \bar{v}_i \bar{e}'_{x_i} \\
v_{iy_i} = \bar{v}_i \bar{e}'_{y_i} \\
v_{iz_i} = \bar{v}_i \bar{e}'_{z_i}
\end{cases}
\tag{4.133}
$$

식 (4.133)의 단위벡터들은 상첨자 프라임이 붙어 있다

i번째 좌표계 이전에 위치해 있는 모든 국부좌표계들의 회전을 통해서 해당 국부좌표계의 회전된 위치들이 만들어졌다는 것을 나타내기 위해서 식 (4.133)의 단위벡터들에는 상첨자로 프라임을 표기하였다. 식 (4.133)에 따르면 초기 위치에 대한 회전된 좌표계의 위치를 구해야만 한다.

3차원 직렬 플랙셔 기반 유연 체인의 총 회전 운동에너지는 다음과 같이 주어진다.

$$
T_{rot} = \frac{1}{2} \sum_{i=1}^{n} \left[J_{iy} \left\{ \sum_{j=1}^{i} (\dot{\theta}_{yz} + \dot{\theta}_{jz}) \right\}^2 + J_{iy} \dot{\theta}_{jx}^2 \right]
\tag{4.134}
$$

그러므로 라그랑주 방정식에 대입하는 총 운동에너지는 식 (4.103)에 주어진 병진운동에너지와 식 (4.134)에 주어진 총 회전에너지를 합하여 구할 수 있다. 공간 직렬체인의 일부분인

임의의 강체 링크의 운동에너지는 다음과 같이 나타낼 수 있다.

$$T_r = \frac{1}{2}m_r(\dot{x}_{Cr}^2 + \dot{y}_{Cr}^2 + \dot{z}_{Cr}^2) + \frac{1}{2}J_{Cry}(\dot{\theta}_{Cry}^2 + \dot{\theta}_{Cry}^2) + \frac{1}{2}J_{Crx}\dot{\theta}_{Cx}^2 \tag{4.135}$$

위 값을 플랙셔 힌지에서 생성되는 총 운동에너지에 합산해야 한다.

4.4.3.2 병렬 유연 메커니즘

방금 살펴보았던 평면형 병렬 플랙셔 기반 유연 메커니즘은 한쪽 끝은 바닥판에 고정되어 있으며 반대쪽 끝은 출력 플랫폼에 부착되어 있는 n개의 병렬 플랙셔 부재들로 이루어진다. 이런 메커니즘은 3자유도를 가지고 있으며 출력판의 평면운동을 정의하는 3개의 좌표축들을 손쉽게 선정할 수 있다는 것을 앞에서 살펴보았다. 이와 마찬가지로, 플랙셔 기반 유연 메커니즘의 공간 버전도 동일한 구성을 가지고 있다. 유일한 차이점은 플랙셔 힌지가 3차원 형상이며 플랙셔가 회전형 구조라는 점이다. 이 경우, n개의 병렬 플랙셔들을 각각 6자유도를 가지고 있는 하위 시스템으로 이산화하기 때문에, 이 시스템의 운동을 나타내는 물리적 좌표들의 총 숫자는 $6n$이다. 병렬 메커니즘의 평면형 버전에서와 마찬가지로, 여기서도 물리적 좌표계들 사이의 구속조건에 의해서 일반화 좌표계의 숫자가 줄어든다. **그림 4.9**에서는 출력 플랫폼의 xy(수평)평면상에 투영된 인접한 두 연결점들의 변형 전과 후의 위치를 보여주고 있다.

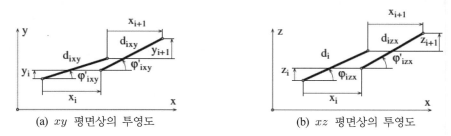

(a) xy 평면상의 투영도 (b) xz 평면상의 투영도

그림 4.9 공간형 병렬 유연 메커니즘의 출력 플랫폼 투영도

단순히 하첨자만 (y를 z로)바꾸면 xz 평면에 대해서도 이와 유사한 투영을 수행할 수 있다. 이를 통해서 다음과 같은 관계식들을 유도할 수 있다.

$$\begin{cases} d_i\cos\varphi_{ixy} + x_{i+1} = x_i + d_i\cos\varphi'_{ixy} \\ y_i + d_i\sin\varphi'_{ixy} = d_i\sin\varphi_{ixy} + y_{i+1} \\ z_i + d_i\sin\varphi'_{izx} = d_i\varphi_{izx} + z_{i+1} \\ \ell'_i = \ell'_C \\ m'_i = m'_C \\ n'_i = n'_C \end{cases} \tag{4.136}$$

여기서 ℓ'_i, m'_i 및 n'_i는 d_i 요소의 이동 위치를 정의하는 단위벡터의 코사인 값을 나타내는 반면에 하첨자 C가 표기된 값들은 출력 플랫폼의 무게중심을 통과하며 d_i 요소와 평행한 직선 의 코사인 값들을 나타낸다. 식 (4.136)의 앞쪽 세 개의 방정식들에 사용된 x, y 및 z는 해당 플랙셔 힌지의 탄성변형에 의한 변위이다. 따라서 플랙셔의 변형에 의존한다. 여기서 중요한 점은 탄성 변형과 변위 사이의 정확한 상관관계를 정의하는 것이 아니라 위에서 설명한 의존성 을 인식하는 것이다. 식 (4.136)은 $n-1$개가 존재하므로 전체 시스템의 물리적 좌표값들 사이 에는 $6(n-1)$개의 구속 방정식이 만들어진다. 그 결과, 공간형 병렬 메커니즘의 운동을 완벽 하게 정의하는 일반화 좌표계의 숫자는 $6n$과 $6(n-1)$의 차이값이 된다.

$$DOF = 6 \tag{4.137}$$

여기서도 여타의 모든 물리적 좌표값들을 일반화 좌표값들을 사용하여 나타낼 수 있다면 출력 플랫폼 무게중심에서의 변위성분들을 일반화 좌표로 선정하는 것이 편리하다. 평면형 병렬 메커니즘을 해석할 때와 같은 이유 때문에, **그림 4.9**에 기초하여 다음 관계식을 유도할 수 있다.

$$\begin{cases} u_{ix_i} = u_{Cx}\sin\varphi_{ixy} + u_{Cy}\cos\varphi_{ixy} + [(1-\cos\theta_{Cxy})\sin\varphi_{ixy} - \sin\theta_{Cxy}\cos\varphi_{ixy}]s_{ixy} \\ u_{iy_i} = u_{Cx}\cos\varphi_{ixy} - u_{Cy}\sin\varphi_{ixy} + [(1-\cos\theta_{Cxy})\cos\varphi_{ixy} + \sin\theta_{Cxy}\sin\varphi_{ixy}]s_{ixy} \\ u_{iz_i} = u_{Cx}\cos\varphi_{izx} - u_{Cy}\cos\varphi_{izx} + [(1-\cos\theta_{Czx})\cos\varphi_{izx} + \sin\theta_{Czx}\sin\varphi_{izx}]s_{izx} \\ \theta_{ix} = \theta_{Cx} \\ \theta_{iy} = \theta_{Cy} \\ \theta_{iz} = \theta_{Cz} \end{cases} \tag{4.138}$$

여기서 마지막 세 개의 방정식들은 각 플랙셔 힌지의(출력 플랫폼과 연결되어 있는 선단부에서의)회전각도는 글로벌 기준좌표계에 대한 출력 플랫폼의 회전각도와 동일하다는 것을 나타낸다. 식 (4.138)은 플랙셔 힌지의 개별 물리적 좌표값들을 출력 플랫폼 무게중심 위치에서의 변위성분의 항으로 나타낼 수 있는 변환관계를 제시하고 있다. 그 결과, 다음과 같이 단지 여섯 개의 라그랑주 방정식이 필요할 뿐이다.

$$
\left\{
\begin{array}{l}
\dfrac{d}{dt}\left(\dfrac{\partial T}{\partial \dot{u}_{Cx}}\right) - \dfrac{\partial T}{\partial u_{Cx}} + \dfrac{\partial U}{\partial u_{Cx}} = 0 \\[2mm]
\dfrac{d}{dt}\left(\dfrac{\partial T}{\partial \dot{u}_{Cy}}\right) - \dfrac{\partial T}{\partial u_{Cy}} + \dfrac{\partial U}{\partial u_{Cy}} = 0 \\[2mm]
\dfrac{d}{dt}\left(\dfrac{\partial T}{\partial \dot{u}_{Cz}}\right) - \dfrac{\partial T}{\partial u_{Cz}} + \dfrac{\partial U}{\partial u_{Cz}} = 0 \\[2mm]
\dfrac{d}{dt}\left(\dfrac{\partial T}{\partial \dot{\theta}_{Cx}}\right) - \dfrac{\partial T}{\partial \theta_{Cx}} + \dfrac{\partial U}{\partial \theta_{Cx}} = 0 \\[2mm]
\dfrac{d}{dt}\left(\dfrac{\partial T}{\partial \dot{\theta}_{Cy}}\right) - \dfrac{\partial T}{\partial \theta_{Cy}} + \dfrac{\partial U}{\partial \theta_{Cy}} = 0 \\[2mm]
\dfrac{d}{dt}\left(\dfrac{\partial T}{\partial \dot{\theta}_{Cz}}\right) - \dfrac{\partial T}{\partial \theta_{Cz}} + \dfrac{\partial U}{\partial \theta_{Cz}} = 0
\end{array}
\right.
\tag{4.139}
$$

식 (4.138)은 (앞서 자세히 설명했듯이 위치에너지와 운동에너지의 입력 항들인)플랙셔 힌지의 개별 변형들과 여섯 개의 일반화 좌표계들 사이의 필요한 연결관계를 제시해주기 때문에, 식 (4.139)에 제시되어 있는 라그랑주 방정식과 함께 사용해야만 한다. 앞서 설명했듯이, 라그랑주 방정식 해석과정에서 편미분을 통해서 만들어지는 비선형 항들은 무시하기로 한다.

4.4.3.3 하이브리드 유연 메커니즘

공간형 하이브리드 플랙셔 기반 유연 메커니즘은 직렬-병렬 조합으로 구성되며, 이런 메커니즘은 한쪽 끝에서 출력 플랫폼에 병렬로 n개의 직렬 체인들을 연결하며 반대쪽 끝은 바닥판에 고정한다. 각각의 직렬 체인들은 n_i개의 3차원 (회전형) 플랙셔 힌지를 포함한다. 평면형 하이브리드 메커니즘의 경우에 사용했던 조건들이 여기서도 동일하게 적용된다. 그러므로 여기서 살펴보는 공간형 하이브리드 메커니즘이 가지고 있는 총 자유도 숫자는 다음과 같이 정의된다.

$$
DOF = 6n_i n - 6(n-1)
\tag{4.140}
$$

$6n_in$개의 물리적 좌표값(모든 플랙셔 힌지들에 대해서 취합한 총 변형의 숫자)들에 대해서 (병렬로 연결된 메커니즘에 의해 생성되는) $6(n-1)$개의 구속조건이 적용되므로, 메커니즘의 상태를 완벽하게 정의하기 위해서 필요한 일반화 좌표계의 숫자는 이들 두 값의 차이에 해당한다.

$$DOF = 6n(n_i - 1) + 6 \qquad (4.141)$$

식 (4.141)에 따르면 서로 다른 두 개의 범주에 의거하여 일반화 좌표계를 선정해야 한다. $6n(n_i - 1)$자유도는 n개의 직렬 체인들 각각에 설치되어 있는 (고정된 플랙셔 힌지에서부터 출력 플랫폼 쪽으로 세어나갈 때에) 앞쪽 $(n_i - 1)$개의 플랙셔 힌지들의 탄성변형(변위와 기울기)을 나타낸다. 그리고 식 (4.141)의 뒤쪽에 구분되어 있는 나머지 6자유도는 출력 플랫폼의 병진 및 회전변위를 나타낸다. 일반적인 하이브리드 플랙셔 기반의 유연 메커니즘에 대해서 라그랑주 방정식을 유도하는 것은 매우 어려운 일이며 이 책의 범주를 넘어서는 일이므로 여기서는 자세한 내용을 다루지 않기로 한다.

4.5 감쇄효과

4.5.1 서언

일반적으로 감쇄는 주기적인 부하를 응력으로 변환시켜 에너지를 소산하는 과정으로 정의된다. 진동 과정에서 내부마찰과 외부마찰효과를 통해서 감쇄는 플랙셔 기반 유연 메커니즘의 동적 응답을 심하게 변화시킨다. 이 장에서는 지금까지는 (비감쇄 모델을 통해서) 정적 또는 동적 영역에서 시스템 응답에 대한 초기평가를 수행하는 것에 특히 관심을 가지고 있었기 때문에, 수학적 모델에 감쇄항을 포함시키지 않은 상태에서 유연 메커니즘의 동특성에 대해서 고찰하여 왔다. 하지만 이제부터는 감쇄에 대해 고찰과 논의를 수행하기로 한다. 감쇄의 영향에 대해서는 나시프 등,[27] 라산[28] 그리고 리빈[29]의 교재와 굿맨[30] 및 존스[31]의 연구를 참조하기 바란다. 톰슨[18]과 인먼[19]의 책에서는 일반적인 진동에 감쇄현상을 포함시킨 매우 훌륭한 내용들이 제시되어 있다.

내부감쇄(**구조감쇄** 또는 **재질감쇄**라고도 부른다)는 특히 공진주파수 근처에서 진동이 발생하는 경우에 매우 중요한 주제이며, 커림과 걸리[32]에 따르면, 최소한 두 개 이상의 주요 인자들이 구조감쇄를 정확히 평가하는 것을 방해한다. 이 인자들 중 하나는 재료의 성질, 제조공정 또는 실험환경 등과 같이 감쇄에 영향을 끼치는 재현하기 어려운 다수의 변수들을 포함하고 있다. 또 다른 인자는 재료감쇄는 분자수준에서 시작하며 구조동역학은 시스템의 거시적인 거동에 초점을 맞추고 있기 때문에 유발되는 스케일의 본질적인 모순관계에 기인한다.

여타의 중요한 고려사항들 역시 감쇄현상의 이론적 모델링과정을 복잡하게 만든다. 메커니즘이나 구조물의 공진 거동이 중요한 경우에는 피크응력을 저감하며 시스템의 피로수명을 연장시켜주기 때문에 감쇄과정이 도움이 된다. 하지만 에너지 소산에 의해 발생하는 열이 주어진 기구의 정밀도 기능을 저하시키므로 감쇄는 구조물과 시스템에 대해서 유해한 인자이다. 금속이나 비금속 소재로 제작한 대부분의 기계요소들에서 감쇄는 일반적으로 **그림 4.10**에 주어진 것처럼 에너지 손실에 의해서 로딩-언로딩 곡선이 시간에 대해서 서로 일치하지 않는 **히스테리시스 현상**을 유발한다.

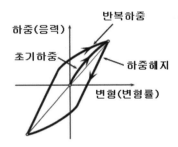

그림 4.10 감쇄가 있는 일반적인 비선형 소재의 히스테리시스 루프

그림 4.10에 도시되어 있는 하중 로딩-언로딩 곡선에 의해 둘러싸인 영역은 가진 사이클 동안 재료감쇄에 의해서 손실되는 에너지양과 비례한다. (예를 들어 작동기와 같은) 외부장치에 의해서 에너지를 발산하는 **능동감쇄**와 비교하기 위해서 지어진 이름인 **수동감쇄** 기구에는 구조물 조인트 및 지지기구 등이 해당되며 내부손실을 유발한다. 또한, 제진기 형태의 장치에 의해서도 감쇄가 발생한다. 존스[31]에 따르면, 이와 같은 세 가지 유형의 감쇄기구들 중에서 내부(재료)감쇄는 10% 수준을 넘지 못한다. 모놀리식 형태로 제작한 플랙셔 기반 유연 메커니즘의 경우에는 조인트 부위에서 거의 아무런 손실도 발생하지 않기 때문에, 이 문제가 특히 중요하다.

라산[28]은 결함성분, 결정입계 점성, 내부마찰에 의한 미세열전현상 또는 기계-자기 내부 상호작용에 의해 생성되는 와전류 등과 같이 감쇄에 기여하는 다양한 미시적 소스들을 열거하였다. 라산[28]에 따르면, 이들 중에서 빔 형상의 구조물 내에서 감쇄를 생성하는 가장 중요한 인자는 **미세열전현상**으로서, 발생된 열이 감소하는 과정에서 전류가 생성되어 빔의 두께방향으로 전도된다. 크랜들[33]은 양단을 와이어로 매달은 알루미늄 빔의 진동과 진동감쇄에 대한 해석을 통해서 이 과정에 대해서 더 자세히 설명하였다. 음향방사와 지지용 와이어를 통해 방사된 에너지를 제외한 대부분의 손실은 열전현상에 의한 내부소산이었다. 로본티우 등[21]은 압전 패치가 부착된 박판형 외팔보 내부에 존재하는 등가 내부감쇄를 구하는 과정에서 이와 유사한 방식을 사용하였다. 이론적 감쇄모델을 실험적으로 검증하였으며, 두 가지 방법 모두 실험결과와 잘 일치하였다.

금속 및 비금속 소재 모두에 대해서 가장 일반적으로 사용되는 감쇄모델에서는 내부소산에 의한 에너지 손실과정은 본질적으로 점성에 의한 것이며 이런 유형의 감쇄를 통해서 생성된 힘은 다음과 같이 속도에 비례한다고 가정하고 있다.

$$F_d = cv \tag{4.142}$$

여기서 c는 비례상수이다.

서로 다른 세 가지(단일축, 다중축 및 2축) 부류의 플랙셔 힌지들의 집중상수 동적 모델을 정의하는 자유도에 강성과 관성 특성을 배치하는 방식과 유사하게, 여기서는 일관성 있는 감쇄된 동역학적 모델을 유도하기 위해서 동일한 자유도에 대해서 플랙셔 힌지들의 내부(및 외부) 감쇄 특성을 이산화 과정에 동일한 방식을 사용하였다. 이런 방식을 사용하는 이유는 1자유도 병진운동에 대해서 다음의 동적 방정식을 유도하는 것이 가능하기 때문이다.

$$m\frac{d^2u}{dt^2} + c_{tr}\frac{du}{dt} + k_{tr}u = F \tag{4.143}$$

회전자유도의 경우, 감쇄 시스템에 대한 동역학 방정식은 다음과 같이 주어진다.

$$j\frac{d^2\theta}{dt^2} + c_{rot}\frac{d\theta}{dt} + k_{rot}\theta = M \tag{4.144}$$

그림 4.11에서는 **점성감쇄**(비고[38*]**모델 감쇄**라고도 부른다)가 있는 질량–제진기 요소의 직선운동과 회전운동을 개략적으로 보여주고 있다. 앞서 제시되어 있는 방정식들 내에서 집중된 강성 k와 관성 m 및 J의 성질에 대해서는 각각 2장과 3장에서 논의한 바 있다. 감쇄계수또는 **제진기변수**라고 부르는 변수 c는 해당 자유도의 감쇄운동에 영향을 끼친다. 식 (4.143)과 (4.144)는 1자유도 강제운동 시스템의 수학적 모델이지만, 우변항에 대해서 $F=0$ 또는 $M=0$으로 놓으면 자유운동 응답을 구할 수 있다. 톰슨[18]과 인먼[19]에 따르면, 감쇄계수는 일반적으로 다음과 같이 임계감쇄계수 c_c와 감쇄비율 ζ의 곱으로 나타낼 수 있다.

(a) 직선운동 시스템   (b) 회전운동 시스템

그림 4.11 점성감쇄를 가지고 있는 1자유도 질량–제진기 시스템(비고모델)

$$c = \zeta c_c \tag{4.145}$$

여기서 **임계감쇄계수**는 다음과 같이 주어진다.

$$c_c = 2\pi \sqrt{mk} \tag{4.146}$$

따라서 2장 및 3장에서 설명했던 방법을 사용하여, 해석이 수행되는 자유도에 대한 운동에 기여하는 이산화된 관성과 강성을 구한 다음에는 항상 임계 감쇄값을 구할 수 있음을 알 수 있다. 감쇄를 결정하는 또 다른 중요한 변수는 손실계수 η로서, 한 번의 진동주기 동안 소모되는 에너지의 비율을 나타내며 감쇄계수와는 다음과 같은 관계를 가지고 있다.

$$\eta = 2\zeta \tag{4.147}$$

38*   Vigot

감쇄비율 ζ를 구하며, 이를 근거로 감쇄계수 c를 구하는 실험적 방법(톰슨[18] 또는 인먼[19] 참조)은 감쇄진동에 대해서 측정한 두 개의 진폭 비율의 로그값을 나타내는 소위 **대수감쇄율**을 구하는 것이다. 대수감쇄율은 δ로 표시하며 감쇄비율과는 다음과 같은 관계를 가지고 있다.

$$\delta = \frac{2\pi\zeta}{\sqrt{1-\zeta^2}} \tag{4.148}$$

앞서 설명했듯이, 특정한 자유도에 대한 감쇄비율은 **선형 완화과정**[39*]을 통해서 구할 수 있다. 크랜들[33]은 처음으로, 빔의 압축이 일어나는 더 따뜻한 파이버로부터 인장이 일어나는 더 차가운 파이버 쪽으로의 횡방향 열 유동이 상온에서 진동에너지 감쇄손실의 주원인이라는 가설을 세웠으며, 나중에 실험을 통하여 검증되었다. 크랜들[33]에 따르면 열 소재 특성의 항을 사용하여 손실계수를 다음과 같이 나타낼 수 있다.

$$\eta = \frac{\alpha^2 E}{c_v} T \frac{\dfrac{f}{f_r}}{1 + \left(\dfrac{f}{f_r}\right)^2} \tag{4.149}$$

여기서 f는 **비감쇄 공진 주파수**이며 다음과 같이 구할 수 있다.

$$f = \frac{1}{2\pi}\sqrt{\frac{k}{m}} \tag{4.150}$$

그리고 f_r은 소위 **완화주파수**[40*]로서, 다음과 같이 정의된다.

$$f_r = \frac{\pi}{2}\frac{\kappa}{c_v t^2} \tag{4.151}$$

39* linear relaxation process
40* relaxation frequency

상부 파이버와 하부 파이버가 영구적으로 인장이나 압축의 반대의 조건을 갖게 되면서 온도가 높은 압축측 파이버에서 온도가 낮은 인장 측 파이버 쪽으로의 열복사를 유발하여 내부감쇄를 일으키는 빔의 굽힘에 대해서 위의 식들을 적용할 수 있다.

진동 사이클 동안의 에너지 손실을 평가하기 위한 지표로서 직선운동에 대한 비감쇄 에너지를 다음과 같이 정의할 수 있다.

$$D_s = \int_0^{\frac{2\pi}{\omega}} F_d v dt \qquad (4.152)$$

회전 자유도의 경우, 식 (4.152)에 감쇄력 F_d 대신에 모멘트 M_d를 대입하며 선속도 v 대신에 각속도 ω를 대입하면 비감쇄 에너지를 구할 수 있다. 라산[28]에 따르면, 이 감쇄 에너지는 다음과 같이 나타낼 수 있다.

$$D = J\sigma_a^n \qquad (4.153)$$

여기서 σ_a는 응력진폭이며 J와 n은 소재에 의존적인 계수이다. 라산[28]이 제시한 선형 감쇄 모델의 경우 $n = 2$를 취하며 **그림 4.10**의 히스테리시스 루프는 타원형상이라고 간주하였다. 이런 조건들하에서 라산[28]은 점성소재의 손실계수에 대한 다음의 관계식을 유도하였다.

$$\eta = \frac{JE}{\pi} \qquad (4.154)$$

많은 경우에 외부감쇄도 전체 에너지 소산에 중요한 기여를 한다. 벡커 등[34]은 기구물이 외부 공기와의 마찰을 통해서 생성되는 외부감쇄의 영향에 대한 연구를 수행하였다. 이들은 이 경우에 적용 가능한 감쇄력은 다음과 같이 기구물의 속도에 비례한다는 결론을 내렸다.

$$F_{d,ext} = c_{ext} v \qquad (4.155)$$

다시 부하와 변형의 형태를 회전자유도에 대해서 변환하여도 여전히 식 (4.155)가 유효하다. 베이커 등[34]에 따르면, 위 식의 감쇄계수를 다음과 같이 나타낼 수 있다.

$$c_{ext} = \frac{1}{2}\rho A \, C_{drag} \tag{4.156}$$

여기서 ρ는 외부마찰환경(대부분의 경우 공기)의 밀도이며, A는 마찰에 대해서 수직으로 노출되는 기구물의 면적 그리고 c_{drag}는 항력계수이다.

내부감쇄와 외부감쇄에 대한 해석에 따르면 두 가시 서로 다른 근원을 가지고 있는 감쇄력들을 합산하여 다음과 같이 총 감쇄력을 구할 수 있다.

$$c_r = c + c_{ext} \tag{4.157}$$

1자유도 시스템의 동역학 방정식에 대해서 식 (4.143)에 주어진 내부감쇄계수 c 대신에 c_r을 사용할 수 있다.

이제 자유응답을 타나내는 다음과 같은 **집중상수**[41*] 동역학 방정식을 유도하기 위해서 감쇄특성을 단일축, 다중축 및 2축 플랙셔 힌지에 대해서 이산화하여야 한다.

$$[M]\left\{\frac{d^2u}{dt^2}\right\} + [c]\left\{\frac{du}{dt}\right\} + [K]\{u\} = \{0\} \tag{4.158}$$

또한 강제응답은 다음과 같다.

$$[M]\left\{\frac{d^2u}{dt^2}\right\} + [c]\left\{\frac{du}{dt}\right\} + [K]\{u\} = \{F\} \tag{4.159}$$

여기서 $[c]$는 단일축, 다중축 또는 2축 플랙셔 힌지에 대해서 유도한 대각선 감쇄행렬이다. 이산화 감쇄특성을 유도하는 방법은 특정한 진동형태(축방향, 굽힘 또는 비틀림 진동)에 대해 실제의 분포상수를 가지고 있는 플랙셔 힌지에서 발생하는 감쇄에 의한 에너지 손실을 이와 동일한 형태의 진동을 일으키는 집중상수 시스템의 등가 감쇄에너지와 같게 놓아 구할 수 있다. 이런 유도방법은 이 장의 앞쪽에서 세 가지 유형을 갖는 플랙셔 힌지들의 등가 집중상수

41* lumped parameter

관성값들을 구할 때에 사용하는 방법과 매우 유사하다. 여기서도 미소변위 이론에 따라서, 축방향 굽힘과 비틀림에 의한 영향이 상호 독립적으로 발생한다고 간주하여야 한다. 감쇄에 의한 에너지 손실이 속도장의 항으로 정의되어 있으므로, 여기서도 집중관성값들을 유도할 때와 유사한 방식으로 레일레이 방법을 활용하여 오일러–베르누이와 티모센코 빔 모델에 대한 감쇄값을 유도한다.

4.5.2 장축(오일러–베르누이)부재로서 플랙셔 힌지의 감쇄특성

오일러–베르누이 빔 모델의 중요한 가정들에 대해서는 2장 및 3장에서 설명하였다. 진동하는 플랙셔 힌지의 분포된 감쇄특성은 앞에서 개별 플랙셔들의 한쪽 끝 위치에 대해서 유도했던 이산화된 탄성 및 관성 계수들과 정합하는 등가의 집중감쇄계수로 변환된다.

4.5.2.1 단일축 플랙셔 힌지

이산화된 강성(유연성)과 관성을 구하는 문제에서 설명하였듯이, 단일축 플랙셔 힌지는 일반적으로 자유단에 대해서 두 개의 병진 자유도(하나는 축방향, 다른 하나는 횡방향)와 하나의 회전자유도로 이루어진 3자유도를 가지고 있다. 따라서 감쇄행렬도 이에 맞춰서 3차원 형태가 필요하며 다음과 같이 대각선 행렬 형태로 정의하는 것이 가장 단순한 방법이다.

$$[c] = \begin{bmatrix} c_{u_x} & 0 & 0 \\ 0 & c_{u_y} & 0 \\ 0 & 0 & c_{\theta_z} \end{bmatrix} \tag{4.160}$$

여기서 c_{u_x}는 축방향 진동에 대한 감쇄계수이며, c_{u_y}는 굽힘 변형에 의해 생성되는 감쇄계수 그리고 c_{θ_z}는 회전 굽힘에 대한 감쇄계수이다. 앞서 설명했듯이, 식 (3.4)와 (3.5)에서 수학적으로 제시되어 있는 것처럼, 레일레이 방법에서는 진동 시스템의 속도분포는 동일한 시스템의 변위(변형)장과 동일하다고 가정한다.

축방향 진동의 경우, **그림 4.2**에 도시되어 있는 미소요소에서 감쇄를 통해서 1초간 손실되는 에너지는 식 (4.145)와 식 (4.155)를 조합하여 다음과 같이 나타낼 수 있다.

$$dD_a = v_x^2 dc_a \tag{4.161}$$

여기서 하첨자 a는 축방향 자유도를 의미한다. 만일 플랙셔 힌지 전체에 대해서 감쇄특성이 일정하다고 가정한다면, 다음 관계식이 성립한다.

$$dc_a = c_a dx \tag{4.162}$$

따라서 1초 동안 감쇄에 의해서 발생하는 축방향 진동의 총 에너지 손실은 다음과 같이 주어진다.

$$D_a = c_a \int_0^\ell v_x^2 dx \tag{4.163}$$

레일레이의 가설에 따라서 식 (4.35)를 사용하여 (주어진 위치에서의) 속도 v_x를 플랙셔 선단부에서의 속도 v_{1x}의 항으로 나타낼 수 있으므로 식 (4.163)을 다음과 같이 재구성할 수 있다.

$$D_a = c_a v_{1x}^2 \int_0^\ell f_a^2(x) dx \tag{4.164}$$

따라서, 축방향 진동에 대해서 등가 시스템의 감쇄 에너지는 다음과 같이 구해진다.

$$D_{ae} = c_{u_x} v_x^2 \tag{4.165}$$

그리고 실제 시스템과 등가의 집중상수 시스템은 감쇄를 통해서 동일한 양의 에너지를 소산한다는 가정이 적용되고 있으므로, 식 (4.163)과 (4.165)를 사용하여 다음과 같이 축방향 진동에 대한 등가의 감쇄계수를 구할 수 있다.

$$c_{u_x} = c_a \int_0^\ell f_a^2(x) dx \tag{4.166}$$

굽힘진동에 대한 등가의 집중상수 감쇄계수를 구하는 과정에도 이와 유사한 가정을 적용할 수 있으며, 이를 통해서 다음과 같은 감쇄계수를 구할 수 있다.

$$c_{u_y} = c_b \int_0^\ell f_{by}^2(x) dx \qquad (4.167)$$

그리고

$$c_{\theta_z} = c_b \int_0^\ell f_{b\theta_z}^2(x) dx \qquad (4.168)$$

여기서 하첨자 b는 굽힘방향 자유도를 의미한다. 분포함수 $f_{by}(x)$는 식 (4.45)와 (4.48)에 주어져 있으며, 분포함수 $f_{b\theta_z}(x)$는 식 (4.58)에 주어져 있다.

4.5.2.2 다중축 플랙셔 힌지

(회전형 조인트를 가지고 있는) 다중축 플랙셔 힌지 구조의 강성(유연성) 및 관성계수들을 6자유도로 이산화하며 이에 대응하는 집중상수 감쇄행렬은 다음과 같은 구성요소들로 이루어진 6차원 대각선 행렬 형태를 갖는다.

$$\begin{cases} c_{11} = c_{u_x} \\ c_{22} = c_{33} = c_{u_y} \\ c_{44} = c_{\theta_x} \\ c_{55} = c_{66} = c_{\theta_z} \end{cases} \qquad (4.169)$$

감쇄계수 c_{u_x}, c_{u_y} 및 c_{θ_z}는 앞 절의 논의에서 도출한 단일축 플랙셔 힌지의 감쇄계수들과 동일한 값을 갖는다. 식 (4.169)의 감쇄계수 c_{θ_x}는 비틀림 효과에 의해서 생성되며 여타의 감쇄계수들을 유도하는 것과 동일한 과정을 통해서 다음과 같이 유도된다.

$$c_{\theta_x} = c_t \int_0^\ell f_t^2(x) dx \qquad (4.170)$$

여기서 하첨자 t는 비틀림 자유도를 나타내며, 분포함수 $f_t(x)$는 식 (4.68)과 같이 주어진다.

4.5.2.3 2축 플랙셔 힌지

3장의 설명에 따르면 2축 플랙셔 힌지의 변위벡터는 5차원을 가지고 있다. 그러므로 동역학 모델링을 위한 대각선 집중상수 감쇄행렬식은 이와 동일한 형태의 플랙셔 힌지에 대한 강성 및 관성행렬식과 동일하게 5×5차원을 가지고 있다. 감쇄행렬식의 0이 아닌 성분들은 다음과 같이 주어진다.

$$\begin{cases} c_{11} = c_{u_x} \\ c_{22} = c_{u_y} \\ c_{33} = c_{u_z} \\ c_{44} = c_{\theta_y} \\ c_{55} = c_{\theta_z} \end{cases} \tag{4.171}$$

식 (4.171)에서 새롭게 도입된 감쇄계수는 단일축 플랙셔 힌지의 굽힘해석에서 수행했던 것과 유사한 과정을 통해서 계산할 수 있으며, 이번 경우의 (등가)유효 감쇄계수는 다음과 같다.

$$c_{u_z} = c_b \int_0^\ell f_{bz}^2(x) dx \tag{4.172}$$

그리고

$$c_{\theta_y} = c_b \int_0^\ell f_{b\theta_y}^2(x) dx \tag{4.173}$$

여기서 식 (4.172)와 (4.173)의 분포함수 f_{bz}와 $f_{b\theta_y}$는 각각 식 (4.80), (4.81) 및 (4.83)을 사용하여 계산할 수 있다.

4.5.3 단축(티모센코)부재로서 플랙셔 힌지의 감쇄특성

앞서 논의했던 것처럼, 티모센코 빔 모델은 단축 부재에서 발생하는 전단 및 회전효과를 고려하고 있으므로 오일러−베르누이 빔 모델에 비해서 단축 빔의 성질을 더 잘 나타낸다. 티모센코 모델을 사용할 때에 적용해야만 하는 보정과정은 굽힘과 관련된 감쇄계수에만 영향을 끼치며 축방향 진동이나 비틀림 진동에 의해서 생성되는 감쇄특성에는 영향을 끼치지 않는다. 그러므로 이 절에서 열거한 이유들과 관성값들을 유도하는 과정에서 열거한 이유들을 조합하면, 다음과 같이 티모센코 빔 모델의 가정에 따라서 수정된 단일축 플랙셔 힌지의 집중상수 감쇄계수가 얻어진다.

$$c_{u_y}^s = c_b \int_0^\ell [f_{by}^s(x)]^2 dx \tag{4.174}$$

위 식의 상첨자 s 는 티모센코 모델에 전단효과가 고려되었다는 것을 의미한다. 식 (4.174)의 분포함수는 식 (4.88)에서 이미 유도되었다. 다중축 플랙셔 힌지와 2축 플랙셔 힌지의 집중상수 감쇄계수들은 위 식에서 단지 하첨자를 바꾸는 정도만으로 간단하게 정의할 수 있다.

·· 참고문헌 ··

1. Shabana, A.A., *Dynamics of Multibody Systems*, Cambridge University Press, New York, 1998.

2. Meirovitch, L., *Principles and Techniques of Vibrations*, Prentice-Hall, Englewood Cliffs, NJ, 1997.

3. Gao, X., Solution methods for dynamic response of flexible mechanisms, in *Modern Kinematics: Developments in the Last Forty Years*, A.G. Erdman, Ed., John Wiley & Sons, New York, 1993.

4. Bagci, C. and Streit, D.A., Flexible manipulators, in *Modern Kinematics: Developments in the Last Forty Years*, A.G. Erdman, Ed., John Wiley & Sons, New York, 1993.

5. Boutaghou, Z.-E. and Erdman, A.G., On various nonlinear rod theories for the dynamic analysis of multibody systems, in *Modern Kinematics: Developments in the Last Forty Years*, A.G. Erdman, Ed., John Wiley & Sons, New York, 1993.

6. Simo, J.C. and Vu-Quoc, L., On the dynamics of flexible beams under large overall motions—the plane case, parts 1 and 2, *ASME Journal of Applied Mechanics*, 53, 849, 1986.

7. McPhee, J.J., Automatic generation of motion equations for planar mechanical systems using the new set of "branch coordinates," *Mechanism and Machine Theory*, 33(6), 805, 1998.

8. Liew, K.M., Lee, S.E., and Liu, A.Q., Mixed-interface substructures for dynamic analysis of flexible multibody systems, *Engineering Structures*, 18(7), 495, 1996.

9. Engstler, C. and Kaps, P., A comparison of one-step methods for multibody system dynamics in descriptor and state space form, *Applied Numerical Mathematics*, 24, 457, 1997.

10. Cui, K. and Haque, I., Symbolic equations of motion for hybrid multibody systems using a matrix-vector formulation, *Mechanism and Machine Theory*, 32(6), 743, 1997.

11. Boyer, F. and Coiffet, P., Symbolic modeling of a flexible manipulator via assembling of its generalized Newton-Euler model, *Mechanism and Machine Theory*, 31(1), 45, 1996.

12. Vibet, C., Dynamics modeling of Lagrangian mechanisms from inertial matrix elements, *Computer Methods in Applied Mechanical Engineering*, 123, 317, 1995.

13. Surdilovic, D. and Vukobratovic, M., One method for efficient dynamic modeling of flexible manipulators, *Mechanism and Machine Theory*, 31(3), 297, 1996.

14. Yu, W., Mathematical modeling of a class of flexible robot, *Applied Mathematical Modelling*, 19, 537, 1995.

15. Indri, M. and Tornambe, A., Lyapunov analysis of the approximate motion equations of flexible structures, *Systems & Control Letters*, 28, 31, 1996.

16. Lyon, S.M. et al., Prediction of the first modal frequency of compliant mechanisms using the pseudo-rigid-body model, *ASME Journal of Mechanical Design*, 121(2), 309, 1999.

17. Smith, S.T., *Flexures: Elements of Elastic Mechanisms*, Gordon & Breach, Amsterdam, 2000.

18. Thomson, W.T., *Theory of Vibration with Applications*, 3rd ed., Prentice-Hall, Englewood Cliffs, NJ, 1988.

19. Inman, D.J., *Engineering Vibrations*, Prentice-Hall, Englewood Cliffs, NJ, 1994.

20. Weaver, W., Jr., Timoshenko, S.P., and Young, D.H., *Vibration Problems in Engineering*, 5th ed., John Wiley & Sons, New York, 1990.

21. Lobontiu, N., Goldfarb, M., and Garcia, E., Achieving maximum tip displacement during resonant excitation of piezoelectrically actuated beams, *Journal of Intelligent Material Systems and Structures*, 10, 900, 1999.

22. Lee, S.Y., Ke, H.Y., and Kuo, Y.H., Analysis of non-uniform beam vibration, *Journal of Sound and Vibration*, 142(1), 15, 1990.

23. Lee, S.Y., Wang, W.R., and Chen, T.Y., A general approach on the mechanical analysis of non-uniform beams with nonhomogeneous elastic boundary conditions, *ASME Journal of Vibration and Acoustics*, 120, 164, 1998.

24. Lobontiu, N., Distributed-parameter dynamic model and optimized design of a four-link pendulum with flexure hinges, *Mechanism and Machine Theory*, 36(5), 653, 2001.

25. Wood, W.L., *Practical Time Stepping Schemes*, Clarendon Press, London, 1990.

26. Beer, F.P. and Johnston, E.R., *Vector Mechanics for Engineers: Dynamics*, 6th ed., McGraw-Hill, New York, 1997.

27. Nashif, A.D., Jones, D.I.G., and Henderson, J.P., *Vibration Damping*, Wiley-Interscience, New York, 1985.

28. Lazan, B.J., *Damping of Materials and Members in Structural Mechanics*, Pergamon Press, Oxford, 1968.

29. Rivin, E.I., *Stiffness and Damping in Mechanical Design*, Marcel Dekker, New York, 1999.

30. Goodman, L.E., Material damping and slip damping, in *Shock and Vibration Handbook*, C.M. Harris, Ed., McGraw-Hill, New York, 1996, p. 36.1.

31. Jones, D.G.I., Applied damping treatments, in *Shock and Vibration Handbook*, C.M. Harris, Ed., McGraw-Hill, New York, 1996, p. 37.1.

32. Kareem, A. and Gurley, K., Damping in structures: its evaluation and treatment of uncertainty, *Journal of Wind Engineering and Industrial Aerodynamics*, 59, 131, 1996.

33. Crandall, S.H., The role of damping in vibration theory, *Journal of Sound and Vibration*, 11(1), 3, 1970.

34. Baker, W.E., Woolam, W.E., and Young, D., Air and internal damping of thin cantilever beams, *International Journal of Mechanical Sciences*, 9, 743, 1967.

CHAPTER 05

플랙셔 힌지와 플랙셔 기반
유연 메커니즘의 유한요소 해석

COMPLIANT MECHANISMS:
DESIGN OF FLEXURE HINGES

유연 메커니즘

CHAPTER

05 플랙셔 힌지와 플랙셔 기반 유연 메커니즘의 유한요소 해석

5.1 서 언

다양한 상용 소프트웨어 프로그램들을 사용한 유한요소 기법은 유연 메커니즘의 거동을 모델링하고 해석하기 위한 가장 유용한 도구이다. 산업체나 연구소 및 대학에서 유한요소 해석을 선호하는 이유는 해석이 빠르고, 다양한 해석방법(정적해석, 모달해석, 동적해석, 열해석 및 이들이 혼합된 경우의 해석 등이 현재 상용 유한요소 해석 소프트웨어의 기본모듈로 탑재되어 있다), 복잡한 형상에 대한 CAD 데이터를 직접 사용할 수 있으며, 비교적 사용하기 쉽다는 등이다. 유한요소 소프트웨어 코드들은 플랙셔 기반 유연 메커니즘의 모델링과 해석에 대한 다양한 레벨의 복잡성을 제공해준다. 주어진 용도에 대한 가장 기본적인 접근방법은 예를 들어 응력과 변형의 상태 또는 모달응답 등을 찾아내기 위해서 필요한 해석을 수행하기 위한 기하학적 형상을 지정하는 것에서부터 출발한다. 모든 변수들을 미리 결정해야만 하기 때문에, 유한요소 해석을 수행하여 얻을 수 있는 통찰력은 원래 선정했던 특정한 기하학적 형상에 국한될 뿐이다. 유한요소해석 모듈과 쌍방향으로 연결된 다양한 CAD 프로그램들이 개발되어 있으므로, 이를 활용하여 변수설계나 부품설계 및 하위조립 등에 활용할 수 있다. 이를 통해서 관심 있는 기하학적 변수에 대한 수치값들을 바꿔가면서 더 많은 기하학적 형상에 대한 신속한 모델링과 해석이 가능해 졌으며 이런 설계방식이 관심을 가지고 있는 설계영역에 대한 순차적인 탐색을 수행하는 최적화 설계의 도구로 사용된다. 대부분의 유한요소해석 프로그램들은 실제로 초기설계의 변수값들이 국부적인 최적응답에 도달할 때까지 소프트웨어 내에서 변수값들을 변화시키는 최적화 모듈을 탑재하고 있다.

일반적인 루틴들과 요소 라이브러리들을 사용하여 (특히 MEMS 레벨에서의)유연 메커니즘에 대한 해석을 수행하는 범용 유한요소 소프트웨어 프로그램이 사용되고 있지만, 앞으로는 특별한 요소들을 포함한 최소한의 라이브러리를 갖추고 있는 전용 유한요소 소프트웨어를 사용하여 플랙셔 힌지와 플랙셔기반 유연 메커니즘을 해석하는 방안이 더 각광을 받을 것이다. 제라르댕과 카르도나는 유한요소 기법을 사용하여 유연 다물체 동역학을 고찰하였으며, 탄성변형과 관성 프레임에 대한 강체운동을 참조하여 이런 시스템의 총 운동을 단일방식으로 모델링하였다. 이들의 책에서는 또한 항공기, 자동차 및 여타 기계 시스템과 같은 동적인 적용사례들에서 발생하는 대변형을 취급할 수 있는 능력을 갖춘 전용 소프트웨어와 탄성부재 및 강체부재에 대한 모델들을 포함하는 요소 라이브러리를 제시하였다. 비록 이 책에서는 플랙셔 힌지에 대해서 다루고 있지만, 플랙셔 힌지와 이에 대한 모델링에 대해서 구체적으로 설명하고 있지는 않다.

유한요소에 대한 논문들 중에서 치엔키에비치와 테일러[2]는 소재, 변형 및 접촉 비선형성 또는 이들이 혼합된 문제와 같은 진보된 주제에 대한 상세한 통찰력을 가지고 이론적인 레벨과 실제적인 레벨에서 수많은 엔지니어링 적용사례에 대한 유한요소법의 종합적인 데이터 세트를 제시하였다. 유한요소법을 사용하여 플랙셔(노치) 힌지를 모델링하는 문제에 가장 훌륭한 접근을 시도한 연구는 아마도 장과 파스[3]의 논문일 것이다. 이 논문에서는 균일폭 원형 노치힌지의 소위 **강성중심**(실제로는 도심)에 대해서 여섯 개(병진 3개, 회전 3개)의 **무차원 강성계수**들이 유도되었다. 이와 유사한 주제들 중에서, 코스터[4]는 단지 다섯 개의 무차원 강성계수들만을 사용하여 원형 플랙셔 힌지에 대한 해석을 수행하였다. 그 이후에 머린과 쿠티스[5]는 단면치수가 연속적으로 변하는 3차원 빔 요소에 대한 방정식을 유도하였다. 강성행렬과 노드부하를 유도하였으며 이에 대한 수치해석을 수행하였다.

또 다른 연구에서 왕과 왕[6]은 강체 링크에 대한 미분방정식들을 연결시켜주는 일련의 구성방정식들을 유도하여 탄성 조인트를 핀과 조인트의 저널이 접촉하고 있는 선형접촉 스프링으로 모델링함으로써, 탄성 조인트를 포함하는 메커니즘의 동적 해석을 위한 유한요소법을 개발하였다. 사세나와 아나타서리쉬[7]는 유연 메커니즘 부재의 대변위에 의해 유발되는 비선형성에 대해서 고찰하였으며 유한요소법을 사용하여 이를 해석하였다. 유와 스미스[8]는 사각단면 유연 링크의 기하학적 변수들이 평면형 메커니즘의 주파수 응답에 끼치는 영향에 대해서 연구하였으며 개별 유연 링크의 질량을 변화시키지 않으면서 관성을 저감시켜주는 다양한 형태에 대한 연구를 수행하였다.

1985년의 연구환경하에서 톰슨과 성[9]은 메커니즘에 대한 유한요소해석 분야에서 탁월한 업적을 이루었다. 이 논문에서는 유한요소법의 주현상, 설계함수, 요소의 선정 그리고 공식의 유도과정뿐만 아니라 평면형 메커니즘에 대한 연구에 사용되는 해석과정 등에 관한 일련의 연구들에 대해서 설명하였다. 성과 톰슨[10]은 특히 고속으로 작동하는 유연 링크의 설계와 해석에 관련된 인자들의 요약을 통해서 소재 선정 시 고려해야 하는 다양한 사항들에 대해서 논의하였다. 저자는 고강도 파이버 보강 복합재료를 사용한 4절 링크 구조의 동적 응답에 대한 해석을 통해서 유한요소 모델링에 기초한 변수연구를 수행하였다. 헥과 오진스키[11]는 유연부재의 강체운동을 검출할 수 있는 유한요소 모델을 개발하였다. 강체변위를 고려하기 위해서 막대요소의 강성과 질량행렬식 내에서 특수한 형상함수에 대한 적분을 수행하였다. 다양한 적용사례들에 대한 논의에 기초하여 강체에 대한 고전적인 해석과의 비교를 통해서 이 연산결과를 검증하였다. 계속된 연구를 통해서 헥[12]은 대형 메커니즘의 변위를 모델링하기 위해서 축방향 탄성변형과 강체변위능력이 조합된 트러스 형 요소의 기본적인 특성들을 유도하여 유연한 평면형 링크기구에 대한 유한요소 모델을 개발하였다.

스리람과 므루첸지아[13]는 **뉴마크 적분방법**과 **뉴튼-랩슨법**에 기초하여 동시회전 공식화와 증분형 반복해 검색과정에 대해서 평면형 빔 요소를 사용하여 탄성 변형과 강체 운동을 완전하게 포착하여 유연 링크 메커니즘의 유한요소 동적응답을 유도하였다. 알베도어와 쿨리프[14]는 각기둥형 조인트의 시간 의존적 경계조건을 모델링하기 위해서 가변강성을 가지고 있는 **전이요소**를 도입하여 병진운동과 회전운동을 하는 유연링크의 유한요소 모델을 유도하였다. 류 등[15]은 전체 시스템 내에서 탄성 좌표들의 숫자를 줄이기 위해서 유연체와 강체를 연결하는 자유 인터페이스와 고정된 인터페이스 모두를 모델링할 수 있는 **혼합-인터페이스** 하부구조기법을 사용하여 유연한 다물체 시스템과 같은 탄성 구조물을 해석하였다.

요소들의 성질들을 국부좌표계에서 글로벌 좌표계로 변환시키는 과정이 필요하지만, 이는 유한요소 해석에서 많은 노력을 필요로 한다. 이런 단점을 피하기 위해서, 팔라히[16]는 유연 베르누이 빔 요소에 대한 라그랑주 방정식 내에서 의존적인 일반화 좌표축들을 암암리에 제거하는 방식의 유한요소법을 개발하였다. 유연링크 메커니즘의 동적 거동을 평가할 때에 주파수 응답이 가장 기본적으로 사용된다. 셴민 등[17]은 모달기반으로 평면형 및 공간형 다중보 구조물에 대해서 필요한 커플링 방정식들을 유도한, 전체 시스템에 대한 **부분구조합성법**을 중심으로 하는 유한요소법을 사용하여 닫힌 유연 메커니즘과 이들의 주파수 응답에 대하여 해석을 수행하였다. 왕[18]은 링크기구의 대변형에 의해서 생성되는 기하학적 비선형성을 모델링하여 **슈퍼하모닉**과 같은 **다중주파수 공진**을 검출하며, 메커니즘의 위험속도들과 밀접한 관계를 갖는 것으로 밝혀진 공진들을 조합기 위해서 설계된 유한요소법을 고안하여 유연 링크기구의 공진 응답에 대한 연구를 수행하였다. 첸[19]은 (비선형)강체운동을 미소 탄성변형과 중첩시키는 고전적인 방법을 사용하였다. 소위 **강체 기준궤적** 주변에서 운동방정식을 선형화하여 강체 운동과 탄성 변형 성분들을 분리하는 방식을 라그랑주 방정식에 적용하여 다중링크 유연 매니퓰레이터의 유한요소 동적응답을 해석하였다. 왕과 왕[6]은 탄성 메커니즘의 링크간 상호연결을 나타내기 위한 **탄성 조인트**에 대한 유한요소 모델을 소개하였다. 이들은 진동하는 탄성 메커니즘에 대한 정상상태 해를 구하기 위해서 개별 링크 운동의 지배방정식들을 국부좌표계에 대해서 유도하였으며, 이 방정식들을 해당 탄성 조인트 유한요소 모델과 합성하였다. 베셀링과 공[20]은 **가상동력** 이론에 기반을 둔 기법을 사용하여 요소 변형과 상대운동에 노달 좌표계를 연결시킴으로써 공간탄성메커니즘의 기구학적 응답이나 동적 응답을 시뮬레이션 하는 유한요소법을 제안하였다. 팔라히[21]는 관습적으로 사용해온 요소 행렬식을 **텐서**로 대체하여 유한요소법을 일반화시킴으로써 기하학적 경화에 따른 비선형 효과를 고려할 수 있도록 만든 티모센코 빔 요소에 대한 유한요소 공식을 제안하였다.

리[21]는 선형 유한요소 이론의 일반적인 가정들인 미소변위, 미소변형률 그리고 미소부하스텝 등을 통해서 일반적으로 적용되는 강력한 제한이 가능한 2차원 빔 요소에 대한 공식을 제시하였다. 가오[23]는 유연 메커니즘에 적용할 수 있는 유한요소 방법의 방대한 리스트를 제시하였다. 여기에는 인먼 등,[24] 미드하 등[25,26] 그리고 다양한 유한요소 모달해석기법을 개발한 터칙과 미드하[27] 등을 포함하여 유연 메커니즘의 모달 해석을 통한 연구결과들이 포함되어 있다. 기어,[28] 추와 판,[29] 송과 하우크[30] 그리고 가오 등[31]은 유한요소 기법을 사용하여 정상상태나 과도상태에서 유연 메커니즘의 동적 응답을 고찰하였다. 세클로빅과 살라틱[32]은 유연 연결된 평면형 프레임에 대하여 고찰하였으며 2차 방정식의 해석적인 해를 사용하여 유연 편심 연결된 빔 요소에 대한 강성행렬식을 제안하였다.

이 장에서는 플랙셔 힌지를 3노드 직선 요소로 모델링한 공식을 유도하여 (강성에 대한)유한요소법의 관점에서 플랙셔 힌지와 플랙셔 기반 유연 메커니즘에 대한 고찰을 수행한다. 예를 들어 단일축 플랙셔 힌지에 대한 상용 유한요소 소프트웨어를 사용한 고전적 모델링의 경우에 기하학적 변화 때문에 최소한 2차원 요소들이 필요하다고 알려져 있으므로, 이를 통해서 유연 메커니즘 문제를 기존의 유한요소 소프트웨어로 손쉽게 풀어낼 수 있는 1차원 문제로 국한시킬 수 있게 된다. 단일축, 다중축 및 2축 플랙셔 힌지들을 미소변형이 발생하는 길이가 긴 오일러–베르누이 부개로 간주하면 요소의 강성행렬과 질량행렬을 일반적인 형태로 나타낼 수 있다. 플랙셔 힌지가 실제 적용사례에서 연결되어 있는 자유도의 숫자와 동일한 숫자의 노드 자유도를 가지고 있도록, 평면형 및 공간형 준강체 링크들을 강체 링크로 모델링하기 위해서 2노드 요소가 유도되었다. 단일축 필렛 모서리형 플랙셔 힌지 요소의 강성행렬식과 질량행렬식이 제시되어 있다. 필렛 반경이 0으로 수렴하는 경우에 해당하는 균일단면 플랙셔 힌지를 비교 대상으로 하여 이 공식을 검증하였다. 이 장에서 유도된 공식들을 사용하여 예제에 대한 정적 해석과 모달해석을 수행하였으며, 이 해석 결과는 상용 유한요소 코드로 동일한 문제를 해석한 결과와 잘 일치하였다.

이 장에서 제시한 요소들은 최소한의 기본적인 것들이며, 소재나 대변형에 따른 비선형성, 전단, 회전관성이나 응력강화효과 등과 같은 진보된 주제들을 포함하고 있지 않다. 이 장의 목적은 고전적인 유한요소법을 사용하여 플랙셔 힌지를 해석하는 방법을 간단히 소개하고, 이 장에서 포함하고 있지 않은 여타의 플랙셔 힌지들에 대한 요소 행렬식을 유도하기 위해서 필요한 기본적인 알고리즘을 살펴보는 것이다. 이 주제에 대해서 관심을 가지고 있는 독자들은 요소 행렬식을 사용자가 추가할 수 있는 유한요소 소프트웨어에 이 장에서 제시되어 있는 필렛 모서리 형상을 가지고 있는 단일축 플랙셔 힌지에 대한 공식을 대입하여 시험해보기를 추천한다.

5.2 일반식

유한요소 모델링 해석은 연속형태의 필드미분 문제를 근사적으로 해석하는 도구로 사용된다. 예를 들어 구조역학의 경우, 일반적인 강성공식 유도를 위해서 유한요소 기법은 다음과 같은 일반적인 과정을 밟는다.

- **연속체** 문제를 유한요소 **메시**로 **이산화**—연속체의 실제 기하학적 형상을 표면이나 직선을 노드(연결점)로 연결되어 있는 다수의 **유한요소**라고 부르는 편리한 형상의 하위영역으로 분할한다. 이 단계는 유한요소 해석의 첫 번째 근사과정이다.
- **변위모델** 유도-크기를 알 수 없는 양(주요 종속변수)들은 각각의 유한요소들 내에서 비교적 단순하게 분포하며 특정한 형상이나 (일반적으로 다항식 형태의) **분포함수**를 사용하여 크기를 알 수 없는 **노드값**(좌표값 또는 일반화 좌표값)들을 보간하여 구할 수 있다고 가정

한다. 이 단계는 유한요소 해석의 두 번째 근사과정이다.
- 앞서 언급했던 두 가지 **근사과정**을 사용하며, (예를 들어 정적인 상태에서 총 위치에너지를 최소화하는 등과 같이) 연구 대상인 문제에 적합한 이론이나 명제를 적용하여 원래에는 연속체였던 문제를 (유한한 숫자의 자유도를 갖도록) 이산화한다.
- 크기를 알 수 없는 노드들에 대해 (직접 유도하거나 선형화 또는 단순화와 같은 추가적인 조작을 통해서) 최종적으로 유도된 대수방정식의 해를 구하며 노드값이나 유한요소 내부의 값들과 같이 이미 구해진 주요 미지수와 관련되어 있는 여타의 양들에 대해 추가적인 계산을 수행한다.

위에서 설명한 과정들은 구조동역학 분야에서 수학 공식에 시간항이 포함되어 있지 않은 모달 해석과 주파수 응답 문제 해석에도 동일하게 적용된다. 이런 문제들은 **그림 5.1**에 도시되어 있는 것처럼, 공간차원의 이산화의 부류에 해당한다. 다음에서는 구조물에 대한 동적 유한요소해석과 관련된 공간과 시간의 준–이산화과정에 대해서 자세히 살펴보기로 한다.

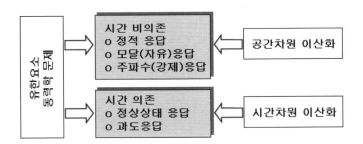

그림 5.1 플랙셔 기반 유연 메커니즘에 대한 유한요소 해석의 주요 문제들과 특징들

기술적으로, 모든 유형의 유한요소 해석에서 일반적으로 사용되는 공간 이산화 과정은 두 개의 하위 단계들로 구성되어 있다.

- 요소행렬 방정식과 그에 수반되는 행렬식들 및 벡터들을 유도한다.
- 조립과정을 통해서 이산화된 구조물 전체에 대한 글로벌 행렬 방정식을 유도한다.

요소 행렬식의 유도와 글로벌 유한요소 방정식의 조립에 필요한 단계들에 대해서는 다음에서 논의하기로 한다.

5.2.1 요소 행렬식

구조동역학 문제의 **요소 행렬식**을 구하는 과정은 **라그랑주 방정식, 해밀턴의 원리, 동정역학**[42*] **방법** 그리고 **가상일** 등이 포함된다. 요소방정식은 다음과 같은 형태를 가지고 있다.

$$\{r^e\} = [M^e]\frac{d^2}{dt^2}\{u_n^e\} + [C^e]\frac{d}{dt}\{u_n^e\} + [K^e]\{u_n^e\} + \{f^e\} \tag{5.1}$$

여기서 상첨자 e는 요소를 의미하며 $\{u_n^e\}$는 요소의 노드 변위벡터이다.

이 방정식을 유도하는 자세한 과정은 치엔키에비치와 테일러[2]와 같은 유한요소 논문들을 참조하기 바란다. 앞서 설명한 것처럼, 공간 이산화가 유한요소 문제에 대한 첫 번째 근사와 관련되며, 형상함수를 사용하여 노드 미지수(이 경우에는 노드변위)의 항으로 요소 내부에서 이 문제에 대한 미지수(이 경우에는 변위)의 주어진 분포를 다음과 같이 가정한다.

$$\{u^e\} = [N]\{u_n^e\} \tag{5.2}$$

식 (5.1)에서, $\{r^e\}$는 요소의 **노드 반력 벡터**이며,
$[M^e]$는 **질량행렬식**이며 다음과 같이 정의된다.

$$[M^e] = \int_{V_e} [N]^T[\rho][N]dV \tag{5.3}$$

여기서 $[\rho]$는 **밀도행렬**이다.
$[C^e]$는 **감쇄행렬식**이며 다음과 같이 정의된다.

$$[C^e] = \int_{V_e} [N]^T[\mu][N]dV \tag{5.4}$$

여기서 $[\mu]$는 **점성행렬**이다.

[42*] kinetostatic

$[K^e]$는 **강성행렬식**이며 다음과 같이 정의된다.

$$[K^e] = \int_{V_e} [B]^T [D][B] dV \qquad (5.5)$$

여기서 $[D]$는 **탄성행렬**이다.

모든 고전적인 유한요소 교재들에서는, 변형률 벡터의 정의를 위해서 변형률과 노드변위 벡터 사이에 다음과 같은 선형관계를 가정하고 있다.

$$\{\varepsilon^e\} = [B]\{u_n^e\} \qquad (5.6)$$

그리고 동일한 변형률 벡터와 전체적인 요소변위벡터 사이에 이와 유사한 선형관계식을 적용할 수 있다.

$$\{\varepsilon^e\} = [S]\{u^e\} \qquad (5.7)$$

여기서 $[S]$는 탄성이론에 기초하여 요소레벨에서 유도한 **미분 연산자**이다.

식 (5.6)과 식 (5.7)을 조합하면 행렬식 $[B]$에 대하여 다음 관계식을 얻을 수 있다.

$$[B] = [S][N] \qquad (5.8)$$

$\{f^e\}$는 **외력 벡터**이며 일반적으로 다음과 같이 정의된다.

$$\{f^e\} = -\int_{V_e} [B]^T [D]\{\varepsilon_0\} dV + \int_{V_e} [B]^T \{\sigma_0\} dV - \int_{V_e} [N]^T \{b\} dV - \int_{A_e} [N]^T \{t\} dA$$

$$(5.9)$$

식 (5.9)의 우변 첫 번째 항은 초기 변형률 힘벡터를 나타내며, 두 번째 항은 초기응력 힘 벡터, 세 번째 항은 체적 또는 물체력 그리고 마지막 항은 표면효과에 의해서 생성되는 힘 벡터이다. 다음에서는 다양한 형태의 요소들에 대해서 필요한 항들을 유도할 때의 요소 행렬식들에 대한 더 자세한 내용을 살펴보기로 한다.

5.2.2 포괄적 행렬식(조합과정)

지금까지는 제시되어 있는 모든 요소 방정식들에 대해서 외부 하중을 적용하지 않았다. 그런데 외부하중은 구조물에 작용하며 유한요소 과정은 일반적으로 (유한요소 메시의 n개의 노드들 중에서)주어진 i번 노드에 다음과 같은 형태의 외력을 도입한다.

$$\{r_i^{ex}\} = \sum_{e=1}^{m} \{r_i^e\}$$ (5.10)

식 (5.10)의 우변 합은 일반적인 i번 노드와 인접한 모든 노드에서의 반력들을 나타낸다(m개의 인접 노드들이 존재한다고 가정한다). 식 (5.10)을 (모든 구조요소들에 대해서 기술한)식 (5.1)과 조합하여 간단한 계산을 수행하고 나면, 다음과 같은 방정식을 얻을 수 있다.

$$[M]\frac{d^2}{dt^2}\{u_n\} + [C]\frac{d}{dt}\{u_n\} + [K]\{u_n\} = \{r_{ex}\} - \{f\}$$ (5.11)

위 식에서 사용된 글로벌 행렬식들과 벡터들은 다음과 같이 만들어진다.
$[M]$은 ij 항들이 다음과 같이 정의된 $n \times n$ 크기의 질량행렬식이다.

$$M_{ij} = \sum_{e=1}^{m} M_{ij}^e$$ (5.12)

$[C]$는 ij 항들이 다음과 같이 정의된 $n \times n$ 크기의 감쇄행렬식이다.

$$C_{ij} = \sum_{e=1}^{m} C_{ij}^e$$ (5.13)

$[K]$는 ij 항들이 다음과 같이 정의된 $n \times n$ 크기의 강성행렬식이다.

$$K_{ij} = \sum_{e=1}^{m} K_{ij}^e \tag{5.14}$$

$\{f\}$는 i항이 다음과 같이 정의된 n차원의 내력 벡터이다.

$$f_i = \sum_{e=1}^{m} f_i^e \tag{5.15}$$

변위벡터 $\{u_n\}$은 이산화된 구조물의 n개의 노드 모두의 변위값(자유도)들로 이루어진다. 다음에서는 식 (5.11)의 **글로벌 행렬식**에 대한 몇 가지 논의사항들을 열거하고 있다.

질량행렬식 $[M]$

- 대칭행렬이며 양의 정부호 행렬이다.
- 식 (5.12)를 사용한 계산을 **일치질량행렬**[43*]이라고 부른다. 질량행렬 유도방법들 중 하나는 사전에 정의된 기준에 따라서 한 요소의 총 질량을 하나의 노드에 집중시키는 것이며, 이를 통해서 대각선 집중행렬이 만들어진다. 2노드 직선요소의 경우, 질량을 각각의 노드에 배정하여 둘로 분할할 수 있다. 3노드 평면 삼각형 요소의 경우, 총 질량을 3개의 동일한 하위질량으로 분할하여 각 노드에 배치할 수 있다. 연속체 방정식 대신에 집중질량행렬식을 사용하는 것은 이후의 계산을 크게 단순화시켜준다.

강성행렬식 $[K]$

- 대칭행렬이며 양의 정부호 행렬이다.
- 유한요소법은 인접한 요소들끼리만 서로 연결(그래서 **구역법**[44*]이라고 부른다)하기 때문에 **밴드행렬**을 형성한다. 그러므로 행렬식 내에서 0이 아닌 항들은 주 대각선 근처에 위치한다. 모든 노력은 강성행렬 (강성행렬은 대칭이므로) 반폭의 최소화를 통한 행렬식의 단순화와 이후 계산의 단순화에 집중되며, 이를 구현하기 위해서는 일반적으로 노드의 재배치와 노드번호 재부여 알고리즘을 통해서 인접한 노드들 사이의 수치값 차이를 최소화시

43* consistent mass matrix
44* piecewise method

켜야 한다.

감쇄행렬식 [C]

- 식 (5.13)에 기초하며 일반적으로 매우 복잡하다.
- 종종, 다음과 같이 질량과 강성행렬 사이의 레일레이형 선형조합으로 감쇄행렬을 구성한다.

$$[C] = \alpha[M] + \beta[K] \tag{5.16}$$

초기조건을 고려해야만 하는 경우나 외력항이 주기적이지 않은 경우에 동적 시스템의 강제 과도응답을 구하기 위해서 식 (5.11)의 완전한 형태가 사용된다. 이런 경우에는 시간영역에서 방정식을 풀기 위해서 다양한 시간스텝 적분방법들을 적용해야 한다. 본질적으로, 시간을 n개의 하위간격으로 분할하며 두 개의 연있는 시점인 k와 $k+1$은 시간스텝 Δt_k(해의 정확도를 높이기 위해서 이 값을 변화시킬 수 있다)에 의해서 다음과 같이 서로 연결된다.

$$t_{k+1} = t_k + \Delta t_k \tag{5.17}$$

식 (5.11)을 크기를 알 수 없는 노드변위에 대해서 풀어내기 위해서 해석 대상 문제에 초기조건을 적용하며, 두 개의 연이은 시점을 서로 연결시켜주는 각각의 시간스텝에 대해서 적분법을 반복적으로 사용한다. 이를 수행하기 위해서는 공간과 시간에 대한 이산화가 필요하며 이 주제에 대해서는 나중에 다시 다루기로 한다.

과도기간이 긴 동적 문제의 경우, 강제응답을 구하기 위한 적분방법이 개발되었으며, 이에 대해서는 4장에서 논의한 바 있다. **모드분할 기법**이 비교적 단순하며 모드응답을 구해주기 때문에 가장 자주 사용된다. 과도기간이 긴 동적 문제를 경제적으로 풀어내기 위한 또 다른 방법은 모달벡터 대신에 **리츠벡터**를 사용하는 것이다.

다음에 주어진 방정식을 풀어 비감쇄 자유응답을 구하기 위해서 앞서 언급했던 모달응답을 탐색한다.

$$[M]\frac{d^2}{dt^2}\{u_n\} + [K]\{u_n\} = \{0\} \tag{5.18}$$

또는 다음에 주어진 방정식을 풀어 감쇄 자유응답을 구하기 위해서 모달응답을 활용한다.

$$[M]\frac{d^2}{dt^2}\{u_n\}+[C]\frac{d}{dt}\{u_n\}+[K]\{u_n\}=\{0\} \tag{5.19}$$

다음의 식을 대입하면 시간스텝을 사용하지 않고도 식 (5.18)이나 (5.19)에 제시된 문제들을 풀어낼 수 있다.

$$\{u_n\}=\{\Phi_n\}e^{iwt} \tag{5.20}$$

위 식을 식 (5.19)에 대입하면 다음과 같이 정리된다.

$$(-\omega^2[M]+i\omega[C]+[K])\{\Phi_n\}=\{0\} \tag{5.21}$$

위 식은 전형적인 감쇄자유응답에 대한 **고유값문제**이다. 자유응답이 비감쇄인 경우에는 고유값 문제가 다음과 같이 수정된다.

$$(-\omega^2[M]+[K])\{\Phi_n\}=\{0\} \tag{5.22}$$

식 (5.21)과 (5.22)에서 $\{\Phi_n\}$은 시스템의 **고유벡터**이며 ω는 **고유각속도**이다. 동적 시스템의 자유응답을 구하기 위해서는 다음과 같이 정의된 고유값을 구하여야 한다.

$$\lambda=\frac{1}{\omega^2} \tag{5.23}$$

고유값을 구하고 나면 고유벡터를 구하기 위한 특정한 기법이 사용된다.
정적인 유한요소 문제는 다음에 주어진 방정식에 지배를 받는다.

$$[K]\{u_n\}=\{r_{ex}\}-\{f\} \tag{5.26}$$

위 방정식의 해는 다음과 같이 주어진다.

$$\{u_n\} = [K]^{-1}[\{r_{ex}\} - \{f\}] \tag{5.27}$$

5.3 플랙셔 힌지의 요소 행렬식

이 절에서는 상용 유한요소 소프트웨어처럼 (2차원 또는 3차원 유한요소를 사용하여) 플랙셔 힌지에 대한 2차원 또는 3차원 기하학적 디테일을 다루는 대신에 플랙셔 힌지를 **3노드 직선요소**로 정의하여 차원과 관련된 문제를 없애버리기로 한다. 단일축, 다중축 및 2축 플랙셔에 대한 요소강성과 요소질량 행렬식들을 다양한 형상의 플랙셔 힌지에 대한 해를 구할 수 있는 일반화된(적분) 형태로 제시하고 있다. 단일축 필렛 모서리형 플랙셔 힌지에 대한 요소강성 행렬식과 요소질량 행렬식이 제시되어 있다. 플랙셔 기반 유연 메커니즘의 유한요소 정적응답, 모달응답 및 동적응답에 대해서 고찰하기 위해서 2차원 및 3차원 용도의 플랙셔 힌지로 연결되어 있는 강체 링크를 모델링하기 위한 특수 요소에 대한 공식도 제시되어 있다.

그림 5.2에서는 실제 플랙셔 힌지의 기하학적 영역에 대해 상용 유한요소 코드에서 전통적으로 사용되는 다수의 2차원 또는 3차원 유한요소들로 이루어진 메시와 대비하여 플랙셔 힌지 모델링의 기본함수로 사용되는 3노드 유한요소를 보여주고 있다. 양단에 위치한 두 개의 노드들에 덧붙여서, 추가적인 노드를 플랙셔 힌지 요소의 중간 위치에 삽입하는 것은 실제 플랙셔

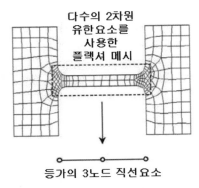

그림 5.2 상용 유한요소 소프트웨어를 사용하여 생성된 고전적인 다중요소 메시를 대체하는 단일 3노드 유한요소를 사용한 플랙셔 힌지 모델

힌지의 거동을 자세히 나타낼 수 있는 능력을 강화시켜주기 때문에 이미 2장에서 살펴봤듯이 중간점은 운동의 정밀도와 기생효과의 민감도를 정량화하기 위해서 극도로 중요하다.

다음에서는 (2장에서 정의되었던 것처럼, 2차원 용도의)단일축 플랙셔 힌지, 다중축(회전형) 플랙셔 힌지 그리고 (3차원 용도의 경우, 2장에서의 정의에 따라서)2축 플랙셔 힌지에 대한 요소 행렬식이 유도된다.

5.3.1 2차원 용도의 단일축 플랙셔 힌지 유한요소

우선, 균일폭 부재를 사용한 단일축 플랙셔 힌지에 대해서 요소강성 행렬식과 요소질량 행렬식을 유도한다. **그림 5.3**에서는 노드 하나당 3자유도를 가지고 있는 3노드 직선요소를 보여주고 있으며, 이를 임의의 단일축 플랙셔 힌지의 모델로 사용할 수 있다. 이 장의 앞쪽 개요 부분에서 설명하였듯이, 식 (5.5)를 사용하여 요소 강성행렬을 계산할 수 있다. 노드요소 하나당 3자유도를 가지고 있으므로, 식 (5.5)는 다음과 같이 정의된다.

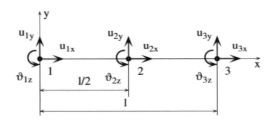

그림 5.3 단일축 플랙셔 힌지를 노드 하나당 3자유도를 가지고 있는 3노드 빔 요소로 모델링한 사례

$$[D] = E \begin{bmatrix} A(x) & 0 \\ 0 & I_z(x) \end{bmatrix} \tag{5.26}$$

여기서 가변단면적 $A(x)$와 z축에 대한 관성 모멘트 $I_z(x)$는 다음과 같이 주어진다.

$$\begin{aligned} A(x) &= \omega t(x) \\ I_z(x) &= \frac{\omega t(x)^3}{12} \end{aligned} \tag{5.27}$$

축방향 부하와 굽힘에 대해서 민감한 유한요소의 변형률–변위 관계는 다음의 미분식으로 나타낼 수 있다.

$$\begin{Bmatrix} \varepsilon_a \\ \varepsilon_b \end{Bmatrix} = \begin{bmatrix} \dfrac{d}{dx} & 0 \\ 0 & \dfrac{d^2}{dx^2} \end{bmatrix} \begin{Bmatrix} u_x \\ u_y \end{Bmatrix} \tag{5.28}$$

여기서 하첨자 a와 b는 각각 축방향과 굽힘방향을 의미한다. 식 (5.7)에서 변형과 변형률 사이를 연결시켜주는 $[S]$ 행렬은 다음과 같이 정의된다.

$$[S] = \begin{bmatrix} \dfrac{d}{dx} & 0 \\ 0 & \dfrac{d^2}{dx^2} \end{bmatrix} \tag{5.29}$$

이 장의 앞쪽에서 설명했듯이, 형상함수를 사용하여 유한요소의 내부변위와 동일한 요소의 노드변위를 연결시켜줄 수 있으며, **그림 5.3**에 주어진 요소의 경우에 이 관계식은 다음과 같이 주어진다.

$$\begin{cases} u_x = N_{u1x}u_{1x} + N_{u2x}u_{2x} + N_{u3x}u_{3x} \\ u_y = N_{u1y}u_{1y} + N_{u2y}u_{2y} + N_{u3y}u_{3y} + N_{\theta1z}\theta_{1z} + N_{\theta2z}\theta_{2z} + N_{\theta3z}\theta_{3z} \end{cases} \tag{5.30}$$

3노드 유한요소가 축방향 변위의 연속성을 제공해줄 뿐만 아니라 굽힘효과에 대한 변형과 기울기의 연속성도 제공해준다는 것을 의미하는 **컨포멀**이라는 것을 확실히 하기 위해서, 다음에 제시되어 있는 2자유도 다항식이 요소 내부의 축방향 변위에 대한 요구조건들을 충족시켜주며 5자유도 다항식이 굽힘 조건을 충족시켜주어야 한다.

$$\begin{cases} u_x = a_0 + a_1 x + a_2 x^2 \\ u_y = b_0 + b_1 x + b_2 x^2 + b_3 x^3 + b_4 x^4 + b_5 x^5 \end{cases} \tag{5.31}$$

식 (5.30)에서 주어진 다항식의 최소 자유도에 대한 설명은 매우 단순하다. 플랙셔 힌지 유한요소는 3개의 노드들을 가지고 있으므로, 각각의 노드들에 대해서 축방향 변위에 대해 서로 다른 경계조건들을 구할 수 있어야 한다(다음에서 설명한다). 그 결과, 최소한 3개의 계수 값들을 가지고 있는 (그러므로 식 (5.30)의 첫 번째 식에서와 같이 2차식 형태인) 다항식이 필요하다. 이와 유사하게, 세 개의 요소 노드들 각각의 위치에서 굽힘효과의 항(하나는 변위이며 나머지는 기울기)으로 여섯 개의 경계조건들을 나타낼 수 있어야 한다. 따라서 식 (5.31)의 두 번째 식에서와 같이 5차 다항식에 대한 최소한 6개의 계수값들이 이 조건을 충족할 수 있다. 이와 동시에, 기본적인 소재의 강도에 대한 탐구로부터 빔 형태의 부재에서 발생하는 기울기는 국부좌표계 x의 항으로 나타낸 변형의 미분값과 같다는 것이 잘 알려져 있으며, 변형을 나타내는 식 (5.31)의 두 번째 식을 미분하여 다음과 같이 기울기를 구할 수 있다.

$$\theta_z = b_1 + 2b_2 x + 3b_3 x^2 + 4b_4 x^3 + 5b_5 x^4 \tag{5.32}$$

여기서 논의하는 3노드 직선요소의 경우, 노드 변위벡터는 다음과 같이 주어진다.

$$\{u_n\} = \{u_{1x}, \ u_{1y}, \ \theta_{1z}, \ u_{2x}, \ u_{2y}, \ \theta_{2z}, \ u_{3x}, \ u_{3y}, \ \theta_{3z}\}^T \tag{5.33}$$

반면에 형상함수 행렬은 다음과 같이 주어진다.

$$[N] = \begin{bmatrix} N_{u1x} & 0 & 0 & N_{u2x} & 0 & 0 & N_{u3x} & 0 & 0 \\ 0 & N_{u1y} & N_{\theta1z} & 0 & N_{u2y} & N_{\theta2z} & 0 & N_{u3y} & N_{\theta3z} \end{bmatrix} \tag{5.34}$$

유한요소의 3개의 노드들에 대한 축방향 변형, 변위 및 기울기에 대한 다음의 경계조건들을 적용한다.

$$\begin{cases} u = u_i \\ v = v_i \ \text{for} \ i = 1, \ 2, \ 3 \ \ \text{and} \ x = \begin{cases} 0, & \text{for} \ i = 1 \\ \dfrac{\ell}{2}, & \text{for} \ i = 2 \\ \ell, & \text{for} \ i = 3 \end{cases} \\ \theta = \theta_i \end{cases} \tag{5.35}$$

식 (5.31)을 사용하면 다음과 같이 식 (5.30)의 형상함수에 사용된 계수값들을 구할 수 있다.

$$\begin{cases} N_{u1x} = 1 - 3\dfrac{x}{\ell} + 2\dfrac{x^2}{\ell^2} \\[2mm] N_{u2x} = 4\dfrac{x}{\ell}\left(1 - \dfrac{x}{\ell}\right) \\[2mm] N_{u3x} = \dfrac{x}{\ell}\left(2\dfrac{x}{\ell} - 1\right) \end{cases}$$

$$\begin{cases} N_{u1y} = 1 - \dfrac{387}{69}\dfrac{x^2}{\ell^2} + \dfrac{214}{23}\dfrac{x^3}{\ell^3} - \dfrac{156}{23}\dfrac{x^4}{\ell^4} + \dfrac{144}{69}\dfrac{x^5}{\ell^5} \\[2mm] N_{u2y} = \dfrac{416}{69}\dfrac{x^2}{\ell^2} - \dfrac{192}{23}\dfrac{x^3}{\ell^3} - \dfrac{32}{23}\dfrac{x^4}{\ell^4} + \dfrac{256}{69}\dfrac{x^5}{\ell^5} \\[2mm] N_{u3y} = -\dfrac{29}{69}\dfrac{x^2}{\ell^2} - \dfrac{22}{23}\dfrac{x^3}{\ell^3} + \dfrac{188}{23}\dfrac{x^4}{\ell^4} - \dfrac{400}{69}\dfrac{x^5}{\ell^5} \end{cases} \tag{5.36}$$

$$\begin{cases} N_{\theta 1z} = x - \dfrac{168}{69}\dfrac{x^2}{\ell} + \dfrac{51}{23}\dfrac{x^3}{\ell^2} - \dfrac{26}{23}\dfrac{x^4}{\ell^3} + \dfrac{24}{69}\dfrac{x^5}{\ell^4} \\[2mm] N_{\theta 2z} = -\dfrac{16}{69}\dfrac{x^2}{\ell} + \dfrac{64}{23}\dfrac{x^3}{\ell^2} - \dfrac{112}{23}\dfrac{x^4}{\ell^3} + \dfrac{160}{69}\dfrac{x^5}{\ell^4} \\[2mm] N_{\theta 3z} = \dfrac{5}{69}\dfrac{x^2}{\ell} + \dfrac{3}{23}\dfrac{x^3}{\ell^2} - \dfrac{34}{23}\dfrac{x^4}{\ell^3} + \dfrac{88}{69}\dfrac{x^5}{\ell^4} \end{cases}$$

5.3.1.1 강성행렬

대칭형태인 9×9 강성행렬의 0이 아닌 항들이 다음에 제시되어 있다. **그림 5.3**의 직선요소에 대한 3개의 노드들의 자유도 배치순서에 따라서 축방향 변형과 관련 있는 항들이 1행, 4행 및 7행에 위치하고 있으며, 일반화된 방정식들이 다음과 같이 주어진다.

$$K_{1,1} = wE\int_\ell t(x)\left(\frac{dN_{u1x}}{dx}\right)^2 dx \tag{5.37}$$

$$K_{1,4} = wE\int_\ell t(x)\left(\frac{dN_{u1x}}{dx}\right)\left(\frac{dN_{u2x}}{dx}\right)dx \tag{5.38}$$

$$K_{1,7} = wE\int_\ell t(x)\left(\frac{dN_{u1x}}{dx}\right)\left(\frac{dN_{u3x}}{dx}\right)dx \tag{5.39}$$

$$K_{4,4} = wE\int_\ell t(x)\left(\frac{dN_{u2x}}{dx}\right)^2 dx \tag{5.40}$$

$$K_{4,7} = wE\int_\ell t(x)\left(\frac{dN_{u2x}}{dx}\right)\left(\frac{dN_{u3x}}{dx}\right)dx \tag{5.41}$$

$$K_{7,7} = wE \int_\ell t(x) \left(\frac{dN_{u3x}}{dx} \right)^2 dx \tag{5.42}$$

(힘 대 변위 또는 모멘트 대 기울기를 연결시켜주는) 직접굽힘 강성 항들은 다음과 같이 주어진다.

$$K_{2,2} = \frac{w}{12} E \int_\ell t(x)^3 \left(\frac{d^2 N_{u1y}}{dx^2} \right)^2 dx \tag{5.43}$$

$$K_{2,5} = \frac{w}{12} E \int_\ell t(x)^3 \left(\frac{d^2 N_{u1y}}{dx^2} \right) \left(\frac{d^2 N_{u2y}}{dx^2} \right) dx \tag{5.44}$$

$$K_{2,8} = \frac{w}{12} E \int_\ell t(x)^3 \left(\frac{d^2 N_{u1y}}{dx^2} \right) \left(\frac{d^2 N_{u3y}}{dx^2} \right) dx \tag{5.45}$$

$$K_{3,3} = \frac{w}{12} E \int_\ell t(x)^3 \left(\frac{d^2 N_{\theta1z}}{dx^2} \right)^2 dx \tag{5.46}$$

$$K_{3,6} = \frac{w}{12} E \int_\ell t(x)^3 \left(\frac{d^2 N_{\theta1z}}{dx^2} \right) \left(\frac{d^2 N_{\theta2z}}{dx^2} \right) dx \tag{5.47}$$

$$K_{3,9} = \frac{w}{12} E \int_\ell t(x)^3 \left(\frac{d^2 N_{\theta1z}}{dx^2} \right) \left(\frac{d^2 N_{\theta3z}}{dx^2} \right) dx \tag{5.48}$$

$$K_{5,5} = \frac{w}{12} E \int_\ell t(x)^3 \left(\frac{d^2 N_{u2y}}{dx^2} \right)^2 dx \tag{5.49}$$

$$K_{5,8} = \frac{w}{12} E \int_\ell t(x)^3 \left(\frac{d^2 N_{u2y}}{dx^2} \right) \left(\frac{d^2 N_{u3y}}{dx^2} \right) dx \tag{5.50}$$

$$K_{6,6} = \frac{w}{12} E \int_\ell t(x)^3 \left(\frac{d^2 N_{\theta2z}}{dx^2} \right)^2 dx \tag{5.51}$$

$$K_{6,9} = \frac{w}{12} E \int_\ell t(x)^3 \left(\frac{d^2 N_{\theta2z}}{dx^2} \right) \left(\frac{d^2 N_{\theta3z}}{dx^2} \right) dx \tag{5.52}$$

$$K_{8,8} = \frac{w}{12} E \int_\ell t(x)^3 \left(\frac{d^2 N_{u3y}}{dx^2} \right)^2 dx \tag{5.53}$$

$$K_{9,9} = \frac{w}{12} E \int_\ell t(x)^3 \left(\frac{d^2 N_{\theta3z}}{dx^2} \right)^2 dx \tag{5.54}$$

(힘 대 기울기 또는 모멘트 대 변위를 연결시켜주는) 교차굽힘 강성 항들은 다음과 같이 주어진다.

$$K_{2,3} = \frac{w}{12} E \int_{\ell} t(x)^3 \left(\frac{d^2 N_{u1y}}{dx^2} \right) \left(\frac{d^2 N_{\theta 1z}}{dx^2} \right) dx \tag{5.55}$$

$$K_{2,6} = \frac{w}{12} E \int_{\ell} t(x)^3 \left(\frac{d^2 N_{u1y}}{dx^2} \right) \left(\frac{d^2 N_{\theta 2z}}{dx^2} \right) dx \tag{5.56}$$

$$K_{2,9} = \frac{w}{12} E \int_{\ell} t(x)^3 \left(\frac{d^2 N_{u1y}}{dx^2} \right) \left(\frac{d^2 N_{\theta 3z}}{dx^2} \right) dx \tag{5.57}$$

$$K_{3,5} = \frac{w}{12} E \int_{\ell} t(x)^3 \left(\frac{d^2 N_{\theta 1z}}{dx^2} \right) \left(\frac{d^2 N_{u2y}}{dx^2} \right) dx \tag{5.58}$$

$$K_{3,8} = \frac{w}{12} E \int_{\ell} t(x)^3 \left(\frac{d^2 N_{\theta 1z}}{dx^2} \right) \left(\frac{d^2 N_{u3y}}{dx^2} \right) dx \tag{5.59}$$

$$K_{5,6} = \frac{w}{12} E \int_{\ell} t(x)^3 \left(\frac{d^2 N_{u2y}}{dx^2} \right) \left(\frac{d^2 N_{\theta 2z}}{dx^2} \right) dx \tag{5.60}$$

$$K_{5,9} = \frac{w}{12} E \int_{\ell} t(x)^3 \left(\frac{d^2 N_{u2y}}{dx^2} \right) \left(\frac{d^2 N_{\theta 3z}}{dx^2} \right) dx \tag{5.61}$$

$$K_{8,9} = \frac{w}{12} E \int_{\ell} t(x)^3 \left(\frac{d^2 N_{u3y}}{dx^2} \right) \left(\frac{d^2 N_{\theta 3z}}{dx^2} \right) dx \tag{5.62}$$

$$K_{9,8} = \frac{w}{12} E \int_{\ell} t(x)^3 \left(\frac{d^2 N_{\theta 3z}}{dx^2} \right) \left(\frac{d^2 N_{u3y}}{dx^2} \right) dx \tag{5.63}$$

위 방정식들에서 플랙셔의 단면 형상은 식 (5.27)에 주어진 것처럼, 균일폭 w과 가변두께 $t(x)$의 곱으로 정의된다.

5.3.1.2 질량행렬

요소의 질량행렬에 대해서는 식 (5.3)에서 개론적으로 정의하였다. 균질 등방성 소재의 경우, 밀도는 일정하며 강성행렬이 대칭인 질량행렬을 단순화시켜준다. 축방향 효과에 기여한 대각선 질량행렬의 0이 아닌 성분들은 다음과 같이 주어진다.

$$M_{1,1} = \rho w \int_\ell t(x) N_{u1x}^2 \, dx \tag{5.64}$$

$$M_{1,4} = \rho w \int_\ell t(x) N_{u1x} N_{u2x} dx \tag{5.65}$$

$$M_{1,7} = \rho w \int_\ell t(x) N_{u1x} N_{u3x} dx \tag{5.66}$$

$$M_{4,4} = \rho w \int_\ell t(x) N_{u2x}^2 \, dx \tag{5.67}$$

$$M_{4,7} = \rho w \int_\ell t(x) N_{u2x} N_{u3x} dx \tag{5.68}$$

$$M_{7,7} = \rho w \int_\ell t(x) N_{u3x}^2 \, dx \tag{5.69}$$

직접굽힘에 의해서 생성된 질량행렬 요소들은 다음과 같이 주어진다.

$$M_{2,2} = \rho w \int_\ell t(x) N_{u1y}^2 \, dx \tag{5.70}$$

$$M_{2,5} = \rho w \int_\ell t(x) N_{u1y} N_{u2y} dx \tag{5.71}$$

$$M_{2,8} = \rho w \int_\ell t(x) N_{u1y} N_{u3y} dx \tag{5.72}$$

$$M_{3,3} = \rho w \int_\ell t(x) N_{\theta1z}^2 \, dx \tag{5.73}$$

$$M_{3,6} = \rho w \int_\ell t(x) N_{\theta1z} N_{\theta2z} dx \tag{5.74}$$

$$M_{3,9} = \rho w \int_\ell t(x) N_{\theta1z} N_{\theta3z} dx \tag{5.75}$$

$$M_{5,5} = \rho w \int_\ell t(x) N_{u2y}^2 \, dx \tag{5.76}$$

$$M_{5,8} = \rho w \int_\ell t(x) N_{u2y} N_{u3y} dx \tag{5.77}$$

$$M_{6,6} = \rho w \int_\ell t(x) N_{\theta2z}^2 \, dx \tag{5.78}$$

$$M_{6,9} = \rho w \int_\ell t(x) N_{\theta2z} N_{\theta3z} dx \tag{5.79}$$

$$M_{8,8} = \rho w \int_{\ell} t(x) N_{u3y}^2 \, dx \tag{5.80}$$

$$M_{9,9} = \rho w \int_{\ell} t(x) N_{\theta3z}^2 \, dx \tag{5.81}$$

교차굽힘 질량항들은 다음과 같이 주어진다.

$$M_{2,3} = \rho w \int_{\ell} t(x) N_{u1y} N_{\theta1z} dx \tag{5.82}$$

$$M_{2,6} = \rho w \int_{\ell} t(x) N_{u1y} N_{\theta2z} dx \tag{5.83}$$

$$M_{2,9} = \rho w \int_{\ell} t(x) N_{u1y} N_{\theta3z} dx \tag{5.84}$$

$$M_{3,5} = \rho w \int_{\ell} t(x) N_{\theta1z} N_{u2y} dx \tag{5.85}$$

$$M_{3,8} = \rho w \int_{\ell} t(x) N_{\theta1z} N_{u3y} dx \tag{5.86}$$

$$M_{5,6} = \rho w \int_{\ell} t(x) N_{u2y} N_{\theta2z} dx \tag{5.87}$$

$$M_{5,9} = \rho w \int_{\ell} t(x) N_{u2y} N_{\theta3z} dx \tag{5.88}$$

$$M_{6,8} = \rho w \int_{\ell} t(x) N_{\theta2z} N_{u3y} dx \tag{5.89}$$

$$M_{8,9} = \rho w \int_{\ell} t(x) N_{u3y} N_{\theta3z} dx \tag{5.90}$$

이 장의 마지막에 제시되어 있는 부록에서는 단일축 필렛 모서리형 플랙셔 힌지뿐만 아니라 유사한 균일단면 요소에 대해서, 노드당 3자유도를 가지고 있는 3노드 유한요소의 요소강성행렬과 요소질량행렬이 제시되어 있다.

5.3.2 3차원 용도의 다중축 플랙셔 힌지 유한요소

단일축 플랙셔 힌지의 경우에 설명했던 것과 유사한 방식으로, 회전형 다중축 유한요소들이 일반적인 형태로 제시되어 있다. **그림 5.4**에서는 일반적인 회전형 플랙셔 힌지의 노드당 6자유도를 가지고 있는 **3노드 유한요소**가 제시되어 있다.

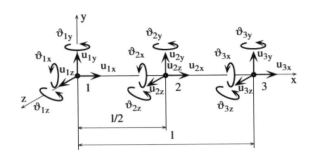

그림 5.4 다중축 플랙셔 힌지를 노드 하나당 6자유도를 가지고 있는 3노드 빔 요소로 모델링한 사례

5.3.2.1 강성행렬

우선 3차원 유한요소에 대해서 축방향 효과 및 굽힘효과에 대한 민감도와 더불어서 비틀림 효과도 포함하는 요소강성행렬을 유도한다. **그림 5.4**에서 보여주듯이, 유한요소의 y 및 z 방향 주축방향으로의 굽힘을 독립적으로 취급할 수 있도록 굽힘항이 두 배로 늘었다. 그러므로 새롭게 도입된 항은 비틀림과 그에 수반되는 형상함수뿐이다. 3개의 노드들에 대한 경계조건을 지켜야 하므로 형상함수는 2차 다항식의 형태를 가지고 있기 때문에, 비틀림 항은 외형상 축방향 부하와 유사하다. 그런데 새로 도입된 형상함수는 노드 좌표값들에 대해서 다음과 같이 주어진다.

$$\begin{cases} u_z = N_{u1z}u_{1z} + N_{u2z}u_{2z} + N_{u3z}u_{3z} + N_{\theta1y}\theta_{1y} + N_{\theta_{2y}}\theta_{2y} + N_{\theta_{3y}}\theta_{3y} \\ \theta_x = N_{\theta1x}\theta_{1x} + N_{\theta2x}\theta_{2x} + N_{\theta3x}\theta_{3x} \end{cases} \tag{5.91}$$

이 경우의 형상함수 행렬식 $[N]$ 은 4×18 크기의 행렬식이며 0이 아닌 항들은 다음과 같이 주어진다.

$$\begin{cases} N_{1,1} = N_{4,4} = N_{u1x} \\ N_{1,7} = N_{4,10} = N_{u2x} \\ N_{1,13} = N_{4,16} = N_{u3x} \\ N_{2,2} = N_{3,3} = N_{u1y} \\ N_{2,6} = N_{3,5} = N_{\theta1z} \\ N_{2,8} = N_{3,9} = N_{u2y} \\ N_{2,12} = N_{3,11} = N_{\theta1z} \\ N_{2,14} = N_{3,15} = N_{u3y} \\ N_{2,18} = N_{3,17} = N_{\theta3z} \end{cases} \tag{5.92}$$

이 형상함수 방정식은 단일축 플랙셔 힌지 유한요소의 일반적인 방정식 유도과정에서 이미 소개했던 것과 동일하다. 다중축 플랙셔 힌지 유한요소의 일반화된 **변형률-변형관계식**은 다음과 같이 주어진다.

$$
\begin{Bmatrix} \varepsilon_a \\ \varepsilon_{by} \\ \varepsilon_{bz} \\ \gamma_t \end{Bmatrix} = \begin{bmatrix} \dfrac{d}{dx} & 0 & 0 & 0 \\ 0 & \dfrac{d^2}{dx^2} & 0 & 0 \\ 0 & 0 & \dfrac{d^2}{dx^2} & 0 \\ 0 & 0 & 0 & \dfrac{d}{dx} \end{bmatrix} \begin{Bmatrix} u_x \\ u_y \\ u_z \\ \theta_x \end{Bmatrix}
\tag{5.93}
$$

식 (5.7)에 따르면 다음과 같이 $[S]$ 행렬식을 정의할 수 있다.

$$
[S] = \begin{bmatrix} \dfrac{d}{dx} & 0 & 0 & 0 \\ 0 & \dfrac{d^2}{dx^2} & 0 & 0 \\ 0 & 0 & \dfrac{d^2}{dx^2} & 0 \\ 0 & 0 & 0 & \dfrac{d}{dx} \end{bmatrix}
\tag{5.94}
$$

축방향 변형, 두 방향 굽힘 그리고 비틀림을 포함할 수 있는 일반화된 **응력-변형률 관계식**은 다음과 같이 주어진다.

$$
\begin{Bmatrix} N \\ M_{by} \\ M_{bz} \\ M_t \end{Bmatrix} = \begin{bmatrix} EA(x) & 0 & 0 & 0 \\ 0 & EI(x) & 0 & 0 \\ 0 & 0 & EI(x) & 0 \\ 0 & 0 & 0 & GI_p(x) \end{bmatrix} \begin{Bmatrix} \varepsilon_a \\ \varepsilon_{by} \\ \varepsilon_{bz} \\ \gamma_t \end{Bmatrix}
\tag{5.95}
$$

식 (5.5)에서 도입한 탄성행렬식은 이 일반화된 공식에서 다음과 같이 주어진다.

$$[D] = \begin{bmatrix} EA(x) & 0 & 0 & 0 \\ 0 & EI(x) & 0 & 0 \\ 0 & 0 & EI(x) & 0 \\ 0 & 0 & 0 & GI_p(x) \end{bmatrix} \tag{5.96}$$

위 방정식들에서, 플랙셔의 단면형상은 면적 $A(x)$, y 및 z축 방향으로의 관성 모멘트 $I(x)$ 그리고 극관성 모멘트 $I_p(x)$ 등을 사용하여 다음과 같이 정의한다.

$$\begin{cases} A(x) = \dfrac{\pi t(x)^2}{4} \\ I(x) \ = \dfrac{\pi t(x)^4}{64} \\ I_p(x) = \dfrac{\pi t(x)^4}{32} \end{cases} \tag{5.97}$$

식 (5.5)에 따라서 대칭형 요소 강성행렬의 성분들을 계산하기 위해서 필요한 모든 요소들이 구해졌다. 축방향 효과와 관련된 강성 성분들은 다음과 같이 계산할 수 있다.

$$K_{1,1} = \frac{\pi}{4} E \int_\ell t(x)^2 \left(\frac{dN_{u1x}}{dx} \right)^2 dx \tag{5.98}$$

$$K_{1,7} = \frac{\pi}{4} E \int_\ell t(x)^2 \left(\frac{dN_{u1x}}{dx} \right) \left(\frac{dN_{u2x}}{dx} \right) dx \tag{5.99}$$

$$K_{1,13} = \frac{\pi}{4} E \int_\ell t(x)^2 \left(\frac{dN_{u1x}}{dx} \right) \left(\frac{dN_{u3x}}{dx} \right) dx \tag{5.100}$$

$$K_{7,7} = \frac{\pi}{4} E \int_\ell t(x)^2 \left(\frac{dN_{u2x}}{dx} \right)^2 dx \tag{5.101}$$

$$K_{7,13} = \frac{\pi}{4} E \int_\ell t(x)^2 \left(\frac{dN_{u2x}}{dx} \right) \left(\frac{dN_{u3x}}{dx} \right) dx \tag{5.102}$$

$$K_{13,13} = \frac{\pi}{4} E \int_\ell t(x)^2 \left(\frac{dN_{u3x}}{dx} \right)^2 dx \tag{5.103}$$

직접굽힘 강성항들은 다음 방정식과 같이 주어진다.

$$K_{2,2} = K_{3,3} = \frac{\pi}{64}E\int_{\ell} t(x)^4 \left(\frac{d^2 N_{u1y}}{dx^2}\right)^2 dx \tag{5.104}$$

$$K_{2,8} = K_{3,9} = \frac{\pi}{64}E\int_{\ell} t(x)^4 \left(\frac{d^2 N_{u1y}}{dx^2}\right)\left(\frac{d^2 N_{u2y}}{dx^2}\right) dx \tag{5.105}$$

$$K_{2,14} = K_{3,15} = \frac{\pi}{64}E\int_{\ell} t(x)^4 \left(\frac{d^2 N_{u1y}}{dx^2}\right)\left(\frac{d^2 N_{u3y}}{dx^2}\right) dx \tag{5.106}$$

$$K_{5,5} = K_{6,6} = \frac{\pi}{64}E\int_{\ell} t(x)^4 \left(\frac{d^2 N_{\theta1z}}{dx^2}\right)^2 dx \tag{5.107}$$

$$K_{5,11} = K_{6,12} = \frac{\pi}{64}E\int_{\ell} t(x)^4 \left(\frac{d^2 N_{\theta1z}}{dx^2}\right)\left(\frac{d^2 N_{\theta2z}}{dx^2}\right) dx \tag{5.108}$$

$$K_{5,17} = K_{6,18} = \frac{\pi}{64}E\int_{\ell} t(x)^4 \left(\frac{d^2 N_{\theta1z}}{dx^2}\right)\left(\frac{d^2 N_{\theta3z}}{dx^2}\right) dx \tag{5.109}$$

$$K_{8,8} = K_{9,9} = \frac{\pi}{64}E\int_{\ell} t(x)^4 \left(\frac{d^2 N_{u2y}}{dx^2}\right)^2 dx \tag{5.110}$$

$$K_{8,14} = K_{9,15} = \frac{\pi}{64}E\int_{\ell} t(x)^4 \left(\frac{d^2 N_{u2y}}{dx^2}\right)\left(\frac{d^2 N_{u3y}}{dx^2}\right) dx \tag{5.111}$$

$$K_{11,11} = K_{12,12} = \frac{\pi}{64}E\int_{\ell} t(x)^4 \left(\frac{d^2 N_{\theta2z}}{dx^2}\right)^2 dx \tag{5.112}$$

$$K_{11,17} = K_{12,18} = \frac{\pi}{64}E\int_{\ell} t(x)^4 \left(\frac{d^2 N_{\theta2z}}{dx^2}\right)\left(\frac{d^2 N_{\theta3z}}{dx^2}\right) dx \tag{5.113}$$

$$K_{14,14} = K_{15,15} = \frac{\pi}{64}E\int_{\ell} t(x)^4 \left(\frac{d^2 N_{u3y}}{dx^2}\right)^2 dx \tag{5.114}$$

$$K_{17,17} = K_{18,18} = \frac{\pi}{64}E\int_{\ell} t(x)^4 \left(\frac{d^2 N_{\theta3z}}{dx^2}\right)^2 dx \tag{5.115}$$

회전형 플랙셔 힌지에 대해서 주어진 길이방향 프로파일에 대해서 다음의 방정식들을 사용하여 교차굽힘강성항들을 구할 수 있다.

$$K_{2,6} = K_{3,5} = \frac{\pi}{64}E\int_{\ell} t(x)^4 \left(\frac{d^2 N_{u1y}}{dx^2}\right)\left(\frac{d^2 N_{\theta1z}}{dx^2}\right) dx \tag{5.116}$$

$$K_{2,12} = K_{3,11} = \frac{\pi}{64} E \int_{\ell} t(x)^4 \left(\frac{d^2 N_{u1y}}{dx^2} \right) \left(\frac{d^2 N_{\theta 2z}}{dx^2} \right) dx \qquad (5.117)$$

$$K_{2,18} = K_{3,17} = \frac{\pi}{64} E \int_{\ell} t(x)^4 \left(\frac{d^2 N_{u1y}}{dx^2} \right) \left(\frac{d^2 N_{\theta 3z}}{dx^2} \right) dx \qquad (5.118)$$

$$K_{5,9} = K_{6,8} = \frac{\pi}{64} E \int_{\ell} t(x)^4 \left(\frac{d^2 N_{\theta 1z}}{dx^2} \right) \left(\frac{d^2 N_{u2y}}{dx^2} \right) dx \qquad (5.119)$$

$$K_{5,15} = K_{6,14} = \frac{\pi}{64} E \int_{\ell} t(x)^4 \left(\frac{d^2 N_{\theta 1z}}{dx^2} \right) \left(\frac{d^2 N_{u3y}}{dx^2} \right) dx \qquad (5.120)$$

$$K_{8,12} = K_{9,11} = \frac{\pi}{64} E \int_{\ell} t(x)^4 \left(\frac{d^2 N_{u2y}}{dx^2} \right) \left(\frac{d^2 N_{\theta 2z}}{dx^2} \right) dx \qquad (5.121)$$

$$K_{8,18} = K_{9,17} = \frac{\pi}{64} E \int_{\ell} t(x)^4 \left(\frac{d^2 N_{u2y}}{dx^2} \right) \left(\frac{d^2 N_{\theta 3z}}{dx^2} \right) dx \qquad (5.122)$$

$$K_{11,15} = K_{12,14} = \frac{\pi}{64} E \int_{\ell} t(x)^4 \left(\frac{d^2 N_{\theta 2z}}{dx^2} \right) \left(\frac{d^2 N_{u3y}}{dx^2} \right) dx \qquad (5.123)$$

$$K_{14,18} = K_{15,17} = \frac{\pi}{64} E \int_{\ell} t(x)^4 \left(\frac{d^2 N_{u3y}}{dx^2} \right) \left(\frac{d^2 N_{\theta 3z}}{dx^2} \right) dx \qquad (5.124)$$

비틀림과 관련된 강성항들은 다음과 같이 계산할 수 있다.

$$K_{4,4} = \frac{\pi}{32} G \int_{\ell} t(x)^4 \left(\frac{dN_{u1x}}{dx} \right)^2 dx \qquad (5.125)$$

$$K_{4,10} = \frac{\pi}{32} G \int_{\ell} t(x)^4 \left(\frac{dN_{u1x}}{dx} \right) \left(\frac{dN_{u2x}}{dx} \right) dx \qquad (5.126)$$

$$K_{4,16} = \frac{\pi}{32} G \int_{\ell} t(x)^4 \left(\frac{dN_{u1x}}{dx} \right) \left(\frac{dN_{u3x}}{dx} \right) dx \qquad (5.127)$$

$$K_{10,10} = \frac{\pi}{32} G \int_{\ell} t(x)^4 \left(\frac{dN_{u2x}}{dx} \right)^2 dx \qquad (5.128)$$

$$K_{10,16} = \frac{\pi}{32} G \int_{\ell} t(x)^4 \left(\frac{dN_{u2x}}{dx} \right) \left(\frac{dN_{u3x}}{dx} \right) dx \qquad (5.129)$$

$$K_{16,16} = \frac{\pi}{32} G \int_{\ell} t(x)^4 \left(\frac{dN_{u3x}}{dx} \right)^2 dx \qquad (5.130)$$

5.3.2.2 질량행렬

식 (5.3)의 요소행렬을 다음과 같이 다시 정리할 수 있다.

$$[M^e] = \frac{\pi\rho}{4} \int_\ell t(x)^2 [N]^T[N] dx \tag{5.131}$$

플랙셔 힌지는 균일소재로 제작되므로 식 (5.3)의 일반함수에서 사용되었던 밀도행렬은 상수 ρ로 변환된다. 위 방정식의 행렬식 곱셈을 수행하면 직경이 $t(x)$에 따라 변하는 일반적인 회전형 플랙셔 힌지의 대칭요소 질량행렬을 구할 수 있다. 축방향 효과 및 비틀림 효과와 관련되어 있는 질량행렬의 0이 아닌 항들은 다음과 같이 구해진다.

$$M_{1,1} = M_{4,4} = \frac{\pi\rho}{4} \int_\ell t(x)^2 N_{u1x}^2 \, dx \tag{5.132}$$

$$M_{1,7} = M_{4,10} = \frac{\pi\rho}{4} \int_\ell t(x)^2 N_{u1x} N_{u2x} dx \tag{5.133}$$

$$M_{1,13} = M_{4,16} = \frac{\pi\rho}{4} \int_\ell t(x)^2 N_{u1x} N_{u3x} dx \tag{5.134}$$

$$M_{7,7} = M_{10,10} = \frac{\pi\rho}{4} \int_\ell t(x)^2 N_{u2x}^2 \, dx \tag{5.135}$$

$$M_{7,13} = M_{10,16} = \frac{\pi\rho}{4} \int_\ell t(x)^2 N_{u2x} N_{u3x} dx \tag{5.136}$$

$$M_{13,13} = M_{16,16} = \frac{\pi\rho}{4} \int_\ell t(x)^2 N_{u3x}^2 \, dx \tag{5.137}$$

직접 굽힘효과와 관련된 요소 질량행렬 성분들은 다음과 같이 주어진다.

$$M_{2,2} = M_{3,3} = \frac{\pi\rho}{4} \int_\ell t(x)^2 N_{u1y}^2 \, dx \tag{5.138}$$

$$M_{2,8} = M_{3,9} = \frac{\pi\rho}{4} \int_\ell t(x)^2 N_{u1y} N_{u2y} dx \tag{5.139}$$

$$M_{2,14} = M_{3,15} = \frac{\pi\rho}{4} \int_\ell t(x)^2 N_{u1y} N_{u3y} dx \tag{5.140}$$

$$M_{5,5} = M_{6,6} = \frac{\pi\rho}{4} \int_\ell t(x)^2 N_{\theta 1z}^2 \, dx \tag{5.141}$$

$$M_{5,11} = M_{6,12} = \frac{\pi\rho}{4} \int_\ell t(x)^2 N_{\theta 1z} N_{\theta 2z} dx \tag{5.142}$$

$$M_{5,17} = M_{6,18} = \frac{\pi\rho}{4} \int_\ell t(x)^2 N_{\theta 1z} N_{\theta 3z} dx \tag{5.143}$$

$$M_{8,8} = M_{9,9} = \frac{\pi\rho}{4} \int_\ell t(x)^2 N_{u2y}^2 \, dx \tag{5.144}$$

$$M_{8,14} = M_{9,15} = \frac{\pi\rho}{4} \int_\ell t(x)^2 N_{u2y} N_{u3y} dx \tag{5.145}$$

$$M_{11,11} = M_{12,12} = \frac{\pi\rho}{4} \int_\ell t(x)^2 N_{\theta 2z}^2 \, dx \tag{5.146}$$

$$M_{11,17} = M_{12,18} = \frac{\pi\rho}{4} \int_\ell t(x)^2 N_{\theta 2z} N_{\theta 3z} dx \tag{5.147}$$

$$M_{14,14} = M_{15,15} = \frac{\pi\rho}{4} \int_\ell t(x)^2 N_{u3y}^2 \, dx \tag{5.148}$$

교차 굽힘효과에 의해서 생성된 요소 질량행렬 성분들은 다음과 같이 주어진다.

$$M_{2,6} = M_{3,5} = \frac{\pi\rho}{4} \int_\ell t(x)^2 N_{u1y} N_{\theta 1z} dx \tag{5.149}$$

$$M_{2,12} = M_{3,11} = \frac{\pi\rho}{4} \int_\ell t(x)^2 N_{u1y} N_{\theta 2z} dx \tag{5.150}$$

$$M_{2,18} = M_{3,17} = \frac{\pi\rho}{4} \int_\ell t(x)^2 N_{u1y} N_{\theta 3z} dx \tag{5.151}$$

$$M_{5,9} = M_{6,8} = \frac{\pi\rho}{4} \int_\ell t(x)^2 N_{\theta 1z} N_{u2y} dx \tag{5.152}$$

$$M_{5,15} = M_{6,14} = \frac{\pi\rho}{4} \int_\ell t(x)^2 N_{\theta 1z} N_{u3y} dx \tag{5.153}$$

$$M_{8,12} = M_{9,11} = \frac{\pi\rho}{4} \int_\ell t(x)^2 N_{u2y} N_{\theta 2z} dx \tag{5.154}$$

$$M_{8,18} = M_{9,17} = \frac{\pi\rho}{4} \int_\ell t(x)^2 N_{u2y} N_{\theta 3z} dx \tag{5.155}$$

$$M_{11,15} = M_{12,14} = \frac{\pi\rho}{4} \int_\ell t(x)^2 N_{\theta 2z} N_{u3y} dx \tag{5.156}$$

$$M_{14,18} = M_{15,17} = \frac{\pi\rho}{4} \int_\ell t(x)^2 N_{u3y} N_{\theta3z} dx \tag{5.157}$$

5.3.3 3차원 용도의 2축 플랙셔 힌지 유한요소

이 절에서는 3차원 용도의 일반적인 2축 유한요소에 대한 강성행렬과 질량행렬이 제시되어 있다. 2장에서 이런 형태의 플랙셔 힌지에 대해서 소개한 바 있으며, 플랙셔의 기하학적 형상을 정의하는 변수들을 기반으로 하여 완전한 세트의 유연성을 유도하였다. **그림 5.5**에서는 일반적인 노드 하나당 5개의 자유도를 가지고 있는 일반적인 3노드 유한요소를 사용하여 2축 플랙셔 힌지를 나타내고 있다. 2장에서 설명했듯이, 이런 유형의 플랙셔는 서로 직교하는 2축 방향으로 굽힘과 축방향 변형이 가능하지만 비틀림은 발생하지 않기 때문에 노드 하나당 5개의 자유도를 사용하여 유한요소를 구현할 수 있다.

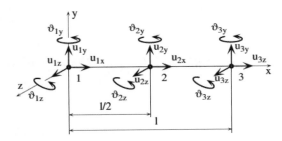

그림 5.5 2축 플랙셔 힌지를 노드 하나당 5자유도를 가지고 있는 3노드 빔 요소로 모델링한 사례

5.3.3.1 강성행렬

다중축 플랙셔 힌지 유한요소에 대한 논의에서 고려했던 것과 유사하게, 다음과 같이 형상함수와 그에 따른 3×5 크기를 가지고 있는 형상함수 행렬식의 0이 아닌 항들을 구할 수 있다.

$$\begin{cases} N_{1,1} = N_{u1x} \\ N_{1,6} = N_{u2x} \\ N_{1,11} = N_{u3x} \\ N_{2,2} = N_{3,3} = N_{u1y} \\ N_{2,5} = N_{3,4} = N_{\theta1z} \\ N_{2,7} = N_{3,8} = N_{u2y} \\ N_{2,10} = N_{3,9} = N_{\theta1z} \\ N_{2,12} = N_{3,13} = N_{u3y} \\ N_{2,15} = N_{3,14} = N_{\theta3z} \end{cases} \tag{5.158}$$

$[S]$ 행렬식도 다중축 플랙셔 힌지 유한요소와 유사하며, 앞서의 사례들에서와 유사한 이유 때문에 다음과 같은 형태를 갖는다.

$$[S] = \begin{bmatrix} \dfrac{d}{dx} & 0 & 0 \\[2mm] 0 & \dfrac{d^2}{dx^2} & 0 \\[2mm] 0 & 0 & \dfrac{d^2}{dx} \end{bmatrix} \tag{5.159}$$

탄성 행렬식 $[D]$도 이와 유사하게 다음과 같이 유도된다.

$$[D] = \begin{bmatrix} EA(x) & 0 & 0 \\ 0 & EI_y(x) & 0 \\ 0 & 0 & EI_z(x) \end{bmatrix} \tag{5.160}$$

여기서 가변 단면적 $A(x)$와 관성모멘트 $I_y(x)$ 및 $I_z(x)$는 다음과 같이 주어진다.

$$\begin{cases} A(x) = w(x)t(x) \\[2mm] I_y(x) = \dfrac{w(x)^3 t(x)}{12} \\[2mm] I_z(x) = \dfrac{w(x)t(x)^3}{12} \end{cases} \tag{5.161}$$

위에서 $[N]$, $[S]$ 및 $[D]$ 행렬식들이 정의되었으므로, 식 (5.5)를 사용하여 요소대칭 강성행렬을 계산할 수 있다. 축방향 강성성분들은 다음과 같이 주어진다.

$$K_{1,1} = E\int_\ell t(x)w(x)\left(\frac{dN_{u1x}}{dx}\right)^2 dx \tag{5.162}$$

$$K_{1,6} = E\int_\ell t(x)w(x)\left(\frac{dN_{u1x}}{dx}\right)\left(\frac{dN_{u2x}}{dx}\right) dx \tag{5.163}$$

$$K_{1,11} = E\int_\ell t(x)w(x)\left(\frac{dN_{u1x}}{dx}\right)\left(\frac{dN_{u3x}}{dx}\right) dx \tag{5.164}$$

$$K_{6,6} = E \int_\ell t(x)w(x)\left(\frac{dN_{u2x}}{dx}\right)^2 dx \tag{5.165}$$

$$K_{6,11} = E \int_\ell t(x)w(x)\left(\frac{dN_{u2x}}{dx}\right)\left(\frac{dN_{u3x}}{dx}\right)dx \tag{5.166}$$

$$K_{11,11} = E \int_\ell t(x)w(x)\left(\frac{dN_{u3x}}{dx}\right)^2 dx \tag{5.167}$$

직접 굽힘을 나타내는 강성항들은 다음과 같다.

$$K_{2,2} = K_{3,3} = \frac{E}{12} \int_\ell t(x)w(x)^3\left(\frac{d^2 N_{u1y}}{dx^2}\right)^2 dx \tag{5.168}$$

$$K_{2,7} = K_{3,8} = \frac{E}{12} \int_\ell t(x)w(x)^3\left(\frac{d^2 N_{u1y}}{dx^2}\right)\left(\frac{d^2 N_{u2y}}{dx^2}\right)dx \tag{5.169}$$

$$K_{2,12} = K_{3,13} = \frac{E}{12} \int_\ell t(x)w(x)^3\left(\frac{d^2 N_{u1y}}{dx^2}\right)\left(\frac{d^2 N_{u3y}}{dx^2}\right)dx \tag{5.170}$$

$$K_{4,4} = K_{5,5} = \frac{E}{12} \int_\ell t(x)w(x)^3\left(\frac{d^2 N_{\theta1z}}{dx^2}\right)^2 dx \tag{5.171}$$

$$K_{4,9} = K_{5,10} = \frac{E}{12} \int_\ell t(x)w(x)^3\left(\frac{d^2 N_{\theta1z}}{dx^2}\right)\left(\frac{d^2 N_{\theta2z}}{dx^2}\right)dx \tag{5.172}$$

$$K_{4,14} = K_{5,15} = \frac{E}{12} \int_\ell t(x)w(x)^3\left(\frac{d^2 N_{\theta1z}}{dx^2}\right)\left(\frac{d^2 N_{\theta3z}}{dx^2}\right)dx \tag{5.173}$$

$$K_{7,7} = K_{8,8} = \frac{E}{12} \int_\ell t(x)w(x)^3\left(\frac{d^2 N_{u2y}}{dx^2}\right)^2 dx \tag{5.174}$$

$$K_{7,12} = K_{8,13} = \frac{E}{12} \int_\ell t(x)w(x)^3\left(\frac{d^2 N_{u2y}}{dx^2}\right)\left(\frac{d^2 N_{u3y}}{dx^2}\right)dx \tag{5.175}$$

$$K_{9,9} = K_{10,10} = \frac{E}{12} \int_\ell t(x)w(x)^3\left(\frac{d^2 N_{\theta2z}}{dx^2}\right)^2 dx \tag{5.176}$$

$$K_{9,14} = K_{10,15} = \frac{E}{12} \int_\ell t(x)w(x)^3\left(\frac{d^2 N_{\theta2z}}{dx^2}\right)\left(\frac{d^2 N_{\theta3z}}{dx^2}\right)dx \tag{5.177}$$

$$K_{12,12} = K_{13,13} = \frac{E}{12} \int_\ell t(x)w(x)^3\left(\frac{d^2 N_{u3y}}{dx^2}\right)^2 dx \tag{5.178}$$

$$K_{14,14} = K_{15,15} = \frac{E}{12} \int_{\ell} t(x) w(x)^3 \left(\frac{d^2 N_{\theta 3z}}{dx^2} \right)^2 dx \tag{5.179}$$

교차굽힘 강성항들은 다음과 같다.

$$K_{2,5} = K_{3,4} = \frac{E}{12} \int_{\ell} t(x) w(x)^3 \left(\frac{d^2 N_{u1y}}{dx^2} \right) \left(\frac{d^2 N_{\theta 1z}}{dx^2} \right) dx \tag{5.180}$$

$$K_{2,10} = K_{3,9} = \frac{E}{12} \int_{\ell} t(x) w(x)^3 \left(\frac{d^2 N_{u1y}}{dx^2} \right) \left(\frac{d^2 N_{\theta 2z}}{dx^2} \right) dx \tag{5.181}$$

$$K_{2,15} = K_{3,14} = \frac{E}{12} \int_{\ell} t(x) w(x)^3 \left(\frac{d^2 N_{u1y}}{dx^2} \right) \left(\frac{d^2 N_{\theta 3z}}{dx^2} \right) dx \tag{5.182}$$

$$K_{4,8} = K_{5,7} = \frac{E}{12} \int_{\ell} t(x) w(x)^3 \left(\frac{d^2 N_{\theta 1z}}{dx^2} \right) \left(\frac{d^2 N_{u2y}}{dx^2} \right) dx \tag{5.183}$$

$$K_{4,13} = K_{5,12} = \frac{E}{12} \int_{\ell} t(x) w(x)^3 \left(\frac{d^2 N_{\theta 1z}}{dx^2} \right) \left(\frac{d^2 N_{u3y}}{dx^2} \right) dx \tag{5.184}$$

$$K_{7,10} = K_{8,9} = \frac{E}{12} \int_{\ell} t(x) w(x)^3 \left(\frac{d^2 N_{u2y}}{dx^2} \right) \left(\frac{d^2 N_{\theta 2z}}{dx^2} \right) dx \tag{5.185}$$

$$K_{7,15} = K_{8,14} = \frac{E}{12} \int_{\ell} t(x) w(x)^3 \left(\frac{d^2 N_{u2y}}{dx^2} \right) \left(\frac{d^2 N_{\theta 3z}}{dx^2} \right) dx \tag{5.186}$$

$$K_{9,13} = K_{10,12} = \frac{E}{12} \int_{\ell} t(x) w(x)^3 \left(\frac{d^2 N_{\theta 2z}}{dx^2} \right) \left(\frac{d^2 N_{u3y}}{dx^2} \right) dx \tag{5.187}$$

$$K_{12,15} = K_{13,14} = \frac{E}{12} \int_{\ell} t(x) w(x)^3 \left(\frac{d^2 N_{u3y}}{dx^2} \right) \left(\frac{d^2 N_{\theta 3z}}{dx^2} \right) dx \tag{5.188}$$

5.3.3.2 질량행렬

회전형 플랙셔 유한요소의 경우와 유사한 방식으로 대칭질량행렬의 0이 아닌 항들이 유도되었다. 축방향 성분들은 다음과 같다.

$$M_{1,1} = \rho \int_{\ell} t(x) w(x) N_{u1x}^2 \, dx \tag{5.189}$$

$$M_{1,6} = \rho \int_{\ell} t(x)w(x)N_{u1x}N_{u2x}dx \tag{5.190}$$

$$M_{1,11} = \rho \int_{\ell} t(x)w(x)N_{u1x}N_{u3x}dx \tag{5.191}$$

$$M_{6,6} = \rho \int_{\ell} t(x)w(x)N_{u2x}^2\,dx \tag{5.192}$$

$$M_{6,11} = \rho \int_{\ell} t(x)w(x)N_{u2x}N_{u3x}dx \tag{5.193}$$

$$M_{11,11} = \rho \int_{\ell} t(x)w(x)N_{u3x}^2\,dx \tag{5.194}$$

직접굽힘과 관련된 질량성분들은 다음과 같다.

$$M_{2,2} = M_{3,3} = \rho \int_{\ell} t(x)w(x)N_{u1y}^2\,dx \tag{5.195}$$

$$M_{2,7} = M_{3,8} = \rho \int_{\ell} t(x)w(x)N_{u1y}N_{u2y}dx \tag{5.196}$$

$$M_{2,12} = M_{3,13} = \rho \int_{\ell} t(x)w(x)N_{u1y}N_{u3y}dx \tag{5.197}$$

$$M_{4,4} = M_{5,5} = \rho \int_{\ell} t(x)w(x)N_{\theta1z}^2\,dx \tag{5.198}$$

$$M_{4,9} = M_{5,10} = \rho \int_{\ell} t(x)w(x)N_{\theta1z}N_{\theta2z}dx \tag{5.199}$$

$$M_{4,14} = M_{5,15} = \rho \int_{\ell} t(x)w(x)N_{\theta1z}N_{\theta3z}dx \tag{5.200}$$

$$M_{7,7} = M_{8,8} = \rho \int_{\ell} t(x)w(x)N_{u2y}^2\,dx \tag{5.201}$$

$$M_{7,12} = M_{8,13} = \rho \int_{\ell} t(x)w(x)N_{u2y}N_{u3y}dx \tag{5.202}$$

$$M_{9,9} = M_{10,10} = \rho \int_{\ell} t(x)w(x)N_{\theta2z}^2\,dx \tag{5.203}$$

$$M_{9,14} = M_{10,15} = \rho \int_{\ell} t(x)w(x)N_{\theta2z}N_{\theta3z}dx \tag{5.204}$$

$$M_{12,12} = M_{13,13} = \rho \int_{\ell} t(x)w(x)N_{u3y}^2\,dx \tag{5.205}$$

$$M_{14,14} = M_{15,15} = \rho \int_{\ell} t(x)w(x)N_{\theta 3z}^2 dx \tag{5.206}$$

교차굽힘과 관련된 질량성분들은 다음과 같다.

$$M_{2,5} = M_{3,4} = \rho \int_{\ell} t(x)w(x)N_{u1y}N_{\theta 1z}dx \tag{5.207}$$

$$M_{2,10} = M_{3,9} = \rho \int_{\ell} t(x)w(x)N_{u1y}N_{\theta 2z}dx \tag{5.208}$$

$$M_{2,15} = M_{3,14} = \rho \int_{\ell} t(x)w(x)N_{u1y}N_{\theta 3z}dx \tag{5.209}$$

$$M_{4,8} = M_{5,7} = \rho \int_{\ell} t(x)w(x)N_{\theta 1z}N_{u2y}dx \tag{5.210}$$

$$M_{4,13} = M_{5,12} = \rho \int_{\ell} t(x)w(x)N_{\theta 1z}N_{u3y}dx \tag{5.211}$$

$$M_{7,10} = M_{8,9} = \rho \int_{\ell} t(x)w(x)N_{u2y}N_{\theta 2z}dx \tag{5.212}$$

$$M_{7,15} = M_{8,14} = \rho \int_{\ell} t(x)w(x)N_{u2y}N_{\theta 3z}dx \tag{5.213}$$

$$M_{9,13} = M_{10,12} = \rho \int_{\ell} t(x)w(x)N_{\theta 2z}N_{u3y}dx \tag{5.214}$$

5.4 강체 링크에 대한 요소행렬

5.4.1 2노드 직선 요소로 모델링된 2차원 강체 링크

유연 메커니즘에서 플랙셔 힌지들은 준강체인 다수의 링크들을 연결하며 메커니즘에 대해서 설계된 유효운동을 수행한다. 3장의 경우에서와 같이, 이 준강체 링크들을 완전 강체로 취급하는 것이 좋아 보이지만, 이들이 실제로는 약간 유연하기 때문에 강성행렬 $[K^e]$를 사용하여 유한요소의 강성을 정량화하는 유한요소 기법으로 이들을 모델링한다. 축방향 효과와 굽힘효과만을 고려한다면, $[K^e]$의 각 성분들은 기본적으로 다음과 같은 형태를 갖는다.

$$K_{i,j}^e = Ef_{i,j}(요소형상) \tag{5.215}$$

그러므로 무한강성요소를 구현하기 위해서는 영 계수(전단과 비틀림의 경우에는 횡탄성계수)가 무한히 크거나 구성요소의 물리적 치수들 중 일부가 무한히 커져야만 하는데, 이는 현실적으로 불가능하다. 이론상 이런 **준강체** 링크기구를 유한요소로 현실성 있게 모델링하는 데에는 세 가지 방법이 있다.

만일 요소가 기술적인 관점에서 강체라고 가정(그리고 메커니즘의 유연성은 전적으로 유연조인트-즉 플랙셔 힌지에만 존재한다고 가정)한다면, 예를 들어 두 개의 노드만을 갖춘 직선요소와 같은 가장 간단한 요소를 선정할 수 있다. 그리고 강성값이 현저히 커져서 유한요소가 실제적으로 준강체처럼 거동하도록 소재의 탄성계수값을 인공적으로 증가시킬 수 있다.

헥과 오진스키[11] 또는 헥[12]의 연구에서 언급한 것처럼, 강체운동능력을 포함하도록 유한요소의 형상함수를 손쉽게 설계 또는 선정할 수 있다.

세 번째 방법은 특정한 링크 기구의 실제 형상과 부하를 더 잘 모델링할 수 있는 요소를 정의하여 준강체 링크의 실제 변형을 민감하게 포착하는 유한요소를 활용하는 것이다. 만일 유연 메커니즘이 평면형이라면, 평면 내 변형능력을 갖춘 판형 요소(예를 들어 치엔키에비치와 테일러[2]가 제시한 **키르히호프 판형요소**)가 올바른 선택이다. 3차원 유연 메커니즘의 경우, 평면 내 및 평면 외 변형능력을 갖춘 판형 요소(치엔키에비치와 테일러[2]가 제시한 **라이스너-민들린 판형요소**)가 필요하다. 이런 요소들은 당연히 다수의 노드들을 사용하므로 문제의 차원과 복잡성이 불필요하게 증가하게 된다. 그런데 관습적으로 강체로 취급하는 부재의 유연성을 무시하면 전체적인 정밀도나 여타의 핵심 변수들이 영향을 받게 되므로 이것이 올바른 방법이 될 것이다.

그런데 이 절에서 우리의 논의는 앞서 설명했던 첫 번째 방법에 기초하여 좀 더 단순하게 준강체 부재의 모델링에 2노드 직선요소를 사용하며, 이 선택은 대부분의 플랙셔 기반 유연 메커니즘을 포함할 수 있다. 직렬 메커니즘(또는 하이브리드 메커니즘의 직렬 다리)의 경우, 이런 요소는 말단 노드 위치에서 인접한 부재들을 서로 연결하여, 기하학적 패턴을 서로 맞춰준다. 또한 이 요소는 병렬 구조에도 적용이 가능하다. 세 개의 인접한 플랙셔 힌지들과 연결되는 준강체 링크가 **그림 5.6a**에 도시되어 있다.

그림 5.6b에 도시되어 있는 것처럼, 실제의 준강체 부재를 플랙셔 요소의 끝단 노드들 사이의 방향을 따라가면서 두 개의 직선 요소로 분할할 수 있다. **그림 5.6**에서는 평면상태를 보여주고 있지만, 3차원의 경우에도 역시 적용된다. 요소 간의 호환성을 보장하기 위해서 준강체요소의 두 노드 각각이 이를 연결해주는 플랙셔 힌지 유한요소와 동일한 자유도를 갖는 것이 필요하다. 노드 하나당 3자유도를 사용하여 이미 단일축 플랙셔 힌지 유한요소를 정의하였기 때문에, **그림 5.7**에 도시되어 있는 2노드 직선요소의 경우에도 이와 유사한 가정을 적용하기로 한다.

그림 5.6 2차원 유연 메커니즘의 여러 플랙셔 힌지들과 연결되어 있는 강체 링크

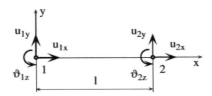

그림 5.7 평면형 유연 메커니즘에 사용되는 준강체 링크를 노드 하나당 3자유도를 가지고 있는 2노드 요소로 모델링한 사례

모델의 개발과정을 단순하게 유지하기 위해서, 이 요소의 단면은 균일하다고 가정한다. 그러므로 단면적 A와 관성 모멘트 I도 일정하다. 다음에서는 강성과 질량 행렬을 유도한다.

5.4.1.1 강성행렬

이 장의 앞쪽에서 수행했던 유도과정들과 마찬가지로, 강체 링크 요소는 매우 표준적이며 유한요소 관련 교재에서 손쉽게 찾을 수 있다. 축방향 변형에 대한 형상함수는 1차 다항식 형태를 가지고 있는 반면에 굽힘 변형에 대한 형상함수는 요소의 양단 노드들에서 필요한 경계조건들을 나타내기 위해서 3차 다항식 형태를 가져야만 한다. 형상 함수는 다음과 같이 주어진다.

$$
\begin{cases}
N_{u1x} = 1 - \dfrac{x}{\ell} \\[2mm]
N_{u2x} = \dfrac{x}{\ell} \\[2mm]
N_{u1y} = 1 - 3\dfrac{x^2}{\ell^2} + 2\dfrac{x^3}{\ell^3} \\[2mm]
N_{u2y} = \dfrac{x^2}{\ell^2}\left(3 - 2\dfrac{x}{\ell}\right) \\[2mm]
N_{\theta 1z} = x\left(1 - 2\dfrac{x}{\ell} + \dfrac{x^2}{\ell^2}\right) \\[2mm]
N_{\theta 2z} = \dfrac{x^2}{\ell}\left(-1 + \dfrac{x}{\ell}\right)
\end{cases}
\tag{5.216}
$$

2×6 크기를 가지고 있는 형상함수 행렬식 $[N]$은 다음과 같이 주어진다.

$$[N] = \begin{bmatrix} N_{u1x} & 0 & 0 & N_{u1y} & 0 & 0 \\ 0 & N_{u1y} & N_{\theta 1z} & 0 & N_{u2y} & N_{\theta 2z} \end{bmatrix} \tag{5.217}$$

이 경우에 2×2 크기를 갖고 있는 $[S]$ 행렬식은 다음과 같이 정의된다.

$$[S] = \begin{bmatrix} \dfrac{d}{dx} & 0 \\ 0 & \dfrac{d^2}{dx^2} \end{bmatrix} \tag{5.218}$$

탄성행렬식 $[D]$는 다음과 같이 정의된다.

$$[D] = \begin{bmatrix} EA & 0 \\ 0 & EI_z \end{bmatrix} \tag{5.219}$$

여기서 A와 I_z는 각각 단면적과 관성 모멘트로서, 상수값으로 간주한다.

표준적으로 사용되는 정의들에 따라서 요소 강성행렬식을 구할 수 있다. 강성행렬식 중에서 축방향과 관련된 항들은 다음과 같다.

$$K_{1,1} = EA \int_\ell \left(\frac{dN_{u1x}}{dx} \right)^2 dx \tag{5.220}$$

$$K_{1,4} = EA \int_\ell \left(\frac{dN_{u1x}}{dx} \right)\left(\frac{dN_{u2x}}{dx} \right) dx \tag{5.221}$$

$$K_{4,4} = EA \int_\ell \left(\frac{dN_{u2x}}{dx} \right)^2 dx \tag{5.222}$$

직접 굽힘효과와 관련된 강성 성분들은 다음과 같이 주어진다.

$$K_{2,2} = EI_z \int_\ell \left(\frac{d^2 N_{u1y}}{dx^2} \right)^2 dx \tag{5.223}$$

$$K_{2,5} = EI_z \int_\ell \left(\frac{d^2 N_{u1y}}{dx^2} \right) \left(\frac{d^2 N_{u2y}}{dx^2} \right) dx \qquad (5.224)$$

$$K_{3,3} = EI_z \int_\ell \left(\frac{d^2 N_{\theta 1z}}{dx^2} \right)^2 dx \qquad (5.225)$$

$$K_{3,6} = EI_z \int_\ell \left(\frac{d^2 N_{\theta 1z}}{dx^2} \right) \left(\frac{d^2 N_{\theta 2z}}{dx^2} \right) dx \qquad (5.226)$$

$$K_{5,5} = EI_z \int_\ell \left(\frac{d^2 N_{u2y}}{dx^2} \right)^2 dx \qquad (5.227)$$

$$K_{6,6} = EI_z \int_\ell \left(\frac{d^2 N_{\theta 2z}}{dx^2} \right)^2 dx \qquad (5.228)$$

교차 굽힘효과와 관련된 강성 성분들은 다음과 같이 주어진다.

$$K_{2,3} = EI_z \int_\ell \left(\frac{d^2 N_{u1y}}{dx^2} \right) \left(\frac{d^2 N_{\theta 1z}}{dx^2} \right) dx \qquad (5.229)$$

$$K_{2,6} = EI_z \int_\ell \left(\frac{d^2 N_{u1y}}{dx^2} \right) \left(\frac{d^2 N_{\theta 2z}}{dx^2} \right) dx \qquad (5.230)$$

$$K_{3,5} = EI_z \int_\ell \left(\frac{d^2 N_{\theta 1z}}{dx^2} \right) \left(\frac{d^2 N_{u2y}}{dx^2} \right) dx \qquad (5.231)$$

$$K_{5,6} = EI_z \int_\ell \left(\frac{d^2 N_{u2y}}{dx^2} \right) \left(\frac{d^2 N_{\theta 2z}}{dx^2} \right) dx \qquad (5.232)$$

5.4.1.2 질량행렬

축방향 효과에 의해서 생성된 질량행렬 성분들은 다음과 같다.

$$M_{1,1} = \rho A \int_\ell N_{u1x}^2 \, dx \qquad (5.233)$$

$$M_{1,4} = \rho A \int_\ell N_{u1x} N_{u2x} dx \qquad (5.234)$$

$$M_{4,4} = \rho A \int_\ell N_{u2x}^2 \, dx \qquad (5.235)$$

직접 굽힘효과와 관련된 질량항들은 다음과 같이 주어진다.

$$M_{2,2} = \rho A \int_{\ell} N_{u1y}^2 \, dx \tag{5.236}$$

$$M_{2,5} = \rho A \int_{\ell} N_{u1y} N_{u2y} \, dx \tag{5.237}$$

$$M_{3,3} = \rho A \int_{\ell} N_{\theta1z}^2 \, dx \tag{5.238}$$

$$M_{3,6} = \rho A \int_{\ell} N_{\theta1z} N_{\theta2z} \, dx \tag{5.239}$$

$$M_{5,5} = \rho A \int_{\ell} N_{u2y}^2 \, dx \tag{5.240}$$

$$M_{6,6} = \rho A \int_{\ell} N_{\theta2z}^2 \, dx \tag{5.241}$$

교차 굽힘과 관련된 질량항들은 다음과 같다.

$$M_{2,3} = \rho A \int_{\ell} N_{u1y} N_{\theta1z} \, dx \tag{5.242}$$

$$M_{2,6} = \rho A \int_{\ell} N_{u1y} N_{\theta2z} \, dx \tag{5.243}$$

$$M_{3,5} = \rho A \int_{\ell} N_{\theta1z} N_{u2y} \, dx \tag{5.244}$$

$$M_{5,6} = \rho A \int_{\ell} N_{u2y} N_{\theta2z} \, dx \tag{5.245}$$

5.4.2 2노드 직선 요소로 모델링된 3차원 강체 링크

앞에서는 3차원 용도로 사용되는 유연 메커니즘의 일부분인 준강체 링크용 2노드 직선요소에 대한 강성행렬과 질량행렬이 유도되었다. **그림 5.8**에서는 노드 하나당 6자유도를 가지고 있는 요소를 보여주고 있다. 지금까지 개발된 플랙셔 힌지 유한요소들이 6자유도를 가지고 있었기 때문에, 요소 간 호환성을 확보하기 위해서 이 요소에도 동일한 특성들이 전달된다.

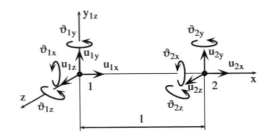

그림 5.8 공간형 유연 메커니즘에 사용되는 준강체 링크를 노드 하나당 6자유도를 가지고 있는 2노드 요소로 모델링한 사례

5.4.2.1 강성행렬

4×12의 크기를 가지고 있는 형상함수 행렬식 $[N]$의 0이 아닌 항들은 다음과 같이 주어진다.

$$\begin{cases} N_{1,1} = N_{4,4} = N_{u1x} \\ N_{1,7} = N_{4,10} = N_{u2x} \\ N_{2,2} = N_{3,3} = N_{u1y} \\ N_{2,6} = N_{3,5} = N_{\theta 1z} \\ N_{2,8} = N_{3,9} = N_{u2y} \\ N_{2,12} = N_{3,11} = N_{\theta 2z} \end{cases} \tag{5.246}$$

여기서 식 (5.246)의 형상함수들은 앞서 2차원 준강체 유한요소의 경우에 소개했던 함수들과 동일하다. 4×4 크기를 가지고 있는 $[S]$ 행렬식은 다중축 플랙셔 힌지 유한요소에 대해 정의된 식 (5.94)와 같다. 탄성행렬식 $[E]$도 4×4 크기를 가지고 있으며, 다음과 같이, 3차원 회전형 플랙셔 힌지 요소와 유사한 형태를 가지고 있다.

$$[E] = \begin{bmatrix} EA & 0 & 0 & 0 \\ 0 & EI_y & 0 & 0 \\ 0 & 0 & EI_z & 0 \\ 0 & 0 & 0 & GI_t \end{bmatrix} \tag{5.247}$$

식 (5.247)에서 알 수 있듯이, 준강체 유한요소의 사각단면은 일정한 크기를 가지고 있다고 가정하며, 그에 따라서 단면적 A, 관성 모멘트 I_y 및 I_z 그리고 비틀림 관성 모멘트 I_t도 일정하다고 가정한다.

축방향 효과와 관련된 요소강성 성분들은 다음과 같이 주어진다.

$$K_{1,1} = EA \int_\ell \left(\frac{dN_{u1x}}{dx} \right)^2 dx \tag{5.248}$$

$$K_{1,7} = EA \int_\ell \left(\frac{dN_{u1x}}{dx} \right) \left(\frac{dN_{u2x}}{dx} \right) dx \tag{5.249}$$

$$K_{7,7} = EA \int_\ell \left(\frac{dN_{u2x}}{dx} \right)^2 dx \tag{5.250}$$

직접 굽힘효과에 의해서 생성되는 강성항들은 다음과 같이 주어진다.

$$K_{2,2} = EI_y \int_\ell \left(\frac{d^2 N_{u1y}}{dx^2} \right)^2 dx \tag{5.251}$$

$$K_{2,8} = EI_y \int_\ell \left(\frac{d^2 N_{u1y}}{dx^2} \right) \left(\frac{d^2 N_{u2y}}{dx^2} \right) dx \tag{5.252}$$

$$K_{3,3} = EI_z \int_\ell \left(\frac{d^2 N_{u1y}}{dx^2} \right)^2 dx \tag{5.253}$$

$$K_{3,9} = EI_z \int_\ell \left(\frac{d^2 N_{u1y}}{dx^2} \right) \left(\frac{d^2 N_{u2y}}{dx^2} \right) dx \tag{5.254}$$

$$K_{5,5} = EI_z \int_\ell \left(\frac{d^2 N_{\theta1z}}{dx^2} \right)^2 dx \tag{5.255}$$

$$K_{5,11} = EI_z \int_\ell \left(\frac{d^2 N_{\theta1z}}{dx^2} \right) \left(\frac{d^2 N_{\theta2z}}{dx^2} \right) dx \tag{5.256}$$

$$K_{6,6} = EI_y \int_\ell \left(\frac{d^2 N_{\theta1z}}{dx^2} \right)^2 dx \tag{5.257}$$

$$K_{6,12} = EI_y \int_\ell \left(\frac{d^2 N_{\theta1z}}{dx^2} \right) \left(\frac{d^2 N_{\theta2z}}{dx^2} \right) dx \tag{5.258}$$

$$K_{8,8} = EI_y \int_\ell \left(\frac{d^2 N_{u2y}}{dx^2} \right)^2 dx \tag{5.259}$$

$$K_{9,9} = EI_z \int_\ell \left(\frac{d^2 N_{u2y}}{dx^2} \right)^2 dx \tag{5.260}$$

$$K_{11,11} = EI_z \int_\ell \left(\frac{d^2 N_{\theta2z}}{dx^2} \right)^2 dx \tag{5.261}$$

$$K_{12,12} = EI_y \int_\ell \left(\frac{d^2 N_{\theta 2z}}{dx^2} \right)^2 dx \tag{5.262}$$

교차 굽힙효과와 관련된 강성 성분들은 다음과 같이 주어진다.

$$K_{2,6} = EI_y \int_\ell \left(\frac{d^2 N_{u1y}}{dx^2} \right) \left(\frac{d^2 N_{\theta 1z}}{dx^2} \right) dx \tag{5.263}$$

$$K_{2,12} = EI_y \int_\ell \left(\frac{d^2 N_{u1y}}{dx^2} \right) \left(\frac{d^2 N_{\theta 2z}}{dx^2} \right) dx \tag{5.264}$$

$$K_{3,5} = EI_z \int_\ell \left(\frac{d^2 N_{u1y}}{dx^2} \right) \left(\frac{d^2 N_{\theta 1z}}{dx^2} \right) dx \tag{5.265}$$

$$K_{3,11} = EI_z \int_\ell \left(\frac{d^2 N_{u1y}}{dx^2} \right) \left(\frac{d^2 N_{\theta 2z}}{dx^2} \right) dx \tag{5.266}$$

$$K_{5,9} = EI_z \int_\ell \left(\frac{d^2 N_{\theta 1z}}{dx^2} \right) \left(\frac{d^2 N_{u2y}}{dx^2} \right) dx \tag{5.267}$$

$$K_{6,8} = EI_y \int_\ell \left(\frac{d^2 N_{\theta 1z}}{dx^2} \right) \left(\frac{d^2 N_{u2y}}{dx^2} \right) dx \tag{5.268}$$

$$K_{8,12} = EI_y \int_\ell \left(\frac{d^2 N_{u2y}}{dx^2} \right) \left(\frac{d^2 N_{\theta 2z}}{dx^2} \right) dx \tag{5.269}$$

$$K_{9,11} = EI_z \int_\ell \left(\frac{d^2 N_{u2y}}{dx^2} \right) \left(\frac{d^2 N_{\theta 2z}}{dx^2} \right) dx \tag{5.270}$$

비틀림에 의해서 생성된 요소 강성성분들은 다음과 같이 주어진다.

$$K_{4,4} = GI_t \int_\ell \left(\frac{dN_{u1x}}{dx} \right)^2 dx \tag{5.271}$$

$$K_{4,10} = GI_t \int_\ell \left(\frac{dN_{u1x}}{dx} \right) \left(\frac{dN_{u2x}}{dx} \right) dx \tag{5.272}$$

$$K_{10,10} = GI_t \int_\ell \left(\frac{dN_{u2x}}{dx} \right)^2 dx \tag{5.273}$$

5.4.2.2 질량행렬

축방향 질량행렬식과 비틀림 방향 질량행렬식의 구성성분들은 다음과 같이 주어진다.

$$M_{1,1} = M_{4,4} = \rho A \int_\ell N_{u1x}^2 \, dx \tag{5.274}$$

$$M_{1,7} = M_{4,10} = \rho A \int_\ell N_{u1x} N_{u2x} dx \tag{5.275}$$

$$M_{7,7} = M_{10,10} = \rho A \int_\ell N_{u2x}^2 \, dx \tag{5.276}$$

직접 굽힘효과와 관련된 질량 성분들은 다음과 같이 주어진다.

$$M_{2,2} = M_{3,3} = \rho A \int_\ell N_{u1y}^2 \, dx \tag{5.277}$$

$$M_{2,8} = M_{3,9} = \rho A \int_\ell N_{u1y} N_{u2y} dx \tag{5.278}$$

$$M_{5,5} = M_{6,6} = \rho A \int_\ell N_{\theta 1z}^2 \, dx \tag{5.279}$$

$$M_{5,11} = M_{6,12} = \rho A \int_\ell N_{\theta 1z} N_{\theta 2z} dx \tag{5.280}$$

$$M_{8,8} = M_{9,9} = \rho A \int_\ell N_{u2y}^2 \, dx \tag{5.281}$$

$$M_{11,11} = M_{12,12} = \rho A \int_\ell N_{\theta 2z}^2 \, dx \tag{5.282}$$

교차굽힘 질량항들은 다음과 같이 주어진다.

$$M_{2,6} = M_{3,5} = \rho A \int_\ell N_{u1y} N_{\theta 1z} dx \tag{5.283}$$

$$M_{5,9} = M_{6,8} = \rho A \int_\ell N_{\theta 1z} N_{u2y} dx \tag{5.284}$$

$$M_{8,12} = M_{9,11} = \rho A \int_\ell N_{u2y} N_{\theta 2z} dx \tag{5.285}$$

5.5 적용사례

이 장에서 제시되어 있는 유한요소 공식들을 시험해보기 위해서 **그림 5.9**에 제시되어 있는 간단한 형상의 2링크 평면형 직렬 유연 메커니즘에 대한 해석을 수행해보기로 한다. **그림 5.9a** 에 도시되어 있는 것처럼 한쪽 끝은 고정되어 있으며 반대쪽 끝은 질량이 무거운 준강체 링크 와 연결되어 있는 단일축 플랙셔 힌지가 유연 링크로 사용된다. 이 장에서 제시되어 있는 과정 에 따르면, 각 링크들은 노드 하나당 3자유도를 가지고 있는 직선 요소로 나타낼 수 있다. 즉, **그림 5.9b**에 도시되어 있는 것처럼 플랙셔 힌지를 3노드 요소로 정의할 수 있으며, 준강체 링크는 2노드 준강체요소로 나타낼 수 있다. 이 메커니즘은 영 계수 $E=200[\mathrm{GPa}]$이며 푸아송 비 $\nu=0.3$인 강철을 사용하여 모놀리식 형태로 제작했다고 간주한다. 메커니즘의 폭은 0.004[m]로 일정하다고 가정한다. 여타의 기하학적 치수값들은 **그림 5.9a**에 표시된 기호에 따 라서 (플랙셔 힌지의 길이방향 형상을 나타내는 치수인) $\ell_1=0.006[\mathrm{m}]$, $t_1=0.001[\mathrm{m}]$ 그리고 $r=0.0005[\mathrm{m}]$이며 (끝단 블록의 치수인)$\ell_2=t_2=0.015[\mathrm{m}]$이다.

(a) 고전적인 2차원 유한요소 모델 (b) 직선요소를 사용한 모델

그림 5.9 단일축 필렛 모서리형 플랙셔 힌지를 갖추고 있는 2링크 직렬 유연 메커니즘의 유한요소 모델

풀이

다양한 유형의 외력하에서 메커니즘의 정적 응답과 모달응답에 대한 유한요소 시뮬레이션 을 수행하였다. 이 장에서 설명되어 있는 단순한 미분방정식을 사용하여 구한 결과값들을 동일 한 물리적 모델에 대하여 ANSYS 유한요소 소프트웨어를 사용하여 시뮬레이션한 결과와 비교 하여 보았다.

첫 번째 시험은 앞서 언급했던 것처럼 정적 시험으로서, 다양한 부하를 가했을 때에 관심 위치에 생성되는 변위를 구하는 것이다. ANSYS 유한요소 코드를 사용하면 이 문제를 손쉽게 풀어낼 수 있지만, 이 장에서 제시한 과정을 사용하여 시뮬레이션을 수행하는 경우에는 상용 코드 속에 숨겨져 있는 모든 단계들을 명확하게 밝혀내야만 한다. 식 (5.25)에 따르면 글로벌 강성행렬의 역행렬에 부하벡터를 곱하여 정적 유한요소 문제의 변위필드를 구할 수 있다. 비록 여기서 자세히 설명하지는 않지만, 글로벌 행렬식과 벡터를 조합하는 방법에 대해서도 간략하게 살펴보기로 한다.

표준 유한요소 과정의 첫 번째 단계는 유한요소 행렬식을 사용해서 유한요소를 정의하는 것이며, 이 장의 서언에서 설명했듯이, 노드번호 부여방식에 따라서 글로벌 강성행렬의 밴드폭과 그에 따라서 궁극적으로 풀어내야만 하는 방정식의 숫자를 줄일 수 있다. 위의 예제에서는 2차원 용도로 사용되는 단일축, 필렛 모서리형 플랙셔 요소와 준강체 요소에 대해서 요소 강성행렬과 요소 질량행렬을 정의하였다. 그림 5.9b에서와 같이 두 요소들이 직렬로 연결되어 있으므로 4개의 노드들을 사용하여 메커니즘을 정의할 수 있어서, 노드번호 배치는 비교적 간단하다. 다음 단계는 두 국부좌표계들 사이의 상대 위치를 나타내는 변환행렬식을 사용하여 국부좌표계에 대한 요소 행렬식과 벡터들을 글로벌 기준좌표계에 대한 행렬식과 벡터로 변환하는 것이다. 이 예제의 경우에는 (그림 5.9b에 도시되어 있는 것처럼,)두 요소들의 국부좌표계와 글로벌 프레임의 xy축이 서로 평행하기 때문에, 이 단계가 필요 없다.

마지막 준비단계는 요소성분들을 사용하여 글로벌 행렬식과 벡터들을 조합하는 것이다. 이 문제를 풀기 위해서, 둘 또는 그 이상의 요소들이 서로 만나는 노드 위치에서 발생하는 총 반력은 개별 요소들에 부가되는 부분반력들의 총 합과 같다는 **중첩의 원리**가 사용된다. 이 원리는 인접 요소들에 해당하는 강성이나 질량 항들의 합으로 행렬식을 조합하여 강성이나 질량항을 정의할 수 있도록 해준다. 이 예제의 경우, 전체 구조물의 변위벡터는 다음과 같은 형태를 갖는다.

$$\{u_n\}=\{u_{1x},\ u_{1y},\ \theta_{1z},\ u_{2x},\ u_{2y},\ \theta_{2z},\ u_{3x},\ u_{3y},\ \theta_{3z},\ u_{4x},\ u_{4y},\ \theta_{4z}\}^T \qquad (5.286)$$

그리고 부하벡터도 이와 유사한 형태를 갖는다. 따라서 (조합된) 전체 강성행렬식과 질량행렬식은 12×12의 크기를 갖는다. 3번 노드는 플랙셔 요소를 준강체 요소와 연결시켜주는 연결 노드이므로, 이 노드의 3자유도에 대해서 앞서 설명한 합산이 이루어진다. 그림 5.10에서는 특정한 문제에 대한 글로벌 강성행렬과 글로벌 질량행렬 조립 과정을 도식적으로 보여주고 있다.

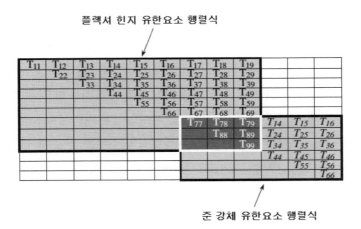

그림 5.10 행렬식의 조합

    그림에서 좌측 상부에 연회색으로 표시된 9×9 크기의 요소행렬은 플랙셔 힌지 요소를 나타내며 우측 하부에 연회색으로 표시된 6×6 크기의 요소행렬은 준강체 유한요소를 나타낸다. T라는 문자는 강성이나 질량항 모두에 사용되며, 행렬식이 대칭이므로, 대각선 상부 요소들만 표시하였다. 짙은 회색 바탕에 흰색 글씨로 표시되어 있는 두 행렬식이 서로 겹치는 영역의 경우에는 두 요소의 개별 기여분을 합산하여 산출해야만 한다. 연회색으로 표시된 플랙셔 유한요소 항들도 조합행렬식의 실제 항들이지만, 이 항들의 원래 의미를 나타내기 위해서 준강체 유한요소의 순서표기법이 사용되었다. 조합된 행렬식의 경우, 12×12 크기의 전체 행렬식 내에서의 위치를 나타내기 위해서 하첨자들이 바뀌게 된다. 예를 들어, 조합된 강성행렬의 경우에 혼합된 항들은 다음과 같이 계산할 수 있다.

$$\begin{cases} K_{77} = K_{77}^1 + K_{11}^2 \\ K_{78} = K_{78}^1 + K_{12}^2 \\ K_{79} = K_{79}^1 + K_{13}^2 \\ K_{88} = K_{88}^1 + K_{22}^2 \\ K_{89} = K_{89}^1 + K_{23}^2 \\ K_{99} = K_{99}^1 + K_{33}^2 \end{cases} \qquad (5.287)$$

    그리고 조합 질량행렬식에서 중첩되는 항들도 이와 동일한 방식으로 계산한다. 식 (5.287)에서는 첫 번째 요소(플랙셔 힌지)와 두 번째 요소(준강체 링크)를 나타내기 위해서 각각 상첨자 1과 상첨자 2를 사용하였다.

정적 유한요소 시뮬레이션은 두 개의 하위세트들로 이루어져 있다. 첫 번째 시뮬레이션의 경우, 3번 노드의 x 방향으로 10[N]의 힘이 부가되며, 이 장에서 제시되어 있는 유한요소 방법과 ANSYS 코드를 사용하여 2번 및 3번 노드에서의 x 방향 변위를 계산하였다. 계산결과는 다음과 같이 요약할 수 있다.

2번 노드에서의 x 방향 변위

- 전용 유한요소 해석을 사용한 계산결과는 3.4×10^{-8}[m]
- ANSYS 소프트웨어를 사용한 계산결과는 3.2×10^{-8}[m]

3번 노드에서의 x 방향 변위

- 전용 유한요소 해석을 사용한 계산결과는 6.8×10^{-8}[m]
- ANSYS 소프트웨어를 사용한 계산결과는 6.4×10^{-8}[m]

수치해석의 두 번째 하위세트에서는 3번 노드의 y 방향으로 10[N]의 힘이 부가되며, 앞서와 동일한 방법으로 2번 및 3번 노드에서의 y 방향 변위를 계산하였다. 그 결과는 다음과 같이 요약할 수 있다.

2번 노드에서의 y 방향 변위

- 전용 유한요소 해석을 사용한 계산결과는 1.7×10^{-8}[m]
- ANSYS 소프트웨어를 사용한 계산결과는 1.3×10^{-8}[m]

3번 노드에서의 y 방향 변위

- 전용 유한요소 해석을 사용한 계산결과는 5.1×10^{-8}[m]
- ANSYS 소프트웨어를 사용한 계산결과는 4.9×10^{-8}[m]

두 유한요소 해석방법들 사이의 편차는 6% 미만이며 상용 코드를 사용하여 만든 모델의 경우에는 다수의 유한요소들이 추가적인 내부 구속조건들을 생성하기 때문에 실제보다 더 강해지므로, ANSYS 코드로 구한 값들이 이 장에서 개발된 모델의 계산값보다 항상 더 작게 나타난다.

그림 5.9에 제시되어 있는 평면형 직렬 유연 메커니즘에 대해서 두 가지 유한요소법을 사용하여 모달해석을 수행하였으며, 세 개의 저차 모달 주파수를 구하였다. 플랙셔 기반 유연 메커니즘의 동적 응답에 대해서 살펴보았던 4장에서 모달 주파수를 구하기 위해서 일반적으로 사용되는 알고리즘에 대해서 자세히 설명했으므로, 여기서는 다시 다루지 않기로 한다. 간단히 말해서, 이 알고리즘을 사용하여 그림 5.9에 도시되어 있는 시스템의 조합된 강성행렬과 질량행렬에 대해서 동적 행렬식을 계산하였으며, 이를 통해서 고유값 λ_1, λ_2 및 λ_3를 구했다. 그리고 다음에 제시되어 있는 방정식을 사용하여 각각의 고유값들에 대해서 모달 주파수를 계산하였다.

$$f_i = \frac{\sqrt{\lambda_i}}{2\pi} \ , \quad i = 1, \ 2, \ 3 \tag{5.288}$$

두 그룹의 유한요소 해석을 통하여 다음과 같은 결론을 얻을 수 있었다.

1차 모드(강체 링크가 회전 없이 플랙셔를 따르는 일반적인 플랙셔 요소의 굽힘)

- 전용 유한요소 해석을 사용한 계산결과는 $920[Hz]$
- ANSYS 소프트웨어를 사용한 계산결과는 $946[Hz]$

2차 모드(강체 링크가 플랙셔 힌지 요소에 대해서 회전운동을 일으키는 플랙셔 요소의 굽힘)

- 전용 유한요소 해석을 사용한 계산결과는 $10,350[Hz]$
- ANSYS 소프트웨어를 사용한 계산결과는 $10,583[Hz]$

3차 모드(플랙셔 힌지 요소의 축방향 변형에 의해서 유발되는 전체 시스템의 순수한 축방향 진동)

- 전용 유한요소 해석을 사용한 계산결과는 $23,260[Hz]$
- ANSYS 소프트웨어를 사용한 계산결과는 $23,512[Hz]$

모달 유한요소 시뮬레이션 결과에 따르면, 두 계산방법들 사이의 편차는 3% 미만이며 ANSYS 코드로 예측한 공진 주파수가 더 높은 이유는 단 두 개의 요소만을 사용하는 이 장에서 소개한 계산방법에 비해서 더 많은 구속조건들을 생성하는 (모델이 더 강해지는)조밀한 메쉬들 때문이다.

·· 참고문헌 ··

1. Gerardin M. and Cardona A., *Flexible Multibody Dynamics: A Finite-Element Approach*, John Wiley & Sons, Chichester, 2001.

2. Zienkiewicz, O.C. and Taylor R.L., *The Finite-Element Method*, McGraw-Hill, London, 1993.

3. Zhang, S. and Fasse, E.D., A finite-element-based method to determine the spatial stiffness properties of a notch hinge, *ASME Journal of Mechanical Design*, 123(1), 141, 2001.

4. Koster, M., *Constructieprincipies voor het Nauwkeurig Bewegen en Positioneren*, Twente University Press, 1998.

5. Murin, J. and Kutis, V., 3D-beam element with continuous variation of the crosssectional area, *Computers and Structures*, 80(3-4), 329, 2002.

6. Wang, Y. and Wang, Z., A time finite-element method for dynamic analysis of elastic mechanisms in link coordinate systems, *Computers and Structures*, 79(2), 223, 2001.

7. Saxena, A. and Ananthasuresh, G.K., Topology synthesis of compliant mechanisms for non-linear forced-deflection and curved path specifications, *ASME Journal of Mechanical Design*, 123(1), 33, 2001.

8. Yu, Y.-Q. and Smith, M.R., The effect of cross-sectional parameters on the dynamics of elastic mechanisms, *Mechanism and Machine Theory*, 31(7), 947, 1996.

9. Thompson, B.S. and Sung, C.K., A survey of finite-element techniques for mechanism design, *Mechanism and Machine Theory*, 21(4), 351, 1986.

10. Sung, C.K. and Thompson, B.S., Material selection: an important parameter in the design of high-speed linkages, *Mechanism and Machine Theory*, 19(4/5), 389, 1984.

11. Hac, M. and Osinski, J., Finite element formulation of rigid body motion in dynamic analysis of mechanisms, *Computers and Structures*, 57(2), 213, 1995.

12. Hac, M., Dynamics of flexible mechanisms with mutual dependence between rigid body motion and longitudinal deformation of links, *Mechanism and Machine Theory*, 30(6), 837, 1995.

13. Sriram, B.R. and Mruthyunjaya, T.S., Dynamics of flexible-link mechanisms, *Computers and Structures*, 56(6), 1029, 1995.

14. Al-Bedoor, B.O. and Khulief, Y.A., Finite element dynamic modeling of a translating and rotating flexible link, *Computer Methods in Applied Mechanical Engineering*, 131, 173, 1996.

15. Liew, K.M., Lee, S.E., and Liu, A.Q., Mixed-interface substructures for dynamic analysis of flexible multibody systems, *Engineering Structures*, 18(7), 495, 1996.

16. Fallahi, B., An enhanced computational scheme for the analysis of elastic mechanisms, *Computers and Structures*, 62(2), 369, 1997.

17. Xianmin, Z., Jike, L., and Yunwen, S., A high frequency analysis method for closed flexible mechanism systems, *Mechanism and Machine Theory*, 33(8), 1117, 1998.

18. Wang, Y.-X., Multifrequency resonances of flexible linkages, *Mechanism and Machine Theory*, 33(3), 255, 1998.

19. Chen, W., Dynamic modeling of multi-link flexible robotic manipulators, *Computers and Structures*, 79(2), 183, 2001.

20. Besseling, J.F. and Gong, D.G., Numerical simulation of spatial mechanisms and manipulators with flexible links, *Finite Element in Analysis and Design*, 18, 121, 1994.

21. Fallahi, B., A non-linear finite-element approach to kineto-static analysis of elastic beams, *Mechanisms and Machine Theory*, 31(3), 353, 1996.

22. Li, M., The finite deformation theory for beam, plate and shell. Part I. The twodimensional beam theory, *Computer Methods in Applied Mechanical Engineering*, 146, 53, 1997.

23. Gao, X., Solution methods for dynamic response of flexible mechanisms, in *Modern Kinematics: Developments in the Last Forty Years*, A.G. Erdman, Ed., John Wiley & Sons, New York, 1993.

24. Imam, I., Sandor, G.N., and Kramer, S.N., Deflection and stress analysis in highspeed planar mechanisms with elastic links, *ASME Journal of Engineering for Industry*, 94B, 541, 1973.

25. Midha, A., Erdman, A.G., and Frohrib, D.A., A computationally efficient numerical algorithm for the transient response of high-speed elastic linkages, *ASME Journal of Mechanical Design*, 101, 138, 1979.

26. Midha, A., Erdman, A.G., and Frohrib, D.A., A closed form numerical algorithm for the periodic response of high-speed elastic linkages, *ASME Journal of Mechanical Design*, 101, 154, 1979.

27. Turcic, D.A. and Midha, A., Dynamic analysis of elastic mechanism systems, Part 1. Applications, *ASME Journal of Dynamic Systems, Measurement and Control*, 106, 249. 1984.

28. Gear, C.W., *Numerical Initial Value problems in Ordinary Differential Equations*, Prentice-Hall, Englewood Cliffs, NJ, 1971.

29. Chu, S.C. and Pan, K.C., Dynamic response of high-speed slider-crank mechanism with an elastic connecting rod, *ASME Journal of Engineering for Industry*, 97(2), 542, 1975.

30. Song, J.O. and Haug, E.J., Dynamic analysis of planar flexible mechanisms, *Computer Methods in Applied Mechanics and Engineering*, 24, 358, 1980.

31. Gao, X.C., King, Z.Y., and Zhang, Q.X., A closed—form linear multi—step algorithm for the steady—state response of high—speed flexible mechanisms, *Mechanism and Machine Theory*, 23(5), 361, 1988.

32. Sekulovic, M. and Salatic, R., Nonlinear analysis of frames with flexible connections, *Computers and Structures*, 79(11), 1097, 2001.

단일축 필렛 모서리형 플랙셔 힌지 유한요소의 강성 및 질량행렬

여기서는 단일축 필렛 모서리형 플랙셔 힌지를 노드 하나당 3자유도를 가지고 있는 3노드 유한요소로 모델링한 경우의 강성행렬식과 질량행렬식이 제시되어 있다. 이 플랙셔의 형상은 2장에서 정의되어 있는데, 이 플랙셔의 길이방향 형상은 플랙셔의 총 길이 ℓ과 최소두께 t, 필렛 반경 r 그리고 일정한 폭 w와 같은 변수들을 사용하여 정의할 수 있다.

요소 강성행렬

요소강성행렬을 구성하는 성분들이 아래에 제시되어 있다. 이후의 모든 방정식들에 $r = 0$을 대입하면, 필렛이 없는 단순한 평판형 플랙셔 힌지의 강성값을 간단하게 구할 수 있다. 상첨자 *는 $r = 0$인 경우의 플랙셔 힌지 강성을 타나낸다. 일반적인 플랙셔 힌지의 강성성분들에 대해서 $r \to 0$을 대입하여 최소 두께가 t인 균일단면 플랙셔 힌지의 강성항들을 별도로 계산할 수 있으며, 극한값의 결과가 균일단면 플랙셔에 대한 강성 방정식들을 확인시켜준다. 필렛 모서리형 플랙셔 힌지의 질량 항들에 대해서도 이와 유사한 검증과정이 성공적으로 수행되었다.

축방향 효과와 관련된 항들(요소 강성행렬의 1, 4 및 7번 줄에 위치한 성분들)은 다음과 같이 주어진다.

$$K_{1,1} = K_{7,7} = \frac{Ew}{3\ell^4}[4r^4(48-15\pi) - 16r^3\ell(10-3\pi) + 15r^2\ell^2(4-\pi) + 7\ell^3 t] \tag{A.1}$$

$$K_{1,1}^* = \frac{7Ewt}{3\ell} \tag{A.2}$$

$$K_{1,4} = K_{4,7} = -\frac{8Ew}{3\ell^4}[r^4(48-15\pi) - 4r^3\ell(10-3\pi) + 3r^2\ell^2(4-\pi) + \ell^3 t] \tag{A.3}$$

$$K_{1,4}^* = -\frac{8Ewt}{3\ell} \tag{A.4}$$

$$K_{1,7} = \frac{Ew}{3\ell^4}[4r^4(48-15\pi) - 16r^3\ell(10-3\pi) + 9r^2\ell^2(4-\pi) + \ell^3 t] \tag{A.5}$$

$$K_{1,7}^* = \frac{Ewt}{3\ell} \tag{A.6}$$

$$K_{4,4} = -2K_{1,4} \tag{A.7}$$

요소강성행렬의 다른 줄에 위치하는 항들은 직접굽힘이나 교차굽힘에 의해서 생성된다.

$$K_{22} = \frac{144}{18515\,Ew\ell^{10}}(22499\ell^7 t^3 - 420\ell^6 r^2 K_{22,1} - 168\ell^5 K_{22,2} + 28\ell^4 r^3 K_{22,3} \\ - 24\ell^3 r^4 K_{22,4} + 48\ell^2 r^5 K_{22,5} - 800\ell r^6 K_{22,6} + 51200 r^7 K_{22,7}) \tag{A.8}$$

여기서,

$$K_{22,1} = 30(93\pi - 442)r^2 + 2(1116\pi - 5525)rt + 3(186\pi - 1105)t^2 \tag{A.9}$$

$$K_{22,2} = (184310 - 73800\pi)r^5 + [126384r + (144815 - 59040\pi)t]r^4 \\ + 5[21064r + (13165 - 2952\pi)t]r^3 t \tag{A.10}$$

$$K_{22,3} = -74[28755\pi - 41956)r^3 - 12(143775\pi - 199291)r^2 t \\ + 15[335648r + (41956 - 28755\pi)t]rt + 251736(24r^2 + 5t^2)r \tag{A.11}$$

$$K_{22,4} = (5881792 - 6565230\pi)r^3 - 28(193095\pi - 160312)r^2 t \\ + 7[3007232r + (165840 - 193095\pi)t]rt + 4224(568r^2 + 119t^2)r \tag{A.12}$$

$$K_{22,5} = -27(175875\pi - 108224)r^3 + 8(277324 - 496125\pi)r^2 t \\ + 14[1515136r + (40584 - 70875\pi)t]rt + 108224(232r^2 + 49t^2)r \tag{A.13}$$

$$K_{22,6} = (104640 - 176715\pi)r^3 - 792(189\pi - 100)r^2 t \\ + 18[82688r + (1120 - 2079\pi)t]rt + 128(13640r^2 + 2907t^2)r \tag{A.14}$$

$$K_{22,7} = 470r^3 + 355r^2 t + 6(2152r + 15t)rt + 4(3752r^2 + 807t^2)r \tag{A.15}$$

$$K_{22}^* = \frac{269988t^3}{18515\,Ew\ell^3} \tag{A.16}$$

$$K_{23} = \frac{24}{18515\,Ew\ell^9}(59529\ell^7 t^3 - 735\ell^6 r^2 K_{23,1} - 42\ell^5 K_{23,2} + 252\ell^4 r^3 K_{23,3} \\ - 72\ell^3 r^4 K_{23,4} + 48\ell^2 r^5 K_{23,5} - 800\ell r^6 K_{23,6} + 51200 r^7 K_{22,7}) \tag{A.17}$$

여기서,

$$K_{23,1} = 3(1435\pi - 6416)r^2 + 4(861\pi - 4010)rt + 3(287\pi - 1604)t^2 \tag{A.18}$$

$$K_{23,2} = -35(16665\pi - 43144)r^5 + 4[258864r + (296615 - 116655\pi) \\ + 5[172576r + (107860 - 23331\pi)t]r^3t \tag{A.19}$$

$$K_{23,3} = -74(4805\pi - 7524)r^3 - 12(24025\pi - 35739)r^2t \\ + 15[60192r + (7524 - 4805\pi)t]rt + 45144(24r^2 + 5t^2)r \tag{A.20}$$

$$K_{23,4} = 14(186656 - 183685\pi)r^3 - 28(75635\pi - 71224)r^2t \\ + 7[1336064r + (73680 - 75635\pi)t]rt + 19648(568r^2 + 119t^2)r \tag{A.21}$$

$$K_{23,5} = -27(175875\pi - 122944)r^3 + 8(315044 - 496125\pi)r^2t \\ + 14[1721216r + (46104 - 70875\pi)t]rt + 122944(232r^2 + 49t^2)r \tag{A.22}$$

$$K_{23,6} = K_{22,6} \tag{A.23}$$

$$K_{23}^* = \frac{1428696t^3}{18515Ew\ell^2} \tag{A.24}$$

$$K_{25} = \frac{768}{55545Ew\ell^{10}}(-7608\ell^7t^3 + 210\ell^6r^2K_{25,1} + 336\ell^5K_{25,2} + 21\ell^4r^3K_{25,3} \\ - 18\ell^3r^4K_{25,4} + 12\ell^2r^5K_{25,5} - 200\ell r^6K_{25,6} + 51200r^7K_{22,7}) \tag{A.25}$$

여기서,

$$K_{25,1} = 15(479\pi - 256)r^2 + 4(1437\pi - 800)rt + 3(479\pi - 320)t^2 \tag{A.26}$$

$$K_{25,2} = -5(8835\pi - 1372)r^5 + 2[2352r + (2695 - 17670\pi)t]r^4 \\ + 5[784r + (490 - 1767\pi)t]r^3t \tag{A.27}$$

$$K_{25,3} = 74(41355\pi + 4544)r^3 + 12(206775\pi + 21584)r^2t \\ + 15[36352r + (4544 + 41355\pi)t]rt + 27264(24r^2 + 5t^2)r \tag{A.28}$$

$$K_{25,4} = 14(215232 + 608345\pi)r^3 + 28(250495\pi + 82128)r^2t \\ + 7[1540608r + (84960 + 250495\pi)t]rt + 22656(568r^2 + 119t^2)r \tag{A.29}$$

$$K_{25,5} = 27(644875\pi + 323968)r^3 + 8(830168 + 1819125\pi)r^2t \\ + 14[4535552r + (121488 + 259875\pi)t]rt + 323968(232r^2 + 49t^2)r \tag{A.30}$$

$$K_{25,6} = 15(27904 + 43197\pi)r^3 + 792(693\pi + 400)r^2t \\ + 18[330752r + (480 + 7632\pi)t]rt + 512(13640r^2 + 2907t^2)r \tag{A.31}$$

$$K_{25}^* = -\frac{162304t^3}{18515Ew\ell^3} \tag{A.32}$$

$$K_{26} = \frac{768}{55545\,Ew\ell^9}\left(-408\ell^7t^3 + 420\ell^6r^2K_{26,1} - 84\ell^5K_{26,2} + 42\ell^4r^3K_{26,3}\right.$$
$$\left. -36\ell^3r^4K_{26,4} + 21\ell^2r^5K_{26,5} - 50\ell r^6K_{26,6} + 32000r^7K_{22,7}\right) \tag{A.33}$$

여기서,

$$K_{26,1} = 12(20\pi + 107)r^2 + 2(96\pi + 535)rt + 13(16\pi + 107)t^2 \tag{A.34}$$

$$K_{26,2} = 10(435\pi + 6979)r^5 + [47856r + (54835 + 3480\pi)t]r^4$$
$$+ 5[7976r + (4985 + 174\pi)t]r^3t \tag{A.35}$$

$$K_{26,3} = -74(855\pi - 8044)r^3 - 228(225\pi - 2011)r^2t$$
$$+ 15[64352r + (8044 - 855\pi)t]rt + 48264(24r^2 + 5t^2)r \tag{A.36}$$

$$K_{26,4} = (1602384 - 484330\pi)r^3 - 28(14245\pi - 43674)r^2t$$
$$+ 7[819264r + (45180 - 14245\pi)t]rt + 12048(568r^2 + 119t^2)r \tag{A.37}$$

$$K_{26,5} = -27(58625\pi - 132736)r^3 + 8(340136 - 165375\pi)r^2t$$
$$+ 14[1858304r + (49776 - 23625\pi)t]rt + 132736(232r^2 + 49t^2)r \tag{A.38}$$

$$K_{26,6} = 15(69760 - 27489\pi)r^3 - 792(441\pi - 1000)r^2t$$
$$+ 18[826880r + (11200 - 4851\pi)t]rt + 1280(13640r^2 + 2907t^2)r \tag{A.39}$$

$$K_{26}^* = -\frac{870t^3}{18515\,Ew\ell^2} \tag{A.40}$$

$$K_{28} = -\frac{48}{55545\,Ew\ell^{10}}\left(80763\ell^7t^3 + 420\ell^6r^2K_{28,1} - 168\ell^5K_{28,2} + 84\ell^4r^3K_{28,3}\right.$$
$$\left. -72\ell^3r^4K_{28,4} + 48\ell^2r^5K_{28,5} - 800\ell r^6K_{28,6} + 1280000r^7K_{22,7}\right) \tag{A.41}$$

여기서,

$$K_{28,1} = 30(1079\pi + 2954)r^2 + 2(12948\pi + 36925)rt + 3(2158\pi + 7385)t^2 \tag{A.42}$$

$$K_{28,2} = 10(74940\pi + 143927)r^5 + [986928r + (1130855 + 599520\pi)t]r^4$$
$$+ 5[164488r + (102805 + 29976\pi)t]r^3t \tag{A.43}$$

$$K_{28,3} = 74(79155\pi + 144044)r^3 + 12(395775\pi + 684209)r^2t$$
$$+ 15[1152352r + (144044 + 79155\pi)t]rt + 864264(24r^2 + 5t^2)r \tag{A.44}$$

$$K_{28,4} = 14(2121312 + 1026545\pi)r^3 + 28(422695\pi + 809448)r^2t$$
$$+ 7[15184128r + (837360 + 422695\pi)t]rt + 223296(568r^2 + 119t^2)r \tag{A.45}$$

$$K_{28,5} = 27(996625\pi + 2269888)r^3 + 8(5816588 + 2811375\pi)r^2 t \qquad \text{(A.46)}$$
$$+ 14[31778432r + (851208 + 401625\pi)t]rt + 2269888(232r^2 + 49t^2)r$$

$$K_{28,6} = 15(174400 + 66759\pi)r^3 + 792(1071\pi + 2500)r^2 t \qquad \text{(A.47)}$$
$$+ 18[2067200r + (28000 + 11781\pi)t]rt + 3200(13640r^2 + 2907t^2)r$$

$$K_{28}^* = -\frac{107684t^3}{18515Ew\ell^3} \qquad \text{(A.48)}$$

$$K_{29} = -\frac{24}{55545Ew\ell^9}(117723\ell^7 t^3 + 525\ell^6 r^2 K_{29,1} - 42\ell^5 K_{29,2} + 84\ell^4 r^3 K_{29,3} \qquad \text{(A.49)}$$
$$- 72\ell^3 r^4 K_{29,4} + 48\ell^2 r^5 K_{29,5} - 8800\ell r^6 K_{29,6} + 563200r^7 K_{22,7})$$

여기서,

$$K_{29,1} = 3(5915\pi + 17552)r^2 + 4(3459\pi + 10970)rt + 3(1183\pi + 4388)t^2 \qquad \text{(A.50)}$$

$$K_{29,2} = 5(362445\pi + 679112)r^5 + 4[582096r + (666985 + 362445\pi)t]r^4 \qquad \text{(A.51)}$$
$$+ 5[388064r + (242540 + 72489\pi)t]r^3 t$$

$$K_{29,3} = 74(49815\pi + 73492)r^3 + 12(249075\pi + 349087)r^2 t \qquad \text{(A.52)}$$
$$+ 15[587936r + (73492 + 49815\pi)t]rt + 440952(24r^2 + 5t^2)r$$

$$K_{29,4} = 14(990432 + 724285\pi)r^3 + 28(298235\pi + 377928)r^2 t \qquad \text{(A.53)}$$
$$+ 7[7089408r + (390960 + 298235\pi)t]rt + 104256(568r^2 + 119t^2)r$$

$$K_{29,5} = 7(762125\pi + 1016768)r^3 + 8(2605468 + 2149875\pi)r^2 t \qquad \text{(A.54)}$$
$$+ 14[14234752r + (381288 + 307125\pi)t]rt + 1016768(232r^2 + 49t^2)r$$

$$K_{29,6} = 15(6976 + 4641\pi)r^3 + 72(819\pi + 1100)r^2 t \qquad \text{(A.55)}$$
$$+ 18[82688r + (1120 + 819\pi)t]rt + 128(13640r^2 + 2907t^2)r$$

$$K_{29}^* = -\frac{74482t^3}{18515Ew\ell^2} \qquad \text{(A.56)}$$

$$K_{33} = \frac{24}{55545Ew\ell^8}(113082\ell^7 t^3 - 5145\ell^6 r^2 K_{33,1} - 2646\ell^5 K_{33,2} + 210\ell^4 r^3 K_{33,3} \qquad \text{(A.57)}$$
$$- 12\ell^3 r^4 K_{33,4} + 216\ell^2 r^5 K_{33,5} - 400\ell r^6 K_{22,6} + 25600r^7 K_{22,7})$$

여기서,

$$K_{33,1} = 3(275\pi - 1168)r^2 + 20(33\pi - 146)rt + 3(55\pi - 292)t^2 \qquad \text{(A.58)}$$

$$K_{33,2} = (22820 - 8175\pi)r^5 + 2[7824r + (8965 - 3270\pi)t]r^4 \\ + 5[2608r + 1630 - 327\pi)t]r^3t \tag{A.59}$$

$$K_{33,3} = -74(3849\pi - 6796)r^3 - 12(19245\pi - 32281)r^2t \\ + 15[54368r + (6796 - 3849\pi)t]rt + 40776(24r^2 + 5t^2)r \tag{A.60}$$

$$K_{33,4} = (9797312 - 8864310\pi)r^3 - 28(260715\pi - 267032)r^2t \\ + 7[5009152r + (276240 - 260715\pi)t]rt + 73664(568r^2 + 119t^2)r \tag{A.61}$$

$$K_{33,5} = (412992 - 527625\pi)r^3 + 8(39196 - 55125\pi)r^2t \\ + 14[214144r + (5736 - 7875\pi)t]rt + 15296(232r^2 + 49t^2)r \tag{A.62}$$

$$K_{33}^* = \frac{75388t^3}{18515Ewl} \tag{A.63}$$

$$K_{35} = \frac{384}{166635Ewl^9}(-7608l^7t^3 + 1470l^6r^2K_{35,1} + 4536l^5K_{35,2} + 21l^4r^3K_{35,3} \\ - 6l^3r^4K_{35,4} + 36l^2r^5K_{35,5} - 200lr^6K_{35,6} + 25600r^7K_{22,7}) \tag{A.64}$$

여기서,

$$K_{35,1} = (2505\pi - 1968)r^2 + 4(501\pi - 410)rt + 3(167\pi - 164)t^2 \tag{A.65}$$

$$K_{35,2} = (210 - 6850\pi)r^5 + [144r + (165 - 5480\pi)t]r^4 \\ + 5[24r + (15 - 274\pi)t]r^3t \tag{A.66}$$

$$K_{35,3} = 74(69645\pi + 24784)r^3 + 12(348225\pi + 117724)r^2t \\ 15[198272r + (24784 + 69645\pi)t]rt + 148704(24r^2 + 5t^2)r \tag{A.67}$$

$$K_{35,4} = 14(1205056 + 2305965\pi)r^3 + 28(949515\pi + 459824)r^2t \\ + 7[8625664r + (475680 + 949515\pi)t]rt + 126848(568r^2 + 119t^2)r \tag{A.68}$$

$$K_{35,5} = 9(382848 + 644875\pi)r^3 + 8(327016 + 606375\pi)r^2t \\ 14[1786624r + (47856 + 86625\pi)t]rt + 127616(232r^2 + 49t^2)r \tag{A.69}$$

$$K_{35,6} = 15(27904 + 43197\pi)r^3 + 792(693\pi + 400)r^2t \\ + 18[330752r + (4480 - 7623\pi)t]rt + 512(13640r^2 + 2907t^2)r \tag{A.70}$$

$$K_{35}^* = -\frac{81152t^3}{55545Ewl} \tag{A.71}$$

$$K_{36} = \frac{192}{166635Ewl^8}(-816l^7t^3 + 1470l^6r^2K_{36,1} - 1512l^5K_{36,2} + 21l^4r^3K_{36,3} \\ - 42l^3r^4K_{36,4} + 18l^2r^5K_{36,5} - 100lr^6K_{36,6} + 64000r^7K_{22,7}) \tag{A.72}$$

여기서,

$$K_{36,1} = 15(19\pi + 112)r^2 + 4(57\pi + 350)rt + 3(19\pi + 140)t^2 \tag{A.73}$$

$$K_{36,2} = 5(3626 + 135\pi)r^5 + [12432r + (14245 + 540\pi)t]r^4 \\ + 5[2072r + (1295 + 27\pi)t]r^3 t \tag{A.74}$$

$$K_{36,3} = -74(3765\pi - 63824)r^3 + 12(-18825\pi + 303164)r^2 t \\ + 15[510592r + (63824 - 3765\pi)t]rt + 382944(24r^2 + 5t^2)r \tag{A.75}$$

$$K_{36,4} = (4145344 - 842010\pi)r^3 - 28(24765\pi - 112984)r^2 t \\ + 7[2119424r + (116880 - 24765\pi)t]rt + 31168(568r^2 + 119t^2)r \tag{A.76}$$

$$K_{36,5} = (9687168 - 3693375\pi)r^3 + 8(919384 - 385875\pi)r^2 t \\ + 14[5022976r + (134544 - 55125\pi)t]rt + 358784(232r^2 + 49t^2)r \tag{A.77}$$

$$K_{36,6} = 15(69760 - 27489\pi)r^3 - 792(441\pi - 1000)r^2 t \\ + 18[826880r + (11200 - 4851\pi)t]rt + 1280(13640r^2 + 2970t^2)r \tag{A.78}$$

$$K_{36}^* = -\frac{4352t^3}{55545Ew\ell} \tag{A.79}$$

$$K_{38} = -\frac{24}{166635Ew\ell^9}(4140331\ell^7 t^3 + 735\ell^6 r^2 K_{38,1} - 378\ell^5 K_{38,2} + 84\ell^4 r^3 K_{38,3} \\ - 24\ell^3 r^4 K_{38,4} + 144\ell^2 r^5 K_{38,5} - 800\ell r^6 K_{38,6} + 1280000r^7 K_{22,7}) \tag{A.80}$$

여기서,

$$K_{38,1} = 3(13805\pi + 36752)r^2 + 4(8283\pi + 22970)rt + 3(2761\pi + 9188)t^2 \tag{A.81}$$

$$K_{38,2} = 5(293944 + 146385\pi)r^5 + 4[251952r + (288695 + 146385\pi)t]r^4 \\ + 5[167968r + (104980 + 29277\pi)t]r^3 t \tag{A.82}$$

$$K_{38,3} = 74(148845\pi + 302284)r^3 + 12(744225\pi + 1435849)r^2 t \\ + 15[2418272r + (302284 + 148845\pi)t]rt + 1813704(24r^2 + 5t)r \tag{A.83}$$

$$K_{38,4} = 14(9859936 + 4264365\pi)r^3 + 28(1755915\pi + 3762344)r^2 t \\ + 7[70576384r + (3892080 + 1755915\pi)t]rt + 1037888(568r^2 + 119t^2)r \tag{A.84}$$

$$K_{38,5} = 9(2637888 + 996625\pi)r^3 + 8(2253196 + 937125\pi)r^2 t \\ + 14[12310144r + (329736 + 133875\pi)t]rt + 879296(232r^2 + 49t^2)r \tag{A.85}$$

$$K_{38,6} = 15(174400 + 66759\pi)r^3 + 792(1071\pi + 2500)r^2 t \\ + 18[2067200r + (28000 + 11781\pi)t]rt + 3200(13640r^2 + 2907t^2)r \tag{A.86}$$

$$K_{38}^* = -\frac{276022t^3}{55545Ew\ell^2} \tag{A.87}$$

$$K_{39} = \frac{24}{166635Ew\ell^8}(142179\ell^7t^3 + 14700\ell^6r^2K_{39,1} - 11340\ell^5K_{39,2} \tag{A.88}$$
$$+ 42\ell^4r^3K_{39,3} - 12\ell^3r^4K_{39,4} + 504\ell^2r^5K_{39,5} - 4400\ell r^6K_{39,6} + 281600$$

여기서,

$$K_{39,1} = 3(235\pi + 688)r^2 + 4(141\pi + 430)rt + 3(47\pi + 172)t^2 \tag{A.89}$$

$$K_{39,2} = 10(1435 + 748\pi)r^5 + [9840r + (11275 + 5984\pi)t]r^4 \tag{A.90}$$
$$+ [8200r + (6125 + 1496\pi)t]r^3t$$

$$K_{39,3} = 74(91905\pi + 148196)r^3 + 12(459525\pi + 703931)r^2t \tag{A.91}$$
$$+ 15[1185568r + (148196 + 91925\pi)t]rt + 889176(24r^2 + 5t)r$$

$$K_{39,4} = 14(4509536 + 2888385\pi)r^3 + 28(1189335\pi + 1720744)r^2t \tag{A.92}$$
$$+ 7[32278784r + (1780080 + 1189335\pi)t]rt + 474688(568r^2 + 119t^2)r$$

$$K_{39,5} = 9(168384 + 108875\pi)r^3 + 8(143828 + 102375\pi)r^2t \tag{A.93}$$
$$+ 14[785792r + (21048 + 14625\pi)t]rt + 56128(232r^2 + 49t^2)r$$

$$K_{39,6} = 15(6976 + 4641\pi)r^3 + 72(819\pi + 1100)r^2t \tag{A.94}$$
$$+ 18[82688r + (1120 + 819\pi)t]rt + 128(13640r^2 + 2907t^2)r$$

$$K_{39}^* = \frac{94786t^3}{55545Ew\ell} \tag{A.95}$$

$$K_{55} = -\frac{73728}{4932562635Ew\ell^{15}}[9867\ell^5\{24(\ell - 2r)K_{55,1} + r(400r^6K_{55,2}$$
$$- 240\ell r^5K_{55,3} - 6237\ell^2r^4K_{55,4} + 12072\ell^3r^3K_{55,5} + 17136\ell^4r^2K_{55,6}$$
$$- 117936\ell^5rK_{55,7} + 70980\ell^6K_{55,8})\} + 32r(1112431320\ell^9K_{55,9}$$
$$- 4767562800\ell^8rK_{55,10} + 3425834412\ell^7r^2K_{55,11} - 6586557120\ell^6r^3K_{55,12}$$
$$+ 4204605834\ell^5r^4K_{55,13} - 710604180\ell^4r^5K_{55,14} + 488492433\ell^3r^6K_{55,15}$$
$$- 23900760\ell^2r^7K_{55,16} + 1154400\ell r^8K_{55,17} - 3200r^9K_{55,18})] \tag{A.96}$$

여기서,

$$K_{55,1} = 2103\ell^6 - 17144\ell^5r + 100532\ell^4r^2 - 198776\ell^3r^3 + 179388\ell^2r^4 \tag{A.97}$$
$$- 96000\ell r^5 + 32000r^6$$

$$K_{55,2} = (-1981184 + 630630\pi)r^3 + 4(-424544 + 135135\pi)r^2t \\ + 21(-20224 + 6435\pi)rt^2 - 1920t^3 \tag{A.98}$$

$$K_{55,3} = 5(-185056 + 58905\pi)r^3 + 72(-10886 + 3465\pi)r^2t \\ + 54(-3632 + 1155\pi)rt^2 - 1680t^3 \tag{A.99}$$

$$K_{55,4} = 7(-9472 + 3015\pi)r^3 + 8(-6928 + 2205\pi)r^2t + 14(-992 + 315\pi)rt^2 - 224t^3 \tag{A.100}$$

$$K_{55,5} = (-11216 + 3570\pi)r^3 + 420(-22 + 7\pi)r^2t + 7(-332 + 105\pi)rt^2 - 70t^3 \tag{A.101}$$

$$K_{55,6} = (-3488 + 1110\pi)r^3 + 12(-236 + 75\pi)r^2t + 45(-16 + 5\pi)rt^2 - 40t^3 \tag{A.102}$$

$$K_{55,7} = (-236 + 75\pi)r^3 + 10(-19 + 6\pi)r^2t + 5(-10 + 3\pi)rt^2 - 5t^3 \tag{A.103}$$

$$K_{55,8} = 3(-16 + 5\pi)r^3 + 4(-10 + 3\pi)r^2t + 3(-4 + \pi)rt^2 - 2t^3 \tag{A.104}$$

$$K_{55,9} = 3(16 + 5\pi)r^3 + 4(10 + 3\pi)r^2t + 3(4 + \pi)rt^2 + 2t^3 \tag{A.105}$$

$$K_{55,10} = (236 + 75\pi)r^3 + 10(19 + 6\pi)r^2t + 5(10 + 3\pi)rt^2 + 5t^3 \tag{A.106}$$

$$K_{55,11} = (3488 + 1110\pi)r^3 + 12(236 + 75\pi)r^2t + 45(16 + 5\pi)rt^2 + 40t^3 \tag{A.107}$$

$$K_{55,12} = (11216 + 3570\pi)r^3 + 420(22 + 7\pi)r^2t + 7(332 + 105\pi)rt^2 + 70t^3 \tag{A.108}$$

$$K_{55,13} = 7(9472 + 3015\pi)r^3 + 8(6928 + 2205\pi)r^2t + 14(992 + 315\pi)rt^2 + 224t^3 \tag{A.109}$$

$$K_{55,14} = 5(185056 + 58905\pi)r^3 + 72(10886 + 3465\pi)r^2t \\ + 54(3632 + 1155\pi)rt^2 + 1680t^3 \tag{A.110}$$

$$K_{55,15} = (1981184 + 630630\pi)r^3 + 4(424544 + 135135\pi)r^2t \\ + 21(20224 + 6435\pi)rt^2 + 1920t^3 \tag{A.111}$$

$$K_{55,16} = 30(1198144 + 381381\pi)r^3 + 132(235856 + 75075\pi)r^2t \\ + 55(141536 + 45045\pi)rt^2 + 18480t^3 \tag{A.112}$$

$$K_{55,17} = 165(2201600 + 700791\pi)r^3 + 36(8820992 + 2807805\pi)r^2t \\ + 33(2405888 + 765765\pi)rt^2 + 98560t^3 \tag{A.113}$$

$$K_{55,18} = 5(539362816 + 171684513\pi)r^3 + 52(45708736 + 14549535\pi)r^2t \\ + 845(703232 + 223839\pi)rt^2 + 384384t^3 \tag{A.114}$$

$$K_{55}^* = \frac{2871296t^3}{55545 Ew\ell^3} \tag{A.115}$$

$$K_{56} = \frac{6144}{499905\,Ew\ell^9}(6912\ell^7 t^3 + 420\ell^6 r^2 K_{56,1} - 4536\ell^5 K_{56,2} + 756\ell^4 r^3 K_{56,3}$$
$$- 48\ell^3 r^4 K_{56,4} + 94\ell^2 r^5 K_{56,5} - 50\ell r^6 K_{56,6} + 64000 r^7 K_{22,7}) \qquad \text{(A.116)}$$

여기서,

$$K_{56,1} = 3(505\pi + 1408)r^2 + 4(303\pi + 880)rt + 3(101\pi + 352)t^2 \qquad \text{(A.117)}$$

$$K_{56,2} = 5(672 + 505\pi)r^5 + 4[576r + (660 + 505\pi)t]r^4 + 5[384r + (240 + 101\pi)t]r^3 t \qquad \text{(A.118)}$$

$$K_{56,3} = 74(1515\pi + 1088)r^3 + 12(7575\pi + 5168)r^2 t$$
$$+ 15[8704r + (1088 + 1515\pi)t]rt + 6528(24r^2 + 5t)r \qquad \text{(A.119)}$$

$$K_{56,4} = 14(190912 + 437835\pi)r^3 + 28(180285\pi + 72848)r^2 t$$
$$+ 7[1366528r + (75360 + 180285\pi)t]rt + 20096(568r^2 + 119t^2)r \qquad \text{(A.120)}$$

$$K_{56,5} = 9(1923072 + 5921125\pi)r^3 + 8(1642624 + 5567625\pi)r^2 t$$
$$+ 14[8974336r + (240384 + 795375\pi)t]rt + 641024(232r^2 + 49t^2)r \qquad \text{(A.121)}$$

$$K_{56,6} = 15(139520 + 396627\pi)r^3 + 792(6363\pi + 2000)r^2 t$$
$$+ 18[1653760r + (22400 + 69993\pi)t]rt + 2560(13640r^2 + 2907t^2)r \qquad \text{(A.122)}$$

$$K_{56}^* = \frac{131072 t^3}{18515\,Ew\ell^2} \qquad \text{(A.123)}$$

$$K_{58} = -\frac{768}{499905\,Ew\ell^{10}}(335304\ell^7 t^3 + 210\ell^6 r^2 K_{58,1} - 3024\ell^5 K_{58,2}$$
$$+ 63\ell^4 r^3 K_{58,3} - 6\ell^3 r^4 K_{58,4} + 36\ell^2 r^5 K_{58,5} - 200\ell r^6 K_{58,6} + 1280000 r^7 K_{22,7}) \qquad \text{(A.124)}$$

여기서,

$$K_{58,1} = 15(8663\pi + 28928)r^2 + 4(25989\pi + 90400)rt + 3(8663\pi + 36160)t^2 \qquad \text{(A.125)}$$

$$K_{58,2} = 5(46564 + 25155\pi)r^5 + [159648r + (182930 + 100620\pi)t]r^4$$
$$+ 5[26608r + (16630 + 5031\pi)t]r^3 t \qquad \text{(A.126)}$$

$$K_{58,3} = 74(515745\pi + 501056)r^3 + 12(2578725\pi + 2380016)r^2 t$$
$$+ 15[4008448r + (501056 + 515745\pi)t]rt + 3006336(24r^2 + 5t)r \qquad \text{(A.127)}$$

$$K_{58,4} = 14(45900352 + 91888995\pi)r^3 + 28(37836645\pi + 17514608)r^2 t$$
$$+ 7[328549888r + (18118560 + 37836645\pi)t]rt + 4831616(568r^2 + 119t^2)r$$

(A.128)

$$K_{58,5} = 9(11231616 + 37695875\pi)r^3 + 8(9593672 + 35445375\pi)r^2 t$$
$$+ 14[52414208r + (1403952 + 5063625\pi)t]rt + 3743872(232r^2 + 49t^2)r$$

(A.129)

$$K_{58,6} = 15(697600 + 2525061\pi)r^3 + 792(40509\pi + 10000)r^2 t$$
$$+ 18[8268800r + (112000 + 445599\pi)t]rt + 12800(13640r^2 + 2907t^2)r$$

(A.130)

$$K_{58}^* = -\frac{2384384t^3}{55545Ew\ell^3}$$

(A.131)

$$K_{59} = \frac{384}{499905Ew\ell^9}(179064\ell^7 t^3 + 1050\ell^6 r^2 K_{59,1} - 4536\ell^5 K_{59,2} + 63\ell^4 r^3 K_{59,3}$$
$$- 6\ell^3 r^4 K_{59,4} + 36\ell^2 r^5 K_{59,5} - 2200\ell r^6 K_{59,6} + 563200r^7 K_{22,7})$$

(A.132)

여기서,

$$K_{59,1} = 3(6235\pi + 20368)r^2 + 4(3741\pi + 12730)rt + 3(1247\pi + 5092)t^2$$ (A.133)

$$K_{59,2} = 10(9751 + 5235\pi)r^5 + [66864r + (76615 + 41880\pi t]r^4$$
$$+ 5[11144r + (6965 + 2094\pi)t]r^3 t$$

(A.134)

$$K_{59,3} = 74(279285\pi + 281008)r^3 + 12(1396425\pi + 1334788)r^2 t$$
$$+ 15[2248064r + (281008 + 279285\pi)t]rt + 1686048(24r^2 + 5t)r$$

(A.135)

$$K_{59,4} = 14(23659712 + 45353535\pi)r^3 + 812(643965\pi + 311312)r^2 t$$
$$+ 7[169353728r + (9339360 + 18674985\pi)t]rt + 2490496(568r^2 + 119t^2)r$$

(A.136)

$$K_{59,5} = 9(5306496 + 17880625\pi)r^3 + 8(4532632 + 16813125\pi)r^2 t$$
$$+ 14[24763648r + (663312 + 2401875\pi)t]rt + 1768832(232r^2 + 49t^2)r$$

(A.137)

$$K_{59,6} = 15(27904 + 108885\pi)r^3 + 360(3843\pi + 880)r^2 t$$
$$+ 18[330752r + (4480 + 19215\pi)t]rt + 512(13640r^2 + 2907t^2)r$$

(A.138)

$$K_{59}^* = \frac{212224t^3}{18515Ew\ell^2}$$

(A.139)

$$K_{66} = \frac{12288}{499905Ew\ell^8}(711\ell^7t^3 + 420\ell^6r^2K_{66,1} - 3024\ell^5K_{66,2} + 504\ell^4r^3K_{66,3}$$
$$- 24\ell^3r^4K_{66,4} + 18\ell^2r^5K_{66,5} - 500\ell r^6K_{66,6} + 20000r^7K_{22,7}) \qquad \text{(A.140)}$$

여기서,

$$K_{66,1} = 6(25\pi + 82)r^2 + 10(12\pi + 41)rt + 3(10\pi + 41)t^2 \qquad \text{(A.141)}$$

$$K_{66,2} = 5(154 + 75\pi)r^5 + [528r + (605 + 300\pi)t]r^4$$
$$+ 5[88r + (55 + 15\pi)t]r^3t \qquad \text{(A.142)}$$

$$K_{66,3} = 74(225\pi + 326)r^3 + 6(2250\pi + 3097)r^2t$$
$$+ 15[2608r + (326 + 225\pi)t]rt + 1956(24r^2 + 5t)r \qquad \text{(A.143)}$$

$$K_{66,4} = 28(47861 + 43350\pi)r^3 + 14(71400\pi + 73051)r^2t$$
$$+ 7[685168r + (37785 + 35700\pi)t]rt + 10076(568r^2 + 119t^2)r \qquad \text{(A.144)}$$

$$K_{66,5} = 9(280608 + 293125\pi)r^3 + 8(239686 + 275625\pi)r^2t$$
$$+ 14[1309504r + (35076 + 39375\pi)t]rt + 93536(232r^2 + 49t^2)r \qquad \text{(A.145)}$$

$$K_{66,6} = 15(4360 + 3927\pi)r^3 + 396(126\pi + 125)r^2t$$
$$+ 18[51680r + (700 + 693\pi)t]rt + 80(13640r^2 + 2907t^2)r \qquad \text{(A.146)}$$

$$K_{66}^* = \frac{80896t^3}{55545Ew\ell} \qquad \text{(A.147)}$$

$$K_{68} = -\frac{768}{499905Ew\ell^9}(51624\ell^7t^3 + 420\ell^6r^2K_{68,1} - 756\ell^5K_{68,2}$$
$$+ 11134\ell^4r^3K_{68,3} - 12\ell^3r^4K_{68,4} + 9\ell^2r^5K_{68,5} - 250\ell r^6K_{68,6} + 800000r^7K_{22,7})$$
$$\text{(A.148)}$$

여기서,

$$K_{68,1} = 12(1190\pi + 3779)r^2 + 2(5712\pi + 18895)rt + 3(952\pi + 3779)t^2 \qquad \text{(A.149)}$$

$$K_{68,2} = 10(23107 + 12555\pi)r^5 + [158448r + (181555 + 100440\pi)t]r^4$$
$$+ 5[26408r + (16505 + 5022\pi)t]r^3t \qquad \text{(A.150)}$$

$$K_{68,3} = 74(7795\pi + 8484)r^3 + 12(38975\pi + 40299)r^2t$$
$$+ 15[67872r + (8484 + 7795\pi)t]rt + 50904(24r^2 + 5t)r \qquad \text{(A.151)}$$

$$K_{68,4} = 266(484184 + 688245\pi)r^3 + 28(5384505\pi + 3510334)r^2t$$
$$+ 7[65849024r + (3631380 + 5384505\pi)t]rt + 968368(568r^2 + 119t^2)r$$
$$\text{(A.152)}$$

$$K_{68,5} = 603(354432 + 651875\pi)r^3 + 8(20283848 + 41068125\pi)r^2t$$
$$+ 14[110819072r + (2968368 + 5866875\pi)t]rt + 7915648(232r^2 + 49t^2)r$$

(A.153)

$$K_{68,6} = 15(348800 + 585123\pi)r^3 + 792(9387\pi + 5000)r^2t$$
$$+ 18[4134400r + (56000 + 103257\pi)t]rt + 6400(13640r^2 + 2907t^2)r$$

(A.154)

$$K_{68}^* = -\frac{122368t^3}{18515Ew\ell^2}$$

(A.155)

$$K_{69} = \frac{192}{499905Ew\ell^8}(52848\ell^7t^3 + 1050\ell^6r^2K_{69,1} - 1512\ell^5r^3K_{69,2}$$
$$+ 189\ell^4r^4K_{69,3} - 6\ell^3r^5K_{69,4} + 126\ell^2r^6K_{69,5} - 1100\ell r^7K_{69,6} + 704000r^8K_{69,7})$$

(A.156)

여기서,

$$K_{69,1} = 3(8624 + 2705\pi)r^2 + 4(5390 + 1623\pi)rt + 3(2156 + 541\pi)t^2$$

(A.157)

$$K_{69,2} = (249334 + 79875\pi)r^2 + 5(40147 + 12780\pi)rt + 25(2113 + 639\pi)t^2$$

(A.158)

$$K_{69,3} = 2(6220848 + 1960075\pi)r^2 + 12(841812 + 264875\pi)rt$$
$$+ 15(171216 + 52975\pi)t^2$$

(A.159)

$$K_{69,4} = 2(680205536 + 193467225\pi)r^2 + 420(2668424 + 758695\pi)rt$$
$$+ 7(40268944 + 11380425\pi)t^2$$

(A.160)

$$K_{69,5} = (134696576 + 28868625\pi)r^2 + 8(14074232 + 3016125\pi)rt$$
$$+ 14(2015248 + 430875\pi)t^2$$

(A.161)

$$K_{69,6} = 5(3701120 + 410193\pi)r^2 + 72(217720 + 24129\pi)rt$$
$$+ 54(72640 + 8043\pi)t^2$$

(A.162)

$$K_{69,7} = 15478r^2 + 13267rt + 3318t^2$$

(A.163)

$$K_{69}^* = \frac{1127424t^3}{55545Ew\ell}$$

(A.164)

$$K_{88} = \frac{48}{499905Ew\ell^{10}}(6091731\ell^7t^3 + 420\ell^6r^2K_{88,1} - 4536\ell^5K_{88,2} + 252\ell^4r^3K_{88,3}$$
$$- 168\ell^3r^4K_{88,4} + 144\ell^2r^5K_{88,5} - 20000\ell r^6K_{88,6} + 32000000r^7K_{22,7})$$

(A.165)

여기서,

$$K_{88,1} = 30(44363\pi + 142298)r^2 + 2(532356\pi + 1778725)rt \\ + 3(88726\pi + 355745)t^2 \tag{A.166}$$

$$K_{88,2} = 10(296317 + 159140\pi)r^5 + [2031888r + (2328205 + 127312\pi)t]r \\ + 5[338648r + (211655 + 63656\pi)t]r^3t \tag{A.167}$$

$$K_{88,3} = 74(2300445\pi + 2436356)r^3 + 12(11502225\pi + 11572691)r^2t \\ + 15[19490848r + (2436356 + 2300445\pi)t]rt + 14618136(24r^2 + 5t)r \tag{A.168}$$

$$K_{88,4} = (481753664 + 790545390\pi)r^3 + 28(23251335\pi + 13130504)r^2t \\ + 7[246310144r + (13583280 + 23251335\pi)t]rt + 3622208(568r^2 + 119t^2)r \tag{A.169}$$

$$K_{88,5} = 9(6535456 + 159753125\pi)r^3 + 8(55824452 + 150215625\pi)r^2t \\ + 14[304992128r + (8169432 + 21459375\pi)t]rt + 21785152(232r^2 + 49t^2)r \tag{A.170}$$

$$K_{88,6} = 1635(1600 + 3927\pi)r^3 + 792(6867\pi + 2500)r^2t \\ + 18[2067200r + (28000 + 75537\pi)t]rt + 3200(13640r^2 + 2907t^2)r \tag{A.171}$$

$$K_{88}^* = \frac{2707436t^3}{55545Ew\ell^3} \tag{A.172}$$

$$K_{89} = -\frac{24}{499905Ew\ell^9}(3924531\ell^7t^3 + 525\ell^6r^2K_{89,1} - 378\ell^5K_{89,2} + 252\ell^4r^3K_{89,3} \\ - 264\ell^3r^4K_{89,4} + 144\ell^2r^5K_{89,5} - 8800\ell r^6K_{89,6} + 14080000r^7K_{22,7}) \tag{A.173}$$

여기서,

$$K_{89,1} = 3(252755\pi + 809744)r^2 + 4(151653\pi + 506090)rt + 3(50551\pi + 202436)t^2 \tag{A.174}$$

$$K_{89,2} = 35(631928 + 338955\pi)r^5 + 4[3791568r + (4344505 + 2372685\pi)t]r^4 \\ + 5[2527712r + (1579820 + 474537\pi)t]r^3t \tag{A.175}$$

$$K_{89,3} = 74(1266585\pi + 1344508)r^3 + 12(6332925\pi + 6386413)r^2t \\ + 15[10756064r + (1344508 + 1266585\pi)t]rt + 8067048(24r^2 + 5t^2)r \tag{A.176}$$

$$K_{89,4} = 14(11034592 + 18269985\pi)r^3 + 28(7522935\pi + 4210568)r^2t \\ + 7[78984448r + (4355760 + 7522935\pi)t]rt + 1161536(568r^2 + 119t^2)r \tag{A.177}$$

$$K_{89,5} = 9(30376896 + 78381625\pi)r^3 + 8(25946932 + 73702125\pi)r^2t$$
$$+ 14[141758848r + (3797112 + 10528875\pi)t]rt + 10125632(232r^2 + 49t^2)r$$

$$(A.178)$$

$$K_{89,6} = 15(174400 + 477309\pi)r^3 + 72(84231\pi + 27500)r^2t$$
$$+ 18[2067200r + (28000 + 84231\pi)t]rt + 3200(13640r^2 + 2907t^2)r$$

$$(A.179)$$

$$K_{89}^* = -\frac{290706t^3}{18515Ew\ell^2} \qquad\qquad (A.180)$$

$$K_{99} = \frac{24}{499905Ew\ell^8}(16426981\ell^7t^3 + 2625\ell^6r^2K_{99,1} - 1890\ell^5K_{99,2} + 126\ell^4r^3K_{99,3}$$
$$- 84\ell^3r^4K_{99,4} + 72\ell^2r^5K_{99,5} - 48400\ell r^6K_{99,6} + 3097600r^7K_{22,7})$$

$$(A.181)$$

여기서,

$$K_{99,1} = 3(17995\pi + 57616)r^2 + 4(10797\pi + 36010)rt + 3(3599\pi + 14404)t^2 \quad (A.182)$$

$$K_{99,2} = 5(269276 + 144345\pi)r^5 + [923232r + (1057870 + 577380\pi)t]r^4$$
$$+ 5[153872r + (96170 + 28869\pi)t]r^3t$$

$$(A.183)$$

$$K_{99,3} = 74(688425\pi + 731924)r^3 + 12(3442125\pi + 3476639)r^2t$$
$$+ 15[5855392r + (731924 + 688425\pi)t]rt + 4391544(24r^2 + 5t^2)r$$

$$(A.184)$$

$$K_{99,4} = 238(511328 + 851325\pi)r^3 + 28(5959275\pi + 3316904)r^2t$$
$$+ 7[62220544r + (3431280 + 5959275\pi)t]rt + 915008(568r^2 + 119t^2)r$$

$$(A.185)$$

$$K_{99,5} = 9(14149056 + 38047625\pi)r^3 + 8(12085652 + 35776125\pi)r^2t$$
$$+ 14[66028928r + (1768632 + 5110875\pi)t]rt + 4716352(232r^2 + 49t^2)r$$

$$(A.186)$$

$$K_{99,6} = 15(6976 + 21063\pi)r^3 + 72(3717\pi + 1100)r^2t$$
$$+ 18[82688r + (1120 + 3717\pi)t]rt + 128(13640r^2 + 2907t^2)r$$

$$(A.187)$$

$$K_{99}^* = \frac{365044t^3}{55545Ew\ell} \qquad\qquad (A.188)$$

요소 질량행렬

축방향 변형 자유도와 관련된 질량 항들은 다음과 같이 주어진다.

$$m_{11} = m_{77} = \frac{\rho \omega}{60\ell^4}[2r^6(992 - 315\pi) - 8r^5\ell(332 - 105\pi) + 35r^4\ell^2(48 - 15\pi) \\ - 60r^3\ell^3(10 - 3\pi) + 30r^2\ell^4(4 - \pi) + 8\ell^5 t] \tag{A.189}$$

$$m_{11}^* = \frac{2}{15}m \tag{A.190}$$

$$m_{14} = -2m_{17} = -m_{47} = \frac{\rho \omega}{30\ell^4}[-2r^6(992 - 315\pi) + 8r^5\ell(332 - 105\pi) \\ - 25r^4\ell^2(48 - 15\pi) + 20r^3\ell^3(10 - 3\pi) + 2\ell^5 t] \tag{A.191}$$

$$m_{14}^* = \frac{1}{15}m \tag{A.192}$$

$$m_{44} = \frac{2\rho w}{15\ell^4}[r^6(992 - 315\pi) - 4r^5\ell(332 - 105\pi) + 10r^4\ell^2(48 - 15\pi) + 4\ell^5 t] \tag{A.193}$$

$$m_{44}^* = \frac{8}{15}m \tag{A.194}$$

굽힘과 관련된 질량 항들은 다음과 같이 주어진다.

$$m_{22} = \frac{\rho w}{9775920\ell^{10}}[128r^4(2r - \ell)\{1142295\ell^7 - 936859\ell^6 r - 8726564\ell^5 r^2 \\ + 36715910\ell^4 r^3 - 75287520\ell^3 r^4 + 90184160\ell^2 r^5 - 704056321\ell r^6 + 29936256 r^7\} \\ + 7r^2\{698280(4 - \pi)\ell^{10} + 652740(15\pi - 16)\ell^8 r^2 - 3248520(7\pi - 4)\ell^7 r^3 \\ - 419562(105\pi - 32)\ell^6 r^4 + 3354120(99\pi - 16)\ell^5 r^5 - 296175(3003\pi - 256)\ell^4 r^6 \\ + 1987920(715\pi - 32)\ell^3 r^7 - 67210(21789\pi - 512)\ell^2 r^8 + 47520(20995\pi - 256)\ell r^9 \\ - 1080(323323\pi - 2048)r^{10}\} + 3095792\ell^{11} t] \tag{A.195}$$

$$m_{22}^* = \frac{27641\rho w\ell t}{87285} \tag{A.196}$$

$$m_{23} = \frac{\rho w}{29327760\ell^9}[32r^3(2r - \ell)\{-610995\ell^8 + 1753290\ell^7 r + 10551618\ell^6 r^2 \\ - 61331424\ell^5 r^3 + 143556336\ell^4 r^4 - 219941568\ell^3 r^5 + 218128064\ell^2 r^6 \\ - 140811264\ell r^7 + 59872512 r^8\} + 35r^3\{418968(\pi - 2)\ell^9 + 85008(15\pi - 16)\ell^8 r \\ + 355212(7\pi - 4)\ell^7 r^2 - 252351(105\pi - 32)\ell^6 r^3 + 824208(99\pi - 16)\ell^5 r^4 \\ - 50490(3003\pi - 256)\ell^4 r^5 + 271656(715\pi - 32)\ell^3 r^6 - 7733(21789\pi - 512)\ell^2 r^7 \\ + 4752(20995\pi - 256)\ell r^8 + 108(323323\pi - 2048)r^9\} + 1236200\ell^{11} t] \tag{A.197}$$

$$m_{23}^* = \frac{4415\rho w\ell^2 t}{104742} \tag{A.198}$$

$$
\begin{aligned}
m_{25} = \frac{\rho w}{5498955\ell^{10}}[r^4\{&-4144140(5\pi-16)\ell^8 + 382536(105\pi-332)\ell^7 r \\
&+ 253638(315\pi-992)\ell^6 r^2 - 191664(1155\pi-3632)\ell^5 r^3 \\
&+ 108570(6435\pi-20224)\ell^4 r^4 + 89320(45045\pi-141536)\ell^3 r^5 \\
&- 10153(765765\pi-2405888)\ell^2 r^6 + 31200(223839\pi-703232)\ell r^7 \\
&- 1848(1322685\pi-4155392)r^8\} + 584008\ell^{11}t]
\end{aligned} \tag{A.199}
$$

$$m_{25}^* = \frac{584008\rho w\ell t}{5498955} \tag{A.200}$$

$$
\begin{aligned}
m_{26} = \frac{\rho w}{21995820\ell^9}[r^4\{&637560(5\pi-16)\ell^8 - 510048(105\pi-332)\ell^7 r \\
&- 146916(315\pi-992)\ell^6 r^2 + 1488168(1155\pi-3632)\ell^5 r^3 \\
&- 1132131(6435\pi-20224)\ell^4 r^4 + 359920(45045\pi-141536)\ell^3 r^5 \\
&- 28798(765765\pi-2405888)\ell^2 r^6 + 78000(223839\pi-703232)\ell r^7 \\
&- 4620(1322685\pi-4155392)r^8\} + 212224\ell^{11}t]
\end{aligned} \tag{A.201}
$$

$$m_{26}^* = \frac{53056\rho w\ell^2 t}{5498955} \tag{A.202}$$

$$
\begin{aligned}
m_{28} = \frac{\rho w}{87983280\ell^{10}}[r^4\{&22633380(5\pi-16)\ell^8 + 2932776(105\pi-332)\ell^7 r \\
&+ 5900202(315\pi-992)\ell^6 r^2 - 15045624(1155\pi-3632)\ell^5 r^3 \\
&+ 10444665(6435\pi-20224)\ell^4 r^4 - 3417040(45045\pi-141536)\ell^3 r^5 \\
&+ 283426(765765\pi-2405888)\ell^2 r^6 - 780000(223839\pi-703232)\ell r^7 \\
&+ 46200(1322685\pi-4155392)r^8\} + 2194952\ell^{11}t]
\end{aligned} \tag{A.203}
$$

$$m_{28}^* = \frac{274369\rho w\ell t}{10997910} \tag{A.204}$$

$$
\begin{aligned}
m_{29} = \frac{\rho w}{7998480\ell^9}[r^4\{&-72450(5\pi-16)\ell^8 + 156492(105\pi-332)\ell^7 r \\
&- 397719(315\pi-992)\ell^6 r^2 + 470520(1155\pi-3632)\ell^5 r^3 \\
&- 251349(6435\pi-20224)\ell^4 r^4 + 73640(45045\pi-141536)\ell^3 r^5 \\
&- 5801(765765\pi-2405888)\ell^2 r^6 + 15600(223839\pi-703232)\ell r^7 \\
&- 924(1322685\pi-4155392)r^8\} - 27604\ell^{11}t]
\end{aligned} \tag{A.205}
$$

$$m_{29}^* = -\frac{6901\rho w\ell^2 t}{1999620} \tag{A.206}$$

$$
\begin{aligned}
m_{33} = \frac{\rho w}{117311040\ell^8}[r^4\{&-14663880(5\pi-16)\ell^8 + 4760448(105\pi-332)\ell^7 r \\
&- 5472852(315\pi-992)\ell^6 r^2 + 3184632(1155\pi-3632)\ell^5 r^3 \\
&+ 831369(6435\pi-20224)\ell^4 r^4 + 127600(45045\pi-141536)\ell^3 r^5 \\
&- 5830(765765\pi-2405888)\ell^2 r^6 + 10400(223839\pi-703232)\ell r^7 \\
&- 616(1322685\pi-4155392)r^8\} + 895648\ell^{11}t]
\end{aligned} \tag{A.207}
$$

$$m_{33}^* = \frac{27989\rho w\ell^3 t}{3665970} \tag{A.208}$$

$$
\begin{aligned}
m_{35} = \frac{\rho w}{219958320\ell^9}\big[&r^5\{-1105104(105\pi - 332)\ell^7 + 1295448(315\pi - 992)\ell^6 r \\
&+ 11880(1155\pi - 3632)\ell^5 r^2 - 350427(6435\pi - 20224)\ell^4 r^3 \\
&+ 113520(45045\pi - 141536)\ell^3 r^4 - 8118(765765\pi - 2405888)\ell^2 r^5 \\
&+ 20800(223839\pi - 703232)\ell r^6 - 1232(1322685\pi - 4155392)r^7\} + 532368\ell^{11}t\big]
\end{aligned} \tag{A.209}
$$

$$m_{35}^* = \frac{14788\rho w\ell^2 t}{610995} \tag{A.210}$$

$$
\begin{aligned}
m_{36} = \frac{\rho w}{43991640\ell^8}\big[&r^5\{85008(105\pi - 332)\ell^7 - 962808(315\pi - 992)\ell^6 r \\
&+ 1613304(1155\pi - 3632)\ell^5 r^2 - 816585(6435\pi - 20224)\ell^4 r^3 \\
&+ 187440(45045\pi - 141536)\ell^3 r^4 - 11286(765765\pi - 2405888)\ell^2 r^5 \\
&+ 26000(223839\pi - 703232)\ell r^6 - 1540(1322685\pi - 4155392)r^7\} + 109872\ell^{11}t\big]
\end{aligned} \tag{A.211}
$$

$$m_{36}^* = \frac{218\rho w\ell^3 t}{87285} \tag{A.212}$$

$$
\begin{aligned}
m_{38} = \frac{\rho w}{87983280\ell^9}\big[&r^4\{-10041570(5\pi - 16)\ell^8 + 1168860(105\pi - 332)\ell^7 r \\
&+ 3841761(315\pi - 992)\ell^6 r^2 - 7465392(1155\pi - 3632)\ell^5 r^3 \\
&+ 3875718(6435\pi - 20224)\ell^4 r^4 - 906840(45045\pi - 141536)\ell^3 r^5 \\
&+ 55671(765765\pi - 2405888)\ell^2 r^6 - 130000(223839\pi - 703232)\ell r^7 \\
&+ 7700(1322685\pi - 4155392)r^8\} + 728796\ell^{11}t\big]
\end{aligned} \tag{A.213}
$$

$$m_{38}^* = \frac{60733\rho w\ell^2 t}{7331940} \tag{A.214}$$

$$
\begin{aligned}
m_{39} = \frac{\rho w}{31993920\ell^8}\big[&r^5\{224112(105\pi - 332)\ell^7 - 679560(315\pi - 992)\ell^6 r \\
&+ 783432(1155\pi - 3632)\ell^5 r^2 - 345471(6435\pi - 20224)\ell^4 r^3 \\
&+ 76080(45045\pi - 141536)\ell^3 r^4 - 4542(765765\pi - 2405888)\ell^2 r^5 \\
&+ 10400(223839\pi - 703232)\ell r^6 - 616(1322685\pi - 4155392)r^7\} - 35760\ell^{11}t\big]
\end{aligned} \tag{A.215}
$$

$$m_{39}^* = -\frac{149\rho w\ell^3 t}{133308} \tag{A.216}$$

$$
\begin{aligned}
m_{55} = \frac{\rho w}{16496865\ell^{10}}\big[&8r^6\{-1127280(315\pi - 992)\ell^6 + 2033856(1155\pi - 3632)\ell^5 r \\
&- 9933001(6435\pi - 20224)\ell^4 r^2 + 204600(45045\pi - 141536)\ell^3 r^3 \\
&- 10395(765765\pi - 2405888)\ell^2 r^4 + 20800(223839\pi - 703232)\ell r^5 \\
&- 1232(1322685\pi - 4155392)r^6\} + 1635840\ell^{11}t\big]
\end{aligned} \tag{A.217}
$$

$$m_{55}^* = \frac{36352\rho w\ell t}{366597} \tag{A.218}$$

$$m_{56} = \frac{\rho w}{16496865\ell^9}[16r^6\{-81312(315\pi - 992)\ell^6 + 171072(1155\pi - 3632)\ell^5 r$$
$$- 107184(6435\pi - 20224)\ell^4 r^2 + 31680(45045\pi - 141536)\ell^3 r^3$$
$$- 2442(765765\pi - 2405888)\ell^2 r^4 + 6500(223839\pi - 703232)\ell r^5$$
$$- 385(1322685\pi - 4155392)r^6\} + 196608\ell^{11}t] \tag{A.219}$$

$$m_{56}^* = \frac{65536\rho w\ell^2 t}{5498955} \tag{A.220}$$

$$m_{58} = \frac{\rho w}{16496865\ell^{10}}[r^4\{-20083140(5\pi - 16)\ell^8 + 3187800(105\pi - 332)\ell^7 r$$
$$+ 7173474(315\pi - 992)\ell^6 r^2 - 15695856(1155\pi - 3632)\ell^5 r^3$$
$$+ 8272110(6435\pi - 20224)\ell^4 r^4 - 1904760(45045\pi - 141536)\ell^3 r^5$$
$$+ 113619(765765\pi - 2405888)\ell^2 r^6 - 260000(223839\pi - 703232)\ell r^7$$
$$+ 15400(1322685\pi - 4155392)r^8\} + 947544\ell^{11}t] \tag{A.221}$$

$$m_{58}^* = \frac{315848\rho w\ell t}{5498955} \tag{A.222}$$

$$m_{59} = \frac{\rho w}{5998860\ell^9}[r^5\{486864(105\pi - 332)\ell^7 - 1648920(315\pi - 992)\ell^6 r$$
$$+ 1989144(1155\pi - 3632)\ell^5 r^2 - 867237(6435\pi - 20224)\ell^4 r^3$$
$$+ 179760(45045\pi - 141536)\ell^3 r^4 - 9774(765765\pi - 2405888)\ell^2 r^5$$
$$+ 20800(223839\pi - 703232)\ell r^6 - 1232(1322685\pi - 4155392)r^7\} - 43920\ell^{11}t] \tag{A.223}$$

$$m_{59}^* = -\frac{244\rho w\ell^2 t}{33327} \tag{A.224}$$

$$m_{66} = \frac{\rho w}{16496865\ell^8}[16r^6\{3696(1575\pi + 5084)\ell^6 - 104544(525\pi + 1816)\ell^5 r$$
$$+ 924(225225\pi + 942944)\ell^4 r^2 - 5280(75075\pi + 429031)\ell^3 r^3$$
$$+ 33(11486475\pi + 104355392)\ell^2 r^4 - 650(223839\pi + 4395200)\ell r^5$$
$$+ 999891200r^6\} + 25728\ell^{11}t] \tag{A.225}$$

$$m_{66}^* = \frac{8576\rho w\ell^3 t}{5498955} \tag{A.226}$$

$$m_{68} = \frac{\rho w}{65987460\ell^9}[r^4\{-17214120(5\pi - 16)\ell^8 + 3570336(105\pi - 332)\ell^7 r$$
$$+ 5134668(315\pi - 992)\ell^6 r^2 - 15413112(1155\pi - 3632)\ell^5 r^3$$
$$+ 10256169(6435\pi - 20224)\ell^4 r^4 - 3107280(45045\pi - 141536)\ell^3 r^5$$
$$+ 242682(765765\pi - 2405888)\ell^2 r^6 - 650000(223839\pi - 703232)\ell r^7$$
$$+ 38500(1322685\pi - 4155392)r^8\} + 617088\ell^{11}t] \tag{A.227}$$

$$m_{68}^* = \frac{51424\rho w\ell^2 t}{5498955} \tag{A.228}$$

$$m_{69} = \frac{\rho w}{11997720\ell^8}[r^5\{208656(105\pi - 332)\ell^7 - 777336(315\pi - 992)\ell^6 r$$
$$+ 1056888(1155\pi - 3632)\ell^5 r^2 - 546105(6435\pi - 20224)\ell^4 r^3$$
$$+ 143280(45045\pi - 141536)\ell^3 r^4 - 10182(765765\pi - 2405888)\ell^2 r^5$$
$$+ 26000(223839\pi - 703232)\ell r^6 - 1540(1322685\pi - 4155392)r^7\} - 13776\ell^{11}t] \tag{A.229}$$

$$m_{69}^* = -\frac{82\rho w\ell^3 t}{71415} \tag{A.230}$$

$$m_{88} = \frac{\rho w}{263949840\ell^{10}}[r^4\{806194620(5\pi - 16)\ell^8 - 115398360(105\pi - 332)\ell^7 r$$
$$- 118577382(315\pi - 992)\ell^6 r^2 + 296270568(1155\pi - 3632)\ell^5 r^3$$
$$- 163687755(6435\pi - 20224)\ell^4 r^4 + 40727280(45045\pi - 141536)\ell^3 r^5$$
$$- 2668182(765765\pi - 2405888)\ell^2 r^6 + 6500000(223839\pi - 703232)\ell r^7$$
$$- 385000(1322685\pi - 4155392)r^8\} + \ell^{10}\{131974920(4 - \pi)r^2 + 54634128\ell t\}] \tag{A.231}$$

$$m_{88}^* = \frac{1138211\rho w\ell t}{5498955} \tag{A.232}$$

$$m_{89} = \frac{\rho w}{23995440\ell^9}[r^3\{3999240(3\pi - 10)\ell^9 - 1341000(5\pi - 16)\ell^8 r$$
$$- 1049076(105\pi - 332)\ell^7 r^2 + 744687(315\pi - 992)\ell^6 r^3$$
$$- 9368136(1155\pi - 3632)\ell^5 r^4 + 4222995(6435\pi - 20224)\ell^4 r^5$$
$$- 939960(45045\pi - 141536)\ell^3 r^6 + 56499(765765\pi - 2405888)\ell^2 r^7$$
$$- 130000(223839\pi - 703232)\ell r^8 + 7700(1322685\pi - 4155392)r^9\} - 373272\ell^{11}t] \tag{A.233}$$

$$m_{89}^* = -\frac{15553\rho w\ell^2 t}{999810} \tag{A.234}$$

$$m_{99} = \frac{\rho w}{95981760\ell^8}[r^4\{-11997720(5\pi - 16)\ell^8 + 6955200(105\pi - 332)\ell^7 r$$
$$- 13137852(315\pi - 992)\ell^6 r^2 + 12065544(1155\pi - 3632)\ell^5 r^3$$
$$- 4676343(6435\pi - 20224)\ell^4 r^4 + 947280(45045\pi - 141536)\ell^3 r^5$$
$$- 52722(765765\pi - 2405888)\ell^2 r^6 + 114400(223839\pi - 703232)\ell r^7$$
$$- 6776(1322685\pi - 4155392)r^8\} + 144288\ell^{11}t] \tag{A.235}$$

$$m_{99}^* = \frac{167\rho w\ell^3 t}{111090} \tag{A.236}$$

CHAPTER 06

미소변위 모델링 한계를 넘어선 플랙셔 힌지

COMPLIANT MECHANISMS:
DESIGN OF FLEXURE HINGES

미소변위 모델링 한계를 넘어선 플랙셔 힌지

이 단원에서는 앞서 살펴보았던 미소변형 조건을 넘어선 상태에서 플랙셔 힌지의 거동을 해석하는 데에 중요한 몇 가지 주제들에 대해서 다루고 있다. 다루고 있는 주제들은 대변형, 버클링, 비원형 단면 플랙셔의 비틀림, 복합재료 플랙셔 힌지, 열 효과, 형상 최적화, 매크로 및 MEMS 용도를 위한 소재와 제조기술 등이다.

6.1 대변형

변형에 대한 고전적인 이론들에서는 탄성체 내에서 일어나는 모든 변형은 작다고 가정하고 있다. 파단이 발생하는 수준 이하의 부하를 받는 대부분의 기계요소들이 일으키는 변형이나 변형률을 실제 특성의 측면에서 바라본다면 이 가설은 타당하다. 반면에, **미소변형 이론**은 계산을 쉽게 만들어주는 선형적 특성을 갖추고 있어서, 비교적 단순한 수학적 도구를 개발하여 적용할 수 있도록 해준다. 수학적으로 말한다면, 미소변형과 **대변형 이론** 사이의 차이는 응력을 변위의 항으로 나타내는 방법에 있다. **탄성변형 이론**에 따르면 변형률을 변형함수의 편미분 함수로 나타낼 수 있으며, 일반적으로 고차 편미분이 사용된다. 1차 이상의 편미분 항들을 무시할 때에, 단순화를 통해서 소위 미소변형 이론을 도출할 수 있다(프로이덴탈[1] 참조). 이 단순화를 적용하지 않는다면 대변형 이론이 도출된다. 더 정확히 말해서 굽힘을 받는 부재의 경우에, **그림 6.1**에서와 같이 미소변형 이론에서는 굽은 요소의 길이 ds가 x축에 투영된 길이와 근사적으로 같다고 가정한다.

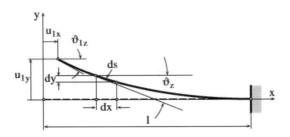

그림 6.1 미소변형과 대변형 이론의 비교를 위한 실제변형과 투영된 변형

실제의 경우, 기본적인 기하학적 차분에 따르면, 빔 요소에서 추출한 굽은 요소의 길이는 다음과 같이 나타낼 수 있다.

$$ds = \sqrt{1 + \left(\frac{dy}{dx}\right)^2 dx}$$ (6.1)

이와 동시에, 굽은 빔을 엄밀하게 나타낸 방정식은 다음과 같다.

$$\rho = \frac{1}{R} = \frac{\dfrac{d^2 y}{dx^2}}{\sqrt{\left[1 + \left(\dfrac{dy}{dx}\right)^2\right]^3}}$$ (6.2)

그런데 앞서 말했던 것처럼 1차 이상의 항들을 무시한다면(굽힘의 경우, 기울기에 대한 제곱항이 포함된다), 식 (6.1)은 미소변형에 대해서 단순화된다.

$$ds \cong dx$$ (6.3)

따라서 식 (6.2)가 다음과 같이 단순화된다.

$$\rho \cong \frac{d^2y}{dx^2} \qquad\qquad (6.4)$$

예를 들면 다음 식에 의해서 굽힘 모멘트가 곡률과 연결되므로, 식 (6.4)는 이후에 사용되는 빔 부재에 대한 모든 선형 또는 미소변형 모델링의 기초가 된다.

$$M_b = EI\rho \qquad\qquad (6.5)$$

샌리[2]에 따르면, 변형 대 길이 비율이 0.2 이하인 빔의 경우, 식 (6.4)의 근사식을 적용하여 유발된 오차는 6% 미만에 불과하지만, 상당한 굽힘응력이 기계부재의 파단을 일으키거나 최선의 시나리오에서조차도 탄성한계를 넘어서 버린다. 그 결과, 샌리[2]가 강조한 것처럼, 부재가 대변형을 일으키도록 특수하게 설계된 경우를 제외하고는 대변형 이론은 단지 학문적 관심사일 뿐이다.

왕 등[3]은 대변형 가정하에서 중간 위치에서 부하를 받는 양단지지 빔을 고찰하였다. **타원적분[45*]**과 **슈팅 최적화[46*]**를 사용해서 문제의 해를 구하였다. 다도[4]는 매개변수화된 모델을 개발하여 가상강체 모델을 유연 메커니즘의 연결고리로 사용함으로써, 끝단 부하를 받는 대변형 빔 문제를 다루었다. 리[5]는 균일분포 부하와 선단부하를 받는 비선형 소재로 만들어진 외팔보 빔에 대해 연구했다. 변형된 부재에 대한 지배방정식은 전단력 기반의 공식들을 사용해서 유도되었으며 **룽게-쿠타** 형태의 수치해석 알고리듬을 사용해서 해석하였다. 오오츠키와 엘린[6]은 대변형을 고려해야만 하는 프레임들에 대해서 연구하였다. 문제에 대한 해를 구하기 위해서 타원적분이 사용되었으며, 결과는 유사한 실험결과들과 비교되었다. 햄두니[7]는 탄성부재의 대변형에 대한 **적합식[47*]**을 유도하기 위해서 **분해기법[48*]**을 사용하였다.

빠이와 팔라조토[8]는 3차원 대변형을 일으키는 유연 빔의 문제를 풀기 위해서, 구해진 비선형 모델이 엄밀해를 구해줄 수 있는, **다중슈팅 기법**을 사용하였다. 이 연구의 연장선에서, 구마디

45* elliptical integrals
46* shooting-optimization
47* compatibility equation
48* decomposition technique

와 팔라조토[9]는 큰 변형률이 발생된 적층 복합재 빔과 아치에 대해서 소개하였다. 등방성 구조와 적층구조 모두에 대해서 큰 변형률–부하 특성을 연구하였다. 리거스와 리스[10]는 유한요소법을 사용하여 변형률 강화 요소와, 굽힘 및 압축상태하에서 이들의 적합성에 대해서 연구하였다. 젤레니나와 주보프[11]는 **준 반전법**[49*]을 사용하여 대변형을 일으키는 각주형 빔의 굽힘을 해석하였으며, 이를 통해서 2차원 비선형 경계값 모델을 구하였다. **리츠법**[50*]을 사용하여 변형 및 응력에 대한 해를 구하였다.

오귀베와 웹[12]은 충격하중을 받는 다중층 외팔보의 대변형 해석을 위해서 근사화된 이론적 모델을 개발하였다. 이 모델의 수치결과는 해당 실험결과와 잘 일치하였다. 포춘과 발레[13]는 대변형을 일으키는 3차원 연속체에 대한 적합식을 양함수로 만든 **비앙키 등식**을 상세히 설명하였다. 하월과 미드하[14]는 대변형을 일으킬 수 있는 단축 플랙셔 피벗을 포함하는 유연 메커니즘을 나타낼 수 있는 가상강체법에 대해서 소개하였으며, 이를 통해서 유연 부재들을 강체 링크에 부착된 개별적인 비틀림 스프링으로 모델링하였다. 하월과 미드하[14]는 애초부터 굽은 대변형 빔을 포함하는, 유연 메커니즘에 대한 강체 모델 내에서 비틀림 스프링으로 사용되는 피벗 개념을 사용하여, 이 방법을 발전시켰다.

다음으로 논의될 내용은 큰 변형을 지지하도록 특수하게 설계된 유연 메커니즘의 신축성 부재가 그 기능적 역할을 충족시키는 몇 가지 적용사례들에 대해서 살펴본다. 조사논문을 통해서 습과 맥라넌[16]은 강체 링크 카운터파트로부터 신축성 링크 메커니즘을 추출하기 위해 사용된 방법론에 대해서 논의하였으며, 특히 이들은 쌍의 수가 작은 단일루프와 닫힌루프를 갖는 평면 신축성 메커니즘에 초점을 맞췄다. 습과 맥라넌[17] 그리고 습[18]은 대변형을 일으키는 신축성 부재(스트립)가 만들어낼 수 있는 형상들을 나타내는 요동과 탄성노드 곡선에 관련된 문제들에 대해서 고찰하였다. 모델들은 두 경우 모두에 대해서 유도되었으며 주어진 해를 통해서 이런 부재를 설계하는 데에 유용한 여러 매개변수들을 평가할 수 있다. 세거와 코타[19]는 대변형을 일으킬 수 있는 신축성 부재가 가져야만 하는 형상을 규정된 끝단 변형의 항으로 나타내며 부하가 가해지는 시점을 알 때에 역 탄성 문제를 사용하여 평면형 유연 4절 메커니즘의 해석을 수행하였다.

습과 맥라넌[20]은 신축 메커니즘에서 비선형 스프링으로 사용할 수 있는 이중으로 클램핑된 신축성 스트립의 정적 응답을 지배하는 방정식을 제시하였다. 옌센 등[21]은 대변형을 일으킬

49* semi-inverse method
50* Ritz method

수 있는 두 개의 유연 부재를 포함하는 영(Young) 유형의 쌍안정 메커니즘에 대해서 연구하였다. 이 메커니즘의 모델링을 위해서 가상강체 접근법이 다시 사용되었다. 에드워드 등[22]은 대변형을 일으킬 수 있으며 유연 메커니즘 내에서 거의 병진 스프링처럼 작용하는 처음부터 휘어진 핀−핀 결합된 신축성 부재의 모델링을 위해서 가상강체라는 동일한 개념을 사용하였다. 삭세나와 아나타서리쉬[23]는 상용 유한요소 소프트웨어를 사용하여 유연 메커니즘의 일부분인 신축성 부재의 대변형 능력을 검증하였으며 몇 가지 프레임 형태에 대해서 해석을 수행하였다.

실질적인 관점에서는, 비선형 대변형 이론 대신에 미소변형(선형) 이론을 사용한 계산에 의해서 얼마나 큰 오차가 발생하는가를 판단하는 것에 관심이 모아진다. 영 계수 E를 갖고 있는 균질등방성 소재로 만들어진 길이 ℓ인 (w와 t의 치수를 갖는)균일단면 외팔보의 자유단에 굽힘 모멘트 M이 가해지는 경우에 대해서 살펴보기로 한다. 목표는 대변형의 경우에 가해진 굽힘 모멘트의 항으로 선단부 경사를 나타내는 것이다. 대변형을 고려한 미분방정식은 식 (6.2)에 주어져 있으며 (6.5)를 다음과 같이 나타낼 수 있다.

$$\frac{d^2y}{dx^2} - k\sqrt{\left[1 + \left(\frac{dy}{dx}\right)^2\right]^3} = 0 \tag{6.6}$$

위 식은 y에 대한 비선형 동차식이다. 위 식에서

$$k = \frac{M}{EI} \tag{6.7}$$

이다. z가 x에 의존적인 미지의 함수일 때,

$$\frac{dy}{dx} = \tan z \tag{6.8}$$

를 대입하면 기본적인 계산과 원래의 미지함수 y에 대한 치환 그리고 $x = 1$에서의 수평 경계조건(**그림 6.1** 참조) 등에 의해서 다음 해가 구해진다.

$$\frac{dy}{dx} = k\frac{(x-1)}{\sqrt{1 - k^2(x-\ell)^2}} \tag{6.9}$$

자유단 끝에서 최대 경사가 발생하므로, 식 (6.9)에 $x = 0$을 대입하면 대변형의 경우에 최대 경사를 구할 수 있다.

$$\theta_1^\ell = \frac{k\ell}{\sqrt{1 - k^2\ell^2}} \tag{6.10}$$

그런데 동일한 외팔보에 대해서 변형이 작다고 가정하는 경우에 최대 경사는 다음 식으로 주어진다.

$$\theta_1 = k\ell \tag{6.11}$$

식 (6.10)과 (6.11)을 비교해보면, 다음 관계식을 도출할 수 있다.

$$\theta_1^\ell = \frac{\theta_1}{\sqrt{1 - \theta_1^2}} \tag{6.12}$$

식 (6.12)에 대한 간단한 검사를 통해서, 대변형의 경우 끝단 경사는 항상 미소변형의 경우보다 크다는 것을 알 수 있다. 끝단 경사에 대한 대변형과 미소변형 사이의 상대 오차는 다음과 같이 정의된다.

$$error = \frac{\theta_1^\ell - \theta_1}{\theta_1^\ell} = 1 - \sqrt{1 - \theta_1^2} \tag{6.13}$$

대변형이 발생하는 경우, 기계요소 내에서 발생하는 응력이 최대한계값인 σ_{max}를 넘어서지 않도록 하는 것이 가장 중요하다. 일정한 사각단면 보의 경우, 외팔보 외측 파이버에서 다음 식과 같은 최대 응력이 발생한다.

$$\sigma_{max} = \frac{Mt}{2I} \tag{6.14}$$

식 (6.7), (6.11) 그리고 (6.14)를 조합하면 다음 식을 구할 수 있다.

$$\theta_1 = 2\frac{\sigma_{max}}{E}\frac{\ell}{t} \tag{6.15}$$

식 (6.15)에 따르면, 주어진 길이 대 두께 비율 ℓ/t에 대해서, 선단부 최대 경사는 소재의 성질에 의존한다는 것이 명확하다. **그림 6.2**에 도시된 것과 같은 일반 강철, 알루미늄 및 티타늄 합금 등의 세 가지 소재에 대해서 식 (6.13)에서 주어진 상대오차 함수를 그리기 위해서 식 (6.15)가 사용되었다. 세 가지 소재들의 최대강성과 영 계수들은 강철의 경우, $\sigma_{max} = 3 \times 10^8[\text{N/m}^2]$ 그리고 $E = 2 \times 10^{11}[\text{N/m}^2]$, 알루미늄의 경우, $\sigma_{max} = 1.5 \times 10^8[\text{N/m}^2]$ 그리고 $E = 0.7 \times 10^{11}[\text{N/m}^2]$, 티타늄의 경우, $\sigma_{max} = 4.5 \times 10^8[\text{N/m}^2]$ 그리고 $E = 1.1 \times 10^{11}[\text{N/m}^2]$와 같이, 평균값이나 보수적인 값들이 사용되었다. 선단부 모멘트 부하조건하에서 외팔보 빔의 선단부 경사 계산에 사용된 대변형과 미소변형 이론 사이의 차이를 극명하게 보여주고 있다. 예를 들어 길이 대 두께 비율이 10보다 작은 경우에는 **그림 6.2**에서 알 수 있듯이, 3가지 소재 모두 상대오차가 3% 미만(강철과 알루미늄의 경우에는 오차가 0.1% 미만)이다. 외팔보 빔의 선단부 변위에 대한 해석을 수행한 쉔리[2]에 따르면, 일반적인 플랙셔 힌지들을 변위증폭이나 작용력 감축 등에 사용하는 대부분의 공학적인 용도에서는 길이 대 두께 비율을 문턱값인 10 이하로 유지하므로, 미소변위에 따른 오차는 무시할 수 있다. 이 경우에는 선단부 모멘트만을 고려했기 때문에 문제가 매우 단순하였다. 하지만 축방향 작용력과 전단력이 부가된다면, 지배방정식이 매우 복잡해지며, 타원적분을 통해서 미분방정식의 해를 구해야만 한다. 예를 들어, 숩과 맥라넌[16] 및 숩[18]은 이런 경우에 대한 미분방정식을 유도하여 해를 구하였다. 그런데 변위(변형)−부하관계는 심한 비선형성을 가지고 있으며, 앞의 단순화 사례에서 설명했듯이, 다음과 같은 형태를 가지고 있는 평형 미분방정식의 해를 구하는 것이 불가능하다.

$$u = CL \tag{6.16}$$

여기서 u와 L은 각각 일반적인 변위(변형)와 부하성분을 나타내며, C는 유연성 계수를 나타낸다.

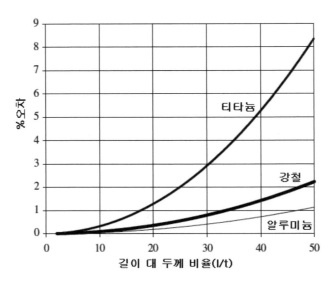

그림 6.2 선단부 굽힘 모멘트를 받는 외팔보 자유단 경사에 대한 대변형과 미소변형 이론 사이의 상대오차

그런데 대변형을 일으킬 것으로 예상되는 유연부재는 대변형을 일으킬 수 있도록 설계되어야만 하므로 미소변위 모델은 설계도구로 적합하지 않다는 것이 명확하다. **그림 6.1**에 도시되어 있는 균일단면 외팔보의 사례에 두 방향의 힘 F_{1x}, F_{1y}와 하나의 모멘트 M_{1z}가 부가되었을 때에 대해서 살펴보기로 한다. 해석을 통해서 부가된 하중에 따른 선단부의 변위 u_{1x}, u_{1y} 및 회전 θ_{1z}을 구해본다. 해석방법은 이와 유사한 문제를 해석한 홉과 맥라넌[17]이 제시한 유도과정을 따른다. 미소변위 이론에서는 축방향 부하가 굽힘에 끼치는 영향을 무시하는 반면에, 지금부터 살펴보는 대변형에서는 세 가지 선단부 부하에 따른 조합된 굽힘효과를 고려한다. 가로좌표 x 방향의 임의 위치에서 z축 방향으로 발생하는 굽힘 모멘트는 다음 식으로 주어진다.

$$M = M_{1z} + F_{1y}x + F_{1x}(u_{1y} - u_y) \tag{6.17}$$

여기서 u_{1y}는 고려의 대상이 되는 임의 위치에서의 변위를 나타낸다. (빔 형상 부재에 대한) 오일러–베르누이 이론을 사용하여 다음의 기본 미분방정식을 구할 수 있다.

$$M = EI_z \frac{d\theta_z}{ds} \tag{6.18}$$

식 (6.17)과 (6.18)을 조합하여 얻어진 방정식을 s에 대해서 미분하면 다음 방정식을 얻을 수 있다.

$$EI_z \frac{d^2\theta_z}{ds^2} = -F_{1x}\sin\theta_z + F_{1y}\cos\theta_{1z} \tag{6.19}$$

변형된 외팔보에 대해서 다음 관계식들이 성립된다.

$$\begin{cases} \sin\theta_z = \dfrac{du_y}{ds} \\ \cos\theta_z = \dfrac{dx}{ds} \end{cases} \tag{6.20}$$

식 (6.19)를 다음과 같이 정리할 수 있다.

$$EI_z d\left\{ \left(\frac{d\theta_z}{ds}\right)^2 \right\} = 2(-F_{1x}\sin\theta_z + F_{1y}\cos\theta_z)d\theta_z \tag{6.21}$$

위 식의 해는 다음과 같이 정리된다.

$$\frac{d\theta_z}{ds} = \sqrt{\frac{2(F_{1x}\cos\theta_z + F_{1y}\sin\theta_z + C)}{EI_z}} \tag{6.22}$$

위 식은 물론 슙과 맥라닌[17]이 제시한 결과식과 동일하다. 식 (6.17), (6.18) 및 (6.22)를 조합하면 다음 방정식을 얻을 수 있다.

$$\sqrt{2EI_z(F_{1x}\cos\theta_z + F_{1y}\sin\theta_z + C)} = M_{1z} + F_{1y}x + F_{1x}(u_{1y} - u_y) \tag{6.23}$$

식 (6.23)에 다음의 경계조건을 적용한다.

$$\begin{cases} \theta_z = 0 \quad \text{and} \quad u_y = 0 \quad \text{for} \quad x = \ell \\ \theta_z = \theta_{1z} \quad \text{and} \quad u_y = u_{1y} \quad \text{for} \quad x = 0 \end{cases} \tag{6.24}$$

이를 활용하여 다음과 같이 두 개의 방정식을 얻을 수 있다.

$$\begin{cases} \sqrt{2EI_z(F_{1x}\cos\theta_{1z} + F_{1y}\sin\theta_{1z} + C)} = M_{1z} \\ \sqrt{2EI_z(F_{1x} + C)} = M_{1z} + F_{1y}\ell + F_{1x}u_{1y} \end{cases} \tag{6.25}$$

1번 자유단 위치에서의 수평방향과 수직방향 변위를 나타내기 위해서 습과 맥라넌[17]을 활용하여 추가적으로 두 개의 방정식을 유도할 수 있다.

$$\begin{cases} u_{1y} = \int_0^\ell \sin\theta_z ds \\ u_{1x} = \ell - \int_0^\ell \cos\theta_z ds \end{cases} \tag{6.26}$$

식 (6.22)를 활용하여 식 (6.26)을 다음과 같이 정리할 수 있다.

$$\begin{cases} u_{1y} = \sqrt{\dfrac{EI_z}{2}} \int_{\theta_{1z}}^0 \dfrac{\sin\theta_z}{\sqrt{F_{1x}\cos\theta_z + F_{1y}\sin\theta_z + C}} d\theta_z \\ u_{1x} = \ell - \sqrt{\dfrac{EI_z}{2}} \int_{\theta_{1z}}^0 \dfrac{\cos\theta_z}{\sqrt{F_{1x}\cos\theta_z + F_{1y}\sin\theta_z + C}} d\theta_z \end{cases} \tag{6.27}$$

식 (6.25)와 (6.27)을 사용하면 적분상수 C와 자유단 변위 u_{1x}, u_{1y}, θ_{1z}와 같이 네 개의 미지수로 이루어진 네 개의 방정식들을 얻을 수 있다. 만일 식 (6.25)의 식들 중 하나를 C에 대해서 정리한 다음 이를 식 (6.25)의 나머지 방정식과 식 (6.27)의 두 방정식들에 대입하면 외팔보 자유단의 변위를 나타내는 세 개의 방정식들을 얻을 수 있다. 하지만 이 방정식들에 포함된 적분식은 첫 번째와 두 번째 유형의 타원적분으로 이루어져 있기 때문에 초등함수를 사용한 해를 구할 수 없다. 이 방정식들은 수치해석 기법을 사용하거나 충분한 숫자의 초등함수들을 사용하는 급수전개를 사용하여 근사식으로 풀 수 있다. 이 적분식을 풀기 위해서 앞서 언급한 방식들 중에서 어떤 것을 사용하든 간에, 각 방향 변위에 대한 해는 다음과 같은 형태를 갖는다.

$$\begin{cases} u_{1x} = f_1(F_{1x}, \ F_{1y}, \ M_{1z}) \\ u_{1y} = f_2(F_{1x}, \ F_{1y}, \ M_{1z}) \\ \theta_{1z} = f_3(F_{1x}, \ F_{1y}, \ M_{1z}) \end{cases} \tag{6.28}$$

식 (6.28)은 부하성분 F_{1x}, F_{1y}, M_{1z}에 대해서 비선형성을 가지고 있으며, 그 결과 해당 부하들의 선형 조합을 통해서 각 방향별 변위를 나타낼 수 있는 계수값은 존재하지 않으므로, 대변위의 경우에는 유연성 항들을 사용하여 부하와 변위 사이의 관계를 나타낼 수 없다.

굽힘효과에 축방향 변형을 포함시켜야만 대변위 해석능력이 갖춰지기 때문에, 위에서 설명한 사례는 비교적 단순한 것이다. 부재의 축방향 변형을 고려하여 굽힘에 의해 유발되는 변형을 구하려고 하면 문제가 훨씬 더 복잡해진다. 더욱이 비교적 길이가 짧은 플랙셔에 대한 전단효과를 고려한다면, 2장과 4장에서 단축 플랙셔에 대해서 설명했었던 것처럼, 오일러-베르누이 모델을 포기하고 전단효과를 고려할 수 있는 티모센코 모델을 사용해야만 한다. (이 책에서 제시되어 있는 다양한 형상의)단면치수가 균일하지 않은 플랙셔 힌지의 경우에는 문제의 복잡성이 증가하여 관성 모멘트가 더 이상 상수가 아니기 때문에, 비선형 미분방정식을 풀어야만 부하에 의한 선단부 변위를 구할 수 있다. 그런데 이런 주제들은 현재 적용되고 있는 대부분의 공학적인 사례를 넘어서기 때문에 이 책에서는 더 이상 논의하지 않는다.

6.2 버클링

넓은 의미에서 **버클링**은 외력이 임계상태에 도달하였을 때에 구조물이 평형상태를 잃어버리는 불안정 현상이다. 유연 메커니즘에서 (길이 대 단면 치수비율이 비교적 큰)두께가 얇은 부재에 축방향 하중이 가해지는 경우에 플랙셔 힌지들은 버클링을 일으킨다. 이런 경우, 플랙셔 힌지를 축방향으로 압축력을 받고 있는 **칼럼**으로 취급한다. **그림 6.3**에서는 압축력을 받고 있는 고정-자유조건 칼럼형태의 플랙셔 힌지를 보여주고 있다.

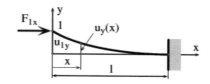

그림 6.3 고정-자유조건 칼럼의 버클링상태

버클링과 관련되어서는 티모센코와 기어,[24] 앨런과 불손,[25] 첸과 루이[26] 등과 같이 뛰어난 논문들이 다수 발표되어 있다. 역사적으로는 칼럼(또는 지주기둥)의 (가역적)**탄성 버클링**이 버클링과 관련된 최초의 주제였으며, 1757년에 제시된 칼럼의 탄성 버클링에 대한 오일러의 수학적 모델(예를 들어 티모센코와 기어,[24] 쉘리,[2] 또는 티모센코[27] 참조)은 지금까지도 여전히 유효하다. 이 모델에 따르면, 균일단면 칼럼의 굽힘(버클링)을 발생시키는 최소 축방향 하중 또는 **임계하중**은 다음 방정식으로 주어진다.

$$P_{cr} = \frac{\pi^2 E I_{\min}}{\ell_{cr}^2} \tag{6.29}$$

이 방정식에서 임계하중을 구하기 위해서는 칼럼 단면에 대한 최소 관성모멘트를 사용해야만 한다. 또한 임계길이 ℓ_{cr} 의 경우에는 서로 다른 끝단 지지방식을 고려해야만 한다. 전통적인 재료 강도학 서적에는 특정한 경계조건하에서 칼럼의 실제길이 ℓ 에 대한 임계길이 값들이 제시되어 있다. 일반적으로, 다음과 같이 칼럼의 물리적 길이에 상수값을 곱하여 임계길이를 구할 수 있다.

$$\ell_{cr} = k\ell \tag{6.30}$$

여기서 상수값 k는 0.5(고정-고정 조건의 칼럼)에서 2(플랙셔 힌지의 경계조건에 해당하는 고정-자유 조건의 칼럼) 사이의 값을 갖는다. 모든 경계조건들 중에서 고정-자유 조건하에서 임계하중이 가장 작다는 점은 명확하다. 축방향 부하에 의해서 생성되는 측면방향 변형이 발생하기 직전에 모멘트에 의한 버클링을 통해서 생성되는 응력은 다음과 같이 주어진다.

$$\sigma_{cr} = \frac{P_{cr}}{A} = \frac{\pi^2 E}{\lambda^2} \tag{6.31}$$

여기서 λ는 종횡비로서, 다음과 같이 정의된다.

$$\lambda = \frac{\ell_{cr}}{i_{min}} \qquad (6.32)$$

여기서 i_{min}은 최소 선회반경으로서 다음과 같이 주어진다.

$$i_{min} = \sqrt{\frac{I_{min}}{A}} \qquad (6.33)$$

탄성 버클링 상황과는 별개로 축방향 부하가 소성영역으로 들어서면서 굽힘이 발생하는 또 다른 형태의 버클링이 존재한다. 이런 경우 오일러 모델을 사용해서는 임계응력(그리고 임계 하중)을 구할 수 없다. 소성 버클링을 다룰 수 있는 다양한 모델들이 개발되었으며, 티모센코와 기어,[24] 앨런과 불손,[25] 첸과 루이[26] 그리고 쉘리[2] 등의 논문들은 이 분야에 대한 훌륭한 정보를 제공해준다. 1889년 엔게서에 의해서 **소성 버클링**[51*] 현상에 대한 최초의 연구가 수행되었으며, 그는 영 계수 E 대신에 접선계수 E_t를 사용하여 약간 수정된 오일러 방정식을 제안하였다. **접선계수**[52*]는 다음과 같이 정의된다.

$$E_t = \frac{d\sigma}{d\varepsilon} \qquad (6.34)$$

이 값은 압축실험을 통해서 얻어진 응력–변형률 곡선을 사용해서 구할 수 있다. 후크의 법칙을 따르지 않는 다양한 소재에 대한 임계응력을 계산한 엔게서의 연구는 많은 연구자들 중에서 테트마예르와 야신스키가 계승하였다. 예를 들어 테트마예르는 짧은 칼럼에 대해서 수많은 실험을 수행하였으며, 종횡비가 110보다 큰 경우에는 오일러 공식이 유효하다는 결론을 내렸다(버클링 연구에 대해서는 티모센코[27]의 논문을 참조하기 바라며, 덴하톡[28,29]과 보레시 등[30]도 추천한다). 야신스키는 테트마예르의 실험을 계승하였으며 다양한 종횡비에 대한 임계응력 테이블 데이터를 제시하였다. 두 연구자들의 작업은 그들의 이름을 딴 공식으로 축약

51* inelastic buckling
52* tangent modulus

되었으며, 이 공식은 소성영역에서 세장비 변화에 따른 임계응력의 근사식을 제시하고 있다.

$$\sigma_{cr} = a - b\lambda \tag{6.35}$$

여기서 a와 b는 칼럼 소재에 의해서 결정되는 값들이다. 이런 경우, 소성 버클링을 유발하는 임계하중은 다음과 같이 주어진다.

$$P_{cr} = (a - b\lambda)A \tag{6.36}$$

길이가 긴 칼럼은 탄성 버클링을 일으키기 쉬우며 길이가 짧은 칼럼도 버클링을 일으키기는 하지만 소성 영역에서 발생하는 경향이 더 많다. 길이가 매우 짧은 칼럼의 경우에는 버클링을 일으키지 않으며 일반적인 압축력에 의해서 파괴될 뿐이다. 그에 따른 응력은 다음 식으로 주어진다.

$$\sigma = \frac{P}{A} \tag{6.37}$$

그림 6.4의 그래프에서는 탄성(오일러) 버클링, 소성 버클링 그리고 순수한 압축과 같이 발생 가능한 3가지 상태를 종횡비 λ의 변화에 따른 임계응력 σ_{cr} 도표로 보여주고 있다. 종횡비의 한계값인 λ_e를 넘어서게 되면, **탄성 버클링**이 발생하는 반면에 λ_p보다는 크고 λ_e보다는 작은 범위에서는 **소성 버클링**이 발생한다.(하첨자 e는 탄성을, p는 소성을 의미한다) 종횡비가 λ_p보다 작은 영역에서는 칼럼의 버클링이 발생하지 않으며 압축을 받을 뿐이다. 유연 메커니즘 플랙셔 힌지가 이미 설계되어 있는 경우에, 특정한 플랙셔 구조에 대한 유효(실제) 종횡비 λ를 계산한 다음에 이를 **그림 6.4**의 λ_e 및 λ_p와 비교하여 플랙셔 힌지에서 발생할 굽힘의 유형을 검사하기에 유용하다.

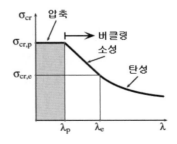

그림 6.4 버클링/압축하중 판정을 위한 임계응력–종횡비 도표

소재의 강도를 구하는 문제에 대해서 버클링은 검사(점검), 치수결정 또는 최대 안전하중의 계산의 세 가지 측면을 가지고 있다. **그림 6.5**에서는 버클링이 발생하는 플랙셔 힌지의 계산과정에 대한 주요 단계들을 포함하는 흐름도를 보여주고 있다. 검사 또는 점검 단계에서는 형상과 소재 특성이 결정된 기존 플랙셔 설계를 살펴본다. 식 (6.32)를 사용하여 종횡비를 계산한 다음에 탄성 버클링이나 소성 버클링 또는 순수 압축의 경우에 해당하는 식 (6.31), (6.35) 및 (6.37)을 사용하여 임계하중을 구할 수 있다. 관습적으로 유효(실제) 안전계수 c_{eff}를 계산한 다음에 이를 최대 허용 안전계수 c_a와 비교한다.

$$c_{eff} = \frac{P_{cr}}{P_{eff}} \qquad (6.38)$$

여기서 P_{eff}는 플랙셔 힌지에 작용하는 축방향 압축력이다. 다음의 경우에는 플랙셔의 주어진 종횡비에 대해서 결정된 유형의 버클링이 발생하지 않는다.

$$c_{eff} > c_a \qquad (6.39)$$

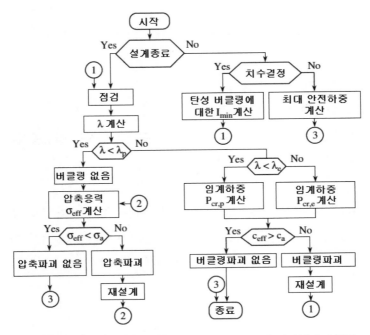

그림 6.5 칼럼처럼 취급하는 플랙셔 힌지의 버클링 방지설계 흐름도

버클링에 대한 치수결정 문제는 우선 버클링을 일으키는 세 가지 유형 중 하나를 결정할 필요가 있기 때문에 그리 단순하지 않다. 그런데 종횡비를 미리 알 수 없기 때문에 이를 미리 결정할 수 없다.(플랙셔 힌지를 구성하는 기하학적 치수들 전부 또는 일부를 결정하는 것이 치수결정의 핵심이다.) 실제 설계과정에서는 일반적으로 최악의 시나리오를 가정하여 플랙셔에 탄성 버클링만 발생한다고 가정한다.(하중이 없어진 다음에도 최소한 플랙셔의 물리적 일체성이 유지되기 때문이다.) 그 결과, 플랙셔 소재의 탄성 성질들을 알고 있다는 가정하에서 식 (6.31)과 (6.33)으로부터 최소 관성모멘트 $I_{\min}$을 계산할 수 있으며, 계산된 최소 관성모멘트를 구현하기 위한 적절한 단면치수를 선정할 수 있다. 그런 다음, 앞서 제시된 과정에 따라서 유효 축방향 압축하중하에서 이 유효형상의 버클링의 발생 여부를 실제로 점검할 수 있다.

버클링의 세 번째 문제는 특정한 형상의 플랙셔 힌지가 버클링을 일으키지 않으면서 견딜 수 있는 **최대 안전하중**을 구하는 것이다. 플랙셔 힌지의 형상은 이미 설계되었기 때문에, 어떤 형태의 부하가 가해지는지는 알 수 있다. 따라서 임계하중과 지정된 최대 안전계수하에서 최대 안전하중을 손쉽게 계산할 수 있다.

$$P_a = \frac{P_{cr}}{c_a} \tag{6.40}$$

주어진 균일단면 칼럼에 대해서 임계하중을 구하기 위해서는 다음의 과정을 수행하여야 한다.

- 칼럼 변형에 대한 미분방정식을 유도한다.
- 미분방정식을 풀어낸다($u_y(x)$를 구한다).
- 앞의 미분방정식에 경계조건을 적용하여 1차 변형곡선의 형상을 생성할 수 있는 최소 축방향 하중에 해당하는 임계하중을 구한다.

지금부터 **그림 6.3**에 도시되어 있는 것과 같이 축방향 하중을 받는 고정-자유 칼럼의 임계하중을 구하는 방법에 대해서 간단히 살펴보기로 한다. 기초적인 재료강도 이론에 따르면 굽힘에 의한 변형곡선 $u_y(x)$는 다음의 미분방정식을 풀어서 구할 수 있다.

$$EI\frac{d^2 u_y}{dx^2} = -M_b \tag{6.41}$$

그림 6.3의 경우, 축방향 작용력 F_{1x}가 작용하여 굽힘 모멘트 M_b가 생성되며, 임의 위치 x에서의 모멘트는 다음과 같이 주어진다.

$$M_b = F_{1x}(u_{1y} - u_y) \tag{6.42}$$

식 (6.42)를 식 (6.41)에 대입하고 계수들을 정리하면, 변형된 칼럼에 대한 미분방정식은 다음과 같이 만들어진다.

$$\frac{d^2 u_y}{dx^2} - \omega^2 u_y = -\omega^2 u_{1y} \tag{6.43}$$

여기서

$$\omega = \frac{F_{1x}}{EI} \tag{6.44}$$

식 (6.42)는 계수들이 상수값을 가지고 있는 비제차 2차 미분방정식이며 해는 동차방정식 (식 (6.43)의 우변이 0인 방정식)의 일반해와 비제차 방정식의 특수해를 합하여 나타낼 수 있다. 위의 사례에 대한 해는 다음과 같이 주어진다.

$$u_y = -A\sin(\omega x) - B\cos(\omega x) + u_{1y} \tag{6.45}$$

여기서 상수 A와 B는 구해진 값인 반면에 특수해 부분인 u_{1y}는 칼럼 자유단에서의 변형량이다. 다음의 경계조건을 대입하면,

$$\begin{cases} u_y(0) = u_{1y} \\ \left. \dfrac{du_y}{dx} \right|_{x=\ell} = 0 \end{cases} \tag{6.46}$$

다음과 같은 버클링 조건을 도출할 수 있다.

$$\omega \ell = k \frac{\pi}{2}, \quad k = 1, \ 2, \ \cdots \tag{6.47}$$

식 (6.47)과 식 (6.44)를 조합하면 임계하중을 구할 수 있다.

$$P_{cr} = F_{1x,\min} = \frac{\pi^2 E I_{\min}}{(2\ell)^2} \tag{6.48}$$

이 값은 당연히 앞서 제시된 고정-자유 칼럼의 임계하중과 일치한다. 관성모멘트에 대한 정의를 고려한다면, 사각 균일단면을 갖춘 민감축이 하나뿐인 플랙셔 힌지의 임계하중은 다음과 같이 주어진다.

$$P_{cr} = \frac{\pi^2 E w t^3}{48 \ell^2} \tag{6.49}$$

반면에 직경이 t인 (실린더형)다중축 플랙셔 힌지의 임계하중은 다음과 같이 주어진다.

$$P_{cr} = \frac{\pi^3 E t^4}{256 \ell^2} \tag{6.50}$$

이 책에서 지금까지 다뤄온 모든 형상의 플랙셔 힌지들의 단면은 일정하지 않으므로 관성모멘트도 일정하지 않으며, 따라서 식 (6.43)의 미분방정식은 다음과 같은 일반 형태를 갖는다.

$$\frac{d^2 u_y}{dx^2} - \omega(x)^2 u_y = -\omega(x)^2 u_{1y} \tag{6.51}$$

여기서

$$\omega(x) = \frac{F_{1x}}{EI(x)} \tag{6.52}$$

계수값들이 상수가 아닌 2차 미분방정식의 동차해는 다음과 같은 형태를 갖는다. (테넌바움과 폴라드[31])

$$u_{yh}(x) = C_1 u_{y1}(x) + C_2 u_{y2}(x) \tag{6.53}$$

여기서 C_1과 C_2는 상수이며 $u_{y1}(x)$와 $u_{y2}(x)$는 두 개의 해이다. 두 해들 중 하나(예를 들어 $u_{y1}(x)$)를 알 수 있다면, 다음 방정식을 통해서 나머지 해도 찾을 수 있다.

$$u_{y2}(x) = u_{y1}(x) \int \frac{e^{\int \frac{F_{1x}}{EI(x)}}}{u_{y1}^2(x)} dx \tag{6.54}$$

식 (6.54)에 포함되어 있는 이중적분은 요소함수들을 사용하여 풀어낼 수 없기 때문에 식 (6.51)의 해를 구하기 위해서는 근사수치해석 기법을 사용해야만 한다. 단면형상이 변화하는 칼럼이 버클링을 일으키는 임계하중을 구하기 위해서 사용할 수 있는 수치해석 방법들에 대해서는 티모센코[27]에 간략하게 소개되어 있으며, 티모센코와 기어,[24] 앨런과 불손,[25] 첸과 루이[26] 등에서는 상세하게 다루고 있다. 기본적으로는 이 문제를 풀기 위해서 에너지법과 수치적분법의 두 가지 방식이 사용된다. 티모센코가 개발하여 사용한 **레일레이-리츠법, 갤러킨법** 또는 **트래프츠법** 등과 같은 **에너지법**의 경우, 일단 특정한 구속조건(대부분의 경우 실제 문제의 경계조건)들을 만족시키는 변형곡선을 가정한 다음 버클링에 저장된 변형률 에너지와 축방향 압축을 통해서 수행된 일을 등가로 놓고 문제를 풀어낸다. 변형된 칼럼이 이미 가정한 곡선 이외의 형상을 갖지 않도록 추가적인 구속조건이 도입되기 때문에 변형곡선을 가정하여 실제보다 항상 큰 값을 갖는 임계하중을 구하게 된다. 티모센코[27]에 따르면, 손쉽게 조절할 수 있는 다양한 변수값들이 포함된 여러 가지 변형곡선들을 적용하여 임계하중을 최소화시키는 과정을 통해서 임계하중의 근사값을 최소화시킬 수 있다.

뉴마크 방법과 단계적 **수치적분법**을 포함하고 있는 두 번째 방법은 단면이 변화하는 경우의 버클링에 특히 적합하다. 또한 앨런과 불손[25]에 따르면, 소성 버클링에 뉴마크 방법을 적용할 수 있다. 이 방법에서도 칼럼의 변형 형상을 가정하며 **스테이션**이라고 부르는 경계를 사용하여 칼럼의 길이를 다수의 구획으로 분할한다. 임계하중을 구하기 위해서 두 개의 수치적분이 연이어 수행된다. 이 방법에서는 경험적으로 변형곡선이 다음과 같은 일반 형태를 가지고 있다고 가정한다.

$$u_y(x) = f(x) \tag{6.55}$$

변형된 칼럼의 미분방정식에 대한 이중적분을 수행하고 나면, 다음과 같은 형태의 임계하중을 구할 수 있다.

$$P_{cr} = \frac{Ef(x)}{\int_0^\ell \left[\int \frac{f(x)}{I(x)} dx \right] dx} \tag{6.56}$$

앨런과 불손[25]이나 첸과 리우[26]에 따르면 일반적으로 사인, 포물선 또는 3차 곡선 등으로 변형함수를 가정하지만, 요소함수 만을 사용해서는 식 (6.56)의 적분을 수행할 수 없기 때문에 대부분의 경우 수치적분이 필요하다. 다양한 알고리즘들을 사용하여 수치적분을 수행할 수 있으며, 데미도비치와 마론[32]은 (이 주제를 다룬 많은 논문들 중에서)아주 훌륭한 자료이다. 현재 사용가능한 상용 소프트웨어인 매스매티카, 매트랩, 매스캐드 및 메이플 등에서는 전용 루틴을 사용하여 수치적분 문제를 손쉽게 풀어낼 수 있다. 하지만 버클링 문제를 풀기 위해서 기존의 수치적분 알고리즘을 직접 작성해보는 것은 유익하며 비교적 쉬운 일이다. 수치적분은 정의된 도메인 내의 임의 위치 x_i에서의 함수 y_i에 대해서 적분의 수치값을 계산하는 과정을 통해서 이루어진다.

$$I = \int_0^\ell f(x) dx \tag{6.57}$$

이때에 함수 $f(x_i)$는 다음과 같다.

$$f(x_i) = y_i, \quad i = 1, \ 2, \ \cdots, \ n \tag{6.58}$$

여기서 y_i값들은 정의된 도메인 내의 n개의 위치들에 대해서 알고 있는 값이다. **구적법**[53*]이라고도 알려진 적분법에는 **구분구적법**,[54*] **사다리꼴법**,[55*] **심슨법**, **체비셰브법**, **가우스법** 및 리처드슨법 등이 있다. 여기서는 식 (6.56)의 일부분인 이중적분을 수행하기 위해서 심슨법에 기초한 수치적분 알고리즘이 유도되었다. 예를 들어 데미도비치와 마론[32]에 따르면 심슨법은 y_{i-1}, y_i 및 y_{i+1}과 같이 세 개의 연이은 함수값들을 서로 연결시켜주는 포물선 보간 다항식을 다음과 같이 가정한다.

$$\int_{x_{i-1}}^{x_{i+1}} y dx = \frac{h}{3}(y_{i-1} + 4y_i + y_{i+1}) \tag{6.59}$$

심슨의 적분법은 분할 위치가 비교적 작은 경우에 매우 정확하며, 나머지값 R은 다음과 같이 정의된다.

$$R = \int_{x_{i-1}}^{x_{i+1}} f(x)dx - \int_{x_{i-1}}^{x_{i+1}} y dx \tag{6.60}$$

h가 스텝 간 거리(연이은 두 구간 사이의 거리)일 때에 위 식은 h^5에 비례한다. 심슨의 법칙에 따르면 하나의 적분연산을 수행하려면 3개의 연속된 점들이 필요하므로 여기서 사용되는 수치적분은 식 (6.59)를 n개의 연속된 영역(적분)에 대한 계산을 필요로 하기 때문에, $2n-1$개의 분할점들이 필요하다.

다음에서는 수치적분 과정과 더불어서 식 (6.56)에 기반을 둔 **뉴마크 알고리즘**에 대해서 논의한 다음, 특정한 형상의 플랙셔 힌지 구조에 대한 사례를 살펴보기로 한다. 수치해석을 사용하여 임계하중을 구하기 위해서는 다음의 단계들을 거쳐야 한다.

- 고정–자유 조건의 플랙셔 힌지를 길이방향에 대해서 앞서 설명했던 것처럼 적분스텝(연이은 두 개의 점들 사이의 거리)이 h가 되도록 n개의 등간격 구간으로 나누어 $2n-1$개의 점(스테이션)들을 지정한다.
- 고정–자유 플랙셔 힌지의 형태를 알 수 없는 변형곡선을 근사화하기 위해서 형상함수 $f(x)$를 선정한다.

53* quadrature formula
54* Newton–Cotes method
55* trapezoidal method

- 해석의 대상이 되는 플랙셔 힌지의 형상($I(x)$)과 가정한 형상함수 $f(x)$로부터 비율값 $f(x)/I(x)$를 계산한다.
- 이 비율함수의 이산화 값을 $2n-1$개의 스테이션에 대해서 계산한다.
- 심슨의 수치적분 법칙을 적용하여 n개의 연속된 분할구획들에 대해서 임계(버클링)하중을 계산한다.
- 평균 임계하중 P_{cr}을 계산한다.

    앞서 도식적으로 제시되어 있는 계산과정에 대한 이해를 돕기 위해서 다음에서는 버클링 하중의 계산 사례가 제시되어 있다

예제

10개의 적분 구획을 사용하여 기하학적 변수값들이 $\ell = 0.01[\text{m}]$, $t = 0.001[\text{m}]$, $c = 0.002[\text{m}]$ 그리고 $w = 0.003[\text{m}]$인 대칭 포물선 형상을 가지고 있는 강철소재($E = 200[\text{GPa}]$) 단일축 플랙셔 힌지의 임계 버클링 하중을 구하시오.

풀이

    적분구획의 수 $n = 10$이므로, 심슨의 법칙을 적용할 스테이션의 총 숫자는 $2n-1 = 19$가 되며 스텝의 크기는 다음과 같이 정해진다.

$$h = \frac{\ell}{2(n-1)} \tag{6.61}$$

    가정한 변형함수 $f(x)$의 유형에 따라서 최종 결과가 어떤 영향을 받는지 점검하기 위해서 정현함수와 포물선 함수에 대해서 분석을 수행해보기로 한다. 두 함수 모두 플랙셔 힌지의 고정-자유 경계조건에 적용할 수 있다. 정현함수를 적용한 형상함수 방정식은 다음과 같다.

$$f(x) = 1 - \sin\left(\frac{\pi}{2\ell}x\right) \tag{6.62}$$

    여기서 진폭은 플랙셔 힌지의 길이에 대한 변형분포에 영향을 끼치지 않으므로 임의로 1을

취하였다. 포물선 함수를 적용한 형상함수 방정식은 다음과 같다.

$$f(x) = \frac{1}{10}(\ell - x)^2 \tag{6.63}$$

여기서 x^2의 계수도 임의로 1/10을 취하였다. 포물선형 플랙셔 힌지의 경우, 관성모멘트 함수는 다음과 같이 주어진다.

$$I(x) = \frac{w}{12}\left[t + 2c\left(1 - 2\frac{x}{\ell}\right)^2\right]^3 \tag{6.64}$$

식 (6.56)에 대입할 $f(x)/I(x)$ 비율은 식 (6.64)를 식 (6.62) 또는 (6.63)에 대입하여 얻을 수 있으며 이 예제의 경우에는 19개의 스테이션에서 이 비율을 계산할 수 있다. 이를 통해서, 식 (6.59)에 따라서 심슨의 수치적분을 적용할 수 있으며, 정현함수 또는 포물선함수라고 가정한 변형함수에 대해 10개의 연속된 구획에서 식 (6.56)의 임계하중을 구할 수 있다. 식 (6.62)의 정현함수를 사용하는 경우, 임계하중의 평균값은 3,694[N]인 반면에, 식 (6.63)의 포물선함수를 사용하는 경우의 임계하중 평균값은 3,712[N]이다.

6.3 비원형 단면 플랙셔 힌지의 비틀림

공간부하로 인하여 비틀림 하중이 부가될 것으로 예상되는 3차원 사례에 대해서 회전대칭형 플랙셔 힌지가 설계되었기 때문에, 2장에서는 이런 형태의 플랙셔 힌지의 경우에만 비틀림 부하에 대해서 고찰하였다. 이 경우 단면이 원형이기 때문에 토크와 비틀림 각도를 연결시켜주는 유연성 계수 $C_{1,\theta_x - M_x}$를 유도하는 것은 비교적 간단하다. 1축 및 2축 플랙셔 힌지의 경우에는 1축 또는 2축 방향으로의 굽힘만 발생한다고 가정하기 때문에 비틀림이 작용하지 않으므로 비틀림 유연성은 유도하지 않았다. 이런 두 가지 유형의 플랙셔 힌지들과 같은 비원형 단면의 경우, 비틀림 현상에 따른 하중-변형 해를 구하는 것은 대부분의 경우 간단하지 않다. 그러므로 허용오차 수준 이내에서 공학적으로 사용할 수 있는 공식을 얻기 위해서는 근사화가 필요하다. 이런 경우들 중 하나가 사각단면으로서, 정확한 닫힌 형태의 방정식을 사용해서는 하중-

변형 해를 구할 수 없다. 2장에서 살펴보았듯이, 이런 상황은 플랙셔 힌지의 길이방향에 대해서 연속적으로 변화하는 1차원 또는 2차원 형상을 가지고 있는 사각단면을 사용하는 단일축 및 2축 플랙셔 힌지의 경우에 적용된다. 일반적으로 비원형 단면 또는 더 구체적으로 사각단면을 가지고 있는 부재의 비틀림에 대한 더 자세한 내용은 쉘리,[2] 티모센코,[27] 덴하톡[29] 또는 보레시 등[30]의 문헌들을 참조하기 바란다.

영[33]은 한쪽 끝이 고정되어 있으며 반대쪽 자유단에는 비틀림 모멘트가 가해지는 균일 사각단면 축의 변형각도와 비틀림 모멘트를 연결시켜주는 (오차가 4% 미만인) 근사식을 제시하였다. 이 방정식은 다음과 같이 주어진다.

$$\theta_{1x} = \frac{M_{1x}\ell}{GI_t} \tag{6.65}$$

여기서 I_t는 비틀림 관성 모멘트의 근사값이다. 식 (6.65)는 길이가 dx로 무한히 짧은 부재의 경우에도 적용되며, 이 경우에는 방정식이 다음과 같이 변형된다.

$$d\theta_x = \frac{M_{1x}}{GI_t(x)} dx \tag{6.66}$$

여기서 $I_t(x)$는 단일축 플랙셔 힌지의 관성 모멘트이며 $t(x) > w$인 경우에는(영[33]의 근사식에 따르면) 다음과 같이 정의된다.

$$I_t(x) = w^3 t(x) \left[a - b\frac{t(x)}{w} \right] \tag{6.67}$$

여기서 상수 a와 b는 다음과 같이 정의된다.

$$\begin{cases} a = 0.333 \\ b = 0.210 \end{cases} \tag{6.68}$$

2축 플랙셔 힌지의 경우, $I_t(x)$의 방정식은 식 (6.67)과 유사하며, 유일한 차이점은 x의 함수인 폭 w로서, $w(x)$로 타나낸다. 미소길이의 균일단면에 대한 각도변형을 모두 합하여 가변 사각단면의 총 비틀림 각도를 구한다.

$$\theta_{1,x-M_x} = \int_0^\ell d\theta_{x-M_x} \tag{6.69}$$

식 (6.66), (6.67) 및 (6.69)를 조합하면, 다음과 같이 비틀림에 대한 유연성 계수를 구할 수 있다.

$$\theta_{1x} = C_{1,\theta_x-M_x} M_{1x} \tag{6.70}$$

그리고 유연성 계수는 다음과 같은 형태를 갖는다.

$$C_{1,\theta_x-M_x} = \frac{I_1}{w^3 G} \tag{6.71}$$

단일축 플랙셔 힌지의 경우에는 다음과 같은 형태를 갖는다.

$$C_{1,\theta_x-M_x} = \frac{1}{G} I_2 \tag{6.72}$$

2축 플랙셔 힌지의 경우 I_1과 I_2는 다음과 같은 적분식으로 정의된다.

$$I_1 = \int_0^\ell \frac{dx}{at(x)-bw} \tag{6.73}$$

$$I_2 = \int_0^\ell \frac{dx}{w(x)^3[at(x)-bw(x)]} \tag{6.74}$$

2장에서 소개되었던 다양한 형상의 단일축 플랙셔 힌지들 및 특정한 형태의 2축 플랙셔 힌지에 대한 유연성 계수를 근사화시키기 위해서 식 (6.71)과 (6.74)가 사용된다.

균일 사각단면 플랙셔 힌지의 경우, 비틀림 유연성은 다음과 같이 주어진다.

$$C_{1,\theta_x - M_x} = \frac{w^3 G}{\ell}(at - bw) \tag{6.75}$$

6.3.1 대칭형 단일축 플랙셔 힌지

첫 번째로 대칭형 단일축 플랙셔 힌지에 대한 비틀림 유연성 계수가 제시되었다. 원형 플랙셔 힌지의 비틀림 유연성은 다음과 같이 주어진다.

$$C_{1,\theta_x - M_x} = \frac{1}{2aw^3 G}\left[\frac{a(2r+t)-bw}{\sqrt{(at-bw)[a(4r+t)-bw]}} \left\{2\arctan\frac{2ar}{\sqrt{(at-bw)[a(4r+t)-bw]}}+\pi\right\}-\pi \right] \tag{6.76}$$

필렛 모서리형 플랙셔 힌지의 경우, 비틀림 유연성은 다음과 같이 주어진다.

$$C_{1,\theta_x - M_x} = \frac{1}{2aw^3 G}\left[\frac{2a(\ell-2r)}{at-bw} + \frac{4[a(2r+t)-bw]}{\sqrt{[a(4r+t)-bw](at-bw)}}\arctan\sqrt{\frac{a(4r+t)-bw}{at-bw}} - \pi \right] \tag{6.77}$$

타원형 플랙셔 힌지의 비틀림 유연성은 다음과 같이 주어진다.

$$C_{1,\theta_x - M_x} = \frac{\ell}{4acw^3 G}\left[\frac{a(2c+t)-bw}{\sqrt{[a(4c+t)-bw](at-bw)}} \left\{\pi + 2\arctan\frac{2ac}{\sqrt{[a(4c+t)-bw](at-bw)}}\right\}-\pi \right] \tag{6.78}$$

포물선형 플랙셔 힌지의 비틀림 유연성은 다음과 같이 주어진다.

$$C_{1,\theta_x - M_x} = \frac{\ell}{w^3 G}\frac{\arctan\sqrt{2ac/(at-bw)}}{\sqrt{2ac(at-bw)}} \tag{6.79}$$

쌍곡선형 플랙셔 힌지의 비틀림 유연성은 다음과 같이 주어진다.

$$C_{1,\theta_x-M_x} = \frac{\ell}{2a\sqrt{c(c+t)}\,w^3G}\left[\log\frac{2c+t-2\sqrt{c(c+t)}}{t}\right.$$
$$\left. -\frac{2bw}{\sqrt{a^2t^2-b^2w^2}}\arctan\sqrt{\frac{c(at+bw)}{(c+t)(at-bw)}}\right] \tag{6.80}$$

역포물선 대칭형상을 가지고 있는 플렉셔 힌지의 비틀림 유연성은 다음과 같이 주어진다.

$$C_{1,\theta_x-M_x} = \frac{\ell}{bw^4G}\left[\frac{4aa_1\arctan\left\{\dfrac{\ell}{2}\sqrt{\dfrac{bw}{2aa_1-bb_1^2w}}\right\}}{\ell\sqrt{bw(2aa_1-bb_1^2w)}}-1\right] \tag{6.81}$$

여기서 a_1과 b_1은 2장의 식 (2.283)에 주어져 있다.

교차형 플렉셔 힌지의 비틀림 유연성은 다음과 같이 주어진다.

$$C_{1,\theta_x-M_x} = \frac{\ell}{bw^4G}\left[1-\frac{2at\arctan\sqrt{\dfrac{c(at+bw)}{(c+t)(at-bw)}}}{\sqrt{a^2t^2-b^2w^2}\arccos\dfrac{t}{2c+t}}\right] \tag{6.82}$$

민감축이 하나뿐인 다양한 형상의 플렉셔 힌지들의 기하학적 형상을 간단하게 변경했을 때에 이 장에서 유도된 비틀림 유연성 방정식들이 특정한 수준에 도달하는지를 점검하기 위해서 다양한 극한값 계산도 수행되었다. 예를 들어, 매개변수 c를 사용하는 모든 유형의 플렉셔들(2장에서 소개했던 것처럼 이런 유형에는 타원형, 포물선형, 쌍곡선형, 역포물선형 그리고 교차형 구조가 포함된다)에 대해서 매개변수 c를 0으로 수렴시켰을 때에 비틀림 유연성 방정식이 특정한 형태를 갖는지를 점검하였다. 식 (6.78)~(6.82)가 $c\to0$인 경우에 균일 사각단면 플렉셔 힌지의 비틀림 유연성을 나타내는 식 (6.75)와 동일해진다는 것을 알 수 있다. 식 (6.77)의 $r\to0$인 경우에 필렛 모서리형 플렉셔 힌지의 비틀림 유연성에 대해서도 이와 유사한 한계 계산이 수행되었으며, 이 경우에도 마찬가지로 균일 사각단면 플렉셔의 식 (6.75)로 수렴하였다. $\ell\to r$인 경우에 필렛 모서리형 플렉셔 힌지의 비틀림 유연성 방정식이 원형 플렉셔 힌지의 것으로 수렴하는지도 점검하였다. 계산을 수행한 결과, 위의 극한을 적용한 계산결과 원형 플렉셔 힌지의 비틀림 특성이 구해짐을 확인하였다.

6.3.2 비대칭형 단일축 플랙셔 힌지

2장에서 논의되었던 축방향에 대해서 비대칭인 단일축 플랙셔 힌지들에 대해서 비틀림 유연성을 유도하였다. 길이방향 축선의 한쪽은 직선 형태이며 반대쪽은 특정한 곡선(원형, 타원형, 포물선형, 쌍곡선형 등)으로 축단면 형상이 이루어진다. 원형 플랙셔 힌지의 비틀림 유연성은 다음과 같이 주어진다.

$$C_{1,\theta_x - M_x} = \frac{1}{aw^3 G}\left[\frac{a(r+t)-bw}{\sqrt{(at-bw)[a(2r+t)-bw]}}\right.$$
$$\left.\left\{2\arctan\frac{ar}{\sqrt{(at-bw)[a(2r+t)-bw]}}-\pi\right\}-\pi\right] \tag{6.83}$$

필렛 모서리형 플랙셔 힌지의 비틀림 유연성은 다음과 같이 주어진다.

$$C_{1,\theta_x - M_x} = \frac{1}{aw^3 G}\left[\frac{a(\ell-2r)}{at-bw}+\frac{4[a(r+t)-bw]}{\sqrt{[a(2r+t)-bw](at-bw)}}\arctan\sqrt{\frac{a(2r+t)-bw}{at-bw}}-\pi\right] \tag{6.84}$$

타원형 플랙셔 힌지의 비틀림 유연성은 다음과 같이 주어진다.

$$C_{1,\theta_x - M_x} = \frac{\ell}{2acw^3 G}\left[\frac{a(c+t)-bw}{\sqrt{[a(2c+t)-bw](at-bw)}}\right.$$
$$\left.\left\{\pi+2\arctan\frac{ac}{\sqrt{[a(2c+t)-bw](at-bw)}}\right\}-\pi\right] \tag{6.85}$$

포물선형 플랙셔 힌지의 비틀림 유연성은 다음과 같이 주어진다.

$$C_{1,\theta_x - M_x} = \frac{\ell}{w^3 G}\frac{\arctan\sqrt{ac/(at-bw)}}{\sqrt{ac(at-bw)}} \tag{6.86}$$

쌍곡선형 플랙셔 힌지의 비틀림 유연성은 다음과 같이 주어진다.

$$C_{1,\theta_x - M_x} = \frac{\ell}{a\sqrt{c(c+t)}\,w^3 G}\left[\log\frac{2c+t-2\sqrt{c(c+t)}}{t}\right.$$
$$\left. + \frac{at-2bw}{\sqrt{bw(at-bw)}}\arctan\sqrt{\frac{bcw}{(c+t)(at-bw)}}\,\right] \tag{6.87}$$

역포물선형 플랙셔 힌지의 비틀림 유연성은 다음과 같이 주어진다.

$$C_{1,\theta_x - M_x} = \frac{2\ell}{(at-2bw)w^3 G}\left[1 + \frac{4aa_1\arctan\left(\frac{\ell}{2}\sqrt{\frac{at-2bw}{b_1^2(2bw-at)-2aa_1}}\right)}{\ell\sqrt{(at-2bw)[b_1^2(2bw-at)-2aa_1]}}\right] \tag{6.88}$$

교차형 플랙셔 힌지의 비틀림 유연성은 다음과 같이 주어진다.

$$C_{1,\theta_x - M_x} = \frac{2\ell}{(at-2bw)w^3 G}\left[1 - \frac{at\arctan\sqrt{\frac{bwc}{(c+t)(at-bw)}}}{\sqrt{bw(at-bw)}\arccos\frac{t}{2c+t}}\right] \tag{6.89}$$

대칭형 구조에서와 마찬가지로, 여기서 논의된 비대칭 플랙셔 힌지의 비틀림 유연성에 대해서도 앞서와 동일한 점검이 수행되었다. 매개변수 c를 사용하는 모든 유형의 플랙셔들의 경우에 $c \to 0$으로 수렴시키면 균일 사각단면 플랙셔의 비틀림 유연성 방정식이 유도되었다. 또한, 필렛 모서리형 플랙셔 힌지에 대해서 $\ell \to 2r$로 수렴시키면 원형 플랙셔 힌지와 동일한 비틀림 강성이 유도되었다.

6.3.3 포물선형 이중축 플랙셔 힌지

2축 플랙셔 힌지의 경우, 두 방향 단면치수 모두가 x 방향에 대해서 연속적으로 변화한다. $t(x)$와 $w(x)$가 역포물선 형상을 가지고 있는 이중 역포물선형 2축 플랙셔 힌지의 닫힌 형태의 유연성 방정식이 2장에 유도되어 있다. 앞서 단일축 플랙셔 힌지의 경우에 대해서 사용했던 것과 동일한 과정을 통해서 이중 포물선 프로파일을 가지고 있는 2축 플랙셔 힌지의 비틀림 유연성이 유도되었다. 앞서와 마찬가지로 동일한 길이 ℓ에 대해서 두 개의 대칭형상 프로파일이 만들어진다고 가정한다. 이런 형태의 플랙셔 힌지가 가지고 있는 비틀림 유연성은 다음과 같이 주어진다.

$$C_{1,\theta_x - M_x} = \frac{\ell}{32\,G}\left[\frac{8c_w}{aw(2c_w+w)^2(c_wt-c_tw)}+\frac{4c_w[c_w(3at+4bw)-7ac_tw]}{a^2w^2(2c_w+w)(c_wt-c_tw)^2}\right.$$

$$+\left\{2\sqrt{2c_w}\Big(8b^2c_w^2w^2+4abc_ww(c_wt-5c_tw)\right.$$

$$+a^2(3c_w^2t^2-10c_tc_wtw+15c_t^2w^2)\Big)\arctan\sqrt{\frac{2c_w}{w}}\Big\}$$

$$\left./\left\{a^3(c_wt-c_tw)^3\sqrt{w^5}\right\}+\frac{16\sqrt{2(ac_t-bc_w)^5}}{a^3(c_tw-c_wt)^3\sqrt{at-bw}}\arctan\sqrt{\frac{2(ac_t-bc_w)}{at-bw}}\right]$$

$$(6.90)$$

식 (6.90)이 $c_t \to 0$ 및 $c_w \to 0$으로 수렴하는 경우를 점검해보면 균일 사각단면 플랙셔 힌지의 비틀림 유연성을 나타내는 식 (6.75)가 얻어짐을 알 수 있다.

6.4 복합형 플랙셔 힌지

지금까지의 모든 모델링은 등방성 소재로 만들어진 플랙셔 부재의 강성(유연성), 관성 및 감쇄의 이산화에 초점을 맞추고 있었다. 그런데 일부의 경우에 플랙셔 힌지를 다양한 소재, 또는 서로 다른 형상의 부재를 서로 접합하여 **복합형 플랙셔 힌지**를 제작한다. 특히 MEMS 분야에서는 복합형 플랙셔 힌지를 사용하는 사례가 많이 있다. 말루프[34]의 MEMS에 대한 뛰어난 논문에서는 실리콘과 알루미늄을 서로 겹쳐서 만든 라디오 주파수(RF) 스위치, 실리콘 모재 위에 압전저항층을 접착한 압전저항 쓰기/읽기용 외팔보, 또는 알루미늄과 질화규소 층으로 만든 소위 **격자광선 밸브** 디바이스라고 부르는 특수한 구조의 플랙셔 등과 같은 다양한 플랙셔 힌지 설계의 사례들을 제시하고 있다. MEMS 분야에서 볼 수 있는 이런 모든 구조들은 본질적으로 최소한 두 개 이상의 소재들로 만들어진 단일축 플랙셔 힌지이다. 이 장의 논의에서는 복합재료 단일축 플랙셔 힌지의 적절한 유연성, 관성 및 감쇄특성을 유도하는 방법에 대해서 살펴보기로 한다. MEMS 분야에서는 대역폭이 매우 좁고 정밀하게 정의되어 있는 공진 주파수 대역 내에서 공진모드로 작동하도록 설계하기 때문에, 이런 계수값을 구하는 것이 매우 중요하다. 따라서 이런 시스템의 강성(유연성), 관성 및 감쇄특성을 올바르게 예측하는 것이 필수적이다.

그림 6.6에서는 길이와 두께는 서로 다르며 폭은 동일한 두 개의 요소를 사용하여 제작한

복합형 플랙셔 힌지를 보여주고 있다. 이들 두 요소들은 서로 다른 소재로 제작하였으며 계산의 용이성 때문에 등방성이라고 가정한다.

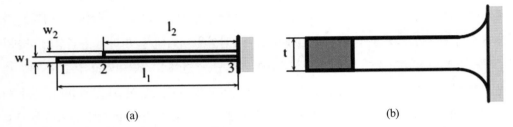

그림 6.6 서로다른 소재와 형상을 가지고 있는 두 가지 부재를 사용하여 만든 복합형 플랙셔

다음에서는 복합형 플랙셔 힌지를 3자유도를 가지고 있는 단일축 플랙셔 힌지의 정적 거동 및 동적 거동을 해석하기 위해서 사용할 수 있는 유연성(강성), 관성 및 감쇄특성을 사용하여 정의한 등가 플랙셔 힌지로 변환하는 과정이 설명되어 있다. 두 개의 압전 패치들과 한 장의 금속판 모재로 이루어진 샌드위치 구조의 복합형 빔을 질량, 강성 감쇄 및 외력의 항들을 사용하여 등가의 1자유도 빔으로 변환한 로본티우 등[36]이 제안한 방법과 유사한 과정을 사용하였다. 연결의 관점에서는 두 개의 플랙셔 요소들이 직렬로 부착되어 있다고 간주할 수 있다. (1) 요소들 중 하나는 **그림 6.6**의 1번과 2번 사이의 길이 $(\ell_1 - \ell_2)$만큼 돌출되어 있으며 2번으로 표시된 소재와 형상을 가지고 있다. (2) 또 다른 복합요소는 **그림 6.6**에서와 같이 2번과 3번 사이에 위치하며 길이는 ℓ_2이다. 이 두 번째 요소는 기하학적으로는 서로 동일하지만 서로 다른 소재로 만들어진 두 개의 부재로 이루어지며 이들 두 플랙셔 요소들은 병렬로 연결되어 있다고 생각할 수 있다. 따라서 모든 등가계산식들은 다음의 두 단계를 따른다.

- 기하학적으로 동일한 형상의 플랙셔 두 장이 겹쳐있는 길이 ℓ_2 범위의 등가 특성을 계산하기 위해서 이들이 병렬로 연결되어 있다고 간주한다.
- **그림 6.6**의 1번과 2번 사이의 플랙셔 요소와 이미 앞의 단계에서 특성을 이미 구해놓은 길이 ℓ_2인 복합형 플랙셔 요소를 직렬로 놓아, 복합형 플랙셔의 최종적인 등가특성을 계산한다.

6.4.1 유연특성

등가 축방향 유연성을 유도한 다음에, 이와 유사한 방법을 사용하여 단일축 플랙셔 힌지의 평면 내 유연거동을 정의하는 여타의 세 가지 등가 유연성을 구한다. 유연성 계수의 하첨자들 중에서 숫자는 자유단으로 취급하는 점의 위치를 의미하며 실제적으로는 해석이 수행되는 플랙셔 요소의 반대쪽 고정점에 대한 이 점에서의 비유연성을 나타낸다. 따라서 유연성의 하첨자 2는 **그림 6.6**의 2-3번 요소에 대한 유연성(2번이 자유단, 3번이 고정단이라고 간주)을 의미하는 반면에 하첨자 1은 1-2번 등방성 요소의 유연성(1번이 자유단, 2번이 고정단이라고 간주)이라는 것을 의미한다. 병렬연결 공식을 사용하여 2-3번 복합형 요소의 축방향 유연성을 구할 수 있다.

$$C_{2,x-F_x} = \frac{C_{2,x-F_x}^1 C_{2,x-F_x}^2}{C_{2,x-F_x}^1 + C_{2,x-F_x}^2} \tag{6.90}$$

여기서 상첨자는 소재를 나타낸다. 복합형 플랙셔 전체에 대한 등가 축방향 유연성을 구하기 위해서는 다음과 같이 직렬연결 공식을 사용하여 식 (6.90)의 유연성을 1-2번 요소의 유연성과 조합하여야 한다.

$$C_{1,x-F_x}^e = C_{1,x-F_x} + \frac{C_{2,x-F_x}^1 C_{2,x-F_x}^2}{C_{2,x-F_x}^1 + C_{2,x-F_x}^2} \tag{6.91}$$

여기서 상첨자 e는 등가값임을 의미한다. 복합형 단일축 플랙셔 힌지의 평면 내 거동을 나타내는 여타의 유연성도 앞서와 유사하게 구할 수 있으며, 다음과 같이 주어진다.

$$\begin{cases} C_{1,y-F_y}^e = C_{1,y-F_y} + \dfrac{C_{2,y-F_y}^1 C_{2,y-F_y}^2}{C_{2,y-F_y}^1 + C_{2,y-F_y}^2} \\[3mm] C_{1,y-M_z}^e = C_{1,y-M_z} + \dfrac{C_{2,y-M_z}^1 C_{2,y-M_z}^2}{C_{2,y-M_z}^1 + C_{2,y-M_z}^2} \\[3mm] C_{1,\theta_z-M_z}^e = C_{1,\theta_z-M_z} + \dfrac{C_{2,\theta_z-M_z}^1 C_{2,\theta_z-M_z}^2}{C_{2,\theta_z-M_z}^1 + C_{2,\theta_z-M_z}^2} \end{cases} \tag{6.92}$$

식 (6.91)과 (6.92)에 주어져 있는 개별 유연성들은 2장에 제시되어 있는 다양한 형상의 플랙셔들에 대한 유연성 공식들을 사용하여 유도할 수 있다. 많은 MEMS 응용사례에서 그렇듯이 비틀림도 중요하다면, 복합형 플랙셔의 등가 비틀림 유연성도 앞서와 동일한 형식으로 다음과 같이 구할 수 있다.

$$C_{1,\theta_x - M_x}^e = C_{1,\theta_x - M_x} + \frac{C_{2,\theta_x - M_x}^1 C_{2,\theta_x - M_x}^2}{C_{2,\theta_x - M_x}^1 + C_{2,\theta_x - M_x}^2} \tag{6.93}$$

여기서 개별 비틀림 유연성들은 이장의 내용들을 활용하여 근사적으로 계산할 수 있다.

6.4.2 관성특성

그림 6.6에 도시되어 있는 복합형 플랙셔의 이산화된 관성도 앞서와 유사한 방식으로 구할 수 있다. 앞서 설명한 것처럼 3자유도 단일축 플랙셔 힌지의 관성행렬은 축방향과 굽힘효과를 나타내기 위해서 기본적인 3×3 대각선 행렬식으로 이루어진다. 만일 비틀림도 함께 고려한다면, 기본적인 3×3 행렬식은 마지막 대각선 행과 열에 비틀림 관성항을 추가하여 4×4 크기로 확장된다. 관성항들의 계산에 대해 설명한 4장에 따르면 원래의 분포관성 플랙셔 힌지를 소수의 점들에 매개변수를 집중시켜서 개별 고정–자유 요소의 주 진동들을 구할 수 있으며, 자유단에 집중시킨 관성값을 계산할 수 있다. 이를 그림 6.6의 경우에 적용하면, 길이 $\ell_1 - \ell_2$ 구간에 대한 1번 소재, 길이 ℓ_2 구간에서 1번 소재 그리고 길이 ℓ_2 구간에서 2번 소재 등 세 가지 요소들에 대한 진동모드 등을 구하기 위한 관성항들을 유도할 수 있다. 축방향(x방향) 진동을 생성하는 총 운동에너지는 1번 자유단에 위치하며 축방향으로 진동하는 (아직 크기를 알 수 없는)등가질량의 운동에너지와 동일해야 한다. 이에 대한 방정식은 다음과 같이 주어진다.

$$\frac{1}{2}m_{1x}v_{1x}^2 + \frac{1}{2}m_{2x}^1 v_{2x}^2 + \frac{1}{2}m_{2x}^2 v_{2x}^2 = \frac{1}{2}m_{1x}^e v_{1x}^2 \tag{6.94}$$

진동하는 빔의 속도장은 특정한 분포함수에 따라서 분포한다는 것을 이미 알고 있으며, 1번 위치와 2번 위치에서의 속도는 다음 식에 의해서 서로 연결된다.

$$v_{2x} = f_a^{1-2}(x)v_{1x} \qquad (6.95)$$

여기서 분포함수 $f_a(x)$는 4장에서 일반 형태로 주어져 있으며, 이 식은 1–2번 요소에 대해서도 적용할 수 있다. 식 (6.95)를 (6.94)에 대입하면 복합형 플랙셔 힌지 전체의 축방향 진동에 대한 관성값을 나타내는 크기를 알 수 없는 질량을 구할 수 있다.

$$m_{1x}^e = m_{1x} + [f_a^{1-2}(x)]^2(m_{2x}^1 + m_{2x}^2) \qquad (6.96)$$

식 (6.96)에 포함되어 있는 개별 질량들은 4장에 주어진 방정식들을 사용하여 구할 수 있다. 이와 마찬가지로 4장에 주어진 분포함수식들을 **그림 6.6**의 1–2번 요소에 알맞게 수정하여 분포함수 $f_a(x)$를 구할 수 있다. 이와 유사한 방법을 사용하여 나머지 자유도에 대한 등가 관성값들을 다음과 같이 구할 수 있다.

$$\begin{cases} m_{1y}^e = m_{1y} + [f_{by}^{1-2}(x)]^2(m_{2y}^1 + m_{2y}^2) \\ J_{1\theta_z}^e = J_{1\theta_z} + [f_{b\theta_z}^{1-2}(x)]^2(J_{2\theta_z}^1 + J_{2\theta_z}^2) \end{cases} \qquad (6.97)$$

위 식의 분포함수 $f_{by}(x)$ 및 $f_{b\theta_z}(x)$는 4장에서 제시되어 있으며, 주어진 플랙셔 형상의 특정한 구간에 대해서 이들을 계산하여야 한다. 비틀림을 고려하는 경우에는 복합형 빔의 등가 비틀림 관성을 구하기 위해서 다음과 같이 앞서와 유사한 방정식을 쓸 수 있다.

$$J_{1\theta_x}^e = J_{1\theta_x} + [f_t^{1-2}(x)]^2(J_{2\theta_x}^1 + J_{2\theta_x}^2) \qquad (6.98)$$

그런데 식 (6.98)의 개별 비틀림 관성 모멘트와 분포함수 $f_t(x)$를 구하는 것은 이 책의 범주를 넘어서는 일이다.

6.4.3 감쇄특성

그림 6.6에 도시되어 있는 복합형 플랙셔 힌지의 이산화된 감쇄특성을 구하는 것은 앞에서 관성값들을 구하는 과정과 매우 유사하다. 감쇄행렬도 대각선 형태를 가지고 있으며 일반적인

축방향 및 굽힘방향의 평면 내 진동운동만을 고려한다면 3×3의 크기를 갖지만 비틀림이 추가되다면 4×4의 크기로 확장된다. 감쇄를 통해서 소산되는 에너지는 주어진 운동의 속도 제곱에 비례한다는 것은 점성감쇄가 속도에 의존한다는 뜻이므로 관성과의 유사성이 존재한다. 등가 관성을 다룰 때에 설명했듯이, 원래의 복합형 빔은 세 개의 개별적인 등방성 요소들로 이루어지므로 이들 모두는 등가 감쇄기에 의해서 생성되는 등가 총 감쇄 에너지에 기여를 한다. 원래 시스템과 등가 시스템의 방정식들을 등가로 놓으면 다음 형태를 갖게 된다.

$$c_{1x}v_{1x}^2 + c_{2x}^1 v_{2x}^2 + c_{2x}^2 v_{2x}^2 = c_{1x}^e v_{1x}^2 \tag{6.99}$$

식 (6.99)의 속도성분들은 식 (6.95)에 따라서 상호 연관성을 갖는다. 따라서 축방향 진동에 대한 등가 감쇄계수는 다음과 같이 구해진다.

$$c_{1x}^e = c_{1x} + [f_a^{1-2}(x)]^2 (c_{2x}^1 + c_{2x}^2) \tag{6.100}$$

여기서 개별 감쇄계수들은 4장에서 주어진 공식들을 사용하여 계산할 수 있다. 굽힘과 관련된 등가 감쇄계수들도 이와 마찬가지로 구할 수 있다.

$$\begin{cases} c_{1y}^e = c_{1y} + [f_{by}^{1-2}(x)]^2 (c_{2y}^1 + c_{2y}^2) \\ c_{1\theta_z}^e = c_{1\theta_z} + [f_{b\theta_z}^{1-2}(x)]^2 (c_{2\theta_z}^1 + c_{2\theta_z}^2) \end{cases} \tag{6.101}$$

여기서도 마찬가지로, 개별 감쇄계수들은 4장에서 주어진 공식들을 사용하여 계산할 수 있다. 비틀림을 고려한다면, 등가 감쇄계수는 앞서와 유사한 방식으로 구할 수 있다.

$$c_{1\theta_x}^e = c_{1\theta_x} + [f_t^{1-2}(x)]^2 (c_{2\theta_x}^1 + c_{2\theta_x}^2) \tag{6.102}$$

여기서도 마찬가지로 개별 감쇄계수들과 분포함수는 이 책의 범주를 넘어서므로 제시하지 않는다.

6.5 열 효과

대부분의 등방성 소재는 온도의 상승에 따라서 기계부재의 선형 치수가 다음의 잘 알려진 공식에 따라서 증가한다.

$$\Delta d = \alpha d \Delta T \tag{6.103}$$

여기서 d는 주어진 치수의 초깃값이며 α는 열팽창계수 그리고 ΔT는 온도상승량이다.

6.5.1 열 효과에 의해서 유발된 유연요소 내의 오차

고정-자유 경계조건하에서 지금까지 다뤄온 다양한 플랙셔 힌지들의 온도가 변했을 때에 유연성 값들이 어떻게 변하는지를 살펴보는 것은 흥미로운 일이다. 온도변화에 따라 유발되는 변위오차를 평가하는 것은 이 문제와 직접적인 관련을 가지고 있다. 여기서는 오일러-베르누이(장축) 모델과 티모센코(단축)모델을 사용하여 1축, 다중축 및 2축 플랙셔 힌지에 대해서 이 문제를 다루기로 한다. 여기서 온도 변화는 준정적이며 플랙셔 힌지 전체에 대해서 일정하다고 가정한다.

6.5.1.1 오일러-베르누이 모델

6.5.1.1.1 단일축 플랙셔 힌지

균일폭 단일축 플랙셔 힌지의 경우, 온도가 ΔT만큼 증가한 다음의 최종 차수들은 다음과 같이 주어진다.

$$\begin{cases} \ell_f = (1 + \alpha \Delta T)\ell \\ w_f = (1 + \alpha \Delta T)w \\ t_f(x) = (1 + \alpha \Delta T)t(x) \end{cases} \tag{6.104}$$

축방향 유연성은 2장에서 주어진 방정식들을 사용하여 계산할 수 있으며, 열팽창이 발생한 경우에는 다음과 같이 주어진다.

$$c_{1,x-F_x}^{th} = \frac{E}{w(1+\alpha \Delta T)^2} \int_0^{\ell_f} \frac{dx}{t(x)} \tag{6.105}$$

정상적인 유연성에 열팽창 효과가 추가되었을 때의 최종적인 유연성은 다음과 같이 주어진 다는 것을 알 수 있다.

$$C_{1,x-F_x}^{th} = \frac{1}{(1+\alpha \Delta T)^2} \left[C_{1,x-F_x} + \frac{1}{Ew} \int_\ell^{\ell_f} \frac{dx}{t(x)} \right] \tag{6.106}$$

이와 유사한 방법으로 단일축 플랙셔 힌지의 평면 내 유연거동을 정의하는 여타의 유연성들 을 구할 수 있다.

$$C_{1,y-F_y}^{th} = \frac{1}{(1+\alpha \Delta T)^4} \left[C_{1,y-F_y} + \frac{12}{Ew} \int_\ell^{\ell_f} \frac{x^2 dx}{t(x)^3} \right] \tag{6.107}$$

$$C_{1,y-M_z}^{th} = \frac{1}{(1+\alpha \Delta T)^4} \left[C_{1,y-M_z} + \frac{12}{Ew} \int_\ell^{\ell_f} \frac{x dx}{t(x)^3} \right] \tag{6.108}$$

$$C_{1,\theta_z-M_z}^{th} = \frac{1}{(1+\alpha \Delta T)^4} \left[C_{1,\theta_z-M_z} + \frac{12}{Ew} \int_\ell^{\ell_f} \frac{dx}{t(x)^3} \right] \tag{6.109}$$

이런 유형의 플랙셔 힌지에서 발생하는 유연성 변화에 온도가 어떤 영향을 끼치는지 살펴보 기 위해서 상대오차를 정의한다. 축방향 유연성에 대한 상대오차는 다음과 같이 정의된다.

$$error(C_{1,x-F_x}) = \frac{|C_{1,x-F_x} - C_{1,x-F_x}^{th}|}{C_{1,x-F_x}} \tag{6.110}$$

여기서 온도가 보정된 축방향 유연성은 식 (6.106)에 주어져 있으며 정상적인 유연성은 2장 에 주어져 있다. 여타의 세 가지 평면 내 유연성 계수들에 대해서도 이와 유사한 오차함수들을 정의할 수 있다.

6.5.1.1.2 다중축 플랙셔 힌지

앞에서와 유사한 방법으로 다음과 같이 다중축(회전형) 플랙셔 힌지의 온도에 대해서 보정된 유연성 계수들을 구할 수 있다.

$$C_{1,x-F_x}^{th} = \frac{1}{(1+\alpha \Delta T)^2}\left[C_{1,x-F_x} + \frac{4}{\pi E}\int_\ell^{\ell_f}\frac{dx}{t(x)^2}\right] \tag{6.111}$$

$$C_{1,y-F_y}^{th} = \frac{1}{(1+\alpha \Delta T)^4}\left[C_{1,y-F_y} + \frac{64}{\pi E}\int_\ell^{\ell_f}\frac{x^2 dx}{t(x)^4}\right] \tag{6.112}$$

$$C_{1,y-M_z}^{th} = \frac{1}{(1+\alpha \Delta T)^4}\left[C_{1,y-M_z} + \frac{64}{\pi E}\int_\ell^{\ell_f}\frac{x dx}{t(x)^4}\right] \tag{6.113}$$

$$C_{1,\theta_y-M_y}^{th} = \frac{1}{(1+\alpha \Delta T)^4}\left[C_{1,\theta_y-M_y} + \frac{64}{\pi E}\int_\ell^{\ell_f}\frac{dx}{t(x)^4}\right] \tag{6.114}$$

$$C_{1,\theta_x-M_x}^{th} = \frac{1}{(1+\alpha \Delta T)^4}\left[C_{1,\theta_x-M_x} + \frac{32}{\pi G}\int_\ell^{\ell_f}\frac{dx}{t(x)^4}\right] \tag{6.115}$$

식 (6.111)에서 식 (6.115)에 대입되는 일반 유연성 계수들은 2장에서 특정한 형상들에 대해서 제시되어 있다. 식 (6.110)에서 제시되어 있는 것과 유사한 오차함수를 사용하여 열 효과를 고려했을 때와 고려하지 않았을 때의 오차를 평가할 수 있다.

6.5.1.1.3 2축 플랙셔 힌지

2장에서 정의되어 있듯이, 2축 플랙셔 힌지 구조는 매개변수 t와 w에 따라서 단면형상이 변하는 사각단면을 가지고 있다. 이 경우 유연성 계수들은 다음과 같이 주어진다.

$$C_{1,x-F_x}^{th} = \frac{1}{(1+\alpha \Delta T)^2}\left[C_{1,x-F_x} + \frac{1}{E}\int_\ell^{\ell_f}\frac{dx}{t(x)w(x)}\right] \tag{6.116}$$

$$C_{1,y-F_y}^{th} = \frac{1}{(1+\alpha \Delta T)^4}\left[C_{1,y-F_y} + \frac{12}{E}\int_\ell^{\ell_f}\frac{x^2 dx}{t(x)^3 w(x)}\right] \tag{6.117}$$

$$C_{1,y-M_z}^{th} = \frac{1}{(1+\alpha \Delta T)^4}\left[C_{1,y-M_z} + \frac{12}{E}\int_\ell^{\ell_f}\frac{x dx}{t(x)^3 w(x)}\right] \tag{6.118}$$

$$C_{1,\theta_z-M_z}^{th} = \frac{1}{(1+\alpha \Delta T)^4}\left[C_{1,\theta_z-M_z} + \frac{12}{E}\int_\ell^{\ell_f}\frac{dx}{t(x)^3 w(x)}\right] \tag{6.119}$$

$$C_{1,z-F_z}^{th} = \frac{1}{(1+\alpha\Delta T)^4}\left[C_{1,z-F_z} + \frac{12}{E}\int_{\ell}^{\ell_f}\frac{x^2 dx}{t(x)w(x)^3}\right] \tag{6.120}$$

$$C_{1,z-M_y}^{th} = \frac{1}{(1+\alpha\Delta T)^4}\left[C_{1,z-M_y} + \frac{12}{E}\int_{\ell}^{\ell_f}\frac{x dx}{t(x)w(x)^3}\right] \tag{6.121}$$

$$C_{1,\theta_y-M_y}^{th} = \frac{1}{(1+\alpha\Delta T)^4}\left[C_{1,\theta_y-M_y} + \frac{12}{E}\int_{\ell}^{\ell_f}\frac{dx}{t(x)w(x)^3}\right] \tag{6.122}$$

식 (6.117)에서 식 (6.119)는 주 굽힘축 방향에 대한 직접굽힘과 교차굽힘 유연성들을 나타내는 반면에 식 (6.120)에서 식 (6.122)는 2차 굽힘축 방향에 대한 직접굽힘과 교차굽힘 유연성들을 나타낸다. 여기서도 열 효과의 고려 여부에 따라 유발되는 오차함수를 단일축 플랙셔 힌지의 오차함수인 식 (6.10)의 사례를 참조하여 유도할 수 있다.

6.5.1.2 티모센코 빔

2장에서는 전단효과를 고려하는 티모센코 모델을 사용하여 유연성 계수에 대한 보정을 통해서 짧은 빔 문제를 다루었다. 2장에 따르면 전단효과를 고려하는 경우에 바꿔야만 하는 유일한 항은 변형과 관련된 직접굽힘 유연성뿐이다. 이는 단축 플랙셔 힌지의 열 효과에 대한 해석에서도 동일하게 적용된다. 형식상으로는 2장에서 제시되었던 $C_{1,y-F_y}$ 대신에 $C_{1,y-F_y}^s$ 를 단일축, 다중축 및 2축 플랙셔에 대한 오일러-베르누이 방정식에 적용할 필요가 있다. 2축 플랙셔 힌지 구조의 경우, 2차 굽힘축인 z 방향과 그에 따른 직접 굽힘변형 유연성 $C_{1,z-F_z}$에 대해서도 이와 동일한 수정이 수행되어야 한다. 오일러-베르누이 1축 플랙셔의 경우에 유도되었던 모델을 기반으로 오차함수를 정의할 수 있다.

6.5.2 불균일한 온도변화에 따른 유연특성: 열효과에 대한 카스틸리아노의 변위법칙

다양한 플랙셔 힌지 구조 전체에 균일하게 온도변화가 발생했을 때에 유연성 계수의 변화량을 구하는 것은 비교적 간단한 일이다. 하지만 플랙셔의 길이방향과 두께 또는 폭방향으로 온도 편차가 있다면 문제가 약간 변하게 된다. 이런 경우의 하중-변형 관계를 구하기 위해서 **열효과**(버그린[37] 참조)를 포함한 카스틸리아노의 변형이론의 확장된 형태를 성공적으로 사용할 수 있다. 버그린[37]의 방법에서는 기계부재의 탄성변형에 의해서 생성된 일반적인 변형률 에너지에 변형률 등가 열에너지를 더한다. 평면 내 변형만을 고려하는 단일축 플랙셔 힌지의 경우 총 변형률 에너지는 다음과 같이 주어진다.

$$U_t = \frac{1}{2E} \int_0^\ell \frac{M_{b,t}^2}{I_z(x)} dx + \frac{1}{2E} \int_0^\ell \frac{N_t^2}{A(x)} dx \tag{6.123}$$

여기서 하첨자 t는 총량을 의미한다. 식 (6.123)의 총 굽힘 모멘트 $M_{b,t}$는 다음과 같이 구성된다.

$$M_{b,t} = M_b + E\alpha M_{b,th} \tag{6.124}$$

여기서 M_b는 탄성 굽힘 모멘트이며 $M_{b,th}$는 열효과에 의해서 생성된 등가 굽힘 모멘트로서, 다음과 같이 계산된다.

$$M_{b,th} = \int_{A(x)} y\, T(x,y) dA(x) \tag{6.125}$$

위 방정식에서 온도는 x(플랙셔 길이) 및 y(플랙셔 두께) 방향으로 변한다고 가정한다. 여기서 y는 중립축으로부터 두께방향으로 평행하게 측정한 거리를 나타낸다. 이와 마찬가지로, 식 (6.123)의 축방향 총 부하 N_t는 실제의 수직방향 탄성부하 N과 열 효과에 의해서 생성된 계수 N_{th}에 기초한 수직방향 성분을 합한 값이다.

$$N_t = N + E\alpha N_{th} \tag{6.126}$$

여기서

$$N_{th} = \int_{A(x)} T(x,y) dA(x) \tag{6.127}$$

식 (6.124)에서 (6.127)까지를 식 (6.123)에 대입하면 일반적인 카스틸리아노의 변형이론을 사용하는 일반적인 계산과정을 통해서 플랙셔 힌지 자유단에서의 축방향 변형, 변위 및 기울기를 계산할 수 있다.

지금까지 다루었던 개별 플랙셔 힌지 구조들에 대해서 온도가 불균일한 경우를 살펴보는 것은 이 책의 범주를 넘어서는 일이지만, 여기서는 카스틸리아노의 변형이론을 확장하여 중요한 사항들에 대해서 간단히 살펴보기로 한다. 온도 분포함수 $T(x,y)$가 단일축 플랙셔 힌지에 부가되었다고 가정한다. 두 방향으로의 작용력 F_{1x} 및 F_{1y}와 모멘트 M_{1z}가 선단부에 정적으로 작용할 때에 플랙셔 자유단에서의 축방향 변형, 변위 및 기울기를 구하시오.

풀이

카스틸리아노의 변형이론을 사용하여 축방향 변위를 구할 수 있다.

$$u_{1x} = \frac{\partial U_t}{\partial F_{1x}} \tag{6.128}$$

식 (6.124)에서 (6.127)까지의 식들에 대한 계산과정을 수행하면, 다음과 같이 선단부에서의 축방향 변위를 구할 수 있다.

$$u_{1x} = C_{1,x-F_x} F_{1x} - \alpha \int_0^\ell \frac{\int_{A(x)} T(x,y) dA(x)}{A(x)} dx \tag{6.129}$$

축방향 압축력을 양으로 정의한 관례에 따르면 식 (6.129)의 음의 부호는 열팽창이 탄성변형과 반대방향이라는 것을 나타낸다. 변형 u_{1y}와 기울기 θ_{1z}를 구하기 위해서 이와 유사한 계산을 수행할 수 있다. 자유단에서의 변형은 다음과 같이 계산된다.

$$u_{1y} = \frac{\partial U_t}{\partial F_{1y}} \tag{6.130}$$

따라서 최종 방정식은 다음과 같이 정리된다.

$$u_{1y} = C_{1,y-F_y}F_{1y} + C_{1,y-M_z}M_{1z} + \alpha \int_0^\ell \frac{\int_{A(x)} y\, T(x,y) dA(x)}{I_z(x)} dx \qquad (6.131)$$

이와 마찬가지로 카스틸리아노의 변형이론에 따르면 자유단 기울기는 다음과 같이 주어진다.

$$\theta_{1z} = \frac{\partial U_t}{\partial M_{1z}} \qquad (6.132)$$

그리고 최종 방정식은 다음과 같이 주어진다.

$$\theta_{1z} = C_{1,y-M_z}F_{1y} + C_{1,\theta_z-M_z}M_{1z} + \alpha \int_0^\ell \frac{\int_{A(x)} y\, T(x,y) dA(x)}{I_z(x)} dx \qquad (6.133)$$

6.6 형상 최적화

과거 수십 년간 기계나 구조물의 **형상 최적화**는 큰 관심을 받는 주제였으며 수많은 논문들을 통해서 해석적 결과나 유한요소 해석(또는 수치해석)결과가 발표되었다. 키르슈,[38] 로즈바니[39] 그리고 하프트카 등[40]의 논문들은 구주물 부재의 형상 최적화를 위한 모델링과 해석적 방법을 사용한 문제해석을 체계적으로 다룬 주요 논문들이며 베넷과 보트킨[41]은 유한요소 해석 기법을 사용하여 형상 최적화를 수행한 다수의 논문들을 수집하였다. 기계부재와 시스템의 최적화 문제를 다룬 고전적인 교재로는 밴더플라츠[42]가 있다. 플랙셔 힌지의 형상 최적화를 직접적으로 다룬 연구들은 비교적 소수이다. 하지만 이 분야에서 대표적인 연구로는 플랙셔 힌지의 최적 프로파일을 구하기 위해서 유한요소 모델링과 해석기법을 적용한 타카아키와 토시히코[43]의 논문을 들 수 있다. 이들은 높은 굽힘 유연성과 높은 축방향 강성을 구현하는 구조를 찾아내기 위해서 이 기법을 사용하였다.

원형, 타원형 및 평판형 플랙셔 힌지들에 대한 성능비교를 통해서 응력을 균일하게 분산할 수 있는 최적의 형상에 대한 탐색이 수행되었다. 실바 등[44]의 논문에서는 유연 플랙셔를 기반으로 하는 프레임을 사용하여 압전 작동기의 출력변위를 증폭하는 소위 **플랙스텐셔널 트랜스듀**

서의 최적형상 설계를 위하여 **균질화기법**[56*]이 사용되었다. 강성과 더불어서 관성도 함께 고려하여 이 문제를 동역학적 도메인에서 다루었으며 미리 정의된 공진 주파수 대역 내에 모드선도가 위치하도록 압전결합 구조물의 최적설계가 수행되었다. 벤수[45]의 연구는, 근본적으로 구조물은 유한한 크기의 소재영역과 공동이 산재해 있는 형태를 갖는다고 가정하는 균질화기법을 사용하여 구조물 소재, 형상 및 토폴로지의 최적화에 집중하였다. 이와는 반대로 소재 영역과 공동 영역 사이를 구분하기 위해서 밀도가 사용된다. 그러므로 소위 균질화 관계를 적용하여 최적 구조를 목적함수의 항으로 나타낼 수 있다. 하프트카와 그란디[46]는 구조형상 최적화 분야에서 가장 적합한 연구결과들을 취합하여 놓았다. 벨리쿤두[47]는 형상최적화 문제에 유한요소법을 적용하는 뛰어난 교재를 저술하였다.

최근에 출간된 논문들을 통하여 유연 메커니즘의 최적화를 위한 다양한 기법들을 살펴볼 수 있다. 예를 들어 프렉커 등[48]은 **필요한 변형을 구현하기 위한 설계**라는 개념을 사용하여 다기준 최적화를 통한 유연 메커니즘의 토폴로지 합성문제에 대해서 다루었다. 설계변수들과 토폴로지의 측면에서 유연 메커니즘 전체를 해석하여 완벽하게 새로운 방식으로 유연 메커니즘을 최적화시킨 논문들이 다수 존재한다. 이들 중 대표적인 논문인 니시와키 등[49-51]에서는 다양한 유연 메커니즘 적용사례에 대한 최적 구조를 연구하기 위해서 상호 에너지와 균질화 과정에 기초하여 **다중 목적함수**가 유도되었다. 헤트릭 등[52]은 유연 메커니즘의 설계를 위해 만들어진 다양한 최적화 공식들의 견실성을 검토한 반면에 헤트릭과 코타[53]는 에너지를 기반으로 하며 정적인 도메인 내에서 선형 유연 메커니즘의 에너지 발산량을 극대화하도록 설계된 **최적화 기법**을 제안하였다. 지그문트[54]는 입력변위를 구속하며 응력수준을 제어 가능한 한계치 이하로 유지할 수 있는 메커니즘 구조를 결정하는 연속체 기법을 사용하여 유연 메커니즘의 토폴로지를 최적화 설계하는 방법을 개발하였다. 타이와 치[55]는 기하학적 특성이 진화과정의 세대를 넘어서 전달되는 **유전자 알고리즘**을 사용하여 유연구조물의 토폴로지와 형상 최적화를 시도하였다. 사세나와 아나타서리쉬[56]는 대변형의 영향을 고려할 수 있으며 설계 민감도를 해석적으로 계산할 수 있는 비선형 유한요소 모델을 사용하여 유연 메커니즘의 최적화 방법을 제안하였다.

2장에서는 다양한 방향으로의 운동(변형)에 대해서 정의된 닫힌 형태의 유연성 방정식들을 사용하여 모든 방향에 대해서 유연한 다중 스프링 부재를 정의하여, 2차원 및 3차원 유연 메커니즘에 적용할 수 있는 다양한 플랙셔 힌지 구조를 제시하였다. 이와 동시에 정의된 기하학적

[56*] homogenization method

매개변수를 변화시켜서 특정한 유연성을 증가시키거나 감소시킬 수 있는 방법이 제시되었다. 이와 유사한 방법을 사용하여 4장에서는 분할된 요소들을 사용하여 플랙셔 힌지의 관성특성이 유도되었으며, (준)정적인 영역과 동적인 영역에서 이들의 거동을 고찰하였다. 주어진 플랙셔 힌지의 정적 및 동적 응답을 기준으로 하여, 이 플랙셔 힌지의 응답을 최적화하기 위한 조건을 해석하려는 시도가 수행되었다. 최근의 연구는 주로 유연 메커니즘 전반에 대한 최적화에 집중된 반면에 유연 메커니즘으로 이루어진 시스템 전체를 다루기 전단계에서 기본 요소로 사용되는 플랙셔 힌지의 최적화를 목적으로 하는 연구는 거의 수행되지 않고 있다. **그림 6.7**에서는 유연 메커니즘의 최적화 과정에 포함되는 다양한 인자들을 보여주고 있다.

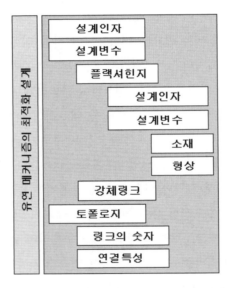

그림 6.7 유연 메커니즘 최적설계의 핵심 인자들

구조물의 최적설계를 위해서는 우선 설계인자들(최적화 과정에서 변하지 않는 값들)과 설계변수(설계를 최적화하는 과정에서 결정되는 값들)들을 정의해야 한다. 유연 메커니즘의 경우, **그림 6.7**에 도시되어 있는 것처럼 플랙셔 힌지의 구성요소들이 유연 메커니즘 시스템 전체의 최적화를 수행하기 전에 우선적으로 최적화가 필요한 설계 하위시스템으로 간주된다. 이 방법은 유연 메커니즘 전체를 한꺼번에 최적화하는 방법에 비해서 장점을 가지고 있다. 예를 들어 이 방법은 유연 시스템의 구성 요소들을 유연체 또는 강체로 구분하여 해석의 방법을 다르게 수행하는 고전적인 해석방법에서는 다룰 수 없는 플랙셔 힌지의 개별 성능레벨에 대한 더 세밀

한 해석을 가능케 해준다. 이를 통해서 단지 연결기구의 역할만을 수행하며 플랙셔 힌지를 추종하는 강체 링크를 해석하기 위해서 많은 노력을 투입해야 하는 문제를 회피할 수 있다. **그림 6.8**에 도시되어 있는 것처럼, 플랙셔 힌지의 최적화를 위해서는 주어진 설계조건 또는 구속조건하에서 기본적으로 인접한 두 개의 강체 부재들 사이의 상대 회전을 최대화하며 불필요한 여타의 모든(가능한 한 많은) 운동들은 최소화시켜야 한다.

그림 6.8 플랙셔 힌지의 일반적인 최적화 문제

예를 들어 키르슈[38]에 따르면 설계의 특성에 의해서 유발되는 기하학적 한계(예를 들어 플랙혀 힌지의 길이는 최댓값을 넘어서는 안 될 뿐만 아니라 0이어서도 안 된다)로 인해서 정의되는 **설계조건**과 (과도한 하중의 부가를 피하기 위한)응력의 최대 허용값, (버클링을 피하기 위한) 임계 축방향 하중, (미리 정의된 범위 내에 위치시키기 위한) 변위 또는 (공진응답의 발생을 피하기 위한) 고유주파수 등과 같은 한계값으로 이루어진 **거동조건** 사이의 차이점을 구분할 필요가 있다. 일반적인 최적화 문제를 수학 공식으로 나타내면 다음과 같이 주어진다.

$$\begin{cases} Minimize \ f(\{X\}) \\ Subject \ to: \ g_j(\{X\}), \ \text{for} \ j = 1 \rightarrow m \end{cases} \tag{6.134}$$

여기서 f 는 **설계벡터** $\{X\}$ 를 사용하여 정의된 **목적함수**이며 g_j 도 $\{X\}$ 를 사용하여 정의된 **구속함수**이다. 설계벡터 $\{X\}$ 는 n 개의 설계변수를 사용하여 다음과 같이 정의된다.

$${X} = {X_1 \quad X_2 \quad \cdots \quad X_n}^T \tag{6.135}$$

최적화 문제를 수학적으로 다루기 위해서 사용할 수 있는 기법은 여러 가지이나, 가장 신뢰성 있고 많이 사용되는 방법은 **쿤-터커 조건**과 결합된 **라그랑주 승수기법**으로서, 키르슈,[38] 로즈바니,[39] 또는 밴더플라츠[42] 등을 포함한 수많은 연구자들이 이 기법을 사용하였다. 라그랑주 함수 Φ는 목적함수 f, 구속함수 g_j 그리고 다수의 크기가 결정되지 않은 인자들 θ_j로 이루어진다.

$$\Phi({X}, \ {\lambda}) = f({X}) + \sum_{j}^{j_a} \lambda_j g_j({X}) \tag{6.136}$$

여기서

$${\lambda} = {\lambda_1 \quad \lambda_2 \quad \cdots \quad \lambda_{j_a}}^T \tag{6.137}$$

그리고 j_a는 능동적인 구속조건(즉 설계변수에 연향을 끼치는 구속조건)의 숫자를 나타낸다. 식 (6.136)에 주어진 함수의 설계공간 ${X}$ 내에서 최소 위치에 대해 필요한 조건은 다음과 같다.

$$\begin{cases} \dfrac{\partial \Phi}{\partial X_i} = 0, \ i = 1 \rightarrow n \\ \dfrac{\partial \Phi}{\partial \lambda_j} = 0, \ j = 1 \rightarrow j_a \end{cases} \tag{6.138}$$

최적화 문제의 해는 이들 중에서 식 (6.137)을 적용하여 구분할 수 있으며, 다음의 쿤-터커 조건을 충족하여야만 한다.

$$\begin{cases} {\nabla f} + [\nabla g]{\lambda} = 0 \\ \lambda_j \geq 0, \ j = 1 \rightarrow j_a \end{cases} \tag{6.139}$$

여기서 새롭게 도입된 미분 연산자는 변수 X_j에 의존하는 벡터 ${V}$에 대해서 다음과 같이 정의된다.

$$\{\nabla V\} = \left\{ \frac{\partial V}{\partial X_1} \quad \frac{\partial V}{\partial X_2} \quad \cdots \quad \frac{\partial V}{\partial X_n} \right\}^T \tag{6.140}$$

이와 동일한 연산자가 행렬식 형태의 구속함수 g_j에 대해서 다음과 같이 적용된다.

$$[\nabla g] = [\{\nabla g_1\} \ \{\nabla g_2\} \ \cdots \ \{\nabla g_{j_a}\}] \tag{6.141}$$

목적함수와 함께 사용되는 단일함수 내의 구속조건이 불일치하기 때문에 라그랑주 함수와 쿤–터커 조건을 결합시킨 기법이 유용하다.

다음으로 변위와 관계된 최적화 문제에 대해서, 앞서 정의되었던 각 플랙셔 힌지 그룹들에 대해 소개한 다음에 유형별 사례들을 살펴보기로 한다. 단일축 플랙셔 힌지의 경우, 특정한 플랙셔 힌지의 회전능력을 나타내는 유연성 항들을 사용하여 다음과 같이 (최대화 또는 최소화시켜야 하는)목적함수를 구성하였다.

$$Maximize: \quad C_{1, \theta_z - M_z} \ \text{and/or} \quad C_{1, \theta_z - F_y} \tag{6.142}$$

식 (6.142)와 더불어서, 다음의 목적함수도 함께 적용되어야 한다.

$$Minimize: \quad \begin{array}{l} C_{1, x - F_x} \ \text{and/or} \quad C_{1, z - F_z} \ \text{and/or} \quad C_{1, z - M_y} \ \text{and/or} \\ C_{1, \theta_x - M_x} \ \text{and/or} \quad C_{1, \theta_y - M_y} \ \text{and/or} \quad C_{1, \theta_y - F_z} \end{array} \tag{6.143}$$

식 (6.143)에 제시되어 있는 축방향, 평면 외 굽힘 및 비틀림과 관련된 유연성 항들은 플랙셔 힌지의 출력성능에 해가 되므로 최소화시켜야만 한다. 식 (6.142)와 (6.143)의 각 항들을 개별적으로 살펴보는 대신에 다음과 같이 하나의 목적함수로 통합하여 최소화시킬 수도 있다.

$$f = C_{1, x - F_x} + C_{1, z - F_z} + C_{1, z - M_y} + C_{1, \theta_x - M_x} + C_{1, \theta_y - M_y} + C_{1, \theta_y - F_z} - (C_{1, \theta_z - M_z} + C_{1, \theta_z - F_y})$$

$$\tag{6.144}$$

다중축 플랙셔 힌지의 경우, 식 (6.142)에 제시된 항들을 최대화시켜야 하는 반면에 최소화시켜야 하는 항등은 다음과 같이 주어진다.

$$Minimize: \quad C_{1,x-F_x} \text{ and/or} \quad C_{1,\theta_x-M_x} \tag{6.145}$$

그 결과, 최소화시켜야 하는 합성형 목적함수는 다음과 같은 형태로 구성할 수 있다.

$$f = C_{1,x-F_x} + C_{1,\theta_x-M_x} - (C_{1,\theta_z-M_z} + C_{1,\theta_z-F_y}) \tag{6.146}$$

2축 플랙셔 힌지의 경우, 주 민감축 방향과 2차 민감축 방향에 대한 유연성 제한조건을 지키기 위해서는 더 자세한 논의가 필요하지만, 최소 및 최대조건뿐만 아니라 합성형 목적함수 f는 식 (6.145)와 유사하다.

구속조건의 경우, 플랙셔에 대한 변위기반 최적화를 수행하는 경우라면 단일 민감축 플랙셔 힌지에 대한 타당성 있는 조건에서는 길이(ℓ), 최소두께(t) 그리고 (2장에 설명되어 있는 타원형, 포물선형, 쌍곡선형, 역포물선형 및 교차형 플랙셔 힌지의 경우)매개변수 c 또는 (필렛 모서리형의 경우) 필렛반경 r 등이 다음과 같이 크기가 제한되어야 한다.

$$\begin{cases} \ell_{\min} \leq \ell \leq \ell_{\max} \\ t_{\min} \leq t \leq t_{\max} \\ c_{\min} \leq c \leq c_{\max} \end{cases} \tag{6.147}$$

이런 유형의 플랙셔 힌지의 경우, 폭(w)은 일정하다고 간주한다. 식 (6.147)을 다음과 같이 식 (6.134)에서 요구하고 있는 일반적인 구속식으로 나타낼 수 있다.

$$\begin{cases} g_1 = \ell_{\min} - \ell \\ g_2 = \ell - \ell_{\max} \\ g_3 = t_{\min} - t \\ g_4 = t - t_{\max} \\ g_5 = c_{\min} - c \\ g_6 = c - c_{\max} \end{cases} \tag{6.148}$$

위와같은 형태의 경우, 식 (6.139)에 제시되어 있는 **쿤-터커 조건**을 충족시키기 위해서는 여섯 개의 θ_j 인자들이 필요하다. 이 범주에 속하는 플랙셔들에 적용된 것과 동일한 구속조건들을 다중 민감축 플랙셔 힌지에 대해서도 유도해야 한다. 폭이 변수인 2차원 플랙셔 힌지의 경우에는 식 (6.148)에 다음 조건이 추가되어야 한다.

$$w_{\min} \leq w \leq w_{\max} \tag{6.149}$$

따라서 표준 구속함수에 두 개의 식이 추가된다.

$$\begin{cases} g_7 = w_{\min} - w \\ g_8 = w - w_{\max} \end{cases} \tag{6.150}$$

이로 인하여 쿤-터커 조건을 충족시키기 위해서는 추가적으로 두 개의 θ_j 인자들($j = 7,\ 8$)이 필요하다.

지금까지의 다양한 플랙셔 힌지들에 대한 변위기반의 최적화에서는 길이방향 프로파일과 그에 따른 유연성이 양함수 형태를 갖는, 알려진 구조에 대해서만 집중적으로 살펴보았다. 하지만 지금까지는 살펴보지 않은 새로운 프로파일을 사용하여 이미 해석해보았던 플랙셔 프로파일들에 비하여 목적함수의 측면에서 더 좋은 결과를 얻을 수 있지 않을까 하는 의문이 생겨난다. 다시 말해서 최적화 문제를 유연성 기반의 목적 함수를 최소화시켜주는 플랙셔 힌지 두께를 찾아내는 것이라고 정의할 수 있다. 이 경우, 두께를 알 수 없기 때문에 목적함수에 사용되는 유연성 항들의 크기도 알 수 없다. **그림 6.9**에서는 두께를 미지수로 하는 플랙셔 힌지의 1/4 모델을 보여주고 있다.

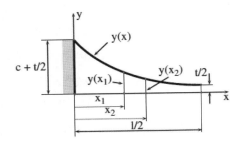

그림 6.9 두께변화를 알 수 없는 플랙셔 힌지의 1/4 모델

이와 같이 특정한 인자를 최적화하는 문제에 적용할 수 있는 기하학적 구속조건은 다음과 같다.

$$\begin{cases} y(x_2) \leq y(x_1) \text{ for } x_2 \geq x_1 \\ y(0) = c + \dfrac{t}{2} \\ y\left(\dfrac{\ell}{2}\right) = \dfrac{t}{2} \\ \dfrac{dy}{dt}\bigg|_{x=\frac{\ell}{2}} = 0 \end{cases} \qquad (6.151)$$

앞서 설명한 임의함수를 사용하여 플랙셔 힌지의 형상 최적화를 수행하는 방안에 대한 자세한 설명은 이 책의 범주를 넘어서는 일이다.

6.7 구동방법

구동은 플랙셔 기반 유연 메커니즘의 전반적인 거동을 평가할 때에 매우 중요한 항목들 중 하나이다. 대변위 및 미소변위(MEMS) 분야에 사용되는 다양한 구동수단에 대해서 간단하게 살펴보기로 한다.

6.7.1 대변위 구동

특정한 기능에 따라서 플랙셔 기반 대변위 유연 메커니즘에 적용할 수 있는 다양한 유형의 구동 메커니즘들이 설계되었다. 이들은 공통적인 특성을 가지고 있기 때문에, 다양한 용도의 유연 메커니즘에 대해서 사용 가능한 소재들과 작동기들이 개발되었다. 이런 소재들은 형상과 기하학적 치수를 의미 있는 수준으로 변화시킬 수 있으며, 때로는 민감한 방향으로의 특정한 입력에 대해서 제어가 가능하기 때문에 **스마트소재**라는 공통적인 이름으로 부르기도 한다. 이런 소재나 요소들은 전기, 자기 또는 열 입력에 대해서 즉각적으로 에너지 변환을 통해 기계적인 일을 출력하는 특징을 가지고 있다. 다음에서는 플랙셔 기반 대변위 유연 메커니즘에 사용되는 더 일반적인 형태의 작동기들 중 하나인 특별한 작동기에 대해서 살펴보기로 한다.

6.7.1.1 변형률 유발 작동기

변형률 유발 작동기는 전기나 자기에너지를 입력받아 기계적인 출력을 생성하기 때문에 변형률을 유발하는 **고체상태 작동기**라고도 부른다. 이런 유형의 작동기들에는 **압전소재**와 **전기변형 소재**(이들은 **전기활성 소재**라고도 부른다) 그리고 **자기변형 소재**(**자기활성 소재**라고도 부른다) 등이 포함된다. 이들은 모두 출력 변위가 작지만 매우 큰 힘을 출력한다. 조르조티우와 로저스[57]는 변형률 유발 작동기들의 성능비교를 수행하였으며 뮬슨과 허버트[58] 및 헤르틀링[59]의 논문을 통해서 전기세라믹 소재에 대한 일반적인 정보를 얻을 수 있다. 앞서 설명한 유형의 작동기들에 대해서 지금부터 간단히 살펴보기로 한다.

6.7.1.1.1 압전 세라믹

압전 세라믹 소재들은 일반적으로 납, 지르코늄 및 티타늄(PZT라고 부른다) 또는 납, 란타늄, 지르코늄 및 티타늄(PLZT라고 부른다) 등의 소재로 이루어진다. 이들은 **강유전성 세라믹**으로서 전기장이 가해지면 형상치수가 변하고, 반대로 외부에서 기계적인 압력이 가해지면 전기가 생성되는 가역적 전기활성 소재이다. 압전 소재들은 최대 30%까지의 역전압을 수용할 수 있으며 0.15%의 변형률까지는 거의 선형적인 히스테리시스 특성을 나타낸다. 고전적인 PZT 방정식(ANSI/IEE 표준 176-1987)은 다음과 같은 형태로 기계적인 양과 전기적인 양 사이의 상관관계를 나타내고 있다.

$$\begin{cases} S_{ij} = s_{ijk\ell}^{E} T_{k\ell} + d_{kij} E_k \\ D_j = d_{jk\ell} T_{k\ell} + \varepsilon_{jk}^{T} E_k \end{cases} \tag{6.152}$$

여기서 S는 기계적 변형률, T는 기계적 응력, E는 전기장, D는 전기적 변위를 나타낸다. s는 전기장이 0($E = 0$)인 경우에 소재의 기계적 유연성, ε은 응력이 0($T = 0$)인 경우의 유전율 그리고 d는 전기적 성질과 기계적 성질 사이의 압전 상관계수를 나타낸다. 압전소재 내에서 부가된 전기장에 의해서 생성된 변형률은 전압에 비례한다는 점을 기억해야 한다. 예를 들어 전압 V가 부가되는 두께 t인 PZT 판재 내에서 자유 변형률은 다음과 같이 나타낼 수 있다.

$$\varepsilon = d \frac{V}{h} \tag{6.153}$$

여기서 d는 압전 전하상수이다.

박과 슈라우트[63]에 따르면, PZT 세라믹은 **유질유형[57*]**의 조성으로 인하여 정방정계와 사방6면정계 상태를 가지며, 두 상들 사이의 커플링이 용이하므로 분극특성을 강화하면 높은 압전성질을 생성하여 높은 작동성능을 구현할 수 있다. PZT의 상변화를 일으키는 **큐리온도**를 낮추면 압전성질을 더 증가시킬 수 있다. 불행히도 이로 인하여 온도에 대한 민감성이 증가하며 압전성질이 감소하는 **노화효과**에 더 많이 노출된다. 이런 **연질 PZT**(Navy V형이라고 알려진 PZT-5H 조성)의 압전계수는 700[pC/N], 변형률은 최대 0.1%까지 높일 수 있지만 높은 히스테리시스와 취약한 온도안정성 문제가 발생되기 때문에 저주파 작동기로 사용분야가 한정된다. 예를 들어 PZT-8(Navy III형)과 같은 **경질 PZT**의 경우에는 소재보강을 통해서 히스테리시스 손실을 줄일 수 있지만, 이로 인하여 압전계수의 최댓값은 300[pC/N]으로 감소한다.

다양한 형상으로 압전 작동기를 제작할 수 있으며, **그림 6.10**에서는 이들 중 몇 가지 형상을 보여주고 있다. 가장 일반적인 설계는 PZT 적층으로서 접착, 압착 및 소결을 통해서 다수의 압전 패치들을 **그림 6.10a**에 도시되어 있는 블록 형태로 제작할 수 있다. 전기장을 부가하면, PZT 적층은 수축하거나 팽창하며 직선운동을 생성한다. 적층형태의 PZT는 정밀 위치결정을 위해서 사용되는 소형 및 중간 크기의 유연 메커니즘용 작동기에 일반적으로 사용된다. **그림 6.10b**에 도시되어 있는 돔 형상으로 PZT 벤더를 제작하거나 **그림 6.10c**에서와 같이 평판형상으로 제작할 수 있다. 돔 형상의 PZT는 THUNDER(Face®International Corp)와 같은 제품으로 상용화되어 있다. 다른 디스크형상 제품으로는 MOONIE와 RAINBOW 등이 판매된다. 이런 설계의 경우 금속 모재 위에 PZT 웨이퍼를 접착한 다음에 외력이나 전기장이 작용하지 않은

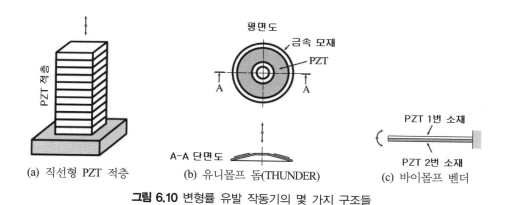

(a) 직선형 PZT 적층 (b) 유니몰프 돔(THUNDER) (c) 바이몰프 벤더

그림 6.10 변형률 유발 작동기의 몇 가지 구조들

57* morphotropic composition: 화학적 성질이 비슷하고 비슷한 결정 형태를 보이는 화합물 계열의 명칭, 역자 주.

때에는 구조물 전체가 돔 형상으로 변형되어 있도록 열처리를 시행한다. 이런 유형의 상용 작동기들의 형상과 작동특성에 대한 더 자세한 정보는 리 등[60-62]을 참조하기 바란다. 돔 형태이거나 직선형태이거나 상관없이 이런 구조를 **유니몰프** 압전체라고 부르는 반면에 서로 다른 압전소재를 서로 접착하여 만든 구조를 **바이몰프**라고 부른다. 모건 매트록과 같은 제조업체에서는 이런 복합형 작동기 이외에서 블록, 디스크, 튜브, 링 또는 반구와 같이 더 일반적인 형상의 작동기도 공급하고 있다.

6.7.1.1.2 전기변형(PMN) 소재

전기변형 소재의 주성분은 납, 마그네슘 그리고 니오븀이다. 이런 전기활성 세라믹들은 전기 에너지를 기계적인 에너지로 변환시키며 그 반대의 작용도 일으킬 수 있는 가역적인 압전특성을 가지고 있다. 하지만 역전압을 가해서는 안 된다. 전기변형 작동기에서 생성되는 응력은 다음 방정식에서와 같이 전압의 제곱에 비례한다.

$$\varepsilon = c\,V^2 \tag{6.154}$$

여기서 c는 전기변형 소재의 기하학적인 성질과 소재특성을 모두 포함하는 상수값이다. 상용 전기변형 소재의 **유전성능**[58*]의 경우, 변형률 레벨은 최대 0.15%에 이르며 d_{33} 계수값은 800[pC/N]에 달하므로 연질 PZT에 필적할만하다. 경질 PZT처럼, 전기변형 소재는 **분극포화**와 본질적인 소재장벽 특성인 **유전파괴강도**에 의하여 최대 변형률 레벨이 제한된다. 이와 동시에 전기변형 소재는 비교적 낮은 히스테리시스 특성을 가지고 있다. 하지만 불행히도 이런 양호한 성질들은 좁은 전기장과 온도 범위에 대해서만 구현할 수 있다. 천연적인 근육의 기능을 모사할 수 있는 전기변형 폴리머가 최근 개발되었으며 로봇과 마이크로 로봇의 구동에 활용될 것으로 기대된다. 예를 들어 콘블러 등[65]과 펠린 등[66]에 따르면, 이런 작동기들은 최대 30%의 변형률과 (직선 작동기의 경우)최대 1.9[MPa]의 축방향 응력을 구현할 수 있다. 콘블러 등[65]의 논문에서는 구현 가능한 최대 변형률, 최대 응력(압력), 최대 에너지밀도 또는 상대속도 등과 같은 다양한 성능지표를 사용하여 다양한 유형의 작동기들에 대한 비교분석이 수행되었다. 출력(압력)의 측면에서는 압전 작동기가 최고의 성능을 가지고 있는 반면에 인공근육은

58* dielectric performance

최대 변형률 특성이 가장 좋았다(앞서 설명했듯이 30%). 젤 폴리머나 압전/전기변형 층들로 이루어진 필름을 기반으로 하는 유사한 부류의 작동기들은 다양한 형상으로 제작할 수 있으며, 따라서 여타의 표준화된 작동기를 사용할 수 없는 특수한 용도에 대해서 전용 설계가 가능하다

6.7.1.1.3 릴렉서 기반의 강유전성 단결정

박과 슈라우트[63]의 논문을 통해서 릴렉서 기반의 **강유전성 단결정**이 작동성능의 측면에서 가능성을 가지고 있음이 발견되었다. PMN–PT(납, 마그네슘, 니오브산염, 티탄산납) 및 PZN–PT(납, 아연, 니오브산염 그리고 티탄산납)와 같은 소재들은 변형률 레벨의 측면에서 최대 1.7%(기존의 압전소재나 전기변형 세라믹의 경우에 비해서 열 배 이상 큰 값)에 이를 정도로 뛰어난 성질을 가지고 있다. 전기기계 커플링의 k_{33} 계수값은 90% 이상이며 유전율 손실값이 1% 미만일 정도로 히스테리시스는 매우 작다. 박과 슈라우트[63]는 다음과 같이 최대 변형률 에너지 밀도와 최대 변형률 레벨($\varepsilon_{\max}$), 소재의 밀도(ρ) 그리고 영 계수(E) 사이를 연결시켜주는 방정식을 제시하였다.

$$U_s = \frac{1}{16\rho} E\varepsilon_{\max}^2 \tag{6.155}$$

위 식을 살펴보면, 밀도나 영 계수는 소재들 사이에 거의 차이가 없으므로, 릴렉서 기반 단결정 작동기의 에너지 성능은 변형률 레벨에 의존한다는 것을 알 수 있다. 50[kV/cm]을 넘어서지 않는 적절한 수준의 전기장을 가했을 때에 기존 압전소재에 비해서 압전계수 d_{33}이 매우 높다는 것이 이런 유형의 작동기 소재가 뛰어난 성능을 가지고 있는 이유이다. 박과 슈라우트[63]에 따르면, 0.6~1.7%의 변형률 레벨에 대해서 압전계수는 거의 2,500[pC/N]에 이르며 히스테리시스는 매우 작게 나타난다. 최적의 결정구조는 사방6면정계[59*] 또는 사방6면–정방정계[60*]의 의사입방정[61*] 구조이다.

[59*] rhombohedral
[60*] tetragonal
[61*] pseudocubic

6.7.1.1.4 자기변형(TERFENOL) 소재

자기변형 소재는 외부 자기장에 의해서 변형을 일으키며, 주성분인 테르븀과 철(Fe) 그리고 이 소재를 개발한 기관인 미국 해군연구소(NOL)[62*]의 약자를 따서 **TERFENOL**이라고도 부른다. 이 소재는 **압자기**[63*](또는 자기 에너지를 기계적 에너지로 변환시키는 자기활성)특성을 가지고 있다. 이런 소재들은 최대 0.1%의 변형률 수준까지 준 선형적 특성을 가지고 있다. 자기-기계 현상을 지배하는 기본 방정식은 압전효과를 나타내는 방정식과 유사하며 다음과 같이 주어진다.

$$
\begin{cases}
S_{ij} = s^{E}_{ijk\ell} T_{k\ell} + d_{kij} H_k \\
D_j = d_{jk\ell} T_{k\ell} + \mu^{T}_{jk} H_k
\end{cases}
\tag{6.156}
$$

여기서 H는 자기장이며 μ는 일정한 응력하에서의 투자율이다. 클레파스와 자노치[64]는 압전 소재와 자기변형 소재를 조합하여, 압전이나 자기변형 각각에 대해서 구동하면 성능이 떨어지지만 정전용량 영역과 유도영역을 동시에 구동하여 동력효율을 증가시킨 하이브리드 작동기를 개발하였다.

6.7.1.2 열구동기

열구동기는 소재의 열변형을 선형 작동기로 활용한 것이다. 열구동기의 두 가지 기본형태는 금속 서모스탯과 왁스 작동기이다. **금속 서모스탯**은 열팽창계수가 서로 다른 다수의 금속 박판들이 샌드위치 형태로 접착된 형태를 가지고 있다. 동일한 양의 온도 변화가 각 박판들을 서로 다르게 변형시키며, 이들이 서로 구속되어 있기 때문에 적층된 빔의 굽힘이 발생하며 운동이나 힘을 출력한다. 출력효과는 온도변화에 비례하므로 비교적 크지 않다. **왁스 작동기**는 열팽창 계수가 크며 액체-고체 상변위가 수반되므로 대변위를 구현할 수 있다. 왁스는 열전도도가 낮기 때문에 이런 작동기의 응답속도는 비교적 느리다. 이런 두 가지 유형의 열구동기 모두 선형 작동기에만 사용할 수 있다.

[62*] Naval Ordinance Laboratory

[63*] piezomagnetic

6.7.1.3 형상기억합금

형상기억 효과는 열에너지를 기계적인 출력으로 변환하는 작용이므로 **형상기억합금**(SMA) 작동기는 열구동기와 기본적으로 동일한 메커니즘을 사용한다. 이 에너지변환을 일으키는 기본적인 현상은 **마르텐사이트**와 **오스테나이트** 사이의 고체상태 **가역 상전이**에 기초한다(오오츠카와 웨이만[67]). Ti-Ni, Au-Cd, In-Tl, Cu-Zn 또는 Cu-Al 등의 합금들은 형상기억 특성과 초탄성이라는 두 가지 기본적인 특징들을 가지고 있다. 저온에서는 이들이 마르텐사이트 상태로서 전단 메커니즘을 통하여 원자들이 손쉽게 이동할 수 있지만, 온도가 상승하여 소위 역변환 온도를 통과하고 나면, 안정성이 증가하여 변형이 어려운 오스테나이트 상태로 되어버린다. **그림 6.11**에서는 두 가지 서로 다른 온도에서 외력에 대한 형상기억합금(SMA) 선형 스프링의 힘-변형 특성을 보여주고 있다. 재료를 오스테나이트 상태로 유지시켜주는 온도인 T_1에서부터 온도를 마르텐사이트 상태인 T_2까지 낮추면 변위이득을 얻을 수 있다.

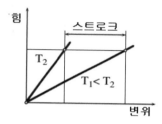

그림 6.11 형상기억합금의 고온(T_2)에서의 오스테나이트 상과 저온(T_1)에서의 마르텐사이트 상 사이의 힘-변위특성

형상기억합금 작동기의 작동원리에 따르면 압축/인장 및 비틀림뿐만 아니라 선형 및 회전운동이 동시에 발생하는 경우에도 적용할 수 있다. 열구동 작동기나 음성코일 작동기에 비해서 형상기억합금 작동기는 질량 대 스트로크 비율이나 질량 대 출력 힘의 비율, 운동의 정숙성, 주어진 온도하에서의 운동 또는 응답속도 등의 측면에서 명확히 더 좋은 성능을 가지고 있다. 이들은 또한 2원 효과에 기초하여 설계된 용도에 대해서 장점을 가지고 있다.

몽크만[68]에 따르면 형상기억 폴리머 패밀리들이 비교적 최근에 작동기의 범주에 편입되었다. 금속으로 제작한 형상기억 합금들처럼, 형상기억 폴리머도 온도효과를 사용하여 다수의 상변화를 통해서 구조요소의 탄성 특성을 변화시킨다. 근본적인 차이점은 금속 형상기억합금과는 달리, 온도가 상승하면 형상기억 폴리머의 탄성계수가 감소한다는 점이다.

6.7.1.4 전통적인 작동기

유압 및 공압 작동기는 고출력 대변위를 낼 수 있으며 주파수와 스트로크를 변화시키기 위해서 서보 제어기를 갖추기도 한다. 이들은 부가적인 전기 및 유압원을 갖추어야 하기 때문에 전체적인 크기가 증가하므로 소형 유연 메커니즘에는 거의 사용되지 않는다. 자기 또는 전자기 작동기는 다양한 형태(예를 들면, 솔레노이드, 이동코일, 음성코일, 리니어모터, 스테핑 모터, 회전형 모터 등)로 제작할 수 있기 때문에 비교적 작은 힘을 필요로 하는 유연 메커니즘에 적용할 수 있다. 자기모터들은 광범위한 성능범위를 가지고 있기 때문에 활용도가 높다. 자기 구동에 관한 하우[69]의 논문에 따르면, 자기구동방식을 사용하여 마이크로미터에서 미터 범위에 이르는 변위, 중력가속도의 수백배에 이르는 가속능력, 높은 위치결정 정확도와 반복도 등을 구현할 수 있다.

6.7.2 MEMS 구동

유연 마이크로 시스템(MEMS)을 구동하는 수단들은 매우 작은 크기를 가지고 있어야만 하며, 따라서 앞서 열거한 작동기들은 너무 크기 때문에 이런 용도에 사용할 수 없다. 마이크로 구동기는 특정한 용도에 알맞은 크기의 기계적 에너지를 성공적으로 전달할 수 있어야만 한다. **마이크로구동기**의 주요 구동수단들은 중간저장매체를 통하여 특정한 유형의 에너지를 기계적인 에너지로 변환시켜주며, 저장되는 에너지의 양은 비교적 커야만 한다. 구켈[70]에 따르면, 이를 구현하는 것은 매우 어려운 일이다. 저장된 에너지는 에너지 밀도와 작동기 체적의 곱에 비례하며, 마이크로구동기의 크기가 작기 때문에 이를 극복하기 위해서는 에너지 밀도가 매우 높아야만 한다. 그런데 에너지 밀도는 어떤 형태의 에너지를 기계적인 에너지로 변환하는 공정의 특성에 의해서 제한된다. 전기활성 소재와 자기활성 소재는 높은 에너지 밀도를 가지고 있지만, 불행히도 MEMS 용도에서 필요로 하는 작은 크기로 제작할 수 없다. 이런 단점을 감안한다면 대부분의 경우에 MEMS 기구를 사용하여 대변위를 구현하려고 한다면 큰 힘을 낼 수는 없다. 그럼에도 불구하고, **실리콘 유연부재**는 벌크 실리콘 부재가 가지고 있는 파단응력보다 훨씬 더 높은 응력하에서만 파괴된다는 중요한 사실을 활용한다면, 대변위 증폭기구를 사용하여 큰변위를 구현할 수 있다. 이를 통해서 이런 미소부재들은 더 많이 변형시킬 수 있으며 필요한 수준의 출력변위를 구현할 수 있다.

다음에서는 MEMS 관련 논문들을 통해서 마이크로 구동에 사용되는 주요 수단들에 대해서 살펴보기로 한다. 여기서는 주요 구동수단에 대해서만 살펴보고 있다. 실제 MEMS 분야에서 사용되고 있는 마이크로 스테퍼나 인치웜 구동기와 같은 복합 마이크로 구동기들은 필요한 출력특성을 구현하기 위해서 주요 구동수단과 더불어서 추가적인 구조물들이 사용되며, 이에 대해서는 7장에서 살펴보기로 한다.

6.7.2.1 정전구동

정전구동식 작동기가 마이크로전자기계 시스템에 가장 널리 사용된다. **정전 작동기**의 핵심 구조는 **그림 6.12**에 개략적으로 도시되어 있는 **콤 드라이브[64]***이다. 콤 드라이브는 본질적으로 평행판 커패시터이다. 이 구동기는 두 개의 지지기구에 연결되어 있는 다수의 깍지형 판들로 구성된다. 이들 중 하나는 이동식으로, 전압이 부가되면 정전기력이 생성되어 이동판에 부착된 핑거들을 고정판 핑거들과의 사이에 생성되어 있는 좁은 틈 쪽으로 이동시킨다. 콤 드라이브의 회전형 버전도 제작되었으며, 회전판과 유사하게 설계된 고정판과의 사이에 형성된 공극 내에서 핑거들은 원형으로 움직인다.

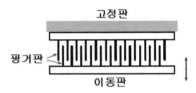

그림 6.12 유연 MEMS 기구의 정전 작동기로 사용된 평행판 콤 드라이브의 개략도

6.7.2.2 압전구동

오늘날 압전기술은 MEMS 기술을 사용하는 기구물에 적용할 수 있는 초소형 작동기를 제작할 수 있는 수준에 도달하였다. 상용 압전 적층의 경우 1[mm] 길이에 단면치수도 각각 1[mm]인 제품을 구입할 수 있다. 예를 들어 카오 등[71]은 약물전달용 PZT 구동식 펌프의 설계에 이런 PZT 적층을 사용하였다. 앞서 언급한 치수를 가지고 있는 3개의 소형 PZT들을 사용하여 최대 유량이 10[$\mu\ell$/min]인 마이크로수압식 정량펌프를 제작하였다. 3개의 PZT들이 순차적으로 작동하여 3개의 탄성 실리콘 맴브레인을 압착함으로써 정량펌프의 토출운동을 구현하였다. 소형 PZT 웨이퍼를 사용한 적용사례로서 로버트 등[72]은 마이크로수력 기구를 제작하기 위해서

64* comb drive

고강성 압전 작동기를 사용하였다. 이 사례의 경우, 반경방향과 원주방향에 대해서 등간격으로 배치된 3개의 작은 막대모양 PZT 작동기들을 사용하여 하나의 피스톤을 구동하였다.

6.7.2.3 자기변형구동

압전 작동기보다 크기가 작은 **자기변형 작동기**가 개발되었으며, MEMS 스케일의 기구에 적용이 가능하다. 굽힘식 작동기를 사용하여 퀸트와 루드비히[73]는 실리콘 모재 위에 스퍼터링 공정을 사용하여 자왜특성을 가지고 있는 TbFe/FeCo 다중층을 증착하였다. 이런 외팔보는 복합재 플랙셔의 굽힘을 초래하는 외부 자기장이 가해졌을 때에 자기변형소재의 자유변형이 억제된다. 이런 다중층 굽힘기구는 자기변형의 포화를 줄여서 변형능력을 향상시켜주기 때문에 매우 약한 자기장하에서도 작동이 가능하다. 가니에르 등[74]은 자기변형 바이몰프 소재를 사용하여 광학 스캐너를 제작하였다.

6.7.2.4 전자기구동

전자기구동방식 역시 마이크로 구동에 사용되고 있다. 쿠후와 리우[75]는 고토크 대변위 출력을 발생시키는 마이크로 자기 구동기를 개발하였다. 이들은 중앙에 구멍이 성형되어 있는 실리콘 지지기구물의 테두리에 매우 유연한 탄성 폴리머 맴브레인을 부착하여 마이크로구동기를 제작하였다. 다수의 소형 자기플랩들을 탄성 맴브레인 속에 설치하여 외부자기장이 가해졌을 때에 플랩이 움직이면서 맴브레인이 평면 바깥쪽으로 변형된다. 마에코바 등[76]은 자성 퍼멀로이 패치를 실리콘 외팔보의 자유단에 부착하여 외부 자기장이 가해졌을 때에 복합재 플랙셔가 변형을 일으키도록 만들었다. 이런 바이몰프 외팔보를 사용하여 쌍안정 상태로 작동하는 광학 스위치를 제작하였다.

6.7.2.5 공압구동

최근의 논문에서 뷔테피쉬 등[77]은 마이크로 그리퍼를 구동하는 마이크로 **공압 작동기**의 기능적 이론과 개념설계, 제작 및 시험 등을 수행하였다. 실리콘 부품에 대해서는 반응성 이온에칭(RIE)기법을 사용하였고 광반응성 에폭시 부품에 대해서는 자외선 심층노광을 사용하여 부품들을 제작하였다. 마이크로 공압 작동기용 피스톤은 복귀 스프링과 밀봉기구로 사용되는 두 개의 S자 마이크로 플랙셔 부재에 의해서 하우징에 부착되어 있다. 이 피스톤의 포트에 압축공기가 공급되면 공동 속을 양방향으로 움직일 수 있다. 이 작동기는 준정적 상태에서

120[mbar]의 압력을 가하면 최대 600[μm]의 변위를 구현할 수 있다. 동적 상태에서 작동 주파수는 최고 150[Hz]에 달하며, 이때의 변위는 약 500[μm]이다.

6.7.2.6 열구동

대형 구동기의 경우와 마찬가지로 미세구동의 경우에도 **열구동기**를 적용할 수 있다. 류 등[78]은 벌크 미세가공된 CMOS 마이크로미러에 열구동 방식을 적용한 모델을 발표하였다. 열구동기는 알루미늄, 이산화규소 그리고 폴리실리콘을 적층하여 다중층 멀티몰프로 제작한 복합 플렉셔이다. 전체 구조는 외부 환경으로부터 단열되어 있다. 마이크로스케일 작동기의 경우에, 전기저항을 통해서 열이 전달되면 구성요소들 사이의 열팽창계수가 서로 다르기 때문에 플렉셔의 굽힘이 발생한다. 해석적 모델링과 유한요소 해석은 거의 동일한 결과를 보여주었다. 마이크로미러 시제품을 제작하였으며 정특성 시험 및 동특성 시험을 수행하였다. 이 작동기에 대한 시험결과 열구동기의 가장 큰 장애물인 응답속도가 수 밀리초에 이를 정도로 매우 **빠르다**는 것을 확인할 수 있었다.

6.7.2.7 열공압구동

후속영향이 주 공정에서 큰 문제가 아닌 경우에는 저전압을 사용하여 비교적 큰 변위를 생성하기 위해서 **열공압** 마이크로구동을 사용할 수 있다. 정과 양[79]은 p+ 실리콘 필름을 사용하여 제작한 주름진(평판형도 제작했음) 다이아프램을 사용하여 6.25[μm/V]의 변위를 생성할 수 있는 열구동식 마이크로구동기를 제작하였다. 탄성 다이아프램에 의해서 한쪽이 막혀있는 공동 속의 공기에 대한 저항가열과 공기냉각을 사용하여 다이아프램의 운동을 구현하였다. 주름진 다이아프램과 평판형 다이아프램 모두에 대해서 매우 선형적인 변위/전압특성을 얻을 수 있었다.

6.7.2.8 여타의 마이크로구동 수단

미네트 등[80]은 전기 에너지를 기계적 에너지로 변환시켜서 소위 **탄소나노튜브**로 제작된 외팔보의 변형을 생성하였다. 탄소-탄소 접착 계면에 외부 전기장이 가해지면 발생하는 전하전달에 의해서 기하학적 팽창과 같은 에너지 변환현상이 일어난다. 찬 등[81]은 MEMS 영역에서의 카시미르 힘에 의한 양자-기계 구동이론에 대해서 설명하였다. **카시미르 힘**[65*]은 전자기장의 양자-기계 진공요동에 의해서 일어나는 두 표면 사이의 견인력이다. 따라서 두 개의 비틀림 플랙셔 힌지에 의해서 좌우로 지지되며 고정판과 나노미터 수준의 거리에 설치되어 있는 판재의 상대적인 회전을 구현할 수 있다.

6.8 가 공

주어진 용도에 대해서 적절한 소재와 가공기법을 선정하는 것은 **그림 6.13**에서 설명하고 있듯이 플랙셔 힌지 또는 플랙셔 기반 유연 메커니즘의 크기에 크게 의존한다. 대형 기구물의 경우에는 일반적으로 금속 소재를 사용하며 드릴링, 밀링 또는 와이어 방전가공(EDM)과 같은 고전적인 가공기법을 사용하여 이를 제작할 수 있다. 반면에, 마이크로 규모의 유연 메커니즘은 실리콘과 실리콘 모재 위에 증착되는 여타의 소재들에 대해서 필요한 마이크로 형상을 구현하기 위해서 LIGA나 에칭 공정과 같은 특별한 가공공정을 적용하여야 한다.

그림 6.13 플랙셔 기반 유연 메커니즘과 이를 제작하기 위한 기법 및 소재 사이의 상호관계

매크로가공과 마이크로가공이 기본적으로는 서로 유사성을 가지고 있지만, 스케일에 따른 특이성 때문에 서로 큰 차이를 갖는다.(말루프[34]) 매크로가공에서는 순차가공을 통해서 유한한 부품을 제작하는 방식을 사용하기 때문에 직렬공정에 해당하는 반면에 마이크로가공 공정의 경우에는 가격 경쟁력을 확보하기 위해서 (실리콘 공정의 경우 동일한 웨이퍼상에 놓여 있는) 다수의 시편에 대해서 병렬로 공정을 진행하는 배치공정을 사용한다. 이들 두 가공방식 사이의 또 다른 차이점은 구현 가능한 최소치수이다. 매크로가공의 경우에는 $20 \sim 25[\mu m]$ 수준으로 부품을 가공할 수 있는 반면에 마이크로가공된 부품은 $1[\mu m]$ 수준까지 제작이 가능하다.

65* Casimir force

6.8.1 매크로 스케일 가공

매크로 스케일의 플랙셔와 플랙셔 기반 유연 메커니즘의 제작을 위해서 사용할 수 있는 공정들은 역사적으로 드릴링이나 밀링과 같은 단순한 방법에서부터 EDM, 와이어 EDM, 전자빔/이온빔 가공, 워터젯 가공 그리고 레이저 가공 등과 같이 복잡한 방법으로 발전해왔다. 단순한 형상의 경우에는 단순가공기법을 사용하여 제작할 수 있지만, 세련된 형상의 경우에는 이에 적합한 가공기법을 채택하여야만 한다.

그림 6.14에서는 세 가지 사례를 통해서 원형 대칭 플랙셔 힌지(**그림 6.14a**), 필렛 모서리형 플랙셔 힌지(**그림 6.14b**), 그리고 더 복잡한 형상의 플랙셔 힌지(**그림 6.14c**)에 적용할 수 있는 가공기법들을 제시하고 있다. 원형 플랙셔 힌지는 블랭크 모재에 두 개의 관통구멍을 뚫은 다음에 시편의 음영으로 표시된 영역을 절단하여서 간단하게 제작할 수 있다. 필렛 모서리형 플랙셔 힌지는 직선-아크-직선 프로파일을 가공하기 위해서 최소한 밀링 가공이 필요하다. 모서리 부위의 필렛 반경은 사용 가능한 밀링비트에 의해서 제한된다. 그러므로 플랙셔의 크기가 작아지면 이 과정으로 가공할 수 없는 매우 작은 필렛반경이 필요하게 된다. 와이어 EDM은 작은 곡률반경과 복잡한 형상의 가공에 자주 사용되는 가공방법이다.

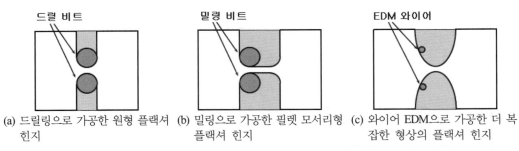

(a) 드릴링으로 가공한 원형 플랙셔 힌지　(b) 밀링으로 가공한 필렛 모서리형 플랙셔 힌지　(c) 와이어 EDM으로 가공한 더 복잡한 형상의 플랙셔 힌지

그림 6.14 세 가지 서로 다른 플랙셔 구조를 가공하기 위한 매크로가공 기법들

6.8.1.1 방전가공

현대가공기술에 대해서 논의한 맥기[82]의 논문에서는 오늘날 사용 가능한 가장 많이 사용되는 고정밀 공정임에도 불구하고 비교적 가공비가 낮은 가공 공정으로서 **방전가공**(EDM)기법에 관심을 두었다. 이 가공 공정은 **스파크 방전**에 의한 금속의 침식현상에 기반을 두고 있다. 1700년대 후반에 최초로 시도된 이래, 기존의 방법으로는 가공하기 어려운 소재 가공을 위해서 스파크 방전을 사용한 B.R. 라자렌코와 N.I. 라자렌코의 연구가 수행된 1940년대에 이르기

전까지는 아무런 진보가 없었다. 기본적으로 EDM 공정은 유전체 내에서 전극과 가공시편으로 이루어진 두 개의 전극 사이에서 형성되는 DC 회로에서 발생하는 스파크 방전을 조절하는 기법을 사용한다. 가공 시퀀스는 매우 짧은 방전으로 이루어지며, 이 방전이 매우 높은 주파수를 가지고 반복된다. EDM 공정이 이루어지는 동안, 스파크 온도는 20,000[°C]에 이른다. 높은 온도와 짧은 지속시간으로 인하여 인접 영역에는 거의 아무런 영향도 끼치지 않으면서 가공시편 금속에 국부적인 용융과 기화가 일어난다. 이런 국부적인 스파크들이 합쳐져서 가공공정이 진행되므로, 이로 인하여 전극의 음각 형상이 만들어진다.

유전체의 주요 역할은 스파크의 높은 에너지를 국부적으로 가둬두고, 전극을 냉각시키며, 최근에 가공된 위치로부터 (유전체 내에서 용융 금속이 다시 응고되어 생성된)미세한 구형 금속입자들을 빼내준다. 유전체의 전기저항은 조기방전을 일으키는 최솟값과 스파크가 전혀 일어나지 않는 최댓값 사이의 평형상태를 유지해야만 한다. 기술적인 측면에서 전형적인 EDM 공정은 50~150[V], 50~500[kHz] 범위의 구형파 전압펄스를 사용한다. 고품질 표면다듬질을 위해서는 비교적 낮은 에너지와 높은 주파수를 사용하는 반면에 황삭공정의 경우에는 높은 금속 제거비율을 구현하기 위해서 고전압 저주파를 사용한다. 많은 경우, 생산성과 고품질을 동시에 구현하기 위해서 이들 두 공정(황삭공정과 정삭공정)을 순차적으로 적용한다. 물론 금속 제거비율은 필요한 표면품질과 그에 따른 가공조건에 매우 심하게 의존한다. 황삭공정의 경우에 전류를 증가시키고 공정의 주파수를 줄이면 25[cm^3/hr] 수준의 높은 금속제거비율을 구현할 수 있다.

금속가공 공정 중에서 EDM 기법이 가지고 있는 가장 큰 장점은 가공속도가 시편의 경도에 의존하지 않는다는 점이다. 표면의 슈퍼피니시를 시행하는 경우에는 금속 제거비율이 0.05[cm^3/hr]까지 낮아져야 한다. 두 가지 EDM 공정에 대해서 맥기[82]와 하체크[83]가 연구를 수행하였다. 이들 중 하나는 드릴링으로, 가공시편에 음각으로 형상을 전사하기 위해서 중공형 전극을 사용하였다. 이를 사용하여 공구가 통과하는 방향에 직각인 방향과 가공시편의 깊이방향으로 매우 복잡한 형상을 가공할 수 있다. 또 다른 방법은 와이어 EDM으로서, 고품질 절단이 가능하며 CAD 도면을 사용하여 복잡한 궤적의 좌표값들을 직접 읽어 들이는 CNC 가공기로 만들 수도 있기 때문에 오늘날 널리 사용되고 있다. 여기에 사용되는 공구는 와이어로서, 한쪽 스풀에서 풀려나가서 원하는 프로파일을 절단하면서 가공시편을 통과하여 두 번째 스풀에 다시 감기는 순환공정을 거치므로, 항상 새로운 와이어가 시편과 접촉하게 된다. 시편이 이동하거나 와이어 헤드가 움직여서 가공방향으로의 이송이 구현된다. **와이어 EDM** 기법을 사용하면 평면 형상을 시편의 깊이방향으로 옵셋 시켜서 복잡한 형상을 가공할 수 있다. 와이어는 일반적으로 구리나

황동으로 만들며 일반적인 EDM 가공기의 경우에는 0.25[mm] 직경의 와이어까지 사용할 수 있다. 텅스텐 와이어나 몰리브덴 와이어를 사용한다면, 직경은 50[μm]까지 줄일 수 있다. EDM 기법으로 구현할 수 있는 표면조도는 매우 양호하며 맥기[82]에 따르면 표면조도를 0.05 [μm]까지 낮출 수 있다.

EDM 가공기법을 사용하여 시편을 가공하고 나면 가공표면에 인접한 영역에 가공에 따른 열변형이 발생한다. 시편의 표면에서는 소재가 용융되었다가 냉각용 유전물질과 접촉하면서 급격하게 경화되기 때문에, 시편 표면에는 두께 40[μm] 미만의 얇은 변성층이 형성된다. 이 층의 바로 아래에는 가공과정에서의 가열, 냉각 및 소재 확산 등으로 인하여 약 250[μm] 미만의 또 다른 열영향층이 생성된다. 이 층들은 EDM 가공된 부품의 피로수명을 크게 감소시키기 때문에 플랙셔 힌지와 플랙셔 기반 메커니즘의 경우에는 특히 바람직하지 않다.

샤오웨이 등[84]은 플랙셔 힌지의 가공을 위한 EDM 기반의 복합가공기법을 개발하였다. 가공 시편을 궤도운동 시키면서 EDM가공을 시행한 다음에 정적인 마이크로초 펄스를 사용하는 전기화학적 가공(MPECM)을 수행하면 플랙셔 힌지의 (소위 넥이라 부르는)두께가 가장 좁은 부위에 대해서 열영향을 받은 표면층을 제거할 수 있다. 헤네인 등[85]은 EDM 기법으로 가공한 플랙셔 힌지의 피로파손에 대해서 연구하였다. 이들은 두께가 매우 얇은 원형 플랙셔 힌지(직경 50[μm])에 대한 시험을 여러 번 수행하였으며, 실험결과를 표준시편에 대한 시험결과와 비교를 수행하여, 문헌상에 제시되어 있는 피로 데이터들에 대한 추가적인 보정 없이 EDM으로 가공한 플랙셔 힌지에 곧바로 적용할 수 있다는 결론을 내렸다.

6.8.1.2 여타의 가공방법들

2차원 플랙셔 힌지나 비회전 플랙셔 힌지의 가공에 방전가공 기법을 주로 사용하고 있지만, 여타의 가공기법도 역시 적용할 수 있다. 플랙셔 기반 유연 메커니즘이 필요로 하는 고품질 표면 가공과 치수 정밀도 확보를 위해서, 단결정 다이아몬드나 강옥 미세입자를 사용한 공구를 활용하는 진보된 절단기법을 사용한 다음에 특수한 래핑이나 폴리싱 기법으로 다듬질하여야 한다. 모놀리식 플랙셔 기반 유연 메커니즘에 전기화학적 가공, 레이저가공, 플라스마 아크가공, 워터제트가공 또는 마모성 제트가공과 같은 특수가공 기법을 적용할 수 있을 뿐만 아니라 3차원 회전형 플랙셔 힌지의 경우에는 정밀 몰딩이나 스템핑 기법을 적용할 수 있다.

6.8.2 MEMS 스케일 가공

이 절에서는 유연 MEMS 분야에 적용할 수 있는 가공기법들에 대해서 살펴보기로 한다. 일반적인 MEMS 가공과 소재에 대한 보다 자세한 정보는 말루프[34]나 마두[86]의 논문을 참조하기 바란다.

MEMS 기구들은 다수의 부품들을 조립하거나 접착하여야 하기 때문에, 이런 **마이크로시스템** 을 제작하기 위해서 필요한 가공기법도 다양하다. 기계적으로 유연한 마이크로시스템은 전체적 인 변형과 그로 인한 시스템 운동을 구현하기 위해서 거의 대부분이 실리콘을 모재나 지지구조물 로 사용한다. 구조적으로 실리콘은 취성소재처럼 거동하는 단결정이다. 비록 취성소재이기는 하지만, 굽힘을 받는 실리콘 마이크로구조 부재는 뛰어난 변형특성(랭[87] 참조)을 가지고 있으며, 이런 부재는 소재의 파괴한도에 도달하기 전에 큰 변형을 생성할 수 있다는 점이 잘 알려져 있다.

균일단면 외팔보의 끝단에 소재의 극한강도에 이르는 모멘트가 부가되었을 때에 생성되는 최대변형의 측면에서 실리콘과 티타늄 또는 강철 사이의 흥미로운 비교가 수행되었다. 이런 조건하에서 선단부 변형은 다음 방정식으로 나타낼 수 있다.

$$u_{y,\max} = c_{mat}\frac{\ell^2}{t} \tag{6.157}$$

여기서 ℓ은 외팔보의 길이, t는 균일사각단면의 두께 그리고 c_{mat}는 극한강도와 영 계수 사이의 비율로 정의된 소재상수이다. 만일 실리콘과 일반적인 티타늄 합금으로 제작된 두 개의 기하학적으로 동일한 외팔보 사이의 비교를 수행한다면, 두 외팔보의 최대변형 비율은 다음과 같이 주어진다.

$$r_{u_y,\max} = \frac{c_{silicon}}{c_{titanum}} \tag{6.158}$$

두 소재의 평균적인 물성치에 따르면, 실리콘의 경우 극한(파괴)강도는 7[GPa]이며 영 계수 는 160[GPa]인 반면에 티타늄 합금의 경우 항복강도는 대략 1[GPa]이며 영 계수는 110[GPa] 이다. 따라서 식 (6.158)을 사용하여 산출한 비율은 4.812로서, 이는 기본적으로 실리콘 외팔 보가 티타늄 함금으로 제작한 기하학적으로 동일한 외팔보에 비해서 거의 다섯 배만큼의 변형 을 생성할 수 있다는 것을 의미한다.

따라서 유연한 MEMS 기구는 이와 같은 중요한 성질에 기초하여 독특하게 설계되며, 외팔보나 이중 클램핑된 실리콘 부재의 탄성변형을 통해서 이런 마이크로시스템의 출력운동이 구현된다. 상업적으로 사용이 가능한 직경 100~150[mm]이며 두께 525[μm] 및 650[μm]인 단결정 실리콘이 MEMS 기구물의 모재로 일반적으로 사용된다. 단결정 실리콘 웨이퍼의 기계적 특성은 매우 균일하며 일반적으로 내부응력이 존재하지 않는다. 실리콘은 뛰어난 변형특성과 더불어서, 대략적으로 최고 500[°C]까지 훌륭한 열 성질과 기계적 성질을 가지고 있다.

그런데 MEMS 기구물을 완성하기 위해서는 몇 가지 다른 소재들과 요소들이 필요하다. 마이크로 시스템의 기능적 임무를 수행하기 위해서 최종적인 MEMS 기구에서는 유연한 실리콘 부품을 보완하는 다양한 소재들이 필요하다. 최근 논문에서 에르펠트와 에르펠트[88]는 MEMS 구조물을 제작하는 데에 사용되는 금속합금 및 비금속을 포함하는 다양한 소재들에 대해서 고찰을 수행하였다. MEMS 구조물 제작에 사용되는 소재들에 대한 더 상세한 내용은 말루프[34]를 참조하기 바란다. 많은 경우에 단결정 실리콘 웨이퍼 위에 박막 형태로 비정질 실리콘과 서로 다른 조성을 가지고 있는 폴리실리콘을 증착한다. 실리콘 산화물 및 질화물들이 일반적으로 열 및 전기절연층 또는 표면 마이크로가공을 위한 희생층 등과 같이 MEMS 제조공정에 사용되는 또 다른 소재그룹을 형성한다. 알루미늄, 금, 티타늄, 텅스텐, 니켈, 백금 또는 구리 등과 같은 금속 박막도 MEMS 공정에서 주로 전기적인 전도성을 구현하기 위해서 실리콘 모재와 함께 사용된다. 포토레지스트나 특수목적의 레지스트와 같은 폴리머들이 실리콘 모재 위에 미리 증착되어 있는 내부층들의 에칭을 위한 마스크 패턴생성을 위해서 사용된다. MEMS 기구물에 사용하기 위해서 유리 및 수정이 시험되었다. 이들은 일반적으로 광학적 투명성과 전기적인 절연이 필요한 기층소재로 사용된다.

랭[87]은 마이크로시스템의 미래에 대해서 고찰하는 논문을 통해서 MEMS의 적용분야가 확대되면서 소재, 기술 및 제조방법 등의 분야가 모두 확장될 것이라고 예상하였다. 기술이 매우 표준화되어 있는 전자칩 산업과는 달리, 실리콘 마이크로 분야에서 사용되는 다양한 기법들을 사용할 수 있지만, MEMS 적용분야에서는 주로 3차원 구조물의 제작을 수행하여야 한다. 랭[87]은 실리콘 모재의 3차원 마이크로가공을 위한 화학적 습식 에칭이나 표면 마이크로가공을 위한 플라스마/이온 건식에칭뿐만 아니라 기계적 마이크로가공, 마이크로복제, 수정가공기법, 이온주입, 박막 및 후막 증착기법 등과 같이 마이크로 시스템의 제조에 사용할 수 있는 주요 공정들을 인용하였다.

그림 6.15에서는 마이크로기계 시스템의 제조에 사용되는 다양한 공정들의 적용순서를 간략하게 설명하고 있다. 다양한 소재의 박막층을 실리콘 모재나 이미 증착된 층 위에 부착하는

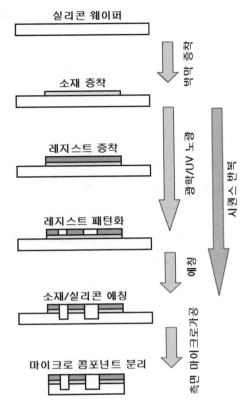

실리콘 웨이퍼

박막 증착

소재 증착

광학/UV 노광

레지스트 증착

시퀀스 반복

레지스트 패턴화

에칭

소재/실리콘 에칭

측면 마이크로가공

마이크로 콤포넌트 분리

그림 6.15 마이크로 기계 시스템을 제조하기 위한 최소한의 단계들

증착공정이 제조공정의 첫 번째 그룹을 형성한다. 증착기법에는 **에피택시,**[66*] **스퍼터 증착,** 산화, 기화, **화학적 기상증착**(CVD) 또는 **스핀코팅** 등이 포함되며 서로다른 소재들과 물리적인 조건에 따라서 각각의 기법들이 개발된다. 다음 공정으로는 이후의 에칭공정에 대한 보호층을 생성하기 위한 **노광공정**이 일반적으로 적용된다. 리소그래피 공정은 일반적으로 다음과 같이 세분화된다. 우선 앞선 공정에서 제조된 마이크로 콤포넌트들(실리콘 모재 위에 미리 증착된 박막층) 위에 포토레지스트층을 입힌다. 다음으로 크롬 패턴이 새겨진 투명 유리 마스크를 사용한 광학식 노광을 통해서 패턴이 **포토레지스트** 층에 전사(프린트)된다. (**양화색조** 레지스트의 경우)빛에 노출된 레지스트를 제거하거나 (**음화색조** 레지스트의 경우)빛에 노출되지 않는 레지스트를 제거하여 마스크 패턴을 레지스트 층에 전사하여 가공하면 노광공정이 완료된

66* epitaxy : 고온 증기를 사용하여 반도체 기판상에 박막을 증착하는 방법, 역자 주

다. 이미 증착되어 있는 박막 소재를 실리콘 모재로부터 선택적으로 제거하는 추가적인 에칭공정이 수행된다. 최종 제품이 필요로 하는 정밀도에 따라서 습식 에칭이나 건식에칭 공정이 사용된다. 새롭게 개발된 **심도반응성 이온식각(DIRE)**기법을 사용하면 약 $500[\mu m]$ 깊이의 채널을 가공할 수 있다.

몇 년 전까지만 해도 LIGA 공정이 정밀하고 종횡비가 큰 마이크로콤포넌트를 만들기 위한 방법으로 자리잡을 것이라고 생각되었다. LIGA[67*]는 리소그래피, 전기주조 및 인젝션 몰딩의 합성어(에르펠트와 에르펠트[88] 및 구켈[70] 참조)로서, 앞서 설명했던 일반적인 증착-노광-에칭 공정과 유사하다. LIGA 공정은 최대 $1,000[\mu m]$ 두께의 레지스트층을 노광할 수 있다. 광학식 노광공정을 사용하는 대신에, LIGA 에서는 조준된 X-선을 사용하여 레지스트층의 심층노광을 실현하였다. 이후의 공정으로 레지스트 소재 내에 생성된 공동에 금, 구리, 알루미늄 또는 니켈과 같은 소재를 채워 넣기 위해서 도금과 몰딩공정이 시행된다. 마지막 단계에서 레지스트 몰드를 제거하면 마이크로 기구물이 만들어진다. LIGA 공정을 통해서 종횡비가 매우 큰 마이크로부품을 제작할 수 있다.

67* LIthographie Galvanoformung Abformung

·· 참고문헌 ··

1. Freudenthal, A.M., *Introduction to the Mechanics of Solids*, John Wiley & Sons, New York, 1966.

2. Shanley, F.R., *Strength of Materials*, McGraw-Hill, New York, 1957.

3. Wang, C.M., Lam, K.Y., He, X.Q., and Chucheepsakul, S., Large deflections of an end supported beam subjected to a point load, *International Journal of Non-Linear Mechanics*, 32(1), 63, 1997.

4. Dado, M.H., Variable parametric pseudo-rigid-body model for large deflection beams with end loads, *International Journal of Non-Linear Mechanics*, 36, 1123, 2001.

5. Lee, K., Large deflections of cantilever beams of non-linear elastic material under a combined loading, *International Journal of Non-Linear Mechanics*, 37, 430, 2002.

6. Ohtsuki, A. and Ellyn, F., Large deformation analysis of a square frame with rigid joints, *Thin-Walled Structures*, 38, 79, 2000.

7. Hamdouni, A., Interpretation geometrique de la decomposition des equations de compatibilite en grandes deformations, *Mecanique des Solides et des Structures*, 328, 709, 2000.

8. Pai, P.F. and Palazotto, A.N., Large-deformation analysis of flexible beams, *International Journal of Solids and Structures*, 33(9), 1335, 1996.

9. Gummadi, L.N.B. and Palazotto, A.N., Large strain analysis of beams and arches undergoing large rotations, *International Journal of Non-Linear Mechanics*, 33(4), 615, 1998.

10. Wriggers, P. and Reese, S., A note on enhanced strain methods for large deformations, *Computer Methods in Applied Mechanics and Engineering*, 135, 201, 1996.

11. Zelenina, A.A. and Zubov, L.M., The non-linear theory of the pure bending of prismatic elastic solids, Journal of Applied Mathematics and Mechanics, 64(3), 399, 2000.

12. Oguibe, C.N. and Webb, D.C., Large deflection analysis of multilayer cantilever beams subjected to impulse loading, Computers and Structures, 78(1), 537, 2000.

13. Fortune, D. and Vallee, C., Bianchi identities in the case of large deformations, International Journal of Engineering Science, 39(2), 113.

14. Howell, L.L. and Midha, A., A method for the design of compliant mechanisms with small-length flexural pivots, ASME Journal of Mechanical Design, 116, 280, 1994.

15. Howell, L.L. and Midha, A., Parametric deflection approximations for initially curved, large deflection beams in compliant mechanisms, in Proc. of the 1996 ASME Design Engineering Technical Conferences and Computers in Engineering Conference, 1996, p. 1.

16. Shoup, T.E. and McLarnan, C.W., A survey of flexible link mechanisms having lower pairs, Journal of Mechanisms, 6, 97, 1971.

17. Shoup, T.E. and McLarnan, C.W., On the use of the undulating elastica for the analysis of flexible link mechanisms, ASME Journal of Engineering for Industry, 93(1), 263, 1971.

18. Shoup, T.E., On the use of the nodal elastica for the analysis of flexible link devices, ASME Journal of Engineering for Industry, 94(3), 871, 1972.

19. Saggere, L. and Kota, S., Synthesis of planar, compliant four-bar mechanisms for compliant-segment motion generation, ASME Journal of Mechanical Design, 123, 535, 2001.

20. Shoup, T.E. and McLarnan, C.W., On the use of a doubly clamped flexible strip as a nonlinear spring, ASME Journal of Applied Mechanics, June, 559, 1971.

21. Jensen, B.D., Howell, L.L., and Salmon, L.G., Design of two-link, in-plane, bistable compliant micro-mechanisms, ASME Journal of Mechanical Design, 121, 416, 1999.

22. Edwards, B.T., Jensen, B.D., and Howell, L.L., A pseudo-rigid-body model for initially-curved pinned-pinned segments used in compliant mechanisms, ASME Journal of Mechanical Design, 123, 464, 2001.

23. Saxena, A. and Ananthasuresh, G.K., Topology synthesis of compliant mechanisms for non-linear force-deflection and curved path specifications, ASME Journal of Mechanical Design, 123, 33, 2001.

24. Timoshenko, S.P. and Gere, J.M., Theory of Elastic Stability, 2nd ed., McGraw-Hill, New York, 1961.

25. Allen, H.G. and Bulson, P.S., Background to Buckling, McGraw-Hill, London, 1980.

26. Chen, W.F. and Lui, E.M., Structural Stability: Theory and Implementation, Elsevier Science, New York, 1987.

27. Timoshenko, S.P., History of Strength of Materials, Dover, New York, 1983.

28. Den Hartog, J.P., Strength of Materials, Dover, New York, 1977.

29. Den Hartog, J.P., Advanced Strength of Materials, Dover, New York, 1987.

30. Boresi, A.P., Schmidt, R.J., and Sidebottom, O.M., Advanced Mechanics of Materials, 5th ed., John Wiley & Sons, New York, 1993.

31. Tenenbaum, M. and Pollard, H., Ordinary Differential Equations, Dover, New York, 1985.

32. Demidovich, B.P. and Maron, I.A., Computational Mathematics, MIR Publishers, Moscow, 1987.

33. Young, W.C., Roark's Formulas for Stress and Strain, 6th ed., McGraw-Hill, New York, 1989.

34. Maluf, N., *An Introduction to Microelectromechanical Systems Engineering*, Artech

House, Boston, 2000.

35. Budynas, R.G., *Advanced Strength and Applied Stress Analysis*, McGraw-Hill, New York, 1977.

36. Lobontiu, N., Goldfarb, M., and Garcia, E., Achieving maximum tip displacement during resonant excitation of piezoelecrtically-actuated beams, *Journal of Intelligent Material Systems and Structures*, 10, 900, 1999.

37. Burgreen, D., *Elements of Thermal Stress Analysis*, first ed., C.P. Press, New York, 1971.

38. Kirsch, U., *Optimum Structural Design*, McGraw-Hill, New York, 1981.

39. Rozvany, G.I.N., *Structural Design via Optimality Criteria*, Kluwer Academic, Dordrecht, 1989.

40. Haftka, R.T., Gurdal, Z., and Kamat, M.P., *Elements of Structural Optimization*, Kluwer Academic, Dordrecht, 1990.

41. Bennett, J.A. and Botkin, M.E., Eds., *The Optimum Shape-Automated Structural Design*, Plenum Press, New York, 1986.

42. Vanderplaats, G.N., *Numerical Optimization Techniques for Engineering Design*, McGraw-Hill, New York, 1984.

43. Takaaki, O. and Toshihiko, S., Shape optimization for flexure hinges, *Journal of the Japan Society for Precision Engineering*, 63(10), 1454, 1997.

44. Silva, E.C.N., Nishiwaki, S., and Kikuchi, N., Design of flextensional transducers using the homogenization design method, unpublished data, 1999.

45. Bendsoe, M.P., *Optimization of Structural Topology: Shape and Material*, Springer-Verlag, Berlin, 1995.

46. Haftka, R.T. and Grandhi, R.V., Structural shape optimization: a survey, *Journal of Computer Methods in Applied Mechanics and Engineering*, 57, 91, 1986.

47. Belegundu, A.D., Optimizing the shapes of mechanical components, *Mechanical Engineering, January*, 44, 1993.

48. Frecker, M.I., Ananthasuresh, G.K., Nishiwaki, S., Kicuchi, N., and Kota, S., Topological synthesis of compliant mechanisms using multi-criteria optimization, *ASME Journal of Mechanical Design*, 119, 238, 1997.

49. Nishiwaki, S., Frecker, M.I., Min, S., and Kikuchi, N., Structural optimization considering flexibility: formulation of equation and application to compliant mechanisms, *JSME International Journal*, 63(612), 2657, 1997.

50. Nishiwaki, S., Frecker, M.I., Min, S., Susumu, E., and Kikuchi, N., Structural optimization considering flexibility: integrated design method for compliant mechanisms, *JSME International Journal*, 41(3), 476, 1998.

51. Nishiwaki, S., Frecker, M.I., Min, S., and Kikuchi, N., Topology optimization of compliant mechanisms using the homogenization method, *International Journal for Numerical Methods in Engineering*, 42(3), 535, 1998.

52. Hetrick, J.A., Kikuchi, N., and Kota, S., Robustness of compliant mechanism topology optimization formulation, proceedings of the 1999 Smart Structures and Materials: Mathematics and Control in Smart Structures, *Proc. SPIE Conference*, 3667, 244, 1999.

53. Hetrick, J.A. and Kota, S., Energy formulation for parametric size and shape optimization of compliant mechanisms, *ASME Journal of Mechanical Design*, 121(2), 229, 1999.

54. Sigmund, O., On the design of compliant mechanisms using topology optimization, *Mechanics of Structures and Machines*, 25(4), 493, 1997.

55. Tai, K. and Chee, T.H., Design of structures and compliant mechanisms by evolutionary optimization of morphological representations of topology, *ASME Journal of Mechanical Design*, 122, 560, 2000.

56. Saxena, A. and Ananthasuresh, G.K., Topology synthesis of compliant mechanisms for non-linear force-deflection and curved path specifications, ASME Journal of Mechanical Design, 123, 33, 2001.

57. Giurgiutiu, V. and Rogers, C.A., Power and energy characteristics of solid-state induced-strain actuators for static and dynamic applications, Journal of Intelligent Material Systems and Structures, 8(9), 738, 1997.

58. Moulson, A.J. and Herbert, J.M., Electroceramics: Materials, Properties, Applications, Chapman & Hall, London, 1991.

59. Haertling, G.H., Ferroelectric ceramics: history and technology, Journal of the American Ceramic Society, 82(4), 797, 1999.

60. Li, G., Furman, E., and Haertling, G.H., Stress-enhanced displacements in PLZT rainbow actuators, Journal of the American Ceramic Society, 80(6), 1382, 1997.

61. Li, X., Shih, W.Y., Aksay, I.A., and Shih, W.-H., Electromechanical behavior of PZT-brass unimorphs, Journal of the American Ceramic Society, 82(7), 1753, 1999.

62. Li, X., Artuli, J.S., Milius, D.L., Aksay, I.A., Shih, W.-Y., and Shih, W.-H., Electromechanical properties of a ceramic d31-gradient flextensional actuator, Journal of the American Ceramic Society, 82(7), 1753, 1999.

63. Park, S.-E. and Shrout, T.R., Ultrahigh strain and piezoelectric behavior in relaxor based ferroelectric single crystals, Journal of Applied Physics, 82(4), 1804, 1997.

64. Clephas, B. and Janocha, H., New linear motor with hybrid actuator, Proc. SPIE Conference, 3041, 316, 1997.

65. Kornbluh, R., Eckerle, J., and Andeen, G., Electrostrictive polymer artificial muscle

actuators, paper presented at the International Conference on Robotics and Automation, ICRA98, Leuven, Belgium, 1998.

66. Pelrine, R., Kornbluh, R., Joseph, J., Heydt, R., Pei, Q., and Chiba, S., High-field deformation of elastomeric dielectrics for actuators, *Materials Science and Engineering*, Series C, 11, 89, 2000.

67. Otsuka, K. and Wayman, C.M., Eds., *Shape Memory Materials*, Cambridge University Press, London, 1998.

68. Monkman, G.J., Advances in shape memory polymer actuation, *Mechatronics*, 10, 489, 2000.

69. Howe, D., Magnetic actuators, *Sensors and Actuators, Series A: Physical*, 81, 268, 2001.

70. Guckel, H., Micromechanisms, *Philosophical Transactions of the Royal Society: Physical Sciences and Engineering*, Series A, 1703, 355, 1995.

71. Cao, L., Mantell, S., and Polla, D., Design and simulation of implantable medical drug delivery system using microelectromechanical systems technology, *Sensors and Actuators, Series A: Physical*, 94, 117, 2001.

72. Roberts, D.C. et al., A high-frequency, high-stiffness piezoelectric actuator for microhydraulic applications, *Sensors and Actuators, Series A: Physical* (in press).

73. Quandt, E. and Ludwig, A., Magnetostrictive actuation in microsystems, *Sensors and Actuators, Series A: Physical*, 81, 275, 2000.

74. Garnier, A. et al., Magnetic actuation of bending and torsional vibrations for two-dimensional optical-scanner application, *Sensors and Actuators, Series A: Physical*, 84, 156, 2000.

75. Khoo, M. and Liu, C., Micro magnetic silicone elastomer membrane actuator, *Sensors and Actuators, Series A: Physical*, 89, 259, 2001.

76. Maekoba, H. et al., Self-aligned vertical mirror and V-grooves applied to an optical switch: modeling and optimization of bi-stable operation by electromagnetic actuation, *Sensors and Actuators, Series A: Physical*, 87, 172, 2001.

77. Butefisch, S., Seidemann, V., and Buttgenbach, S., Novel micro-pneumatic actuator for MEMS, *Sensors and Actuators, Series A: Physical* (in press).

78. Liew, L.-A., Tuantranont, A., and Bright, V.M., Modeling of thermal actuation in a bulk-micromachined CMOS micromirror, *Microelectronics Journal*, 31, 791, 2000.

79. Jeong, O.C. and Yang, S.S., Fabrication of a thermopneumatic microactuator with a corrugated p+ silicon diaphragm, *Sensors and Actuators, Series A: Physical*, 80, 62, 2002.

80. Minett, A. et al., Nanotube actuators for nanomechanics, *Current Applied Physics*, 2, 61, 2002.

81. Chan, H.B. et al., Quantum mechanical actuation of microelectromechanical systems by the Casimir force, Science, 29(5510), 1941, 2001.

82. McGeough, J.A., *Advanced Methods of Machining*, Chapman & Hall, London, 1988.

83. Hatschek, R.L., EDM update '84, *American Machinist*, March, 113, 1984.

84. Xiaowei, L., Zhixin, J., Jiaqi, Z., and Jinchun, L., A combined electrical machining process for the production of a flexure hinge, *Journal of Materials Processing Technology*, 71, 373, 1997.

85. Henein, S., Aymon, C., Bottinelli, S., and Clavel, R., Fatigue failure of thin wireelectrodischarge machined flexible hinges, proceedings of the 1999 Microrobotics and Microassembly, *Proc. SPIE Conference*, 3834, 110, 1999.

86. Madou, M., *Fundamentals of Microfabrication*, CRC Press, Boca Raton, FL, 1997.

87. Lang, W., Reflexions on the future of microsystems, *Sensors and Actuators, Series A: Physical*, 72, 1, 1999.

88. Ehrfeld, W. and Ehrfeld, U., Progress and profit through micro technologies: commercial applications of MEMS/MOEMS, in Reliability, Testing, and Characterization of MEMS/MOEMS, *Proc. of SPIE Conference*, 4558, 2001.

CHAPTER 07

플랙셔 기반 유연 메커니즘의 적용

COMPLIANT MECHANISMS:
DESIGN OF FLEXURE HINGES

CHAPTER 07 플랙셔 기반 유연 메커니즘의 적용

이 책의 서언뿐만 아니라 1장에서도 플랙셔 힌지와 플랙셔 기반의 유연 메커니즘들을 사용하는 산업적 적용사례 증가의 중요성에 대해서 역설하고 있다. 자동차, 항공, 컴퓨터, 무선통신, 광학 그리고 의료산업 등, 수많은 분야에서 매크로 스케일 및 마이크로 스케일의(미세가공 시스템 또는 MEMS) 유연 메커니즘들을 사용하고 있다. 여기서 다루는 사례들은 수많은 플랙셔 기반의 유연 메커니즘들로부터 추출해낸 일부의 사례에 불과하다. 제시된 사례들은 게제허가를 얻어낼 수 있는 능력뿐만 아니라 주관적 판단에 의해서도 영향을 받았다. 그러므로 불가피한 생략에 대해서는 미리 양해를 구하는 바이다. 이 단원은 시작부분에서는 몇 가지 대규모 플랙셔 기반 유연 메커니즘에 대해서 소개하며, 마지막에서는 MEMS 분야 사례들을 살펴보기로 한다.

7.1 대규모 적용

이 절에서 소개하는 대규모 플랙셔 기반 유연 메커니즘의 사례들은 다수의 메커니즘 구조에서 일반화되어 있는 작동 원리를 강조하기 위한, 실제 설계의 사진(허가를 취득한 경우)이나 개념도를 기반으로 하고 있다.

가장 단순한 플랙셔 기반 유연 메커니즘은 본질적으로, **그림 7.1**에 도시되어 있는 것처럼 단일 플랙셔 힌지로 이루어진다. 비교적 긴 플랙셔는 일반적인 고강성 특성과 더불어서 양호한 열 안정성을 보장받기 위해서 파이버 체적이 60%에 달하는 탄소 기반의 복합재료로 제작된다. **그림 7.1**에 도시되어 있는 플랙셔는 소재의 탄성특성을 보완하면서도 매우 낮은 측면방향 강성과 매우 높은 축방향 강성을 갖게 되어, 이 부품이 다른 요소의 정밀한 측면 병진운동을 만들어낼 수 있도록 종횡비가 선정된다.

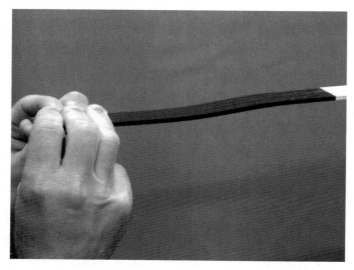

그림 7.1 측면방향 고강성의 목적으로 사용되는 복합 플랙셔 힌지(Courtesy of Foster–Miller)

그림 7.2에서는 광학 마운트가 스케치되어 있으며, 출력판에 고정되어 있는 광학요소(일반적으로 반사경)의 방위를 조절하는 장치로 사용된다. 이런 용도에서는 민감하지 않은 축방향에 대한 비틀림과 굽힘에 대해서 낮은 민감도를 갖도록 만들기 위해서 두 플랙셔의 폭이 비교적 넓다. 기본적으로 이 장치는 세 개의 강체 링크와 두 개의 플랙셔 힌지로 이루어진 공간 직렬 유연 메커니즘이며 출력판에서 2자유도를 갖는 회전운동을 구현하기 위해서 중간판 및 출력판을 구동시킨다. 이 설계구조의 약점은 열에 대한 민감도로서, 아이러니컬하게도, 열에 의해서 변형되기 쉬운 플랙셔 힌지 자체에서 열이 발생된다. 이런 이유 때문에 출력 포트에서 정밀운동을 구현할 수 있는 능력이 저하된다.

정밀한 플랙셔 기반의 유연 메커니즘들은 나노미터 또는 나노미터 이하급의 출력운동이 필요한 광학, 무선통신, 광통신 그리고 레이저 산업 등에서 위치결정/정렬의 목적으로 자주 사용

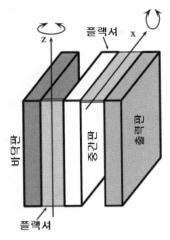

그림 7.2 2자유도 공간 직렬 플랙셔 기반 유연 메커니즘으로 이루어진 광학 마운트

되고 있다. 톨버트[1]는 광통신 제조분야에서 나노 정렬과 나노 위치결정에 사용하기 위한 특수한 형상을 발표하였으며 분해능, 반복도, 안정성, 자동화 그리고 소프트웨어 제어 등과 같은 과정들에 영향을 끼치는 주요 인자들에 대해서 논의하였다. 기본적으로, 출력포트에서의 고정밀 운동능력을 구현하기 위해서는, 다양한 구조들 중에서 두 가지 운동모듈들을 설계 및 조합할 수 있다. **그림 7.3**에서는 이들 두 가지 기본 장치들에 대해서 설명하고 있다. **그림 7.3a**에 도시되어 있는 $x-y-\theta$ 스테이지라고도 알려져 있는 메커니즘은 2차원 운동을 생성할 수 있는 최소한의 평면형 병렬구조이다. A_1, A_2 그리고 A_3의 세 개의 작동기 입력을 조합하여 x 및 y의 임의의 두 방향에 대한 개별적인 병진운동과 더불어서 **순간회전중심**에 대한 순수회전이나 여타 경로에 대한 운동 등을 구현할 수 있다. 플랙셔 체인들인 F_1, F_2 그리고 F_3 등은 단일 플랙셔 유닛으로 표현되어 있지만, 실제로는 이들을 서로 다른 토폴로지를 갖는 여러 개의 플랙셔들과 강체 링크들로 구성할 수 있다. **그림 7.3b**에서는 평면 외 운동을 만들어내는 주요 형태들의 여러 가지 기본설계들을 도시하고 있다. 이 경우 **그림 7.3b**에 표시되어 있는 것처럼, 자기평면의 바깥쪽으로 이 판을 움직이기 위해서는 출력 플랫폼 평면에 수직으로 놓여 있는 성분들을 가지고 있어야만 한다. **그림 7.3a**에 도시되어 있는 상황에서, 플랙셔 힌지들은 출력 플랫폼의 평면에 대해서 민감축 방향이 수직으로 배열되어 있지만, **그림 7.3b**의 유연 메커니즘에서 플랙셔 힌지는 의도하는 평면 외 운동성분을 만들어내기 위해서 출력 플랫폼 평면에 대해서 평행한 민감축을 가지고 있다. $x-y-\theta$ 스테이지가 만들어낼 수 있는 고유한 운동과 유사하게, **그림 7.3b**의 스테이지(x 스테이지라고도 부른다)는 이들 세 개의 기본 운동조건들의

다양한 조합을 통해서, z축에 대해서 순수한 병진운동과 출력 플랫폼 평면상에 놓여 있는 임의의 두 축에 대한 회전운동 또는 여타의 혼합운동을 만들어낼 수 있다.

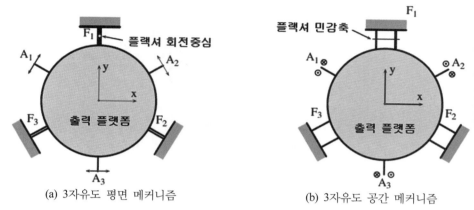

(a) 3자유도 평면 메커니즘   (b) 3자유도 공간 메커니즘

그림 7.3 정밀 위치결정/정렬을 위한 플랙셔 기반 스테이지들

여기서 나타내고 있는 두 유연 메커니즘 각각은 3자유도 시스템처럼 작용하며, 이들의 조합은 6자유도 공간 전체를 포괄할 수 있는 구조를 만들어낸다. 이런 6자유도 메커니즘에 의해서 구동되는 출력 플랫폼이 출력 링크의 각도 위치를 지정하기 위해서 관습적으로 사용되는 롤, 피치 그리고 요 각도와 함께 **그림 7.4**에 도시되어 있다.

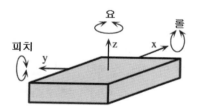

그림 7.4 공간 메커니즘을 위한 출력 플랫폼과 주 회전각도들

이 단원의 후속 절들에서 제시되어 있는 몇 가지 설계들은 다양한 구조와 출력 성능에 대해서 설명하고 있다. 예를 들면 **그림 7.5**에서는 2단 스테이지가 압전 적층 작동기로부터의 입력 운동을 증폭시켜주어 출력 운동이 입력 운동에 평행하게 이루어지는 평면형 직렬 유연 디바이스를 보여주고 있다. 이 메커니즘은 작동원과 수평 및 수직으로 종축방향이 배치되어 있는 대칭 및 비대칭 필렛 모서리형 플랙셔 힌지들을 가지고 있다.

그림 7.5 압전 작동기를 갖춘 2단 평면 직렬형 플랙셔
기반 유연 메커니즘(Courtesy of Dynamic
Structures and Materials)

그림 7.6 압전 작동기를 갖춘 평면형 하이브리드 증폭
메커니즘(Courtesy of Dynamic Structures
and Materials)

그림 7.6에 도시되어 있는 평면 하이브리드 증폭형 유연 메커니즘은 이중 대칭구조를 가지고
있다. 두 개의 직렬로 연결된 적층 작동기로부터 입력에 대해서 직각방향으로 놓여 있는 출력방향
으로 입력 운동을 증폭시키기 위해서 이 구조에서는 비대칭 필렛 모서리형 플랙셔 힌지들을 채용
하고 있다. 적층 작동기들은 복귀 스프링으로도 작용하는 와이어에 의해서 예하중을 받고 있다.

그림 7.7에서는 그림 7.3b에 도시되어 있는 $x - y - \theta$ 스테이지가 실제로 적용된 설계 사례를
개략적으로 보여주고 있다. 입력운동을 증폭시키도록 설계되어 있는 동일한 직렬형 플랙셔
기반 체인들을 통해서 세 개의 적층형 작동기들이 입력 운동을 가한다. 다양한 작동기 운동의
조합을 통해서 서로 다른 출력경로를 만들어낼 수 있다.

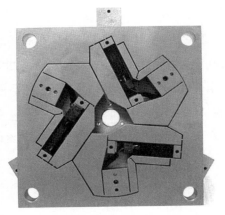

그림 7.7 $x - y - \theta$ 위치결정을 위한 세 개의 작동기를
갖춘 평면형 하이브리드 플랙셔 기반 플랫폼
(Courtesy of Dynamic Structures and Materials)

그림 7.8 복잡한 위치결정을 위한 공간 하이브리드 플랙
셔 기반의 유연 메커니즘(Courtesy of Dynamic
Structures and Materials)

그림 7.8에서 도시되어 있는 공간 플랙셔 기반의 설계는 그림 7.3b의 원리도를 기반으로 하고 있다. 이 메커니즘에는 그림 7.6에 도시되어 있는 유형의 세 개의 압전구동형 디바이스에서 생성된 선형증폭 운동이 입력된다. 세 개의 입력 유닛이 동일하게 작동하면 순수한 수직방향 병진운동이 생성된다. 세 개의 작동기가 서로 다른 운동을 입력하면 혼합 운동이 만들어진다. 그림 7.8에 도시되어 있는 삼각형 강체 링크로 이루어진 세 개의 스테이지들은, 굽힘, 축방향 부하 그리고 비틀림을 지탱할 수 있는, 와이어처럼 생긴 세 개의 플랙셔 힌지들에 의해서 서로 연결되어 있다.

현재까지의 문헌들을 통해서 여타의 다양한 플랙셔 기반 유연 메커니즘 구조들이 제시되었으며, 다음에서 이들 중 몇 가지에 대해서 소개할 예정이다. 박 등[2]은 대변위와 큰 작용력을 갖고 있는 콤팩트 한 변위 누적 디바이스(일종의 인치 웜 형태)의 설계를 발표하였다. 킹과 쉬[3]는 압전모터의 성능분석을 위하여 압전 구동방식 플랙셔 기반 증폭 메커니즘의 두 가지 프로토타입을 설계하였다. 쉬와 킹[4]은 원형, 필렛 모서리형 그리고 타원형 플랙셔 힌지 등과 같은 서로 다른 유형의 플랙셔 힌지들을 사용하여 제작된 유연 메커니즘의 성능을 비교하였다. 류 등[5]은 세 개의 적층 작동기에 의해서 구동되는 플랙셔 기반의 $x-y-\theta$ 스테이지를 개발하였다. 성능 최적화 시뮬레이션을 위한 도구로 사용되는, 메커니즘의 정적 응답에 대한 매개변수화된 수학적 모델이 제시되었다. 레니 등[6]은 수평방향 입력운동을 출력 포트에서 수직방향으로 변환시켜주는 증폭 체인을 사용하는, 압전 구동방식 마이크로 위치결정 스테이지의 설계 및 해석에 대해서 발표하였다. 첸 등[7]은 입자가속기 x-선 장비 반사경의 위치결정 시스템에 사용되는 플랙셔 기반 스테이지를 설계 및 시험하였다. 최 등[8]은 고 분해능 스텝 이송 노광을 위한 리소그래피 장비의 방위결정 스테이지 설계를 발표하였다.

그림 7.9에서는, 그림 7.3b에 스케치되어 있는 z 스테이지의 부정렬을 수용할 수 있는 서스펜션, 자이로스코프 그리고 커플링들을 사용하는 플랙셔 기반의 설계의 가능한 또 다른 방안을 설명하고 있다. 그림 7.9의 실린더는 중공형이며, (심볼로 나타낸)플랙셔 힌지들은 예를 들면 와이어방전가공을 통해서 만들 수 있다. 축방향으로 서로 반대 단면에 위치한 튜브들은, 플랙셔 힌지들에 의해서 만들어낼 수 있는 이런 유형의 운동들처럼, 서로에 대해서 상대적으로 움직일 수 있다. 그림 7.10에서는 이 원리를 기반으로 하는 설계를 보여주고 있으며, 이것은 그림 7.3b에 스케치되어 있는 유형의 z 스테이지 메커니즘을 사용할 수 있다.

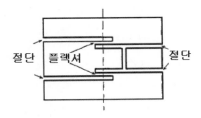

그림 7.9 평면 외 작동을 위한 플랙셔 기반의 실린더

그림 7.10 평면 외 위치결정을 위한 z 스테이지(Courtesy of Piezomax Technologies)

플랙셔 기반의 또 다른 그룹에는 웨인스테인[9]에 의해서 최초로 설명 및 모델링되었던, 소위 플랙셔 피벗이나 베어링이 포함된다. **그림 7.11a**에서는 동심인 두 개의 분리된 튜브들 사이에서 제한된 상대회전을 만들어내도록 설계된 **플랙셔 피벗**의 작동원리를 보여주고 있다. 두 개의 분리된 튜브 양단에 플랙셔 스트립이 부착되며, (이상적으로는 두 튜브들의 중심에 배열되어

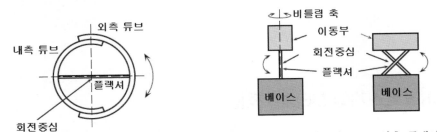

(a) 단일 플랙셔의 굽힘을 통한 상대회전구조 (b) 단일 플랙셔 굽힘/비틀림 (c) 교차축 플랙셔 피벗
을 통한 상대회전

그림 7.11 플랙셔 힌지의 분류

있는 플랙셔의 중심에서 발생되는) 굽힘작용을 통해서, 하나의 튜브는 다른 튜브에 대해서 상대적으로 회전할 수 있다. 이 시스템의 하중지지 용량을 증가시키기 위해서 축방향으로 배치된 둘 또는 더 많은 플랙셔 힌지들이 사용될 수 있다. **그림 7.11b**에서는 연결된 플랙셔 힌지의 굽힘과 비틀림을 통해서 베이스와 운동부분 사이의 상대적인 회전을 일으킬 수 있는, 플랙셔 피벗의 또 다른 설계를 보여준다. 교차축 플랙셔 피벗이 **그림 7.11c**에 도시되어 있으며 이것의 거동에 대한 모델링은 스미스[10] 및 옌센과 하월[11]에 의해서 개발되었다.

그림 7.12에서는 TRW 에어로노티컬 시스템스社에 의해서 개발된 Free-Flex® 피벗을 사용하는 로드셀을 보여주고 있다. 이 피벗은 **그림 7.11**을 기반으로 하고 있으며, 서로 90° 각도로 벌어져 있고 축방향으로도 떨어져 있는 두 개의 플랙셔 힌지로 구성된다.

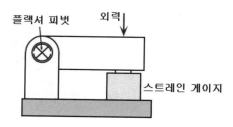

그림 7.12 Free-Flex® 피벗을 사용하는 로드셀(Adapted from TRW Aeronautical Systems)

골드팝과 스피치[12]에 의해서 설계 및 모델링된 플랙셔 피벗의 또 다른 변종을 **분할튜브 플랙셔**라고 부르며 유연영역의 굽힘과 비틀림 모두를 수용함으로써, 양단 간의 큰 상대회전을 생성할 수 있다.

플랙셔 힌지의 또 다른 재미있는 적용사례가 보조장구로 사용되는 두 개의 짧은 플랙셔형 발목 보조 조인트를 개발한, 칼슨 등[13]에 의해서 발표되었다. 이 설계는 축방향 및 비틀림 부하에 대해서 거의 둔감하다는 장점을 가지고 있으며, 따라서 매우 안정하다.

7.2 마이크로스케일(MEMS) 적용

이 단원의 이 절에서는 플랙셔 힌지와 플랙셔 기반 유연 메커니즘이 MEMS에서 사용되는 예들을 몇 가지 적용사례들을 통해서 설명하고 있다. 적용사례들은 단일 플랙셔와 다중 플랙셔 유연 구조들로 구분되어 있다.

7.2.1 단일 플랙셔 마이크로 유연 메커니즘

7.2.1.1 마이크로칸틸레버

마이크로칸틸레버들은 원래 **원자 작용력 현미경**(AFM) 내에서 작용력을 측정하기 위한 초정밀 도구로 사용되었다. 크기가 마이크로미터 수준으로 줄어들므로, 이런 유형의 센서들은 컴팩트하고 경량이며 작동에 소량의 에너지를 필요로 한다. 원자 작용력 현미경 적용사례의 경우, **그림 7.13a**에 도시된 것처럼 마찰 표면을 최소화시키기 위해서, 탐침은 일반적으로 외팔보의 자유단 끝에 부착된다.

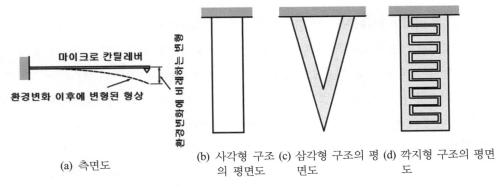

(a) 측면도   (b) 사각형 구조의 평면도   (c) 삼각형 구조의 평면도   (d) 깍지형 구조의 평면도

그림 7.13 마이크로칸틸레버의 작동과 주요 형상들

몇 가지 외팔보 구조가 실제로 사용되었으며, **그림 7.13b~d**에서는 이들 중 일부를 보여주고 있다. **그림 7.13c**에는 삼각형 구조가 도시되어 있다. 중공형 변종이 도시되어 있지만 특히, 외팔보의 길이방향으로 일정한 응력이 가해질 것으로 예상되는 실제 적용분야의 경우에는, 중실형 구조역시 가능하다. 외팔보의 주 굽힘 작동모드를 훼손시키지 않도록 비틀림 효과를 최소화시켜야만 하는 경우에 삼각형 형상이 채용된다. **그림 7.13d**에서는 회절을 이용한 광학계측에 사용되는 깍지형 외팔보의 형상을 보여주고 있다.

그림 7.14에서 설명하고 있듯이 마이크로칸틸레버의 작은 선단부 변형을 측정하기 위한 광학적 방법은, 입사광선을 반사위치 광검출 소자로 반사시키기 위해서 반사코팅이 증착되어 있는, 마이크로칸틸레버의 선단부에 광선빔을 조사하는 것이다. 검출 소자는 비례방식으로 마이크로칸틸레버의 선단부 변형을 모니터링한다. 반사된 광선빔을 검출하는 기법에 따라서, 광 검출기로 반사광선을 기록하는 **광학식 레버 변형방법**, 반사 광선빔과 광원에서 직접 송출된 빔에 의해서 생성되는 간섭무늬를 읽어내는 **간섭법** 그리고 **그림 7.13d**에 도시된 것과 유사한 깍지형

마이크로칸틸레버에 의해서 생성되는 회절을 읽어내는 **회절패턴법** 등과 같이, 선단부 변형을 측정하는 서로 다른 세 가지 광학적 방법을 사용할 수 있다.

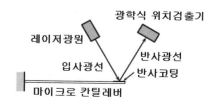

그림 7.14 마이크로칸틸레버를 사용한 광학측정의 원리

옹스트롬 이하의 분해능을 구현할 수 있는 마이크로칸틸레버 선단부 변형의 광학식 측정방법과 더불어서 동일한 목적을 위해서 전기적인 원리와 방법도 사용되고 있다. 레이테리 등[14]에 의해서 논의된 것과 같이, 마이크로 작동기의 굽힘에 의해서 정전용량이 변화하는 전기자 이동식 커패시터처럼, 마이크로칸틸레버를 작동시킬 수 있다. 또한 **휘트스톤 브릿지**(스트레인 게이지) 원리에 기초하여 변형을 검출하기 위해서 저항패턴을 마이크로칸틸레버에 전사해놓으면, **전기감응성 방법**을 사용해서 굽힘을 정량화시킬 수 있다. 마이크로칸틸레버의 변형을 전기적으로 모니터링하는 또 다른 방법은 압전 박막을 변환기에 도포하여 **압전효과**를 통해서 복합체 센서의 기계적인 변형을 전기 신호로 변환 시키는 것이다.

마이크로칸틸레버는 정적 변형을 측정할 때에는 정적(준정적)모드로 사용할 수 있으며, 측정량이 진동 시스템의 고유진동수인 경우에는 진동모드로 사용한다. 원자 작용력 현미경 (AFM) 용도에서 힘 센서로 사용되는 것과 별개로, 마이크로칸틸레버를 여타의 여러 용도로 사용할 수 있다. 금속 층을 증착한 다음에 작동기 부분에서 상세히 논의되었던 것처럼 열에너지를 흡수량에 따라서 마이크로칸틸레버에 변형력을 가하는 소재성분들 사이의 열팽창계수들 차이를 이용하면 마이크로칸틸레버를 열 센서처럼 작용하도록 조절할 수 있다. 바이메탈 마이크로칸틸레버 빔의 열 민감도를 10^{-5}[K] 수준으로 만들 수 있다(레이테리 등[14]과 오덴 등[15]의 사례 참조). 열 분야에서 마이크로칸틸레버의 또 다른 응용사례에는 센서가 아토 줄 단위의 수준까지 에너지 레벨을 측정할 수 있는 박막코팅의 열량측정기와 광열스펙트럼이 포함된다. 위상변화 위치에서, 마이크로칸틸레버는 센서 선단부에 붙어 있는 피코그램 단위의 양에 대해서 500 피코 줄의 엔탈피 변화를 검출할 수 있다.

마이크로칸틸레버는 또한 시스템의 진동응답 변화를 모니터링하여 매우 소량 물질의 존재를 검출할 수 있다. 고유진동수의 동일한 변화에 기초하여 소량의 외부감쇄 역시 검출할 수 있으며 이 경우, 마이크로칸틸레버는 감쇄 센서의 기능을 수행한다. 오덴 등[15]은 압전효과를 사용해서 적외선(IR) 방사를 검출할 수 있는 마이크로칸틸레버 적용사례를 발표하였다. 실리콘 마이크로칸틸레버 빔 위에 증착된 압전층이 적외선 노출에 의해서 누적된 열에너지에 반응하며 복합소재 빔이 굽어지면, 흡수된 열에 비례하는 압전저항 변화가 유발된다. 오덴 등[15]은 이런 마이크로칸틸레버들을 2차원 어레이로 배열하면 원격 적외선 측정을 위한 적절한 도구를 만들 수 있을 것으로 결론지었다. 미야하라 등[17]은 변형측정, 구동 그리고 피드백 등의 기능들이 통합되어 있는, 원자 작용력 현미경용 압전 마이크로칸틸레버의 설계와 시험에 대해서 발표하였다. 저자에 따르면, 이 시스템은 저온이나 진공과 같은 극한상황에서 성공적으로 사용할 수 있으며, 소결된 알루미나 시험표면 상에서의 실험에 따르면 원자단위 분해능을 나타내었다. 루 등[18]은 표면효과가 마이크로칸틸레버의 기계적(주파수) 응답에 끼치는 영향을 해석하였다. 구체적으로 말하면, 이들은 코팅된 마이크로칸틸레버에서의 표면 응력과 소위 **Q-계수**에 의해서 유발되는 고유주파수 변화에 대해서 연구하였다.

이 연구에 따르면 코팅층을 진동하는 보의 선단부에 위치시키면 Q-계수를 증가시킬 수 있음을 규명하였으며 생체계측의 용도에서 발생하는 표면응력에 의해서 고유주파수는 증가(인장응력)시키거나 감소(압축응력)시킬 수 있다.

생체계측의 분야에는 매우 인상적이며 극적인 적용분야들이 존재한다. 최근의 문헌에서, 레이테리 등[14]은 마이크로칸틸레버를 사용한 극미량 물질의 물리 및 생체화학적 검출과 측정에 대해서 논의하였다. 이런 용도에서는 우선 수용체 층을 보 요소의 표면에 증착하는, 마이크로칸틸레버에 대한 기능화가 선행되어야만 한다. 이 수용기 층은 일반적으로 귀금속으로 만들어지며, 마이크로칸틸레버의 기계적 성질을 변형시키지 않도록 충분히 얇아야 하지만(보통 단일층) 유입되는 외계 물질입자들을 흡착할 수 있을 정도로 충분히 강해야 한다. 이 단일층은 마커로 작용할 수 있는 물질을 함유하고 있으며 외부 모니터링 시약과의 상호작용을 통해서 특정한 반응을 일으킨다. 이물질을 포획하면 마이크로칸틸레버의 기계적 성질이 변화하며 따라서 정적(선단부 변형량의 변화) 또는 주파수(고유주파수의 변화) 변화를 통해서 검출할 수 있다. 레이테리 등[14]은 또한 검출이나 측정을 위해서 마이크로칸틸레버를 사용하는 몇 가지 생체측정 사례에 대해서 언급하였다. 적용사례에는 마이크로칸틸레버 위에서 직접 배양된 생체세포의 외계시약에 대한 반응측정, 항체층에 의해서 흡수된 박테리아의 계수 및 계량이 포함된다. 전립선 암이나 다양한 제초제의 검출 및 정량측정을 위한 표식자 등이 포함된다. 마찬가지로 눈에 띄는 사례로는 동일한 마이크로칸틸레버를 사용한 DNA 편차 검출이 보고되었다. DNA 분자량의 매우 미소한 차이를 식별하기 위해서 병렬로 설치되어 있는 두 개의 마이크로칸틸레버들의 변형량 차이를 측정함으로써, DNA 교잡[68*]을 모니터링한다.

마이크로칸틸레버들은 또한 추이 등[19]과 말루프[20]가 논의한 것처럼, 디스크 데이터 기록/재생 장치에서 성공적으로 적용되었다. 두 개의 기하학적으로는 유사하지만 기능적으로는 서로 다른 마이크로칸틸레버들 각각의 자유단 끝에 탐침형 선단부가 설치되어 있으며 이들이 각각, 데이터 기록(저장)과 재생에 사용된다. 기록용 칸틸레버는 앞서 설명한 방법으로 회전하는 폴리탄산에스테르 디스크에 탐침 진동을 통해서 국부적으로 용해된 소형 분화구들을 생성함으로써 미세 홈들 새겨 넣는다. 재생용 마이크로칸틸레버는 이미 기록되어 있는 회전 디스크의 정보를 압전 방법으로 해독해낸다. 재생용 마이크로칸틸레버는 수십 분의 일 나노미터 수준의 홈을 전기신호 출력으로 변환시키기 위해서 기록용 마이크로칸틸레버에 비해서 더 유연해야만 하며, 재생이 가능하려면 질량은 거의 무의미해야만 한다. 이 기록/재생 마이크로칸틸레버의 기록속도는 100[kbit/sec]이며 재생속도는 3배 정도 더 빠르다.

마이크로칸틸레버의 또 다른 흥미로운 적용사례는, 지금까지 소개했던 측정기능과는 다른, 최근 들어서 비코 메트롤로지 그룹(캘리포니아주 산타바바라)이 소개한 공정을 사용한 **나노압입**[69*]이다. 마이크로칸틸레버의 자유단에 다이아몬드 조각이 설치되며, 마스크의 현장측정 이후에 강도나 내구성을 검사하며 금에서 박막에 이르기까지 일련의 다양한 소재들에 대한 긁힘 및 마모성질을 측정하기 위해서 표면압입을 시행한다.

7.2.1.2 스크래치 드라이브 구동기(SDA)와 버클링보

흥미로운 단일 플랙셔 마이크로 유연 이동식 구조는 아키야마 등[21]이 최초로 논문을 발표했던, **스크래치 드라이브 구동기**(SDA)이다. 이것은 주로 **그림 7.15**에 도시된 것과 같이, 얇은 신축성 보 또는 적절한 강한 부품에 부착된 판으로 제작된다. 전체 시스템은 유연한 시트와 강체부품 사이의 연결부위에서 측면방향(**그림 7.15**의 평면 외 방향)으로 지지할 수 있다. 이동순서는 **그림 7.15**에서 도시되어 있는 것처럼 세 개의 단계로 이루어진다. 우선, 신축성 힌지를 실리콘 기층 쪽으로 끌어당기는 정전 작용력이 발생된다. 이 단계에서 신축성 시트의 일부분이 기층과 접촉할 때까지 시트는 점차적으로 휘어진다. 시트와 수직방향 다리 사이에는 강체접합이 되어 있으며 시트는 탄성변형을 지탱하기 때문에, 이 다리는 경사진 위치에서 앞으로 밀려나간다(**그림 7.15**의 2번 위치). 정전 작용력의 단속성에 의해서 신축성 시트는 기층과의 접촉에

68* hybridization
69* nanoindentation

서 풀려나지만, 수직 다리/기층 사이의 마찰력은 다리가 뒤로 끌어당겨지는 것을 허용하지 않는다. 그 결과, 스크래치 드라이브 구동기(SDA)는 원래의 형상으로 복원되면서 우측으로 한 스텝 이동한다(**그림 7.15**의 3번 위치).

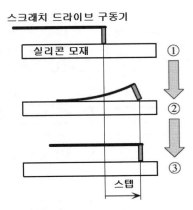

그림 7.15 스크래치 드라이브 구동기(SDA)에 의해서 만들어지는 한 운동 단계의 세 가지 주요 위치들

아키야마 등[21]은 3차원 MEMS 내에서 외부조작을 피하기 위하여 스크래치 드라이브 구동기를 자기조립을 위해서 사용하였다. 이들은 스크래치 드라이브 구동기의 프로토타입을 수평 및 수직방향으로 구동시키면서 자유운동과 편향 스프링 모두에 대해서 시험하였다. 이 마이크로 구동기는 최대 150[μm]의 변위를 만들어낼 수 있었다. 최근의 논문에서 린더만과 브라이트[22]는 그들의 나노미터 정밀도 위치결정기구의 스크래치 드라이브 구동기에 대한 최적화 연구, 설계, 제작 및 시험에 대해서 발표하였다. 일차로 신축성 판의 최적화된 길이가 구동전압의 항으로 유도되었으며, 다음으로 스크래치 드라이브 구동기를 정의해주는 여타의 기하학적 매개변수들이 이에 따라서 결정되었다. 이론적 해석에 기초하여, 금 도선으로 동력을 공급받는 다수의 스크래치 드라이브 구동기로 이루어진 어레이 프로토타입을 제작하였다. 제작된 마이크로 로봇은 실리콘 기판 위에서 2×2×0.5[mm] 크기의 칩을 8[mm] 이상 밀 수 있었다.

프랑스 비르누브 다스크 소재의 북부고등전자연구소(ISEN)[70*]의 연구자들은, 게비 등[23]과 브레인스[24]가 보고한 것처럼, 최근에 마이크로 구조물의 자기조립을 목적으로 유사한 스크래치 드라이브 구동기 어레이를 개발하였다. 린더만과 브라이트[22]가 사용했던 사각형상의 신축성 시트와는 달리, 프랑스 연구자들은 삼각형 스크래치 드라이브 구동기 시트를 설계하였다.

70* Northern Higher Institute of Electronics

그림 7.16에 도시되어 있는 것처럼 작동기의 운동을 방해하도록 배치되어 있는 가느다란 마이크로 로드(버클링 빔)를 조합하여 스크래치 드라이브 구동기 운동을 구현하는 재미있는 방법을 고안하였다.

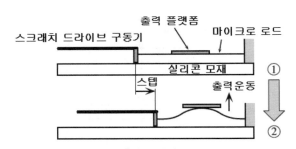

그림 7.16 버클링 마이크로 로드와 결합된 스크래치 드라이브 구동기(SDA)의 적용사례

한 스텝을 움직이는 동안, 유연 마이크로 로드는 버클링과 그에 따라서 버클링 마이크로 로드의 중앙에 부착되어 있는 출력 플랫폼(마이크로 반사경 등)의 운동을 만들어낸다. 고정-고정 경계조건 때문에, 마이크로 로드 중앙은 원래의 경사각도를 유지하며, 따라서 출력 운동은 입력 작동기 운동에 직각방향으로의 병진운동을 일으킨다. 게비 등[23]이 보고한 것처럼, 마이크로 판을 실리콘 기층으로부터 약 $90[\mu m]$ 정도 들어 올릴 수 있었다. 스미스[10]에 따르면, 출력 플랫폼에 가해지는 추가적인 정전 작동기를 통해서 출력 플랫폼을 양방향으로 최대 $\pm15°$ 회전시킬 수 있다. 스크래치 드라이브 구동기/마이크로 판 어레이는 **미세광전기계시스템**(MOEMS)[71*]에서 적응형 광학계를 위한 연속체 맴브레인의 형태로 구현되었다.

7.2.1.3 센서, 가속도계 그리고 자이로스코프

MEMS 적용사례의 대부분은 센서, 가속도계 그리고 자이로스코프 등과 같은 다양한 구조의 관성측정용 마이크로 계측기들이 차지하고 있다. **그림 7.17**에서는 두 가지 서로 다른 검출 원리를 기반으로 하는 선형 디바이스를 채용한 두 가지 변종을 보여주고 있다. (**그림 7.17a**에 설명되어 있는)정전용량 검출원리에서, (가속도의 변화를 감지하는)이동질량은 고정전극과 가까워지거나 멀어지면서 간극의 변화를 이에 비례하는 전하나 전류값으로 변환시켜준다. 또 다른 변환원리(**그림 7.17b**)에서는 실리콘 외팔보에 직접 증착되어 있는 민감성 박막의 외팔보에 부착되어

71* microoptoelectromechanical system

있는 진동질량에 의한 변형을 이용한다. 박막으로는 외팔보의 굽힘 변형을 전기적 출력으로 변형시켜주는 전기저항성 소재나 압전층을 사용한다.

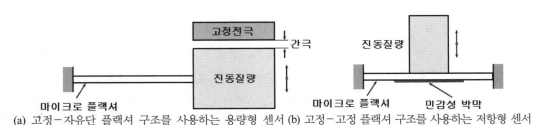

(a) 고정－자유단 플랙셔 구조를 사용하는 용량형 센서 (b) 고정－고정 플랙셔 구조를 사용하는 저항형 센서

그림 7.17 관성 센서들

레인 등[25]은 **그림 7.17a**에 개략적으로 설명되어 있는 마이크로 공진기의 설계 및 성능에 대해서 발표하였으며 이를 필터링, 다중송신 그리고 스위칭 등 광통신에 사용할 수 있다. 진동질량은 광 파이버의 선단을 용융시켜서 만든 마이크로 구체이며 따라서 광학적 손실이 매우 작다는 장점을 가지고 있어서, 정밀한 측정에 극도로 유용한 디바이스를 만들 수 있다. 샤오 등[26]은 저중력 가속도 측정을 위해 정전용량 변환을 사용하는 **그림 7.17a**와 동일한 검출원리를 기반으로 하여 높은 분해능과 선형성 그리고 넓은 대역폭을 가지고 있는 마이크로 가속도계를 개발하였다.

어아켈레 등[27]은 **그림 7.17b**에 설명되어 있는 원리를 기반으로 하여 진동질량과 결합된 고정－고정 보 요소로 이루어진 열 가진식 공진 마이크로 가속도계를 제작하였다. 이 마이크로시스템은 견실성, 충격 저항성 그리고 기생진동에 대한 낮은 민감도 등을 가지고 있어 차량용으로 적합한 것으로 판명되었다. 후지타 등[28]은 **그림 7.17a**에 도시된 형태의 유닛 네 개를 사용하여, 마이크로칸틸레버는 중앙에 연결되어 있으며 진동질량은 반경방향 바깥쪽으로 돌출되어 있는, 마이크로 자이로스코프 설계를 발표하였다. 도출된 시스템은 비디오카메라나 자동차 새시 제어분야에서 운동보상을 위한 장치에 적용되어, 진동질량과 해당 전극 사이의 용량변화를 검출하여 코리올리 가속도를 측정한다.

바라단 등[29]에 의해서 **표면음파**(SAW) 측정에 사용되는 **깍지형 변환기**(IDT)에 사용되는 마이크로 가속도계 내에서 **그림 7.17b**에 설명되어 있는 작동원리가 구현되었다. 리 등[30]은 각도변위 감지를 목적으로 **그림 7.17a**의 구조를 사용하여, 사각형 마이크로 플랙셔보다 유연하여 각가속도 검출에 더 민감한 특수 외팔보를 사용하는, 마이크로센서를 설계하였다.

7.2.1.4 여타의 단일 플랙셔 마이크로 요소들

그림 7.18에서는 유연 마이크로 메커니즘 내에서 단일 플랙셔로 간주될 수도 있는 서로 다른 두 가지 마이크로 요소들을 보여주고 있다. **그림 7.18a**의 리본(신축성) 보 요소는 실리콘 기층에 양단이 고정되어 있으며 실리콘 표면에 증착되어 있는 전기 활성 박막에 의하여 생성된 정전기 흡인력에 의해서 굽어질 수 있을 정도로 충분히 길고 얇다. 작동하지 않고 있는 상태에서 광 반사성 층으로 덮여 있는 리본 빔은 입사광선의 각도를 유지하지만(**그림 7.18a**의 1번 위치), 정전기 작용력이 가해지면 리본은 굽어지면서 작동영역의 위치에 따라서 실리콘 기층에 접촉하게 된다. 이런 리본 빔 어레이는, 실제로는 광학적 성질이 변화하는 표면(말루프[20] 참조)으로 만들어진, 인접 리본들 사이의 간극에 의해서 빛의 회절이 만들어진다는 원리를 사용하는 소위 **격자광선 밸브**를 만드는 데에 사용된다. 작동하지 않는 상태에서는 표면이 정상적으로 관찰되지만, 개별적인 리본들에 특정한 작동이 가해지면 간극의 변화에 따라서 회절 패턴이 만들어지며 서로 다른 회색의 음영이 선택적으로 생성된다. 이 원리를 흑백 또는 완전 컬러 디스플레이에 적용할 수 있다.

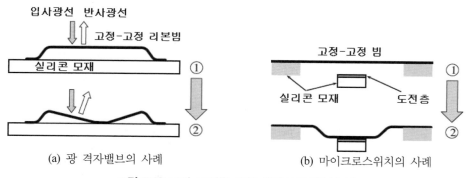

(a) 광 격자밸브의 사례   (b) 마이크로스위치의 사례

그림 7.18 고정-고정형 리본 플랙셔의 작동순서

그림 7.18b에서는 얇은 금속으로 만들어진 고정-고정 방식 보 요소의 형태로 미세가공된 브리지와 물리적으로 유사한 적용사례를 보여주고 있다. 이런 미세요소는 정전용량 마이크로스위치의 기계적 설계와 최적화에 대해서 발표한, 황 등[31]의 논문에서 제시되었던 라디오주파수(RF) 정전용량 스위치에서 사용할 수 있다. 전극은 실리콘 기층상의 브리지 바로 아래에 위치한다. 작동하지 않는 위치(**그림 7.18b**의 1번 위치)에서는 보 요소의 변형이 발생하지 않으며, 따라서 회로 내에서 일부분으로 작용한다. 전극이 작동하면, 정전기 작용력에 의해서 보가 전극 쪽으로 변형되며, 이 움직임에 의해서 보가 접촉하면서 스위칭 작용이 이루어진다.

그림 7.18b에 도시되어 있는 고정–고정식 외팔보의 또 다른 적용사례는 통신 시스템에서 가치 있는 디바이스인 **공진 빔 필터**이다. 공진 빔 필터의 작동원리는 실리콘 외팔보를 공진상태로 구동시켜서 또 다른 입력 신호의 필터링에 사용할 수 있는 전기 신호를 발생시키는 것이다. 일반적으로 공진필터를 이용한 구동 및 변환의 이중 작용이 정전기적으로 수행되지만, 피카스키 등[32]의 최근 논문에서 압전효과를 측정 및 구동에 사용한 설계가 발표되었다. 실리콘 외팔보가 두 개의 압전 박막층에 의해서 겹쳐지며 압전층에 가해지는 구동 전압은 외팔보에 응력을 부가하여 굽힘 모멘트를 생성한다. 공진상태에서 굽힘 모멘트는 최대가 되며 압전효과를 통해서 필터링 회로에 사용할 수 있는 전류를 생성한다. 두 가지 단일성분 신축성 마이크로커넥터들이 **그림 7.19a**와 b에 도시되어 있다. **그림 7.19a**에서는 예를 들면 쿠에비[23]와 베인스[24]에 의해서 발표되었던 스크래치 드라이브 구동기에 대한 설명에서와 같은, MEMS 분야에서 복귀 스프링으로 사용되는 구불구불한 와이어 스프링을 보여주고 있다. 예를 들면, 작은 체적 내에 더 많은 유연성이 채워지며, 대부분의 경우 압축과 인장을 보상해주는 저항으로 사용되기 때문에, 이 설계는 단순한 플랙셔형 마이크로빔에 비해서 더 효과적이다. 동일한 구조를 평면형태로 만듦으로써 비틀림 스프링으로 작용하게 만들 수 있다. 가장 단순한 비틀림 스프링은 지금까지 논의했었던 것들과 유사한 형태의 균일 사각단면 직선형 플랙셔 힌지이다. 회전축이 서로 직교할 때에 두 개의 강체 부재들이 비틀림 방향으로 연결되어 있는 용도에 맞도록 이 구조를 변형시킨 것이 **그림 7.19b**에 도시되어 있는 것과 같은 양면 균일두께 플랙셔이며, 박 등[33]에 의해서 논의되었다.

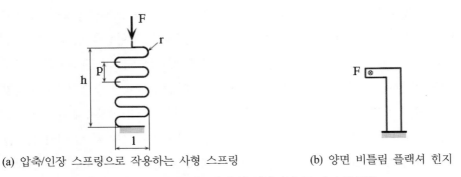

(a) 압축/인장 스프링으로 작용하는 사형 스프링　　　(b) 양면 비틀림 플랙셔 힌지

그림 7.19 단일부재 유연 커넥터의 두 가지 구조들

7.2.2 다중 플랙셔 마이크로 유연 메커니즘

거의 대부분의 미세가공 시스템(MEMS)들은 강체 이동부분들과 함께 일체형으로 제작한

신축성 커넥터들을 통하여 특정한 운동을 만들어내며 대부분의 커넥터들은 플랙셔 힌지로 되어 있다. 가장 일반적인 MEMS 구조들은 본질적으로 2차원 구조를 갖는다. MEMS 전용기술인 LIGA나 DRIE를 통해서 제작된, 기하학 적으로는 3차원(종횡비가 큰 특징을 갖는)인 경우에조차도, 플랙셔 힌지들은 다양한 구조를 갖고 있다. 이들은 주로 그리고 이상적으로는 **그림 7.20**에서와 같이 비틀림과/또는 굽힘 기능을 갖는다.

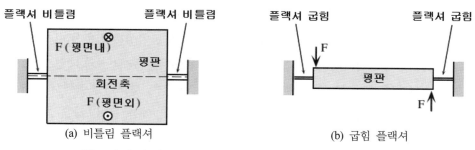

(a) 비틀림 플랙셔   (b) 굽힘 플랙셔

그림 7.20 유연 메커니즘으로 만들어진 플랙셔 힌지의 주요 기능들

  물론, 실제 상황에서는 축방향 부하뿐만 아니라 전단력도 존재하며 (비록 끼치는 영향이 작더라도) 이들이 플랙셔 힌지의 주 비틀림과 굽힘에 중첩될 수 있기 때문에, 부하를 순수하게 구별해서 정의할 수는 없다. 다음에 간략하게 설명되어 있는 몇 가지 명확한 적용사례들을 통해서 MEMS에서 비틀림이나 굽힘 커넥터로 플랙셔 힌지의 사용에 대해서 설명하고 있다.

  그림 7.20a에 기능원리가 설명되어 있는 것처럼, 경사 또는 비틀림 반사경들은 정렬된 두 개의 플랙셔 힌지에 의해서 운동의 마이크로 메커니즘이 구현되도록 설계된다. **그림 7.21**에서는 MEMS 옵티컬社에 의해서 설계 및 제작된 2축 경사 반사경의 전체 형상을 보여주고 있으며, **그림 7.22**에서는 마이크로 메커니즘으로 만들어진 플랙셔 힌지들 중 하나의 근접 사진을 보여주고 있다. 반사판은 대략적으로 8각형이다. 내부 힌지는 반사경을 수평축 방향으로 회전시켜주는 반면에 외부 힌지는 짐벌과 반사경을 앞의 회전축과 직각인 방향의 회전축에 대해서 회전할 수 있도록 해주므로 반사판은 2자유도를 갖게 된다. 반사경 하부에 설치된 네 개의 전극들이 두 개의 회전축을 양방향으로 구동할 수 있게 해준다. 필렛 모서리형 플랙셔 힌지들은 최대전압(이 반사경의 경우 약 80[V]) 이하에서 회전이 가능하도록 충분히 유연한 반면에 힌지 응력은 파단한계 이하로 유지되도록 설계한다.

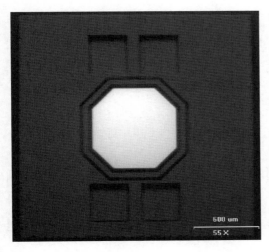

그림 7.21 2축 경사 반사경의 전체형상(Courtesy of MEMS Optical,Inc.)

그림 7.22 2축 경사 반사경에 사용된 필렛 모서리형 플랙셔 힌지의 근접사진(Courtesy of MEMS Optical,Inc.)

그림 7.20a에서와 같은 두 개의 플랙셔를 사용한 비틀림 판 설계를 기반으로 하는 또 다른 응용사례는 6장에서 다루었던 라디오 주파수(RF) 정전용량형 스위치이다. 반도체 스위치에 비해서, RF MEMS 스위치들은 저항손실과 동력소모가 작으며 전기 절연성이 뛰어나는 등의 장점을 가지고 있다. 예를 들면, 박 등[33]은 플랙셔의 형상, 마이크로 메커니즘의 전반적인 구성 형태, 이 디바이스를 만들기 위해서 사용한 소재 그리고 마이크로 제조기법 등의 측면에서 몇 가지 RF 마이크로스위치 구조들을 발표하였다. 플로츠 등[34]에 의해서 구동용 회로를 내장할 수 있는 앞서와 유사한 RF 마이크로스위치가 발표되었다. 전용 소프트웨어를 사용해서 예비 시뮬레이션이 수행되었으며 간섭계를 사용해서 프로토타입 설계에 대한 동적 성능을 시험하였다. 새틀러 등[35]은 RF MEMS 스위치의 모델링 과정의 제안을 통해서, 소재와 형상 특성을 나타내 주는 관련 설계 변수들을 사용해서 1자유도 단일축 경사판의 동적 응답을 공식으로 표현하였다. 샘셀[36]은 비틀림 판 원리를 공간 광변조기로 사용하는 **디지털 마이크로반사경 디바이스(DMD)**에 응용하여 투사 디스플레이 시스템으로 집적시킨 흥미로운 사례를 발표하였다. 장 등[37]은 정규화된 공식을 사용하여 정전기적으로 구동되는 비틀림 마이크로반사경의 정적 거동에 대한 이론적 모델을 개발하였다. 해석적 모델을 사용하여 구한 시뮬레이션 결과의 상대오차가 작음을 실험을 통하여 검증하였다. 이 등[38]은 플랙셔 힌지가 비틀림과 굽힘 모두를 받는 MEMS 적용사례를 발표하였다. 특히, 고밀도 광학식 데이터 저장장치를 위한 미소 트래킹 메커니즘에 사용하기 위한 예비 유한요소 시뮬레이션을 기반으로 하여 압전소자(PZT)로

구동되는 마이크로반사경이 설계되었다. 자동차 산업에 적용하기 위한 고 분해능 마이크로 자이로스코프를 개발했던 가와이 등[39]에 의해서 플랙셔 힌지들이 비틀림과 굽힘을 받는 유사한 디바이스가 발표되었다. 이 메커니즘의 작동기술은 진동운동의 튜닝을 위해서 특수한 조절 기법을 사용한다.

7.2.3 혁신적인 마이크로 적용사례

링비에 소재하고 있는 덴마크 기술대학의 연구자들은 MEMS 기반의 배치 제조공정을 통해서 마이크론 크기의 실리콘 외팔보를 제작하여 주사 전자현미경 기법에 사용하였다.[40] 이 외팔보는 대략 25[nm] 떨어져 있는 두 개의 이중 암으로 설계되었으며 구조물에 전압이 가해지면 집게(그리퍼)처럼 작동한다.

네트워크 포토닉스社(콜로라도주 볼더시)에 의해서 참신한 스위치가 개발 중에 있다.[41] 이것은 빛을 다수의 파장들에 따라서 분리하며 네트워크를 통해서 개별 성분들을 전송해준다. 이 과정은 MEMS 기법으로 제작되어 실리콘 칩 위에 설치되어 있는 다수의 미세 반사경을 통해서 이루어진다.

MEMS 시스템은 또한 적응형 광학의 분야도 개척되어, 보스턴 대학의 연구자들에 의해서 MEMS 가변형 반사경(MEMS-DM)이라는 새로운 분야의 개발이 수행 중에 있다.[42] 반사경들은 신축성 판 어레이에 의해서 정전기적으로 구동되는 신축성 실리콘 맴브레인으로 이루어져 있다.

보잉社는 **패키징된 MEMS 얼라이너**(IPMA)[72*]를 사용해서 파이버 정렬을 시도하고 있다.[43] 빔 형태의 작동기는 열에 의해서 구동되며 각각의 광파이버들을 공간상의 x, y 및 z 방향으로 이동시켜준다. 원하는 위치에 도달하게 되면, 접합을 통해서 와이어를 고정하며, 모든 작동은 밀봉환경하에서 이루어진다.

골프공 크기의 초소형 위성이 현재 개발 중인 또 다른 프로젝트들 중 하나이다. 가열을 통해서 조절된 방식으로 접촉 및 팽창하여 비행체를 원하는 위치로 이동시켜주는, 마이크로미터 크기의 머리카락형상 빔 구동기로 이루어진 도킹 시스템 역시 캘리포니아의 팰로앨토 연구소[73*]에서 개발 중에 있다. 실리콘과 텅스텐 층을 질화규소와 폴리머 필름 사이에 겹쳐놓고 식각을 통해서 성형하여 소위 **섬모형 작동기**를 제작하였다.[44]

72* In-Package MEMS Aligner
73* Palo Alto Research Center

어플라이드 MEMS社(텍사스주 스탠퍼드시)에 의해서 제안된 표준질량, 질량 프레임, 무게 중심, 외부전극 등으로 이루어진 6.5×5.5×2[mm] 크기의 가변 용량형 MEMS 가속도계의 형상을 갖는 마이크로 가속도계의 새로운 버전이 정전기 검출과 위치복귀를 사용해서 지금까지 사용되어 왔던 전자기 검출방식을 대체하였다.[45]

·· 참고문헌 ··

1. Tolbert, M.A., Expertise in nano-alignment aids photonics manufacturing, *Laser Focus World*, January, 161, 2002.

2. Park, J. et al., Development of a compact displacement accumulation actuator device for both large force and large displacement, *Sensors and Actuators, Series A: Physical*, 90, 191, 2001.

3. King, T. and Xu, W., The design and characteristics of piezomotors using flexurehinge diaplacement amplifiers, *Robotics and Autonomous Systems*, 19, 189, 1996.

4. Xu, W. and King, T., Flexure hinges for piezoactuator displacement amplifiers: flexibility, accuracy, and stress considerations, *Journal of the International Societies for Precision Engineering and Nanotechnology*, 19, 4, 1996.

5. Ryu, J.W., Gweon, D.-G., and Moon, K.S., Optimal design of a flexure hinge based $xy\theta$ wafer stage, *Journal of the International Societies for Precision Engineering and Nanotechnology*, 21, 18, 1997.

6. Renyi, Y., Jouaneh, M., and Schweizer, R., Design and characterization of a lowprofile micropositioning stage, *Journal of the International Societies for Precision Engineering and Nanotechnology*, 18, 20, 1996.

7. Chen, S.-J. et al., K-B microfocusing system using monolithic flexure-hinge mirrors for synchrotron x-rays, *Nuclear Instruments & Methods in Physics Research*, A467-468, 283, 2001.

8. Choi, B.J. et al., Design of orientation stages for step and flash imprint lithography, *Journal of the International Societies for Precision Engineering and Nanotechnology*, 25, 192, 2001.

9. Weinstein, W.D., Flexure-pivot bearings, *Machine Design*, June, 150, 1965.

10. Smith, S.T., *Flexures: Elements of Elastic Mechanisms*, Gordon & Breach, Amsterdam, 2000.

11. Jensen, B.D. and Howell, L.L., The modeling of cross-axis flexural pivots, *Mechanism and Machine Theory*, 37(5), 461, 2002.

12. Goldfarb, M. and Speich, J.E., Well-behaved revolute flexure joint for compliant mechanism design, *ASME Journal of Mechanical Design*, 121, 424, 1999.

13. Carlson, J.M., Day, B., and Berglund, G., Double short flexure orthotic ankle joints, *Journal of Prosthetics and Orthotics*, 2(4), 289, 1990.

14. Raiteri, R., Grattarola, M., and Berger R., Micromechanics senses biomolecules,

Materials Today, January, 22, 2002.

15. Oden, P.I. et al., Remote infrared radiation detection using piezoeresitive microcantilevers, *Applied Physical Letters*, 69(20), 1, 1996.

16. Wachter, E.A. et al., Remote optical detection using microcantilevers, *Revue of Scientific Instruments*, 67(10), 3434, 1996.

17. Miyahara, Y. et al., Non-contact atomic force microscope with a PZT cantilever used for deflection sensing, direct oscillation and feedback actuation, *Applied Surface Science* (in press).

18. Lu, P. et al., Analysis of surface effects on mechanical properties of microcantilevers, *Material Physical Mechanics*, 4, 51, 2001.

19. Chui, B.W. et al., Low-stiffness silicon cantilevers for thermal writing and piezoresistive readback with the atomic force microscope, *Applied Physical Letters*, 69(18), 2767, 1996.

20. Maluf, N., *An Introduction to Microelectromechanical Systems Engineering*, Artech House, Boston, 2000.

21. Akiyama, T., Collard, D., and Fujita, H., Scratch drive actuator with mechanical links for self-assembly of three-dimensional MEMS, *IEEE Journal of Microelectromechanical Systems*, 6(1), 10, 1997.

22. Linderman, R.J. and Bright V.M., Nanometer precision positioning robots utilizing optimized scratch drive actuators, *Sensors and Actuators, Series A: Physical*, 91, 292, 2001.

23. Quevy, E. et al., Large stroke actuation of continuous membrane for adaptive optics by three-dimensional self-assembled microplates, *Sensors and Actuators, Series A: Physical*, 95, 183, 2002.

24. Bains, S., Self-assembling microstructure locks mechanically, *Laser Focus World*, November, 44, 2001.

25. Laine, J.-P. et al., Acceleration sensor based on high-Q optical microsphere resonator and pedestal antiresonant reflecting waveguide coupler, *Sensors and Actuators, Series A: Physical*, 93, 1, 2001.

26. Xiao, Z. et al., Silicon microaccelerometer with mg resolution, high linearity and large frequency bandwidth fabricated with two mask bulk process, *Sensors and Actuators, Series A: Physical*, 77, 113, 1999.

27. Aikele, M. et al., Resonant accelerometer with self-test, *Sensors and Actuators, Series A: Physical*, 92, 161, 2001.

28. Fujita, T., Maenaka, K., and Maeda, M., Design of two-dimensional micromachined gyroscope by using nickel electroplating, *Sensors and Actuators, Series A: Physical*, 66, 173, 1998.

29. Varadan, V.K., Varadan, V.V., and Subramanian, H., Fabrication, characterization and testing of wireless MEMS—IDT based microaccelerometers, *Sensors and Actuators, Series A: Physical*, 90, 7, 2001.

30. Li, X. et al., A micromachined piezoresistive angular rate sensor with a composite beam structure, *Sensors and Actuators, Series A: Physical*, 72, 217, 1999.

31. Huang, J.—M. et al., Mechanical design and optimization of capacitive micromachined switch, *Sensors and Actuators, Series A: Physical*, 93, 273, 2001.

32. Piekarski, B. et al., Surface micromachined piezoelectric resonant beam filters, *Sensors and Actuators, Series A: Physical*, 91, 313, 2001.

33. Park, J.Y. et al., Monolithically integrated micromachined RF MEMS capacitive switches, *Sensors and Actuators, Series A: Physical*, 89, 88, 2001.

34. Plotz, F. et al., A low—voltage torsional actuator for application in RF—microswitches, *Sensors and Actuators, Series A: Physical*, 92, 312, 2001.

35. Sattler, R. et al., Modeling of an electrostatic torsional actuator demonstrated with an RF MEMS switch, *Sensors and Actuators, Series A: Physical* (in press).

36. Sampsell, J.B., An overview of the digital micromirror device (DMD) and its application to projection displays, *1993 SID Symposium Digest of Technical Papers*, 24, 1012, 1993.

37. Zhang, X.M. et al., A study of the static characteristics of a torsional micromirror, *Sensors and Actuators, Series A: Physical*, 90, 73, 2001.

38. Yee, Y. et al., PZT actuated micromirror for fine—tracking mechanism of highdensity optical data storage, *Sensors and Actuators, Series A: Physical*, 89, 166, 2001.

39. Kawai, H. et al., High—resolution microgyroscope using vibratory motion adjustment technology, *Sensors and Actuators, Series A: Physical*, 90, 153, 2001.

40. Nano briefs, *Micromachine Devices*, 7(1), 2002.

41. MEMS briefs, *Micromachine Devices*, 7(1), 8, 2002.

42. Adaptive optics comes to MEMS, *MicroNano*, 7(1), 2002.

43. MEMS briefs, *MicroNano*, 7(1), 7, 2002.

44. MEMS briefs, *MicroNano*, 7(3), 3, 2002.

45. MEMS briefs, *MicroNano*, 7(4), 12, 2002.

인명

Shoup	슈프	Tornambe	토남브
Shrout	슈라우트	Toshihiko	토시히코
Sigmund	지그문트	Trefftz	트래프츠
Silva	실바	Tucker	터커
Simo	시모	Turcic	터칙
Simpson	심슨	Vanderplaats	밴더플라츠
Smith	스미스	Vibet	비벳
Sriram	스리람	Vigot	비고
Streit	스트레이트	Vu Quoc	부꾸옥
Sung	성	Vukobratovic	부코브라토비치
Surdilovic	수딜로비치	Wayman	웨이만
Tai	타이	Weaver	위버
Takaaki	타카아키	Weisbord	와이즈보드
Tenenbaum	테넌바움	Xianmin	셴민
Tetmajer	테트마예르	Zhang	장
Timoshenko	티모센코	Zienkiewicz	치엔키에비치

찾아보기

저자 및 역자 소개

저 자

　니콜라 로본티우는 루마니아의 클루즈 나포카 기술대학에서 1985년에 학사와 1996년에 박사를 취득하였다. 1985년에서 1990년까지는 루마니아에 소재한 두 곳의 엔지니어링 회사에서 근무하였으며, 1997년까지는 그의 모교 재료과에서 부교수로 재직하였다. 이후에 그는 밴더빌트 대학(테네시주 내쉬빌)에서 199년까지 포스트닥터로 근무했고, 2002년까지는 다이나믹 스트럭쳐스 앤드 머티리얼스社에 입사하여 연구원으로 재직하였다. 그는 현재 코넬 대학교(뉴욕주 이타카)의 기계항공공학 분야 시블리 스쿨에서 연구원으로 일하고 있다. 그의 연구분야에는 플랙셔 힌지와 유연 메커니즘의 설계와 모델링, 유한/경계요소 해석 그리고 회전체역학 등이다.

역 자

　장인배 교수는 서울대학교 기계설계학과에서 1987년에 학사, 1989년에 석사 그리고 1994년에 박사학위를 취득하였다. 석사과정에서는 공기윤활 하드디스크 헤드의 정특성과 동특성 해석을 수행하였고 박사과정에서는 정전용량형 센서를 내장한 자기베어링을 개발하였다. 1995년에 강원대학교 정밀기계공학과(현재 메카트로닉스전공)에 부임하여 현재 정교수로 재직 중이며 주요 관심분야는 반도체 및 LCD용 초정밀 기구 설계와 의료기기설계 등이다. 특히, 역자는 세계 최대의 메모리 반도체 기업에 지난 10여 년간 반도체 검사장비, 공정장비, LCD 노광장비 등 다양한 초정밀장비 설계자문과 정밀기계설계 분야 재직자 교육을 수행하고 있다. 저서로는 『표준 기계설계학』(동명사), 『전기전자 회로실험』(동명사), 번역서로는 『고성능 메카트로닉스의 설계』(동명사), 『포토마스크 기술』(씨아이알), 『정확한 구속』(씨아이알), 『광학기구 설계』(씨아이알) 등이 출간되어 있으며, 100건 이상의 국내외 특허를 보유하고 있다.

유연 메커니즘
플랙셔 힌지의 설계

초판인쇄 2018년 6월 28일
초판발행 2018년 7월 5일

저 자 니콜라 로본티우(Nicolae Lobontiu)
역 자 장인배
펴 낸 이 김성배
펴 낸 곳 도서출판 씨아이알

책임편집 박영지, 김동희
디 자 인 김진희, 윤미경
제작책임 김문갑

등록번호 제2-3285호
등 록 일 2001년 3월 19일
주 소 (04626) 서울특별시 중구 필동로8길 43(예장동 1-151)
전화번호 02-2275-8603(대표)
팩스번호 02-2265-9394
홈페이지 www.circom.co.kr

I S B N 979-11-5610-614-2 93550
정 가 30,000원